U0239053

徐乾清（1925—2010），著名水利专家，中国工程院院士。

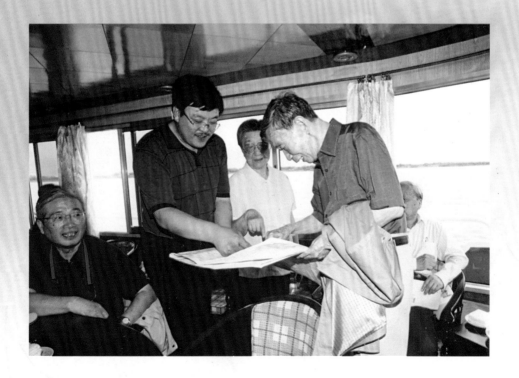

相　聚

家　庭

中国工程院 院士文集

水 利 部
交通运输部 南京水利科学研究院 出版基金资助
国家能源局

徐乾清

院士文集

水 利 部
交通运输部 南京水利科学研究院 编
国家能源局

中国水利水电出版社
www.waterpub.com.cn

内 容 提 要

为弘扬中国工程院院士在我国工程科学技术方面的杰出成就，中国工程院组织出版了《中国工程院院士文集》系列丛书。本书是该系列丛书之一，由南京水利科学研究院组织编写。全书分为自传回忆、学术文章、诗文选录、深切怀念和附录五部分，包括徐乾清院士生前撰写的学术论文、考察报告、工作建议、讲话稿及诗文、自传等内容，以及部分亲友、同事撰写的纪念文章。

本书适于社会各界人士阅读，尤其可供科研和工程技术人员以及大专院校师生学习参考，也适于全国各类图书馆收藏。

图书在版编目（CIP）数据

徐乾清院士文集 / 南京水利科学研究院编. -- 北京：
中国水利水电出版社，2016.4
（中国工程院院士文集）
ISBN 978-7-5170-4281-5

Ⅰ．①徐… Ⅱ．①南… Ⅲ．①水利工程－文集 Ⅳ.
①TV-53

中国版本图书馆CIP数据核字(2016)第081308号

书　　名	中国工程院院士文集 **徐乾清院士文集**
作　　者	水 利 部 交通运输部　南京水利科学研究院　编 国家能源局
出版发行	中国水利水电出版社 （北京市海淀区玉渊潭南路1号D座　100038） 网址：www.waterpub.com.cn E-mail：sales@waterpub.com.cn 电话：(010) 68367658（发行部）
经　　售	北京科水图书销售中心（零售） 电话：(010) 88383994、63202643、68545874 全国各地新华书店和相关出版物销售网点
排　　版	中国水利水电出版社微机排版中心
印　　刷	北京纪元彩艺印刷有限公司
规　　格	184mm×260mm　16开本　37.75印张　878千字　4插页
版　　次	2016年4月第1版　2016年4月第1次印刷
定　　价	**260.00元**

《中国工程院院士文集》总序

二〇一二年暮秋，中国工程院开始组织并陆续出版《中国工程院院士文集》系列丛书。《中国工程院院士文集》收录了院士的传略、学术论著、中外论文及其目录、讲话文稿与科普作品等。其中，既有早年初涉工程科技领域的学术论文，亦有成为学科领军人物后，学术观点日趋成熟的思想硕果。卷卷《文集》在手，众多院士数十载辛勤耕耘的学术人生跃然纸上，透过严谨的工程科技论文，院士笑谈宏论的生动形象历历在目。

中国工程院是中国工程科学技术界的最高荣誉性、咨询性学术机构，由院士组成，致力于促进工程科学技术事业的发展。作为工程科学技术方面的领军人物，院士们在各自的研究领域具有极高的学术造诣，为我国工程科技事业发展做出了重大的、创造性的成就和贡献。《中国工程院院士文集》既是院士们一生事业成果的凝练，也是他们高尚人格情操的写照。工程院出版史上能够留下这样丰富深刻的一笔，余有荣焉。

我向来认为，为中国工程院院士们组织出版《院士文集》之意义，贵在"真、善、美"三字。他们脚踏实地，放眼未来，自朴实的工程技术升华至引领学术前沿的至高境界，此谓其"真"；他们热爱祖国，提携后进，具有坚定的理想信念和高尚的人格魅力，此谓其"善"；他们治学严谨，著作等身，求真务实，科学创新，此谓其"美"。《院士文集》集真、善、美于一体，辩而不华，质而不俚，既有"居高声自远"之澹泊意蕴，又有"大济于苍生"之战略胸怀，斯人斯事，斯情斯志，令人阅后难忘。

读一本文集，犹如阅读一段院士的"攀登"高峰的人生。让我们翻开《中国工程院院士文集》，进入院士们的学术世界。愿后之览者，亦有感于斯文，体味院士们的学术历程。

徐匡迪

2012 年 7 月

痛 失 良 友

——悼念徐乾清同志

终 生 的 歉 疚

2009 年 12 月以来，徐乾清同志多次要和戴定忠同志来看我，认认我的新居，我约他们 25 日来我家。但以后北京遭遇寒潮，天气十分寒冷。我在乾清同志病后出院时，曾去他家探望，见他插着鼻饲管送我到门外，就感到于心不忍。想到他还要插着鼻饲管，冒着凛冽的寒风来我家，很可能感冒，而感冒对于他却可能致命。因此，待到 25 日晨，一看窗外阴沉沉的天气，我就打电话给老戴，请他转告乾清，取消约会，到春暖花开的时候，再请他们来我家吃饭。谁知没过半个月，他突患脑溢血，抢救无效，于 2010 年 1 月 9 日去世。回想他多次要来看我，是否已有预感？是否对水利、对我们经常关心的一些问题有新的感悟，有什么遗言？据老戴事后回忆，当他得知我约定时间后，还十分高兴，我更痛感后悔。尽管我不让他来是出自好意，但毕竟辜负了他对我的信任，这将成为我终生的歉疚。他有什么话想对我说？这将使我终生思索。

发 现 人 才

早在 1950 年我到华东军政委员会水利部工作，就认识乾清同志。听说他毕业于上海交大，中共地下党员，思想觉悟和工作能力都很不错，是一位优秀的青年干部。由于我很快就去治淮委员会工作，没有和他在工作中接触。1953 年我去中央水利部工作时，他已在我之前调京，任苏联专家组组长的助手。水利和电力两部合并后，他在规划局任副处长。虽然和他有些工作关系，印象很好，但了解不深。"文革"中他属于"逍遥派"，无声无息，

原文载于《中国水利报》2010 年 3 月 9 日第七版，现受约为代序。

几乎被人淡忘。以后下放"五七干校"、乌江渡水电站工地。"文革"结束后回水电部，任科技委处长。

真正发现他这个人才的，还是当年水利电力部的副部长张彬同志。"文革"以后，我们党组决定加强科技委员会的工作，增加一位水利方面的副主任，并一致认为，要肃清"文革"流毒，选用一位真正重视知识的人。在党组会上研究时，干部司提了几个人选，都没有通过，最后张彬同志提出徐乾清。张彬说，有一次带他去重庆出差，发现他经常去书摊上淘旧书，以后注意到他读书很多，知识广博，善于思考，对一些问题很有见地。经张彬一提，大家联想到他长期以来的表现，认为确实是一位值得重视的人才，一致通过了对他的任命。我也开始与他加深交往，以后他任水电部计划司副司长，分管水利，逐渐成为我处理水利问题的主要助手之一。我在水利电力部任职期间的最后一项任务是主持长江三峡工程的可行性论证，他在论证工作中任防洪课题组的组长。

真 正 的 学 者

1988年，水利电力部分为水利和电力两部，我从工作岗位退了下来，进入七届政协，他在水利部任副总工程师。我请他和朱惠琴及一些已退、未退的同志，共同编写《中国水利》一书。他除负责撰写《防洪》章外，还协助我审改其他各章。我建议将他列为副总编，他坚决推辞。1993年，他从工作岗位退下，进入八届政协。我们又开始新的合作，曾对贵州、广西、宁夏、新疆等地以及洞庭湖、黄河和淮河组织调查，其中有些报告是由他起草，经我修改后定稿的。我们先后进入中国工程院后，合作更加密切，在《对1998年长江洪水的分析》项目中，他是我的主要助手；在《中国可持续发展水资源战略研究》项目中，他是防洪减灾课题组的副组长（我兼组长）；以后他因鼻咽癌手术，在《西北地区水资源配置、生态环境建设和可持续发展战略研究》和《东北地区有关水土资源配置、生态环境保护和可持续发展的若干战略问题研究》项目中，改任项目组顾问。他在东北项目开始不久，就向我提交了内容丰富、很有价值的有关项目区自然和人文历史变迁的背景报告，使我深受教益。在《江苏沿海地区综合开发战略研究》和《新疆可持续发展中有关水资源的战略研究》中，他虽然身体日趋衰弱，仍认真参加研究，恪尽顾问的职责。我们的最后一项合作成果是《关于淮河中游洪涝问题与对策研究》，在研究后期，他又经历了一场大病，报告的起草工作由宁远同志担任，最后的讨论会他也不能出席，但仍在病床上审阅签署了宁远同志送去的报告稿。他在最后提出要来我处探望时，是否还想就淮河问题向我说些建议或感想呢？

在长期的交往中，深感他为人正直，克己奉公；淡泊名利，不求闻达；勤奋好学，严谨工作；是一位好党员、好干部。但是，如果要以一个称谓概括他的最大特点，我以为应当称他为一位真正的学者。我认为他一生的追求就是探索真理，这是一位真正学者的本质。他读书并不限于工程技术，甚至不限于自然科学，他有丰富的历史知识，古文也很有功底，而且善于观察和研究事物。他一般不评论别人，但有时当我征求他对某个人的印象时，他会根据平素观察入微的分析，提出他的认识，而且切中要害。在"文革"中就充分显示了他的特点，我不记得他有什么大字报或在批判会上有什么发言，更没有参加这派那派，但实际上，他静静地观察，作出自己的判断。

可 贵 的 诤 友

我和乾清同志的性格和作风完全不同：我的性格外向，锋芒毕露，工作比较粗糙；他的性格内向，思虑周密，处事稳健。但我们为人处世治学的态度都是认真的，这是我们之间合作和友谊的基础。我总是努力以他的优点补我的缺点，将他作为我处事的"矫正器"、"安全阀"。我处理一些复杂问题、起草一些重要报告时，如与他的专业有关，一般都请他参与。他会直言相告，提出不同意见或问题。在讨论会上或和人谈话时，如果我火气很大，他也会温和地为我"压火"。

他最后一次书面向我提出的问题是：在我和陈家琦、冯杰署名的《中国水利的战略选择》一文中，提到美国的水资源管理比中国先行，但据文中数据，美国的人均用水量比我国高很多，因此发生疑问：他们的用水效益是否比我们先进？我在写稿的过程中，也曾注意到美国的人均用水量较高，但我确信我们的结论，因此没有做进一步的分析和说明。接到他的信后，我委托冯杰同志做了专题研究，写了一份报告：《中美用水效益的比较》，说明用水效益的比较，应以万元GDP的用水指标为准。由于美国的经济规模比我国大很多，他们的用水总量相对也比较大；而他们的人口较我们少，因此人均用水量比我们高很多。但他们的万元GDP用水量比我们低很多，他们人均GDP比我们高的倍数，超过人均用水量比我们高的倍数，因此美国的用水效益比我们高。报告送他审阅后，在《中国水利》杂志上发表，弥补那篇文章的不足。这是我接受乾清同志的最后一次帮助，今后再也没有机会了。

朋友的最高层次是"诤友"。我在多年经历中，有幸结识多位可贵的诤友，乾清同志就是其中之一。1993年在我70岁生日的前夕，他曾给我写了一封贺信并附一首七言律诗，诗的前六句都属于鼓励，最后两句是："自古治水多怨谤，功垂千秋勿求全。"这两句道出了水利工作的艰辛，是对所有真诚从事水利事业工作者的抚慰。但对我来说，更重要的是，要走出个人功过是非的小圈圈，放眼人民的利益，虚心正视过去工作中的失误和缺点，总结经验教训，力求在有生之年，尽最大可能，依靠后来居上的同志们，改正和弥补过去工作中的失误和缺点。客观上，由于水利工作涉及天、地、人三者之间互动的关系，人们的主观认识和客观真理总有一些距离，很难达到"全"；但从主观上，应努力"求全"，使人民以极大代价建成的水利事业，能"功垂千秋"。

斯人已去，风范长存；痛失良友，教益永记。

此为序。

毕生心血洒江河

徐乾清同志离开我们已经一年了。当我怀着十分崇敬的心情，仔细重温徐老留下的这些厚重而宝贵的学术著作，他的音容笑貌又一次在我的脑海里久久萦绕。

徐乾清同志是我国著名的水利专家，将毕生精力献给了祖国水利事业。他大学毕业后即从事水利工作，在水利战线奋战了近60载，尽职尽责、孜孜以求、潜心钻研、鞠躬尽瘁。从工作岗位上离休后，他依然时刻心系祖国江河治理和防洪减灾事业的发展变化，深入研究我国防洪、水资源等各方面问题，积极参加各种水利学术科技活动。即便罹患疾病，徐乾清同志在以豁达心态和顽强意志与病魔抗争的同时，仍然努力投身于水利研究和咨询工作，倾其所能为水利事业贡献力量。直到生命的最后一刻，徐乾清同志依旧牵挂着水利工作，令人由衷敬佩与感动。

徐乾清同志长期致力水利重大问题探索研究，留下了弥足珍贵的重要文献。他多年从事水利规划、防洪减灾和水资源等方面综合研究和技术主管工作，主持审议了全国主要江河流域综合规划和防洪专项规划，参与了长江三峡、黄河小浪底、南水北调等重大水利工程的论证工作。1999年当选为中国工程院院士后，他参加了中国工程院重大咨询项目"中国可持续发展水资源战略研究"、"1998年长江大洪水"、"全国水资源可持续利用"、"西北水资源利用与生态环境保护"和"东北地区水土资源开发利用保护"等国家重大咨询项目的部分工作；参与了新一轮全国大江大河防洪规划、全国水资源评价和综合规划，以及多个防洪减灾、水资源领域的科研和工程项目咨询、审查、鉴定工作；主编完成了《中国水利百科全书》（第二版）等水利基础性著作。他站位高远，眼界开阔，其对江河变迁、洪涝灾害、江河治理、水资源开发利用以及水利形势的分析思考和对策建议，至今仍具有重要参考价值。

徐乾清同志始终保持高尚的品德风范，感染了广大中青年水利工作者。

他始终保持科学严谨的治学态度，对待事业求真务实、勤勉敬业，深入实地调查研究，足迹遍布祖国各大江河湖泊，撰文说话总是在大量考证和深入思考的基础上据实而为。徐乾清同志始终保持谦虚谨慎的优良作风，虽然拥有渊博学识和丰硕成果，但从不居功自傲，总是勤学慎思，活到老，学到老。徐乾清同志始终保持艰苦朴素的生活作风，克己奉公、淡泊名利，勇于担当重任却拒绝任何荣誉，一生勤俭朴素的他每逢国家遇到灾难总会积极捐款捐物。他高尚的品质和精神风范是激励我们奋勇前进的宝贵精神财富。

徐乾清同志的一生，是报效祖国、献身水利的一生，是尊重科学、追求真理的一生。这本文集正是徐乾清同志生命不息、奋斗不止精神的真实写照。掩卷长思，我感到这本文集至少在以下几个方面反映了徐乾清同志的治水思想。

一是从宏观层面研究探讨我国水利发展的重要问题。徐乾清同志十分注重立足全局放眼水利，认为作好江河水利规划，必须将发展水利同自然地理条件、经济社会发展的历史背景，以及环境变化影响等因素紧密地结合起来。在《近代江河变迁和洪水灾害与新中国水利发展的关系》一文中，他分析了1840年到新中国成立前夕中国江河变迁和水旱灾害的形成规律，及其对整个经济社会发展的影响，认为新中国成立后开展大规模江河治理，是客观形势的需要，是历史的必然。在《我国江河治理水资源开发的现状问题和对策》一文中，他系统总结了我国水利发展历程，梳理了新中国成立以来水利发展状况，分析了存在的主要问题，对今后发展方向提出了深刻见解。面对21世纪中国水利形势和需要考虑的问题，他对自然环境变化、社会经济发展对水利的影响和要求以及水利发展的基础条件和新的情况作了深刻系统的分析，提出了21世纪初水利发展目标、基本任务和建设重点水利工程等建议，这些高瞻远瞩的观点对水利发展具有重要的参考价值。

二是研究提出了应对水资源短缺的政策建议。当前，经济社会发展面临的水资源短缺制约日益明显。对此，徐乾清同志较早就敏锐地开展了深入研究。20世纪80年代以来，他数次就我国水资源短缺对经济社会发展和生态环境保护的严重影响作出论述，提出了很有针对性和指导性的对策建议。在1985年中国水利学会代表大会上所作的学术报告《对当前水利发展问题的一点认识》中，他系统分析了不同历史时期人与水的关系，提出了近代和现代社会人与水关系的主要特征，阐明了今后水利发展应注意的七项原则，切中要害，鞭辟入里。在《北方缺水问题的特点和对策》和《我国水资源若干问题和对水政策的几点建议》两篇文章中，他从宏观角度分析了水资源开发利用方面出现的问题，并提出了对策建议，基本符合现实形势发展。

三是系统分析了我国防洪减灾战略对策。近 20 年来，徐乾清同志对我国大江大河的防洪减灾经验进行了系统总结，对洪水产生的自然环境条件、社会经济历史背景、防洪建设的基本情况和对策进行了深入系统的论述，提出的一些治水观点和建议对新时期我国治水思路的调整具有重要指导意义。在钱正英同志主编的《中国水利》中，由徐乾清撰写的《中国的防洪》一章，系统总结了新中国成立 40 年来防洪建设的经验教训，分析了当代防洪发展趋势，提出了防洪建设"点"、"线"、"面"措施密切结合、工程与非工程措施相互配合的大江大河防洪对策。在钱正英、张光斗同志主持的中国工程院重大咨询项目《中国可持续发展水资源战略研究》中，由徐乾清撰写的综合报告《中国防洪减灾对策研究》中，概括分析了主要江河水情、河情、工情、灾情的变化趋势，提出了我国洪水产生、水灾形成的基本规律和防洪战略性对策设想，为制定新时期中国江河防洪减灾对策提供了重要的技术支撑。

胸怀江河，魂牵水利。这本弥足珍贵的文集，字里行间凝结着徐乾清同志毕生的心血与智慧，也镌刻着徐乾清同志对祖国水利事业的满腔赤诚与无限热爱，堪称中国水利思想宝库中的一枚瑰宝。广大水利干部职工和水利科技工作者要认真学习、深刻领会《徐乾清文集》的丰富内涵，继承徐乾清同志等老一辈水利工作者的优良传统，弘扬"献身、负责、求实"的水利行业精神，为加快发展民生水利，推进传统水利向现代水利、可持续发展水利转变而努力奋斗！

以此深切缅怀徐乾清同志。

是为序。

二〇一〇年十二月十四日

编 者 的 话

徐乾清院士是我国著名水利专家，长期从事水利规划、防洪减灾和水资源等方面的综合研究和技术主管工作，主持审查全国主要江河流域综合规划和防洪专项规划，参与长江三峡、小浪底、南水北调等重大水利枢纽工程、跨流域调水工程的论证工作，为中国现代水利事业的发展作出了突出贡献。

2011年1月，在徐乾清院士逝世一周年之际，为了缅怀徐乾清院士辛勤耕耘、默默奉献的一生，南京水利科学研究院组织编辑了《徐乾清文集》，该文集共分水利规划与水资源、防汛抗旱减灾、江河治理、地方水利四大部分，另有徐乾清院士的诗选、自传和其他文选以及其生前好友、同事和女儿的深切怀念文章。钱正英院士撰写的《痛失良友》为《徐乾清文集》代序，水利部陈雷部长在百忙中也为文集写序。

《徐乾清文集》编辑组负责人戴定忠，南京水利科学研究院院长、中国工程院院士张建云，徐乾清院士生前部分原水利部南京水文水资源所的老同事文康、骆承政、张世法、王家祁、刘国纬，以及刘九夫、关铁生、赵洁群、刘翠善、严小林等同志参加了编辑校核工作。中国工程院、水利部国际合作与科技司、中国水利水电科学研究院、国际泥沙研究培训中心、中国水利学会、中国水利水电出版社、中国水利报社等单位也都为文集的出版给予了积极支持。

2012年，中国工程院组织陆续出版《中国工程院院士文集》（以下简称《院士文集》）。为集中展示院士们在工程科技领域辛勤耕耘的学术成就和奋斗历程，中国水利水电出版社与中国工程院学术出版委员会办公室达成战略合作协议，共同组织出版水利水电行业院士的《院士文集》。《徐乾清院士文集》即是在《徐乾清文集》的基础上，按照《院士文集》的统一格式重新编辑出版的。

为了充分尊重徐乾清院士生前好友、同事和家人的意愿，由南京水利科学研究院组织编写的《徐乾清院士文集》，对原《徐乾清文集》的内容和文章保持不变，只是将内容重新分为"自传回忆、学术文章、诗文选录、深切怀念和附录"五部分，整理和补充了徐乾清院士主要论著的目录，并对错漏之处进行了订正。

感谢所有关心和支持《徐乾清院士文集》出版的同志！希望《院士文集》系列丛书能充分展示院士们严谨求实的学术风范和生命不息、攀登不止的学术人生。

《徐乾清院士文集》编辑组

2016 年 3 月

目　录

诗文选录

深切怀念

附录

自 传 回 忆

"我尽了我的一切能力，做了我力所能及的工作，无负吃农民给我的饭，工人供我衣和生活用品；一生未做对不起社会和周围同志以及亲朋好友的事。大概还算是一个可以问心无愧地度过这一生的普通劳动者。"

——徐乾清

自传

故 乡 和 家 庭

我 1925 年 12 月 16 日出生于陕西城固的乡下，地处汉中盆地平川地区的中心地带，气候温润，自然环境优美，依靠古老的灌溉工程形成陕西水稻生产的基地，农耕业一年两熟，收成不错。

汉中地区由于受秦岭、巴山的阻隔，对外交通极为困难，长期处于封闭状态，号称"天狱"，经济文化相对落后，老百姓乐于在故乡谋生，很少外出经营其他事业，谋生和外出上学的人非常少，因此性格保守，绝大多数人孤陋寡闻，对汉中以外的情况极少了解。这种状态，一直保持到抗日战争开始后，北方沦陷区机关、学校内迁，才改变了这种封闭状态。

祖父辈以前是世代的自耕农，到祖父一代已从富裕中农向富农发展；父辈兄弟六人，父亲最小，一边经营农业生产，一边上学读书。父亲在从陕西师范学校毕业后，曾在武汉参加国民党北伐部队，后来回到家乡当小学教员、校长，以后长期从事教育工作。母亲是一位终生从事家务劳动和农业生产的家庭妇女。他们温良和善，乐于助人，在乡里口碑不坏。1957 年我在北京与水利部同事叶慧贤结婚，成立了新的家庭。老伴是一位性格坚强、做事认真、学习积极的女同志。由于我工作忙、体弱多病，她几乎承担了整个家庭事务，支持我的各项工作，照顾我的健康。我们生一儿一女，都读完了大学，能独立工作。2008 年 2 月老伴病逝，我失去了生活支柱和家庭关爱。从此走上老年孤独的生活。

我 的 学 生 时 代

在上小学以前，父亲开始教我认字读书，从小形成了喜欢读书的习惯，一本故事书可坐着不动读大半天。正式上学已经是八九岁以后的事，那时抗日战争已经开始。1931 年"九一八"事变日本侵入东北三省，对日本人的野蛮抢掠屠杀时有所闻，开始萌发仇恨日本和抗日的思想，因此，对历史上有关抗御外敌入侵的人物故事特别喜爱。1935 年九岁时随父亲的工作，家庭从乡下迁到县城，我也开始上正规的小学。1937 年七七事变抗日战争全面展开，那时我虽然什么也不懂，也跟着学校组织的抗日宣传队到乡下宣传。父亲对我的学习管得很松，我也不太认真地学习。1938 年夏小学毕业，由于生病，失去了考中学的机会，在家休息和劳动半年。1939年春上了一所私立中学，半年后我考取了从北京搬迁到城固的西北师范学院附中。从1939年秋至1945年夏6年间在这所全国著名的学校读完了中学。1937年抗日战争全面展开后，不久北平沦陷，原在北平的大部分大学分别向后方搬迁，一部分大学搬到汉中城固成立了西北联大，不久联大分为西北大学、西北师范学院、西北工学院和西北医学院。西北师范学院的前身北京师范大学，搬迁时连同附属中学一并内迁。师院附中继承了北京师大附中的优良传统，内迁的有原附中的18位老教师（号称附中18罗汉），加新聘的老师，总体上老师质量是很好的。学校对学生的要求很严，教学质量很高，而且随时可能考试，每年有一门不及格，即不能升级，因此学生学习十分认真，白天上课，凌晨和夜晚大部分同学都学习和完成作业，形成一种自学和竞争的风气。老师除了教规定课程外，很注意学生的品质教育和培养学生的自学能力，学习课外知识的风气浓厚，这是我终生难以忘记的。我是一个土生土长的学生，见识少，孤陋寡闻；而多数同学都是从外省、外地流亡汇集到城固的，他们虽然年纪都和我差不多，但见多识广，学习成绩又不错，相形之下，感到自卑，对他们十分羡慕和佩服。在这种环境下，除认真学习规定学科外，尽量阅读课外读物，我对历史、地理具有特别爱好，同时对自然科学常识也有很多兴趣，但大都学而不专，浅尝辄止，不求甚解，这形成了我终生的坏习惯，学习杂乱无章，博而不精。在中学阶段，各门规定学科，虽然也作必要努力，考试成绩大多只达到中等偏上的水平，但也得到一个戏谑性的称谓"小万有文库"，不少同学喜欢和我一起讨论问题和闲谈。中学时代算是在平稳和愉快的情绪下度过的。

1945年夏，中学毕业，绝大多数的同学都积极准备考取大学，有不少同学准备南下重庆考取比较好的学校。前一两年我也有这种愿望，借此机会走出封闭的汉中，开阔视野，接触更广阔的世界。因此，在高中二年级上完后，曾以同等学力的资格，提前考取了西北工学院纺织系，这在当时是一个不错的专业，但由于抱着"走出汉中"的愿望，在西北工学院，保留了学籍，继续读完高中三年级。正是这最后一学期，出现不幸。当时，城固的社会状况十分糟糕，物价不断上涨，小股"土匪"不时出没抢劫，就在我中学毕业前不久，父亲失业在家，经济上相当困难，又遭到"土匪"在夜间抢劫，一夜之间家庭被洗劫一空，家庭生计顿时陷入困境，估计一年半载之内难以恢复，于是出外考大学之梦完全破灭，毕业后的暑假，也没有再参加高考的愿望。这年7月，突然见到"国立上海交通大学"在城固招生，立即想去碰碰运气，报考了一个很不为人注意的"造船系"，意外地被录取了。父亲千方百计筹措了一笔钱让我去重庆上学。对在大学学习什么专业，本来没有什么明确的选择，既然有这样一个机会，决心上了再说。在造船系上了二年，感到此后就业门路太窄，决定转到土木系，这两年在交大都是基础课，各系差不多，转系后还能接上去学。在大学的后两年由于参加学生运动和共产党的外围组织，后来（1949年初）参加了共产党，大部分时间从事党分配给的革命工作，学习便成了次要任务，只要考试能及格，学科能过关，至于学好学坏就不去管它了，到1949年上半年的最后一学期，因为国民党军警对学校搞革命工作学生搜捕，进行种种迫害，于是到4月下旬，学校被迫停课，由同学和校方给找临时生活的地方；同年5月下旬上海完全解放，重新回到学校，但再也未复课，绝大部分的地下党员和进步学生主要协助解放军维持社会秩序，参加部分接管工作，像我们毕业班的学生，也认为学习期满准予毕业，从此结束了学校生活。在大学最后这两年，专业课学习得非常差，很多选修课也未学，这给参加工作后带来很多困难。在参加工作的最初几年不得不边工作边学习，补偿这两年的缺失，这也是我这一生最艰难最努力的时期。总的说来，在上学期间我是一个合格的中学生，但不是一个合格的大学毕业生。

走上工作岗位，进入水利行业

1949 年 5 月下旬上海完全解放，我的学校生活和地下党工作状态全部结束，准备走向工作途径。说实在话，我选择学习工程技术并非自己兴趣所在，也非对它有所了解，主要是为了以后的工作出路。在大学四年级时选择了上土木结构专业，主要是考虑这个专业课程较少，容易混过毕业，对专业课程并未认真学习。离开学校之前，可由组织分配，也可按当时各部门的需要自己选择，报告组织同意就可以了。大约到 1949 年 6 月下旬，华东军政委员会农林处要招聘部分技术人员，经短期学习后到苏北去从事棉垦区的恢复和开垦工作，重点是搞水利建设。由于我少年时期长期生活在具有灌溉设施的农村，也看见过少量古老的和现代的农田灌溉工程，对水利工作有一点感性认识，就经党组织批准参加了这个"棉垦训练班"。经过大约 3 个月的学习，1949 年 9 月初就到苏北泰州苏北行署水利处报到正式参加了工作，这就开始了我一生的水利生涯。此后的 60 年，除了在"文化大革命"期间下放"劳动改造"几年外，没有离开过水利部门，直接或间接参与了新中国水利发展的各个过程，为水利事业做了少许力所能及的工作；也经历了各种政治运动，体会到一个中国知识分子的各种感受。虽然在主观方面想通过努力学习和积极工作，能在水利事业中有所贡献，但是由于客观环境的复杂性和难以预料的变化，以及我本身体力和智能的缺陷，终生没有建树，只能做一个普通劳动者和平庸的水利科技工作人员。

1949 年 9 月，我在苏北工作 8 个月，后来到上海华东水利部工作一直到 1953 年 4 月，华东水利部撤销，调到北京中央水利部工作为止。在这不到 4 年的时间里，主要是对水利这个行业的初步探索和认识，也是对共产党领导下的新中国一个认识的开始。到苏北后，任技术员，没有从事行政管理工作。在老同志和领导眼里我是一个上过大学的技术人员，是一个入党不久的新党员，政治觉悟不高，对党的认识很浅；在从旧社会接收过来的老技术人员、工程师面前我是不合格的大学毕业生，既无完整的工程技术知识，又没有工程实践经验，是一位共产党员，接触中处处提防着我。在此状况下，我的处境很尴尬，也产生了一种自卑感。我下决心抓紧学习，补上在学校学习的不足，并认真工作，积累实践经验，力争尽快成为一个合格的工程技术人员。在生活待遇方面，当时可以选择薪金制和供给制，我在革命热情的鼓舞下，选择了与老干部一样的供给制，国家供给吃饭、穿衣，每月还有很少的零用钱，这种供给制待遇一直保持到来北京为止。在苏北期间，干了 3 个月河道测量工作，做了很短时间的堤防施工工作，又回到办公室帮助老工程师做一点具体的设计计算工作，工作虽然简单，但都得从头学起。在做测量工作时，徒步查勘了苏北沿海荒凉的、可待开垦的荒地滩涂，初步获得里下河部分地区河道景观和河网水系状况的印象，也得到部分热心的老工程技术人员的帮助，对水利工作开始有少许感性认识。在苏北的这8个月，苏北地区水旱灾害并不严重，但经过多年的战争创伤，生产尚未恢复，灾情显得十分严重，大部分农民缺乏口粮，以外地送来的救济灾民的米糠、麸皮和就地采摘的野菜为主要食物，甚至于吃观音土（一种陶瓷土），不少人流亡外逃。我们测量经过的村庄随处可见大人小孩，端着半盆糠麸野菜不见米粒的稀饭，缓慢地吃着，穿着破棉袄靠墙站着晒太阳，见之令人心酸。过去听说过遭受水灾群众的凄惨生活，但未亲身见到，这次亲临其景，留下了难以忘记的印象。不久由于患肺结核病，医治效果不佳，我又想再回交大补上一年大学课程，因此请求领导允许我重回上海。1950年8月我回到上海华东水利部，与交大商量复学，学校认为没有必要，对两门未学习的选修专业课，参加两次补充考试就算学过了，这样我才拿到正式的大学毕业文凭。此后也就留在华东水利部工作了。

华东水利部主管长江、淮河治理之外的地方水利工作。那时国家拿不出多少钱投入水利，地方主要依靠农民群众义务劳动修复加固已有水利设施，促进恢复农业生产。华东水利部的主要工作是筹划进一步防治水灾、发展农田水利的可能措施，重点研究太湖流域的治理和上海市、钱塘江等地防风暴潮海塘的修缮和加固措施。我只做些收集资料、了解地方水利情况的工作，工作并不紧张，有不少时间可自己学习补充缺失的专业知识。看过一些过去老水利专家们提出的江河治理方案和一些地方水利史志，逐步了解水利工作的具体内容和需要抓紧补充学习的专业知识。这两三年间主要参加的工作有：1952年初经历了3个月的太湖流域考察工作，考察组由熟悉太湖流域情况的老水利专家组成，对太湖流域的自然地理面貌、开发治理的历史背景和面临的各种水利问题进行全面考察，我不断向他们请教，他们也不厌其烦地给我说明和指教，我从而对太湖流域得到比较清晰的全面了解，奠定了我对太湖流域的认识，对此后的工作有很大帮助。1952年夏，参加了治淮和荆江分洪工程的考察，对淮河上游石漫滩、白沙、板桥水库和正在施工的荆江分洪工程进行了实地考察，这是我平生第一次接触实际的水利工程，印象特别深刻。1952年冬到1953年春，随华东行政委员会一个检查水利工作的小组，又参观考察了山东、江苏的沂沭河整治工程和淮河中下游内外水分流、洪泽湖大堤、苏北灌溉总渠和三河闸等工程，这是对淮河流域的第一次接触和了解。经过上述过程，对水利的工作内容和建设过程有一些初步了解，深深感到水利事业的复杂艰巨和我需要补充学习任务的繁多和迫切。

在华东水利部工作期间，经历了一系列政治运动，主要参加了面对全社会的"三反五反"运动，初步体会共产党依靠群众运动解决各种问题的工作方法，虽然对一些做法感到不理解、不适应，但是深信共产党领导的正确，还是积极参加。在此期间，所患肺结核病有所加重，先后住了半年医院和疗养所，病情好转稳定，出院后可以正常学习和工作。

一个稳定的工作时期，边工作边学习，以学习为主

1953年4月底，从淮阴回到上海，华东行政委员会已经撤销，华东水利部已不存在，我被分配到北京中央水利部工作，大部分的同事已经离开上海，各赴新的工作岗位。我独自一人，带着介绍信，乘坐了两天两夜的火车，于五一节前赶到水利部报到。

过节之后，我被分配到水利部办公厅专家工作室工作，担任专家工作室技术组组长，帮助苏联专家工作。那时，有4位苏联专家，每位专家配备一名专职俄文翻译和一名技术员帮助他们工作，我就兼任了苏联专家组组长的助手。那时苏联专家的主要任务：一是考虑中国水利重点地区发展方向。那时重点是黄淮海地区的严重水旱灾害，淮河治理已在1950年全面启动；接着就是抓紧解决黄河防洪安全问题。1953年中央已决定委托苏联列宁格勒设计院帮助编制黄河流域综合规划，由黄委会提供黄河水文、泥沙、河道特性以及治黄的历史背景（包括近代黄河研究的成果）等基础材料，水利部与电力部共同组成黄河规划委员会，由政务院直接领导这项工作，水利部主要抓治淮和华北、东北的水利工作。苏联专家拟提出这些地区的水利全面建议，专家组组长主要抓这方面的工作，因此我的主要任务是收集这些地区的基本资料，进行摘要整理，提出一个反映全面情况的简要报告，由翻译译成俄文，供专家参考。我对这项工作很有兴趣，边学习、边整理，不断请示部里的老专家和领导，得到他们很大帮助，同时也与苏联专家讨论，按他们的要求进行补充修正。这项工作十分艰苦，但是我得益很大，初步了解了这些地区的水利基础情况和存在的问题，对以后的工作帮助很大。二是帮助研究解决在建和拟建重大工程设计、施工中存在的问题，特别是在建工程。那时，国内的技术人员设计、施工的技术水平和实践经验都很不够，各项重点工程设计、施工中存在的问题不断向苏联专家提出，苏联专家被誉为"救火队"，不断到有关地区和工地研究解决问题。我们作为专家助手的技术员每次紧随学习，并做一些辅助工作。在这方面苏联专家工作态度是极其认真的，对各类问题，他们针对中国技术人员缺乏经验的特点，总是从理论到实践不厌其烦地讲解解决问题的途径和措施。他们出差一般都带大量的专业书籍，不断引证专业书籍，讲解具体方法，这种认真负责的精神令人十分感动，我也从中得到不断启发和得到不少知识，这是我学习业务的一个重要途径。

我学习的第二个途径就是随领导和专家对主要江河的考察和工作检查。由于具体工作部门和地方对领导和苏联专家的尊重，汇报的情况比较全面、系统、真实，需阅读的资料也比较容易得到。几次主要的考察是：

（1）1953年秋苏联专家对淮河流域的一次全面考察，随行的有国家计委管水的不少干部、水利部计划部门和治淮委员会的技术专家和领导干部。从上游泗河南湾水库开始，沿淮干流考察了息县、淮滨、王家坝、史河、溉河部分水系、佛子岭连拱坝在建工程、治淮的重要枢纽工程——润河集枢纽和城西湖控制工程等，经峡山口到蚌埠，再乘船考察淮河干流，五河内外水分流和洪泽湖大堤、三河闸和淮河入江水道，对淮河流域有了一个比较完整的概念。

（2）1954年初参加黄河规划委员会组织的庞大的黄河流域考察团，大约有200多人参加，包括黄河规划委员会、水利部和水电总局的苏联专家，黄委会的主要科技人员。从黄河下游的济南开始向黄河上游考察，沿途听取黄委会和地方政府关于治黄情况和希望解决的问题。考察黄河大堤和黄河潼关以下可能建坝的坝址，特别是三门峡坝址最令人关注。到洛阳以后，召开了座谈会，各方专家发表治黄的意见和可能在近期修建的水利枢纽工程，三门峡水利枢纽工程提上了重要的议事日程。此后分两大部分进行考察，大部分继续向上游考察关中、甘肃、青海的黄河干流；水利部的苏联专家和不少科技人员共同考察了陕北和甘肃东部黄土高原水土流失区和水土保持实验站，同时考察了宁蒙河套平原的灌溉工程，到5月初，结束了这次考察。这是一次全面认识黄河，接触到黄河水少沙多、水土流失严重、河道严重淤积形成下游悬河的真实面貌，并对黄河中游水土保护的艰巨性、重要性和发展灌溉的迫切性有了初步认识。

（3）1954年夏对新疆的考察。水利部部长傅作义和党组书记李葆华亲自率领全体苏联专家和水利设计室的部分中国专家组成一个相当庞大的工作组。这个专家组受到新疆省（当时新疆维吾尔自治区尚未建立）政府和新疆生产建设兵团的邀请到新疆为生产建设兵团屯垦戍边土地开垦和水利建设进行规划咨询。此前，水利部曾派灌溉专家苏宗嵩会同新疆水利厅王鹤亭厅长组织科技人员进行了初步研究，已经提出屯垦开荒农场的分布和以修建平原水库为主的水利建设规划。我们这一次的考察任务是进一步研究评审和确定方案。地方和兵团对这次考察接待十分隆重。在迪化（当时乌鲁木齐市的名字）听取了地方和兵团的汇报，重点考察了天山北麓人口密集带的人工绿洲；骑马沿三屯河上溯，考察了从昌吉、阜康到天池，再从天池向上到达博格达雪山边缘的天山北坡立体分布的自然森林草地和天然绿洲。天池是著名的高山湖泊风景区，湖水清澈深不见底，两侧山地森林茂密，地表灌草植被丰满，湖的北侧一直到雪线，林草灌木为主的地表覆盖更加美好，是重要的夏季牧场，风景的秀美令人陶醉。那时交通不便游人很少，所见到的都是夏季牧民。此后又沿天山北麓泉水溢出带形成的天然绿洲和人工绿洲考察了玛拉斯河到奎屯的中小河流的荒地和修建平原水库的地点；再经赛里木湖，穿过果子沟到伊宁，对伊犁河谷进行考察。赛里木湖是当时新疆仅次于天池的第二风景区，位于天山西段北麓的森林边缘地带，湖面达500多km²，湖边就是茂密高大的林带，湖的周边是长势极好的草地牧场；湖水呈浅蓝色，深不见底。通往伊宁的果子沟是一条天然小溪，公路两侧土地全部覆盖了林草，溪水清澈不见泥沙，30年后1984年再经果子沟，两侧森林已过度砍伐，土地山坡水土流失加重，溪沟中流水浑浊，看了令人痛心。伊宁是伊犁河流域的中心城市，当时人口稀少，天然降水达400mm，基本保持了原始生态系统，景色非常美好。在伊宁除了考察其流域状况和古老的灌溉工程外，还到达中苏边界的霍而果斯口岸，隔河相望两岸发展水平有明显的差别。由于洪水冲断公路，原拟南疆的考察只好取消。野外考察一段后，回到迪化对垦区的部署和水利发展方向进行讨论。一个主要的争论是关于平原水库的修建，苏联专家认为平原水库可能造成大面积的土地盐碱化，主张在河流出山口寻找合适的坝址修建山谷水库。经过勘察，发现山区河流大部分坡陡流急，很难找到合适的建库坝址，难以得到较大的库容，如果修建高坝大库，那时财力和技术条件都难以办到，即使办到，施工时间长，也难以适应生产建设兵团尽快建设屯垦农场的需要。经过反复讨论，最后苏联专家同意了修建平原水库的方案，并提出了减少土地盐碱化的各种措施。这时新疆考察基本结束，个别苏联专家生病住进医院，水利部的主要领导返回北京，留下了我们少数人在新疆等候苏联专家病愈再回北京。在此期间，我系统地学习了新疆的自然地理和社会经济发展状况，初步认识到：新疆自然地理特征，地形、气象、水文水资源的分布、季节和年际变化规律，水旱灾害的特殊表现；认识到人工绿洲、绿洲经济的重要性和局限性。当时新疆人口大约500万人，耕地2000多万亩，人工绿洲的建设、绿洲经济的发展还有巨大潜力，就是没有认识到缺乏严格控制地扩大人工绿洲将会给生态系统和社会经济发展带来多大的损害和影响。在此期间还考察了吐鲁番盆地的坎儿井和特殊气候条件下的瓜果基地，浏览了高昌古城。同时考察了乌鲁木齐河，发现距迪化市不远的乌拉泊可以修水库，坝高大约在 30m 左右，可获得较大的库容。向苏联专家汇报后，他也去查勘了一次，决定修建乌拉泊水库。这是此次新疆考察中选中的唯一山谷水库。9 月中结束新疆的考察回到北京，赶上国庆五周年的庆祝活动。通过这次新疆考察，对汉唐先烈们经营西域的艰难、特殊性和重要性有了进一步的理解。

（4）1954 年 9 月自新疆返回北京后，部有关部门向苏联专家汇报了 1954 年汛期长江、淮河两大水系发生了流域性的特大洪水，淮河流域上中游遭受了历史记载中最大的水灾，中游的重要洪水控制枢纽工程——润河集枢纽（包括城西湖闸）被冲毁，下游洪泽湖大坝和新开苏北灌溉渠首高良涧闸也出现严重险情，汛后被毁工程的恢复重建和治淮方案的重新规划启动。这项工作从 1954 年秋到 1956 年中的主要过程我与苏联专家都参加了，从重新分析确定设计洪水、修订防洪标准到遭到破坏的已建和在建工程的改扩建和险情处理的全部过程我都直接或间接地参与，从中学习了很多东西，使我终生难忘。在淮河流域综合规划的启动中，对如何进行流域规划，得到初步系统的认识。1953 年冬全国水利会议中，水利部首席专家沃洛宁作了一次系统的"江河流域综合规划报告"，这个报告中的具体内容在淮河流域综合规划中得到实践和检验，也是在国内文献中首次出现的有关水利规划系统内容和编制要点的文件。

（5）1955 年 4 月，水利部领导带领苏联专家和水利部的部分老专家到长江水利委员会了解 1954 年大水后的长江流域防洪工作安排，具体研究汉江杜家台分洪区的建设问题；同时考察了武汉市的防洪设施和 1954 年防洪情况，荆江大堤和荆江分洪区 1954 年汛期运用和局部毁损情况。之后从武汉飞往重庆对长江上游进行考察。第一次考察了中国著名的古代灌溉工程都江堰，对两千多年前李冰父子利用河道弯道环流的原理引水排沙，修建这样伟大的灌溉工程，实在敬佩至极，同时对灌区的一般情况，作了粗浅的了解。后来对重庆附近的长江干支流可能修建控制长江上游洪水的河段也作了粗略考察。返回途中乘船穿越长江三峡，陪冯仲云副部长在船头坐了差不多一整天，他是一位博学多识的领导，他一路讲解三峡特色景观和未来修建三峡水库的有关情况，这是我第一次接触长江三峡工程，印象十分深刻。

在专家工作室工作的 3 年（1953—1955 年）是我通过工作学习专业知识最有效的时期，对工作和学习我倾注了全力，每天工作和学习都在 10 小时以上，由于思想集中，精神振奋，并不感到劳累。那时的苏联专家大都是年纪较大经过二次世界大战的老战士、老党员，具有国际主义精神，真心诚意帮助中国，热心关心我们青年技术人员学习，他们的工作态度和学习钻研的精神令人十分感动；那时的机关领导，也是非常关心年轻干部的学习成长，对下级平易近人，容易接近请教；参加新中国建设的老一辈科技工作者，大多数工作热情高，热情帮助青年后进。这种人际关系经过多次政治运动，特别是"反右派运动""文化大革命"，发生了很大变化，人际关系变得人人心存戒惧，谨小慎微。自改革开放以来虽然又发生了新的变化，但新中国成立初期那种优良传统至今没有完全恢复。1956 年我离开了专家工作室，调到部科学技术委员会工作，主要帮助老专家、老委员从事主要江河的各类规划和重点工程建设项目的设计文件审查工作。这项工作分为两大部分：一部分是属于宏观性的规划工作；一部分是具体工程设计的战术性技术工作。我的工作范围是第一部分，对这一部分工作所应具备的水文、气象、水利计算专业知识我仍然是十分缺乏的，因此通过对具体规划文件的学习钻研外，业余时间对上述3个专业的书籍和专题科研成果认真地学习，并向有关这3个方面的专家不断求教获得帮助。在部科委工作期间，我参与了三门峡水利枢纽初步设计的讨论和审查工作。那时我对黄河的水沙特性、治黄的难点和长期治理未能得到有效结果的难点都缺乏了解和认识，参加三门峡水利枢纽工程的讨论和审查只根据极其肤浅的一点了解，出于对苏联专家指导下编制的对黄河规划成果的迷信和对大型水利枢纽工程应充分发挥水资源综合利用功能的愿望，发表了一些支持苏联设计成果的意见，反对当时对"三峡枢纽工程"设计提出的反对意见。那时我自知人微言轻，我的发言不致影响兴建三门峡工程的决策，但长期以来对我这种无知和轻率感到惭愧。此后经过两年，到1958年初，水利、电力两部合并成立新的水利电力部时结束了这项工作。从1949年中到1958年初这8年间，以补学大部分专业学习的缺失和参加工作后通过工作结合学习以学为主的时期告一段落。

走进一个动荡和多变不安的时期
——"大跃进"、"文化大革命"时走过的日子（1958—1978年）

1956年苏联共产党召开20大，揭露了斯大林专制独裁的黑暗面，震惊了世界。中苏两个第三国际最大的共产党对社会主义发展道路产生意见分歧，波匈事件的发生引起中国共产党的警惕。从1957年起中苏关系开始恶化，苏联逐步停止对中国的援助，并逐步撤走在华苏联专家。中国进一步肯定列宁—斯大林的社会主义发展路线，在政治方面向极左发展；经济发展方面，在1957年批判"反冒进"中，放弃"一五"期间按部就班循序发展的方针，转向急进快速赶英超美的"大跃进"方式。1957年整风反右派运动之后，比较宽松稳定的社会环境发生了变化。1958年经济发展的"大跃进"开始以后的20年（到1977年）中发生了令大多数人难以理解的政治运动，如不断的反右倾运动，直到"文化大革命"的爆发，使政治局势混乱、经济发展停顿乃至破产的边缘。像我这样作为一个政治思想水平不高，缺乏为真理奋斗不惜牺牲生命精神的共产党员，只能处处谨慎小心，不求有所作为，保全自己又尽量不伤害他人的平庸科技人员。这是在这20年中的基本心态。在这20年中，先后也做了些业务工作，但作用不大，自己也没有什么进步和收获。

在1958—1966年"文化大革命"正式启动之前，首先经历了"大跃进"和处理"大跃进"遗留问题的阶段。"大跃进"期间影响最大的是大规模兴修水利和大炼钢铁两件事。大修水利是在1956年党中央发布的"农业发展纲领（40条）"推动下开展的，"纲领"要求在较短时期农田水利化，提高农业单产，尽快实现"四五八"（即耕地单产黄河以北平均亩产达400斤，黄河—秦岭—淮河之间平均亩产达500斤，秦岭—淮河以南平均亩产达800斤），这本来是第三个五年计划（1963—1967年）或更长的时间争取实现的目标，但"大跃进"一开始有不少地方要求在1～3年内实现。在水利发展方针方面又有毛主席认同的"三主方针"（即"以蓄为主，小型为主，群众自办为主"）为引导，在基层群众发动起来后，大多数干部和群众对"以蓄为主"绝对化，在全国大修水库，国家和省修大型水库，地县一级修中型水库，县社（人民公社）一级则大修小型水库，两三年间大型水库达 200 多座，中型水库达 1000 多座，小型水库则达五六万座。同时遍地河道打坝蓄水，修建塘埝，不顾条件搞平原"河网化"，要实现"一块地对一块天"，尽量蓄积雨水；不顾水源和对相邻地区的影响，快速兴建灌区，不考虑排水和渠系配套，只要灌上水就算灌溉耕地。二三年间，据统计，全国灌溉面积达 10 亿亩以上。在这种既缺乏必要的前期工作，又没有必需的技术指导，原材料（木材、水泥、钢筋等）十分紧缺的情况下，水利工程粗制滥造、因陋就简、质量难以保证，在 1960 年中"大跃进"突然刹车，大量工程顷刻停工下马，这就留下了数量巨大的尾工和影响深远的大量遗留问题，成为此后数十年难以解决的难题，严重影响水利事业的正常发展。在此期间，我参加了毫无实际意义的计划部门不断调整计划的工作，每次调整计划主要是增加建设项目、增加国家投资和增加建筑材料供应等方面的要求，但每次计划过不了几天又要重编，从来没有批复过，也未起到什么作用。再一件工作就是不定期地到地方了解重点工程进展情况，向地方和群众学习"大跃进"的精神和"宏伟的气势"。1958年麦收季节我们一位局领导带领一个有我参加的小组到河南考察，河南开始在麦子单产方面不断放出"卫星"，从亩产七八百斤不断上涨达到亩产几千斤，仅从农业生产常识的判断，就令人疑惑。那时郑州有一个小麦丰产展览，看到一方（1m²）的从田间整体搬运来的实物展品，旁边明白标示亩产 4000 斤，出于疑惑和好奇，我坐在旁边仔细数了这块展品的株数和几穗小麦的粒数，细细计算，最后得出这样展品的亩产最多超不过 1200 斤，我觉得河南这样明目张胆地弄虚作假，令人惊奇和不安。回到住所将我所见、所取、所算结果告诉我们那位局长，他马上警告我这一情况不能再向其他人说，如不慎说出去会给自己招来灾难，这才使我认识到对农业产量弄虚作假的事，不少人都已清楚，受到高层领导的威慑都不敢讲真话而已。此后对 1958 年农业产量的一再放"卫星"，造出天文数字的产量，官方报纸不断加以宣扬，实在令人悲哀，我自己也无勇气站出来说真话。到施工工地考察，群众的劳动热情，令人鼓舞，但工程能否保质保量地完成实在令人无法想象。在结束考察向地方领导汇报时，也只能听到一些正面肯定和赞扬的声音，问题和担心只是一些轻描淡写不着边际的话语。从这次考察，对"大跃进"有了一些感性了解和认识，在当时的大环境下不知道是福是祸。

1957 年底至 1960 年的"大跃进"实践，给水利事业带来一系列难以处理的遗留问题，主要是：

（1）留下大量半拉子工程、主体工程不配套不能发挥作用的工程、大量存在标准低工程质量隐患多的病险工程，这几类工程中有不少影响江河防洪安全或工程失事将造成大量人员伤亡或重大损失的工程都需要及时处理。

（2）大量胡乱调整水系、拦河筑坝蓄水或修边界堤防沟渠等引起上下游或相邻地区水利纠纷的工程，在平原地区普遍出现。

（3）大量水库库区移民搬迁，草率安置，不少完全没有赔偿，造成大量新的贫困群体，仅"大跃进"三年期间就高达 1000 多万人，造成巨大的社会不安定因素，至今尚是未完全解决的历史性巨大灾难。

（4）修建了800多处碍航闸坝工程，不少河道通航水源被切断，加上水土流失加重，河道加速淤积，以及其他自然和人为的影响，使原来通航的内河航道缩短了1/3，造成航运行业大量失业的人群和内河航运的萎缩。

（5）兴修水利和大炼钢铁，大量森林植被遭到破坏，形成空前的生态系统和社会环境大恶化，不少地方至今尚无法弥补。

（6）对农民财产和设施的大量"平调"占用，加深了本已贫困的农村进一步贫困。

这几类重大遗留问题成为"大跃进"后水利部门长期的沉重负担，我参与了解决这类遗留问题的部分工作，问题的复杂程度和解决途径的艰难比修建任何新建工程要困难得多。"大跃进"末期和以后的几年，农业生产严重萎缩，粮食大量减产，造成全国农村大量人口非正常死亡，据一些专家分析，这种死亡人数大约在3000万~4000万人之间，"大跃进"所造成危害之大之深令人难以想象。"大跃进"之所以造成如此巨大的灾难，主要是决策者既违反自然规律，又违反经济发展规律，靠主观臆断所造成的；虽然有天灾的影响，如1958年黄河发生20世纪第二大洪水，1959年潮白河水系发生大洪水，但经过紧张防汛都未发生大灾害；而人祸是最主要的，这一严重的历史教训是永远也不能使人忘记和在历史上消除的。经过这一段水利大规模快速建设，从所遗留的大量难以解决的问题中，我深深体会到水利科学是一个极其复杂、极其庞大的多层次的巨系统工程，涉及自然科学、技术科学和社会科学的高度综合性学科，必须处理好人与自然、人与人的关系，必须正确认识工程技术既是帮助人类获得巨大效益、推进人类进步的巨大动力，但如果使用不当，也会给人类带来巨大灾难和损害。任何一项水利工程的建设，既会产生正面的效益，也会产生负面的影响；长期以来，水利技术干部看到和强调正面作用为主，对负面影响认识不够，这是值得警惕的。1963年海河南系发生特大洪水，海河流域发生新中国成立以来最大的洪水灾害；1964年海河流域降雨量多洪水不大但涝灾非常严重，治理海河提高海河平原地区防洪除涝能力成为国家最大的、迫切需要解决的问题。1964—1965年海河流域重新进行了防洪减灾规划，这次规划不仅提高了防洪标准，而且在总体布局上海河五大水系都安排了直接入海的下游排洪通道，彻底改变了上千年受南北大运河影响，海河支流集中由天津一处入海的局面，为运河西侧广大平原洼地排洪排涝创造了条件，从此改变了海河水系防洪排涝的被动局面。对这件事，我只起到了很少一点咨询和参与了规划成果审查的工作，但从这个规划方案中得到很大的启发和收益。1965年海河流域新的防洪规划方案确定后，1966—1972年，海河流域的治理都是水利工作的重点任务，基本完成了海河治理工作。1964年春，我的肺病又发生了变化，在西山疗养院治疗休养了大约半年之久，秋后出疗养院后，机关大部分干部包括主要领导干部都到基层或农村去参加"四清"运动，清理干部中的"走资派"。我因刚出医院，留在机关做留守工作，那时规划局的主要领导（局长和处长）都下去了，由我和当时未下去的少数同志处理全局的业务，直到1966年"文化大革命"开始。

对我这样一个不太了解政治动向的技术干部来说，"文化大革命"是突然爆发的，在学习有关"文化大革命"的文件时，不了解"文化大革命"要干什么，但不久许多过去受大家尊重的领导干部变成了"走资派"，受到"隔离"和"批判"，有不少领导还遭受"革命群众"的辱骂和殴打；大批的青年学生到处去"扫除四旧"，实际上是变相的打砸抢，既破坏传统的古老文化，又对现代文化提出莫名其妙的质疑和反对，社会一片混乱，人心一片混乱，不理解究竟发生了什么事，后来明确重点批判刘少奇、邓小平为代表的"走资派"，推倒旧的党政系统，建立以"造反派"为核心的新领导系统，这才慢慢意识到"文化大革命"的实际含意。但这是毛主席亲自领导的"伟大革命运动"，只能紧跟"学习"，从"学习"中去寻求"理解"。在部机关内我本来只是一名基本群众，只是因为"文化大革命"开始前后主持过短时的局务工作，担任过短期的党支部书记，因此在"文化大革命"一开始，也成为"走资派"的帮凶受到批判和不长时间的隔离审查。1967 年中我解除隔离，分配到食堂去卖了一个多月饭票后，回到办公室处理一些找上门来又无人管的业务工作，这样我就干了两年多以处理日常业务为主的工作，同时还得不断参加军管会和造反派组织的批判会和不得不写几张大字报。后来造反派分裂成两大派，都动员我参加他们的派别，我借口业务工作复杂，自己认识跟不上，都没有参加，当时什么派都不参加的人不多，这在军管会人员的眼中看来是一个对"文化大革命"不积极的落后分子。在这两年多的业务工作中，大多是接待基层上访的不满过去水利部工作的人，大多见面以后首先对过去某位部领导批一通、骂一通再提出要求，我只是声明我只能听意见再向上级汇报，无权解决任何问题，他们批过骂过之后，也算出了口气，往往不再追究，也就不了了之。真正要研究处理的问题很少，这两年中印象比较深刻的记忆中只有两件：一件是 1968 年国务院叫水电部组织有关水工建筑物抗震专家对北京天津附近影响城市安全的大中型水工闸坝进行抗震安全检查。这个检查组的组长，本来部领导指定由原来部科技委一位副主任担任，但在开始工作的前一天，军管会说这位副主任还有什么问题没有交代清楚，临时指定我担任组织这项工作。我就此机会对京津附近的大中型水库和闸坝又考察一遍，并认真学习了一些有关地震和抗震措施的知识，结合工程实际问题，获益匪浅，也是平生比较系统学习有关地震问题的唯一机会。这次抗震检查对密云水库大坝的抗震加固、唐山陡河水库大坝抗震稳定和天津海河几个水闸的抗震安全都提出了一些建议。在唐山大地震后这些工程都发生不同程度损害，都进行了抗震加固，这项工作大约断断续续持续了两三个月。另一件事是黄河风陵渡铁路大桥基础对潼关黄河河道淤积的影响问题，水利部铁道部组织联合调查组进行调查研究。通过这次调研，我对渭河下游、黄河小北干流和潼关黄河工程的历史演变和三门峡水库对它们的影响进行了比较系统的了解，这对后来全面认识修建黄河三门峡水利枢纽的功过是非，如何正确调度运用三门峡水库有重要的帮助。这次调研结果，水电、铁道两部达成共识，将风陵渡大桥桥墩沉箱的顶面高程比原设计降低了不少，尽量减少对黄河潼关河道断面冲刷的影响，后来得到国务院主管水利的领导同意得以顺利实施。1969 年，机关"文化大革命"进入恢复共产党组织活动的阶段，原水利电力部规划局撤销，另行组建人数不多的行政业务管理部门，我们大多数干部集中学习，不久党的基层组织活动得到恢复，也正式开始下放劳动接受"再教育"的安排。我在 1969 年秋，得了一次典型的大叶性肺炎，被一位颇有名气的北医教授误诊为可能是"肺癌"，遂未随大批同事下放，暂留北京医疗观察。大约过了 2 个月，明确误诊以后，我的身体状况初步得到恢复，军管会认为我在"文化大革命"期间表现消极，又在恢复组织生活期间多次对军管会提出过处理党员办法的不同意见，于是在这一年的 11 月初决定下放青铜峡工地劳动接受"再教育"。至此，在北京扫地出门，全家拖儿带女到了青铜峡工地。我的老伴叶慧贤先我一年首批下放，已在青铜峡劳动了一年，至此全家再次团聚，两个小儿女也开始在镇上的一个小学上学，依靠工地食堂，他们上学吃饭全部自己料理。我在工地劳动，过去的老同志看我大病之后恢复不久，尽量安排我一些较轻的体力劳动。这样大约在工地过了不到一年，1970 年 8 月分配到贵州遵义地区乌江渡水利枢纽的建设工地。工地的第一把手是一位老解放军领导，思想比较开明，对下放来的干部比较宽厚，尽量安排一些可以干的事情，并没有像别的工地对下放干部一律安排体力劳动。我因为不太熟悉施工的情况，分配担任一个支队名义上的技术组长，后来大概已经获悉将调我回部工作，于是叫我担任支队革委会副主任，干一些杂事或工地值班工作，主要参与人工骨料生产系统的建设准备工作。1973 年初，乌江渡工程初步设计正式审查，水电部已初步恢复运作，派了一位副部长率领的庞大审查组到现场审查，我也作为一名审查组成员参加审查工作。在此期间我才了解大约在半年以前，部已下文正式调我回部工作，但工地领导怕影响其他下放干部的情绪，一直压着不办，直到审查组到工地经这位副部长的催促才在很短时间内放我回部。1973 年春节前我离开工地，顺路回城固老家探亲后于 3 月初回到北京，被安排到部科学技术司水利水电处工作。回到北京这时已是"文化大革命"的后期，林彪反党集团的覆灭，邓小平同志的复出，似乎形势逐渐好转，但周恩来同志提出的反极左问题未得到毛主席的同意，又受到江青为首"四人帮"趁"批林批孔"的机会把批判的矛头指向周恩来同志，形势又一次逆转。1975 年 1 月召开了第四届全国人大会议，确立了周恩来、邓小平在党中央、国务院和中央军委领导人的地位，并支持邓小平提出的全面整顿工作。周恩来同志在人大政府工作报告中明确提出了在 20 世纪内全面实现农业、工业、国防和科学技术四个现代化的目标，全国大多数人对之给予极大的关怀和支持，似乎看到了未来的光明。但过不久，毛主席要求邓小平对"文化大革命"加以肯定，在此前提下实现安定团结，把国民经济搞上去。据说邓小平同志对"文化大革命"一直没有表态，整顿工作的深入又触及"文化大革命"的极左错误，逐渐发展成对"文化大革命"错误的纠正。这遭到"四人帮"的极大反对，毛主席也不能容忍。于是到 1975 年 11 月发动了"反击右倾翻案风"，邓小平同志遭到严厉批判，大失人心，再度造成社会混乱。不久，1976 年初周恩来同志病逝，加上"四人帮"在周恩来同志逝世前后对他采取卑鄙恶劣举动，引起全国的愤慨，这就引发了 1976 年 4 月因悼念周恩来同志的"天安门事件"，邓小平同志被诬陷，撤销党内外一切职务，再次下台，虽然华国锋同志进入中央领导层但并未消解大多数人对政治局势的担忧。1976 年 9 月毛主席去世，到 10 月 6 日"四人帮"被隔离审查，叶剑英和华国锋同志等老一辈革命领导人复出，结束了"文化大革命"，全国进入一个新时期。

在重新回到北京的"文化大革命"后期，我虽然回到科技工作岗位，但能开展的实际科技工作是十分有限的。1973 年我奉命组织调查组对海河流域的治理工程作全面了解并对度汛安全问题作专门调查。调查组有华东水利学院（河海大学前身）左东启院长为首的 10 多位教师参加，部里派了两位同志参加，经过 3 个月从南到北对每条大支流的工程都进行调查，重点是四女寺以东的漳卫新河，子牙河水系的滏阳新河、子牙新河和滹沱河大堤，大清河白洋淀以下洼淀和独流减河，永定新河和潮白新河及有关枢纽工程。对"文化大革命"期间海河水系连续几年治理的主要部位大体看了一遍。海河水系五大支流水系都开辟了有较大泄洪能力独流入海的通道，消除了千余年间大小运河对海河水系的干扰，重新建立了完整的海河流域防洪体系。排洪河道采用宽滩窄河、滩地行洪的措施，比较容易地将海河入海泄洪能力从 4000 多 m³/s 提高到 20000m³/s 以上，并为运河西岸广大平原洼地开辟了排涝出路，这个新的防洪规则具有重要的创新价值。在调查中对海河防汛安全问题也提出了一些建议，经部领导同意，部里作了专门部署。在考察的最后时期，组织了少数人对永定河上游和几座重点水库枢纽工程作了专门考察，7 月中工作结束返回部里，此后才接手水利水电科研工作。

新建立的水利水电处的成员大部分来自各个单位，人员比较精干，没有"文化大革命"期间的派系矛盾，大家聚精会神干工作，所以在短短的几年中恢复开展了多项水利水电科研项目。在水利方面主要有黄河水沙利用，黄土高原沟壑区拦泥库大坝修建的"水力充填坝"、"水坠坝"技术的提高和完善，北方地区冰冻对水工建筑物的破坏和处理措施的调查研究等；在水电方面主要组织进行了刘家峡 30 万 kW 国产水轮发电机组缺陷的修复改善，潮汐发电站的示范工程修建，国产全断面隧洞掘进机的完善配套和试运行试验，葛洲坝水电站水轮机组的研制和推广电子计算机的使用等。这些项目持续开展了数年，取得了一些技术进展，得到必要的科研成果。但另一项投入较大经费和人力的农田灌溉节水技术，喷灌和滴灌的技术装备研究和典型示范灌区的建立推广项目却由于当时科技水平、设备制造所需原材料的制约和投入不足的限制，成绩不大，不少新设备的研制中途夭折，许多喷灌、滴灌典型基地建成不久多数难以为继，少数保留下来的也没有发挥明显作用。1975 年 8 月淮河上游发生"75·8"大暴雨洪水，造成两座大型水库和不少中小型水库漫溢垮坝，伤亡人数达数万人之多，经过调查研究，发现过去水库大坝的设计保坝安全标准过低，必须在工程加固改造中调整，新建工程必须考虑提高设计标准。部领导决定组织研究可能最大暴雨（PMP）和可能最大洪水（PMF）问题，令我组织推进研究。当时在这方面具有一定科研基础的主要是南京水文研究所和华东水利学院；各水利水电勘测设计部门对这一课题有需求，也具备比较丰富的水文基础资料。于是，邀请华东水利学院严恺院长（中科院院士）出面主持，我和规划设计总院的几位同志做他的助手，共同推进这项工作。这个研究项目经 3 年的努力（1976—1978年），取得了比较圆满的结果，对处理病险库和调整大坝安全标准起了一定作用。上述这些科技项目，虽然投入了很多人力、财力，大家积极去组织推广，取得的成绩有限，但在"文化大革命"期间停滞了数年的科技研究工作，总算重新启动，对组织和参与的人来说，也是一种鼓舞和一些新的希望。在此期间，大约是 1974 年秋，我奉命会同一机部有关部门处理了湖北十堰市第二汽车制造厂（简称二汽）厂区防洪安全的问题。二汽厂区分布在十堰市周围二十几条小山沟里，每条沟的上游都修了一座小型水库，最大的库容 100 多万 m³，大多数只有十几万、几十万立方米，水库大坝下游较开阔的河滩地就修建了一个专业厂房，一旦水库垮坝，厂房会全部冲毁。1973 年发生了日暴雨量100 多 mm 的降水就发生了严重险情，厂区下游冲毁了不少房舍，于是才发生二汽厂区防洪安全问题。我到工地后，会同十堰市水利部门全面考察了各座水库，大多标准很低，缺乏必要的泄洪设施，工程质量缺乏安全保证。过去在设计和加固这些水库时，采用了十堰市周围地区曾经发生的最大日降暴雨约 250mm 作为设计标准，根据我对这些地区暴雨洪水的了解，认为标准太低，建议按日最大暴雨 400mm 为标准重新安排水库安全标准，地方水利部门和厂区有关领导都认为标准太高，加固费用太大，表示难以接受。我返回武汉市求教长江水利委员会专家，并得到湖北省主管水利的副省长支持，才使当地有关部门接受。这年冬季和次年春天在湖北省水利设计院和十堰市水利局的努力下，并得到二汽领导的大力支持，对所有水库最薄弱的部位进行安全加固和必要设施建设，1975 年淮河上游发生"75·8"特大暴雨洪水，十堰市发生最大日暴雨 360 多mm，所有水库都未发生重大事故，得以安全度汛。此后十堰市水库群防洪安全标准再次提高按日降 600mm 最大暴雨作为安全校核标准。这虽然是一件小事，但经过了三四个月的努力，多处求教，努力说服很多主管部门的领导和干部，最终取得 1975 年的安全度汛，我得到很大的精神安慰，觉得值得记忆。1975 年冬第一次到四季如春的云南，先在下关召开了国产隧洞全断面掘进机在硬岩区试验的研讨会，对刀具和出渣运输问题仍未得到解决，原因在制造关键设备的原材料和机械制造技术水平太差，对当时一再强调不依靠进口，完全自力更生的研制方向产生怀疑。之后去腾冲考察了地热情况，对到处是温泉火山遗址和地下热气的到处喷发的壮观的景色感到震撼，对这里水力、热力发电的资源十分丰富，但又缺乏电力的问题，感到需要迫切解决。这里的特殊风景和特殊的自然地理环境，令人长期难以忘怀。1976 年 10—11 月进行新疆水利考察。1978 年参加了第一次全国科技大会，听到邓小平同志所作"科学技术是第一生产力"为核心的报告，受到很大鼓舞，真正感到科学技术发展的春天已经来到。1979 年水利、电力两部分离，我分到水利部继续负责水利科研工作的管理。"文化大革命"结束后到改革开放前的过渡时期，我又一次肺病发作，经过 1979 年秋左上肺切除手术，身体状况恢复良好，经过大约八九个月的休养，1980 年秋恢复了正常工作和学习。1982 年初，水利和电力两部再度合并，我分配到计划司任副司长，主管水利的计划和规划工作。新中国成立后的 30 年，也是新中国学习苏联，按照计划经济模式发展社会经济的时期告一段落。邓小平同志领导的改革开放摆脱计划经济束缚的大转变开始，我以激动又忐忑不安的心情迎接着这个新时期的到来。

转变认识，走进改革开放真正建设现代化新中国的伟大时期

1976 年 10 月 6 日"四人帮"被隔离审查，"文化大革命"宣布结束，中国社会主义的发展建设开始走向新时期。这一天我们奉命组织庞大的队伍，由一位副部长带领，到新疆考察水利情况。到乌鲁木齐住下不久，自治区党委召开会议传达重要事项，副部长和一位计划司副司长被邀参加，他们返回住所，神情诡秘，不愿讲开会传达了什么内容，但从最近两天的新闻广播中的特点也感到中央可能发生了重要事件。我们继续分组到新疆不同地区对"文化大革命"以来新疆的水利动向进行考察，我和部分同志到阿尔泰地区、伊犁地区和南疆的吐鲁番、库尔勒、库车等地考察，也沿着塔里木河到若羌、米兰、且末等地区，这些是人迹罕见的地方。直到过去了大约 20 多天，在我们住所遇到了一位国家计委的副主任，我们大家围着她，要她讲最近发生的事情，当时北京各单

位已经得到有关情况传达，她就将 10 月 6 日晚逮捕"四人帮"的具体情况向我们作了说明，大家感到无比的快慰，在继续考察过程中不断地讨论，都对未来寄予深切的期待。经过近两月的新疆考察，在考察中到了过去未曾到过的阿尔泰地区、南疆部分地区，特别是塔里木河下游地区，进一步感到新疆地区的辽阔，自然条件等的多样性，急待研究的水利问题非常多，进一步加深了对新疆的感情。11 月下旬回到北京，听说中央已经恢复了老的工作秩序，布置了加速建设水利、交通、能源等重大基础设施工作，令人十分鼓舞，但还没有听到对"文化大革命"运动全面总结，制订新的社会经济战略和具体发展方向的消息。1977 年 2 月 7 日，《人民日报》、《红旗》杂志、《解放军报》同时发表了社论提出"两个凡是"的指导方针，也就是"凡是毛主席作出的决策，我们都坚决拥护，凡是毛主席的指示，我们都始终不渝地遵循"。这一社论说明党中央将继续执行长期以来毛主席的"极左"路线，使我感到非常失望。到四五月份传出邓小平同志给中央写信要求对毛泽东思想进行客观分析，提出："我们必须世世代代地用准确的完整的毛泽东思想来指导我们全党、全军和全国人民"。不久又传出邓小平和不少老同志在不同场合批评"两个凡是"的论点，不断强调恢复实事求是的优良传统。这样又给我带来了希望和信心。不久，邓小平同志复出，担任中央核心领导，他主管文化教育，很快恢复了高考，提出尊重知识，尊重知识分子，这对我这个"夹着尾巴"做人的平庸知识分子来说，似乎又感到开始回到春天，可以大胆地思想、大胆地工作和比较自由地生活。1978 年 5 月 11 日《光明日报》发表了《实践是检验真理的唯一标准》一文，引起了全国各个阶层的热烈讨论。这篇文章是对马克思主义的基本常识的正面阐述，但引起了"两个凡是"和"实事求是"两种观点激烈的争论，还受到一些在一线担任领导人的强烈指责。邓小平同志对这场争论给予了明确的立场和及时而有力的支持，很快这种观点得到广泛的支持和认同，为党的十一届三中全会的召开奠定了理论基础。1978 年 12 月 18—22 日，党的十一届三中全会在北京召开。会议决定：结束揭批林彪"四人帮"的群众运动，把党和国家的工作重点转移到社会主义现代化建设上来；停止使用"以阶级斗争为纲"的口号；形成了以邓小平同志为核心的中央领导集体；恢复党的民主集中制的优良传统；提出使民主制度化、法律化；审查和解决历史上一批重大问题和一些重要领导人的功过是非问题；同时还提出了在社会主义现代化建设中，必须坚持"四项基本原则"和改革开放的政策。这标明了"十一届三中全会"的召开，是新中国走向重生的开始。

　　1978 年秋水利电力部解体，再建水利部，那时分到水利部的干部很少，干部十分缺乏，必须从下放的干部中调回。我分配在水利部科技局担任副局长，局内大部分是新调来的，如何开展工作都须从头摸索。在此期间还有一项工作就是与电力部争夺部属水利水电科研单位。那时电力部财大气粗，任务多，具有很大优势，我只能根据历史和业务性质据理力争，有的科研单位仍然长期难以解决，最后拖到两部再次合并，于是不了了之。不幸 1979 年 5 月我的肺病又发作，肺部大量出血，只好放下工作去通县一所医院治疗，过了 2 个月病情好转但须继续治疗。治疗的方法一种是利用药物保守治疗，医生预期可存活 5～10 年；一种是左肺切除，可能得到根治。我和老伴叶慧贤都拿不定主意，又到了盛夏，决定暂时出院，秋后再作决断。经过反复思考，最后决定秋后去做外科手术。这年的 9 月重新住进医院，一星期后就动了手术。给我做肺切除手术的是一位名叫辛玉林的医生，在北京是最有名的肺外科专家，这位医生医术高明，对病人友善，不断给患者说明手术的成熟程度和风险，使患者消除顾虑，增强信心。这次手术非常成功，仅用了 3 小时就完成了，因为主要采用了针刺麻醉技术，手术过程中我处于半昏迷状态，医生的动作都有所觉察，手术后很快就清醒了，虽然手术后的三四天内十分痛苦，但恢复得很快，这次手术的整个住院时间不到 1 个月。医生说明在手术切口愈合后，不致影响肺的功能，各种运动和生活活动不受限制。这次手术，最劳累的是我的老伴叶慧贤，自始至终陪伴着我，饮水吃饭都是她亲自照料，每天睡眠时间很少，她是一位长期患心绞痛的患病者，这样劳累既令人感激，又令人十分不安，但她始终坚持下来了。那时儿女都在上学，他们自力更生，保持正常学习，还不断来看望我。出医院后回到月坛北街家里，最初的 3 个月，身体各种功能被打乱后恢复很慢，而且伤口不时发生疼痛，在不断加强活动后，仍能较快恢复。老伴和孩子们白天工作和学习，早晚可以照顾我的饮食起居，中午我得自己动手解决，没有发生什么问题。这样过了大约 9 个月，到 1980 年中我恢复了工作，这年秋天我参加了一个由水利部和地质部组成的小组，第一次出国到泰国曼谷参加亚太地区有关水资源问题学术交流会，由于外语水平很差，对国外情况一无所知，所以在短短的 2 个星期中闹了不少笑话，因此我对出国有点"畏惧"，这种活动每年都有，我就推荐何孝俅同志去参加。

1981 年上半年，部里决定我参加中央党校在各部委办的分校学习，这倒不必远离家门，在部的招待所集中学习就可以了。这一年的 2 月下旬，老伴叶慧贤到烟台参加业务会议，不幸因下雪路滑，出门摔了跤，腰部脊椎粉碎性骨折，返回北京后经西医诊治，认为只能在家静养，逐渐恢复，这种损伤只能瘫痪在床，生活不能自理。正好我在党校分校学习，离家近，利用学习的空闲，照料她的起居生活。幸好她的所在单位请到一位颇有名气的中医外科医生，每周到家来诊治一次，效果不错。这样大约过了三四个月，我的学习也快到期，慧贤病情好转，慢慢能下床走动，我也轻松了不少。在党校学习期间，学习气氛比较开放轻松，除学习马克思、恩格斯一些基础理论外，常听当时政治动向的报告，也可以对"大跃进"以来的各种问题进行反思和议论，包括对毛泽东同志的一些看法和某些错误的认识，加深对党的十一届三中全会决定的认识。对新的"实事求是，改革开放"和"清除极左思想，转移全党全国工作重点"的新思想、新政策，虽然在思想上有些准备，在直观和感性认识上可以接受；但受过去 20 多年的指导思想和所执行的方针政策已经浸染很深，因此对新思想、新政策，特别是对资本主义中一些可以利用和学习的东西，在思想上还有不少疑虑和认识不清。为了解决这些问题，在党校期间我尽力对马克思、恩格斯的一些经典文章，对《毛泽东选集》中的一些重要文章又重新学习，同时对市场经济的一些经济学著作也找出来阅读，希望对新思想、新政策有全面、更深刻的理解。这些学习取得了一定效果，但由于时间仓促，学习思想不集中，效果还是很有限的。党校学习完毕以后重新回到科技局工作。

1982 年水利、电力两部再度合并，成立新的水利电力部，我分配到计划司担任副司长，主管水利计划，那时农村已实行包产到户，公社被取消，恢复乡镇和村，财政已实行中央地方"分灶吃饭"，过去水利基建投资和农村水利事业费每年大约各有 30 亿元以上，都由中央按项目和地区分配统管。到"六五"开始即 1980 年，除水利基建投资每年安排中央直管项目 5 亿～6 亿元，其余基建投资和农村水利事业费都下分给地方，由地方统一安排。那时，多数省市自治区财政收入都非常困难，多数地方政府下拨的水利投资和农村水利事业费都低于中央下拨的 1/3～1/2，水利建设大部分地方陷入停滞状态。由于公社大队的撤销，绝大多数已建中小水利工程陷于无人管理的状态，损毁破坏十分严重，农田灌溉有效面积不仅发展很慢，而且连年都减少。水利部保留的中央水利基建投资 5 亿～6 亿元，主要安排两项重点建设项目，即：黄河大堤第三次全面加高加固，每年大约安排 1 亿元以上；滦河潘家口水库和引滦济津工程，每年安排 2 亿元以上；此外只能安排大江大河堤防薄弱河段的堤防、分蓄洪区安全设施建设和个别重点水库的安全设施；新的水利设施建设只能由地方政府去考虑。这时期的计划规划工作比较简单，多余的时间我就围绕"大跃进"时期的遗留问题组织一些专题调研工作。在此期间，从部内到部外，从中央到地方发生一股否定水利建设作用的议论，从"大跃进"水利的得失功过到已建水利工程是否发挥了作用，一直到水利能不能继续发展的问题。这种议论对某些地方建设水利的积极性都产生了不利影响，水利部门已无力对付。这种情况引起了不少地方主管农业的领导的强烈不满，于是在 1983 年上半年国家计委和国务院政策研究室的主要领导出面组织专门讨论会。这次讨论会中央和地方一些长期从事农业方面的老领导、老专家参加了会议，在发言中认为"这股议论"中所举事实与实际情况不符，不体会"水利是农业的命脉"这句话的重大意义，也不了解农田水利在农业持续增产中的重大作用。在这次讨论会中当时的国家计委主任宋平、国务院政策研究室主任杜润生，作了重要发言，充分肯定了新中国成立以来水利建设在促进农业发展和提高农业生产能力方面发挥了重要作用；水利水电部长钱正英对新中国成立以来 30 年的水利建设作了实事求是的总结，肯定了成绩，提出了失误和存在的问题。这些重点发言，对水利的是非得失之争的澄清，起到重要作用。我在会上作了发言，对"大跃进"中的功过是非作了分析介绍，主要提出："大跃进"遗留了很多难以解决的遗留问题，给以后水利的正常发展增加了不少困难，为处理这些问题也将付出巨大的代价。但已建的不少工程特别是大、中、小型水库在扩大灌溉面积和江河防洪除涝方面还是发挥了一定作用，以后对遗留问题的逐步处理，会发挥更大的作用，特别是一些重点大型水库，都经过前几年在开展的大江大河流域综合规划工作时作认真选择坝址和一些必要的前期工作，在已建的 200 多座大型水库中只有极少数可能成为废品，绝大多数在加固改造、处理质量缺陷和配套必要工程设施，以后还是能发挥工程的正常作用。"大搞水利"和"大炼钢铁"的结果不同，"大炼钢铁"最后只留下一堆废铁，对整个社会经济和生态环境造成的危害比"大搞水利"还要严重。同时我再次提出发展灌溉对解决粮食问题中的重大作用，大约在这次会议前一年时我曾在水利部党组扩大会议上提出：根据已建成的灌溉有效面积和当时灌溉耕地和非灌溉耕地单产的差别，分地区推算，在当时有效灌溉面积占耕地总面积大约 40％的情况下，灌溉耕地生产的粮食占粮食总量的 2/3，生产的经济作物（包括蔬菜）占总产量的 80％左右。这说明发展灌溉对农业生产持续增长，基本解决群众的口粮问题发挥了不可替代的作用；同时我对"大跃进"中水利运动中的重大失误也作了说明。这个讨论会起了很好的作用，此后这股反对水利发展的逆风，逐步停了下来。"七五"、"八五"期间，水利建设的恢复比较慢，直到 1998 年南方和东北地区发生重大洪水灾害，同时当时在加强内需推动经济发展的大形势下，水利得到快速发展，特别是大江大河防洪体系标准的提高、工程措施的完善和水库堤防存在的质量问题的处理得到明显的进展。1984 年中，免去了我计划司长的职务，任命我为部内主管水利的副总工程师。至此我从司局行政工作的繁杂事务中得到解放，从事比较单纯的单项业务工作。在此期间主要协助领导推进了兴建黄河小浪底水利枢纽的决策和立项工作，推进了国家计委和水利部联合主持的全国大江大河第二轮流域综合规划工作，当时也参与了一些黄淮海平原地区边界纠纷问题和漳卫河北河南两省水资源分配的纠纷问题。由于对这类问题的复杂性认识不足，缺乏经验和处理方法的简单化，费了很多时间没有结果，只好请其他同志去继续解决，我深深感到惭愧。

1985 年下半年，我年满 60 岁，我请求辞去行政职务，准备离休，后来由于部领导考虑到还有一些业务工作需要我去做，决定让我延缓离休继续工作几年。此后我的工作主要是两大类：一类是参与主要江河新一轮综合规划；另一类是重点建设的重大工程项目的审查和实施检查工作。当时修订或新编基础类或综合类的专项标准、规程、规范的项目很多，我参与了咨询、讨论和评审工作。可能是我在水利系统工作的时间长、接触过的专业较多，都希望我能参与，项目过多，应接不暇，因此只能选择我自认为比较熟悉的项目参加。这类工作占据了很多时间，似乎比在职时还要多。此外投入精力较多的是黄淮海三大流域从长江及其以南河流调水北上的所谓"南水北调工程"的可行性论证研究工作的咨询、阶段性成果审查和部分考察工作。参与《中国水利百科全书》的编辑和审稿工作，担任"全书"的第一副主编，帮助主编崔宗培老先生的部分组织和推动工作。这项工作从 1985 年中启动，至 1990 年完成，先后经 4 年之久。参加这项工作，我主要是从中学习，开拓水利知识的视野，获益很大。

1986 年 7 月，水利电力部党组根据党中央当年第 15 号文的指示精神，国务院要求水利电力部重新启动新一轮的"长江三峡工程可行性论证"工作。水利电力部组织了论证工作领导小组，邀请涉水的有关部门和科研单位 400 多位专家、20 多位顾问组成了 14 个专题论证小组，在长达大约 70 年的反复勘测、研究、论证的基础上进一步修改补充完善，提出一个更加细致和稳妥的可行性报告。为加强这一工作的领导，中央指定李鹏、薄一波、王任重、程子华同志负责协调三峡工程的论证工作。我作为三峡论证工作领导小组的成员之一，同时任三峡工程防洪专题专家组组长，负责组织论证长江三峡工程在长江防洪体系中的作用和长江中下游防洪规划的总体安排。这项工作从 1986 年 7 月至 1992 年 3 月，5 年多的时间成为我的主要任务。长江三峡工程规模巨大，防洪和水资源综合利用的功能巨大，技术难度高，库区淹没移民超过百万，投资巨大，对生态和环境有一定影响，从新中国建立初期论证工作重新启动后立即引起举世瞩目。在几十年的论证过程中，国内外都形成了赞成和反对修建的激烈争论。这次论证也是在激烈争论中开始的，论证的基础是长江流域 20 世纪 50 年代和 80 年代完成的综合规划成果。长江流域防洪的重点地区是中下游平原湖区，特别是中游江汉平原和洞庭湖地区受洪水威胁最为严重，但这一江段防洪能力很低，一旦洪水失控将造成巨大经济损失和大量人口伤亡。经过多年研究探索，逐步明确长江中下游的防洪必须采取"蓄泄兼筹，以泄为主、江湖两利，上下游兼顾"的方针和综合措施才能解决洪水灾害问题。两次规划都对三峡工程的重要作用和对中游防洪安全的不可替代性作用作了具体论证，并对长江中下游各河段的防洪标准、防洪体系的总体部署、各主要控制站的防洪警戒水位和保证水位、超保证水位时各河段分蓄洪区及其分蓄洪能力作了明确规定，但对三峡水库的蓄洪能力和最高正常水位没有明确结论。新的论证主要是对已有规划结论，重新分析核查水文计算成果开始到各种选定方案的调度运用，进行全面分析核查，发现问题，进行修正补充和完善，直至提出新的替代方案，同时对国内外所提不同意见，除完全没有根据和违反普通常识的意见外，一一分析作答，对重大意见组织专题论证。如关于三峡工程的作用问题，专门作了无三峡工程长江中游可能出现的防洪安全方面难以解决的问题；在上游各支流修建水库代替三峡工程的可能性问题；对长江中下游进一步大幅度加高堤防、开辟分洪道、开宽浚深干流卡口、裁弯取直等方案能否达到防洪合理标准的目标，需要付出的巨大代价，需承受的巨大风险都作了比较深入和全面的分析研究工作。对重新论证的各种成果经过不同层次、不同范围的讨论评审，在其结论的基础上撰写了《长江三峡工程防洪专题论证综合报告》，采取签名同意和保留意见（其保留意见可写成书面专门报告，附在综合报告后面一并上报）的方式，组织全体专家、顾问进行讨论通过，上报论证领导小组和国务院长江三峡工程审查委员会审查。整个三峡工程重新论证工作于1990年中完成，7月上中旬国务院召开三峡工程论证汇报会，论证领导小组、特邀顾问、各专家组组长和对论证报告持不同意见的同志、参加论证会的全国政协委员参加了汇报会。党中央、国务院、中顾委、全国人大、全国政协、国务院有关部委负责同志和新闻界出席了会议。我在会议上，对有关长江防洪问题作了发言，并对持不同意见的同志在会上所作发言中的部分问题作了说明和解释。讨论的结果总的是：绝大多数赞成兴建三峡工程并主张早日兴建，有些问题可在可行性论证报告正式审查时认真研究，或下一步工作中进一步优化。据此论证领导小组向国务院提出了完整的《长江三峡工程可行性论证报告》。1990年底至1991年7月国务院审查委员会对可行性报告进行了全面审查，至8月完成审查工作，并给党中央、国务院提出审查意见报告，建议国务院及早决策兴建三峡工程，并提请全国人大审议，1992年2月国务院常务会议通过，1992年3月16日国务院总理向七届人大第五次会议提交了《国务院关于提请审议兴建长江三峡工程议案》，4月3日人大全体会议以1767票赞成、177票反对、664票弃权通过了《关于兴建长江三峡工程的决议》，至此三峡工程正式兴建起步。在三峡工程审查和人大正式通过前的全过程几乎我都参加了，在人大、政协两会期间，我作为论证领导小组的代表列席了政协有关小组（主要是过去参加三峡工程论证工作人数比较多的小组），以备咨询和说明。至此，三峡工程新一轮可行性论证工作结束。通过参加长江三峡工程最后一轮可行性论证报告的修编过程，我深刻体会到：对一个规模巨大、情况复杂、影响深远的特大型工程，反复研究论证，引起广泛而长期争论是不可避免的，要取得真正可行的论证结果，必须坚持实事求是、科学民主的原则，认真听取和处理不同意见，从中寻求新问题、新思路、新方法，抛掉原有部门的局限性，真正站在国家立场，考虑全民长远利益，才能得到真正可行的论证结论，三峡工程的论证工作证明了一点。从1993年启动的三峡工程建设，经过15年的艰苦施工于2008年基本建成，保证了工程质量，使工程全面实现了规划设计中提出的防洪、发电、航运效益，较好地处理了巨大的移民任务，保护了库区的生态和环境，工程总投资控制在原可行性论证提出的投资的范围之内，这是一个典型的成功范例。

1986—1992年期间，除继续担任水利电力部、水利部副总工程师外，先后担任国家科学技术名词审定委员会委员，并担任中国水利学会副理事长。受国家科学技术委员会和水利部的委托，在水利学会组建了"水利科技名词审定委员会"，按照国家科技名词审定委员会对全国各科技部门提出统一的要求，重新编制既有我国语言文字特色，又方便国内外科技交流，各行各业主要科技内容的专业科技名词，完成后由国务院统一公布使用。委员会邀请大约40位全国知名水利专家为委员参加编辑工作，并请严恺、张光斗、崔宗培和陈椿庭等4位德高望重的老专家、教授为顾问，进行最后的审定。经过反复讨论、修改和征求水利学会各专业委员会、地方水利学会和有关大专院校的意见，到1997年4月，委员会审查通过，并提交国家科技名词审定委员会，到1998年底正式刊印公布。

在此期间，我经历了1991年长江下游、太湖流域和淮河流域大洪水，1991年6月初，我同老伴和女儿到南京再转黄山参加一次学术讨论会，会前先去黄山游玩，当时黄山的交通和住宿条件都很差，又遇到下雨，在黄山待了两天，处处都不顺利，游兴大减，著名的黄山在这次初游中没有留下太好的印象。下山后，老伴和女儿返回南京，我在黄山市参加了两天讨论会以后又去杭州，再到舟山群岛的岱山岛参加浙江水利厅组织的一次有关海岛港口开发的讨论会，会议开了大约三四天。会后游览了四大佛教圣地之一的普陀山，印象不错。在返回杭州途中考察了浙江萧绍平原的水利情况，经宁波到象山、奉化、绍兴，参观了蒋介石故居，王羲之故居的兰亭，考察了蒲阳江防洪工程、萧山钱塘江南岸滩地的大规模滩涂围垦和钱塘江南岸海塘工程等。返回杭州后，又听到了太湖流域发生特大洪水的信息，在浙江省水利厅的同志陪同下，考察了钱塘江北岸海塘和太湖的主要排水出路南排工程，到嘉兴、嘉善考察时，太湖水位已经打破历史纪录，嘉兴地区已发生严重洪涝灾害，不少农村已受淹。太湖向东的排水河道太浦河大部分已开通，但由于浙江与上海的矛盾，距黄浦江大约不到2km的一段没有开通，太浦河不能发挥排洪作用；在"大跃进"期间，浙江开挖的主要排水河道红旗渠，也因为浙江与上海的矛盾没有开通，也不能起到排水作用，我到红旗渠尾端的堵坝上看，两侧水位相差很多，如能及时拆除，对嘉兴地区的排涝会有很好的作用。6月底前我返回北京，立即向部领导作了汇报。不久，国务院田纪云副总理带水利部部长去上海研究太湖防汛问题，我作为随员陪同前往。飞机到达上海后，连夜召开了会议，研究太湖排洪出路问题，水利部长当场提出了立即开通太浦河尾段和拆除红旗渠河口堵坝。第二天田纪云副总理带领我们沿太浦河北岸到太湖边考察，中午在平望镇（太浦河与江南运河的交汇处）召开上海、江苏、浙江三省市领导参加的讨论会，当场决定加速开通太浦河、拆除红旗渠堵坝，准备迎接太湖更大的洪水。这一年太湖流域确实也发生了超过1954年的历史特大洪水，太浦河、红旗渠和浙江南排都发挥了显著作用。同一年淮河大水，中下游大约达到20~30年一遇的洪水，安徽和江苏的涝灾都大于1954年，淮河干流和洪泽湖的水位长期维持高水位行洪，虽未超过1954年水位，但防汛形势也是十分严峻的。

这年汛期，因为我与部领导在汛后防洪工程的布置方面的意见存在分歧，我提意见的方式和态度也存在严重缺点，因此在汛期尚未过去的 8 月就接到不再担任水利部副总工程师的职务，这虽在意料之中，似乎也出意料之外，不少年龄与我差不多的同事都感到意外。次年 2 月我正式接到要我离休的决定，这时我尚在以水利部副总工程师的名义参加国务院长江三峡工程可行性论证审查委员会的审查工作，就这样我离开了干了几十年的水利工作岗位。

大概由于我对历史、地理知识的偏好，我对几条大江大河形成的自然地理、社会历史背景和新中国成立以来的江河治理及防洪减灾事业的发展变化给予了终生关注。出于对故乡的眷恋和经过三峡工程可行性的论证工作对长江流域的情况有一种特殊的感情。自 1994 年三峡工程正式开工建设以后，只要有机会我都要到三峡枢纽工程和库区去看一看，并尽可能参加长江中下游的河湖水系考察。自大江截流（1997 年）以后，几乎每年都参加泥沙专题研究组组织的去库区和枢纽工地考察一次。1998 年 4 月 12—20 日专门考察了宜昌以下至江西与安徽的交界处长江中游的考察。这次考察主要由三峡泥沙专题小组组织，由戴定忠同志牵头，有交通部门、清华大学和水科院专家参加。4 月 10 日由北京飞到宜昌，11 日考察了坝区，登坛子岭看工地全貌，当时二期围堰尚在打防渗墙，船闸紧张施工，临时船闸已竣工，过西陵大桥至南岸黄陵庙参观后返回接待中心，午饭后听有关单位介绍情况，晚饭后返宜昌码头直接登上神峰号专轮，4 月 12 日正式开始中游河道考察。这次考察主要是了解在最近几年上游水沙变化的情况下，中游河势的变化情况和出现的问题。从葛洲坝船闸下游开始，对中游的险滩、坍岸、弯道变化逐一沿江道和登岸考察。重点考察了石首附近和 1966 年下荆江系统裁弯以后的变化情况。下荆江系统裁弯后，由于维修稳定河势的措施没有跟上，已裁河段发生坍岸摆动。根据汉江下游的经验，丹江口水库建成后，下游河道凡控制措施及时的河段河势仍然稳定，主流摆动不大，主要冲深河床；凡控制措施不好的河段，河势变化明显，拓宽河岸，河岸坍塌非常严重，下荆江河段，进一步验证了这一经验。有鉴于此，三峡工程投入运行后，应及早大力整治荆江河道，稳定河势，迎接清水冲刷，可以做到事半功倍。石首河段变化较大，影响县城安全。荆江系统裁弯以后，四口分流分沙减少，西洞庭湖防洪安全形势有所缓解；下荆江监利河段泄洪能力增加，洞庭湖口泄洪能力减少，因此下荆江应系统总结江湖关系的变化。过监利查勘荆江门附近河段，冲刷坍岸严重。过岳阳，登岸参观岳阳楼。15 日继续下行，过赤壁考察簰州湾，16 日晚到达汉口，登岸看江汉路，变化很大。17 日长办介绍武汉江段情况，长江武汉段变化较大，两岸沿江码头增多，大都向江心延伸，看来泄洪能力在逐步减小。长江自武汉以下，左岸连绵不断的低山小丘，形成江边矶头，右岸依然平川。过黄冈、鄂州，经西塞山长江江底最深的峡口，傍晚达武穴。回忆 1947 年 9 月，自武汉乘船去南京，在武穴已听见炮声隆隆，解放军已逼近长江，一去已 50 多年。武穴以下，长江主泓已逼近右岸，沿江坍岸十分严重。4 月 18 日过九江、湖口，登石钟山，湖口长江水流清浊分明，下午考察彭泽县，县城至彭郎矶为马湖堤，边岸坍塌最为严重，过小孤山（又名小姑山）与南岸彭郎矶形成卡口，小孤山在 1952 年通过时尚在江心，现已与北岸相连，岸边的棉船洲为高产棉花的典型产区，洲尾南岸即为马垱矶，矶头下游水流紊乱、泡漩、浪涡不断出现，自古为行船险段。抗日战争期间曾在此段沉船封锁江面，阻挡日军船舰上驶。从马垱专船掉头返回，这次长江中游考察到此为止。4月19日乘船去小孤山，登山观望峡口，山高估计约70余米，直达江边。晚乘车赴南昌，次日乘飞机返回北京。此行大概是这一辈子最后一次考察长江，记忆特别深刻。

接触长江60多年，纵观长江是一条举世少有的好江河。水量大，功能全，河势稳。纵观长江形成发展的历史，数千年来发挥着排洪、供水、航运的作用，形成贯通中国中部的东西大通道，对中国社会经济文化的发展起着不可估量的作用。而今长江中下游两岸湖河平原土地资源已经开发殆尽，防洪风险亦达到工程技术和社会经济环境可承受能力的极限。三峡工程建成投入运用后，对这种承受能力起到稳定作用。在未来的岁月里，我们最重要的责任是认真贯彻洪水管理的措施方针，使这种稳定局面得到长期保持。

在这次考察中，利用沿途空闲时间，重新阅读了《水经注》、《入蜀记》和近代的一些河湖类变迁的资料，从而温习了长江河道演变的几个重要阶段的河道变化情况，获益匪浅。古代的文人，走过一条跨越广大地区或经历一条大江大河的旅行，大概一生也只有一次，因此都对此行的名胜古迹或旅途、河道特点详加记载并作必要的历史地理考证，因此这类书是很值得一读的。郦道元的《水经注》和陆游的《入蜀记》是这类书的代表作。

离休后的生活工作和学习

1992年2月，水利部正式通知我离休，原希望从此成为一个可以自由生活轻松度过残年的人，但在1993年初，估计由三峡工程论证领导小组提请水利部推荐我为第八届全国政协委员。从1993年3月至1998年2月作为政协委员，参加了每年政协的各类会议和组织的各种活动。我属于农业界的小组，委员来自全国各地，包括了农、林、水利各个部门，以农业部门的委员最多，各类谷物种植、果树蔬菜栽培、农药化肥等方面的科研和生产专家都有委员，林业、水利相对较少。政协是一个思想开放、言论自由的场所，各行业的信息较多，开会时可以听到各个方面内部新闻和各种小道消息，提出的建议和书面发言内容似乎也没有明确要求。由于我的思想保守，难以摆脱行业的局限性，因此发言或建议大都是当时水利方面存在的问题和有关政策的建议。在1993—1997年5年间提案和书面发言的主要内容是有关农田灌溉节约用水，排灌系统配套完善，主要江河防洪减灾和注意污水处理等方面的问题。比较具体的提案有：①围绕节约用水和低产田改造，积极开展各类灌区的改造；②加强主要江河防洪工程体系中薄弱环节的衔接、完善，尽快形成完整的工程体系，使其发挥整体作用，减少常遇洪水时的漫溢泛滥，缩小灾害范围；③尽快完成一批使用频繁的分蓄洪和行洪滞洪区的安全建设，完善使用灾后救济、补偿和恢复的保障政策措施，改变当前防汛中超标准洪水处理的艰难被动局面；④加速发展西北内陆区的水利、交通设施的建设，为全面开展这些地区经济发展准备条件。其他较小问题的具体建议每年都有好几件。这些提案和建议大都只得到有关部门的简单回应，真正有效的落实不多见。在政协期间，参加多次参观考察活动，大部分是钱正英副主席组织的有关水利、水电方面的考察和林业部门组织的林区参观考察。印象比较深及得到较多收获和启发的主要有：

（1）1994 年、1995 年和 1996 年洞庭湖、鄱阳湖先后发生较大洪水，城陵矶、湖口都发过超规划控制水位，说明江湖关系发生新的变化，洪灾风险增大。在此背景下长江中游江湖关系的考察成为重要的活动，对过去长期关注的洞庭湖区、江汉平原的洪涝渍灾害和历史演变问题有了进一步深入和系统的了解。

（2）滇西和金沙江上游的考察，对滇中高原水资源开发的困境，水电发展的潜力和金沙江虎跳峡以上江段的自然景观特色、历史文化底蕴和水电开发前景有了新的认识和新的开发方式设想。

（3）对西北关中地区、甘肃沿黄干旱台地、河西走廊和宁蒙河套平川地带的水利发展得到新的认识；对沿黄高扬程提水灌溉、老灌区的节水改造等老问题改变了过去存在的错误看法，树立了新认识；对关中地区水利进一步发展、三门峡库区遗留问题的全面解决等问题的迫切性、重要性，得以重新认识；同时对黄河上中游水资源的重新分配问题，也认为应该得到特别关注。

（4）先后参加了林业部门组织的东南沿海防护林带和黑龙江大小兴安岭林区的考察，在林业专家的帮助下，对林业和林业存在的问题的特殊性，林区与洪水的关系等方面得到很多新的知识和启发，使过去一些抽象的认识得到感性认识的充实和纠正。

（5）1995 年的 8 月，政协副主席钱伟长老先生提出了在新疆开荒扩大耕地 1000 万亩，从额尔齐斯河和伊犁河引水 50 亿 m^3，从内地移民 100 万人，建立新的生产基地。这是一个宏伟的方案，政协领导十分重视，组织以钱伟长副主席为组长的专业考察组，8 月初赴新疆实地考察。这个考察组以政协科技界委员为主，同时邀请了农业、水利专业的委员参加，我有幸被邀参加了这次考察。在这次考察中我最大的收获是认识了全国有名的土地问题专家石玉林先生，他是新当选的中国工程院院士，自此以后我们便成为交往亲密的朋友。这次考察首先到乌鲁木齐，听取了自治区政府有关部门的情况汇报，然后从乌鲁木齐穿越准格尔盆地中部到阿勒泰地区考察，首先考察了富蕴县的乌伦古河和额尔齐斯河上游的水系和土地状况；之后又考察了额尔齐斯河中游拟建水库的 635 坝址，阿勒泰市以南的成片荒地；再向西考察了额尔齐斯河水量最丰富的支流布尔津河；再经过中哈国界，穿越阿尔泰山区丰富的天然草原牧区到达布尔津河上游。浏览了新疆北部最美的风景区喀纳斯湖区及湖区下游一连串冰迹小湖和不多见的原始森林，虽然还在盛夏 8 月，但两侧山上仍可见积雪，清澈的湖水倒映着两侧雪山和青翠无比的原始森林，踏着浓密的草地，真是美不胜收，我觉得这里的自然景观可能比博格达峰下的天池还要吸引人。来去 3 天，回到布尔津县城后，又考察引额济乌（乌鲁木齐）工程的上游总干渠部分。这时引额济乌引水 25 亿 m^3 的巨大工程，已有了规划但还没有正式启动。阿尔泰地区有水可引，荒地很多，但适于种植业的优质土地是很少的。阿尔泰地区考察后，沿准格尔盆地西侧，经克拉玛依油田到伊犁河流域考察。这是第三次到伊犁了，仍然经过赛里木湖和果子沟到伊宁。赛里木湖景色依旧，仍然十分媚人，但果子沟则景色大大不如以前，以往溪流的清澈，路两侧林木的茂密、山坡灌草的丰盛已大为逊色。林木过伐，水土流失明显加重，溪流浑浊，昔日浓郁的天然美景已不再见。到伊宁后，听了市州介绍的情况，然后考察了伊犁河干流下游、左岸部分支流和察布查尔以南的一片平川。这块平川加上其以南的岗地大约有 500 万亩多，是过去考虑未来可开垦的地方，但具体一看，这是一片以砂砾为主的荒漠草原，并不是适于开垦种植为主农田的地带。据石玉林院士介绍，连片的土质较好的荒地已经不多，只有未开垦的河谷原始草地才是肥沃的土地，但这是牧民的生活生产基地，坚决反对开垦的土地。看来伊犁河同样水资源丰富，但宜农荒地不多。野外考察结束后与市州领导座谈，在他们听完钱老先生所提开荒引水方案以后，立即提出反对意见，特别对大面积开荒种植，并准备大量移民的计划大加反对。后来座谈已难继续进行，伊犁河谷的优美景色依旧，但这次考察已与过去两次那种热烈欢迎的气氛大不相同。次日到边境地区考察后即沿天山北麓自治区的主要经济带返回乌鲁木齐。考察组内部意见也有分歧，我与石玉林院士认为开荒方案不大符合新疆的发展方向，可能打乱自治区以北水南调为中心的各种部署。此外在新疆建立新的粮食生产基地有很多难处，似乎没有必要，新疆维吾尔自治区也有类似观点，考察组未形成统一的考察报告，就此结束了考察。后来据说钱老先生亲自写了考察报告提交政协领导。这一年的 10 月中旬，钱正英副主席受政协领导的委托，组织了很少人的小组再到新疆对钱老先生方案作进一步研究，钱正英副主席带领我和石玉林等少数几个人又到乌鲁木齐。这次没有进行现场考察，只在乌鲁木齐延安宾馆听取自治区政府有关部门的意见，最后与自治区党委和政府取得一致意见后就结束了这项工作返回北京。

在政协最后一次考察是在 1997 年 8 月对黑龙江大兴安岭和小兴安岭林区的防火灾考察。这是我第一次到达黑龙江流域林区的考察，对大小兴安岭林区面积之大、森林的茂密和 1991 年春森林大火损失、破坏之大，感到震惊，对森林防火艰巨和困难有所体会。对森林滞蓄洪水的作用有了具体了解。这次考察到达了我国的北极黑龙江岸边的漠河镇，中长铁路的北端满洲里、著名的呼伦贝尔湖，并看到了美丽的呼伦贝尔大草原，印象十分深刻。在政协这 5 年，认识了不少与水利有关的农林水方面的老专家、老领导，从他们那里了解和学习了很多东西，他们都保持着诚挚友善和同志式的互相关怀，互相交流各方面的情况，有不少同志至今仍使人怀念不已；另一方面许多年轻的专家委员，给人一种感觉，他们自视很高，有一种高人一等和自认为了不起的感觉。自 1998 年 2 月以后我再也没有参与过政协的任何活动，也没有与政协机关打过任何交道，在政协的经历算是告一段落。

1993—1995 年期间除参加上述活动，我对水利工作以来的经历断断续续地作了一些回忆和反思，作一些不成体系的文字记叙，后来南京水文研究所，邀请我去讲述一些当代水利问题，于是在 1995 年 10 月自新疆返京以后于 11 月初去南京，先后讲了 5 次，后来按录音整理报告内容时，选用了 3 次报告内容，印了一本小册子，题为《关于中国几个水利问题的回顾和探讨》，对新中国成立后前 30 年的水利发展的经验教训总结，21 世纪初水利发展的展望和西北水利发展的方向等方面提出了自己的一些看法。现在重新翻阅，其观点尚无重大缺点，尚有一定值得借鉴的内容。

1998 年汛期长江流域发生了仅次于 1954 年的最大洪水，松花江流域也发生了超过 1932 年的特大洪水，松花江支流嫩江则发生了 1794 年以来的最大洪水，全国动员投入汛期防汛抢险工作。整个汛期我都在关注汛情的发展和洪水的特点和演变，由于身体状况欠佳未能到第一线考察防汛工作，只参加了两次防汛办召开的咨询座谈会。这一年长江的大洪水，从 6 月下旬到 8 月下旬宜昌先后发生了 8 次洪峰，都对中下游防汛产生了巨大压力，虽然洪水总体上小于 1954 年，但是由于江道泄洪能力和通江湖泊的调蓄能力下降，中下游主要洪水控制站的最高水位除宜昌、汉口外均超过了历史最高水位和规划安排的保证水位，洞庭湖口莲花塘水文站和鄱阳湖口水文站超标最大。防汛形势的严峻和困难都是空前的，大约 200 万军民防汛大军奋力抢险、加高堤防（大部分是修筑临时子堤），昼夜堤防查险，按照部署严防死守，战胜了一次又一次的洪峰通过。在当时长江中下游防洪工程设施尚不完善的情况下，防洪策略上存在两种不同意见：一种是按沿江基层干部和群众的要求，即使江道超标准行洪，也应严防死守，尽量做到堤防不决口漫溢，尽量少使用分蓄洪区，既保了眼前局部利益，又减少汛后恢复重建的困难，但是这种做法要冒堤防在某些薄弱部分突然决口的更大风险；一种是按部里部分领导和防汛办公室的部分工作人员的主张，在沿江主要控制站水位超过规划保证水位时，按照预先安排启用分蓄洪区减少下游防洪压力，减少防汛困难和费用，这样可减少堤防自然决口的风险，但要承担分蓄洪区居民临时撤退安置的负担和困难以及汛后救济、恢复、重建的沉重负担。这两种策略一直存在争论，给具体负责防汛指挥领导增加了不少困难。当时担任防汛前线总指挥的温家宝副总理不得不对可能最先使用的分蓄洪区（如荆江分洪区）安排准备分洪的工作，同时令沿江防汛大军继续严防死守，抢险加固堤防。在此期间，社会对发生大洪水的原因也争吵不休，一部分人认为主要是长期以来森林的过度砍伐和地表植被的严重破坏所造成的；水利、气象部门的科技人员则认为自然生态系统的破坏固然会产生一定影响，但对这种大洪水气候的特殊条件和降雨量过多过分集中还是主要原因。1998 年 8 月 24 日，江泽民总书记召开了一个小型防汛座谈会，水利部有我和陈清濂、赵春明 3 人，气象局有丁一汇（研究员）、裘国庄（气象局专家）等 5 人参加，听取意见的除江总书记外，尚有曾庆红、滕文生、王沪宁和中央办公厅政策研究室的一位领导。座谈会开始后，江总书记宣布这是一次漫谈会，没有任何讨论决策的意见，想学一点知识。他又讲了一段辩证唯物论的基本观点和社会对大洪水发生原因的炒作。之后叫我先发言。我在先一天接到通知以后，作了一点简单准备。我发言的主要内容是对洪水特点、灾情和在当前长江中下游的防洪设施基础上可能采取的两种策略（如上所述）作了具体分析，听的领导都很认真，不时提出问题，我作了简要回答。最后我也表明了我对当时防汛策略的基本看法和几点汛后的建议，主要是：到 8 月下旬，汛期已接近尾声，在严防死守下，已经通过 7 次洪峰，各可能分蓄洪的场所，绝大部分已被涝水淹没，人为分洪和自然漫决损失都差不多，当时防汛队伍士气很旺，只要能坚持到 8 月底或 9 月初，按当时水情变化趋势，汛期会发生重要转变，因此我主张继续严防死守，除非遇到特殊险情外可不考虑分洪。发言结束前，我对汛后防洪减灾工作提出了几点建议：①长江中下游当时所依据的防洪规划是根据 20 世纪 70 年代以前资料研究编制的，1980 年被肯定下来，三峡工程最后一次可行性论证继续肯定了这个规划成果，这项规划中提出的主要控制站保证水位一直延续使用到 1998 年汛期。近 20 年来的水文和江湖演变情况发生了很大变化，对原规划中这些关系地区利益的控制指标应当尽快修改调整。②堤防是江河防洪的基础措施，现有长江主要堤防质量差，隐患多，又不够完整，必须全面改造加固，对重要堤段和经过大中城的江堤应加修防渗心墙，尽量减少隐患的产生。③分蓄洪区是处理超过江道安全下泄能力大洪水的重要措施，但它本身的安全设施不全，问题很多，必须加快处理解决，迅速扭转防汛的被动局面。④三峡工程已开工建设，应加速进行，建成后对今后大洪水、特大洪水的防洪安全将起关键作用。⑤大水之后河湖关系会发生变化，荆江河段还将发生剧烈冲刷，自然裁弯还可能发生，应抓紧时机进行调查研究，防患于未然。会议以后不久，最后一次洪峰在沙市水位超过保证水位45m达到45.22m时，安全下泄，9月底主汛期走向结束。这是一次大胆的估计，所幸言中，否则可能导致不良后果。在会上，我也对黄河治理策略中的靠挖河疏浚解决黄河防洪问题提出了否定意见。此后一段时间，人大常委会、中科院工程院两院联合召开了1998年大洪水防汛座谈会，我都应邀参加，在会上发表了类似的意见。汛后，在钱正英院士主持下参加了中科院、工程院两院院士和长委会有关单位专家参加的关于1998年长江大洪水全面分析研究工作，对当年洪水特性、灾情损失和大洪水产生原因进行汛后总结性研究。经过大约2个月的工作，提出了给国务院的报告，但没有下文。我估计是由于我们在报告中提出的灾情损失比国务院汛期向外界公布的数字小得多，不好重新公布。1998年大洪水的有关参与就这样结束了。

1990年前后至2000年，除上述工作外，还参与了"八五""九五"国家安排的科技攻关项目，在"85—16长江防洪系统的研究、"85—126黄河治理与水资源开发利用研究"和"96—912西北地区水资源合理开发利用与生态环境保护研究"等3个项目中，担任专家组组长。对前两个项目只起到一般性的咨询作用，实际参与的不多；对后一个项目主持了立项可行性研究报告的审查，分阶段研究提出咨询意见，主持项目各课题成果的验收和鉴定，对部分课题进行了现场考察和征求了有关地方意见，起到一些推动作用。"八五""九五"期间先后主持开展了两期"黄河流域水沙变化的研究"，比较系统地了解了黄河上中游水沙的分布和特性，具体研究成果主要依靠黄委会和相关机构、大专院校的专家。上述这些项目的研究成果在黄河治理、长江防洪规划和工程院有关西北咨询项目中得到应用，部分专题研究成果获得不同等级的奖励。此外，在此期间参与了《中国水利百科全书》的编写工作和部分审稿工作，主编了《中国大百科全书·水利卷》的综论部分，担任了3年《中国水利年鉴》的主编，还担任了《中国水利工程防洪效益分析方法与实践》、《建国以后水利建设经济效益》、《中国水旱灾害》三套书的编写顾问，具体参与内容策划、审稿、修改和部分审定工作，促进完成了全书的编写。以上这些书对水利基础研究和水利规划有一定的参考价值。在这期间结合实际工作，应各方的邀请，撰写了有关水利规划、防洪、水资源开发利用等方面的数十篇文章和多次学术报告，其中少数几篇文章可能提出少许有学术价值的观点，但大多数都是一般平庸的文章。

自1997年中国水利水电出版社启动《中国水利百科全书（第二版）》的修订工作，我被邀请担任全书主编，按一般"百科全书"再版修编要求，要对前一版全书条目进行全面核查，过时或错误严重的可取消，发现缺失错误要补充修改，全书至少有1/3的条目需得到补充、修改或重写；根据时代的发展可补充新的条目，这种新条目须是在理论和应用中成熟的，社会上存在争议的不能采用。《中国水利百科全书》第一版由于水平较高，审稿严谨，大部分条目得到保留或只做较少修改；但毕竟出版已过去10多年，这 10 年又是科学技术发展较快的年代，需要和可以增加的条目还是很多，但对于行业中广泛流行或使用的所谓创新理论或计算方法，存在比较突出有争议的内容，还是按严格要求未予纳入。第二版"全书"明显修改和新增的条目超过 1/3，增加了新的分支和篇幅，从第一版的大约 600 万字扩大到 800 万字，图幅和照片以及重大工程都有大量的增加。作为主编的我主持了大约 1/3 的分支审查工作，对每个分支的带头或重要条目都力争亲自阅读和修改，由于我的知识水平有限，时间和精力不足，虽然对部分条目阅读和修改，但漏失和错误仍然是可能存在的。全书动员了各大专业的专家教授撰写或修改条文，21 个分支 50～60 位分支主编，全书 6 位副主编，都付出了极大的精力和时间，进行了艰苦的工作，经过 5 年时间完成了第二版修编工作，最后由中国水利水电出版社的新老编辑 14 位，先后用了两年的时间，于 2005 年出版。对这些专家和工作人员，我由衷地敬佩他们的敬业精神，感谢他们的辛勤劳动。

1999 年中国工程院第四次增选院士，几位老同志劝我申请院士候选人，过去几年水利学会也曾两次推荐我当院士候选人，但我都考虑我的学术水平太差，对水利也没有做过什么重大贡献，因此都未同意正式提出，这次我仍顾虑重重，仍然不准备提出。后来有一两位经常往来的老同志提出这可能是最后一次机会，不妨试一试，即使不当选也不是什么不光彩的事。这种建议使我很感动，到 5 月我向水利部提出申请，很快得到通过上报。经过工程院土木水利建筑学部的选举，居然当选为中国工程院院士。当选后我并未感到对这种荣誉的喜悦，反而感到不安和沉重，总觉得自己的专业素养很差，有价值的论文有限，没有像样的专著，特别缺少院士们关注的获奖项目，也没有做值得称赞的工作业绩。像我这样一位平庸的水利科技人员跻身于院士之列，似乎很不大自然。此后我的主要活动是参加各类涉水问题的咨询工作，大体上可分为几类：一类是工程院接受国务院委托或工程院院士们认为涉水工作中存在重大问题需要专门进行调查研究的项目。从 1999 年起我参与过的有《中国可持续发展水资源战略研究》项目中《中国防洪减灾对策研究》，这个专题组长由钱正英院士亲自担任，我任副组长，负责具体组织和开展研究，邀请了大江大河流域的技术负责人和科研院所的有关专家教授参加。大家的积极性都很高，经过反复讨论，汇集各方面的意见，由我汇总综合分析，提出综合报告的初稿，再经过钱正英院士亲自修改补充，反复讨论修改最后形成综合报告，纳入《中国可持续发展水资源战略研究报告集》的第一卷。之后又由我和戴定忠同志编辑了《中国防洪减灾对策研究》专集。这项工作，历时 3 年，参加防洪减灾的专家有中国工程院和中国科学院院士 10 人，各流域机构有关科研院所大专院校专家、教授 20 人，以戴定忠教授兼任组长的工作组 11 位专家（其中专家组专家兼任的有 4 位）。与此同时我还参加了项目综合组的有关工作。整个项目向国务院和有关部门的领导作了全面汇报，得到充分的肯定，"综合报告"中所提出各项战略性结论，对以后的水利规划和具体实践都起到了指导作用，在一定意义上讲，这个项目的主要结论在水利发展过程中具有划时代的作用。之后，又参与了《西北地区水土资源配置、生态与环境建设和可持续发展战略研究》、《东北地区水土资源配置、生态与环境保护和可持续发展战略研究》、《新疆可持续发展中有关水资源的战略研究》以及《长江三峡工程论证及可行性研究结论的阶段性评估》等重点咨询项目，一般担任项目的顾问或主持个别专题研究工作。这些项目一般有 10 多位两院院士和上百位各方面的专家参与。通过对这些项目的调研和讨论，学习了很多新知识，了解许多过去想学习了解而又未能做到的事，特别对一些年长院士专家们专业知识的精深和专业发展的全面了解感到非常佩服。当然我也做了一些力所能及的事和提供一些有关水利方面历史背景和自然环境的情况。第二类是参与了水利部门组织开展的几项涉及全国范围的专项规划工作，主要有：①各大江河流域和全国的防洪减灾规划；②新一轮全国水资源评价和水资源综合规划；③全国各大流域综合规划；④围绕上述三大规划，开展的一系列专题研究。这三种规划组织了各流域机构、各水利、水电科研院所以及涉水的大专院校参加，都由国家发改委领导和有关部门参加组成协调小组进行协调共同参与编制，由水利部水利水电规划总院负责组织推进具体工作。动员科技人员达数千人，时间长达 5～10 年。我成为 3 个项目指定的咨询专家小组或成果审查小组的主要成员，也是我投入时间和精力最多工作。一系列专题研究项目是为了提高规划的科学技术水平和适应不断发展的社会经济形势而设置的，涉及社会经济和生态与环境的各方面，补充了 20 世纪 80 年代以来西方先进国家的一些新概念、新研究成果和新的发展趋势的大量信息，填补了以前长期封闭的缺失，对我来说是一个重要学习机会。这些专题研究成果，除补充延长了一些统计数据，引进了一些分析计算方法和名词外，对问题的实质大都缺少深入研究，真正的开拓创新较少，但也是一个很好的开端和探索，对提高完善上述"三大规划"还是发挥了很大的作用，我每次参加讨论、评审或鉴定时，都花费相当的时间阅读了研究成果报告，发现了一些问题，提出了一些建议。在此期间，除关注"三大规划"的有关工作外，还不断参与另外一些专题研究和重大准备建设的工程项目不同设计阶段成果的讨论或审查，这些工作中，我参与较多，兴趣较大的是有关"淮河与洪泽湖关系"的咨询和研究，从河湖历史演变、社会经济历史背景和治黄、大运河发展在历史上的得失影响等方面的研究探索中，对黄淮海平原在中国历史上和当代的重要地位，以及新中国成立以来水利建设重点一直离不开这个地区的重大意义有了更深刻的认识，并对这一地区今后的发展方向有了一些新的设想。由于我当前的体力和精力状况，大概没有可能把它完全写出来，这可能是我终生的遗憾。

2001 年春节前感到身体不适，特别是头痛、咽喉肿痛、视觉出现复视，有关各科医生做了反复检查，到春节后终于确诊得了鼻咽癌。我和老伴都感到意外和震惊，特别是老伴非常着急，几天流泪不止，我的思想还算稳定，按照医生的要求住进医院进行放射性治疗，不几天北京友谊医院强放射机失灵，后来转到北京医院，住进特需病房，继续接受放射性治疗。据医生说北京医院的强放射机是最近刚从美国高价进口的最新最精密设备，因此医院进行治疗的人非常多，像我这样住院的病人每天也要花一个多小时排队等候治疗，这种治疗的过程每次不到 10 分钟，没有什么痛苦，但后遗症却十分严重，有的需要伴随终生。后遗症主要集中在口腔内的内分泌系统遭到严重破坏，终日口干舌燥，需要不断饮水，味觉消失，吃东西不辨滋味，腮部有时肿痛，咽食物不太通畅，这些症状严重影响睡眠、吃饭和排便，给日常生活增加不少痛苦。2001 年 5 月初出院回家，生活起居需要重新安排和适应，但生活尚能完全自理，出门散步和参加会议尚不受限制，每月到医院复查一次，长期服药缓解后遗症。出院后不久，我就开始接受有关方面的邀请参加力所能及的咨询工作。从 2001 年 5 月到 2009 年 5 月中，我就是在这种状况下参加各项力所能及的工作和活动。到 2006 年初，鼻咽癌放射性治疗已过去了 5 年，医生认为治疗效果是好的，可以说已经治愈，经几次检查未发现有再发癌症的迹象。后遗症已有缓解，口腔内分泌部分恢复，味觉也逐渐恢复，抗癌、防癌和缓解后遗症的药物还在长期服用。此后，血压、血脂经常波动，脑供血不足和视力、听力的下降又成为新问题，用药的品种不断增加和更换，每天吃药成为极大的负担。最近几年"三高"（血压、血脂、血糖高）病似乎并不严重，大都维持在期望值以下或边缘，但脑供血不足，脑血管局部萎缩成了主要问题，头脑昏沉的时间逐步增长，很难保持头脑清醒。放疗后遗症虽然有所减缓，但口腔功能逐渐萎缩，吞咽食物和饮水逐步困难，到今年 3 月中这种困难明显严重，吃东西或饮水都会呛，一不小心就会有东西进入气管。这种现象，开始并未引起重视，到 5 月 13 日去医院看病，内科医生建议去做钡餐检查食道有无问题。就在做钡餐检查时，喝下第一口钡餐溶液时马上发生剧烈咳呛，医生立即叫停止检查，说可能有少量钡餐呛入气管，很快会发生吸入性肺炎，要立即到第二门诊部请医生联系监测处理。二门诊医生立即联系住院，一个小时后住进综合科一区病房。经过透视照相检查，发现确有少量异物呛入肺部，立即按吸入性肺炎治疗，认为已不能再用口腔进食和饮水，立即装上鼻饲的管子，至此口腔就失去基本功能。第二天开始大量验血和各种检查。此后的两个星期几乎每天都有两项检查要去做，每天都输液 4～5 瓶，耗费 3～4 个小时，叫人烦劳不堪。到 6 月中，各种检查都做完了，有关各科医生也都来会诊过，认为肺炎已得到控制，不必再输液，这样在 6 月 12 日就出院回家了，最大的不便就是从住医院起嘴再不能吞咽食物和水，都靠一根管子解决。我问医生有无可能恢复口腔吃饭喝水？都是否定的答复，这种罪不知道何日方休？自此以后我已谢绝外面各种活动的邀请，闭门家居过日子，悲哉！在家过了不到 2 个月，又突发连续打嗝，十几小时不间断，多日不见好转，实在难受，又检查肺部，吸入性肺炎症状仍然明显，于是 8 月 17 日又住进医院，至 9 月 4 日，连续 18 天又不断输液消炎，同时采用针刺治疗嗝症，大都见效以后又才出院。这次住院之后，深感体力明显下降，昏沉思睡加重。看来完全脱离社会的日子快到了。

　　2009 年是中华人民共和国成立第 60 年，也是我参加水利工作的 60 年，从 3 月中至 9 月初接连住进医院两次，从住医院开始，口腔即失去了吃饭和饮水的功能，靠从鼻孔插入胃里的一根塑料管子饮食，增加了生活的很多不便，脑力和体力感到明显的衰竭，头脑完全清醒的时间很少，看文字的材料（包括报纸）一般很难超过半小时，昏昏思睡的时间增长，想写一点东西也十分困难，看来我正常生活的日子已经失去。到 2009 年 10 月 1 日，很难到大街或天安门广场观看 60 年国庆盛典的准备情况，只能靠电视机了解国庆盛典。这一年的 9 月，在水利部推荐下，经中组部认定，我被列入全国离退休干部先进分子，在《老年报》上公布，中组部发给了"全国离退休干部先进个人荣誉证书"，这是我平生唯一得到的一次个人荣誉，这大概是我一生 60 年工作的一个句号。自此以后，我大概真正进入了衰朽残年，能否再发挥一点作用难以想象。但一生未了的事还很多，值得回忆的事，也很多，能否留下记录，实在没有把握。只好像一副名对联所写的"人间事了犹未了只好不了了之"。

一生生活工作环境和学习得失的简短反思

我这一生的工作始终是伴随着新中国的建立和发展形势变化过程而改变的。从总体上看，这60年可分为两大阶段：前30年（1949—1978年）以阶级斗争为主导，以社会主义计划经济为特征的时期；后30年（1979—2009年）以改革开放为主导，以集中力量搞经济建设为特征的时期。前一个时期，除建国初期和"一五"期间政治气氛比较宽松，经济工作任务明确，工作有序外，其余20多年都是在紧张的政治气氛和无序的（或大部分时间无序的）经济发展环境中开展工作的。生活工作和学习都受到不断开展的以反右为核心的各种政治运动的严重影响。对一个家庭出身不好又有参加过某些反动组织的人来说，这种影响更加严重，几乎成为每次运动批判和接受审查的对象。我的出身也不太好，属于"黑五类"家庭，即与地富反坏右有关的家庭。在土改时我家被划为"小土地经营者"，即占有少量耕地，长期未脱离农业生产但主要靠雇工搞农业生产，父亲又是一个大部分时间从事教育和地方小官吏另有收入的人。由于父亲社会交往复杂，又是老国民党员，交往中有少数反革命分子，因此在解放后审查历史问题时被定为"历史反革命分子"，曾被政府管制，长期不给摘掉"帽子"，因此家庭其他成员和我都受到这种影响。所幸我参加工作时已是地下党员，没有参加过任何反动组织，同时我所工作的水利部和水利电力部的领导大部分是知识分子而且受过高等教育，政策水平高，对待出身不好的干部比较宽容，因此对我的影响相对较小；同时经过反右派和反右倾运动，我深深感到像我这样出身的知识分子必须言行谨慎小心，"夹着尾巴做人"，因此在"文化大革命"开始前的年代都顺利地通过了各次运动，但是在工作中还是感到我与出身好的党员还是有所不同。因此对党内有些看不惯的坏作风和少数高层领导的错误行为不敢提出意见，在党的会议中，也不敢完全讲真话，以求自保，这是我长期感到内疚的。到"文化大革命"时期，"极左"的政治路线越来越左，阶级斗争的口号越喊越响亮，对家庭出身越来越重视，"红五类"和"黑五类"出身的干部处境差别越来越大，我对自己以后的前途越来越失去了信心。在不断学习中，虽然从马克思的基本理论和社会发展的必然趋势去考虑，对社会主义和共产党的长期存在，共产党总会有一天再走上正确发展的道路，对走社会主义道路和服从共产党的领导这一认识并未发生动摇，但对我这样在当时年过半百、身体多病的人来说恐怕是难以期待美好未来的。在1969年冬下放劳动以后，对再回到北京继续做原来的工作的可能性更加渺茫，只希望结束劳动接受"再教育"告一段落后能找到一个给饭吃的落脚点就很不错了。在新中国成立后的前30年，生活没有遇到较多的困难，工作和学习还是积极认真和负责的，完成了所承担的各种任务，工作中也没有发生过重大失误；在学习方面，最初的六七年成效最好，基本补上了大学时期学习的缺失，也适应了工作的要求，自认为已经成为一个合格的低级水利科技工作人员；但在以后的大约20年中，受各种政治影响越来越大，一般政治学习，各种政治运动中专门问题的学习讨论和参加审查、批判会议的时间，估计要占除睡眠、做饭、吃饭以及不可缺少的家务劳动以外的一半以上时间，这其中有用的学习和有价值活动的时间占得非常有限，真正钻研业务和提高知识水平的系统学习少得可怜。在"文化大革命"期间，除了前面曾经讲过的几种工作外，很少连续性的工作，和进行有用的学习；在此期间身体还是不断闹毛病，1969 年的夏秋之交还曾一度被怀疑身患肺癌，检查观察了近 2 个月。可以说"文革"十年是人生的最大浪费，也是悲观、失望、彷徨，不知所措的十年。

从 1979 年开始进入改革开放时期，政治气氛比较宽松，思想言论行动比较自由；身体状况在切除左肺休养恢复以后大为好转，体力和精力都有所增强，生活、工作、学习可以说走入一个比较正常的时期。在这段时间里，在职期间大约 7 年，工作方式与过去相同；此后虽然还继续工作，但大部分时间是参加几项准备建设的工程项目的可行性研究工作，直到 1992 年 2 月离休为止。1993 年至今，离开行政机关，成为一个独立自主的人，融入社会，除在防汛抗旱总指挥部办公室担任 3 年（1994—1996 年）顾问，在汛期经常参加每天早晨的汛情汇报和汛情紧急时的协商会外，很少再坐办公室。这三年了解了一些基层的防汛情况，感到做防汛工作与防洪研究工作的思路很不相同，前者总要求防汛万无一失，防洪的标准越高越好；后者则考虑问题比较全面综合，对防洪建设的要求有取有舍，同时我也感到在某工作岗位上工作过久，受岗位局限性很大，视野太窄，因此我认为不能在一个岗位上待得太久，应当适时调换工作岗位，开阔视野，对工作可能更有利。2001~2007 年可以说是带病工作，主要围绕工程院的活动和水利部的全国性规划工作活动，尚能保持正常人的心态，尽力所能地去工作，但对广泛的社会活动，则尽量不参加。在 2008 年老伴去世后，可以参加的各种活动已经不多，大概在不离北京的一些活动尚可参加，但离开北京就不行了，因此参与工程院的几项咨询工作，大都只能在讨论的时候参加，外出考察就很难参与了，因此未能做到应有的努力，未能发挥可能发挥的作用，也未能参加到最后阶段，真是有点遗憾。

概括这一生的工作和学习，可以说：对工作学习始终是积极的、认真的、负责的，马马虎虎、对对付付地去对待工作和学习的态度还是较少的，但只是完成了所担负的任务，没有作出突出的贡献；对学习，养成了天天读书的习惯，杂学旁揽，贪多不厌，知识的面比较广，广博有余而深入严重不足，深入系统了解的专业知识不多，这也是对工作缺乏重大贡献的重要原因，因此只能算是一个平庸的水利科技工作者，根本够不上"专家"的称号。这一生辛勤、劳累有余而业绩成效甚微，不能不说是终生遗憾。概括起来说：我是一个合格的中学生，不合格的大学生，参加工作之初是一个不合格的水利科技干部，通过工作和学习，达到一个平庸的、一般的水利科技工作者，虽然后来被选作中国工程院院士，但我始终认为我是一个不合格的院士，获得了一个不应得到的荣誉。但我尽了我的一切能力，做了我力所能及的工作，无负吃农民给我的饭，工人供我衣和生活用品；一生未做对不起社会和周围同志以及亲朋好友的事。大概还算是一个可以问心无愧地度过这一生的普通劳动者。

学 术 文 章

　　分水利规划与水资源、防汛抗旱减灾、江河治理、地方水利四大部分，选录了近百篇徐乾清院士的学术文章，包括学术论文、考察报告、工作建议、讲话稿等。

水利规划与水资源

当前水利水电综合规划中的几个问题

过去河流综合规划中最突出的是防洪、灌溉和发电之间的矛盾问题，通过第一个五年计划的实践，和许多大小河流流域规划的研究，这一问题已为大多数人所认识。水利电力部门成立以后，更为合理解决这一问题创造了十分有利的条件。由于国家经济建设的高速发展，工农业用水、供电和发展交通运输事业的要求日益迫切，水利水电综合规划中出现了许多新的问题。现将一些影响较广泛的问题，即跨流域引水对水电的影响和水利水电建设与航运、铁路、林业等部门之间的矛盾等方面的情况和存在的问题作一概括的介绍。这些问题应由有关部门进行专门的研究，以便早日得到妥善的解决。

一、关于跨流域引水问题

我国水利资源分布极不均衡，与工农业发展不能相互适应。全国水利资源和土地人口分布如下：

地　　区	总面积 /万 km²	人口		耕地		地表径流	
		数量 /万人	占全国 /%	面积 /万亩	占全国 /%	数量 /亿 m³	占全国 /%
东北地区	195.4	4500	6.9	26670	16.2	1742.0	7.1
西北地区	229.8	1450	2.2	7095	4.3	1100.0	4.4
滦、海、黄、淮、沂、沭、泗、胶东	137.0	22300	34.1	73308	44.5	1480.0	6.0
长江流域	180.8	23000	35.2	42650	25.9	9663.0	39.1
长江以南地区（不包括西南国际河流地区）	75.5	13300	20.2	12383	7.5	7210.0	29.2
西南国际河流区	144.7	900	1.4	2400	1.5	3500.0	14.2
总计	963.2	65450	100.0	164500	100.0	24700.0	100.0

原文写于 1959 年，取材于 1959 年 4 月水利部规划局综合处专题研究报告。

为了适应工农业发展的需要，大规模的跨流域引水已经为全国许多地区所重视，而且展开了考察勘测工作。

目前所了解的跨流域引水计划，主要是解决干旱地区农业及工业缺水问题。由于跨流域引水在很大程度上改变了河流的水文特性，在引水后必将引起各种新的矛盾，从水利和电力的综合规划出发，有必要研究一下由于引水而产生的矛盾。现将了解情况综述如下：

1. 自丹江口引汉济淮济黄对发电的影响

丹江口水利枢纽控制汉江流域面积 9.74 万 km^2，多年平均径流量 382 亿 m^3。枢纽正常高水位 170m，有效库容 159 亿 m^3，径流经调节后除供给唐白河流域灌溉用水 40 亿 m^3 外，发电保证出力 29.5 万 kW，装机 90 万 kW，平均年发电量 45 亿 kW·h。根据原丹江口水利枢纽初步设计，在近期只考虑引水供给唐白河流域灌溉，并未考虑济黄济淮的问题，但黄河下游各省迫切要求引用汉水。目前增加引水的方法只有两途：一、不影响发电的情况下尽量引用弃水，但由于汉江供水十分集中，弃水流量大而历时短，有水文实测的 27 年间有 11 年没有弃水，一般弃水历时约 2 个月左右，即使引水渠道断面很大，引用弃水量也极为有限；二、降低电站保证出力减少装机容量，则每增加引水 $100m^3/s$（即年引水量 31.5 亿 m^3）保证出力降低 5.5 万 kW。这个问题关系到黄河下游各省的用水和湖北地区的用电，影响比较重大，需要专门研究。

2. 西部地区南水北调影响发电问题

从长江上游干流和西南各国际河流的上游引水至黄河是解决西北和华北地区工农业缺水和沙漠改造用水的一项重要办法。根据引水的几条可能路线，引水量在 220 亿 m^3 至 1420 亿 m^3 之间。从现有情况看来，初期的南水北调主要是从长江上游干支流引水，而长江干支流的梯级电站又为西南三省（川、云、贵）主要动力资源；引水后将对这个地区产生严重的影响。为了说明问题可以从两条曾经研究过的引水路线看出引水后对发电影响的程度。

第一条路线为自金沙江上游镇安至索藏寺入黄河，此线起点 3670m，入黄地点 3300m，全长 1490km，引截长江干流流水量 314 亿 m^3（实际入黄 280 亿 m^3）。根据长江干流规划所选梯级（包括：金沙江的虎跳江、半边街、龙街、白鹤滩、大炮、向家坝等；雅砻江的二滩、金河、小得石等；大渡河的富林、瀑布沟、铜街子、龚嘴、沙湾等；干流的石棚、朱杨溪和三峡），引水后发电量变化如下：

河　流	引水前年发电量 /亿 kW·h	引水后年发电量减少 /亿 kW·h	占未引前年发电量的百分比 /%
金沙江	2225	680	30.5
雅砻江	888	113	12.6
大渡河	360	20	5.0
干流	1612	147	9.2
其中三峡	1270	102	8.0
总计	5085	960	10.8[①]

① 原数据如此，但疑有误。

即引水后长江上游干支流共减少年发电量960亿kW·h。如果估计未规划河段可能利用的落差少发电约1000亿kW·h，则共损失电量约1960亿kW·h。按照上述路线引水至黄河，利用黄河梯级可增加发电量约1000亿kW·h，与长江干流已规划梯级引水减少发电量大体相当。从上述情况看来，这条路线对长江干支流梯级开发影响不大，不致由于引水而使这些梯级失去开发价值。

第二条线路即自金沙江石鼓以上翁水河口至甘肃定西大营梁。引水起点高程2100m，终点高程1850m，按黄委会估计可引水1420亿m³，但按四川省南水北调综合研究组校算，沿引水路线所截引总水量1234亿m³，引水后对长江干流支流已规划梯级（如上述）发电的影响如下：

河 段	引水前年发电量 /亿kW·h	引水后年发电量减少 /亿kW·h	占未引前 /%
金沙江	2225	1678	75.4
雅砻江	888	873	98.4
大渡河	360	260	72.1
干流	1612	580	36.0
其中三峡	1270	379	30.0
总计	5085	3391	67.0

即引水后长江上游干支流梯级总发电量将减少67%，长江三峡电站将减少30%。如果仅考虑即将动工的富林和铜街子两个电站，引水前年发电量为178.3亿kW·h，引水后减少133.5亿kW·h，即减少74.8%。如果考虑未规划河段可能利用的落差少发电约996亿kW·h，则共损失发电量约4387亿kW·h。从上述情况可以看出，如果引水达1234亿m³，长江干流梯级（即石棚、朱杨溪和三峡）虽然减少发电量很大，但仍然不致失去开发价值；但金沙江、雅砻江、大渡河等三条河流已规划梯级减少发电量72%～98%，能否开发即成问题。因此有关西南三省的动能规划应与南水北调规划同时进行。按照这条路线引水入黄河，利用黄河梯级可增加发电量2600亿kW·h。

3. 山西引入黄入晋对黄河万家寨以下各梯级电站的影响

山西省计划自黄河万家寨以上沿红水河梯级抽水过分水岭（总抽扬程317m）补充山西省工农业需水量。按照要求近期抽水44亿m³，远景抽水71.7亿m³。引水后若完全用于灌溉近期可扩展灌溉面积？00万亩（原文如此），远景1500万亩。引黄入晋实现后对黄河干流各梯级发电影响如下：

河 流	平均水头 /m	引水后减少发电量/亿kW·h	
		近 期	远 期
万家寨到三门峡	580	60.8	98.4
三门峡到桃花峪	207	21.7	35.1
合计	787	82.5	133.5

抽水本身耗电也很大，近期 58.6 亿 kW·h，远景 94.8 亿 kW·h。引黄入晋后总消耗及损失电量近期 141.1 亿 kW·h，远景为 228.3 亿 kW·h。

从上述情况看来，引黄入晋工程除本身工程投资达 18.44 亿元（近期）外，每年耗电及黄河梯级电能损失是十分巨大的，因此从全面进行经济比较是有必要的。

4. 东北地区北水南调问题

为了解决辽河流域工农业及航运缺水问题，计划在近期通过松辽运河引水 46 亿 m³（保证率 75%），其中 30.7 亿 m³ 供给辽河流域：远景计划引水 59.5 亿 m³，其中 34.6 亿 m³ 供给辽河流域。由于引水地点，在嫩江与第二松花江汇流处，对嫩江和二松发电没有影响，仅影响干流梯级，干流落差 71m，估计远景可利用 70%，即 50m，引水减少发电量 8 万 kW·h，影响不大。

关于跨流域引水目前还在研究阶段，都还没有实施。跨流域引水影响到的问题很多，特别是西部地区南水北调问题，需要作较长时间的全面研究。在目前看起来急需要解决的有下面几个问题：

（1）农业的发展规划问题：从过去对南水北调的研究可以了解，引水的多少主要取决于农田灌溉的发展和沙漠改造。由于各地对远景农业发展的要求不同，引水量相差很大。在过去一个时期西北和华北各水利资源缺乏的省份所提用水要求都是按全省农业生产发展到极高的水平，西北地区均按大量开垦荒地改造沙漠和从内地大量移民后的情况要水，对于国民经济发展的实际需要和可能考虑很少甚至完全没有考虑。因此在南水北调规划工作中应着重研究农业的全面规划。特别是农业布局问题。农业规划应同样从全国一盘棋出发，考虑水利资源的经济合理利用。

（2）关于送电送水问题的研究：全国水利资源分布也是不均衡的，长江以北地区共有水力资源 8400 万 kW·h，而西南地区（不包括西藏和昌都地区的 13900 万 kW·h）共有水力资源 27100 万 kW·h。充分开发西南地区水力资源后，可能有多余电力输向北方。如果西南地区的电力向北方输送，就有输电和输水（送水至黄河上游利用黄河梯级发电）比较的必要。从利用落差发电量来看，专门送水至黄河发电与在西南本地区发电是差不多的。输水的损失较大，工程投资较高，但可以发挥水的综合利用效能；输电比较简单，但消耗金属材料较多，水利资源不能充分综合利用。因此，对输电送水的可能性和经济合理性，值得进一步讲究。

（3）在南水北调实施前，长江上游干支流和黄河干流梯级开发如何结合南水北调？这是一个急需研究及早提出指示原则的问题。南水北调对长江上游干支流开发的影响如前所述是十分巨大的，一般看来长江干支流的开发当在南水北调之前实现，因此这些河流梯级开发规模的大小，经济价值必须结合南水北调考虑，但如何考虑应及早进行研究。黄河干流梯级现已动工修建的有 6 级，其余梯级几乎全部在进行设计，如果南水北调实现发电量增加很大，这些梯级是否要考虑加大规模？以及考虑多大规模？都是需要原则确定；否则，如果现在按照不考虑引水布置工程，在将来可能造成极大的浪费。

二、河流梯级开发与航运的矛盾

河流梯级开发调整了河道的比降，减低了流速，加大了航道水深，为河流通航创造了有利条件。有许多河流，特别是山区河流原来不能通航的，在河流梯级开发后变成可以通航了。但是由于河流梯级化和水电站运行特性，使通航和水力发电发生了一定的矛盾，在河流比降大，水头高的河段这种矛盾更为突出。这些矛盾主要有以下方面：

（1）船舶过坝船闸水级的大小与航行速度和通航耗水量的矛盾：河流梯级化，过坝要减低航速，也限制运输量。因此航道部门希望加大船闸的水级和船闸室，这样耗水量加大，发电量减少。按照交通部黄河航运规划，一般过闸流量约 $20m^3/s$，全河减少出力约 20 万 kW。长江三峡水电站如采用梯级船闸过坝，每级级差不超过 15m 时，过闸耗水量约为 $30m^3/s$，减少保证出力 3.6 万 kW。为了减少船闸耗水量，对于高水头水电站，过坝设备宜采用升船机。同时在规划时考虑营运费中应计算电站损失。

（2）水电站上游水库水位变化对航运的影响：由于水库水位随季节变化，水库上游端造成季节性的自流段；使水库满库季节原来相互衔接的梯级在空库时变成不相衔接，为航道措施和库区港口码头的修建造成了困难，水库工作深度愈大，这种困难也愈大。如像黄河干流梯级兰州至青铜峡一段及万家寨至龙门段各梯级水库正常高水位时相互衔接，但在死水位时将有全河段 1/3 长变为自流段，这些河段如不增设航道梯级则不能通航。像这样的情况，长江三峡以上干流及支流，三峡以下各主要支流的中上游以及南方所有山区丘陵区河流考虑借河流梯级开发而通航的河道都将遇到这种问题。在技术和经济方面如何解决这个问题，是值得及早进行研究的。

（3）维持河道通航与水电站担负尖峰负荷的矛盾：水电站担负尖峰负荷，电站下游流量和水位变化幅度很大，影响通航。为了通航，必须经常下泄一定流量维持最小航深，因此，这一部分流量所发出的电量只好担负基荷，如按照黄河航道规划要求，将来兰州以下经常下泄 $400m^3/s$ 维持自流段最小航深 1.8m，则刘家峡和盐锅峡两级电站在枯水年份只能在基荷运行。按照长江一级航道上延至雅砻江口以上，但水库消落至死水位时，各回水段内将出现长约 $20\sim60km$ 不等的天然河段，如果为了通航石鼓以下最小流量为 $850m^3/s$，雅砻江最小泄量为 $850m^3/s$，金沙江巧家以下最小流量 $1900m^3/s$，这样才能达到通航要求。根据长江规划要点，金沙江在雅砻江口以上各梯级一般调节流量在 $950\sim1180m^3/s$，如经常维持最小下泄 $850m^3/s$，则可担负尖峰负荷的保证出力 757.5 万 kW 降低为 128.7 万 kW，金沙江雅砻江口以下各梯级，一般调节流量 $2500\sim3500m^3/s$，如经常维持最小下泄流量 $1900m^3/s$，即可担负尖峰负荷的保证出力 1744.5kW 降低为 631.1 万 kW。这种情况对金沙江的梯级开发是不利的。长江三峡水电站若坝址选在三斗坪时，由于日调节下游水位日变幅达 13m，下游通航困难。为了解决这个矛盾可以采取两种措施：第一，在宜昌以下修建古老背梯级，使其回水与三峡电站尾水衔接，这样三峡水电站运行可以不影响航运。古老背梯级可装机 120 万 kW；第二，不修古老背梯级，经常放泄一定流量维持通航，如维持最小通航流量为 $4000m^3/s$，则只有保证出力 460 万 kW 不能担负尖峰负荷，装机容量只可能保持在近期 2200 万 kW，远景扩大装机可能性很小。汉江丹江口水利枢纽下游为了维持通航在渠化以前经常最小泄流量为 $200m^3/s$，则保证出力 11 万 kW 须在基荷运行。总之从现有的情况看来水电站进行日调节对航运的影响是比较大的。

过去的内河航道大都是利用天然河道，河道的梯级开发尚在开始，水电站修建较少，在一般航道规划中对这些问题也缺少研究。因此在今后进行河流梯级开发规划时必须与航道部门取得密切配合，最好能由水利电力部门和交通部门共同进行近期和远景的综合规划。对于已经在设计的水电站应该充分考虑航运发展的情况和要求，对于已作规划而未考虑通航的应补作研究工作。

关于船只过坝的技术设施，应提请有关部门进行科学研究。

三、河流梯级开发与木材浮运的矛盾

过去已经修建的水利水电枢纽大部分没有考虑木材过坝建筑物，或者虽然已修建筏道但不能满足林业部门要求，如像梅山、佛子岭、流溪河、上犹等枢纽目前竹木过坝均靠人力盘驳，增加运输成本很大。木材浮动和船舶通航不同，木材砍伐大都集中于冬季进行，次年春汛涨水集中浮运，如岷江上游，1957年冬季采伐木材，在1958年春季一次涨水时5小时内全部下放，因而造成灌县阻塞水位猛涨，几乎造成水灾。

在东北木材采伐区以铁路线运输为主，水运为辅。四川西部高原森林主要分布于长江上游金沙江，雅砻江，大渡河，岷江等流域，全部木材储量约6亿m^3，以水运为主。在运输成本上水运费用只有陆运费用的$1/8\sim1/12$。按照第二个五年计划，四川原木年流送量，大渡河为220万m^3，岷江为92万m^3，雅砻江为248万m^3，金沙江为452万m^3。要解决这样大的运输量过坝问题是十分艰巨的。关于大量木材过坝水工建筑物的合理型式现在尚缺乏成熟的技术经验。

水电站与木材浮运的矛盾虽然可以通过水工建筑物设计得到适当解决，但从规划的角度来看，过去河流规划注意森林工业规划是不够的。由于木材浮运所引起的水电站参变数的变化，对电站经济指标的影响，不同地区木材陆运输的经济比较，以及木材浮运的方式如何适应河流梯级开发等问题，均需进行专门研究。

四、水利水电建设与铁道修建的矛盾

水利水电建设与铁道的矛盾主要在山地丘陵地带。在平原地区，除了某些河道的铁路桥梁孔径不够而阻碍泄洪和铁道与农业地区防洪标准不相协调外，一般矛盾不大。根据几年来的情况存在主要问题有：

（1）由于铁路高程的限制，河谷中不能修建较高的水工建筑物，因而使水利水力资源不能充分利用，洪水不能得到充分的调节。永定河官厅水库由于受丰沙铁路高程的限制，库容不能增大；但原水库库容远不能满足调洪拦沙和调节径流的作用，因而不能不计划增建石匣里水库。青海湟水流域年径流量达20亿m^3，如果能作充分调节则流域内工农业用水基本上可以满足，但西（宁）兰（州）铁路几乎完全平行河岸，因此干流河谷不可能修建较大水库，当地径流不能充分利用，而需要从大通河引水接济。渭河水量比较丰富，可以供给关中平原灌溉，但陇海铁路通过宝鸡，使宝鸡峡不能修建高坝，渭河水无法引上塬地，又如金沙江龙街水电站的正常高水位与成昆铁路南段有矛盾，不得不降低减少发电出力。

（2）铁路新线与河流梯级开发的矛盾：铁路选线以通过河谷川地最为经济，但在河流上修建水工建筑物以后，铁道线路不得不抬高至正常高水位以上，因此铁路造价增加很多，一般山岭路线的建筑费比河谷线高$1\sim2$倍。因此河流梯级开发与铁道修建，特别是西南山地高原区，关系十分密切，如果河流梯级开发方案不确定，铁道是很难确定线路的。根据西南地区铁路网规划，在今后15年内将修建主要干线1420km，一般干

线 14400km，地方线 13900km，共约 42500km，（不包括各种专用线和复线在内）。西南地区地形十分复杂，起伏坡度很大，铁路沿河谷选线更为重要，因而与河流梯级开发的干扰也特别大。像大渡河、雅砻河、金沙江、嘉陵江等河谷都将有铁路经过。如果水库正常高水位没有确定，铁路的定线工作也很难进行，又如汉口至重庆的铁路计划沿清江上行，线路与清江梯级开发也就有矛盾。

（3）铁路桥梁与水工建筑物的结合问题：铁路穿越大江大河修建桥梁的费用十分巨大，河流拦河水工建筑物与桥梁结合可能节省不少投资。在目前已经提出需要结合的有黄河干流任家堆、龙门、碛石和岗李等，将来这种结合的要求可能增加。铁路桥梁与水工建筑物的结合在目前主要存在三个问题：第一，两者修建期限的配合有困难，如像黄河龙门枢纽，侯（马）西（安）铁路原拟通过坝顶，但现在龙门枢纽一时不能定案，铁道部门只好另建桥梁。第二，火车通过水工建筑物时对水工建筑物结构的影响，对坝选择的要求现在尚缺乏技术研究。第三，铁路过坝往往要增加线路长度，其经济性和合理性如何？亦须研究。

总之，今后水利水电部门与铁道部门规划工作的协调，是急需解决的。

《当代中国水利》电视片有关内容的提示

1. 新中国发展水利的历史地理背景

(1) 自然环境特点：喜马拉雅运动，形成三级阶梯形地形，三种不同气候区；除青藏高寒气候区外，水热同期，有利于农业和植被生长，使中国东部大约 1/2 的国土面积，承受了世界 1/5～1/4 人口的生存和发展。同时，由于气候、地形复杂多变，在季风和海洋热带气旋的作用下，洪、涝、旱灾频繁，局部地区十分严重。

(2) 从 19 世纪中期以来的中国近代史，是中国社会经济衰败停滞，水旱灾害最为严重的时期。其主要特点是：

1) 主要江河水系发生重大变化，改变了防治洪涝灾害的格局（黄、淮、海关系，江湖关系的变化）。

2) 水旱灾害极为严重：大江大河都发生过历史最大或接近历史最大洪水；100 多年之间发生了（1846—1847 年，1856—1859 年，1875—1878 年，1899—1902 年，1922—1930 年，1934—1936 年，1941—1944 年）多次连续严重干旱（参阅《中国水旱灾害》附录）。

3) 经济衰败，江河治理，农田灌排停顿，原有设施破坏失修，防治水旱灾害的能力全面下降。

4) 西学东渐，开始学习西方近代科学技术，传统水利发展向近代水利发展策略转变。

2. 新中国水利事业的起步和重点建设时期（1949—1957 年）

(1) 建国初期的社会经济发展需要和水旱灾害形势。

1) 为了在战后迅速恢复社会稳定和农业生产，必须尽快摆脱严重水旱灾害的被动局面。

2) 历史遗留的严重水旱灾害局面，继续发展（1949 年全国大水，1951 年淮河大水，1951 年、1953 年东北华北大水，1954 年江淮大水，洪涝灾害十分严重；全国大部分地区虽处于丰水期，但每年旱灾面积仍然很大，受灾面积在 3100 万～25800 万亩之

原文系作者为电视专题片《当代中国水利》提供的背景材料。

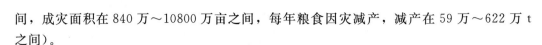
间，成灾面积在 840 万～10800 万亩之间，每年粮食因灾减产，减产在 59 万～622 万 t 之间）。

（2）中央领导的极大关注和亲自领导指挥。在利用已有科技力量、已有科技资料的基础上，动员广大群众参加，依靠苏联专家的帮助，全面开展水利设施的修复，抢建对付较大洪水的过渡性设施，进行重点江河的治理和建设中小型农田水利。

（3）主要成绩和特点。1954 年大水前主要江河防洪设施得到恢复，防洪能力比抗日战争开始前有所提高。

灌溉面积从 2.4 亿亩（其中水田 1.9 亿亩，旱地灌溉约 5000 万亩）增加到 1957 年的 4.1 亿亩，粮食总产量达到 3900 亿斤，超过抗日战争全面开始前（1936 年）的水平（大约 3200 亿～3600 亿斤）；大型水库从 1949 年前的 5 座增加到 19 座，中型水库从 1949 年前的 15 座增加到 82 座。

在黄河上中游积极开展了水土保持。

特点：重视工程质量，重点工程较严格地按基建程序办事；从治标逐步向治本转变，积极开展了江河流域综合规划工作。存在的主要问题是：基础资料不足，科技水平低，江河治理和重点工程标准偏低，配套设施跟不上；群众工程，因陋就简，工程质量较差，遗留问题较多。

3. "大跃进"期间的水利建设——1958—1960 年

（1）基本指导思想。依靠自力更生，多快好省建设，尽快赶超世界先进国家；水利贯彻"三主方针"，充分动员群众人力，物力（对农民进行无偿平调）积极投入水利的群众运动。

（2）成就。据统计 1962 年：灌溉面积 4.6 亿亩；机电排灌面积从 1957 年的 1800 万亩，发展到 9200 万亩；水库 1973 年达到 7.2 万座，其中大型 283 座，中型 1833 座，小型 7 万座，绝大部分是"大跃进"期间开始修建的；机井达到 11 万眼（1961 年）；机械排灌动力从 1957 年的 56.4 万马力（其中电动机 9.7 万马力）到 1962 年达到 614.7 万马力（其中电动机 224.1 万马力）；对部分地区提高了防洪、除涝和抗旱能力，1957 年和 1960 年完成工程量（举例据统计）见下表：

单位：万 m³

年份	土方	石方	混凝土
1957	59617.6	1084.4	125.08
1960	177946.3	15164.9	475.0

估计 1958 年、1959 年可能比 1960 年大得多。

根据李葆华同志 1959 年水利会议报告：1958 年完成土石方 580 亿 m³，扩大灌溉面积 4.8 亿亩，治涝 2.1 亿亩，初步控制沿海水土流失面积 30 万 km²。

1962 年水利会议（1962 年 12 月）《水利工作基本总结与今后工作任务》：全国基本建成和已提供的大型水库 207 座（1949 年前 5 座，1957 年 19 座），中型水库 1282 座（1949 年前 15 座，1957 年 82 座），小型水库 7401 座；灌溉面积达到 5 亿亩，比 1957 年增加 1 亿亩，还有 2 亿多亩农田，已完成骨干枢纽工程，配套后即可受益，其中大型水库灌区还有 7000 万亩，中型水库灌区约 5000 万亩。

大量修建的水利工程设施在防御水旱灾害方面发挥了一定作用，多数得到了保留和完善。

（3）教训、失误和遗留问题：

1）教训和失误：违反社会经济和科学技术的客观条件和基本规律，急于求成，造成人力、财力的重大浪费。

将"三主方针"绝对化、片面化，对当时水利建设严重误导，造成重大失误。

三门峡水利枢纽的修建，黄河下游拉河建闸引水灌溉，甘肃引洮工程是严重失误的例证。

2）遗留问题：

大量病险水库。

大量"半拉子"工程。

大量边界纠纷（河系破坏，调整疏路任务很大），配套工程重务很大。

大量碍航闸坝（约 800 处，缩短通航河道）。

大量移民占地（约 1000 万人）。

大量林草、植被破坏。

这些遗留问题，挫伤了群众修建水利的积极性，对农村正常发展造成了不利影响；影响了以后几十年的水利工作进展；加重了部分河流和地区的防汛负担；形成了新的农村困难群体，增加了社会不稳定因素。"大跃进"的功过是非值得客观地进行分析研究，吸取经验教训。

中国水利建设概况和近几年工作的回顾

一、自然地理特点和水利事业的地位

我国是一个土地辽阔自然地理情况复杂的国家。土地总面积 960 万 km²，地势西高东低，西部有高寒的青藏高原，东部有长江、淮河、海河中下游的广大平原。在土地总面积中高原山地占 60% 以上，平原盆地约占 30%；牧场草原约占 20%，而农用耕地仅占 11% 左右。耕地主要分布在东部平原、大江大河的河谷、盆地和三角洲地带，而这些地区也正是我国的政治经济中心。

我国地处太平洋西岸季风气候区，夏季湿润多雨，冬季干燥少雨，气候温和，土地肥沃，地跨高、中、低三个纬度区，适应各种农作物的生长。全国年平均降水深 630mm，在地区分布上随着与海洋的距离加大而逐渐减少，大致从东南沿海向西北内陆，由 1600mm 以上逐步减少到 100mm 以下。降雨在季节分配上也是极不均匀的，汛期（南方 5—8 月，北方 6—9 月）降水量往往占全年降水量的 60%~70%，华北地区占有 70% 以上。多数年份汛期降水又集中在几次大暴雨，24 小时降水量超过 800~1000mm 的特大暴雨，曾经多次发生，而冬春期间雨量稀少，华北不少地区长达两三个月的时间可能完全无雨。由于上述地形和降水量的特点，我国既有丰富的水资源，雨热同期，有利于种植业的发展和森林植被的生长；又有严重而频繁的洪、涝、旱灾。

我国河流较多，流域面积在 1000km² 以上的大、中河流有 1500 多条，著名的有长江、黄河、淮河、海河、辽河、松花江、珠江等。全国地表径流总量约 26000 多亿 m³，在地区分布上很不均匀，长江及其以南地区占全国总径流量 80% 以上，年际和季节变化相对较小；而黄河、淮河、海河、辽河等流域，耕地占全国 40% 以上，人口占 1/3 以上，而地表径流仅占全国总径流量 5.6%，而年际和季节变化又十分巨大，虽然这个地区还有一定的地下水资源，但仍是一个水资源十分贫乏的地区。全国水能理论蕴藏量达 6.8 亿 kW，大约 70% 集中在我国西南地区，初步分析大约有 30%~40% 是可以开发利用的，这是我国一项巨大的能源。

我国主要江河流域面积年径流量和水能蕴藏量如下表：

原文系作者为 1980 年 8 月下旬联合国亚太经合会在曼谷召开的亚太地区水资源问题讨论会所作。

河 流	流域面积/万 km²	河长/km	年径流量/亿 m³	水能蕴藏量/万 kW
全国	960		26000	68000
长江	180.1	6300	10000	23200
珠江	42.5	2200	3400	3300
黄河	75.2	5400	580	3480
淮河	26.2	1000	530	
海河	31.9	1090	283	170
辽河	23.2	1430	151	
松花江	52.8		759	
西南各河	86.4		4770	22100

频繁而严重的洪涝旱灾是我国农业生产的重大威胁。根据历史记载，自公元前206—1949年，2000多年间，我国发生大水灾达1029次，较大旱灾1056次，水旱灾害几乎在不同地区每年都有发生。因此，自古以来，水利事业成为发展生产、安定社会、巩固政权的重要因素。历代开国之初都把治河防洪、发展灌溉、疏通航道作为国家重大的建设事项。中华人民共和国成立以来，为了迅速提高农业抗御自然灾害的能力，保护人民生命财产的安全，满足工矿城市工业供水和发展水电、航运的要求，水利事业成为社会主义建设的重要组成部分，在国家支援下，动员广大群众，发扬自力更生艰苦奋斗的精神，水利建设事业得到迅速发展。

二、水利建设概况

我国劳动人民与水旱灾害做斗争有悠久的历史，修建了许多著名的工程。据考古和文献记载，黄河、淮河平原的劳动人民，在公元前二千多年就开始疏浚河道和修堤防洪；公元前606—前586年间，在安徽省寿县境内修建了安丰塘灌溉工程，公元前386—前250年间在关中修建了郑国渠，在四川修建了都江堰，灌溉面积都达到百万亩以上，使当地成为当时全国最富庶的地区，从公元前480年开始，历代劳动人民陆续开通了从北京到杭州，贯通南北，长达1782km的大运河，成为影响全国经济发展和关系国家稳定的重大措施。千百年来修建的黄河大堤和江浙沿海的海塘，规模之大、工程的艰巨也是举世闻名的。

中华人民共和国成立以来，50年代初期在国家大力支持下，动员广大群众，对江河堤防进行普遍整修加固，全面恢复和改善原有灌溉工程，同时重点治理长期洪涝灾害严重的淮河和威胁广大地区安全的黄河，在恢复和发展经济中发挥了巨大作用。50年代后期和60年代初期，组织各个部门的力量，对全国主要河流和地区作了全面调查研究和编制了除害兴利综合利用水资源的流域（或地区）水利规划，此后就有计划地对重点河流进行了集中治理和水资源的开发利用，同时普遍动员群众，大量兴修小型水利工程，为本地区工农业生产服务。

30多年来，建成水库8万多座，总库容达4000亿 m³，其中大型水库（总库容大于1亿 m³的）308座，中型水库（总库容大于1000万 m³的）2100多座；整修、新修堤防 16.5 万 km；灌溉面积达到 7 亿多亩；机电排灌设备达到 6000 多万马力；农用机井达到 200 多万眼；全国低洼易涝耕地 3.3 亿亩，其中 75％得到初步治理；全国水电站装机容量约 2000 万 kW，其中农村小水电约 600 万 kW；此外还进行了大量水土保持工作，并开始修建牧区草原灌溉设施。这些水利工程，初步控制了常遇洪涝灾害，增强了农田抗旱能力，使农业能够持续稳定增产；为工农业提供了廉价动力；保证了城市和工业区的供水水源；为航运和水产养殖创造了发展的有利条件。

过去水利建设工作主要集中在两个方面：一是大江大河的治理，提高江河的防洪能力，综合开发利用水资源；二是农田水利建设，不断扩大和改善灌溉设施，除涝治碱，提高农业抗御自然灾害的能力。

1. 关于大江大河的治理

20 多年来在普遍进行中小河流治理的同时，重点治理了淮河、海河、黄河和长江。

（1）淮河流域是历史上水旱灾情严重地区，是解放后进行全面治理的第一条河流。20 多年来，除在山区开展水土保持外，修建大、中型水库 180 座，库容 350 亿 m³；小型水库（库容 10 万～1000 万 m³）4800 多座，库容 30 多亿 m³；在平原地区控制湖泊蓄洪，库容 280 亿 m³。在下游开辟和扩大了入江入海出路，泄洪能力由 8000m³/s 增至 22000m³/s。同时在全流域普遍培修、加固了堤防，疏浚了大小河道，进行了灌区建设。通过以上措施，初步控制了洪水，减轻了内涝灾害，灌溉面积从解放初期的 1200 万亩发展到 11000 万亩，建成了数百座中小水电站，全流域的生产面貌有很大的改变。

（2）海河是我国华北地区最大的水系和有名的害河。上游支流繁多，呈扇形分布，洪水季节上游来水流量很大，而下游河道宣泄能力却很小，经常洪水决口泛滥。而两河之间又多为洼地，排水不畅，每遇暴雨就积涝成灾。由于春季和初夏降雨稀少，经常发生长期干旱。历史上旱涝灾害严重，生产极不稳定。新中国成立以来，特别是在 1963 年遭遇特大洪水灾害以后，广大群众积极投入了根治海河的斗争，海河流域面貌发生了深刻变化。现在山区已建成大中型水库 110 座，小型水库 1300 多座，总库容 200 多亿 m³。海河水系的 5 条主要支流——漳卫河、子牙河、大清河、永定河和潮白河，都开辟了各自的入海水道，使排洪入海的能力从原来 4600m³/s 扩大到 24680m³/s，低洼平原排涝入海的能力从原来的 400m³/s 扩大到 2100m³/s，大大减轻了洪涝灾害的威胁。同时广泛兴修了农田水利，建成农用机井 70 多万眼，灌溉面积从解放初期的 1000 多万亩，扩大到 9000 多万亩，盐碱地也得到了大面积的改良。农业生产得到发展，由原来严重缺粮地区实现了粮食自给。

（3）黄河是一条多泥沙的河流，多年平均输沙量 16 亿 t，下游河道逐年淤积抬高，形成地上河，历史上曾发生 1500 多次堤防决口和 26 次大改道，水灾波及 25 万 km² 的地区，灾害极为严重。解放以后，在上中游开展了群众性的水土保持工作，干支流修建了大中型水库 140 多座，小型水库 3800 多座，总库容 560 多亿 m³，下游加高加固了 1800km 的堤防，整治了 700 多 km 的河道，修建了临时滞洪工程，保证了黄河大堤的安全，30 多年来未发生洪水决口，而且战胜了 1958 年发生的大洪水（黄河下游控制性水文站花园口洪峰流量达 22300m³/s，大约相当于 50 年一遇的洪水）。全流域灌溉面积已扩大到 6600 万亩，初步改变了这些地区的低产多灾面貌。黄河干流已建成五座梯级水电站，装机容量达 200 多万 kW，正在修建的上游龙羊峡水电站，装机达 150 万 kW。这些干流大型水利枢纽工程中，如刘家峡、青铜峡、三门峡等工程，不仅开发了巨大的水能资源，而且在防洪、灌溉、防凌、水产养殖等方面都发挥了巨大作用。

（4）长江是我国第一大河，也是内河航运的动脉，中下游沿江平原和三角洲地区是我国重要的粮食和经济作物生产基地。水旱灾害也是经常发生的，1931 年大洪水，淹没中下游农田 5000 多万亩，受灾人口 2800 多万人，死亡 14.5 万人，武汉市遭到长时间的浸泡，损失是十分惊人的。30 年来，一方面防治水旱灾害，同时也积极开发利用长江流域丰富的水资源。在中下游普遍修整了堤防，新建了荆江和汉江分洪工程，控制湖泊洼池进行蓄洪滞洪和垦殖，建成了大中型水库 800 多座，小型水库 43000 多座，总库容达 1100 多亿 m³。建成了大中型水电站数十座，最大的丹江口水电站装机达 90 万 kW，正在兴建的干流葛洲坝水电站总装机达 300 万 kW，在全流域修建了大量灌溉工程，特别是沿江平原，湖泊洼地周围和三角洲地带普遍修建了机电排灌站，不断提高这些地区的灌溉水源保证程度和排涝标准，有些排灌站的规模比较巨大，如江苏省江都水利枢纽工程，也是南水北调的第一期工程，总抽水流量 465m³/s，电动机功率达 5 万 kW，为苏北里下河地区 1000 多万亩农田提供了灌溉补充水源和排水出路。以上这些水利建设，初步控制了常遇洪涝灾害，再遭遇 1954 年特大洪水（相当于百年一遇，大于1931 年洪水）时，将能确保重点城市和工业中心的安全，大大减少农田淹没损失；全流域灌溉面积达到 22000 万亩，约占耕地面积的 60%；干流通航长度达 2900km。

除了上述 4 条河流的治理外，珠江、松花江、辽河和东南沿海的一些较大河流都进行不同程度的治理，使珠江三角洲、辽河下游平原和许多河川盆地和河口三角洲成为重要的工农业基地，同时开发了大量的水能资源，如浙江新安江水电站、广东新丰江水电站、第二松花江和鸭绿江的梯级水电站在工农业生产中都发挥了重大作用。

2. 关于农田水利建设

农田水利不仅包括农田本身的灌溉和排水，而且是对一条小河或一个地区的全部土地进行整体规划和综合性的开发利用，目标是为社、队生产服务。农田水利建设是依靠广大人民群众办水利，以小型为主，社队自办为主，同时配合国家按照江河流域统一规划兴建的大、中型工程，实现大、中、小相结合综合利用水资源的目的。近十几年来，广大农民在国家的支持下，因地制宜，发挥集体力量，兴建了大量水利工程，改变了生产面貌。现在举两个例子具体说明这个问题：

（1）湖南省桃源县，位于洞庭湖畔的一个山丘区，是一个七山、一水、两分田的县。这个县的政府和人民，对全县 48 条小河，作了全面规划，实行梯级综合开发，已建成大、中、小型水库 360 座，小型塘坝 26000 多处，水电站总装机 13600kW。每个公社都有一座库容 100 万 m³ 以上的水库和一座到几座小水电站；每三个大队有一座 10万 m³ 以上的小水库，每人有 1 亩旱涝保收的农田。在修建水利的同时，平整土地 20万亩，绿化大小山头 11500 多个，人工造林 76 万多亩，新修公路 2200km，全县 85% 的大队通了汽车，全县粮食平均亩产超过了 800 斤。

（2）江苏省苏州地区，是长江三角洲的一部分，湖泊河网密布，大部分农田均修堤防围护，称为"圩田"。全区 640 多万人，682 万亩耕地。解放后水利建设经过了三个阶段：第一阶段是 50 年代和 60 年代初期，当时圩堤低小，水系紊乱，防洪排涝的能力都很低，一部分低洼圩田每年只能种一季水稻，产量很低又不稳定。当时他们主要目标是提高防洪排涝能力和灌溉水源保证，于是全面整修江湖圩堤，整治旧河网，开挖新水系，发展机电排灌，取得了良好效果，1966 年全区粮食亩产平均超过了 1000 斤。第二阶段，他们为了把一年稻麦两熟改为三熟制，对圩区进行了改造，为了减少灌溉矛盾，把过大的灌区分为 1000 亩左右的小灌区，把原来灌溉排水一套渠系改为灌溉排水两套系统，改漫灌串灌为分田块排灌，这样产量有了进一步提高，已达到粮食平均亩产1300 斤。现在已进入第三阶段，以控制地下水位为重点，并采取以下措施：①修堤建闸，排洪排涝的河道与圩内的水网分开。②按地面高程，高地和低地分开。③排水和灌溉系统分开。④调整土地使用情况，水田与旱地分开。

同时要控制圩内河网水位，并通过田间深埋排水暗管的办法，控制田间地下水位。现在部分地区已经实现了这个目标，全区已有 20 多万亩农田达到了每亩每年产粮 1t 的目标。苏州地区这种做法在我国南方主要江河三角洲地区，具有重要意义。

灌区建设是农田水利的重要组成部分，现在全国 30 万亩以上的大型灌区有 150 处，1 万～30 万亩的中型灌区有 5100 处。大型灌区中央或省的水利部门负责设计施工；中型灌区由省或地区一级的水利部门负责设计施工；万亩以下的小型灌区由县或公社负责设计施工。

50 年代，我们采取单一水源（如河水或地下水）单一灌溉方式（如自流灌溉或提水灌溉）进行设计，近年来考虑多种水源和多种灌溉方式的结合进行设计。

在进行新的灌区建设的同时也对老灌区进行改造和扩建。四川都江堰灌区是一个具有 2000 年历史的老灌区，新中国成立前灌溉面积只有 200 多万亩，经过改造扩建灌溉面积已达 800 多万亩，成为有名的稳产高产地区。关中地区的人民引泾渠，始建于公元前 200 年，几经改建，新中国成立前灌溉面积只有 50 万亩，粮食平均亩产约 260 斤，解放后经过扩建改建，灌溉面积达到 130 万亩，粮食平均亩产达到 900 斤。新中国成立后新建的大型灌溉工程，如湖南的韶山灌区（灌溉面积 100 万亩）和安徽的史淠杭灌区（灌溉面积 800 万亩）都是利用建成的大中小型水库作为灌溉水源，是以灌溉为主结合航运、发电和城镇供水的综合利用工程，在这些地区的经济发展中都发挥了重要作用。

灌区的管理主要根据受益范围的大小分级管理。大中型灌区，均由政府设置专管机构，配备专职人员，按照灌区代表大会的决定，负责进行全灌区的管理工作，并受所在地的行政领导。小型灌区，一般由社队确定专人管理。灌溉技术的科学研究工作，除国家设立专门的科学研究机构进行工作外，主要大型灌区也设有试验站，进行作物需水量、计划用水、排水标准和灌排技术的研究，并提供试验样板。在北方地区，这类试验站还要进行土地盐碱化的防治试验。

（本文所引资料均系当时统计或研究成果）

关于编写《水利建设大纲》工作的设想

一、《水利建设大纲》的性质

水利建设大纲是从全面分析水利事业的现状出发，为适应社会经济发展的需要而制定的整个水利事业发展的总体战略安排。它应包括：对当前水利事业的全面评价，对今后水利事业发展的原则、方针、目标和实现目标的政策、措施和程序；应具有全局性、长远性、规律性和关键性的考虑和安排，不能局限于水利工程建设的规模和项目，也不能限于局部工作环节。

二、《水利建设大纲》的基本内容

1. 我国所处自然环境和社会经济发展特点决定了我国水利建设的长期性、复杂性、艰巨性和综合性

我国水资源不丰富、不均匀、不稳定，人口过多、分布过密、增长过快，人与水、土的矛盾日趋尖锐，水旱灾害频繁，其损失和影响随着人口的增长和经济的发展而与日俱增，这决定了水利建设的长期性和艰巨性。过去是如此，今后也是如此。水利事业在历史上曾经是治国安邦的重大措施，在未来也是保障国家安全、促进社会经济繁荣和改善生态环境的基础设施。因此，水利建设在社会经济发展中，应具有重要的位置和长期稳定的政策。

水是再生资源，从长时期看具有周期循环的规律，但是从中、短期看，又受随机因素的左右，这种随机因素既影响对付水旱灾害的策略，又影响社会公众对水利事业的认识和评价。水利建设是通过水利工程设施对水进行再分配（时序和空间的再分配），不仅直接影响工农业发展，而且改变生态环境，这种影响和改变是经过较长时期才得到反映的，既可取得巨大的经济效益，又可产生十分严重的不良效果，因此水利建设是一项既迫切需要，又须十分慎重的事业。根据当代科学技术水平和水利建设的特点，当前水利事业还处于半理论、半经验的基础上，还不能在建设之前作出比较全面的预测和判断，因此对已建成工程设施要不断改造和完善，这个过程是十分曲折和复杂的，所以水利建设并非是一项一劳永逸的事业。水旱灾害的防治标准和水的社会需求水平，随着社

原文系作者于 1985 年 7 月为开展编写全国《水利建设大纲》工作提出的设想。

会经济发展变化，既取决于一定时期的经济财政能力，又取决于科学技术水平，更重要的是如何正确处理人与水的关系，即选择人类适应自然环境与改造自然环境的合理对策。据此，可以看出水利事业是自然科学、技术科学和社会科学密切结合、高度综合的部门，具有明显的动态变化。因此，需要全面综合地研究问题、慎重地决策和坚持不懈地总结经验、修正对策、补充规划和调整措施。

2. 对新中国成立以来水利建设的综合评价

新中国成立以来，水利建设大体经历了两个时期，即恢复和准备时期，建设和发展时期，现在正进入第三个时期，即管理和改造时期。这三个时期大体与我国社会经济发展的分期相适应，可以社会主义改造完成（1956 年）和党的十一届三中全会（1978 年底）为界限。

恢复和准备时期是在当时的历史背景下进行的，即经过长期社会动乱、经济发展停滞、生产力（包括水利设施）大破坏之后，水旱灾害（特别是水灾）极为严重的情况下，新中国成立后广大群众迫切要求治水、恢复生产、安定社会，国家作为重大政治任务安排大量投资（从水利投资占全面经济建设投资的比重而言），群众主动进行大量的义务劳动（或半义务劳动），水利建设迅速在全国范围内开展。其内容是根据历史传统治水经验，恢复、整修、加固原有防洪、灌排工程设施。同时修建了经过长期研究、看准了少数重点工程（如三河闸、官厅水库、大伙房水库等），取得了显著成效。灌溉面积从 1949 年的 2.4 亿亩，迅速发展到 4 亿亩，江河防洪能力得到了加强，对当时恢复生产安定社会起了积极作用。这一时期水利建设是与整个国民经济发展水平相适应的，虽然科学技术水平较低，缺乏经验，但积极慎重，不断前进。1953 年以后，积极进行了大江大河的综合性流域规划和重点支流重点开发的技术经济报告编制，组建科研、勘测设计专业部门和扩大了施工队伍，为水利建设的发展作了初步的准备。

1957 年全国实现社会主义改造，广大人民要求迅速改变一穷二白的贫困面貌，打破苏联发展经济的模式，高速发展社会经济，为了适应这种形势，水利建设进入一个新时期，即建设和发展时期。在此期间以江河治理和农田水利为中心全面铺开，大、中、小型工程一齐上，动员民力之多，要求速度之快是空前的。经过"大跃进"期间的建设高潮，60 年代前期的调整收缩，"文革"后期的大发展，水利建设取得了巨大成果，遗留了大量问题，也积累了丰富经验。为控制水旱灾害创建了比较雄厚的物质基础，因此：①初步控制了常遇的洪涝灾害，使我国东部人口密集、经济较发达地区，特别是黄淮海平原、长江中下游、辽河下游从多灾多难的局面达到相对稳定发展的新局面。②为农业持续发展创造了条件。③水资源综合利用取得了进展，如城市工业供水、水电、航运、水产等。④水利部门拥有相当巨大的土地、水域和人力资源，为综合经营准备了巨大的潜力。主要问题是：①骨干工程与面上配套工程未能协调发展，工程质量较差，不少工程存在安全问题，使已有工程设施不能充分发挥应有效益，造成社会财富的积压和浪费。②水利建设占地移民和行洪、滞洪区居民生产生活出路缺乏全面考虑和适当安排，既影响工程的正常运用，又造成相当范围的社会不安定和经济发展困难的局面。③水资源综合利用多目标开发的原则没有得到认真地贯彻，不少工程在防洪、灌溉、发电、航运、城市供水等方面顾此失彼，缺乏全面考虑和统筹安排，造成了相当的浪费和损失。④对生态环境的不良影响，没有给予足够的重视，一种是发展了新的破坏了老的（如塔里木河下游地区、河西走廊的北部、海河平原的东部，由于土地水分进一步失调而引起生态恶化），一种是水源污染严重，一种是水土流失没有得到控制，对这些问题缺乏明确对策，往往失去控制。⑤工程的更新改造缺乏应有的重视和有效的办法。⑥对于工程建设、运行调度的经营管理工程，缺乏正确的认识和科学的态度，长期摆在工作的次要位置，因而经营管理（包括一切企、事业单位）的体制机构长期不健全、不稳定，缺乏经济观点和强有力的组织领导，也缺乏必要的法规制度，与工程建设规模极不适应，因此造成水资源使用中的严重浪费。集中起来说：这一时期一切围绕工程的修建（包括科研和勘测设计部门），既忽视了前期工作（全面综合的研究）和科学的决策过程，又忽视了经营管理和对遗留问题及不良后效的及时处理；也可以说类似电子计算机应用，只搞"硬件"，不注重"软件"的建设，这样不仅不能充分发挥已建成工程的作用和效益，而且积累了大量难以解决的矛盾，成为当前的极大负担。也可以说集中起来是两个不适应，即：一是水利建设与整个社会经济发展不适应，既有财力、物力与建设规模的不相适应，也有群众使用工程设施的能力与建设规模的不相适应；二是水利建设与不断发展变化的生态环境不相适应。以上这些问题对今后水利建设的进一步发展带来长期的、深刻的影响，应该给予足够的估计。

党的十一届三中全会以后，我国社会经济发展从指导思想、管理体制、财经政策和对科学技术的认识都发生了新的变化，我国进入了一个新的历史时期。根据整个社会经济发展的方向、战略原则和部署，同时充分考虑水利工作的客观现实（既有成堆的问题，也有巨大的潜力），水利建设也进入了一个新时期，即管理改造和提高的时期。这个时期的中心任务是：巩固、改造现有工程设施，提高经济管理水平，加强科学技术工作，搞好重点建设，充分发挥已有工程设施的作用，不断提高经济效益。当然在这个时期还需根据国家财力兴办一批急需的骨干工程，但是必须摆好巩固、改造与发展的关系，要充分考虑点、线、面的合理关系（灌溉排涝是如此，大江大河干支流的关系恐怕也需重新考虑），不同的地区可以有不同的部署原则。这几年在加强管理和注意巩固、改造等方面的工作采取了一些积极有效的措施，已初见成效，但工作的几个主要环节并未得到根本好转。水利建设的这第三个时期，要持续多久？现在还看不清，但时间不会太短。因为虽然每年还有很大面积的水旱灾害，但毕竟比过去轻多了，如不遭遇大范围特大灾情，一般不会过分影响全国经济的持续发展，或打乱国民经济的部署，社会对大规模兴修水利的迫切感已大为减弱，最近两年来的实践也证明了这一点。同时，还必须看到其他产业部门如城建、交通、农村基本设施等"欠账"比水利还严重，国家和群众拿出很多的钱和劳力大搞水利也是不现实的。因此，这个时期不会太短，估计2000年前都会如此。今后，除大江大河的防洪问题可以独立规划外，其他水利问题可能要纳入一个经济区的全面规划之中，一项水利工程或措施只有在一个经济区内摆正了位置，明确了效益，才能修建，像过去那种决定水利项目的办法，可能是不行的。远景规划之所以困难，也在于对整个社会经济的发展前途摸不准，当然也还可以按照传统的办法提出一个轮廓的设想，把摸清水利发展的潜在能力作为第一步。在新的时期，工作的指导思想和工作方式，都需要有一个新的考虑，老一套的办法是行不通的。关键是处理好

"统"和"分"的关系，"管"和"不管"的关系，同时必须深入研究一下今后经济发展规律对水利的影响。

综合以上看法，我们的态度应该是：肯定过去，正视现实，总结经验，以新的姿态迎接未来。

3. 水利建设面临的新形势和新任务

当前我国正面临开创社会主义现代化建设新局面的紧要关头和世界技术革命的前夜。水利工作必须适应这种新形势，制定新的发展战略，研究新的政策法规，实行新的管理方法，才能有发展前途。为此，必须认真分析研究水利工作在新形势下的新特点。

（1）我国当前经济发展的核心问题是：全面提高经济效益，加快发展速度，积极扩大商品生产，严格执行按劳分配制度。全面经济核算、投入产出效果、国家财政收入、个人经济收入和行业之间的发展竞争等因素，都提高到一个新的水平。水利工作必须全面（包括工作的各个环节和部门）转向以提高经济效益为中心的轨道上来。那种不计成本，不研究经济效益，不考虑提高群众的现实利益和职工经济收益，都是行不通的，或者是严重阻碍发展速度的。

（2）由于各地区（包括省级及以下各级）经济发展的不平衡（这种不平衡在一定时期内将越来越严重）和水资源本身分布及开发程度的不平衡，使得各地区对水资源开发特别是跨地区的开发，依赖程度大有不同。因此，涉及全局的大江大河防洪工程体系和大区域的水源工程，将更加依赖中央举办，但受益地区往往提出过高要求，非受益或受益较少的地区将会提出越来越高的补偿要求，致使工程规模过大和中央财政难以负担。因此，无论防洪或跨流域引水工程都必须采取适当的经济负担政策（受益要分担投资，用水要负担水费），才能促进这类工作的发展，单纯的靠行政决策，不一定完全奏效。

（3）农业联产承包制的落实、专业户、重点户的发展，从自给生产到商品生产的转变，中小城镇建设的加速等因素，将给水利工作带来以下问题：①改善生产条件，提高供水水平的要求将会不断发展，但各地差别会很大。②自己集资兴办有现实利益的小型工程和自己管理直接受益工程设施的积极性也会提高。③对涉及广大范围的公益设施或与当前现实利益结合较小的工程设施则兴趣较少，也受财力的限制。④不愿无偿或低工资出工维修现有工程设施或兴修新工程，这必然要增加维修费用和工程造价。因此，加强组织协作、进行技术指导和制定合理的负担政策，并改变相应的管理体制就十分迫切。新的政策制定或体制改革必须适应农村总的体制形式，力求做到群众或集体"自建、自管、自用、自己更新改造"的目的。

（4）由于人口的不断增加和农村多种经营的发展，在农村联产承包责任制继续落实和发展的情况下（如山林、水面的承包），农民与土地的关系更为密切，凡可利用的土地和水域都将得到利用和分户长期管理，地价也将大幅度上升，这对水利工作将产生两方面的直接影响：①负担行洪、分洪、滞洪的土地（包括河滩地）和原有的天然湖泊水面，都具有双重任务，既是生产基地又是防洪设施。是生产基地就必须让赖以生活的居民得到比较稳定的生产条件和经济发展的出路；是防洪设施，就必须运用灵活，允许土地和水域遭到一定的破坏和变动。两者是矛盾的，有时十分尖锐。这就需要对这些地区实行特殊的管理体制和政策，同时也需要一些特殊的工程设施。②新建工程永久占地将越来越困难，经济代价越来越大，因此，对土地的征用必须十分慎重地研究和严格地控制，同时对处理大量移民和不同性质的水利工程占地赔偿需采取新的明确政策和具体办法。

（5）大中城市的不断扩大，导致生活和工业供水急剧增加，污水排放量急剧增大，城市防洪和排水问题越来越复杂，要求越来越高，城乡之间、工农业之间的矛盾也越来越大。过去那种城市供排水和水利建设分开的局面，将难以维持，必须发展一种综合性的城市水利工作部门。城市供排水和污水处理应纳入水资源统一规划之中。工业生产成本应考虑供水水费和污水处理费用。

（6）水资源和水域开发、管理、使用的各个部门随着经济发展，部门之间和地区之间的矛盾日益尖锐，水资源和水域的开发必须建立在统一规划、统一政策和统一管理的基础上。这种统一主要是认识、法规、政策的统一和行动的相互协调。

（7）已有工程具有巨大的潜在能力，是继续挖掘、不断扩大效益的重要对象。同时也应看到水资源开发自然条件优越的河段和地区越来越少，进一步开发建设的新项目，大部分自然条件越来越差，不是地形地质条件差，就是水源不足，因而工程造价高、工期长、经济效益相对下降。

（8）新的科学技术发展，给水利建设带来了巨大的动力。特别是新的勘探设计技术、新材料、新的施工工艺、新的施工机具和以系统工程为核心、以电子技术为手段的水资源规划和管理技术在水利建设中将有广阔的应用天地。如果在管理体制、技术经济政策和智力开发工作方面能合理协调，将大大促进水利事业的前进。

（9）为了实现我国经济建设总的奋斗目标和战略步骤，现有的水利基础是不能满足为社会经济发展提供必要的安全保障和水资源需要的。突出的问题是：①主要江河防洪能力较低，每年都还有相当范围遭受洪涝灾害，遇到大洪水和特大洪水损失很大，仍然可能出现打乱国民经济发展部署的严重局面。②北方水资源严重缺乏，对工农业的发展均产生明显的制约作用，在遭遇特殊干旱年份，不能保证工农业现有生产规模的正常生产和城市人民生活用水。③农业发展要求较快的扩大并改善农田排灌面积，但水土资源分布的不平衡和工程的艰巨，以及国家财力、物力的困难，都使这一要求难以解决。④在整个社会经济发展中，当前两个严重问题是环境污染和生态破坏，水利工程措施是解决上述两大问题的重要手段，如水源保护、防止土地恶化和防止水土流失都需要在水利工作中予以充分考虑。⑤水资源的综合利用水平有待进一步提高。由于长期水利建设全面规划的工作薄弱，修建工程失去控制，在水利建设进一步发展时，有一个对原有水利工程设施进行调整和对已利用水资源进行再分配的问题。因此，必须搞好全面综合规划，这个规划既要包括对已建成工程的调整改造，又要研究新的发展，而且两者必须密切结合。

（10）根据当前的国家财政经济状况和整个国民经济调整水平看，在今后相当时期内（譬如说1995年前）国家用于水利的资金是有限的，不可能大幅度地增加，维持现有的工程简单再生产、进行必要的改造更新已经十分困难，能用于新建工程的资金更为有限。这种需要和可能的矛盾将长期严重存在，短期内难以缓解，因此我们无论搞经营管理或进行规划设计，都必须考虑这一点，必须尽量挖掘内部潜力，节约国家投资、择优选定建设项目。在事业发展中也要精打细算，控制规模，减少重复。

以上特点和要求，是我们水利工作各个环节所必须考虑的问题，也是我们制定水利建设发展战略原则的出发点。

4. 新时期水利发展的战略原则和总目标

从长远观点看水利建设必须与整个社会经济发展相协调，控制水资源供需平衡和水灾范围，力争实现最优社会经济效益，促进生态环境的改善，实行水资源开发利用的统一规划、统一管理，为社会主义现代化建设全面服务。水利工作要面向全社会，依靠群众，扩大服务对象，开放业务范围，搞活经营管理，实行受益负担相一致的政策，不断提高经济效益，积极发展自力更生独立经营的能力，以适应社会经济的改革和发展。

当前，应以管好用好现有工程设施，使其充分发挥作用，进行配套改造，挖掘潜力，处理遗留问题，进行重点建设。水利工作本身要积极进行改革，加强法制建设和前期工作，为长远发展创造条件。

水利建设总的战略目标是：为社会主义现代化建设提供防洪安全和水资源的保证，为此要使水利工作不断跟上现代化的步伐。具体要求：

（1）对已建成工程设施不断完善改造，按照经济原则建立修建、使用、维修、更新改造的合理管理体制和经营方式，保证已建成工程设施长期、持续发挥作用。

（2）根据社会经济发展的需要和可能，逐步提高江河防洪能力；解决城市工业供水和农村牧区饮水困难；扩大农田排灌面积；提高水资源综合利用水平；开展水土保持、水源保护和防治土地恶化，改善生态环境。（不同时期的不同要求从略）

（3）发展科学技术和智力开发，抓住新技术（或新产业）革命即将到来的有利时机推动水利工作的改革和水利建设的发展。

（4）不断进行改革。建立健全立法、标准、规章、制度和制定、修订重大政策，把水利工作建立在高度科学技术和现代化经营管理方法的基础上。

（5）生产性或为生产服务的企、事业部门要逐步成为独立经济核算、任务与经费密切挂钩和自负盈亏的经济部门，逐步减少国家财政负担。

5. 水利建设前景的预测

分析社会经济发展对防洪安全和水资源的需要程度，分析可能给予发展水利的各种条件和水资源本身开发利用的潜力和难度，对不同时期，如 2000 年、2030 年，不同地区提出：水量供需平衡、水灾防治程度、水资源综合利用发展需要、生态环境可能变化等作出分析预测，这种预测可以是粗略的，但必须能说明不同地区不同时期水利发展的方向任务。

6. 巩固、改造现有水利工程设施和处理遗留问题的目标、政策和措施

应包括：①水库加固、改造的标准要求、重点项目和实施步骤。②行洪、滞洪区的改造和管理的目标、政策和措施。③灌区的配套和改造，包括新灌排技术的推广应用。④机电排灌的更新改造。⑤已建成工程通航、发电、水产的补充工程措施。⑥基本建成投产工程的尾工处理。⑦几个生态环境严重恶化地区补救措施。⑧水库淹没区移民遗留问题的处理。以上几项工作，着重研究：目标、政策和处理方法，特别重要的可列出项目。

7. 今后重点建设的战略部署

可按 2000 年和 2030 年两个水平研究：大江大河治理，包括防洪和水资源综合利用；供水工程，包括跨流域引水；农田排灌；水源和国土保护等方面的具体目标和重点项目以及经济效益，并提出实施步骤。

行政管理和事业分工，农业、工程管理、施工要与行政管理分开。水利部今后的主要任务是什么？管什么？不管什么？

8. 建设三大工作体系

三大工作体系包括：①前期工作和决策工作体系，它包括水土资源观测、调查、分析评价工作，技术经济研究工作，综合规划计划工作和政策研究工作等。②工程建设工作体系，它包括具体工程的设计、施工、移民安置、设备制造以及为这些工作直接服务的科研工作，如果能将施工队伍变为完全独立的企业并采用投标承包制，设计施工的管理可以搞"一条龙"。③工程管理、调度和综合经营体系，每个体系是紧密联系的有机结构，每个体系有一定的独立性，又能互相制约，因此，需研究机构的合理布设，任务的分工和联结，工作的程序和方法，特别要研究如何通过经济手段进行管理。

9. 重大政策和水利立法工作

10. 科学技术的发展

重点搞清现代科学技术在水利工作的每个环节中应该吸收什么，发展什么，据此制定科学技术的发展政策和推广应用措施。所谓"第四次产业革命"标志性的东西是：信息技术、人工智能、新材料、生物工程、航天工程和海洋工程。水利建设是以老的传统技术为主的部门，新的科学技术主要对前期工作和管理工作影响最大，可以考虑在这两个方面积极采用新技术，但必须进行具体分析研究，从实际特点出发，要十分注意防止盲目性。也要进行全面规划和可行性研究。

11. 关于智力开发

当代的经济发展，已经从过去的"一维"发展向"三维"发展过渡。过去的"一维"发展主要是追求产品数量的增加，只要有产品，使用是不成问题的；后来发展到光有产品不行，还要专门研究使用方法，这就是"硬件"与"软件"的关系，也就是"二维"发展；今后智力开发成为经济发展的第"三维"，只有"硬件"、"软件"和"智力"三者协调发展，才能产生革命性的变化。因此，智力开发要从水利事业结构、发展规划和当代科学技术发展动向研究智力开发的规划。

12. 队伍建设

应包括：队伍结构、知识结构、劳动政策和管理体制等。

三、《水利建设大纲》编写方法问题

（1）"大纲"的编写，既需要对整个社会经济发展有所了解，并对水利现状进行广泛的调查和分析，又需要全面综合和概括。而综合和概括是工作的核心和关键。现在一般的情况是各部门都有所了解，但分散而不集中，综合的工作尚难起步。因此，首先需要组织少数人提出一个"大纲"的轮廓设想并提出需要深入调查研究的关键项目，然后动员大家分头去做，限期提出分项的专门报告。然后进行第二次综合，提出较具体的"大纲"，广泛发动群众进行讨论、修改、定稿。此工作估计需两年时间。

（2）组织成立一个"大纲"编写小组，由部长亲自挂帅，集中5～7人，组织调查研究和进行综合分析整理。各业务司局、流域机构和属于大江大河流域的重要地区指定少数人进行流域或本地区的研究，作为部"小组"的特约成员或顾问。定期讨论研究和部署工作。

（3）当前需要进行的调查研究工作：①搞清各类水利遗留问题（过去计划司已做过部署，现在正在进行）。②在新的农村形势下，农民对水利的要求和自建、自管水利能力的调查（选择不同地区、不同类型进行重点调查）。③水利水电施工队伍现状及改革办法的调查。④大、中型水利水电工程管理体制和多种经营的调查研究。⑤现代科学技术在水利事业中应用现状的调查（可选择几个重点项目进行，如：防汛通信调度及水文测报自动化技术，电子计算机的应用，遥感技术的应用，设计工作自动化等问题的研究）。

对当前水利发展问题的一点认识

水是构成生命的重要物质，是人类生活不可短缺的必需品，是工农业生产过程中不可取代的原料或中介物质；洪涝暴潮泛滥，土壤水分失调和水源污染又是破坏生态环境、妨害社会安全和威胁人类生存的重大灾害。人与水的关系是决定人类自身和社会发展的重大问题。因此，以控制水害和开发利用水资源为目标的水利建设事业，就成为自有人类文明社会以来社会经济发展的重大基础设施，谁在某一时期忽视了这个问题，就必然受到惩罚，使社会经济的正常发展受到影响。我国几千年来的历史实践，充分证明了这一点。

（一）

最近，谢家泽教授根据不同历史时期人与水关系的特征，将水利发展过程划分为四个阶段，即：原始社会——人适应水；古代社会（以农业生产为主）——人适应水为主，水适应人为辅；近代社会（以工业生产为主）——水适应人为主，人适应水为辅；现代社会（第二次世界大战以后）——水适应人与人适应水密切结合。这是研究水利发展的一个卓越见解，为水利科学研究提出了新的方向。从这一新观点出发，分析不同时期水利发展的经验教训，寻求其特殊规律，找出正确处理人与水的关系的基本原则，对以后的水利发展是有重大意义的。

原始社会，以狩猎畜牧为主，人逐水草为生，避水害而居，人的存在适应水的存在，人对水的自然状态没有能力加以明显的改变，水对人的危害，纯属自然性质。

以农业生产为主的古代社会，人类主要选择那些靠近水源而又不经常被洪水淹没，同时气候基本适应农作物生长的地域活动，但是气候和水文的变异，水的自然状态不能完全适应生活和生产的需要，除了易地而居以外，在社会经济条件允许的范围内，修建标准较低的水利工程，增强抗御水旱灾害的能力，以提高生活和生产的稳定程度。当然这种能力是有限的，避害趋利，适应水的自然规律仍是主要的。但是，在一些人类文明发展的稳定时期和集中地区，也曾兴建了规模巨大水利工程，对农业生产、航运交通和

原文系作者于 1985 年 10 月在"中国水利学会第四届会员代表大会"上所作的报告。

城市供水都发挥了重大作用，如古代的埃及、巴比伦、印度和我国的东部地区都是如此；同时，由于对水利、水害的相互关系处理不当，也造成一些人为的水害，如开拓耕地时与水争地、防洪排水中的以邻为壑、土地的盐碱化，局部地区水源减少或断绝，当然这比起近代水源危机和水源污染要轻微得多；水利纠纷和矛盾不仅屡见不鲜而且可能形成严重的社会问题。这对人与水的关系提出了除必须考虑自然因素外，还要考虑社会因素，兴修水利不仅要考虑防治自然灾害，而且要防治人为灾害，既要修好工程，又要管好用好工程。这种历史的经验，往往容易被忽略，从而付出巨大代价。

近代和现代是以工业生产为主的社会，农业生产也逐步向集约化、工厂化发展，水的自然分布状态远远不能适应工业生产和城市发展的需要，人类社会有必要也有能力通过工程建设，对洪水进行有效的控制和对水资源的时空分布进行重新分配，以适应人类社会生活和生产发展的需要；但水的分布和变化仍为自然的巨大威力所控制，要水完全适应人的需要，虽然付出极大的代价，在许多情况下也是难以实现的，如特大洪水和特大干旱的处理，远距离、高扬程的调水等，从社会经济综合条件考虑，往往是不可能做到的，因此人适应水也是在任何社会发展阶段，必须采取的行动。当然随着科学技术的进步和社会财富的增长，水适应人的程度，会逐步提高，但从整体上说人不去适应水是永远做不到的。近代和现代社会人与水的关系的主要特征大概是：

（1）水灾逐步得到控制，同一地区发生水灾的机会逐步减少；但由于生产发展和人口增长，人类活动的结果在部分地区也增加了发生水灾的新因素，如人与水争地、废物垃圾侵占水域、地表植被破坏改变径流产生条件等；同时，一旦遭遇水灾，则损失成倍增长，而且由于常遇洪水得到控制，社会对水灾危害的观念淡薄，适应水灾的能力逐渐减弱。

（2）水资源受到人工的调蓄和控制，修建水利工程不断提高多目标开发和综合利用的效益，水的社会经济价值越来越高，水从非商品性资源逐步向商品性资源过渡，水的商品化程度越来越高。

（3）生态环境受到越来越大的冲击，有些地区通过水利建设，形成了有利于人类生活和生产发展的新的优良生态环境，如长江三角洲、珠江三角洲、西北干旱地区技术完善管理较好的灌区等；有些地区，由于改变了水的原来分布状态，使大面积土壤水分状况改变或水域发生变化，恶化了生态环境，如塔里木河下游和某些滨海地区，影响了生产发展。这种对生态环境的冲击，向人们提出兴修水利必须从全局、历史和综合的观点来评价得失，力求经济效益和生态环境效益的统一。

（4）水源短缺的范围和水源污染的程度，随着工业化的程度，日益扩大和严重。水源污染不仅破坏了水资源的开发利用，而且恶化生态环境造成不可挽回的后果。人们对防治水源污染，虽然不断提高认识并采取措施，但防治将长期落后于污染增加的速度，如不能尽快扭转这个发展趋势，将会使水利发展走上绝路。

（5）由于多目标综合性的开发利用水资源的规模越来越大，水的自然循环规律越来越受到人类社会活动的深远影响，地区之间、部门之间在水资源的分配管理中矛盾日益增多，直接经济效益与生态环境效益的冲突日益尖锐，因此水资源开发利用的全面综合研究和统一规划管理成为当代最迫切的任务之一，水利建设中的法规政策、规划原则方法和管理运用的准则等"软件"开发成为重要课题。在不同地区对上述这些特征进行深入的分析，作出正确的评价，对今后水利发展的战略部署和重大决策将是十分有益的。

我国水资源总量有限，时空分布不均不稳，人口和可供生产的优质土地与水资源的分布不相适应，水旱灾害频繁严重而且交替出现。因此我国的社会经济发展与水灾防治、水资源开发利用是密切相关的，水利事业在古代和当代都具有特殊的战略地位，并取得了巨大成就和发挥重要作用。建国30多年来，持续不断地进行了大规模水利建设，水利部门以江河治理和农田排灌为中心，修建了大量水利工程设施，大部分地区基本控制了常遇水旱灾害，水资源的综合利用也有了一定基础，在保障农业长期持续稳定增产和城市工业正常发展方面发挥显著作用，效益是巨大的，同时有很多遗留问题需要作出艰巨的努力进行处理。

这30多年中，有相当长的时期，过去强调了人定胜天、改造自然、叫江河完全听从人的指挥调度，认为只要不断地大量修建工程设施，按主观设想的方式调度运用就可以从根本上解决水旱灾害。实践证明这是做不到的。上述这种思想是把当代极为复杂的人与水的关系简单化了，而且过高估计了人的能力，忽视了人在相当程度上必须适应水和整个自然环境的基本规律。人们往往只看到社会经济向前发展必然对兴修水利提出更多的要求，社会的技术经济能力的增长给兴修水利提供更有利的条件，但是却忽略了整个社会经济发展给兴修水利带来一系列的制约因素，如人口、土地、生态环境、经济观念等的变化都可能产生限制水利发展的不利条件。当前水利工作中存在的一系列巩固改造和管理运用中的难题，是和过去这种思想认识（不限于少数领导人，而且具有相当普遍的社会性）有一定的关系；最近几年，对这些问题，逐步有所认识，采取了必要的措施，并取得了一定的成效。但是，今后理顺水利事业内部关系，处理遗留问题，适应发展要求，任务是十分艰巨的。鉴于过去的经验教训和当前的形势，今后水利发展似应注意以下原则：

（1）水利发展必须与国民经济发展相适应。这种适应不仅要求水利建设必须满足各部门对水的需要，而且也要求工农业布局和结构来适应水资源的特殊分布规律和开发条件。

（2）水利发展应当要求几种平衡，即水资源本身的供需平衡；技术经济的社会综合平衡（要从全社会的角度研究总的投入和产出的平衡）；经济效益和生态环境效益的统一协调平衡。从长远的角度考虑，防止大面积生态环境的破坏具有重大意义。

（3）水利发展要继续贯彻除害兴利并重的原则，力争每项工程和措施达到多目标综合利用水资源的目的，防洪、供水、发电和航运必须密切结合，取得最大的社会综合效益，防止顾此失彼。

（4）我国地域辽阔，自然条件和社会经济发展水平差异很大，发展经济对水资源的依赖程度也很不相同，因此不同地区在不同时期的水利发展方向、主要服务对象和建设重点也应该不同，要把水利发展规划与当地经济发展的全面安排密切结合起来，打破行业地区的局限性，针对经济发展中的紧迫需要、薄弱环节和现实条件，确定水利发展方向和选定建设项目。

（5）发展水利必须工程措施与非工程措施并重，有些地区和有些任务应以非工程措施为主。如行洪区的改造和管理、节约用水等都应充分研究非工程措施。

（6）要妥善处理水利工程设施的巩固、改造和新建的关系。必须在巩固已有工程设施的基础上，有计划地进行更新改造和安排重点建设。现有水利工程设施如果达不到应有的巩固，也就失去了水利为工农业生产翻两番服务和自身发展的基础。

（7）要从现代的技术经济观点出发，把水利工程的经营管理提高到一个新水平。要加强工程建设和管理的成本核算，要逐步实行水资源按成本有偿使用，要尽快制定和健全法规政策。

如果上述原则逐步见诸实现，水利发展不盲目追求数量的增加而努力在质量方面下功夫，注意资源、经济和生态环境的平衡，水利事业中某些恶性循环的现象方有可能扭转，水利工程设施才会长期有效地发挥真正效益，减少副作用。

（二）

根据党中央关于"七·五"计划建议的要求和有关部门本世纪内国民经济发展长远设想，水利事业必须在巩固现有工程设施的基础上，有一个相当规模的发展，才能适应需要。初步展望，在本世纪内，水利发展的重点有以下几个方面。

1. 继续治理主要江河，改善防洪工程体系，提高防洪标准

当前主要江河防洪能力都较低，对历史上曾经发生过的特大洪水，除了舍面保点、保线外，都没有妥善的对策。必须采取工程措施与非工程措施密切结合的对策，提高防洪能力，减少洪水淹没损失。力争主要江河对常遇洪水（10～20年一遇的洪水）能更有效地控制，重要河段和大、中城市能防御本世纪内曾经发生过的特大洪水。基本措施对策应该是：除继续兴修少数控制水库枢纽和整治河道堤防以提高江河蓄泄能力外，要立足于长远积极使用改善行洪、分洪区的安全和生产设施，调整这些地区的生产结构，实行特殊的政策和管理体制，全面加强非工程措施，使这些地区真正发挥防洪和生产的双重作用。那种要求修建大量常规工程，取消或缩小这些行洪、分洪区和大幅度提高江河防洪标准的设想是不现实的。

近期江河治理的重点仍是七大江河及其主要支流的中下游地区，要对那些洪水失控可能造成大量人口死亡和打乱国家经济发展部署的地区采取积极有效的措施。黄河，在加速中游水土保持的同时，要持续不断地进行下游河道（包括河口段）的整治和堤防加高加固，力争下游河道长期安全行洪，争取尽快建成小浪底水利枢纽，提高下游防洪标准，保障胜利油田、中原油田和沿河大中城市的安全。长江，要继续加固加高重点堤防，完善分洪蓄洪区的工程设施和管理调度办法；在此基础上结合水电、航运开发，力争尽快建成三峡水利枢纽，保证荆江大堤在特大洪水时不自然溃决；三大湖区（洞庭湖、鄱阳湖和太湖）的治理对全国经济发展有重大影响，需要积极安排解决。淮河，要以整治上中游干支流河道（包括堤防、行洪分洪区）和扩大沂沭泗下游及洪泽湖排洪出路为重点，进行整治。海河，要以永定河为重点，改建官厅水库，整修下游入海河道，确保京津主要市区的防洪安全。珠江，重点提高北江下游和珠江三角洲的防洪能力，争取修建飞来峡水利枢纽，并结合水电、航运开发修建西江干支流水库，保证广州市的防洪安全，并提高南宁等大中城市的防洪标准。东北地区首先要扩大辽河（包括浑河太子

河）下游的行洪能力，全面整治河口三角洲，修建观音阁等水库枢纽，使辽宁南部地区的防洪能力得到进一步提高。东南沿海的中小河流应结合水电、航运的发展，逐步控制滨海平原的洪水。山地丘陵区的山洪和沿海台风暴潮的危害十分突出，必须积极进行防治。在防洪问题中，一个普遍性的难题是清除行洪河道的障碍和保护河道的行洪能力，如果不重视解决这一问题，必然会受到洪水的无情惩罚。

2. 逐步解决北方水源缺乏地区的城市工业供水

逐步解决北方地区的水资源问题是长期坚持的基本国策之一。近期黄淮海平原、辽宁南部、山西能源基地、山东半岛以及部分沿海城市，当地水资源缺乏，而且已经开发利用的程度又很高。当前，遇到水情正常年份或偏丰年份，尚可维持工农业正常生产，遇到偏枯年份，城市工业供水即十分紧张，经常牺牲农田灌溉增加城市供水，即使如此，工业生产仍然受到很大损失，人民生活得不到正常供水。解决这些地区城市工业供水是这些地区工业发展的关键措施之一。解决缺水地区城市工业供水的基本对策仍应是开源节流并重，首先是采取各种有效措施，厉行节约用水，还要调整工农业的布局和产业结构，适当限制耗水多的产业发展，在此基础上，积极进行水源工程建设。根据许多水利部门多年来进行的可行性研究，除了积极开发利用当地水资源外，需要重点兴建并投入使用的跨流域引水工程主要有：①黄河下游引黄工程，充分利用黄河下游非灌溉期的基流补充京、津、河北和山东半岛部分大、中城市的用水。②南水北调东线工程，引长江水过黄河到天津、北京，使京、津和沿线大中城市的供水得到较高的保证，同时为京杭大运河提供通航水源。③以分散方式和较小规模引黄入晋，补充山西能源基地的供水。④逐步兴建引松济辽工程，补充辽南地区的水源不足。此外，浙闽沿海局部地区也需进行较短距离的跨流域引水，才能保证城市工业的发展。跨流域引水是一个涉及面广、投资巨大的极为复杂的问题，需要进行全面深入的前期工作，但从社会经济发展的宏观因素考虑，跨流域引水是必不可少的，早作决策，则可能减少巨大的社会损失。

3. 巩固、改造已有农田灌溉和排水工程，适当扩大灌溉面积和提高排水能力，同时积极改善农村和牧区的供水

根据我国的自然条件，农田灌溉和排水是保证农业稳定发展的必要条件。有关部门分析研究，2000年，全国人口将达12.5亿人，粮食产量最低限度须超过1万亿斤，今后耕地面积扩大的潜力很小，而建设占地和自然毁损将不断增加，估计耕地面积将明显减少，因此稳定地提高单位面积产量仍是农业的根本出路，而适当扩大灌溉面积是关键措施之一，各地水利部门分析，到本世纪末农业生产要达到设想指标，灌溉面积最低限度应达到8亿亩。

按照我国水资源分布和供需预测分析，各地区灌溉发展的重点和方式应有所不同：西北内陆地区和黄河上中游高原台地，主要是充分利用当地资源，在满足城市工业供水和不使地区生态环境继续恶化的前提下，以水定地，控制扩大灌溉面积。当前的迫切任务是采取有效措施节约用水和防治土地盐碱化；黄、淮河平原及辽南地区，要研究在水源严重不足的情况下，如何合理调整农业结构，改进现行灌溉技术，提高水的经济使用方式，决不能盲目扩大灌溉面积；南方多水地区和东北地区的东部，要继续提高水稻和经济作物（包括蔬菜）的灌溉水源保证率，适当扩大水田面积。各地区都应研究非灌溉

农田的合理耕作制度和保墒措施。农田排水重点仍是提高东部平原地区的排涝标准和防治北方灌区的次生盐碱化问题。

当前我国尚有五六千万人口的地区农村牧区人畜饮水困难，大约有七千万人口的地区水质不良，特别是高含氟水分布很广，严重影响人民正常生活和身体健康，这是近期迫切需要解决的问题，必须优先予以安排。

4. 综合利用水资源，为发展能源交通和农村多种经营服务

我国水能蕴藏量和内河航运的发展潜力都很大，大力开发水电、发展水运是国家长期重点建设的主要内容，水利、电力、交通部门需要密切合作积极发展，同时要积极解决闸坝碍航问题。农村水产养殖事业是改善人民食品结构的重要环节，水利部门应当充分利用水库、塘堰水面发展养殖事业。

5. 采取积极措施，保护和改善生态环境

党中央在"七五"计划建议中提出"要把改善生活环境作为提高城乡人民生活水平和生活质量的一项重要内容"。但是当前不少地区水土流失还在继续加重，特别是最近几年有些地区开矿、修路、开荒，大规模地破坏地表植被、遍地堆积废渣，没有及时采取水土保持的措施，加重了水土流失；有些地区水资源开发已经超过了合理允许的程度，生态环境恶化；大中城市周围和珠江三角洲、太湖流域的中小城镇大量污水不经处理即排入河网或地下，造成水源严重污染，如果不能迅速扭转这种发展趋势，北方将迅速加剧水源危机，南方平原地区也将无可用之水；此外，土地沙化和盐碱化的发展趋势也值得十分注意。上述情况对生态环境的影响是不容忽视的，如果不重视或采取措施的决心不大，将来会付出极大代价，进行逼不得已的补偿。水利发展必须为保护和改善生态环境服务，要坚持不懈地开展水土保持工作，开矿、修路、开荒必须同时做好水土保持；在干旱地区要有节制地开发利用水资源，必须上下游统筹兼顾，防止上游过分用水而造成下游生态恶化，如塔里木河下游和河西走廊各河下游都须十分重视这个问题；要逐步解决滨海地带淡水不足而引起的生态环境影响；水利措施与农林牧业的发展密切结合，建立各种类型的防护林带，防止土地沙化；结合河口治理、河道整治、海涂开发利用，保护河滩海滩和岸线。当然最迫切的任务还是配合城乡建设，认真积极地解决水源污染问题。

水利发展是整个社会经济发展的关键环节之一，任务十分艰巨复杂，有许多涉及全局性的问题需要进行广泛的综合研究，从宏观方面作出正确决策，避免出现重复性的错误。我们中国水利学会聚集了各方面的专家学者，建议组织起来，打破专业和行业界限，全面深入研究我国防治水灾、开发利用水资源的战略部署和对策，对四化作出更大的贡献。

关于"六五"期间水利发展情况和水利会议准备工作意见

一、"六五"期间水利工作的回顾

（1）自 1980 年贯彻国民经济"调整、巩固、改革、提高"的方针以来，1980 年全面总结了建国 30 年的历史经验教训，重新认识水利事业与我国社会经济发展的关系，明确当前存在的问题。决心纠正"左"的工作指导思想，坚决收缩水利基建战线；1981 年明确水利工作重点从建设转向管理，采取积极措施，巩固已有水利工程设施；1982 年针对社会各阶层对水利工作的议论，要求各水利部门重视水利经济的研究，认真调查研究水利工程设施的经济效益和措施得失，研究方针政策，进一步认识水利发展的特点和规律；1983 年，全面贯彻"加强经营管理，提高经济效益"的水利工作方针，明确了水利改革的方向和水利建设的重点；1984 年，为了配合全国经济体制改革的形势，特别是为了适应农村调整产业结构的需要，进一步明确了水利工作"转轨变形，全面服务"的工作方向和"两个支柱，一把钥匙"的改革工作重点；1985 年，重点落实"水费"、"综合经营"、"特大洪水防汛措施"、"农田水利冬修"和"移民遗留问题处理办法"等重大事项，同时建立了全国水资源协调小组和健全了全国防汛总指挥部的机构和工作。针对上述方针政策，各部门做了大量工作，取得显著效果，但发展不平衡，工作不配套，有待进一步的总结和提高。

（2）改革工作取得了一定进展，管理水平有所提高，主要方面是：①增强水利管理部门的自力更生能力，合理征收水费和开展多种经营，提高水利工程设施自我改造和完善的能力，减轻国家的财政负担。②农田水利和工程管理，推行了逐级承包责任制，收到了一定效果。③科研、基建、前期工作围绕"面向社会"、"向企业化经营方向发展"和"提高劳动生产率"、"提高经济效益"的目标，进行改革，取得较明显的进展。④明确新的移民工作方向，建立移民遗留问题处理基金。

（3）完成了"六五"水利建设计划。水利基建预计完成投资 94 亿元（其中部直属 23.4 亿元），为"六五"国民经济计划安排投资 66 亿元的 162%，农田水利费估计约 80 亿元。主要效果是：①提高了主要江河防洪能力（如黄河、长江、淮河、珠江等）。

原文系作者于 1986 年 2 月为全国水利会议准备的材料。

②解决了一批重点城市的供水（如引滦、引碧等）。③增加了有效灌溉面积 5300 万亩，抵消了自然和人为原因减少的灌溉面积，改善了 1.4 亿亩灌溉面积，使灌溉面积保持一定水平，灌溉能力有所提高。④建成大型水库 13 座、中型水库 90 座，新增库容 160 亿 m³，部分病险库得到加固和处理。⑤水土保持、人畜饮水、平原除涝、盐碱地治理和发展农村小水电等方面取得了明显进展。

（4）基础工作得到了加强。稳定了科研和前期工作队伍，重点开展了科研和规划设计工作（如水资源的综合评价，流域规划的补充修订，三峡、小浪底、南水北调等重大项目的规划设计），现有工程的"三查三定"，法规政策的研究制订等。

（5）建立健全了流域机构，建立了行业间的协调关系（全国水资源协调小组、水土保持领导小组和水电交通的协调小组的建立）。

（6）干部培训和教育工作有所发展。根据上述情况，"六五"期间可以说是转折时期，是一个重新认识水利工作的时期，是一个改革探索的时期。通过五年来的工作，现在可以说：水利渡过了最困难的调整时期，开始走上了一条新的路子。

二、当前存在的主要问题

（1）水利工程现有基础中存在着大量巩固、改造、更新和很多遗留问题处理的艰巨任务。保持并不断完善现有工程设施使其充分发挥作用是为社会经济全面服务的基础。"七五"期间将面临着需要大量资金和劳力的投入，但灌溉面积难以显著扩大、江河防洪标准难以明显提高和北方城市工业供水紧张情况难以缓和的局面。我们必须对水利投入的必要性，经济合理性进行深入的分析研究和适当宣传。造成这种局面的原因主要是：①建设时"欠账"很多，简易投产、不配套、工程质量差，尾工多。②管理工作未跟上，正常的养护维修也大量欠账。③工程老化严重，北方各省估计有 1/3 的排灌工程，难以正常使用，必须及时更新改造。④经济发展后，不少工程的服务对象和运用方式需进行新的调整。

（2）管理工作（包括工程设施的管理，水文科研规划设计等前期工作的管理，计划基建的管理和综合经营管理等）已经取得明显进展，但关系尚未理顺，规章制度尚未健全，资金来源和管理使用尚未形成合理办法等等，都需要继续完善和发展。

（3）改革工作已经起步，但远未达到既定目标，总结经验，巩固成绩，落实政策，完善办法，任务仍然十分艰巨。当前仍然要以推进"水费"、"综合经营"和"移民遗留问题处理"工作和建立"责任制"为中心，积极推进改革工作的发展。

（4）从整个社会经济发展的要求来看：江河防洪能力低，处理特大洪水的临时措施难以合理使用，洪水灾害的风险很大；北方缺水，特别是城市工业缺水日趋严重；农业生产的重要基础设施（现有的农田水利）的潜力发挥已接近顶峰，必须加强和扩大；生态环境（主要是水土流失、土地恶化和水源污染）仍未得到有效的控制。这对水利事业提出了新的任务，即在巩固、改造现有工程设施的基础上，水利建设必须要有一个相当规模的发展，必须适当先行。

（5）职工队伍，特别是基层队伍，不稳定、素质低、干部队伍老化等问题仍有待于解决。

三、"七五"期间水利工作的方向和重点

根据中央对"七五"计划建议和 1986 年 1 号文件精神，结合水利工作现状，"七五"期间水利工作方向仍应积极贯彻"加强经营管理，提高经济效益"的方针，继续把工作重点放在管理方面，坚持改革，推进水利工作的"转轨变型"，为全社会服务。

"七五"期间水利工作的重点有以下几方面：

（1）加强水利工程设施的管理工作。在继续加强"两个支柱"，落实"一把钥匙"的基础上，进一步提高管理部门自力更生的能力，精简稳定提高队伍，提高技术管理和养护维修水平，充分发挥现有工程设施效益。

（2）抓紧现有工程设施的巩固、改造和更新。对病险水库、大中型灌区关键部位的老化损毁、淤积严重的大中型水库安全、排洪排涝河道的淤积及障碍和机井泵站的报废更新以及行洪分洪区的改造，要做出全面规划，切实有效地安排加固、改造和更新计划。同时要抓紧解决各种水利遗留问题，特别是移民问题。

（3）落实重点建设任务。"七五"期间水利发展仍以提高主要江河防洪、解决北方缺水地区城市工业供水和支援贫困地区、边防地区水利骨干工程为重点，力争超额完成初步确定列入"七五"计划的建设项目，特别要落实黄河小浪底水库、治淮骨干工程、南水北调东线一期工程、北江飞来峡水库、长江堤防和太湖治理等重大工程前期准备和开工工作。

（4）加强前期工作，适应巩固、改造和发展的需要。当前要继续抓好大江大河流域规划、落实重大项目的规划设计（除上述项目外，还有长江三峡、引黄入晋、引黄济冀、跨流域引水、长江口整治、黄河河口整治、重大水库枢纽设计等项目）。同时要加强前期工作的行业管理，推进科研和勘测设计部门的改革，落实前期工作费用的渠道。

（5）坚持改革，巩固完善改革成果，积极探索新的改革方向。

（6）加速水利法规建设，促进与水资源开发利用有关的各个部门之间的协调和合作，进一步推进水资源的统一管理。

（7）继续加强教育、水文、科研、勘测等基础工作。

（8）加速职工队伍的改造和提高工作，调整结构，提高素质。

四、调查研究和会议准备工作

初步确定 1986 年全国水利会议的主要目标是：全面检查回顾"六五"期间水利工作，总结经验，明确"七五"期间水利工作的方向和重点。为了开好水利会议，必须做好深入调查研究，准备好提交会议的文件和资料。建议：

（1）农田水利。对现有农田水利工程设施状况、作用和问题进行全面分析、评价，提出今后农田水利发展的关键和突破口。建议调查农田水利工程老化、损毁的典型情况；修建管理工作中合同制、经济承包责任制落实发展情况；农田水利资金的分配使用情况；群众和地方集资办水利的能力和发展方向；基层水利机构、队伍方面需要解决的政策性问题。提出：加强农田水利工作（包括水保和人畜饮水工作）和劳力、资金筹集使用的新办法。

（2）水利管理。建议调查研究：①"三查三定"工作中集中反映的问题和处理意见。②1985 年国务院颁发有关"水费"、"综合经营"、"特大洪水处理"、"清障"等文

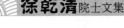

件贯彻执行中存在的问题和对策。③大江大河管理和防汛调度方面的问题。

（3）计划和基建工作。建议进行：①"六五"计划执行情况的全面总结。②中央和地方"七五"计划的整理分析，并提出"七五"期间水利计划和基建工作的改革发展方向。

（4）前期工作：①提出前期工作的"七五"规划。②提出加强前期工作的措施和改革发展方向。③提出加强前期工作行业管理的办法。

（5）水文、科技、劳资、财务、政研、教育等方面，分别提出需要在水利会议上研究的材料和文件。

有关当前水利发展中的几个问题和建议

我国水利事业在新中国成立以后得到飞速的发展，当前主要江河已初步控制了常遇的水旱灾害，水资源的开发利用已有一定进展，为社会经济（特别是农业生产）的持续发展创造了有利条件，取得了很大的经济和社会效益。随着工农业生产水平的提高和社会经济的全面发展，水利发展正面临着新的矛盾和要求。

当前水利发展中有几个突出的问题值得注意：

（1）当前水利工程设施控制洪涝灾害和供水能力都不能适应工农业生产发展和人民生活水平不断提高的要求。江河防洪中突出问题是：①大江大河沿岸经济发展中心地区，对特大洪水缺乏安全保证。②多数中小河流（包括大江大河的主要支流）尚不能抗御常遇洪水。③ 一般大中城市防洪排水设施不健全，安全标准较低。④山洪为害不断加重，在水灾成灾面积中的比重日益提高。在供水方面，北方人口密集的海河平原、山陕内蒙能源基地和沿海大中城市水源短缺已经成为需要长期解决的战略问题。当前工农业用水矛盾，水源短缺与水源污染和用水浪费的矛盾日益突出。面临着开源、节流和保护三个方面如何协调发展的新课题。

（2）现有水利工程设施的巩固改造任务十分艰巨，已有工程尚未发挥应有的作用。由于历史原因，现有水利工程设施存在两种"欠账"，形成相当普遍而严重的老化、损毁和失修。第一种是修建过程中的"欠账"：80年代以前，大多数中小型工程和部分大型工程缺乏周详的勘测规划和设计，或迁就当时材料设备和施工条件而降低工程标准，或采取了一些并非安全可靠的工程布置和结构形式；不少工程施工质量很差，或采用代用材料（如土水泥、竹筋代钢筋等），形成大量隐患；很多地方当时不适当地提倡因陋就简、先通后畅，简易投产等建设方法，工程先天不足，配套不全，后天又未及时完善改造，这类工程，实际上都是半成品。第二种是管理运用过程中的"欠账"；长期以来管理工作薄弱，未能适应建设的需要，多数工程不能及时进行正常维修养护和必要的更新改造，自然和人为的小损小毁可以集聚为大破坏；本来质量欠佳的机电设备，缺乏正常养护维修，长期带病运行，缩短了使用寿命；50年代和解放前修建的工程设施不少

原文于1987年7月完成，系对20世纪80年代中期水利工作现状所作的分析，并对水利规划和水利管理工作提出了一些建议。

已超龄使用，中间又未进行大修改造，工程和设备老化问题相当普遍。由于上述两种"欠账"，现有工程存在以下问题：①安全标准达不到规定要求，不少工程仍为病渠险库。②工程不能正常运行，效益难以充分发挥，灌排工程尤为突出。③造成了水资源的浪费，加重了群众用水的负担，恶化了环境。现有水利工程设施是当前和今后相当长的时期里社会经济发展必须依靠的基础设施，巩固改造是当务之急，又是复杂艰巨的重大规划设计课题。

（3）人在社会经济活动中，对自然资源利用的无政府状态，加重了水旱灾害，加深了水利建设继续发展的复杂性和艰巨性。工农业生产和基本建设的发展，大规模开发利用自然资源，特别是土地和水域的开发利用，缺乏统一规划和有效管理，形成无政府状态，使水旱灾害不断加重。突出问题是：①山地丘陵区林木过量采伐、坡地开荒、开矿修路、城镇建设等破坏自然植被，多未采取必要的水土保持措施，水土流失不断加重，增加了河川径流的洪枯悬殊程度，加大河水含沙量，加速河道湖泊的淤积，使洪水来量更为集中，河道行洪能力下降，洪水威胁加剧。②行洪河道的洲滩不断开发利用，圈垦造田，种植阻水作物，不适当地修建码头仓库、修建阻水桥梁、堆放废渣垃圾，甚至修建工厂民房，造成严重的人为阻水障碍，河道行洪断面不断缩小，堤防险工增加，河势难以稳定，在相同的洪水来量下，水位日趋抬高，江河防洪能力日趋下降。③由于水土流失的加重，土地利用率的不断提高，耕地土壤水分的自然补给能力和蓄水调节功能减小，加上农田多茬高产种植对水分的需要增加，农田自然抗旱能力普遍下降，旱灾发生的机会和严重程度不断增加。④天然湖泊、沼泽、洼地的面积继续缩小，不适当地隔断河湖的自然联系，河川通流的自然调节能力下降，既加重了洪水威胁，又减少了旱季水源，对防洪、排涝和抗旱都不利。同时，有些河道上游修建水库拦蓄径流，或大量引水，大幅度地减少下游河道水量，甚至于长期断流，造成严重的生态环境恶化。如果不能及时扭转这种对土地水域利用的无政府状态，新修水利工程设施的防洪抗旱作用将被这种人为增加水旱灾害的因素所抵消，甚至超过，这将是社会经济的巨大浪费。

（4）水资源的管理体制未能科学地建设起来，江河的综合治理和水资源的综合开发利用难以实现。当代，除少数国家（如英国等）外，都是多"龙"治水，在社会经济发展中形成尖锐矛盾，水资源难以合理充分利用，加重了水资源短缺的危机，在我国这个问题尤为突出。我国现行体制，行业之间独立性强，横行联系十分薄弱，地区分割严重，综合协调和全面控制的能力很差，于是形成：①全面综合性的河流流域规划或地区综合规划难以形成，即使形成也缺乏约束能力，更难以贯彻实施。②实际执行的建设规划，大多出于一个部门，为了一种目标，往往对其他部门的利害关系有所忽视，防洪、城市供水、灌溉、发电、航运、水产和环境保护之间都有很多突出的矛盾，有些工程建成后一个部门受益，而其他部门受害。③一项综合利用工程，由一个部门主办，非主办部门往往要求过高，条件过严，难以实现，或者主办部门为了节省资金，易于实现，而尽量压缩其他部门的要求，使工程达不到合理的综合效益。④在建设计划安排上，互不衔接，对有密切联系的几项工程，或一条河流上下级梯级工程，不能有机结合协调开发。在这种情况下：一项综合利用程度很高或社会效益很大的工程，往往长期搁置不能修建；江河治理难以全面综合考虑，一些对整个社会经济发展影响深远，而又涉及很多部门的江河治理工程，如河道治理，有关部门经常都不愿管，不能及时采取行动，而造成严重的后果和浪费。行洪河道不断人为设障，清障工作难以进展等问题长期得不到解决，也是水资源管理体制不合理不完善的直接后果。

在当前水利发展中存在的问题远远不止上述几个方面，但上述几个问题是比较现实和影响深远的，如果不能及早找到解决的途径，必将影响今后水利事业的巩固和健康发展。水利规划工作负有全面研究水利发展方向、战略部署和具体分析影响水利发展的社会经济技术等各种因素的综合任务，因此深入开展水利规划研究工作，对解决上述问题会有重要作用。根据当前水利发展中存在的几个突出问题，对今后水利规划研究提出以下建议：

（1）着重研究人类社会经济活动对水文要素的影响和水循环中的特殊规律，认真分析预测水情和水域的变化发展趋势。我国人口众多，适合人民生活和生产的河川谷地、平原、湖泊地区，人口密度高，土地少，在经济大发展的阶段，与水争地的问题仍将继续存在；经济发展与水源污染和水土流失的矛盾短期内将难以有效控制；人的生活水平提高和工农业生产发展，对水的需求不断提高，将不断打破现有的水量供需平衡和地区分配关系。这些不利因素和新的矛盾，都要求我们对未来水的质量变化、时空分布和河湖水域的变化趋势，做出长期的预测，以便采取措施。在水的循环规律中，应研究江河流域水文长周期性的变化和丰枯两极化发展的趋势。如北方地区连续枯水年的出现对工农业供水产生的影响、大江大河长周期的丰枯变化对防洪标准、防洪设施和河道管理的影响等；北方河流水系，地表径流量的逐渐减少和洪枯变化向两极化方向发展已是明显的趋势。这些问题对如何经济、安全、合理的利用水资源和做好水资源管理工作都有很大影响，从长远发展考虑，需要深入研究，逐步摸清规律。

（2）要充分了解地区或流域社会经济发展的总趋势，从水的供需平衡出发，研究地区或流域合理的生产布局和生产结构。水利规划既要采取工程措施增加供水能力满足生活和生产的要求，又要研究提出非工程措施（如节约用水和限制高耗水产业发展的政策法规等）使生活生产的发展适应水资源分布的特点和供水的限制。在当前还要根据工农业和城乡需水情况变化，研究调整供水结构和水源重新分配的合理途径，（包括因供水结构减少遭受损失的补偿措施）和节约用水的有效措施。

（3）认真研究解决现有工程设施的巩固改造问题，正确处理巩固、改造和发展关系。巩固现有工程，重点解决工程的安全可靠问题，使其发挥正常作用，减少养护维修的工作量。要按不同情况，合理确定安全标准，在设计标准下的工程状况要可靠，隐患要消除，薄弱环节要加强，要求工程状况全面处于良好状态；在校核情况下或超标准的情况下，应当采取非常措施，在保证主体工程安全的情况下，允许局部损坏，如果一律要求正规化高标准地解决工程安全问题，是既不现实也不合理的。改造现有工程，特别是农田灌溉排水工程，要根据水源供水能力、供水结构变化情况确定工程改造的规模，要从节水节能的要求出发，采取必要的改造技术措施，对渠道不便养护和行水安全缺乏保证的险工险段，要有计划地分期彻底改造。在工程改造中，要慎重采用自动控制技术，要充分保证改造工程的质量，充分考虑工程综合效益和综合经营的需要。今后要进一步满足社会经济发展对水灾防治和供水的要求，还必须修建大量新的水利工程，水利事业需要大发展，但发展必须立足于巩固现有工程的基础上，不应允许不经充分论证就废弃旧的工程，或者在现有工程未充分发挥效益的情况下修建新工程。必须从合理的投入产出、总体的经济效益全面综合考虑，做出合理的规划安排。在当前，把水利建设重点放在巩固改造现有工程设施方面是非常必要的。水利规划也必须把现有工程的巩固改造作为一项重要任务。

（4）加强规划论证的经济分析和综合评价工作。水利事业面向全社会，服务各行业，同时，又受各行业发展规模和发展水平的制约。一项水利工程建设是否可行，经济效益分析结果是一项直接评价判断的标准。在今后有计划的商品经济不断发展和深化的情况下，经济分析和综合评价的重要性将越来越大，将来逐步会成为水利规划设计的主体部分。同时还应看到，水利经济分析和综合评价还是整个水利科学中的一个薄弱环节，从基础理论到具体分析计算方法都远未完善，因此水利经济分析和综合评价，需要在不断探索中总结经验，创新前进。这一工作的重点，首先要从社会经济发展的宏观控制出发，全面分析水利与社会经济发展的关系，如防治水灾对改善经济发展环境、稳定经济发展速度、提高经济发展效益、加强经济发展信心等方面的作用，又如工农业供水对工农业生产布局、生产结构、生产规模等方面的制约作用，以及水资源开发利用对生态环境等方面引起的变化等等，都需要进行分析，得出明确的答案。其次，要对水利工程的经济效益、投入产出进行具体的分析和论证。如像防洪工程不仅要研究计算多年平均减免水灾损失的效益，以便进行工程经济效益对比分析；而且要研究特大洪水可能造成的一次性巨大直接经济损失和对社会经济发展的深远影响，以便考虑国家在短时期内社会和经济方面的承受能力，这对确定防洪标准具有重大意义。对于供水等兴利工程，不仅要进行经济效益的分析，而且要研究供水成本，提出水价标准和工程投资回收的途径，并以此制定工程管理的相应政策。第三，要对水利工程的不利影响即负效益做出具体分析，并提出损失补偿的措施安排，这是过去规划设计中比较薄弱的部分，今后应当逐步加强。

（5）水利规划工作必须与水资源管理体制的改革和水利法规建设结合起来。按照江河治理和水资源开发利用的自然特点和社会影响，统一规划、统一法规、统一管理是发展的必然趋势。但是由于我国江河众多、各地自然条件有很大差别，各行业、各地区发展水平很不平衡，要求严格的统一是做不到的，但如果像当前这种非常分散的情况，矛盾必将继续增多，进一步发展困难重重，浪费极大。因此必须努力探索一种在宏观方面能真正有效控制，而在具体开发建设和经营管理方面又能充分发挥各级政府和各个产业部门积极性的管理机制。在今后经济管理体制中，可以考虑在涉及到全国利害关系的江河治理和水资源开发利用方面的总体规划，有关水法规的制订和重大项目的论证决策机构与各行业分离开来，不掌握具体工程的建设、投资、经营管理，不与实际经济收益相联系，成为一个单纯的研究决策机构。它所做出的规划、法规和决策具有严格的约束作用，涉及到有关部门和地方只是执行部门。在符合宏观决策和不涉及相邻地区利害关系的治理开发工作，完全可以由各部门各地方分级负责去做。当然这是一件十分困难的工作，但需要坚持不懈地去探索解决。水利法规是水利发展宏观控制的重要手段，也是水利规划和水利工程综合评价的重要依据之一。水利规划工作既要依据水利法规去开展工作，同时又是修正补充水利法规的重要途径。因此水利法规工作应当为水利法规建设做出积极贡献。

社会主义建设在有计划的商品经济发展原则指导下，不断向新的领域并采用新的办法深入发展。水利规划工作，也必须打破行业的旧框框，吸收新的科学技术观念，逐步建立起水利规划的新学科，为水利事业的发展起带头突击作用。

20世纪80年代水利发展情况的回顾与展望

一、回顾

进入20世纪80年代，在全国经济体制改革的新形势下，水利发展面临着许多新问题，主要是：

（1）已建成的工程数量很多，规模很大，绝大多数已经发挥效益，但有相当多的工程尾工很大，标准低，质量差，不配套，有许多遗留问题（如水库移民、灌排系统建筑物配套、碍航闸坝复航等等）急待处理，还需要大量的人力物力的投入，工程才能充分发挥效益。正在修建的工程项目多，战线长，续建工程量很大。面对1980年国民经济"调整、巩固、改革、提高"方针的贯彻，水利、基本建设投资和各项水利事业费大幅度缩减，基本建设战线紧急收缩，大量在建工程下马，保留续建的工程也因投资不足，工期延缓拖长；需要扫尾、巩固、配套和完善的工程也无法继续进行，停止了新建工程。水利建设陷入停滞状态。

（2）长期以来，工程建设进展很快，而工程管理工作始终未跟上，许多工程建成投产时质量不好先天不足，投入使用以后又失于及时和必需的养护维修，险库病渠带病运行，工程养护维修和更新改造欠账很多，缺乏必要的资金和材料渠道，致使工程不能正常运行，效益不能合理发挥。

（3）农村经济体制改革迅速发展，水利工作未及时配合采取相应改革措施以适应新形势，使水利工作陷于被动局面。原来主要依靠群众运动，以农民义务劳动为重要支柱的水利建设难以为继；原来主要依靠农村社队集体力量管理的中小型工程，在农村实行家庭联产承包制以后，相当多的地区工程管理失去依靠，陷于混乱，规章制度废弛，组织机构瘫痪。大量的工程设施遭到破坏，河道沟渠人为设障增加，加上自然原因，各类工程效益都有所下降。

新中国成立以来，从"大跃进"开始，长期在"左"的思想指导下进行水利建设，积累下来的各种失误和缺点，在此期间也逐一暴露，社会各阶层对水利建设的利害得失有各种议论和评价，也提出了各种批评和建议。水利面临着全面检查，重新认识，重新

原文于1987年9月2日为《水利规划》杂志撰写（是否正式刊登不详）。

研究发展方向的新时期。"六五"计划期间，水利工作正是在这种情况下开始的。在此期间（1980—1985年）水利部门主要做了以下工作：

1）贯彻中央经济调整的方针，总结水利建设的历史经验教训，调整了水利工作方向和重点。

1980年在贯彻中央国民经济调整方针坚决收缩水利基本建设战线的同时，全面总结了建国三十年水利工作的经验教训，既肯定了水利建设的必要性、成绩和作用，又着重研究了缺点和教训，通过全国性会议总结了七条经验教训，即：急于求成高指标；违反基建程序，忽视质量；不讲究经济效果，盲目提倡大干；不在管好用好现有工程上下工夫，盲目追求新建；不注意社会主义的法制建设；不重视科学技术的作用；体制机构轻率多变。这次经验教训的总结，对重新认识水利工作，调整水利工作方向和推进水利工作改革，都起到了重要作用。在此基础上，1981年明确提出水利工作的重点从建设转向管理，采取积极措施，巩固已有水利工程设施；1983年全面贯彻"加强经营管理，讲究经济效益"的水利工作方针，着重研究了水利改革的方向和水利建设重点；1984年底，为了配合全国经济体制改革，适应农村产业结构调整，进一步明确提出了水利工作"全面服务，转轨变型"，即扩大水利工作的服务面，改变单一生产、行政管理的老做法，转向多种经营并利用经济手段和依靠法规政策办事的新方向。这一系列水利工作方向重点的调整，逐步收到效果，开始扭转重建轻管的局面，逐步建立健全了水利组织机构和管理工作的规章制度，大量中小型工程无人管理和遭到损毁的局面得到基本控制，已有工程的作用基本上得到正常发挥，在战胜洪涝旱灾中起到了重要作用。基本建设战线，经过收缩整顿，逐步走上正常发展轨道。

2）不断进行调查研究，推进改革工作。从1982年起，针对社会各阶层对水利工作的议论和批评，各级水利部门都开展了对各类水利工程设施存在问题、经济效益、利害得失的调查研究，加强水利经济研究工作。通过调查研究，进一步认识到在中国这种水资源时空分布不均、季节年际变化剧烈、水土资源互不匹配和人多地少的特殊情况下，兴修水利与整个社会经济发展有着极为密切的关系。一个地区水利建设的水平，直接反映在工农业（特别是农业）的生产水平上，进一步证明水利工程设施是整个社会经济发展的基础设施。同时，也更清楚地看到水利工程的巨大效益和工作中的缺点失误。水利工作中的缺点失误集中起来是不按科学规律办事和不重视经济工作，突出表现在：工程修建中一些工程规划设计不当影响效益的发挥；施工中人力、物力的巨大浪费；不善经营管理，依靠国家财政补贴，缺乏自力更生能力。针对这一情况，从1983年起不断研究改革方向，进行改革试验。根据各地的实践证明，要搞活水利经营管理，主要靠"两个支柱，一把钥匙"。"两个支柱"就是各种工程设施要按成本有偿供水和服务，实行水费改革；各类工程的管理部门和各个企事业单位要充分利用自己掌握的资源优势进行综合经营。"一把钥匙"就是在行业内部建立健全各种经济责任制。经过了长期的调查和测算，1985年制定了《水利工程水费核定、计收和管理办法》，并经国务院发布执行；对于综合经营，国务院也颁发了政策性文件。从此，这两个支柱逐步发挥了作用，初步改变了工程管理主要依靠国家贴补的局面。1986年国家管理的工程水费电费收入达9.92亿元，综合经营产值达8亿多元（大约10%左右的利润），大约有60%的工程能达到管理运行费用自给，这样既增加了国家收入又减少国家财政负担，也改善了职工生活、稳定了职工队伍。农村水利、科研、基建、前期工作的改革都随着国家经济改革的总要求，取得了进展，劳动生产率和经济效益都有明显提高。但改革工作发展很不平衡，效果也有很大差别，不少地区水利管理部门仍然处于困难境地。

3）完成了"六五"水利建设计划。据统计"六五"计划期间，水利基建完成投资81.4亿元，相当于"五五"期间的57%，小型水利和水土保持经费90.2亿元，相当于"五五"期间的77%（据典型调查，实际用于水利、水保的钱远低于此数），水利建设取得的主要成果是：①巩固了主要江河的防洪能力。黄河下游基本完成了第三次大堤全面加固加高；长江荆江大堤、淮河淮北大堤和中游河道整治、珠江北江大堤等均作为重点工程进行加高加固，取得了一定进展；辽河在1985年大水后及时进行了河道清障和堤防加固，在1986年大水时显示了明显效果；几个重点城市如北京、武汉等城市防洪工程有所改善。②重点解决严重缺水城市的水源问题。主要完成了包括潘家口、大黑汀水库在内的引滦济津、济唐工程，为天津、唐山两市近期城市工矿供水提供了可靠水源；辽宁完成了碧流河水库工程，解决了大连市近期的供水问题。③增加了有效灌溉面积5200万亩，抵消了自然和人为原因减少的绝大部分灌溉面积（据统计有效灌溉面积1980年为7.33亿亩，1985年为7.19亿亩，"六五"期间自然损毁、老化失修、人为破坏和各类基建占地，累计有效灌溉面积减少6600多万亩），同时改善了1.4亿亩已有灌区，保持了农田灌溉的基本稳定并有所提高。④建成了大型水库13座，中型水库90座，新增库容160亿 m^3，部分病险库得到加固和改善。⑤农村水利有了新的发展。重点推行机电排灌和机井的更新改造和节水节能措施；积极解决缺水农村人畜饮水问题，累计解决了约4000万人和2500万头牲畜的饮水；水土保持有了明显进展，净增加治理面积5.24万 km^2，年平均增长速度大大超过"五五"期间，小流域治理的经验普遍推广，并取得了良好效果。

4）逐步加强了基础和前期工作。历史教训说明水利工作要按科学规律办事，必须加强基础和前期工作。在水利经费紧缩的情况下，科技、水文、教育等基础工作有一定程度的加强，保持了稳定和必要发展。科学技术研究与建设管理工作结合，完成了一批很有价值的成果。前期工作着重进行了水资源的综合评价和供需平衡的研究，各大江大河普遍进行流域综合规划的补充修订，对于影响到国民经济稳定发展的大江大河关键工程如黄河小浪底枢纽、南水北调和长江三峡工程都进行全面深入的论证工作。小浪底枢纽经国务院批准正在进行初步设计；南水北调东线一期工程，设计任务书审查已经进入最后阶段，西线南水北调现在也开始进行勘测工作；长江三峡工程可行性的重新论证，已经取得了很大进展。

进入"七五"计划期间，国家较大幅度地增加了水利基建投资，农村水利有了新的转机。1986年6月中央书记处农村政策研究室和水电部联合召开了农村水利工作座谈会，分析研究了水利工作面临工程老化失修、效益衰减和北方水资源紧缺两个危机，会议确定水利工作要重整旗鼓、恢复干劲、加强领导，建立劳动积累制度，增加投入，健全基层服务体系，节约用水，加强水资源的统一管理等方面采取措施。一年多来农村水利工作有了新的转机，去冬今春完成土石方约30亿 m^3，改善和增加灌溉面积5400万亩，扩大和改善除涝面积 1900 万亩，治理水土流失面积 7800 平方公里，解决农村 578 万人的饮水困难，大约半数省份已扭转有效灌溉面积持续下降局面。农村水利投入有所增加（如发展粮食的专项资金每年 10 亿元，多数省将一半以上用于水利，县区乡和群众自筹资金也大量增加，据十九省市区统计约 10 亿元），健全基层服务体系工作有了进展，节水措施开始收效。这是 80 年代以来少有的现象。今年防汛工作，从中央到地方各级都抓得很紧，黄河、淮河、海河和长江中下游行洪湖河洲滩清障取得了突破性进展，入汛以来，长江、淮河多次较大洪峰，都安全行洪，清障的效果是明显的。

以上是对 80 年代以来水利发展的一点简略回顾，总的来说发展很不平衡，成绩是有的，但问题仍然不少，今后需要花大力气去解决。

二、展望

20 世纪 80 年代水利发展经受了一个困难时期，经过努力，初步巩固稳定了新中国成立以来水利建设的成果，多数水利工程设施发挥了正常的作用，对党的十一届三中全会以来经济体制改革，特别是农村经济的稳定发展起到了重要作用。但是，相当多的地方工程老化失修损毁的速度仍然大于更新改造的速度，不少地区灌溉面积减少、工程效益下降仍未得到有效控制，现有工程的巩固改造和遗留问题的处理任务仍然十分艰巨；江河防洪标准和农田抗旱除涝能力仍然较低，北方水资源短缺的危机仍有加剧的趋势。这些问题在 80 年代后期仍将是要研究解决的主要对象。当前一些影响今后水利发展的新因素，值得今后认真加以考虑：

首先，自 1984 年农业大丰收以来，最近两三年间，就全国范围讲气候属于一般正常情况，但粮食生产徘徊不前，虽有农业生产结构调整因素的影响，但农业基础设施薄弱，水旱等自然灾害仍十分突出。如 1985 年水旱灾受灾面积分别达 2.13 亿亩和 3.45 亿亩，成灾面积分别达 1.34 亿亩和 1.51 亿亩；1986 年水旱灾受灾面积分别达 1.37 亿亩和 4.66 亿亩，成灾面积分别达 0.84 亿亩和 2.21 亿亩；1987 年农田受旱面积仍然很大。这几年水旱灾害受灾成灾面积之大，几乎超过了 60 年代以前几个大灾年的统计数字。水灾成灾面积中除小部分属于大江大河沿岸平原外，绝大部分属于中小河流洪水内涝和山洪为害；旱灾成灾面积主要分布于丘陵旱地旱作农业区，北方灌溉农业地区，如河北省，也因水源不足遭受程度不同的旱灾。这说明水利基础薄弱和生态环境恶化仍是农业不能稳定增产的重要因素。这几年农业生产没有大起大落，水利设施较好地区发挥了重要作用，这些地区的增产大大抵消了其他地区的减产，各省区都有许多典型调查统计足以说明这个问题。国家长期计划要求 1990 年和 2000 年粮食总产量要分别达到 4.5 亿 t 和 5.0 亿 t，要达到这个指标，发展水利，进一步提高农业抗御水旱灾害能力，是不可替代的重要措施。

第二，在江河防洪问题上，有两个情况值得注意：一是人的社会经济活动和自然因素的作用。河道湖泊淤积加剧，河湖行洪洲滩人为设障（包括不合理的开发利用）没有根本扭转，因此河道行洪能力的下降趋势将长期存在；二是根据近几年水灾实际发生情况的分析，大多数中小河流包括大江大河的主要支流常遇洪涝灾害尚未很好解决，山洪为害日趋加重。因此今后不仅不能放松大江大河干流控制工程和堤防整修、河道治理工程的加强和完善，更需要把着眼点放到中小河流的治理，认真解决常遇洪水灾害。

　　第三，随着国民经济的全面发展，工业布局需要不断调整，大中城市、工矿区和中小集镇迅速增加扩大，都需要一个稳定和安全的环境，洪水对城市和工矿区的威胁和灾害成为当前突出的问题。目前全国除了几个特大城市，在特大洪水时采取舍面保点的办法，市区防洪标准较高外，大部分大中城市和工矿区的防洪标准都很低，特别是市区的排水问题没有得到妥善解决，每遇较大暴雨，城市洪涝灾害十分严重，损失相当巨大。北方城市工矿区和集镇的发展受到供水水源不足的很大限制，特别是北京、河北、山西、山东和河南部分地区缺水问题仍然十分严重，当前城镇近郊水资源污染，地下水过量开采，进一步加深了水源危机，在没有得到新的水源以前，工农业用水矛盾将进一步发展。因此，围绕城市防洪排水、污水处理和供水水源的城市水利问题，越来越成为一个重要的研究课题和建设任务。

　　第四，人的社会经济活动（包括水利建设）与生态环境的变化，处于既统一又矛盾的状态。社会经济活动如果从长远利益考虑，按科学态度办事，是能够改善生态环境的；但如忽视长远利益，随心所欲的行事，生态环境将不断恶化。当前影响生态环境与水利发展有关的有三个因素：①水土流失，除错误的农业生产方式和林草的砍伐破坏加重水土流失外，各类基本建设和矿产开采未采取相应水土保持措施，造成新的严重水土流失不容忽视，据典型调查，不少地区每年国家和群众花费了很大气力，开展水土保持所减少的水土流失量，远远抵消不了人为破坏增加的水土流失量，这必然使生态环境继续恶化。值得注意的是，南方山区一般土层很薄，一旦天然植被破坏，表土流失，将完全变成岩石裸露的废地，再恢复植被几乎不可能。这种现象在南方到处可见，值得特别重视。②由于水利建设缺乏全面规划，水资源地域分配发生重大变化，有些流域的下游地区引起生态环境的恶化，北方干旱地区这种情况还是一个极为突出的问题。③随着工业化和城市化的发展，水源污染日益严重，不少城市郊区居民生活环境明显恶化。水利建设中加强生态环境问题的研究，正确处理协调经济效益与环境效益的关系和上下游左右岸之间的矛盾，将成为日益突出的任务。

　　第五，已有水利工程设施的巩固、改造和更新将是一项长期持久的中心任务。这是发掘现有工程潜力和保证工程安全运行必需的工作。从当前国家经济实力看，已经存在的问题难于在短时期内集中解决，而工程老化又与日俱增。60年代以前修建的工程，到本世纪末一般已使用了三四十年，现在如不抓紧更新改造，将会出现一个水利效益大幅度下降和集中的更新改造时期。对此必须有足够的认识和准备。继续加强和提高工程管理工作，健全基层服务体系，力争做到工程的正常养护维修不再欠账，这样才能逐步取得主动。从长远看，加速水利立法工作，建立中小型工程更新改造基金，将大中型骨干工程的大修改造项目纳入基建计划，应当制订办法尽早实行。

　　回顾过去，展望未来，水利一定要发展，但方向、重点和办法都需要适应新形势和新要求，需要在改革中摸索前进。关键在于全社会对水利问题认识的加深、提高和合理增加资金、劳力的投入。根据"七五"计划的安排和最近农村水利会议的研究，80年代后期水利发展的重点是：

　　（1）加强江河治理，巩固现有防洪能力，适当提高重点河段的防洪标准。在继续整修的基础上，加速骨干工程的建设，并对危险水库加速处理。黄河中下游将完成故县水库、三门峡枢纽大修，开始修建小浪底枢纽；淮河将加速扩大中游排洪通道，复建沂沭泗水系"东调南下"工程，开始扩大淮河入海水道；长江中下游将按 1980 年防洪规划要求加高加固干流及湖区重点堤防圩垸；珠江将完成北江大堤，开始修建飞来峡水利枢纽。同时要加速重点城市的防洪工程建设，如武汉市堤防、上海市防洪墙、南宁市堤防等。

（2）为了缓解北方水源紧张问题，除与城建部门共同兴建引黄济青工程解决青岛供水外，加速进行引黄入淀工程和引黄入晋工程的可行性认证工作，并争取南水北调东线一期工程尽早兴建。

（3）继续进行商品粮基地的水利建设。洞庭湖、鄱阳湖、太湖、巢湖、三江平原等平原湖区的防洪、排水、灌溉工程，都江堰灌区的改造，黄河上中游高扬程提水灌溉工程等，都是"七五"期间的重点建设项目。一些老商品粮和经济作物生产基地，如黄淮海平原、关中平原、宁蒙河套灌区、新疆各灌区的排涝、治碱和更新改造都将逐步进行。

（4）农村水利在去年和今年两次"农村水利工作座谈会"的推动下，将会有新的发展。近期以改造低产田、改造坡耕地、巩固并扩大灌溉面积、解决人畜饮水困难等为重点，积极开展农村水利工作。坚持实行劳动积累用工制度，通过各种支农渠道建立"水利发展基金"，继续落实并强化管理承包责任制，建立健全区、乡水利管理组织，提高基层服务水平，积极完善水费改革和综合经营工作。

20 世纪 80 年代的水利发展，经过了一个曲折艰难的过程，取得了一定的成绩，未解决的问题依然很多，经验和教训都是丰富的。从客观规律看，水利是全社会的基础设施，一定要发展，但困难很多，必须下大力气克服重重困难，才可能有所前进。

我国水资源的若干问题和对水政策的几点建议

　　水资源短缺，供水不足，是当代一个突出的世界性问题，除少数经济发达的国家，不断投入大量的财力物力，增加可用水源，厉行节约用水，强化水源保护，供水情况较好外，大多数国家和地区，特别是发展中国家，普遍受到供水不足和水源污染的严重威胁。当前全世界人口超过 50 亿，再生淡水资源也仅有 50 万亿 t 左右（包括河川径流 47 万亿 t 和部分地下水），人均占有水资源约 1 万 t。当前全世界，年总用水量约 4 万亿 t，其中 80％用于农田灌溉，共有灌溉面积 2.24 亿 hm²（即 33.6 亿亩），占总耕地面积的 16.3％，许多亚非国家粮食不足，与干旱缺水和灌溉面积占耕地的比重太小有直接关系；世界人口中约有 1/4 没有安全的饮用水供应，还有 1/4 缺少必要的卫生设施，从而造成每年大约 500 万人的死亡；发展中国家绝大部分的工业和城市生活废水污水不经处理即排放进江河湖泊或地下，造成了水资源和土地的严重污染，城乡居民生活环境在不断恶化。据一些国外专家估计，全世界可以开发利用的淡水资源约占河川总径流量的 1/3 和部分浅层地下水，人均占有量约 3000m³，由于目前气候条件的变化和人口增长，预测到本世纪末，人均占有可用淡水资源，将再减少 24％左右。由于可利用水资源的地域分布十分不均，开发利用需要付出巨大代价，因此继续增加供水的速度将是相当缓慢的，而生产发展特别是工业发展需水将急剧增加，因此世界性的水危机还会进一步加剧。

　　我国的情况更为严峻。全国河川径流总量 27000 多亿 m³，地下水资源 8000 多亿 m³，扣除地表水和地下水的重复部分，水资源总量仅有 28000 多亿 m³，人均占有量 2600m³，约相当于世界人均量的 1/4。我国水资源突出的特点是河川径流地区分布很不均匀，浅层地下水的补给主要来源于降水，其补给量的变化和降水相似，水土资源的组合很不平衡；降水和河川径流集中于汛期，年际变化很大，2/3 的河川径流为洪水，大部分难以调节利用，同时又有连续枯水年和连续丰水年出现的现象。因此比较稳定的可能开发利用的水资源数量更少，粗略估计不会超过水资源总量 50％，即 14000 亿 t，到

　　原文系作者在 1989 年 4 月 3 日全国农业区划委员召开的"纪念农业资源调查和农业区划工作全面开展十周年科学报告会"上的发言。后被收入由全国农业区划委员会办公室、全国农业区划学会、中国农业科学院区划研究所编写的《人口、资源、环境与农业发展》一书中。

本世纪末人均可用水量约 1000 多 m^3，远远低于当前经济发达国家已经达到的利用水平。根据专门研究，我国 80 年代初期，水利设施的年供水能力约 4700 亿 m^3，最近几年实际每年供水为 4000 亿～4500 亿 m^3。按照 2000 年工农业生产总值比 80 年代初翻两番的目标，设想在节约用水的前提下，工农业生产和城乡人民生活用水得到合理满足，则 2000 年供水能力应由 1980 年的 4700 亿 m^3 增加到 6000 亿～7000 亿 m^3，其中农田灌溉和其他农村供水占 80%。这个任务是十分艰巨的，按现在国家和群众的投入能力估计是无法达到的，比较现实的估计 2000 年总的供水能力能达到 5200 亿～5500 亿 m^3 已经是很不容易的事了。在这种情况下农田灌溉面积的扩大非常有限，农村供水将很少改善，工业和城镇生活用水也将十分紧张。当然供水能力对社会经济发展的影响与自然气候变化的情况关系很大，如果遇到丰水年，可能基本得到满足，但如遇到枯水年，特别像海河和黄河流域曾经发生过的连续枯水年，则对工农业生产和人民生活均将产生极其严重的后果。对于不确定性的重大问题，一般都要考虑两手对待，既要考虑正常情况，又要考虑非常不利的情况，对非常情况的对策必须要有所准备。从总体上看，我国将来是一个水资源紧缺，长时期供水不足的国家。

我国地域辽阔，各地自然条件和社会经济情况差别很大，各地对水资源的需求和存在的问题也很不相同，近期突出的问题有：

（1）黄河、淮河、海滦河、辽河诸流域水资源总量不足，当前开发利用程度已经很高，当地水资源开发潜力已经不大，很难适应当地社会经济发展需要；南方沿海地区供水困难。黄、淮、海、辽诸流域，人口稠密，土地利用率很高，水资源短缺，已成为一个严重的社会经济问题。一方面水资源总量不足，人均占有水资源总量仅 660m^3，同时大部分洪水和平原涝水难以利用。随着人口的不断增长，到本世纪末，人均可用水量将减少到 400m^3 以下，即使全部开发利用，也远远不能满足需要：另一方面，这一广大地区地表水和地下水的开发利用程度已经很高，较易开发的地区和工程都已开发使用，继续开发增加水源，需要付出极大的代价，如果不能增加新的水源，今后城市工业与农村用水的矛盾将更趋尖锐。南方沿海地区，特别是大中城市，除几条较大河流的河口地带外，大部分城市由于当地河流流域面积小，径流洪枯变化大，调蓄工程艰巨，形成供水不足；不少城市及其郊区超量开采地下水，地面下沉，海水入侵，沿海岛屿降雨量过分集中，缺乏调蓄能力，季节性缺水十分严重。这些地区的水源问题不及时解决，将影响外向型经济的发展。

（2）农田灌溉发展缓慢，不能适应人口不断增长情况下的农业发展要求。当前农田灌溉面积约 7 亿亩，占耕地 47%，对农业持续稳定发展无疑起到了重要作用。但自 80 年代初期以来，每年新增灌溉面积抵消不了每年失修老化和各类基建占用的灌溉面积，因此，近十年灌溉面积没有增加，这与当前农业生产，特别是粮食生产徘徊不前有密切的关系。如果要求本世纪末粮食生产 10000 亿斤，不适当扩大灌溉面积，是难以达到的。农田灌溉面积的发展，地区分布很不平衡，现有灌溉面积主要集中在河川、盆地和主要江河的中下游平原地区和水资源较易开发的地区，灌溉面积接近饱和状态。而生产潜力很大的南方丘陵地区和北方旱区灌溉发展薄弱，大量中低产田没有得到必要改造，致使这些地区生产很不稳定。但这些地区水资源开发条件比较困难，多数需要修建水源调节工程，不少地方需要长距离引水或高扬程提灌，需要大量的投入。

（3）已经开发利用的水资源，浪费污染严重。目前全国每年有 200 多亿 m³ 未经处理的工业废水和城市生活污水直接排入河湖水域或渗入地下，经过处理重复利用的比重仍然很低，不仅造成水资源的浪费，严重污染水土资源，对人民健康危害极大，而且使可用的水资源遭受严重破坏，为进一步开发利用水资源带来极大的困难。据统计，每年因水污染造成的直接经济损失达 300 亿元以上。不少水资源匮乏地区，灌溉水的有效利用率仍很低，不仅浪费水源和能源，提高农业生产成本，而且使土地产生盐碱化、土地生产能力下降。

（4）北方水资源短缺地区，部分平原生态环境在不断恶化。河道长期断流，功能退化，地下水补给减少，沿河土地抗旱能力下降，河道排水能力下降；滨海地区缺乏必要的淡水补充，部分土地盐渍化加重，大片荒地难以开垦利用，浅海渔业受到影响；塔里木河和黑河下游水量急剧减少，生态严重恶化，对这些地区今后的开发利用和边防的巩固极为不利。

（5）由于水资源的短缺，供水不足，城乡矛盾、工农业之间的矛盾、地区之间的矛盾日趋尖锐，使水资源难以充分合理地利用。水资源的统一管理和进行必要调整有迫切的需要。

（6）江河防洪能力不足，洪水灾害仍然是社会经济发展的严重威胁。当前我国主要河流一般可以控制普通洪水（大约 10～20 年一遇），对于较大洪水防御能力仍然十分薄弱，对于特大洪水多数河流缺乏有效对策。近年来不少地区水土流失不断加重，行洪河道随意设障，河湖洲滩任意侵占，河道防洪能力有下降的趋势。同时由于对洪水的调蓄控制能力低，水资源难以充分利用，洪水灾害往往又对供水工程设施造成严重破坏，又直接影响供水能力。

从全局分析，我国水资源紧缺，将面临长期供水不足的局面。由于水资源的时空分布不均，各地生产生活方式不同，全国各地都存在着不同形式、不同程度的水资源问题，都对当地社会经济发展起着制约作用。因此，对待水资源问题，国家应当制定长期稳定的政策。为此，提出几点建议：

（1）由国家组织有关部门编制中长期水资源开发利用和保护的规划，分析预测不同阶段、不同地区的水资源供需情况。各地区根据水资源供需情况，适当调整产业结构和生产力布局。对水资源严重不足，或开发利用条件十分艰难的地区，要限制高耗水产业的布设，要确定供水的优先次序，首先必须明确必保的供水对象。

（2）加强水资源的统一管理，尽快修改完善"水法"及其配套法规，落实贯彻"水法"的组织措施，使水资源的管理逐步走向法制化。当前要尽快实施取水许可证制；对江河湖泊等自然水域排放污水，要严格控制，也要建立排水许可证制。通过许可证制，限制不顾整体利益的随意开发利用和不负责任的污水排放。

（3）要把节约用水作为国家的一项基本政策长期推行。在加强管理的基础上，要对工业生产和农田灌溉设施进行以节约用水为中心任务的技术改造，提高水的有效利用率；要加速对城市工业废水污水的处理，不断提高水资源的重复利用率；城市生活和公用事业的用水，也要提倡节约，防止浪费。为此，要合理调整有关水费政策，通过调整水价促进节约用水和水资源在地区之间、产业之间的合理分配；还要不断加强对全社会的宣传教育，在全社会形成节水的观念，逐步建立一个节水型的社会。

（4）解决黄淮海辽流域的水资源问题要开源、节流、保护三者并重，不可偏废。当前这个地区水资源的浪费相当严重，厉行节约用水是重要的措施。但由于本地区水资源总量不足，开发利用程度已经很高，仅靠节约用水是不能解决问题的，必须加速开源措施。开源的途径，一方面要充分开发利用当地水资源，增建一批蓄水引水工程，挖掘现有工程的潜力，如提高水库调蓄洪水的能力，增加平原蓄水措施，加强地下水的人工补给等；另一方面要有计划地实现南水北调和其他跨流域引水的战略措施，从中长期的发展来看，南水北调和其他跨流域引水是找不到替代办法的，这类工程规模大、工期长，必须先行，临渴掘井是不行的。本地区的污废水排放量十分巨大，仅海河水系，排污量每年达 30 亿 m^3，污径比高达 1∶9，对水资源和土地污染十分严重，不尽快认真处理污水，防止水源污染，其他办法都事倍功半。

（5）严格贯彻国家有关环境保护的法令和规定，限期消除危害严重的污染源。对城市，水源地和南方的水网地带要作为保护的重点。对乡镇企业，要从政策上规定生产方向，禁止这类企业生产排放剧毒废水废渣的产品。

（6）要认真巩固改造现有水利工程设施。新中国成立以来修建起来 1000 多亿元的水利设施固定资产，是当前和今后为社会经济发展服务的重要手段。当前老化、失修和自然损毁都十分严重，必须加强养护维修，及时进行更新改造，力争现有工程设施的效益不再下降，并能进一步挖掘潜力，使其长久为社会主义生产建设服务。

（7）进一步调整投资政策，增加投入，多渠道、多层次地筹集资金，建立建设开发和维修改造基金的稳定来源。

水的供需问题，一个地区的缺水程度，具有明显的随机性。在丰水期，往往给社会和经济发展的决策部门以错误印象，认为缺水并不严重，不下决心去解决问题。在枯水期又往往不惜成本，不计后果，采取一些与长远或全局发展有矛盾的紧急措施，也造成巨大的浪费。因此，应把解决水资源短缺问题，作为一项长期性的战略决策，摆在国家经常的重要议事日程之中，绝不能等闲视之。另外值得一提的是，当今无论是开源或节流或保护都需要巨额的投入，轻而易举的办法并不多，决策时必须有全局和长远观点，不能有侥幸心理或得过且过的思想。

水利科学技术发展的回顾与展望

我国水利科学技术在新中国成立后得到迅速发展，20世纪50—60年代达到了很高的水平，大大缩小了与国外先进技术的差距。到60年代后期至70年代，正当西方科学技术突飞猛进之时，而我国适值十年浩劫，科技工作遭到严重摧毁破坏，长期闭关自大停滞不前，拉大了与国外先进科技的差距，给水利建设和管理工作造成巨大的损失。"文革"结束以后，水利科学技术工作得到迅速恢复，特别是党的十一届三中全会以后，改革开放政策给科学技术带来了无限生机；一方面重建科学技术研究的基础设施，重新集结队伍，恢复建国以来的优良技术的理论、方法和经验，积极开拓了科技工作的领域和视野，使水利科学技术的发展进入一个新时期。邓小平同志明确提出科学技术是第一生产力的英明论断以来，使科学技术真正走上了与生产建设密切结合，为社会经济发展服务的宽广大道。

随着水利事业发展方向的转变和水利建设与管理的需要，80年代这10年间，水利科学技术得到了飞速的发展，缩小了与世界先进科技的差距，取得了巨大的效益，使我国水利科学技术又重新在国际上获得应有地位和声誉。这10年水利科技的发展具有以下特点：

（1）从为工程建设服务为主，逐步转向既为工程建设，又为工程管理宏观决策服务；从战术性的试验研究为主，逐步转向既研究战术性问题，又不断加强宏观战略问题的研究。70年代中期以前，我国进行了大规模的水利建设，建成了数以万计的水库枢纽和各类水利工程设施，水利科技试验研究工作都是围绕工程建设这一核心问题开展工作，在水文分析计算，水工建筑物的设计、施工技术等多方面开展战术性问题的试验研究工作，取得了重大的研究成果，在保证工程的建设进度和质量方做出了重要贡献。80年代以来，水利发展的重点转向加强管理和宏观发展战略的研究。水利科技工作方向作了相应的转变，在不断改善提高战术性试验研究水平的同时，加强了战略性宏观问题的研究，如全国水源的评价与开发利用，大江大河流域规划的补充修订，水价和水费政策的研究，水利经济和水利环境问题的探讨，水利工程现状和存在问题调查研究等方面都

原文系作者于1991年10月底在编写《水利科技十年》会议上的讲话。

取得了重要的科研成果，对研究制订水利发展方针、政策和长远计划提供了科学的依据。

（2）从传统的试验研究方法，到逐步吸收国外先进科学理论，应用先进试验研究和分析计算手段，使科技水平不断得到提高。水利科学技术的研究，传统的方法是：基本理论的分析探讨，物理数学模拟分析计算和天然状况或工程调查验证，三者密切结合，反复研究论证，最后才是研究成果。由于设备的简陋，量测计算技术的落实，这些工作的进行速度和精度都很难提高。自从贯彻改革开放政策以来，水利科技工作者积极吸收国外先进科技理论，引进先进试验技术装备，开展计算机遥感技术和许多新材料、新工艺、新的测试技术的应用，使水利科技水平有明显的提高，加快了走向现代化的步伐，逐步缩小了中外科技水平的差距。

（3）从单一学科向边缘学科或综合性学科发展。水利科学既是一门自然科学、技术科学与社会科学密切结合，高度综合的学科，又是一个面向全社会的基础产业部门。长期以来，受传统学科分类和专业部门分工的束缚，以进行单一学科的试验研究为主，与相邻学科综合研究联系得相当薄弱，因此许多科研成果的实际应用价值受到影响。80年代以来，由于加强了横向联系，逐步摆脱了行业的局限性，服务面向全社会，这就促进了边缘学科和综合性学科的发展，取得了一系列重要科研成果。如水文与气象的结合，流体力学与新材料的结合，水资源综合利用和水环境的研究，防灾和水资源与水工程管理等方面的研究都有明显的进展，对开拓水利科学研究领域起到了良好的作用。

（4）增强了商品经济观念，科技成果逐步走向市场，开拓了科学技术与生产相结合的新道路。经过80年代科技体制改革，水利科技工作逐步突破行业指令性计划的限制，引进竞争机制，使科技成果进入市场，科研人员的收入与科研成果和生产建设需要挂钩，使科技研究人员长期按个人兴趣选课题而不善于与生产结合的倾向逐步得到改变，增强了商品经济的观念，开拓了研究工作领域，调动了科技工作者的主观能动性，促进了科技工作与生产建设的密切结合。

以上特点说明十多年来的水利科学技术工作不仅得到恢复和发展，而且在改革开放的大潮中，逐步走上了新的道路，获得了丰硕的研究成果。但是水利科技工作和整个社会经济工作一样，都还处在改革的过程中，还存在许多正待解决的问题，主要是：①水利建设和管理工作尚未确立依靠科技进步提高水平，发挥效益和节约资金的有效机制，因此科技试验研究任务和成果推广应用都有一定困难。②科技试验研究技术装备落后，科技人员待遇低，队伍不稳定，发展提高较慢，与国外先进水平还有较大差距。③水利科技研究，无论是战术性具体专业性的试验研究，或宏观战略问题的研究，都还不能适应水利作为国民经济基础产业地位的需要。确切反映十年水利科技的面貌，总结十年水利科技工作经验，对今后水利科技工作的深化改革，科技事业的迅速发展和水平的提高都是非常必要的。水利部科技司和水利电力情报研究所为适应科技工作的需要，组织力量编成《水利科技十年》一书，无疑对水利科技事业是一项重要的贡献。

21 世纪中国的水利

—— 以城市为中心带动全面发展

进入 21 世纪，我国社会经济发展将从小康水平向中等发达国家的水平前进。城市（包括不以农业生产为主体并具有一定规模的集镇）的发展必将突飞猛进。城市是社会和经济活动的中枢，是大生产的基地，是文化教育和信息交流的中心。城市的发展将带动整个国家前进，城市发展也将给全社会的防灾减灾和水资源开发利用带来一系列新因素和新要求。21 世纪的水利将以城市水利为中心，带动水利事业的全面发展。

一、21 世纪城市水利发展形势和主要任务

据统计，1992 年全国非农业人口为 2.69 亿人，全国正式设市 662 处，还有不设市的县属集镇 1 万多处[1]。这些城市（包括县属大集镇，下同）工农业生产总值和国民收入占全国 80% 以上。据有关方面研究，2000 年全国人口将超过 13 亿人，城市集镇实际人口将超过 4 亿人，人口和社会财富进一步向城市集中，城市范围迅速扩大，将出现许多的城市群或城市带，城乡的界限将进一步模糊。我国大中城市主要分布在沿海和大江大河两岸，城市的发展与江河湖海有密不可分的关系，城市的发展与江河湖海的治理和水资源的开发利用既有相互促进，又有相互制约的作用。新中国成立 40 多年来，以大江大河治理和水资源开发利用为中心的水利建设，主要服务于农业生产，虽然在城市防洪、供水、供电和水运方面发挥了积极作用；但是把城市水利作为一个主体，进行全面研究、总体规划、与城市发展有机结合进行建设的工作是十分薄弱的，已经不能适应以城市为中心的社会经济发展需要。面对未来，城市水利将有七大任务。

1. 城市防洪

城市的迅速发展和扩大，已经突破了原有城市防洪设施的保护范围，同时将出现分布于广大面积上的城市群或城市带，像珠江三角洲、太湖流域、长江中下游沿江地带，以及主要交通干线两侧的情况特别突出。面对这种情况，过去那种修筑城市防洪堤保护主要市区和遭遇超标准洪水在城市郊区采取分蓄洪措施的办法，既不适应防洪要求，也在运用中产生新的困难，如果运用不当，将会造成巨大损失和广泛的社会影响。可能的

原文系 1993 年 12 月在中国水利学会第六次会员代表大会上所作的学术报告，后刊于 1994 年《科技导报》第 2 期。

出路是根据城市密集程度和社会经济的重要性，采取较大范围区域性防洪，按照不同区域，采取不同防洪标准和措施。在遭遇超标准的特大洪水时，牺牲经济不发达地区保护经济发达的精华地区，仍不失为一种可选择的措施。因此，防洪区域的划分，临时分蓄洪区的选择，都要在社会经济发展的总体规划、城市发展布局与江河流域综合规划密切结合下，统一考虑、统一安排、统一管理。在我国防洪的严峻形势下，城市防洪充分考虑非工程措施是非常必要的，特别对于一些采取工程措施提高防洪标准十分困难的地区，在民用建筑和公共设施修建时，要采取必要措施，准备在非常情况下能抗御暂时的洪水淹没，保证人身安全和尽量减少财产损失。

2. 城市排水

我国主要城市的排水系统很不健全，经常发生暴雨积水灾害，造成很大损失，上海、武汉以及太湖周边城市，情况特别严重。由于城市化对水文因素的影响，如热岛效应、凝结核效应、高层建筑障碍效应等作用的增强，城市年降水量增加（在大城市一般增加5％以上），汛期雷暴雨次数和暴雨量增加（一般可达10％以上）[2]城市不透水面积的比重大幅度增加，降雨后截流、填注，下渗损失明显减少，地表径流的汇流历时和滞后时间缩短，地表径流量增加、流量峰值提高，给市区排水增加了巨大压力。根据有关方面关于海平面上升对海岸带影响的研究：由于温室效应和沿海地带过量抽取地下水造成地面沉降，我国沿海地带海平面将持续升高，可能受害面积达到3.5万km^2[3]。这些地区都是城市工业密集带，排水的困难增加了新的因素。我国著名的历史古城，如北京、南京、长安、洛阳等城市，在发展过程中，都曾形成过市内河湖水系，以供蓄泄暴雨积水[4]，在当代继续发展中，任意占用城区河湖水面，变水为陆，或成为容纳污水垃圾的场所，使其丧失原有的功能，给城市发展带来极为不利的后果。随着城市现代化和人民生活质量的提高，建立完善和畅通的排水系统，清污分流，改善环境，实在是最迫切的任务之一。

3. 城市供水

我国大中城市大多数供水不足，影响人民的正常生活和生产的持续增长。城市缺水，除了市区水厂和供水管网建设跟不上需要外，北方水源不足、南方水质污染恶化是主要原因。北方多数城市，在20世纪50年代，主要靠在城市近郊抽取地下水供城市使用，随着城市的发展，地下水难以满足需要，遂逐步挤占农业灌溉水源。但由于北方水资源总量的不足，当地地表水和地下水都不能满足城市供水需要，于是普遍超采地下水和过分占用农业用水，其结果造成了地面沉降和地下水污染，同时城乡之间的矛盾也日趋尖锐。南方大多数城市临河靠湖，水源本不成问题，但由于水体污染严重，特别是城市周围，城市取不到合乎水质标准的水量；部分沿海和岛屿城市，水资源短缺，当地无法解决城市供水问题。预计在2000年前上述情况难以得到基本改变，进入21世纪，解决城市供水问题将是长期持久的艰巨任务。解决城市供水的基本方向应是：开源、节流和保护三者并举，不可偏废。北方，当地水资源开发利用程度已经很高，节约用水措施已有相当程度的发展，重点应通过跨流域调水解决水源不足和采取各种有效措施防止水源污染。南方，重点应治理污染，保护水质，沿海和岛屿应修建水源工程，包括跨流域或跨海引水工程。新的城市工业布局，必须考虑水源问题。

4. 城市排污和污水利用

一般说来生活和工业用水的 80％～90％成为污废水。预计在本世纪内，工业和污废水绝大部分得不到处理而直接排入水体，使河道和水域受到严重污染，一部分污水被农田灌溉引用或入渗地下，造成农作物、地下水和土壤的污染，严重危害人的身体健康，使生态环境恶化，对经济和社会造成的危害极为严重。进入 21 世纪，城市要求更高的环境质量，保证农田灌溉和农村生活用水的水质达到规定标准，将是农村水利发展和提高的关键。随着城市工业用水的增加，污废水量也将大量增加，如果不能及时进行污废水的处理，其恶化环境和对城市农村危害的严重后果，将不堪设想。根据"华北地区及山西能源基地水资源研究"，2000 年和 2020 年该地区工业和生活取水量分别达到 171 亿 m^3 和 303 亿 m^3，污水排放量分别达到 150 亿 m^3 和 249 亿 m^3。这些城市工业污废水如果经过处理达到农业生产用水的水质标准，则可大大缓解农业缺水的紧张状况，减少为农业进行调水工程的沉重负担，同时也缓解城乡争水的矛盾。南方多水地区，存在着同样的问题，城市生活、工业污废水如果不能及时处理，继续直接排入河湖水域，对水资源造成严重破坏，多水地区也将出现可用水源缺乏的危机，对社会、环境、生态的影响及其所造成的危害，也是无法估量的。但是污水处理成本很高，需要在处理技术和费用分担政策方面进行专门研究，寻求城乡两利、切实可行的办法。这将是 21 世纪水利的重大课题。

5. 河岸、海岸线的整治和利用

我国主要城市大都滨海或临江，大江大河的河口都形成了重要的工业基地和对外港口。南方，为了充分利用江河航运和取水便利，市区尽量靠近河岸布设工厂、仓库、港口、码头等；同时滨海、沿江往往形成主要街区，成为城市最繁华的区域，成为城市的"黄金地带"。80 年代改革开放以后，各部门、各种企业单位，抢占沿海和沿江岸线，已势不可挡，往往为了局部和眼前利益，利用不合理，造成江河行洪障碍，影响航道整治，任意排放污水废渣，破坏供水水源，影响城市远景发展，使"黄金地带"大为贬值，给整个社会经济发展造成了巨大损失。像珠江三角洲、长江三角洲和长江沿岸，这种现象极为普遍，已经造成了很大的经济损失。进入 21 世纪，这个问题将更加突出。因此，河岸、海岸岸线的整治和利用，应按科学原则进行规划，纳入国土整治的总体计划，进行严格的控制和管理，势在必行。

6. 为城市发展开拓土地资源

我国人口多、可利用土地资源十分有限。城市发展必须占用土地，这是一个矛盾尖锐和难以解决的问题。出路可能只有两条：一是与农业争地，虽然眼前经济收益方面可能是合算的，但从我国社会经济发展的长远战略考虑，是极不可取的；二是向荒山、荒坡、海涂和河湖洲滩要地。利用荒山、荒坡往往平整土地和交通供水等公用设施成本很高，投资者往往考虑近期利益，不肯充分利用；海涂和河湖洲滩，一般靠近城市，开发方便，投资较少，见效较快，在地价不断上涨的情况下，是投资者争夺的对象。值得注意的是：我国主要江河的河湖洲滩，自 50 年代以来经过整治围垦（不少是自发盲目围垦），已开发利用殆尽，留下来的大多是季节性洲滩，而且必须留作江河泄洪排水和通航水域，如果继续开发占用，必将造成巨大损失和深远影响。如果在严格的科学论证前提下，进一步进行江河全面整治，局部河段可能还有少量可用土地；但对这些少量可用土地，必须审慎开发利用，要充分考虑防洪、航道和环境的要求，并且应当实行严格管理。浅海海涂资源在我国相当丰富，特别是大江大河河口附近。如珠江口，滨海岸线海区——3m 以上的滩涂面积达 114 万亩[5]；长江口附近海域——2m 以上的滩涂面积有 133 万亩[6]。这些地区都紧邻经济高速发展和重要对外开放的地区，对土地的需求十分迫切。因此，科学地开发用海涂资源将是解决这些城市发展所需土地的重要出路，但是在开发利用时必须妥善解决三个问题：①要按一定标准留足泄洪、排水的通道，并留有余地。②必须考虑河口纳潮能力，充分利用潮汐动能保持河口段航道水深和必要的水域，决不能像有些地方为了多围土地，尽量压缩河口喇叭口，使河口迅速淤积，丧失良好港口的功能。③必须与沿江、沿海岸线利用的规划密切结合，防止因围垦而破坏岸线的充分合理利用。

7. 城市的环境保护和美化

美化城市、保护环境是现代化城市的重要任务，其主要措施是：①城市河湖水系公园的合理布设，防止水源污染，保持洁净水质。②城市绿化。这两者是紧密联系的整体，河湖水系的沿岸和公园是城市绿化重点，河湖水系又是绿化所需供水、排水的基础设施。因此结合城市供水排水需要、适应城市美化要求，做好城市河湖水系的规划、建设和管理是城市美化和环境保护的关键所在。

二、以城市水利为中心，带动水利建设全面发展的几项战略性措施

根据我国自然环境特点和社会历史背景，展望 21 世纪，水旱灾害仍然相当严重，水资源开发利用与社会经济发展不相适应的程度更为突出，但与 20 世纪相比具有本质的差别。20 世纪，水旱灾害分布面广、频度高、水利设施抗御灾害的能力很低，一般年份洪涝旱灾都造成巨大损失，严重威胁生产的发展和社会的稳定，特别是人口密集、经济发展水平较高的东部平原地区，洪涝灾害更为严重，每遇大水直接影响国家的安定和发展。预计到本世纪末，主要江河流域的开阔平原和较大盆地，对常遇的中小洪水得到基本控制，涝灾得到初步治理，重要河段能够抗御本世纪内的特大洪水，将大大减轻洪涝灾害，初步改变对特大洪水的失控局面；全国建成了大约占耕地 50% 的灌溉面积，对农业生产的持续稳定发展起到了保障作用。21 世纪，突出的问题是平原地区超标准的洪涝灾害和广大山地丘陵地区的山洪和旱灾；由于城市的发展、财富的集中和现有防洪、排水标准过低，城市防洪排水将成为突出的问题。水资源的开发利用，在本世纪，重点是农田水利和水能利用；21 世纪，则应根据城市等方面的需要，结合农村水利的发展要求，充分考虑水资源的综合利用和河湖浅海水域的多种功能，克服行业和部门的局限性，紧密有机地结合，使水资源开发利用达到经济、社会和环境效益的统一。

从现状况出发，展望未来，21 世纪，在改造完善现有水利工程设施、充分发挥现有工程设施潜在功能的基础上，安排具有战略意义的建设项目，抓紧时机，使水利发展达到一个新水平。初步考虑，21 世纪，水利建设应考虑以下问题。

1. 继续抓紧大江大河的治理

大江大河的治理要以城市防洪、岸线利用、水资源综合开发为中心，进行控制性枢纽的建设和河道整治。在修建长江三峡、黄河小浪底、黑山峡、龙门、珠江龙滩、大藤峡、百色、淮河临淮岗、辽河大佛寺、松花江尼尔基、哈达山等枢纽工程和积极开发西南水力发电的同时，应抓紧河道整治，安排好岸线的合理利用。在北方，不少河道已变成季节性河流，洪枯水位、河宽、流势有本质性的变化，同时由于径流的调节利用，河床的乱挖乱占，河道普遍萎缩。多数河道已丧失原有功能。面对此种状况，重新确定河道功能，合理安排控导工程，严格控制占用河床，已成为重要课题。在南方，河流是城乡生存发展的命脉，特别是岸线的利用已成为城市发展的重要组成部分。当前河道萎缩的发展趋势同样存在，行洪水位不断抬高，行洪障碍不断增加，河势缺乏控制，加之河滩岸线的乱占乱用，都影响了河道功能的合理发挥，很不适应沿岸城市和防洪、航运的发展要求。因此，无论是北方还是南方河道，都必须抓紧制订河道整治规划，利用有利时机进行整治，并严格管理，防止河道迅速萎缩，保持河道的合理功能，提高防洪标准，搞好岸线的开发利用。河道整治的重点：在北方，首先是淮河干流中下游河道的整治，按照防御常遇洪水（10～20年一遇的洪水）、尽量减少行洪区的使用和有利于两岸排涝的要求，拓宽浚深窄河段，增加平槽泄量，同时开辟入海水道，使常遇洪水能通畅入江入海，一般涝水能及时排出；海河淮河水系通海各河口段，在建闸防潮防淤的基础上，结合建港、造地，进行持续不断的整治、疏浚，保持河口畅通，保持排洪、排涝的能力。在南方，应重点整治长江中下游江道和长江、珠江三角洲和各大湖区的水网河道，稳定流势，固定岸线，制订岸线利用规划，充分发挥"黄金水道"优势。黄河中下游河道的整治，具有特殊重要的意义。要充分利用黄河水沙运动的特性，调水调沙，塑造稳定窄深的中水河床。目的在于保持和改善河道排洪和输沙能力，减缓淤积速度，尽量延长河道使用寿命。

2. 全面规划安排跨流域调水工程，有计划地解决城市、工矿和生活供水水源

解决北方供水源不足的问题，唯一的出路是跨流域引水。要全面考虑黄淮海平原、松辽平原、西北能源基地的长远发展需水要求。黄淮海平原的水资源供需平衡，及跨流域调水的开发程序，应将长江、淮河、黄河和海滦河流域作为一个整体进行研究规划，按照不同地区社会经济发展预测和当地水资源开发利用程度，制订跨流域引水的总体部署和开发的战略步骤。根据长期的规划研究，南水北调工程可以考虑按以下步骤加以实施：第一步，在本世纪内或21世纪初，分期建成南水北调东线一期工程，同时利用黄河小浪底枢纽工程的调节，引黄河水至滹沱河以南地区，首先缓解山东南四湖地区、胶东地区、河北运东地区、邢邯地区和河南北豫山前地区严重缺水的局面。这两项工程，比较简单易行，投资相对较少，如果抓紧进行，2000年前有完全实现的可能。第二步，兴建从汉江丹江口水库引水的南水北调中线工程，同时继续扩大南水北调东线工程的引水能力，并修建跨越江淮分水岭的引江济淮工程。这样在下世纪的前10～20年间，就有可能从根本上解决黄淮海平原水源不足的问题，缓解黄河上中游与下游用水矛盾，为黄河上、中游能源基地的大规模建设所需供水创造条件。第三步，随着社会经济发展的需要，逐步实现南水北调西线工程，扩大中线、东线的引水能力。

松辽平原跨流域引水，首先应解决辽河中下游平原的严重缺水问题；然后，根据松嫩平原和吉林西部、内蒙古东部经济发展状况，调整水资源的分配，扩大调水规模。松辽平原的跨流域调水，必须将引松花江水到辽河、引鸭绿江东部支流水源到辽河和引呼

玛河水到嫩江等几项最有希望的跨流域引水线路统一规划总体考虑，为东北地区社会经济长远发展的供水问题确定方向。

西部能源基地的建设，解决供水是最关键的问题。从地域划分：一是黄河上中游煤炭、油气、电力开发，所需水量只能由黄河提引，除正在兴建的引黄入晋工程外，应考虑从黄河黑山峡引提结合经宁夏至陕北三边、榆林地区的引水工程，给黄河上中游能源生产基地提供稳定的供水，远景南水北调西线工程实施后，这些引水工程将会得到新的水源补充。二是新疆油气资源的开发，北疆准格尔盆地的供水只能靠北水南调，最好开辟两条引水路线，分别沿盆地东西边缘，不仅可满足油田开发需水，而且还可扩大土地资源的开发利用；南疆塔里木盆地油气田的供水，主要靠盆地周边河流的水源，关键是提高河流水量调节能力，在做好在科学用水的前提下对农田用水与工矿用水合理分配，同时做好油气田供水管网布设的规划。

研究规划跨流域引水有 4 个问题特别值得注意：

（1）水质保护问题。引水工程的沿线都是城市和工矿企业密集地带，引水前的污废水严重威胁着引水水质，必须从治理污染源入手，全面治理；引水工程实现后，引水沿线城市、工矿企业将迅速增加，必须严格管理，防止产生新的污染源，南水北调东线工程要特别重视这个问题。

（2）引水线路的安全问题。跨流域引水工程必将跨越原有水系，改变地表水和地下水的排水条件，将引起防洪、排水和引水工程本身安全的一系列问题。如南水北调中线工程，1200 多 km 的引水渠道穿行于我国暴雨最集中的伏牛山和太行山山麓地带，跨越大小河流 400 余条，引水渠水面高于地面约 600 余 km，渠道一般水深 5～8m，渠宽 50～60m。这样一条巨大的渠道，在汛期渠道发生冲毁、溃决的机会很多；同时又形成了一条跨越淮河、黄河、海河三大水系新的防汛重点水系，其重要性和艰巨性不亚于大江大河。因此必须采取特殊的措施，保证引水安全和避免造成人为的洪水灾害。其他引水工程，都有类似情况，必须妥善处理，决不能掉以轻心。

（3）引水的环境影响问题。如南水北调西线工程，按照初步规划将引走通天河、雅砻江、大渡河引水点以上的绝大部分径流，这对引水点以下广大地区将产生何种影响？类似问题值得深入研究。

（4）接受引水地区的污废水处理问题。缺水地区增加水源后，同时也增加了污水废水的排放量，如果不及时进行处理，将变成新水害，其严重程度比洪水还要严重。如及时处理，将变成水资源，可以在很大程度上满足缺水地区的农业用水，不仅解决长期存在的工农业用水矛盾，而且可以使农业得到一定的发展。因此，引水工程与城市污废水处理应同时并举，用水与污废水处理工程的投资和运行费用应同时筹措，供水与污废水排放处理应统一管理。

3. 河口治理与海涂围垦

我国大江大河的河口都是经济发展的中心城市和对外联系的枢纽，大江大河的流域就是这些中心城市的腹地。河口段港口建设和航道整治是内地与海外联系的中心环节。由于河口大量泥沙的淤积，河口附近一般很难有天然的深水大港，海上巨轮难以直接停靠，运费大量增加，限制了中心城市的发展；如果不在河口附近建港，又会影响中心城市与腹地的直接联系。如长江，拦门沙顶部水深只有 6m 左右，即使每年大量疏浚，也只能趁潮使 2.5 万 t 货轮停靠宝钢码头，由于大吨位船泊不能直接靠岸，每年宝钢原料运费增加 1 亿多元；珠江入海八大口门，也有类似长江口的情况，严重影响对外联系和经济发展。整治河口，在河口立深水港口并与江河深水航道相衔接，将是 21 世纪战略性建设任务。根据国内外经验，河口治理是一项长期持续治理的巨大工程，需要大量的投资，抓住河口演变的有利时机，坚持不懈地进行，是一定会取得成功的。长江口和珠江口的治理具有重大的战略意义，应当作为继三峡之后的全国重点建设项目。与河口治理和建港工程密切联系的是海涂围垦。海涂围垦不仅可以增加城市、港口急需的土地，而且也是固定河势稳定岸线的重要手段，也是海洋生产基地的建设，必须统一规划严格按河口治导线，分期完成。长江口及其以南沿海，城市密集，港湾岛屿迫切需要开发利用，单项围垦工程规模相对较少，易于实施，应当作为近期开发目标。长江口以北黄海、渤海的靠岸浅滩，面积大，水深小，具有围垦的巨大潜力，对 21 世纪沿海经济的发展影响很大，应当尽早开展研究工作，制订开发规划。沿海围垦中关键因素是土地的合理利用和淡水来源，必须在规划中认真加以解决。

4. 环境水利工程将是 21 世纪新兴水利事业

本世纪内，水利建设的目的，主要为发展经济服务。着重经济效益的考虑，同时也建设了不少社会经济效益和环境效益都十分突出的区域性水利工程体系。但是，由于修建水利工程，在一定程度上改变了地表水、地下水的分布和土地利用状况，致使部分地区河道枯萎，部分地区河湖水域缩小，部分地区的生态环境恶化，给进一步防治水旱灾害带来了不利影响。有些地区情况十分严重，如塔里木河、河西走廊各河下游，由于上游过量开发利用水资源，形成大面积地下水位下降，极其珍贵的原有地表植被大量死亡，已经造成了不可挽回的损失。广大地区水土流失没有得到有效控制，是一个长期影响环境改善的重要因素。21 世纪，经济有了很大发展，人民生活将由小康向中等发达国家的水平过渡，在吃饱穿暖和物质生活不再过分发愁的情况下，必然要求一个更为安全美好的环境。水是环境的关键要素，必须正确认识水利与环境的关系，水利建设必须为改善环境服务。21 世纪，环境水利工程应对下面几个方面进行深入研究，并做出相应的措施安排：①将水土保持工程从改善农业生产条件提高到改善城乡居住环境的高度，全面开展。②对具有战略意义的塔里木河下游，河西走廊各河下游，以及影响国家安全的战略通道，最低限度的需水要求应予保证。③为防风、固沙，防止沙漠南移，提供必要的水源，如结合远景跨流域引水工程，应考虑长城沿线恢复植被建设林带的必要水源。④为了保持和改善环境，必须适当满足部分半干旱地区的河道用水。⑤结合城乡建设，逐步建成河、湖、渠、沟系统与造林绿化相结合的园林化城市和农村。

三、开展科学技术研究，引导水利事业健康发展

21 世纪，水利发展将出现一系列新情况和新问题，既需要不断进行现状调查研究，历史经验总结，又需要积极开展科学技术的研究工作，特别要重视水利基础研究、河湖水系演变的观测试验和宏观综合性研究工作。这样，才有可能使水利发展建立在科学的基础上，达到高速健康发展的目的。除了常规的水利科学技术研究内容外，需要加强研究的主要课题有：

（1）城市化水文效应的观测试验和对防洪、排水影响的研究。

（2）河道演变，特别是河口及其附近海域水沙运动规律的观测研究。

（3）对大江大河的规划进行以城市为中心，全面综合利用水资源的修正补充。

（4）研究水利工程设施与城市公用设施密切结合，充分发挥一项工程多种功能的技术措施和发展政策。

（5）城市水环境保护、污水资源化的技术措施和法规政策的研究。

（6）城市水资源管理的研究，应包括：①研究建立水资源（地表水、地下水、污水）统一管理的科学模式和管理体制。②制订水资源综合利用促进法。③建立水资源开发利用的经济政策、价格体系、建设分工、权属关系和保护责任等方面的法规政策。④按照社会主义市场经济体制的基本原则，研究国家（包括中央和各级地方政府）、企业、农民在水利建设和管理中费用负担的基本原则和办法。

面对现实，展望未来，我国水利事业的发展任重而道远。在 21 世纪，既要满足城市急速发展对水利的需求，又要巩固、改造和适当发展农村水利，巨大规模的老工程改造更新和新工程的建设将长期持续进行。将会出现一个现代化、科学化、城乡和谐发展，并能适应整个社会经济发展需要的新局面。水利事业将会成为真正的社会经济的重要基础产业。

参 考 文 献

[1] 水利部计划司. 水利统计年鉴.

[2] 中国大百科全书. 城市规划卷. 地理学卷. 北京：中国大百科全书出版社，1992.

[3] 任美锷. 海平面上升对海岸带影响研究的现状及问题. 黄河三角洲研究，1993（3）.

[4] 郑连第. 古代城市水利. 北京：水利电力出版社，1985.

[5] 水利部珠江水利委员会. 珠江流域规划.

[6] 水利部中国河口开发整治规划编写组. 中国河口开发整治规划.

中国水资源问题

中国水资源问题主要包括：水灾防治，水资源开发利用，水环境保护和改善。这是三个互相紧密联系而又必须区别对待的问题。

一、关于水灾防治

水灾包括：洪、涝、潮、渍、碱等多种灾害。灾害的形成是自然地理条件和人类社会经济活动的综合结果。水灾防治的实质是控制和处理多余的地表水和地下水，防治的措施必须是科学技术与社会经济手段的密切结合。

当前水灾防治的主要问题是：以科学技术为基础的工程措施，能力有限，发展不平衡，只能使大江大河的重点保护地区（如黄淮海平原、长江中下游平原、松辽平原和沿海局部地区）达到防御常遇洪涝水的能力（即10~20年一遇的防洪标准和3~5年一遇的除涝标准），遇到大洪、大涝、大的风暴潮，必须采取临时措施，牺牲局部，保全大部。同时，人类和社会经济活动在不断削弱防灾措施的能力和增加人为灾害的速度。如河湖萎缩；人为设置行水障碍；森林及天然植被的减少和破坏；基本建设对河流自然流路的限制破坏和增加人为的水土流失；行政分割，边界水利纠纷增多，形成新的地区之间矛盾等。其结果是：每年治理提高的防灾能力，抵消不了人为削弱的能力。年年治水，水灾不见减少，损失越来越大，固然有社会经济增长的必然因素，但人为增加灾害是不容忽视的。

出路何在呢？①提高全社会的防灾意识，要将防灾作为全民的行动。②跳出单一地依靠工程措施防灾，加强综合治理，点、线、面措施（控制性工程、河道整治、水土保持）密切结合，工程与非工程措施紧密配合。③加强法治，统一规划，各部门协调行动，按流域水系一调度管理。使水灾的危害控制在社会经济能承受的范围之内。

二、关于水资源开发利用

水资源的开发利用，首先是要满足人类生存所必需的生活用水和食品生产用水；其次是水资源的综合利用，如水能利用（发电和航运），水域利用（水产养殖、水利旅游等）等。其前提是必须保持人类生存发展所必须的生态系统的最低需水要求。

原文系作者参加1997年4月1日一次座谈会的发言提纲。

当前水资源开发中存在的主要问题是：①供水紧缺与普遍浪费并存。②开源增水条件困难，代价很高。③水源污染，水质下降，可利用水资源减少，不少地区从多水区变为污染性缺水。④由于水资源时空分布不均，不少地区由于水资源的开发利用受到限制，直接影响其他资源的开发利用和社会经济的发展。

解决水资源问题，不仅要有量的满足，而且要有质的保证。办法还是开源节流和保护并重，不可偏废。北方属于资源性缺水，南方属于工程性和污染性缺水。

北方干旱、半干旱地区要以年降水量作为可利用水资源量的上限，充分利用降水量，提高年降水量的利用率，是走出水危机的重要途径。在北方干旱、半干旱地区推行分散的雨水集流措施，解决人畜饮水的困难和发展分散小面积灌溉，使非常缺水的地区（如黄河上游西海固地区）获得起码的生存条件，当然地表径流的利用和各种保墒措施的配合也是不可少的。黄淮海平原及灌区，要合理利用地下水，并对地下水进行科学的调控，增加雨水对地下水的补给和减少土地水分的无效蒸发，可以在很大程度上满足当地需水要求。在北京东南郊，通过 18 年的试验研究，证明年降水量 $600\sim650$mm 可以保持地下水基本平衡，年降水 $800\sim900$mm 无涝碱灾害和径流损失，近 10 年来在没有河水补给的情况下，粮食产量增长 3 倍，生产稳步发展。在南方多水地区，要继续修建供水工程，满足城市工业供水并提高水资源综合利用水平。跨流域引水，补充缺水地区的水源，虽然工程艰巨，费用大，解决问题有限，但势在必行。

节约用水，逐步建立节水型社会，应当是长远的国策。它是一项长期的工作，需要大量投入，缜密的计划，综合措施，坚持不懈，才能逐步见到效果。如果急于求成，措施失当，也可能事倍功半。也不能对节水寄托过高的希望，认为只要一提节水，水危机就都可解决，这是不切实际的。

防治水污染，既是保护环境的需要，又是节水的重要措施，又是保证水质的关键所在。抓水源保护、水污染防治，要与抓水利建设、抓增加水量同样下力气，同时大力增加投入，要放在更重要的位置上。

三、关于水环境保护

通过近 50 年的大规模水利建设，在很大范围内水环境有所改善，不少的地区建立了良好的人工生态环境，如一些大型灌区，西北干旱地区的人工绿洲。但是水污染普遍存在，大面积地下水超采，部分河流下游水量大幅度减少，甚至长期断流，湖泊干涸或面积缩小，以及部分地区水土流失的加重，这些都是不容忽视的水环境恶化。

控制和改善水环境的恶化是当前和 21 世纪最重要的水利任务。在南方要控制和治理河湖水库等水域污染，这与建设新水源工程同样重要，而且应放在优先地位。在北方，水资源紧缺地区，除防治水污染外，还须在开发分配水资源时，要把环境用水作为重要的用水组成部分，绝不能以大面积的水环境恶化为代价换取部分地区的过量利用水资源而获得的局部利益。水资源紧缺地区，必须研究水资源的承载能力，适当分配社会经济发展和保护环境的需水。

我国的水资源问题十分复杂，既有自然资源问题，又有社会经济问题。值得全社会广泛深入研究，共同关心和解决我国的水问题。中国水资源的数量虽然紧缺，但只要科学治水、用水，满足中国人的生存和发展还是完全可以做到的。

关于水与人类社会可持续发展关系的一点认识

（1）在世界人口急剧增加和经济迅速发展的20世纪后半叶，包括水资源在内的各种自然资源大量消耗、严重浪费和不断破坏，环境日益恶化，资源日益匮乏，迫使社会有识之士逐步认识到这种状态的延续，将严重威胁着人类社会的持续发展。70年代以来，经过几次环境与发展的全球性会议的讨论，终于在90年代初提出了"可持续发展"的概念，并确立"可持续发展"作为人类社会发展新战略。这是人类社会发展史上一项划时代的举措。可持续发展的核心问题是自然资源的可持续利用；与人类生存和发展密切联系的生态系统得到必要的平衡，并得到保护和改善，使之长期适应人类生存和发展的需要。水是人类赖以生存的基础资源，又是维持生态系统存在和保持平衡的物质基础。水的可持续利用是人类社会经济可持续发展的核心。

（2）水与人类社会经济可持续发展的关系，可简单归结为：水灾的有效控制和水资源的可持续利用。水灾是难以根本消除的，无论防治水灾标准如何提高，稀遇的水灾仍然会出现，仍然可能超过防御标准，会造成灾害损失。所谓"有效控制"主要是指在一定经济发展阶段，科学技术和财力允许的情况下，尽量减少灾害损失，将超标准洪水的灾害控制在不损害一个地区社会经济总体继续发展的程度之内，因此，水灾的防治必须随着社会经济的发展，防御标准不断提高，将超标准洪水有效地限制在一定范围之内，以局部暂时损失换取全地区总体的继续发展。水资源的可持续利用则是人类生存和社会经济发展的关键所在。什么叫"水资源的可持续利用"，是否可以这样提：下一代可利用水资源应有适当的增加，水质有所改善，地区之间人均消耗水量的差别有所缩小。可利用水资源的增加和水质的改善是满足人口增长、经济发展的不可缺少的条件；地区人均用水量差别的缩小，则体现地区平衡发展的需要和全人类公平合理享用自然资源的人道准则。

水资源可持续利用定义和内涵涉及的问题十分广泛，必须从社会科学、自然科学和技术科学的发展规律加以思考和研究。研究水与人类社会可持续发展关系的出发点是弄清水与人的关系和人类可利用水资源在自然科学和技术科学的不断发展过程中的变化情

原文于1997年7月撰写，刊登于《水科学进展》1998年第1期，作者对刊登稿作了修改。

况，以及社会经济发展对水的需求增长程度和性质的变化。人类的生存和发展离不开水，水的量和质的特性及其分布状态又是人类生存发展的制约因素。水是自然界具有独特性状的有限物质，是无可替代的再生资源，它的存在方式、分布情况、自然的物理化学性质都不完全适应人类生存和发展的具体需要，人类必须对它的自然状态进行改造，改变其时空分布和物理、化学状态，因此人类又是控制、支配、改造水的主体。水在地球上的存量是很大的，但可利用的水却是十分有限的，主要集中于可自然循环的淡水中可调节引用的部分。这一部分水量，既是随着科学技术的进步和社会财力的增强不断增加和改善，同时又随着人类社会经济活动的增加受到污染破坏，并不断减少。人类必须充分认识可利用水资源的有限性和人类改造自然能力的局限性。特别要认识人类在控制、支配、改造水的过程中，必然引起的反作用和负效应。一旦这些反作用和负效应超出自然界客观规律和环境承受能力，将对人类的行为做出强烈反应，产生破坏作用，甚至发生大范围毁灭性灾害。因此，水与人的关系充分体现了唯物辩证法的准则，人类必须十分谨慎处理开发、利用、改造和保护的关系。

（3）水在人类社会可持续发展中，主要表现在数量和质量上满足日益增长的人口和经济发展的需要；同时，不断提高对水灾的有效控制能力，和对生态环境需水的必要满足。水在人类社会可持续发展中能否保持其应有作用的判别准则，可否考虑以下几个方面：

1）促进水文循环的各种因素向有利于增加可利用水资源量的方向变化。水是可再生资源，影响水文循环的两个主要因素：一是气候因素，集中反映在降水量，人类活动对它的影响极为有限，但全球温室效应的增强和局部地区酸雨形成的灾害不容忽视。二是地表下垫面因素，人类活动对产流汇流的作用是可以产生明显影响的，应当做到森林植被对降雨径流的调节作用不被削弱；影响地表水质的诸种因素，如土地盐碱化、水土流失、环境污染得到控制。

2）可利用水资源总量得到持续的增加。水资源在自然状态下，除被地表动植物直接利用的部分外，都需经过人工的开发、调节、再分配和劣质水的改造才能成为可利用水资源。可利用水资源量在气候因素基本稳定的条件下是科学技术进步和人类社会经济发展增加的需水量加上人为破坏减少的可用水量的总和。各类水资源的质量得到保护并有所改善。

3）节约用水达到更高的水平，全社会节水意识不断有所提高。

4）地下水开采利用与天然和人工补给保持动态平衡；对地下水的超采和污染得到有效控制。

5）按照人口分布情况，可利用水资源的地区分布更趋合理。人均利用水资源量及其质量在地区间差距趋于缩小。

6）河流水资源综合利用相互关系更加协调，更符合社会经济总体效益最大化的目标，并与生态环境保持良性平衡。

7）防治水灾的标准有所提高，超标准水灾发生几率减少，范围缩小；河道排水、排沙能力的萎缩程度与人工整治增加的能力保持动态平衡。

8）水资源、水工程的管理体制和管理体系更符合不断完善的《水法》的基本原则和要求。

9）水工程经常处于完好状态，及时得到更新改造，效益得到正常发挥，负效应得到妥善处理。

10）水科学技术的研究和开发具有明显的超前性。

11）有关水事活动（包括：管理，科研，建设，保护等有关方面）的经费能基本满足客观需要。

12）有关水事活动的法律、规章、政策更趋完善。

（4）为了使水与人类社会可持续发展的关系处于良好状态，必须加强基本工作：

1）全社会持续不断地进行有关水事的宣传教育，提高对水的全面认识，正确处理人与水的关系。使爱水、节水和必须建立节水型社会的观念逐步树立，日益强化。

2）从社会经济长远发展出发，将水资源作为全社会的共有财富。研究制定水资源开发利用、水灾防治和生态环境保护的总体规划，并在地区之间合理分配水资源，在一个地区内部合理安排生活、生产、环境和水资源综合利用的优先次序。

3）实行水资源的统一管理；在水资源地区分配和防洪安全方面，以流域为单位，实行水工程的统一调度。将水资源的分配和管理作为社会经济发展和生态环境保护宏观调控的重要手段。

4）完善有关水事的法律和与社会经济不同发展水平相适应的规章和政策，包括：水资源的统一管理、水工程建设评价、水工程建设投资、水价、水资源保护等方面的法律和政策。

（5）为了水资源的可持续利用，建议开展的重点研究课题如下：

1）水资源可持续利用基础理论的研究，包括人与水的关系在社会经济发展过程中动态变化趋势的研究。

2）中国不同地区人类生存需水最低限度的研究；在上述基础上，对不同社会经济发展水平下，各地区可利用水资源对人口增加、经济发展的承载能力的研究。

3）不同地区水环境保护准则的研究。如干旱地区湖泊、绿洲、森林、草原、河流等需要保护的重点、保护的程度、最低需水要求等；广大平原地区地下水开采的允许限度，重要河流必须保持的最小流量等。

4）如何建立节水型社会和节水型社会的准则的研究。

5）不同社会经济发展水平与水灾防治标准和措施方向的研究。

6）水产业和水利经济基础理论的研究。

我国人口多，水资源相对贫乏，水旱灾害频繁。只有谨慎小心地对待水资源的开发利用和保护工作，认真对待水灾防治措施，坚持不懈推行节约用水政策，不断开展科学研究，提高水资源的有效利用，提高水旱灾害的抗御能力，我们这个民族才能繁荣昌盛。

在中国水利学会"21世纪水利发展战略学术论坛"上的发言要点

一、对"工程水利"向"资源水利"转变的看法

开学会"七大"那天听到汪部长发表的讲话。我认为汪部长对水利工作，虽时间不长，但认识和了解还是非常深刻的，特别是对水的合理配置、经济核算、经济运行这些方面有很多很好的见解。

但其中对"工程水利"和"资源水利"的概念，我觉得是比较含糊不清的。"水利"这个名词在中国历史上是一个很重要的创造，在司马迁写完《河渠书》时，慨叹，"甚哉！水之为利害也"，这句话讲得非常深刻，是对他时代以前的一个总结。此话包含两层意思，即水本身既要兴利，又要除害。兴利非常困难，除害也非常困难。"水利"这个词的基本含意也是在《河渠书》中奠定的，司马迁是看到了水的双重性后概括了这二字，当然此二字不是他创造的，是在他以前就有的，但具体含义上是从他这里充实的。这二字在外国文字中都没有相当的名词，而且概括性都远不如这两个字。我们要研究"水利"这个深刻含意，就应从历史角度出发。水之为物，利害相伴，除害兴利不可偏废。

"工程水利"一词本身含意是不清楚的。因为就水利本身来讲，"工程"是核心，只有通过工程来战胜洪水，通过工程来再分配水资源，通过工程的运用来管理水资源。因此，工程是水利的核心，古往今来，始终都是如此。

"资源水利"一词含意也比较含糊。资源水利从现在看来，主要是讲水资源的合理配置，讲究经济核算，注意经济运行。但就工程本身来讲，自古至今，水利工程包含着两个基本内容：一个内容叫做技术与经济的结合，古代也讲经济，讲究二者的结合。即在一定的技术水平下，一定的经济条件下，来搞什么样的水利工程；另一个叫作建设与管理的结合。古代水利中，一边在修工程，一边也在研究管理工作，建与管始终是结合的。

原文由中国水利学会于1999年6月整理。

从这个特点来讲，"资源水利"视水利为一种资源，来合理配置，更高效地利用，是非常重要的。而且这个情况是随着社会经济水平和技术水平的提高在不断地变化，不断地丰富内容。

但如果单纯提"资源水利"，是否会有一个忽视水害防治的问题。因为水害问题不单纯是一个洪水或涝水的问题。任何一个水利工程，都同时具有正面作用和负面效应。因此，只要你搞水利，就必须时时刻刻记住兴利与除害的关系。

汪部长的思想是很好的，是很有见解的。但要作为一种标志性的水利阶段，还应慎重对待。要将中国历史与外国历史结合起来，很好地、深刻地研究、探讨，最后再确定究竟标志型水利应采用什么样的说法。

二、今后水利工作应注意的几个重点问题

我认为，21世纪，或者说21世纪初期的水利，与当前的水利问题差不多，不会有多大变化。

首先，防洪问题。社会的发展和人类活动的变化，对于洪水和水灾的成因的影响程度在不断地加大，防洪的具体情况可能会有所变化，但从本质上来讲，不会有大的变化。今后防洪有两个重点：一是超标准洪水；二是常遇洪水。现有的防洪体系对一般的常遇洪水，具有一定的防御能力和控制能力，不会发生大的、严重的情况。问题出在超标准洪水。去年长江洪水是处于标准洪水与超标准洪水的临界状态下，从水量分布情况来看，已超过原有工程设计依据的条件，但超过的并不很多。问题出在我们常规工程本身的不健全，该搞好的没搞好。洪湖大堤我们提过不知多少次，每次出差回来都写一报告，十年，石沉大海。而去年最紧张的就在洪湖这段。

从今后讲，如果能将常规工程搞到一定标准，常遇洪水能基本有保证，问题就不会太大。因为90年代这么多洪水，真正大面积堤防决口、洪水失控的现象基本上没有。今后的对象主要是在超标准洪水上，如何确定超标准洪水，如何处理超标准洪水，可能是防洪与防汛的关键问题。

第二，城市防洪问题。按现在粗略估计，全国设市的600多个城市，工业产值要占全国2/3，而这600多个城市基本上都有防洪问题。因此城市防洪是一个重点。

第三，水资源问题。有几个值得注意的问题：

（1）对未来水资源危机（水危机），应有一个正确的估价和提法。我们着眼点在北方，北方究竟是什么情况，争论比较多。或者说总的是认为缺水，但对缺水的程度，缺水的性质，有很多不同看法。

（2）前提问题。就水资源短缺地区而言，是有多少水办多少事；还是要办很多事，要水来满足它。这是两种思路。诸如此类很多问题，至今都没有很好地澄清，因此对水危机应有一个深入的分析，正确的估价。

（3）节水问题。"在中国的水资源条件下，要建立节水型社会"这个提法没有问题，是个很正确的方向，但什么叫节水型社会，节水到什么程度叫节水型社会，节水型社会与人们生活水平是什么关系，等等问题，都不是很清楚。因此，空洞地喊节水型社会，可能不行，需要对节水型社会制订一套准则，一套办法，一个目标，再确定如何向节水型社会发展。过去用水浪费是事实，但现在有一种倾向认为，节水是万能的，一节水什么问题都解决了。对这个提法应该警惕。不能认为，什么问题都能通过节水解决，这是认识上的简单化。以灌溉为例，西北干旱地区的灌溉，现在做得好的，$300\sim350\text{m}^3/$（亩·年）完全可以保证农田增产。但这一保证，将那一区域的整个生态都破坏了。很简单的例子，新疆农四师所在地"奎屯"，大面积搞喷灌，搞得很好，的确节水。但那一片，路两旁的道行树全死了，草也不长。因此，节水必须考虑整个区域的环境问题，不能单纯从一块田来考虑。其他类似情况很多。所以对节水，究竟有多大潜力，应如何掌握节水程度，要认真考虑，否则，节水也要把人引入歧途。认为什么问题都能通过节水解决。

（4）跨流域引水问题。社会上对此议论纷纷扬扬，方案不下数十，有的简直是天方夜谭。从长远发展来看，都有可能成立，都可能有一定的道理。但该问题要与社会发展的阶段性相适应，在某一阶段会是什么情况。

另外，该问题的关系非常复杂，不能单纯看到北方缺水，也要看到水源区的一些特殊问题，甚至于对下游区的许多影响，要综合考虑此问题。对北方水资源合理配置有一个比较全面的分析和估计，制订一个规划，然后确定出分阶段的实施方案，才能做成几件事情。

（5）水环境问题。包含两大问题：一是社会经济的发展与水环境的关系。二者之间是有矛盾的，但做得好的，矛盾可能小一点；做得差的水环境破坏得就可能大一些。正确处理好这二者间的关系，现在是很重要的。二是污水与水资源的关系。我看到一些环保部门写的文章，觉得关键问题是没有联系污染与水资源的关系问题，提出了一些非常不合理的要求。因此应搞清污染与水资源的关系。

在未来，以上几点可能是影响范围比较大的问题。

最后强调一点，在研究未来水利问题时，一定要从中国的实际出发，从中国的特色出发，舍掉了中国的特色，中国的实际，好多东西可能就会陷入空谈。

此外，如何表述当代水利的特征，是一个值得深入研究的问题，须从社会经济发展与水利的关系和科学技术发展的历史出发，全面考察，总结经验，开拓思路，使水利科学达到一个新水平。

修订《中华人民共和国水法》 促进水利现代化

委员长、各位委员、各位领导：

20世纪90年代以来，我国经济持续高速稳定发展，制约经济发展的"瓶颈"因素，基础设施不足的矛盾，在能源、交通、通信和水利四大问题中，前三者现在已经得到相当程度的缓解，基本适应了社会经济发展的需要。水利建设从1998年以来，得到显著的加强，发展速度很快，但江河防洪能力不足，北方广大地区持续干旱，供水困难，城乡污染物的积累，严重破坏水资源和恶化环境等问题仍然十分突出。如果这些问题得不到及时妥善解决，整个社会经济可持续发展的战略目标将很难实现。

当前水利发展正处于从传统发展方式向现代化发展方式的过渡时期。传统水利的基本特点是：从改造自然驯服洪水的愿望出发，企图从根本上制服洪水，消除水灾；对有限的水资源，不断提高开发利用程度，力求满足不加合理限制、不顾水资源条件和市场经济原则的需水要求；牺牲环境用水，经济发展用水挤占环境用水、城市挤占农村用水、工业挤占农业用水，污水、污物的处理严重滞后于社会经济发展的速度，造成生态环境的持续恶化。这种传统水利发展到今天，防洪减灾在投入不断增加的情况下，水灾损失没有明显减少，在大洪水时与过去同等水情比较，水灾损失却社会影响有明显增加的趋势；以需定供的原则下，供需矛盾日益突出，使部分地区水资源枯竭，水质恶化，工农之间、城乡之间经济发展与生态环境保护之间的矛盾日益尖锐。按照我国水资源特点和社会经济发展趋势，水利按传统方式继续发展，将不可能实现可持续发展的基本国策，整个社会经济发展有可能由于水灾、缺水和水环境恶化遭受重大挫折。因此，水利必须逐步向现代化过渡，真正按科学规律发展水利，中国才能走出困境，实现可持续发展的伟大目标。

现代化水利：首先，必须正确认识水灾和水资源的时代本质。明确水灾在可预见的历史时期，人类是不能完全控制洪水消除水灾的，只能在适度控制洪水的情况下与洪水协调共处；必须明确认识到可利用的水资源是有限的，在人口众多的情况下，是极其珍贵稀缺的资源，必须高效节约利用并严格保护；必须明确认识真正良好的生态环境是人类生存和减轻水灾、水资源可持续利用的基础。其次，要以辩证唯物主义论的基本观

原文为作者在2000年8月第九届全国人大会常委会第十七次会议上就修订《中华人民共和国水法》所作的发言。

点，充分利用系统科学思想和系统工程方法，深入研究，细致地制订全面长远的水利规划，使之既能解决当前存在的问题，又能适应不断变化的发展趋势。第三，充分利用当代科学技术，按照规划建立功能完善、保证质量、调度运用灵活的水灾防治、水资源开发利用保护和改善生态环境的各种工程设施。第四，改革水管理体制，建立一种既能实现水资源统一管理又能在统一规划下充分调动各地、各部门积极参与水资源开发利用的管理体系和运作机制。第五，建立完善的现代化法规和政策体系，促进和保障水利事业现代化的快速发展。最近中国工程院向国务院提出的《中国可持续发展水资源战略研究》（综合报告），我认为基本上反映了现代水利的基本思想和战略部署，值得各部门研究、参考和进一步深入探讨。

在当前的形势下，全国人大常委会考虑《中华人民共和国水法》（以下简称《水法》）的修订工作，是非常重要和及时的。《水法》颁布十多年来对水利事业的发展起到了极其重要的促进和保障作用。但通过实践说明原《水法》有一些条文很难适应当前的形势，特别是难以适应现代化水利的需要。建议在修订《水法》时考虑以下几个问题：①根据我国洪涝灾害频繁和水资源缺乏的特点，在《水法》修订的指导思想中反映；水资源开发利用必须与防治水灾相结合，采取积极措施化水灾为水利；节约高效用水，厉行水资源保护，建立节水防污型社会；以有效控制水旱灾害、水资源可持续利用，保证社会经济可持续发展等基本观点。②强化水资源统一管理的原则和措施，体现水资源的优化配置、合理分配、统一规划、统一管理调度。③理顺中央、地方、部门的关系，明确权责和分工，在水资源权属统一管理的前提下，充分调动地方、部门、企事业单位开发、利用和保护水资源的积极性。④完善配套法规体系，加强执法力度。希望从全社会利益出发，克服部门的局限性，总结国内外经验，发挥社会主义制度的优势，迅速完成一部具有中国特色、体现现代化水平的中国《水法》，把水利事业推向一个新时期。

近期水利发展中值得注意的有三个问题：

（1）在较大范围内可能出现长期持续干旱和局部突发性特大洪涝灾害。水利工作应采取两手准备：一手是根据规划、计划按常规程序进行建设和改进管理，从根本上增强防洪抗旱能力；一手是结合远景考虑，采取临时措施，增加水源，紧缩供水范围，实行流域和区域水资源统一调整，千方百计保证人民生活和重要企事业用水，同时借供水不足的时机，加紧推行节约用水，调整产业结构。

（2）"九五"在建工程和"十五"新建工程项目很多，规模很大，但前期工作滞后，质量不高，管理工作跟不上，可能造成巨大浪费。必须加强前期工作，提高管理水平，做到全面规划、精心设计、精心施工、严格管理、杜绝浪费。要集中力量打歼灭战，遏制战线过长。同时，也要考虑一旦出现资金短缺，或难以及时到位，不能按合理工期施工等可能出现的各种问题及应有的对策。

（3）"南水北调"为广大社会公众所关注，从解决华北平原水资源紧缺，供水不足和环境急剧恶化考虑，"南水北调"势在必行。经过数十年的研究论证，大的格局、总体规划大体可行，但具体引水线路、工程设计、分期实施安排、有关经济政策以及对引水所在河流流域的影响等尚须进一步研究论证。必须抓紧进行前期工作，争取工程早日施工。

发言完毕，谢谢大家。

认真总结经验　把水利事业推向新高潮

　　《中国水利》杂志创刊50年和钱副主席《水利文选》的出版都是水利事业发展过程中值得庆贺的大事。它们都记录着新中国水利事业发展的轨迹，反映了新中国水利事业的巨大成就和丰富经验，从事水利工作的新老战士都可从中吸取营养，得到启发。

　　50年来，中国水利事业的全面发展，将中国从水旱灾害极其严重的深渊引向了国民经济，特别是农业生产持续稳定发展的道路，使中国粮食生产始终以高于人口增长的速度向前发展，保证了全国人口从5.4亿人增加到11.8亿人的粮食需求，并渡过几次严重旱涝持续数年的难关，这是一件非常了不起的巨大成就，在中国历史上是绝无仅有的，在全世界也是一个奇迹。我们应该十分珍惜这一成就，同时必须认真总结经验教训，使水利事业的发展真正进入一个新时期。

　　任何事物的发展都具有两面性（即成绩和缺陷）和历史局限性，水利事业也不例外。由于水利事业涉及国民经济各个部门，又是自然科学、技术科学和社会科学的高度综合学科，其复杂程度和难题之多是异乎寻常的，周总理生前说过他处理的工作中，"上天"和水利是最难的，足以说明水利的特点。同时我们必须看到，虽然当代科学发展极快，但水利科学仍然处于半理论、半经验的水平，纯粹的理论很难解决实际问题。因此，在积极倡导发挥先进科学技术作用的同时，必须十分认真地总结历史经验教训。纪念《中国水利》杂志创刊50年和庆祝钱副主席《水利文选》的发行，我体会其真正的意义就在于此。

　　20世纪50年代来的中国水利发展，经过"三高两低"的过程，即50年代、70年代和90年代后期三个水利建设高潮期和60年代、80年代两个低潮期。发展过程波动很大，对整个社会经济的发展产生了极其深远的影响。无论从宏观方面（即发展方向、战略布局、方针政策诸方面）或微观方面（即工程的规划、设计、施工、管理诸方面）都有丰富的经验和深刻的教训，需要从正反两个方面进行总结。就宏观问题而言，水利发展既受社会经济发展对江河治理和水资源开发利用需求的驱动，又受社会经济状况给予水利发展支撑条件和相关法规政策的限制。同时，气象水文波动引发水旱灾害的严重

原文系作者于2000年8月在庆祝《中国水利》杂志创刊50周年大会上的发言。

程度、决策领导层对发展水利的主观认识、社会经济体制改变的影响和群众对发展水利的积极性等等，往往成为影响发展水利的重要因素。水利系统本身的工作状况又是影响水利发展的直接因素。在 50 年代水利发展过程的"三高两低"和各地区水利发展的不平衡状况，都可以找到上述各种因素的作用和影响，其中包含着极为丰富和复杂的内容，如果认真分析总结，找出规律，水利的领导工作就能掌握主动、事半功倍，否则就会处处被动、贻误时机、造成损失。这方面的事例很多，应专门研究，这里只举一个例子："大跃进"期间，水利发展有可观的成就，也造成了巨大的浪费和损失。这一时期的主要特点是：不顾客观条件，违反科学规律，急躁冒进，急于求成。当时总的指导思想是贯彻鼓足干劲、力争上游，多、快、好、省地建设社会主义总路线，如果按照科学规律、实事求是的精神全面贯彻"多、快、好、省"这一方针，应该不会产生严重后果，但当时注意力集中在"多"、"快"上，对于"好"、"省"无力贯彻。造成了长期难以解决的遗留问题，使工程长期难以发挥作用和巨大的浪费。1998 年以来，中央对水利发展特别重视，水利投入大量增加，一方面水利建设取得了显著进展，特别是江河治理、堤防建设、灌溉节水等方面取得了明显效果；另一方面，某些地方、某些部门追求表面形式，未认真提高工程质量，不计工程成本，追求高额利润或取得不合理的结余，铺张浪费滥发奖金，不考虑实际效益的事，在报上屡见不鲜。更有甚者，个别地方追求"多"、"快"，忽视"好"、"省"的"大跃进"情结仍在某些领导思想中作怪。这种种现象对水利的健康发展和建立社会良好风气都是有害的。其根源是：对历史经验教训缺乏全面总结；对我国至今仍不富裕仍需勤俭建国的客观现实缺乏真正的了解。现在钱多了，需要多办事，更需要把事情办好，在质量上下工夫，在节约上下工夫，特别是要在前期工作上下工夫，把基础工作做扎实，全面规划、精心设计、精心施工、科学管理，把水利事业推向一个新阶段。2000 年 8 月 6 日《经济日报》上刊登的一篇有关江西湖口一段堤防事故的分析，其中设计质量和施工安排问题值得注意。现在水利发展正处于势头强劲、蓬勃发展的局面，这其中是否也隐藏着某些新的危机，如投资力度能否长期保持？建设与管理的关系是否协调？前期工作、技术储备与在建和拟建工程的需要是否适应？等等大规模建设中出现的新问题、负效应等，这些都应及时分析研究，准备对策。

面对 21 世纪，希望《中国水利》包括《中国水利报》，认真总结经验，保持优良传统，发扬科学、民主和实事求是的精神，及时反映水利发展中的经验教训，使它们成为水利行业具有指导意义的刊物和报纸。

所讲不当之处，请批评指正。

关于中国工程院对"十一五"水利重大工程项目的研究情况简介（提纲）

一、项目来源

（1）2003 年 3 月中，国家计委，函请工程院研究"十一五"规划中若干重大问题：包括：振兴装备制造业的途径和对策；2020 年能源发展战略及"十一五"的重点；2020 年交通网络的基本思路；技术创新研究和高技术产业发展研究；"十一五"期间建设的重大工程；区域经济划分及不同区域经济发展支撑条件；加快解决"三农"问题的思路与对策研究；"十一五"期间医疗卫生发展重点等 8 项。分别由工程院各学部主要领导人组织研究。其中第五项"十一五"期间重点建设重大项目，徐匡迪院长特邀请钱正英同志主持研究。

（2）钱正英同志鉴于计委委托的研究项目中，没有水利项目，6 月中央决定组织由陈厚群院士为组长的"十一五"水利重大建设项目研究专家小组。宁远主任和我以及有关水利部的领导和专家十多位参加。经过研究、座谈讨论，提出了《"十一五"水利专题报告》。钱正英同志主持召开的综合组会议的讨论，选出纳入工程院推荐列入"十一五"期间国家建设的重大工程项目。现在将有关情况作一简单汇报。

二、20 世纪 90 年代以来社会经济发展的基本形势

1. 成就

基本控制了人口急剧增加的态势，有可能在二三十年前后人口总量达到峰值 16 亿，其后逐步减少；

国民经济保持了持续高速增长，GDP 年增长一直保持在 7％以上；

人民生活水平普遍提高，全面解决了温饱问题，正向全面小康社会发展；

综合国力明显加强，国际地位大大提高。

2. 问题

"三农问题"突出，农民收入增长缓慢。贫富差距加大，城镇居民与农民纯收入比

原文写于 2004 年 1 月。

例逐年扩大，从 1990 年的 2.02：1 扩大到 2001 年的 3.11：1。食品安全缺少保障，1998 年全国粮食产量达 10246 亿斤后，连续下降，估计 2003 年可能下降到 8600 亿～8800 亿斤，估计缺口近 1000 亿斤。

生态环境持续恶化，没有得到有效遏制。

就业压力不断加大：今后每年将新增劳动力 1000 万人左右，农村约 1 亿的剩余劳动力需要转移。

经济发展不够协调：地区发展水平的差距继续扩大，部分地区和行业经济效益低下。

3. 经济发展的主要基础设施不能适应经济高速、高效增长的需要

北方水资源短缺，减少污水、废物处理滞后，水资源缺乏安全保证，供需矛盾突出；

能源不能满足社会经济发展需要，特别是电力、石油缺口很大；

交通运输能力不能适应发展需要，铁路干线运力紧张，公路未形成完善的网络，水运发展滞后，铁路、公路、航空等在大中城市未形成综合交通枢纽；

重大装备的关键技术产品主要依赖进口。

三、在上述社会经济发展的基本形势下，中国工程院对《"十一五"期间建设重大工程》进行了研究，提出基本思路和主要任务

1. 基本思路

以党的十六届三中全会提出的"坚持以人为本，树立全面、协调、可持续的发展观"，"要在经济发展中统筹城乡发展、统筹区域发展、统筹经济社会发展、统筹人与自然和谐发展、统筹国内发展和对外开放"为指导，以保证 2020 年前经济社会的持续协调发展为目标，合理安排"十一五"期间重大工程项目的规划、计划和建设。

（1）加强农业基础设施建设，提高农民收入和全国粮食综合生产能力，确保 13 亿人口的食品供应安全。

（2）加快南水北调工程建设，开展灌区节水高效配套改造及农村饮水安全建设，加强大江大河防洪设施特别是行蓄洪区的建设。

（3）统筹规划，标本兼治，综合治理，加大投入，遏制住生态环境的恶化，为建设小康社会创造良好的生存环境。

（4）满足经济增长对能源、电力的需求，优化能源生产和消费结构，扩大能源供应能力，确保能源供应充足和电力系统运行安全可靠。

（5）继续加强交通运输能力，突出重点，解决交通运输的瓶颈环节，建设高效运行的综合交通运输体系。

（6）加强重大技术装备的研发和制造能力，提高国民经济的技术水平。

2. 按照上述思路和任务，本课题提出了如下战略性重点项目

（1）水利、防洪及生态环境建设的战略性重点工程。主要包括：①南水北调工程；②大江大河防洪及行、蓄洪区建设工程；③农业及农村基础设施工程；④西北地区生态环境综合治理工程；⑤西南岩溶地区生态环境综合治理和扶贫工程；⑥全国重点江湖水污染防治工程和城市环境保护工程。

（2）能源建设的战略性重点工程。主要包括：①十大煤炭基地工程。②石油、天然气安全供应及战略储备工程。③西部电源基地和西电东送工程。④东部负荷中心地区支撑电源及电网配套工程。⑤100万kW级核电工程。⑥新能源示范、开发工程。

（3）交通建设的战略性重点工程。主要包括：①铁路客货分线和西部通道工程。②四大类深水港建设工程。③公路"东网、中连、新通道"工程。④空港、火车站与城市、城际轨道交通枢纽工程。⑤内河航道工程。

（4）重大技术装备攻关的重点工程。主要包括增强核电关键设备、大型高效低污染燃煤火电关键设备等制造能力的十大工程（与水利有关的大型水电站关键设备、大型隧道挖进机及高压输电设备）。

四、对水利发展形势的分析

当前水利发展面临3个重要问题，即①江河防洪形势依然严峻，防洪减灾体系不够完善。②水资源短缺导致供需矛盾尖锐。③生态环境恶化的趋势未得到有效遏制。

1. 大江大河的防洪减灾形势

洪涝灾害是中华民族长期的心腹之患，据统计全国受洪涝威胁的平原地区约80万km^2，主要集中在七大江河中下游和沿海地区77万km^2，占全国面积的8%，其中耕地、人口和GDP分别占全国的29%、42%和64%，是我国主要的财富集中区，由于受季风和热带气旋的影响，洪涝灾害十分严重。经过半个多世纪的防洪建设，主要江河可以初步控制常遇洪水，对大洪水和特大洪水的出路作了规划安排。现在水利部门，在七大江河流域防洪规划的基础上，已初步编制了《中国防洪规划》。对这项规划，初步的认识是：

（1）水情和灾情基本清楚；

（2）按照蓄泄兼筹的综合治理方针，基本完成的主要江河的防洪规划中防洪除涝工程建设总体布局，除黄河下游河道整治方向须根据当前和未来水情、沙情的变化进一步深入研究外，其他各河流域防洪总体格局基本稳定可行，预计未来不致有重大变化；

（3）充分考虑了历史洪水特性和防洪建设的自然条件和社会历史背景，选择了可行的防洪标准，在今后相当长的时期内不致有全局性的重大调整；

（4）按1998年以来江河防洪建设的发展趋势，2020年前有可能按规划标准建成主要江河防洪工程体系。今后必须按照规划要求继续积极安排建设河道堤防控制性水库枢纽和重要河段的整治工程。

当前防洪减灾建设中的薄弱环节是分蓄洪区的建设滞后，主要江河已规划安排，分蓄洪区124处，3.2万多km^2，其中近1700万人，2000万亩耕地，既是分蓄大洪水、特大洪水的重要场所，是保证江河行洪安全的重要措施，又是1700万人口的生存发展场所，是体现人与洪水和谐共处的典型地带，也是防汛工作的焦点和难点，因此将分蓄洪区建设作为重大建设项目有其非常重要的意义。

2. 关于水资源供需形势

我国可再生淡水资源20世纪80年代评价为28100亿km^3，专家估计可开发利用的水资源约占1/3，工程院2000年前研究，扣除生态环境用水后可能合理利用的水资源量约为8000亿～9500亿m^3。2000年以来，全国每年用水量约5500亿m^3，按正常需水需求，每年缺水约 300 亿～400 亿 m^3。初步预测 2010 和 2020 年用水量可能达到 6100 亿 m^3 和 6500 亿 m^3，尚未考虑生态环境供水。我国用水高峰将与 2030 年前后的人口高峰同时出现，可达到 7000 亿～8000 亿 m^3，接近合理可利用水量的极限，全国水资源的形式十分严峻。（当前水利部正在进行全国水资源新的评价和规划，上述数字会有变化）。黄河、淮河、海河三大流域水资源总量仅占全国 7.2%，人口占全国 34.6%，耕地占全国 39.4%，GDP 占全国 34.4%，人均水资源占有量仅为 461m^3/人，是我国水资源与社会经济发展最不协调和供需矛盾最为突出的地区。已经形成供需矛盾尖锐、生态环境恶化的局面。

根据以上情况，为解决我国水资源短缺、缓解供需矛盾，必须采取综合措施，在大力开展节水、治污和积极开发利用包括雨水在内的当地水资源的同时，应按国务院已批准的南水北调总体规划，加速东线，中线工程建设步伐，力争尽早发挥作用，使黄淮海平原严重缺水的局面得到缓解。

3. 关于生态环境问题

我国在人口重压和生产消费方式落后的双重压力下，生态环境不断恶化，尚未显现得到遏制的迹象。

与水利规划密切关联的生态环境问题主要包括：水土流失，已开发利用的土地（包括草原）退化，北方广大平原地区地下水大量超采引发一系列的生态环境灾害，城乡生活生产排放大量污废水、垃圾所造成的水资源、水域和土地的污染等。这些问题如果得不到迅速治理，遏制其发展，必将严重制约社会经济发展，加剧社会失衡。

大力推行水土保持，严格控制水土资源的开发利用（特别是地下水的超采），厉行节约用水，积极进行污染源的防治和增加水资源短缺地区的水源是生态环境恢复重建不可缺少的综合措施。

对有关生态环境的重点建设项目由"十一五"重大建设项目生态环境组研究提出，水利专家组向他们提出建议。

水利面临的上述三个问题，与保证粮食安全有密切关系，建设优质高产节水的农业生产基地是实现粮食安全的重要措施，对现有灌区，特别是大中型灌区进行工程配套、节水、治污改造，建成真正的旱涝保收、节水高效、无污染的农业生产基地，将在保证粮食安全、农业生产结构调整、增加农民收入等方面发挥重要作用。

五、"十一五"期间纳入工程院推荐的重大建设项目的选择

1. 原则

对社会安全稳定和国民经济发展有重大影响而又有较好前期工作基础的重大水利项目；对水利面临的重大问题中的重要薄弱环节又迫切需要加速建设的项目；对近期尚不具备建设条件，而对未来长远发展有重大影响，须超前进行研究安排的项目；对国家已经明确的重大建设项目，一般不再提出，但对特别重要而建设周期又很长的项目，仍然提出。提出的重点建设项目，都应是由国家组织实施的、带动作用强的项目。

2. 具体推荐项目

（1）南水北调工程。东线、中线工程完全按照水利部和南水北调办公室的安排方案推荐。即东线工程在"十一五"期间基本完成一期工程，并继续实施二期工程；中线工程"十一五"期间首先实现黄河以北的临时供水工程，并与黄河水源接通，完成丹江口水库扩建工程，力争全线通水。加速西线工程的补充规划，选定一期工程方案，做好前期工作，争取"十一五"末立项或开工。对于西线一期工程的定位尚有不同看法，须通过全面规划，比较各种可能方案，分析其对各个方面的影响和可行条件，优选确定。

（2）建立人与洪水和谐共处的观念，采取全面规划、统筹兼顾、蓄泄兼筹、综合治理的原则，在继续推行退耕还林、水土保持的同时，继续加固堤防、整治河道、修建水库，加强分蓄洪区建设，完善非工程设施，以求逐步达到主要江河的长治久安。

"十一五"期间在全面安排大江大河防洪建设的基础上，将分蓄洪区建设纳入国家重点建设项目，给予有力支持，加速进行，尽快取得效果，减少洪灾损失，扭转防汛被动局面。"十一五"期间建议将淮河、长江、黄河、海河四大流域使用机会较多的分蓄洪区，作为首批建设项目。分蓄洪区的建设必须与河道整治相结合，在合理安排河道泄洪能力，调整分蓄洪区的部署和明确调度运用方案的基础上进行建设。重点是妥善解决分蓄洪区居民安全和改善生存和发展的环境和条件，同时完善分蓄洪区的必要工程设施，建立完善的管理机制和社会保障体系（关于流域的情况需作补充说明）。

（3）建设高效、节水、防污染的农业生产基地。选择北方小麦主产区、南方和东北水稻主产区、西部棉花主产区的大中型灌区为重点，进行以节水、治污和骨干工程改造为中心的灌区改造工程，建成3亿亩节水、高效、高产、稳产、优质的农业生产基地，其中包括：重点排泵站和重要井灌区的更新改造工程。

除以上3项为水利项目推荐外，我们认为：黄土高原多沙粗沙区的治理、农村饮水安全和农村能源建设、牧区水利都应纳入重大建设项目，已向生态环境专家提出，并要求在综合报告中有所反映。我们曾提出"西北水利建设"作为重大建设项目，鉴于多数项目已经国家批准立项，有的已开工建设，其中部分项目建议纳入"生态环境"建设项目之中。

以上是"十一五"期间重大建设项目水利专家组在最近研究考虑的一些情况。

关于"十一五"期间水利发展的几点认识

（1）"十一五"期间是我国进入全面小康社会的关键时期。全国各行各业必须遵照科学发展观，全面贯彻以人为本、人与人和人与自然和谐共处协调发展的方针，保持社会经济的快速发展，遏制生态环境的恶化，在节约资源、保护环境方面取得明显进展。水利建设是社会经济发展和生态环境保护的重要基础设施和不可缺少的支撑条件，水利建设的每个环节都必须体现科学发展观的要求。

（2）根据中国自然环境的特点和社会经济发展的历史背景，今后一个相当长的时期，水利发展的基本任务应是：①建立健全防洪减灾的科学体系，切实保护人民生命财产安全，尽量减少特大洪水对社会经济发展战略部署的干扰破坏；逐步建立人与洪水和谐共存的洪水防治和风险管理系统，保障可持续发展的安全进行。②采取综合措施，保证水资源的可持续利用，在节约、高效用水和全力遏制水源污染的前提下，满足社会经济发展对水资源的需求，逐步减少由于供水短缺对社会经济发展的制约作用，尽快达到社会经济发展与水资源开发利用和保护的和谐共进。③充分利用自然气候条件，局部辅以人工供水，遏制自然生态系统的继续退化和科学合理地扩大人工生态系统和恢复局部地区被人为严重破坏的生态系统，逐步建立山川秀美、人与自然和谐共处的人类生存和发展环境。要达到上述水利基本任务，是十分艰巨和需要坚持不懈地长期工作，必须始终坚持科学发展观，按照科学规律，循序渐进，既要积极推进，又不能急于求成。

（3）按照水利发展的基本任务和水利发展的现状、存在的问题，科学部署"十一五"水利发展计划。1998年长江、松花江等主要江河发生大洪水以后至2005年，水利建设得到突飞猛进的发展，治水思路有了明显的创新和扩展，同时也取得了不少新的实践经验。"十一五"期间的水利发展需要摆正巩固、改造和发展的关系，在管好、用好现有工程设施，使其逐步提高效益的前提下，积极建设新工程、采取新措施，达到水利规划的目标，提高水利在整个社会经济发展和生态环境保护中的总体作用。"十一五"期间迫切需要解决的重点内容是：加强主要江河（特别是沿江河城市）的防洪薄弱环节，提高防洪的整体能力，确保常遇洪水的安全；迅速解决广大农村居民的饮水安全和

原文的时间和出处不详。

提高粮食生产用水的保证；积极推进跨流域调水工程，缓解城乡供水矛盾，控制地下水超采；全面遏制生态环境的恶化，重点推进经济发达地区的环境治理工程，加速水污染防治和水土保持工作；深入改革水管理体制。应注意的具体问题是：

1）在防洪减灾方面，薄弱环节主要存在于：大江大河干支流堤防的接合部位，城市圈堤不闭合；城乡结合部分标准低、质量差、管理缺位；江河规划中的蓄滞洪区，居民安全缺乏保障，生产条件很差，灾后恢复重建、经济补偿机制不健全，实施不到位，普遍存在的山地、丘陵区山洪和地质灾害防治滞后。在"十一五"期间，防洪减灾的计划安排，除按防洪规划继续进行工程和非工程措施的建设外，要特别重视对上述薄弱环节的加强和完善，使江河干支流堤防和城市圈堤的城乡结合部分标准协调、工程闭合、保证质量、统一管理，提高防洪的总体效益。对蓄滞洪区的建设，要从蓄滞洪区居民与防护保护区居民共同奔小康的目标出发，妥善安排住房和对外交通条件，认真解决居民赖以生存的土地和有关产业的发展空间，将灾后恢复和救济资金纳入有关地方财政的预算之中，同时推行防洪保险，使居民解除蓄滞洪运用时的后顾之忧，做到适时适量地分蓄洪水，达到整个防洪体系的安全有效运用。从中央到基层，都要十分重视山地丘陵区的山洪及其引发的山地灾害的监控和预防，开展山地丘陵区中小河流洪水风险分析，对高风险区的居民要有计划地迁移安置，既保护了居民生命财产的安全，又保护了生态环境，同时还节省了为分散居住于深山、沟壑居民修路、输电、通邮等基础设施的建设和管理费用，为山丘区居民走向小康、富裕创造条件。

2）在水资源开发、利用和配置方面：首先要提高城乡供水的安全，特别应结合解决"三农"问题，加速农村水利建设，基于以人为本的考虑和新中国成立以来对农村人民的"欠账"的补偿，应优先解决贫困和边远地区人畜饮水困难，有计划地提高农村饮水质量标准，提高农村居民健康保障；加速灌区节水和中低产田改造，适当扩大灌溉面积，提高基本农田的生产能力，保证全国粮食的稳定增产和农业结构的有效调整；城市节约用水和强化污水处理，提高中水利用是解决城市水资源短缺的主要出路；力争南水北调和其他利用出境河流水资源的引水工程能尽早发挥作用，以缓解北方地区水资源短缺的水危机；积极推进南水北调工程在内的已立项实施的跨流域引水工程，缓解严重缺水地区水资源短缺问题。

3）在保护生态环境和解决生态环境需水方面：根据中国综合自然区划，全国分为三大区域，即：东部季风区，西北干旱区和青藏高寒区。东部季风区和西北干旱区、青藏高寒地区中部分降雨量大于400mm的温湿地区，总面积大约占国土总面积的50%，人口占全国总人口的95%的地区，雨热同期，水分和热量都可以保证草原和森林草原的生态系统良性生长。形成生态环境的退化，完全是人类活动所造成的。主要是：过量开发利用土地和水资源，使河湖的基本功能退化；北方大量超采地下水，形成大面积的地质和水质灾害；城乡污染物的急剧增加，造成地表水和地下水水质的严重恶化，对人和自然生态系统生存和繁衍形成致命的危害。保护生态环境最重要的是控制人对自然的干扰，改变人对水土资源开发利用的不良方式和政策。水利工作要为这些措施提供支撑条件，也就是要为保持现有生态环境状况，不使继续恶化和局部生态环境严重破坏地区（如华北地下水超采区）提供必要的生态环境需水。在东部地区主要是合理满足河流中下游和河口地区维持河流基本功能的河道内用水；关于湿地保护，在不再缩小现存湿地面积的前提下，对国家确定保护湿地中的核心部分适当进行人工补水，其他湿地应由大自然的水热条件调剂其生存需水；在东部地区"退耕还湿"、"退田还湖"和生态环境的重建靠人工供水都是不现实的。城乡提高绿化水平，建立河湖水系，是必要的，但必须考虑水资源供需条件，控制人工绿地和人造河湖水域面积，选择节水型林草品种，采取科学的绿化方式。对西部干旱和高寒地区（大约占全国总国土面积的 1/2 和全国 5％的人口）生态环境的保护，最关键的是严格控制人工绿洲的扩大，必须严格限制开荒，盲目扩大耕地和盲目引水改造沙漠；要按草原合理的载畜能力开发利用草地，适当解决草原人畜供水和发展少量灌溉草地，调节过冬饲料；要合理地调控和调度水资源，维持主要河流的河道内用水和湖泊水域。保护生态环境的关键问题还在于积极防治城乡污染，如果不能按河湖水域功能区划的水质标准达标排放，生态环境需水是永远得不到满足的。水土保持既是生态环境的必要工作，又是江河治理、防洪减灾和改善山地丘陵区居民生存发展空间的重要措施，在水利发展中应给予重点安排，除继续加强黄河、长江和其他大江大河上中游水土保持工作力度外，对东北地区的黑土地保护、西南地区"石漠化"问题要特别给予关注，尽快控制其不断恶化的局面。此外，滨海区的土地盐碱化，土地改良所需淡水在水资源的配置中应给予适当考虑。

（4）要使水利事业按客观规律健康地发展，必须抓好"两头"的工作：一头是做好建设的前期工作，使江河流域综合规划、工程项目的可行性研究和具体设计提高到一个新水平。充分体现以人为本、全面、和谐的科学发展观，体现可持续发展的基本要求。要使规划、设计的指导思想、措施原则以及江河治理的对策方针，能在总体布局、具体措施以及投资分配中得到实际反映；要积极主动协调处理地区之间、部门之间、行业之间的关系，要自觉地摆脱地区、部门和行业的局限性；要真正站在国家和全局利益的高度，科学地开展前期工作。在前期工作中要积极合理地采用先进技术，必须注重实际的社会、经济和生态效益，避免过分追求时尚、尖端、超前和缺乏实际效益的所谓"新技术"，在前期工作中，需要安排必要的新技术开发利用的科研专题研究，要有科学根据地突破已有规范标准的限制。另一头是进一步做好管理工作，希望"十一五"期间使"重建轻管"的历史顽症得到明显的改进。要做好管理工作，首先必须对已有的各种水利工程设施的维修、养护、更新、改造工作落到实处，健全规章制度，落实经费渠道，提高管理队伍的人员素质和科学技术水平。随着社会经济体制的改革，水利管理的内涵不断扩大和更新，除要求工程设施长期保持良好工况外，要求通过科学的调度运用，充分发挥工程设施的效益；过去工程设施服务对象比较单一，现在则须面向多种行业、多种服务对象；同时每一类服务对象的工作内容也在不断更新之中，如防洪减灾中的风险管理，水资源供需中的随机适时调整和多种供水水源的合理调配等。面对新的形势，要做好管理工作，必须有一支高素质的队伍和必要的技术装备，在修建工程设施时必须同时考虑管理的需要，并筹建管理机构，配备管理人员，落实管理经费。当前水利管理工作的历史"欠账"很多，特别是基层水利，机构不健全，经费不落实，人员庞杂，素质很低，必须进行彻底整顿改革。才能适应发展需要。

对"水与现代化"的一些认识和思考

一、什么是现代化

1. 基本含义

从社会经济整体演变考虑：现代化就是从落后走向先进，从贫困走向富裕，从社会的不公平走向公平。

在传统意义上是指从农业社会向工业社会的转变过程，当代现代化的基本概念，发达国家和发展中国家不同；发达国家主要是从已经工业化的经济社会向后工业化，或知识经济社会或信息化经济社会演化的过程；发展中国家，主要是加快工业化发展，利用当代先进科学技术追赶发达国家的过程。

2. 发展目标

现代化国家必须是人民的物质生活质量和精神文明面貌都达到当代先进水平。要求"人与自然"和"人与人"两大基本关系达到和谐共处。

3. 发展战略

从过去工业化过程中实行的"高增长、高消耗、高污染"的不可持续发展战略，转向人口、资源、环境与社会经济相互协调的可持续发展战略，也就是要求：既满足当代人的需求，又不损害子孙后代满足其需求能力的发展。由于人口的不断增加，提高物质生活水平的愿望持续提高，人在社会经济活动中无止境地向自然界索取、掠夺有限的自然资源，破坏生态环境，沿着当前普遍存在的这条路走下去，必然要走到不能持续发展的终端，因此必须改变这种状况，要控制人口增长，改变经济发展方式，防治生态环境的恶化，才可能走向可持续发展的正确道路。实现稳定的可持续发展标志就是：人口自然增长达到"零增长"；生活、生产的物质、能量消耗速度达到"零增长"。迅速提高人口素质，变人口的压力为丰富的人力资源；积极发展科学技术，极大地提高资源的利用率和尽量减少生活、生产中对资源的浪费和破坏；正确认识自然环境，积极保护自然环境，真正做到人与自然的和谐共处。在此情况下，可持续发展的战略才可能实现，人类社会经济才可称之为实现了现代化。

原文刊登于《水利水电技术》2004 年第 35 卷第 1 期。

4. 中国如何实现现代化

（1）实现现代化要三步走。

20世纪末——从全体人民温饱难以保证的情况下，使绝大多数人达到温饱水平，并使大多数人从温饱向小康过渡。

21世纪前20年——全面建设惠及十几亿人口更高水平的小康社会。

21世纪中叶——达到当时中等发达国家的水平。据有关部门和专家的研究，设想届时达到：国家综合实力进入世界前三名；总体可持续发展能力进入世界前15名；人均GDP水平进入世界前30名；人均寿命达到85岁。

（2）发展战略和目标。坚持实行"可持续发展战略"，要统筹城乡发展、统筹区域发展、统筹社会经济发展、统筹人与自然和谐发展、统筹国内发展和对外开放的要求，采取一系列计划生育、发展经济、保护自然资源、保持生态环境的政策和措施，加速实施。力争在2030年人口达到"零增长"，2040年实现物质、能量消耗速率的"零增长"。2050年实现生态环境恶化速率的"零增长"（参见中科院"可持续战略研究组"2003年报告）。才能达到现代化目标的实现。

5. 水与现代化的关系是什么

水是人类生存、生产和保持必要水平所不可缺少的战略资源，是实现国家现代化目标的重要支柱。在我国人口众多，水资源紧缺的现实情况下，面对防洪安全缺乏保障，水资源供需矛盾突出，水土资源过度开发利用和城乡生活生产造成的严重水污染形成的生态环境严重恶化，必须采取各种有效措施加以解决，保持水资源的可持续利用，支持社会经济的可持续发展，逐步建立和完善人与水和谐共处的防洪抗旱减灾体系；千方百计实行节水、高效开发利用水资源，防治污染，力争逐步实现对水旱灾害的有效控制和社会经济发展对水量消耗的"零增长"，保证生态环境必要的水分消耗，这样才可能实理可持续发展的现代化目标。

二、如何体现水利的现代化

1. 从人与自然和谐共处的观点出发，正确处理人与水的关系

（1）人与自然和谐共处理念的形成。人与自然关系是与人类生产方式和社会经济基础密切相关的，随着社会经济发展，人与自然关系的理念也随之演变，这种演变大体可分三个阶段。

第一阶段，在原始社会和以农业生产为主的社会时期——人类的生存和发展依赖自然，适应自然，敬畏自然。由于当时经济基础薄弱，对自然规律的认识有限，干预自然的能力不大，安排生活、发展生产只能根据自然环境条件去做，而且还会经常受到自然灾害的干扰和破坏，适应自然、敬畏自然的思想长期支配人类社会经济活动，对生态环境的干扰和对自然环境的索取，远未超出自然生态系统自我修复和自然资源对人口的承载能力。从总体上看，人与自然是和谐共处的，局部地区和异常气候时期，自然界受到的干扰和影响，不致影响人类的正常发展。

第二阶段，农业文明的后期，特别从工业化开始以后——人口大量增加，生产力加速提高，科学技术迅速发展，人类对自然规律有了系统的认识，人类干预自然的能力大大加强，人对自然的认识逐步发生变化，从人是自然的"奴隶"逐步向人要做自然的

"主人"转变。随着人口急剧增加和工业化发展速度的加快，人对自然界的索取不断增加，仅仅依靠自然界自身的生产能力已经不能满足人类生活、生产的需要，于是一方面依靠科学技术进步加大索取自然资源的规模和速度，另一方面积极改造自然，使之适应人的需求，而且取得了巨大的成效，使人类的生活、生产水平的提高和社会文明的进步都发生了远远高于漫长历史时期的速度。这样就逐步形成了人类是自然界的"主人"，支配自然、改造自然、征服自然、人定胜天的思想体系，这种思想体系在19世纪和20世纪在经济发达的国家成为支配社会经济活动的主要支配思想。

第三阶段，20世纪中期以来——在发达国家取得了社会经济和科学技术意想不到的发展进步和发展中国家的勃兴，对自然资源的攫取和掠夺，以及在社会经济发展干预自然的各种错误行为都达到了空前的水平，人类生存发展环境和自然生态系统已经达到不能支持可持续发展的程度。世界上有识之士、科学家、政治家对这种状况进行了反思，认识到人类必须转变对自然界的认识，必须自控、自律、自觉地改变社会经济活动中一切违反自然规律的行为，节制对自然界的无序利用和无穷无尽的索取，必须人与自然和谐共处，坚持可持续发展的策略。这是20世纪后期人类思想的极大进步。

（2）人与水和谐共处的基本内涵。水是人类及整个生物圈赖以生存和发展的基础性物质，是社会经济发展不可或缺的战略性资源。人与自然关系的演变在人与水的关系中得到充分体现。19世纪和20世纪是全世界水利事业发展最快，取得成效最大的时期，江河治理、防洪减灾、灌溉排水、航运、发电等都进行了大规模的工程建设，对生活供水、食品安全、工农业生产、城市化发展都作出了巨大贡献。但水灾的难以有效控制，而且灾害损失越来越大；生产生活需水难以保质、保量地适时满足，城市污废水、垃圾废料和农村用水污染日趋严重；地表水、地下水的过度开发，造成河流干涸断流、地下水枯竭，以及水利工程本身带来的负面效应等，都造成了人类生存发展空间环境的恶化，生态系统的退化，引起了社会的广泛关注，并造成社会经济的重大损失。建立人与水的新关系，人与水和谐共处，逐步成为社会的共识。新中国成立以来的半个多世纪水利发展的历程，对上述的问题作了典型说明，全面总结50多年来水利发展中的成功经验和失误教训，对正确认识和处理人与水的关系将会有很大的帮助和启发。

人与自然和谐共处（包括人与水的和谐共处），并非要求人对自然完全不加干预，对生态环境任其按原始状态那样自然发展，而是仍要以人为主体，要把保护、恢复、重建生态环境的工作与开发利用自然资源（包括水资源）放在同等地位，在某些生态环境严重退化的地区更要放在优先地位，使自然界的价值在人类生存和发展的过程中发挥更积极、更长远的作用，明确人类维护生态系统的平衡、保护生态环境的目的。如果要求对生态环境不能作何改变，只是希望保持恢复到原有状态，实际上是做不到的，而且可能使社会发展停滞不前，这也不符合可持续发展的目标。人与水的和谐共处主要体现在：①在人类无法根本消除洪水的现实情况下，要逐步建立人与洪水和谐共处的防洪减灾体系；②在水资源配置规划时，必须为生态环境保质、保量地留有足够的消耗水量；③对水资源的开发利用要有适当的限制，不能无限制地开发利用江河径流和开采地下水，在其造成严重的生态环境恶化后再来治理；④在修建水利工程设施时，要全面深入研究它可能产生的负面效应和可能对工程非受益区、其他产业部门带来的直接和间接经济损失，对不可避免的负效应，须研究对策，全面衡量利弊得失，最后考虑是否可行；⑤对不同地区生态环境保护、修复、重建要研究制订目标和标准；⑥要制订人对自然资源，特别是水土资源开发利用的行为规范，约束人在社会经济中的不良行为和协调不同地区和不同利益集团的利害矛盾。

2. 按照人与水和谐共处和以水资源的可持续利用支持社会经济可持续发展的指导思想，建立水利发展的完整体系

（1）从传统的建设防洪工程体系为主的战略转变到建设人与洪水和谐共处的全面防洪减灾体系。通过长期人类与洪水斗争的实践，人们逐步认识到：洪水的形成大大超过了控制洪水的能力，要完全消除洪水灾害是不可能的。人类必须以科学态度，从长远发展和全局利益考虑，既要适度地控制洪水、改造自然，又要主动地适应洪水、与自然和谐共处，要从无序、无节制地与水争地转变为有序、可持续地与洪水协调共存，人类的生存发展空间与洪水的出路和蓄滞场所得到妥善安排。具体要求如下：

第一，根据各流域的洪水、洪灾特点和土地开发状况，在可能安排洪水出路的条件下，建设合理防洪标准、保证工程质量的常规防洪工程体系，包括河道整治和堤防、水库工程，保证广大城乡人民在 90% 以上的年份里的生活、生产安全。

第二，根据我国主要江河的洪水特点和常规防洪工程可能达到的合理防洪标准，要准备在发生大洪水或特大洪水时，让出一定数量的土地为洪水提供足够的蓄泄场所，以免发生影响全局的毁灭性灾害，各主要江河规划的行洪、分蓄洪区就是处理超标准洪水和防止河道行洪意外事故的重要措施，分蓄洪区既是洪水的蓄滞场所，又是众多人群赖以生活、生产的空间，必须采取各种措施使人和洪水和谐共处。

第三，城乡建设规划要充分考虑各种可能发生的洪涝灾害风险，不能盲目侵占洪涝水宣泄通道和蓄滞场所。城市、交通和其他基础设施建设要充分考虑洪涝排泄出路，尽量不打乱河流水系原有流路；山地、丘陵区城镇村庄选址要避开山洪频发河段和山地灾害（泥石流、滑坡、岩崩等）严重地带，要加强水土保持和灾害监测预防工作。

第四，沿海风暴潮灾害地区，在修建高标准海堤垸时，要积极建设沿海防护林带和紧急逃生设施。

第五，十分重视各种非工程设施建设和完善。

第六，河流冲积平原的防洪、除涝与丘陵、山地的山洪和山地灾害的防治，必须并重，不可偏废。

（2）从保持水资源可持续利用出发，建立水资源供需安全体系。我国人均水资源占有量将从 2000 年的 $2200 m^3/$人下降到 2050 年的 $1760 m^3/$人，已接近当代公认的用水十分紧张国家的水平；全国扣除生态环境用水后，可利用水资源量约 9500 亿～11000 亿 m^3，据研究，2050 年全国社会经济需水总量可能达到 7000 亿～8000 亿 m^3，已接近可利用水量的极限。妥善安排水资源供需安全体系，是一项长期艰巨的任务，工作中应注意的主要问题是：①按可持续发展战略对水资源进行合理分配，既要保证社会经济发展的供需要求，又必须满足生态环境耗水的需要。②在水资源合理配置中，要充分考虑水资源的承载能力，控制地表水、地下水开发利用限度和适时调整经济发展模式。③积极推行节水、治污、清洁生产的各种措施，减少污废水的排放量，按水资源功能区的要求

达到应有的水质标准，保证水质安全。④在水资源的配置中必须考虑人民群众的饮水安全、食品安全和生态环境安全。⑤严格按照以供定需、严格管理的原则分配水资源，适时调整产业结构和生产规模，使之适应水资源的供需平衡。⑥充分利用当地水资源，包括修建各式各样的小型、微型蓄水工程，充分利用雨水资源；处理利用劣质水、污废水、积极研究开发利用海水的水平。⑦适时建设跨流域引水工程，解决水资源空间分布不均与需水的矛盾。

（3）从人与自然和谐共处的需要出发，积极进行生态环境的保护和恢复重建。按照综合自然区划，我国位于东南部大约50％的国土面积，年降水量在500mm和年积温在3000℃以上，地表植被完全可以依靠自然能力保持正常生长和再生能力，只要有效控制土地的过度开垦、森林的过度砍伐和草地的过度放牧，采取利用和养护并重的政策，就可以保持良好的生态环境；其余位于西北和西南部的大约50％的国土面积处于干旱、半干旱和高寒地区，或受干旱、水分不足影响，限制温度发挥作用，或高寒温度过分限制了水分发挥作用，生态环境都处于非常脆弱的境地，除了较小部分水热条件适宜的地区天然植被较好，大部分地区属于干旱草原和荒漠，生态环境极其脆弱，由于水土资源的过度开发和森林草原的过度利用，已经造成相当严重的生态环境恶化，是我国生态环境保护和修复重建的重点，为遏制生态环境继续恶化，有效保护和修复重建部分地区严重恶化的生态环境，须采取以下措施：①充分利用天然降水和热量，采取封禁、限垦、限牧、限伐的有效措施，恢复、重建森林、草原植被，提高自然生产能力，遏制土地沙化。②积极推行水土保持和退耕还林、还草、控制水土流失，并结合建设基本农田，改变农牧业生产经营方式，巩固水土保持、退耕还林还草措施的成果和提高可持续发展的能力。③西北干旱、半干旱地区要为自然生态系统分配必要的水资源消耗量，经专家研究，必须将水资源总量的50％留给生态环境消耗。④广大北方河道，由于水资源总量紧缺，社会经济用水过多，不少河道干枯断流，河道内河口地区生态系统受到严重破坏，在水资源分配时，必须留有一定数量河道径流，维持河道内的生态需水。⑤防治水资源污染是维持生态环境良好状态的必要保证，要严格限制不合标准的污废水和垃圾向河湖水域排放。

（4）从科学、经济、实用的角度出发，实现水利工程设施建设的现代化。水利工程设施是实现水旱灾害防治、水资源优化配置和生态环境建设的基础，现代化水利工程设施具有以下特征。

充分利用当代科学技术的新思路、新方法、新材料和新工艺，进行水利工程的规划设计和施工建设，切实保证工程质量。

在技术选择上，应以安全、可靠、节约、耐用、便于操作运用为原则，不宜刻意追求尖端技术和脱离实际的高度自动化。

工程结构外观应做到与所处自然环境和城乡环境相互协调。

水利工程设施应与城市和其他民用基础设施建设相结合，发挥综合功能，提高工程效益。

工程建设必须考虑工程管理运行所需的配套设施。

工程建设必须全面研究工程对江河演变、生态环境的影响，对不同地区、不同部门和不同利益集团带来的社会经济影响；从全社会长远利益分析评价利害得失，并提出消除各种不利影响的措施，最后得出公正的是否可行的结论。

工程建设应一气呵成，不留尾工，不留重大隐患。

（5）实现水域和水工程管理的现代化是水利现代化的标志。要求：①实现水资源的统一管理体制，将防洪工程管理、防汛调度、水源开发、供水、排水、污水处理系统和管理运行工作统一起来。②建立健全政策、法规、管理技术标准是管理现代化的基本条件。③逐步实现管理信息化是管理工作发展的必然趋势，也是水利现代化的主要标志。④精简机构、提高管理队伍的素质是当前管理工作的迫切任务。

水利现代化完整体系的建设是一项长期艰巨的任务，必须结合国家社会经济体制的改革，科学有序地进行。

三、不断完善社会主义制度，加强科学技术研究是实现现代化的根本保证

国家和水利事业的现代化是我们这一代人和后几代人的追求和梦想。在争取人与自然和谐共处的过程中，首先要做到人与人的和谐共处。在人们从事各种社会经济活动时，不仅要考虑个人、家庭、本部门、本地区的利益，更要考虑全社会和整个国家的利益；既要考虑眼前的利害得失，更要考虑子孙后代和国家、社会的长远利益。在处理好人与人的关系后，再处理人与自然的关系就容易得多了。为此，不断完善社会主义的各种体制，建立促进社会经济可持续发展的机制，不断提高人群的精神文明水平，坚持以人为本，树立全面协调、可持续发展的观念，使人与人和人与自然的和谐共处与时俱进，逐步实现，使现代化水平不断提高。

与时俱进开展水利科学技术的研究是实现水利现代化的重要途径。通过科学技术的进步，提高防治水旱灾害的能力，提高水资源的节约、高效利用的水平，同时积极研究开发利用新水源（如海水）、新能源（可再生的自然能源），以缓解现代化过程中出现的各种缺水、缺能的问题，科学技术的每一项成就都可能对自然资源不合理的开发利用起到遏制作用，为人与自然和谐共处创造更有利的条件。

对"人与自然和谐共处"的几点认识

（1）"以人为本"，即人在与自然的关系中，人是主体，自然界是客体。从"存在论"的角度看，人与其他自然物一样，人与其他自然存在物是一种"平等"的关系。从这一观点出发，往往导致为保护生态环境而保护生态环境，生态环境不能遭受任何破坏，这是一种没有明确目的的行为。从"价值论"的角度看，人类具有不同于其他自然物的特殊性、创造性，人源于自然而又超越自然。人与自然和谐共处，人类主动地保护生态环境，是为了全面认识自然、利用自然，更有利于人类的生存与发展，人与自然和谐共处，是一种"价值"的创造，是一种有"目的"的行为。

（2）人与自然和谐共处是有条件的，是以人类生存和发展的长远、全局利益为条件，对自然环境也有一定的约束和限度。不是无条件地与自然和谐共处。如人与洪水的和谐共处，是人的生存和发展空间和洪水宣泄滞蓄场所都得到合理的安排，在一定防洪标准下，修建必要的堤防和水库，同时安排必要的排洪出路，而不是无条件地废弃堤防和拆毁水坝；在特殊情况（大洪水、特大洪水）时，要保护人的主要生存和发展空间，同时给洪水安排特殊的滞蓄场所和宣泄出路。又如在水资源紧缺地带，既要保护重点生态系统的持续生存，又要允许适度开发利用一部分水资源，保持人类生存和发展的一定水平。

（3）人类可持续发展的观点。人类可持续发展，体现了"以人为本"的人与自然和谐共处的精神。

西北地区贫困落后的根源

西北地区贫困落后的根源有三：

人口失控增加过快，生产方式落后，自然资源，主要是水土林草资源的过度开发利用，主要集中在近 50 年。

在历史上靠天灾、人祸调节人口的增长，人口的增长缓慢，对自然资源掠夺程度就有限，生产方式虽然落后，但不致造成生态环境的重大破坏。

原文为作者于 2004 年 1 月 25 日在与友人通讯中对"人与自然和谐共处"问题所阐述的几个观点，文中标题为编者所加。

在当代，人口失控是主要根源，人口失控后，为了生存和发展，在落后的生产方式下，只能靠破坏性地掠夺自然资源。

西北大开发的目标就是尽快彻底改变这种社会经济方式，真正走上可持续发展的道路。这种思想在综合报告中都有所反映，但比较分散，可否在结尾中集中概括地表达一下。

水力发电开发应建立在江河综合规划的基础之上

（1）根据《中华人民共和国水法》第四条规定："开发、利用、节约、保护水资源和防治水害，应当全面规划、统筹兼顾、标本兼治，综合利用、讲求效益，发挥水资源的多种功能，协调生活、生产经营和生态环境用水"。第十四条又规定"国家制定全国水资源战略规划"。国家确定的重要江河、湖泊的流域综合规划是江河治理、水资源综合开发利用的具有法律依据的指导性文件，是社会经济发展和生态环境保护的重要依据。水能开发、水电站的建设是水资源综合利用的重要组成部分，在它的开发和建设过程中，必须处理好与江河综合规划的关系。

（2）我国水能资源，根据普查成果（1980年完成），全国水能蕴藏量6.8亿kW，年蕴藏电能5.92亿kW·h，大约占世界水能蕴藏量的14%；全国可开发的容量达3.78亿kW，年发电量可达1.92万亿kW·h，是我国一次性能源的重要组成部分。2003年全国水电装机容量已达9200多万kW，约占发电总装机容量的24%，占年总发电量的15%。今后继续加大力度开发水电是调整我国能源结构、缓解电力供应紧缺、减少环境污染的重大措施。据有关部门预测，2020年我国一次性能源消耗水平将比2000年增加1倍多，在我国油气资源紧缺，可再生新能源发展缓慢，积极开发水电，减少煤炭开发的压力，减少污染，具有重大意义。据预测，水力发电将从2000年的年发电量2400亿kW·h增加到2020年的8500亿kW·h，届时水电装机容量将达到2.6亿kW，占可开发水电容量的68%，水能资源集中的水电开发基地、装机容量较大的水电站点，绝大部分可能都须开工兴建。在这种水电开发建设的迅猛势头下，许多开发部门在缺少江河综合开发规划的情况下，抢占河段，缺乏必要的前期工作，仓促上马，给江河防洪、地区供水、内河航运、生态环境保护等诸多方面造成被动和损失，给水资源多种功能的发挥造成了困难条件。据了解，当前水电开发中存在的主要问题是：

1）我国地势西高东低，形成从青藏高原向东逐级下降的三个阶梯的地形特征，我国水能资源集中分布于第一阶梯（青藏高原）与第二阶梯（青藏高原外缘至大兴安岭、太行山、巫山、雪峰山之间）的过渡地带，特别集中在横断山脉之间的大江大河和主要

原文发表在2004年第16期《中国水情分析研究报告》上。

支流的上游山脉地区，第二阶梯中心的广大浅山、丘陵区的河谷川地和盆地一般都是这些地区的政治、经济、文化中心，人口集中，城镇密布，洪涝灾害十分严重，防洪减灾除了依靠局部堤防和天然河道泄洪外，还必须依靠上游山区修建水库调节洪水，才能保证常遇洪水的安全；大江大河中下游的冲积平原防洪安全设施一般标准较低，如长江中下游、珠江三角洲等地区在不临时分洪滞蓄的情况下，现有防洪标准大部分地区在20～30年一遇，特别是大中城市达不到国家规定的防洪目标，要提高防洪标准必须与开发水资源相结合，在水库枢纽工程中留有足够的防洪库容。现在的水电开发规划中，一般均未合理考虑水电站以下的防洪安全任务，主要追求发电的最大效益，这将为下游造成极为被动的局面和损失。不少水电站的水库有效库容的分配，不符合《中华人民共和国防洪法》第四条"开发利用和保护水资源，应当服从防洪总体安排，实行兴利与除害相结合的原则"。

2）当前水能资源的无序开发，必然对水资源的科学配置和城乡供水的必要保证产生严重影响，将难以落实社会经济可持续发展的国策。如北方地区水资源短缺，须依靠南水北调，才能缓解；四川盆地的中心地带，本地所产水资源很难满足城乡工农业的需水要求，滇中高原干旱缺水，都须在其上游修建水库枢纽时进行综合研究全面安排，在其调度运行中多方协调全面考虑。但在现在的水电开发计划中，大多数很少研究，如果工程建成将造成被动局面，产生难以挽回的损失。

3）主要江河梯级开发修建水电站，对内河航运的发展和水运潜力的开发带来影响，很多水电站在设计中对航运设施的修建、电站运行对航运安全的关系都研究不够，缺少具体设计与计划安排。

4）水能资源的无序开发，特别在中小河流修建水电站一哄而起，已经给某些河流的生态环境造成严重破坏。如四川岷江上游（都江堰以上至松潘以下），沿干支流在建和已建水电站达十多座，其中有不少引水式电站，枯水期多段江水消失，河床岩石裸露，加上施工开挖、开山采石和修路，已使岷江山体变得非常破碎，林木砍伐不止，陡坡开荒仍在继续，造成九寨沟至成都的旅游公路沿途景观十分难堪，对旅游业的发展造成极大的影响，同时也加重了岩崩、滑坡的风险。由于流域的植被破坏和过度开垦，水源涵养能力下降，枯水流量减少、汛期流量增大，洪水来势更猛，输沙量增加，洪旱灾害加重。这种只顾水能资源开发不考虑生态环境的保护和修复，在水利、水电开发中成为一个坏典型。据人民日报报导：在贵州省除乌江等大江大河上的大型水电站被大企业一手包办外，目前在贵州至少有来自浙江的40多个民间投资团队加入到"圈河"行列，将不少中小型水电项目，甚至整条中小河流纳入自己的开发范围，大多在缺乏前期工作的情况下匆忙开工，对生态环境问题，更极少考虑，其他省份类似的报导也不少见。这种情况实在令人担忧。西南地区几个大水电基地的加速开发更是社会公众普遍关注的问题。西南水电基地是水能资源最为集中的地带，充分利用水头和江河流量开发水能资源具有极高的经济效益，但是这一地区又有极其特殊的人文地理和自然环境。这个地区包括青藏高原东侧自怒江至岷江的整个高山、深谷、河流，自西向东平行并流的6条大河，形成极为特殊的自然景观；又是汉、藏、彝多种民族的交融汇合的场所，由于特殊的地理和历史背景，现在还有不少地方存在独具特色的民族文化和风俗习惯，保存不少历史文化遗址，是世界自然和文化遗产保护的重要对象。在过去编制水电规划时，主要从发展国民经济出发，力争多发电，以直接经济效益的大小作为决策的主要依据，对生态环境、历史文化的保护比较忽视；在当前从工业文明向生态文明过渡的时期，对自然景观、历史文化等方面的保护和修复的重要意义认识不断提高，社会公众对它的关注程度也不断提高，于是出现了保护"大香格里拉"与开发水电的突出矛盾，这是完全可以理解的。在普遍追求社会经济现代化和可持续发展的当代，对未来的国家面貌，不仅要实现物质生活水平的极大提高，而且还要力争呈现一个自然环境优美、历史文化得以延续发展的自然和人文两方面都良好的生存和发展环境。因此，从科学发展观出发，以人与自然和谐共处为目标，对这一地区水电开发的布局和规模须做新的规划和安排，这是一项迫切的任务。我并不赞成现在流行的一种拆除水坝、停止建设大坝的论点，对发展中国家而言，特别是缺乏能源资源的国家，修建大坝开发水电是生存和发展的需要，是无可厚非的。但必须考虑在保护重要自然和人文遗产的前提下，科学合理地、有限度地开发水电，做到既能适当满足当代社会经济发展对能源的需要，又能为子孙后代和全人类保护好自然和人文遗产。按照上述认识，是否可以考虑水力发电的开发应该建立在一个体现时代精神的完善的江河综合规划的基础之上，即建立在江河防洪减灾安全、地区供水安全、生态环境安全（包括重要自然和人文遗产的保护）和保持河流综合功能的基础之上。

（3）现有江河综合规划中存在的问题：我国水旱灾害频繁而严重，水资源分布不均，可供开发利用的数量十分有限，保质、保量的供需矛盾相当突出；我国广大地区生态环境十分脆弱，由于生活、生产挤占生态环境用水，不少地区生态环境恶化，已到了必须抢救的程度。上述问题的解决有赖于有效控制洪水、科学地开发利用水土资源，合理地分配、使用和保护水土资源。江河综合规划就是统筹研究江河流域范围内和江河流域之间防治水害和开发利用水资源的具体安排。新中国成立以来，在20世纪50年代和80年代，先后两次编制过大江大河的综合规划，同时也编制各种专业规划，在水资源综合开发和江河治理中发挥了重要作用。过去的江河综合规划，都是遵循工业文明时期的发展观，即充分利用资源，最大限度地满足社会经济发展的需要。由于时代的局限性和受社会经济、科学技术发展水平的制约，过去的规划已经很难适应新时期的发展需要，几乎完全忽视了生态环境的保护和修复，忽视了对重要自然景观和人类文化遗产的必要保护。过去"规划"存在的主要问题有：

1）尚未树立人与自然和谐共处的新观念，未能体现科学的发展观。

2）重视了水资源开发的正面作用和社会经济效益，对开发利用中可能产生的负面效应，特别是对生态环境产生的不利影响、局部破坏，缺乏分析研究和正确评价，一般都缺少生态环境保护的规划，不考虑生态环境的需水。

3）对人口密集、经济发达的主要江河中下游的防洪减灾和水资源的综合利用的需求研究比较深入，而对边远地区、边境河流的水土资源状况、当地的特殊需求缺乏深入了解和全面研究。

4）重视了大江大河和重点支流的开发，忽视了中小河流开发的需要。

5）重视了水量的分配，而忽视了水质的安全。

6）对江河水、沙变化和人类活动产生的各类不利影响缺乏跟踪研究，也未考虑安排必要的防范措施。

7）缺乏从国家全面长远发展需要出发，分析研究大江大河流域之间水资源开发利用的综合平衡、总体规划和全面安排。

（4）从科学发展观出发，对主要江河进行全面深入的研究，对大江大河及其主要支流进行新一轮的综合规划，对原有规划进行修订、补充和完善，是当前急迫的任务。在开展新的规划工作时，可考虑遵循以下指导思想：

1）坚持以人为本，树立人与自然和谐共处的治理江河、防洪减灾、水资源开发利用和保护的新观念。

2）为全面、协调、可持续发展战略目标服务；促进现代工业文明向未来生态文明的过渡。

3）要为动态的江河规划调整留有足够的余地，即为长远发展中水灾防治标准的提高，供水需求的增长，自然环境的改善，以及自然和人文遗产的保护利用，留有必要的措施余地。

在上述指导思想下，对未来江河规划中是否应考虑达到以下目标：

1）建立人与自然和谐共处的防洪减灾安全体系。过去以建立高标准防洪减灾工程体系为中心，今后应建立以洪水管理为核心的完善的非工程体系为主要目标。

2）采取措施保持水资源的可持续利用，建立水资源保质、保量的供需安全体系；科学地制定节约、高效用水和防治污染的规划、法规政策和措施。

3）要充分考虑生态环境的安全和主要江河的重要功能，在水资源的配置和分配中，要合理考虑生态环境和河道内需水。

4）在江河综合规划的基础上，合理调整水能开发基地、河道梯级电站的规划部署，做到人与自然景观和社会人文的和谐共处。要求有关部门和各级地方政府，按照科学发展观和地区全面协调发展原则，抓紧进行中小河流的综合规划，以适应地方和社会公众参与中小型水电站的开发建设和社会经济、生态环境对水资源需求。

5）要十分重视流域水土保持规划和生态系统的修复，要求对各类水工程建设所造成的周边地区和下游河流生态环境的破坏，以及可能产生的负面效应要进行研究，建设部门必须负责修复和处理。

6）要研究江河之间、地区之间水资源利用的相互影响和余缺补偿调节的作用。充分发挥水资源的综合功能，提高水资源的可利用量，降低水资源时空分布不均所带来的风险。

（5）编制、修订、补充江河综合规划的重点：

1）长江流域。长江流域水资源总量占全国水资源总量的 34％，水能蕴藏量占全国的 40％，有金沙江、雅砻江、乌江、大渡河和三峡等 5 大水电开发基地，是解决我国北方缺水进行南水北调的水源区，是水电开发的主要对象，又是我国最重要的内河航运水道。长江流域全部集水面积都在中国境内，水资源的开发调引，水电站的建设都没有国际河流的纠葛，比较简单易行。长江流域水资源开发利用和水电站的建设都必须对缓解北方水资源短缺进行南水北调和本流域内部分地区的跨流域调水留有必要的水量，对

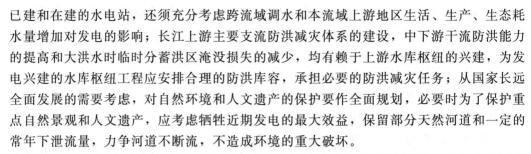

已建和在建的水电站，还须充分考虑跨流域调水和本流域上游地区生活、生产、生态耗水量增加对发电的影响；长江上游主要支流防洪减灾体系的建设，中下游干流防洪能力的提高和大洪水时临时分蓄洪区淹没损失的减少，均有赖于上游水库枢纽的兴建，为发电兴建的水库枢纽工程应安排合理的防洪库容，承担必要的防洪减灾任务；从国家长远全面发展的需要考虑，对自然环境和人文遗产的保护要作全面规划，必要时为了保护重点自然景观和人文遗产，应考虑牺牲近期发电的最大效益，保留部分天然河道和一定的常年下泄流量，力争河道不断流，不造成环境的重大破坏。

2）西南国际河流。在我国境内的国际河流都具有丰富的水能资源，开发这些河流的水能资源对西部开发具有重要的战略价值。而这些河流大都分布在横断山脉地区，具有特殊的水土资源和自然人文特点，具有独特的开发利用和保护价值。过去对这些河流都没有进行全面的江河综合规划，水能利用规划一般也都比较概括简略，很难适应当前水电建设的迅猛势头和未来全面水资源开发利用的需要。当前必须抓紧时间进行全面的江河综合规划，在编制规划时应当注意：处理好河流水电梯级开发与生态环境、自然景观、人文遗产保护的关系，选择确有保护价值和影响深远的对象，采取具体措施进行保护，要使近期和长远利益、发电和全面协调发展的需要达到和谐；要充分考虑少数民族生存发展空间的保护；结合干热河谷宝贵的气候、土地资源的合理开发利用，以及对地区交流具有重要影响的交通要道和重要矿产资源进行保护。因此对河流梯级开发的布置要进行必要的调整；要充分考虑国际河流的特性和特殊要求，我国虽处于各河的上游，开发利用的限制相对较少，但仍应注意对下游河道水质、河道通航等引起的影响。

3）北方缺水地区的河流要以水资源科学配置、生态环境的保护修复为中心，节水、治污为主要措施，在规划中落实水资源的可持续利用支持社会经济可持续发展的战略要求；深入研究长远发展水资源供需矛盾的解决途径，对扩大区域跨流域调水的必要性、可行性和总体布局提出规划。北方地区的边境河流和国际河流都具有比较丰富的水资源和水能资源，也须及时开展调查研究和规划，选择适当时机积极开发利用。

4）全国主要江河都有防洪减灾的艰巨任务，今后修正规划时要特别注意主要河流的水沙变化、人类活动对江河演变和防洪减灾的不利影响，特别是水利、水电和其他基础设施工程大量修建对防洪减灾系统的影响，及时调整防洪减灾的战略对策和重点措施。

5）众多中小河流的开发利用直接关系到广大群众的切身利益，也是广大群众参与开发的主要对象。要根据不同地区自然条件和社会经济特点，制订江河规划要点和符合当地需要的法规政策，促进中小河流的有序开发。

水电建设的迅猛发展，是多少年来难得的大好形势，令人十分鼓舞欣喜；同时对一些地方的无序发展和产生的一些不好的影响，也令人十分担忧。在不太了解实际的情况下，提出一些个人想法，仅供参考，错误之处一定不少，希望能得到指正。

关于《全国坡耕地水土综合整治工程规划（征求意见稿）》的几点意见

（1）坡耕地是水土流失的主要源头，是水土保持工作的中心对象，综合整治坡耕地是防止土壤流失，保护耕地，解决广大山地、丘陵区粮食问题，保护山地、丘陵区自然环境的关键措施。编制《全国坡耕地水土综合整治工程规划》（以下简称《规划》）并争取加速实施，是使我国 2/3 的国土居民达到全面小康的重大措施。《规划》基础工作扎实，指导思想明确，技术路线正确，具有较强的可操作性和现实意义。《规划》比较成熟，建议在做必要的修改补充后，报请审批。

（2）坡耕地主要分布在贫困山区，坡耕地的整治必须与山地、丘陵区扶贫工作密切结合，协调安排，充分发动群众，在各级地方政府的积极领导和国家大力支持下，全面有序地开发。

（3）建议在整治区，对社会经济特点进行必要的分析补充，提出适宜于不同水土流失类型区"大农业"产业结构，并合理安排各类产业的发展规模。要明确提出严格控制山地、丘陵区的无序开垦、采伐和放牧。

（4）坚持小流域为单元的综合治理，积极推进小型水利工程和雨水利用的发展，使之与坡耕地整治密切结合，巩固和提高坡耕地整治的成功和效益。

（5）在技术措施方面，请注意几个具体问题：①在黄土高原修建水平梯田，不宜从山顶连续修到山脚，应考虑梯坡相间，增加梯田水分的利用能力。②东北黑土地带，修建水平梯田须考虑黑土层的厚度，在黑土层较薄地带（如厚度小于 30cm）不宜修水平梯田，防止黑土层的破坏。③南方石灰岩沙漠化地区，坡改梯最为困难，可以研究建立一个实验区，开展试验研究工作，同时考虑必要的生态移民。

（6）监测工作十分重要，监测设备的采用，应适应当地科技管理水平和群众素质，因地制宜，宜土则土，宜洋则洋，不宜脱离实际地追求高精尖技术装备和自动化水平。

原文写于 2005 年 9 月。

（7）加强科研工作十分重要，建议在不同水土流失类型区建立科学观测实验站，坚持观测、调查研究，提高水土保持科学理论水平和及时总结实践中的经验教训。

（8）坡耕地整治涉及的学科和部门很多，建议与有关部门建立协调机制，加强相互配合，协调工作进度。

关于水利的科学发展观

（1）水利综合规划是全面贯彻水利实现科学发展观的重要措施，水利综合规划必须体现科学发展对水利的基本要求。

（2）科学发展观的核心内容是：坚持以人为本，树立人与社会，人与自然的全面、协调，可持续发展，要统筹人与自然，统筹国内发展和对外开放，达到全面协调的可持续发展。

（3）水利发展如何体现科学发展观？

首先，保证人民生命财产免受水灾破坏，保证安全。

第二，保证生活用水要求，即饮水安全，食品安全所需用水。

第三，保证社会经济发展用水。

第四，保证生态与环境适应人的生活需要和社会经济可持续发展的生态系统与环境的需水。

（4）具体体现：在防洪减灾措施达到可基本控制常遇洪水（大体 10～20 年一遇的洪水），在遭遇大洪水或特大洪水遭到损失时社会经济有能力迅速恢复的情况下（大体是社会经济发展达到温饱有余的水平），必须首先关注生态与环境保护和修复对水资源的需要，合理安排洪水（包括特大洪水）宣泄和滞蓄的空间，水资源开发利用程度不能只考虑社会经济发展的需要，必须满足生态与环境保护与修复的需水要求，保护修复的标准应以人为本，按照人类生存和发展的合理要求，既不能保护生态系统不变或要恢复到原始状态，又必须满足生物多样性的长远需要和环境适于人类生活的良好状态。这些问题既需要科学准确的定性描述，又必须有最主要标准指标的定量要求。这是水科学技术今后研究的核心问题。

在水量和水质满足上述要求的情况下，必须充分发挥水资源（宏观上可定是的水资源）的综合利用，如发电、航运、水产养殖的合理要求，并能考虑人类生活对水景观的需要。

生态与环境保护和修复，必须充分利用水自循环的保护、修复能力，合理考虑人工措施的辅助作用。既要考虑在常态水循环情况（大体在平均状态上下浮动 5％左右的范围内）的需要，又要考虑水文波动范围内的不同要求，应有上下限的限制。

原文系作者于 2008 年 12 月对贯彻水利科学发展观的论述。

中国水资源的特点及总体布局的设想

人类在地球陆地上的分布主要受气候因素的制约，特别是水分和热量的分布决定着人口分布的密度。据世界人口学家的研究，全世界有90％的人口居住在占全球陆地总面积10％的1480万 km² 的土地上。这些地区绝大多数分布在温带多雨的江河沿岸河谷平川、阶地和冲积平原，以及滨海地带。其余约10％的人口分散活动在占全球陆地总面积90％，即1.3亿 km² 的土地上。其所以如此，水资源的分布特性和开发利用条件是起决定性作用的。

中国的情况也是如此，若从东北黑龙江漠河至西南云南腾冲划一条直线，将中国分为东西两部分，在东部不足国土面积的一半，居住着全国95％以上的人口，而西部超过总面积一半的土地却只住着大约5％的人口。高寒、干旱、缺水是形成这种局面的主要因素。气候条件，一般来说不易受人类活动的干预和改变，而水资源的时空分布、质量变化则是易受人类活动的干预和影响的重要方面。因此研究水资源的合理配置，科学地开发利用和保护，增强一个地区对人口的承载能力，是当代社会经济可持续发展的重大关键问题。

一、中国水资源的特点

我国水资源的特点可概括为。

1. 水资源时空分布不均，形成人口分布的密集和水旱灾害的频繁

受气候特性的影响，水资源分布明显西少东多，北少南多。因此，漠河—腾冲一线以西国土面积占全国50％以上，人口占全国不足5％；此线以东，国土面积占全国不足50％，人口占全国95％以上。

由于降水集中于夏季，东部人口密集地区，普遍存在洪涝旱灾；特别是连续多水年和连续枯水年可以造成巨大的经济损失和对社会经济的深远影响。

2. 水热同期有利农业经济的发展

在人口较少、农业生产力水平不高的情况下，农业生产以适应自然水热分布条件安排农业生产为主，人工补水很少，成为中国古代经济发展的主要特征，使中国长期处于

原文为作者计划撰写论文《中国水资源的特点及总体布局的设想》的前两段落，后面部分未能续写完成，具体时间不详。

繁荣的农业经济为主的社会国家。随着人口增加和社会经济的发展，自然水热分布条件，已不能满足社会经济发展，特别在城市化逐步扩大，工业生产日益发展的需要。为了保证社会经济发展，特别是城市人口生活、工业产值以及高产多茬农业生产的需要，在充分利用天然水热同期条件的同时，还必须依靠人工调节和对自然资源时空的再分配才能满足需要，但人工补水量，按人均供水量计算，仍然是较低的。

3.我国大江大河水资源分布特点

我国大江大河及东南沿海主要河流是天然水资源在我国东部人口密集区分布的体现，是供水和排除洪涝的主体。按照水资源地区分布的特点，明显反映出：三江（长江、珠江、黑龙江）有余和四河（黄河、淮河、海河、辽河）不足。即在本流域供水工程合理安排、正确调度运用和及时保护的情况下，三江流域可以长期满足社会经济发展需要，保证可持续发展；而四河流域本流域水资源难以保证长期社会经济发展需要，也不能保证社会经济可持续发展的要求，既制约社会经济的正常发展，又破坏生态环境必要水平。

4.西部地区水资源分布特点

西部地区可以分为：西部内陆区，占全国国土 1/3，占人口不足 3%。少雨干旱，以荒漠为主，兼有绿洲；西南地区，水多地少，水能丰富，以水电开发为主，农业发展有限。

二、全国水资源总体布局设想

（论文就此停笔，未能续写完成）

浅议南水北调的几个前提性问题

鉴于我国水资源时空分布与社会经济发展布局以及与资源开发利用不能很好匹配，我国北方水危机已成为国内外广大公众关注的焦点。但如何客观认识南水北调，仍是一个值得探讨的大问题。

从近几年来又有不少社会人士提出种种大胆的西线南水北调方案，及中央领导的相关批示来看，南水北调研究论证工作势将进入一个新时期。值此之际，谈一点对南水北调论证工作的看法。

一、过去的南水北调研究论证的方向值得商榷，一些带根本性的问题也缺乏研究

1. 开源供水的增长已难以抵消浪费与污染破坏的后果

当前水资源开发利用程度已达到一定水平，各地水资源短缺与浪费和污染破坏并存，开源供水的增长，已抵消不了浪费与破坏。按照过去传统做法，以开源为主不断增加供水的道路越走越艰难，很可能走不通了。参照国内外水资源开发利用的实践经验，中国必须走节约用水的道路，逐步建立节水型社会，发展节水高效农业和工业，适当从紧生活用水和严格控制水源污染，积极进行污水处理。上述诸点现已逐步形成社会的共识，当务之急是应使之真正形成为国家的基本国策。只有在搞好节水和治理污染的基础上，南水北调工程才具有促进社会经济健康发展的作用，而不是助长浪费和破坏环境的作用。现有不少调水方案，都缺乏这方面的工作基础，所设计的地区需水量大多偏高，国内已建的一些引水工程的运用实践可以证明这一点。

2. 北方究竟缺多少水？这是南水北调的大前提，但以往的研究在这方面有根本性缺失

（1）要着眼于、依据于人口顶峰时总需水量零增长来判定缺水量。经过多方面研究，中国人口总量在21世纪50年代前后将达到顶峰，大约15亿～16亿人。在受到社会经济因素制约和建立节水型社会的情况下，需水总量达到一定水平后，也会出现零增长。这是因为：生活用水受人口总量和水资源地区分布差别的限制，在相当大的地区内，居民生活用水只能达到较低的水平；农业用水受农产品供求和灌溉发展条件的限制，加之在大力节约用水上挖掘潜力，适当扩大灌溉面积，使灌溉用水量稳定在一定水

原文系作者在1998年6月中国水利学会水力学专业委员会天津年会上所作的专题报告，后经整理刊登于《科技导报》1999年第5期。

平上，是完全可以做到的；工业用水，将由于产业结构的变化和污水处理费用的制约，用水量增长到一定水平后，必须逐步下降。由于社会环境质量要求的压力和污废水处理费用所付出的代价及 GDP 的增长，用水量增长将趋零增长。工业化国家自 20 世纪 70 年代以来，用水量迅速下降，正说明这种趋势。因此，耗资巨大的南水北调工程，必须从长远考虑，摸清全国和缺水地区供水零增长的时期和当时社会经济状况，由此推断本地区缺水情况，并进一步研究从现状到用水零增长时其间的变化情况，研究不同时期调水规模。一般认为 2050 年前后可能达到这种水平。达到供水零增长时，并不意味着经济不再发展了，而是依靠科学技术和社会管理水平的提高，使水资源得到更高的使用效率。

（2）改造沙漠戈壁只有结合基础设施建设，小规模推进方是可行的。大规模引水投入大、代价高，实施起来困难大。1958 年"黄委会"曾在《关于开凿万里长河南水北调为共产主义服务的报告》中提出北方 14 省、市、区的缺水面积约为 33 亿亩，其中，沙漠 11 亿亩、戈壁 5 亿亩，荒地 2.9 亿亩，草原 5.8 亿亩，耕地 7.6 亿亩，林地及饲料基地 0.8 亿亩，这些土地都需进行灌溉。当时估计总需水量达 6000 亿 m^3，除利用当地水资源 2200 亿 m^3 外，需南水北调 3000 亿～4000 亿 m^3。这可能是最宏伟的设想和最大规模的调水。现在各种方案，大概都不会超出这个范围。客观地分析，这些土地是否都需要灌溉开发，是值得研究的。上述缺水地区，大约 70％的面积都在西北和华北内陆地区，人口不到 3000 万，估计未来也很难大量移民，在节约和高效用水的前提下，当地水资源是可以满足需要的。问题在于有无必要在这些内陆地区大规模开荒种粮，以解决东、中部粮食不足？从粮食生产、调运的优化考虑，同时从开发土地的成本和处理农牧关系的困难考虑，这种做法是不可取的。改造沙漠、戈壁，结合基础设施建设，小规模进行则是可行的。大规模改造，投入大，代价高，很难办到。而黄、淮、海流域耕地需要发展灌溉，应以挖掘当地水资源潜力，地表水、地下水统一管理、联合调度，充分利用雨水等作为主要途径。外流域调水，只能作为补充调节水源。

（3）在污水处理和节水、精耕严重滞后情况下引水增水将扩大危害的负效应。减少污染的重要出路仍在于节约用水。增加供水虽可缓解一些方面的需求，但另一方面会加速环境恶化。现在城市工业污废水的排放量大约是供水量的 80％左右，处理工作严重滞后，在增加供水时污废水的危害相应增加；农田灌溉如不能节约用水、精耕细作，增水反而助长了大水漫灌的恶习，土地盐碱化将继续发展。华北地区土地盐碱化近 20 年来虽有所遏制，但其潜在威胁仍然存在，如不适当控制灌溉，这种潜在威胁很快会变成现实。改善环境的根本出路在转变生产方式、节约用水。

（4）引水工程的经济风险应作为南水北调工程决策的关键因素。南水北调，无论哪种方案，都是工程艰巨投资巨大的。工程主体、配套措施、污水处理，必须整体考虑，缺少哪一部分，工程都不能充分发挥作用。那种只考虑主体工程投资，不考虑配套工程投资是一种虚假的"钓鱼"行为，不能反映真实的工程造价，因此水价也是虚假的。在市场经济体制下，必须按合理水价有偿供水。水价必须按工程整体成本计算。用水户能够承受的水价是决定工程规模的关键所在。因此，南水北调工程必须承担两种经济风险。一是在修建时，所需资金数量巨大，资金能否落实能否及时到位？如不能，则可能工期延缓，造成浪费，长期达不到设计能力，甚至于成为半拉子工程。二是工程建成后，若水价过高，售不出去，则难以维持工程正常管理运行和养护维修；或由建设部门或政府背上沉重的财政补贴。这两种风险，在论证中都必须搞清楚。而现有方案中，不少根本就没有做这方面的论证工作。

只有认真分析研究上述几个问题，得到确切结论，才有可能比较科学地估价地区水资源供需平衡和缺水状况，才可能科学地确定南水北调何时、何地需要，以何种规模开始兴建。那种认为中国北方土地和各种资源都十分丰富，只是缺水，只要把水引来，什么问题都可解决了的大而化之的看法，脱离了社会经济发展规律和客观现实条件，以此为据搞大规模的南水北调工程，必将把事情引入误区。

3. 对水源引出区的后果影响缺乏研究

对水源区的发展前景、本身需水状况和引出水后可能引发的社会经济环境影响，现在多数南水北调方案都缺乏必要的研究，特别是西线南水北调。南水北调的水源，除从长江中下游引水外，绝大多数水源调出区是青藏高原的东部地区，包括大渡河、雅砻江、金沙江、澜沧江、怒江、雅鲁藏布江等河流。可能引水河段上游面积达 60 多万 km²，可能引水河段下游受到影响的河段大约也有 60 多万 km²，（长江流域仅考虑到屏山以上）。可能引水河段，大部分在横断山脉地区，高山深谷，自然环境十分复杂，人口集聚的河谷地带特别干旱。在引水河段的上游不小的面积属于干旱地带，生态环境十分脆弱。受到影响的地区又是水力资源特别丰富和经济发展潜力十分巨大的地区。不少河流还涉及国际河流的共同开发问题。目前有关各方对上述问题和引出水后可能受到的影响都缺乏必要的研究。没有这些研究基础，南水北调方案是难以成立的。

4. 按单项工程方式对待南水北调是不妥的

南水北调工程涉及水源区、供水区、影响区的社会经济环境各方面的问题，因此必须将这些地区的水系流域作统一研究、综合规划。如涉及黄、淮、海平原的南水北调东线、中线工程，就应将江、淮、河、汉和海河流域作为一个整体进行研究，科学合理地分配水源，互相调节补充，以求达到稳定供水，现在那种按单项工程进行研究的方法是欠妥当的。

5. 仅依据大胆设想，就匆匆开展大规模研究，亦不可取

西部南水北调工程涉及高寒地区修建高坝、大库、长大隧洞，工程技术条件施工环境都十分复杂和艰难。在没有得到科学的可行性论据的前提下，仅仅依据某种大胆设想就开展研究，很可能是一种极大的浪费。

总之，现在的各种南水北调方案，宏观研究基础比较薄弱，水资源的合理配置和开源与节流的关系均缺乏研究，经济因素也考虑很少。这些都是带有根本性的大问题，应是今后研究的重点。

二、未来研究南水北调问题的几点思考

1. 南水北调需在三个层面展开研究

在我国水资源相对紧缺的情况下，水资源的合理配置，建立节水型社会，是社会经济发展总体规划和环境保护的关键问题，南水北调仅是水资源合理配置的一种措施。为了科学稳妥地解决这一重大问题，建议国家组织社会科学、自然科学、技术科学的有关

部门，进行联合攻关。将南水北调工程放在三个层次中加以研究。第一层次，在基本明确我国社会经济发展战略部署，大经济区发展前景、经济结构、发展速度的基础上，研究提出水资源开发利用的基本政策和水资源合理配置的总体方案，明确南水北调必要性的依据和可能的规模。第二层次，在大江大河治理水资源综合利用规划和国土整治规划的基础上，研究提出各种南水北调的具体方案，经过充分论证比选，提出可供选择的几种方案。第三层次，在省、区或省区内较大经济分区，按照节水高效、符合市场经济规模、充分利用当地水资源的原则，制定水资源供需平衡规划。此外，单项工程的规划设计，也是一个重要层次，必须做到真正的技术上可行、经济上合理。在此基础上，再研究南水北调的具体规模和利用方式。综合这几个层次的研究结果，制订不同时期南水北调的分期实施方案。

2. 可行性论证，首先需要系列的先行专题研究作支撑

为了真正能按水资源合理配置原则做好南水北调工程的可行性论证，先要开展一系列专题研究，主要包括：

（1）在北方水资源短缺地区进行当地水资源入口承载能力的研究，弄清当地水资源的潜力和高效利用的方式。

（2）深入开展中、长期供水规划的研究，进一步明确2050年前后我国需水总量和供需平衡模式。最近几年水资源研究部门和一些专家学者，在这方面做了大量工作，预测2050年左右，中国人口达到顶峰15亿～16亿人，水资源的需求也达到顶峰，一般分析估计在7200亿～10000亿 m^3，很多专家倾向于8000亿 m^3 左右。应在此基础上进一步研究，提出得到大多数专家公认的总需求量和地区分配方案。

（3）北方地区生态环境与水资源供需关系十分密切，对不同自然环境的地区，研究和明确不同的生态系统的保护准则和基本要求。如河道径流、湖泊水域面积、沼泽湿地等的保护程度和污废水处理总体目标，提出环境用水要求，并将环境用水作为地区水资源供需平衡的一项重要内容。

（4）北方地区的社会经济发展，受水资源制约的程度很高。要以水资源为中心环节，研究工农业的合理产业结构和布局。将高耗水、低效率的农业和工业尽量布置在水资源比较丰富的地区，减轻缺水地区的负担。为此，要通过工农业的技术改造，形成节水型生产体系；通过水价调整和水资源费的征收，利用经济手段调整工农业的产业结构；通过制定各地区社会经济发展长远规划和产业政策，利用行政约束机制，达到合理的生产布局。

（5）下大力气研究南水北调有关的经济问题。要按市场经济规律，研究有偿供水和供水系统企业化的政策和措施。重点是客观核定水价，认真分析水的市场供求规律和不同地区、不同产业部门对水价的承受能力，预测供水的销售情况。在南水北调各种方案可行性论证中，除研究自然条件变化、技术安全方面不确定因素造成的风险外，应着重分析供水市场不确定因素的经济风险。

（6）深入分析城市污废水处理回用的技术问题，防止供水增加污废水危害的局面。

3. 密切关注、了解国内外已有的经验教训

近期南水北调的研究论证，应从认真总结国内外跨流域调水的经验教训，特别是从

调度运用和经营管理方面的问题入手。当前应以省区内或省区间中等河流跨流域调水为主要研究对象，如新疆的北水南调、辽宁的东水西调等。对黄、淮、海地区的南水北调中线、东线工程，应进一步深入研究论证，取得更科学、更全面客观的结果。西部南水北调，要从长计议，近期主要进行专题研究，不忙于在线路方面下过大的功夫，以免造成浪费。

三、中国水资源问题的战略研究是当务之急

中国水资源问题是长期困扰社会经济发展的重大课题。必须从我国水资源特性和国内外水资源开发利用、保护和环境治理的经验教训出发，制订全国水资源开发利用、保护和管理的长远政策和战略部署。在今后相当长的时期里，应在全社会大力推行节约用水、水资源统一管理的各种措施，积极开展环境治理特别是污废水处理的工作，以减少浪费，提高水资源使用效率，避免遭受破坏。大规模的南水北调，特别是西线南水北调必须从长计议，慎重从事。

抓紧有利时机　尽快建成南水北调工程

　　半个世纪企盼的南水北调工程，即将开工建设，令人十分振奋。

　　黄淮海流域是我国人口密集、经济发达地区。但水资源短缺，开发利用程度很高，近 20 年来，该地区一直保持社会经济的快速发展，主要依靠超采地下水和利用未经处理的污水勉强满足工农业和城市用水，不少地区供需矛盾仍然十分突出，同时造成环境的严重恶化。如果继续发展下去，依靠当地水资源，广大黄淮海平原将不能保持可持续发展。为了遏制环境恶化，满足工农业和城市水资源的供需平衡，建设南水北调工程是惟一现实可行的出路。南水北调工程方案，经过数十年的探索研究，由水利部为主，联合有关部门共同研究规划提出的包括东线、中线和西线 3 条路线引水的方案，基本满足了今后 30～50 年该地区的用水要求，充分考虑了该地区的自然环境和社会经济条件，论证清楚，措施可行，可以付诸实施。最近 10 多年来，北方干旱持续发展，据有关方面研究，这种气象形势今后仍将延续很长时间，黄淮海地区水资源的供需矛盾和生态环境恶化将日趋严重。因此，迫切需要南水北调工程尽快建成，尽早发挥作用。

　　南水北调工程是一项高投资、牵涉面很广的巨大工程，虽然已经有了一个比较成熟的规划方案，但仍须深入研究、精心设计、精心施工、科学管理，才能达到预期的效果。为此提出以下建议：

　　（1）从建设到用水，要始终坚持"先节水后调水，先治污后通水，先环保后用水"的原则。东线工程的输水工程与治污工程应同时安排，有机结合，力求在通水时水质也达到规划标准；中线工程在建设时，须划定明确的保护区，严格禁止沿线污染物的排入，沿线应制定产业发展政策，制订严格的水质管理办法。

　　（2）在进行干渠建设的同时，要尽早安排配套工程实施，要特别重视城市从用地下水为主向以地表水为主的转变，安排相应的工程措施和地下水的管理办法。这样才能使地下水位逐步恢复到合理的水平。用水量增加，污水量也必然增加，污水处理措施必须及时安排。

　　（3）用水水价的测算原则是合理可行的，利用当地水资源的水价可能与引水水价有

原文刊登于《中国水利报》2002 年 11 月 30 日。

所差别，应制定办法促进两种水价逐步靠近，形成统一水价。南水北调工程环境用水是重要组成部分，如补给地下水，在汉江多水时，中线引水可部分放入天然河湖用以补充地下水，城市处理后的污水在非灌溉季节排入天然河湖补充地下水等都是可行的。这部分水的水价如何确定？谁来付费？都须及早研究，制订具体办法，建议国家依照退耕还林、还草的政策，制定一项生态环境用水的政策和办法。

南水北调工程是缓解当前黄淮海平原用水紧张、抢救生态环境的重大措施，而且是造福千秋的伟大工程，必须遵照中央的英明决策，采取积极有效的措施，使工程达到尽善尽美的水平。

南水北调——缓解黄淮海流域水危机的战略性措施

水是生命的源泉，又是人类社会经济可持续发展的重要支撑条件。在人类生存和发展的过程中。原始社会逐水而生；农耕文明的出现，人类选择居处、发展城市，都以取水方便排水便利为主要条件，绝大多数人群傍河而居，以适应水的自然时空分布，安排生活和生产；在人口持续增长和生产水平不断提高的情况下，水的自然时空分布已经不适应人的生活和生产需要，江河洪水还会威胁人的居处安全，必须通过人工措施修堤、浚河保护人类生存空间，必须调节、控制、调配部分水资源以补天然来水的不足。随着科学技术的进步和社会财富的积累，人工控制、调节、调配水资源的能力越来越大，从最初开发利用当地局部的水资源开始，逐步扩大范围修建闸堤、水库和远距离输水渠道，以适应更大范围居民对水的需要；及至近代，水资源短缺已成为全球普遍存在的问题，大范围跨流域调水已成为重新分配水资源的伟大举措。南水北调正是中国人民面对水危机，从南方多水地区调水到北方水资源匮乏地区的重大战略措施。

1. 我国水资源的特点决定了南水北调的基本形势

(1) 根据 20 世纪 80 年代水资源评价成果，全国可再生水资源总量 2.8 亿 m^3。按照河流水系可分为三大片：①内陆河流域，主要分布在西部地区，包括流入北冰洋的几条小河，总面积 337.4 万 km^2，占全国总面积的 35.3%；人口约占全国总人口的 2.3%；水资源总量 1304 亿 m^3，占全国的 4.6%。②淮河及其以北流入太平洋的北方河流流域，总面积 269.2 万 km^2，占全国 28.2%：人口占全国人口的 43.3%；水资源总量 4054 亿 m^3，占全国 14.4%。③长江及其以南的南方江河流域，总面积 348.4 万 km^2，占全国 36.5%；人口占全国 54.4%；水资源 22766.3 亿 m^3，占全国 81%。河川径流占水资源总量的绝大部分，一年之内北方汛期最大 4 个月的河川径流占全年总量的 70%~80%，南方河流也高达 60%；年际之间变化也十分突出，北方诸河最大年径流量为最小年径流量的 3~8 倍，南方诸河则为 2~4 倍。由于水资源时空分布的不均，严重影响了水资源的可开发利用的数量。

人均占有水资源的数量是水资源丰缺的重要标志。一般在国际上采取的水资源紧缺

原文刊登于《科学对社会的影响》2003 年第 3 期。

评价指标是：人均占有可更新水资源大于 1700m³ 为富水区，除少数年份、局部地区可能出现缺水外，大多数年份和地区水资源均可满足需要；人均 1000～1700m³ 为水资源紧张区，可出现周期性水资源不足；人均 500～1000m³ 为缺水区，会出现持续性缺水，影响人的生活和经济发展；人均小于 500m³ 的为严重缺水区，将面临长期的缺水局面。以上指标也就是当今水文工作者广泛采用的 Malin Falkenmark 的"水临界值（WaterBarrier）"的概念，按照上述指标，1949 年新中国成立之初，全国人口 5.4 亿，人均水资源为 5200m³/人·年；1982 年，全国人口达到 10.08 亿，人均水资源为 2792m³/人·年；2000 年全国人口达到 12.674 亿，人均水资源已下降到 2200m³/人·年，从全国看人均水资源量尚在"富水区"范围之内。但从不同地区分析，则问题十分严重：北方诸河流域，1949 年人口约 2 亿，人均水资源只有 2000m³/人·年；1982 年人口达 4.38 亿，人均水资源已下降到 925m³/人·年，2000 年人口达 5.5 亿，人均水资源只有 737m³/人·年，已属于缺水区；水资源最匮乏的黄河、淮河、海河三大流域，2000 年人口 4.38 亿，人均水资源仅 462m³/人·年，已经属于严重缺水的区域（具体情况将在下段详述）。上述水资源丰缺判断指标虽然存在不少可非议之处，如没有考虑水资源时空分布不均、各地天然降水量有效利用程度不同以及人文地理的特点等，但从宏观的角度，可以给人一个概略的认识。

（2）我国水资源总量不算太贫乏，但从水资源时空分布和历史形成的人口、经济格局特点分析，可能利用的水资源量是十分有限的。

1）地表河川径流量中洪水占总径流量的 2/3，常年可利用的为汛后中枯水水量，约占总径流量的 1/3，经过水库调蓄，可以利用部分汛期洪水，分析估计全国可利用水量约 11000 亿～12000 亿 m³。

2）全国水资源地域分布的另一特点是周边多水，中部少水。陆地边境出流水量达 6000 多亿 m³，主要集中在西南国际河流，由于地形特点，除当地可以少量利用外，绝大部分将流出国境；我国流入界河的水量达 1260 亿 m³，集中在东北地区，估计大约 50％的水量可以在境内利用；全年入海水量 17240 亿 m³，其中 90％以上集中在多雨湿润的南方河流（包括长江、珠江和东南沿海中小河流），这些河流的水量除当地以后随着社会经济发展，流域内增加水量消耗和少量可能调向缺水的北方将减少入海量外，绝大多数仍然流入大海，在远景也不会少于 1.2 亿 m³/年。估计全国可利用水资源量大约 1 万亿 m³ 左右。

按照上面的粗略分析估计，在我国较长远的未来，可利用水资源总量大约 10000 亿～11000 亿 m³ 是较为可靠的。因此，根据可持续发展的原则，这些可利用的水资源是中国人民长远生存发展的依托，必须管好、用好、保护好。上述情况说明，要解决北方缺水只有南水北调这一途径。南水北调，要从西南流出境外各河调水，由于自然地理条件的限制和国际关系的制约，以及技术经济条件的困难，是极不现实的；要南水北调，只有从我国南方流入太平洋的多水河流引水；而离北方缺水区距离最近、自然地理条件最为优越，水资源丰富、又不引起国际纠纷的只有长江流域。因此，经过数十年的研究，最终选从长江下、中、上游分东、中、西三线路引水北调到黄淮海三个流域的方案是具有现实可行性的方案。

2. 解决黄淮海流域水资源匮乏的根本出路在南水北调

黄河、淮河、海河三大流域是我国水资源最贫乏、人口最集中的地区，由于水资源不足，已经影响社会经济的正常发展，同时发生了严重的生态环境危机，缓解水危机的出路在南水北调。

黄、淮、海三个流域，总面积 145 万 km²，2000 年人口 4.38 亿，耕地、粮食和国内生产总值（GDP）大约均占全国总量的 1/3 左右，但水资源总量仅有 2023 亿 m³，占全国 7.2%。2000 年三个流域总用水量达 1340 亿 m³，地表径流控制利用率：黄河达到 72%，海河达到 78%，大大超过合理允许的程度；地下水严重超采，三个流域年平均超采量达 115 亿 m³，特别是海河流域年平均超采量 65.3 亿 m³，近 20 年来累计超采 900 亿 m³，局部地区已接近枯竭。近 20 年来三个流域经济都处于高速增长的时期，除积极采取节约用水和压缩农业用水外，主要依靠超采地下水和利用未经处理的污废水来满足人民生活和工农业生产的需水要求，基本维持了社会经济的持续发展。但代价是十分巨大的，特别是生态环境严重恶化，其后果将长期难以补偿和恢复。其表现为：

（1）供水不足，水质恶化。黄淮海流域都存在分布范围广大的缺水区，20 世纪 80 年代初，缺水限于北京、天津等人口集中的大城市，20 世纪末缺水区面积达 62.7 万 km²，占全区总面积的 43%；缺水人口达 1.3 亿，占全区总人口的 30%；海河流域缺水最为严重，分别占面积和人口的 70% 和 73%。由于城市污废水的处理严重滞后和农村污染的不断加剧，水质严重恶化，广大农村居民饮用水水质不符合卫生标准。缺水限制了工农业生产和城市发展，水质恶化严重损害了农村居民身体健康。

（2）缺水引起了生态环境的持续恶化。由于地下水的大量超采，沿海地区在不断增加深层地下水开采的情况下，造成咸淡水界面下移，咸水入侵深层地下水，严重破坏了经过漫长地质年代形成的深层地下水资源，这种深层地下水是北方地区重要的水资源战略储备，不断枯竭和水质恶化所造成的严重后果是难以得到补偿的；由于地下水超采，造成海水入侵、大面积地面沉降，形成地质灾害，破坏地表建筑；由于缺水，导致河湖干涸、河道淤积、湿地退化、生态系统萎缩；由于大量引用未经处理的城市污废水，对水资源（包括地下水）、土壤和部分农产品造成污染。上述问题，严重制约了黄淮海三个流域广大地区的社会经济可持续发展，有些地区已经造成难以逆转的长期生态环境破坏。

3. 南水北调工程方案的形成和选定

1952 年 10 月，毛泽东主席在听取水利部门关于我国水旱灾害情况汇报以后，提出："南方水多，北方水少，如有可能，借点水来也是可以的"宏伟设想，自此启动了"南水北调"的研究。经过数十年的勘查、规划和数十种方案的研究比选，最终确定了从长江下、中、上游分东、中、西三条路线调水至淮海平原和黄河流域。

（1）调水规模和供水范围。根据有关部门预测，我国在 2030 年前后人口将会到达 16 亿的峰值，届时黄淮海三个流域人口将从 20 世纪末的 4.38 亿，增加至 5.42 亿。按照 2030—2050 年我国经济发展将从 20 世纪末的初步小康逐步达到国际中等发达国家的水平。根据有关部门的研究，2000 年在基本满足生活、生产和生态环境需水的情况下，总需水量为 1520 亿～1620 亿 m³（水资源保证率分别为 50% 和 75%），缺水 145 亿～

210亿 m³；到2030年，在厉行节约，高效用水的前提下，总需水量将达到1825亿～1959亿 m³，在合理地充分利用当地水资源和有控制地合理开采地下水的条件下，当地可供水量只有1508亿～1564亿 m³，缺水量将达到320亿～395亿 m³，缺水量的80%集中分布于黄淮海平原和胶东地区。根据规划的东线、中线和西线三条调水路线的水资源条件、供水范围和实施步骤，到2050年前调水总规模为448亿 m³，其中：东线148亿 m³，中线130亿 m³，西线170亿 m³，首先满足黄淮海平原包括北京、天津在内的大、中城市需水，逐步解决广大平原生态环境恢复重建的需水要求，同时适当增加农业供水，使农业生产水平保持继续发展，基本保证5亿多人口的食品安全。

（2）南水北调工程的布局。选定的三条调水线路将与长江、淮河、黄河和海河四大水系相连接，逐步形成我国中部的巨大水网，可以覆盖黄、淮、海三个流域，胶东半岛和河西走廊的部分地区，有利于实现我国水资源南北互补、东西连接的合理配置格局，对走出水危机的困境，具有重大战略意义。

三条调水路线的具体安排是：

1）南水北调东线工程：从长江下游扬州抽引江水，利用长江以北的京杭大运河及其平行河道，逐能为抽水北送，串连沿途的洪泽湖、骆马湖、南四湖、东平湖作为调蓄水库；至东平湖后分作两路送水；一路在位山附近开挖隧道穿越黄河，向北送水，直达天津；一路自东平湖沿黄河南岸开通输水渠道，向东送水，经济南到达烟台、威海。工程规划总调水量148亿 m³，分期实施。第一期工程，主要向江苏和山东供水，年平均抽水量89亿 m³，（渠道抽水能力500m³/s，除利用江苏省已建成的工程年抽水约50亿 m³ 外，新增抽水量39亿 m³，其中向山东供水16.8亿 m³，除修建抽水水泵站和输水渠道外，重点进行沿途污水治理，实现东平湖水质稳定达到国家地表水Ⅲ类水标准。）一期工程完成后，继续建设二、三期工程，扩大向北、向东供水范围。

2）南水北调中线工程：从汉江丹江口水库引水，过江淮分水岭方城垭口后，沿黄淮海平原西部边缘修建输水总干渠，在郑州以西穿过黄河，再沿太行山东麓（京广铁路西侧）向北送水到达北京和天津，规划总调水量130亿 m³，输水总干渠自丹江口水库至北京团城湖总长1267km 和分向天津送水的干渠154km，绝大部分渠道均可自流输水，工程分两期实施。中线一期工程包括丹江口水库，大堤按正常蓄水位170m 加高（现有水库正常水位157m），建成全部输水总干渠，在丹江口水库下游修建必要的补偿工程。规划一期工程年平均调水总量为95亿 m³。丹江口水库水质良好，须加强库区周边及上游地区和总干渠沿线的污染防治和水土保持工作，保证水质安全。一期工程完成后，视用水情况，逐步完成二期工程。为了迅速缓解黄淮海平原水资源危机，东线和中线一期工程都应在2010年前基本建成通水。

3）南水北调西线工程：从长江上游支流通天河、雅砻江和大渡河的上游修建水库蓄河川径流，开挖隧道穿越长江、黄河的分水岭巴颜喀拉山，调水入黄河上游，工程规划总调水量170亿 m³，分三期实施，主要补充黄河流域缺水，重点解决黄河下游河道生态环境用水。第一期工程引大渡河和雅砻江上游支流水量，年平均引水40亿 m³，由5座水库、7条隧洞和一条渠道串连而成，输水路线总长260km，其中隧道长244km。西线一期工程视东、中线工程完成情况及黄河缺水程度，安排实施计划，初步研究在

2010 年前后动工兴建较为合理。

当前选定的南水北调方案具有以下优点：

1）水源充沛、水质较好，引水后对长江流域不致产生重大不利影响，对局部地区可能产生不利影响，可以采取措施加以补偿。

2）工程可以分期实施，适应用水逐步增长的需要。在远景如受水区仍须增加供水，规划工程具有进一步扩大供水的条件。

3）长江流域全部面积都在我国境内，跨流域调水不会引起国际争端。

4. 南水北调工程的作用和效益

南水北调工程是解决我国北方水资源短缺，实现长江、淮河、黄河和海河 4 大流域水资源联合调度，合理配置的重大基础设施。对广大地区所产生的社会、经济、环境效益是十分巨大的。集中反映在：

（1）南水北调东、中线一期工程，将给黄淮海平原增加供水约 130 亿 m^3，其中黄河以北严重缺水的海河平原和胶东地区增加供水约 80 亿 m^3，为包括京、津在内的缺水城市提供了可靠的水源，对加速城市化进程、提高居民生活质量和保障社会经济可持续发展起到巨大的作用。

（2）将促进供水地区产业结构的调整，摆正工农业的关系，为农村发展多种经营，更好地为城市服务和提高农民收益创造了条件，可以缓解日益紧张的城乡矛盾。

（3）黄淮海三大流域生态环境日益恶化的局面将得到遏制，特别是对海河平原已经严重恶化的生态环境提供了恢复重建的条件。在以地表水代替地下水缓解城市供水困难的情况下，可以大量减少地下水开采，逐步补偿超采的地下水（现在城市平均每年超采约 36 亿 m^3）的"欠账"，同时减少城市挤占农业的用水量。如果充分发挥东、中线引水工程的潜在能力，在汉江丰水年份多引水，利用黄淮海平原已有的河湖洼地回注补充地下水，尽快将地下水埋深控制在合理范围内，既有利于广大井区的节能、节水，又可恢复作为战略储备的地下水资源量，同时也就消解了由于地下水位过低引起的一系列生态环境问题和水文地质灾害。

（4）南水北调工程与当地水资源的开发利用有很强的互补作用，可以提高当地水资源的可利用量和利用效果。

（5）可直接拉动经济增长和就业机会。南水北调东线、中线一期工程，主体工程和配套工程静态总投资约 1400 亿元，其中约 40％将直接转化为消费资金，其余也将通过设备、材料的采购和各类服务工作投入市场。这将增加市场活力，直接拉动经济增长和就业机会。

（6）南水北调工程采用了各种用水户合理承受的水价，结合工程的综合效益，分析计算多年平均直接经济效益约为 550 亿元，一期工程实施方案经济内部收益率大于 12％，经济净限值大于零，效益费用比大于 1，在经济上是合理的。同时还具有巨大的生态环境效益，这是不可忽视的。

5. 南水北调工程在运用管理中须注意的几个问题

任何水利工程都有正面的作用和负面的效应。像南水北调这样的巨大工程，涉及广大地区，在很长时期内，对社会经济和生态环境产生影响。由于对客观规律认识的局限性和社会经济条件的制约，工程的规划设计不可能完全符合客观规律和满足各地区、各部门的要求，存在某些缺点，施工质量难以完全达到规范要求；管理运用中受各种局部利益的干涉，难以按照设计方案操作运用，这些因素都可以产生负面效益和不良后果。对可能产生的问题，既要防患于未然，要精心设计，在建设和管理过程中保证质量，尽量消除隐患；同时还要持续不断地加强研究，找出各种可能发生的问题，提出相应的对策，将可能产生的负效应和损失降至最低限度，下面提出几个值得注意和研究的问题：

（1）节水、治污和生态环境保护是南水北调工程成败和能否充分发挥效益的关键所在。朱镕基同志在主政时提出南水北调工程的规划和实施过程中务必做到"先节水后调水，先治污后通水，先环保后用水"的严格要求，这是符合客观需要的建设原则，在工程规划中做了较为全面研究并提出相应的治理方案，但如何实施，仍然困难重重，必须制定强硬的政策法规和建立完善的监测、管理体系，才能逐步落实。在建成投入运用以后，如果缺乏严格管理，仍然可能造成二次污染。因此对水源地和输水总干渠沿线必须限制污染严重产业的发展，及时处理污水、垃圾，严格禁止污水的无序排放和垃圾废料的沿渠堆放，必须建立地方行政长官责任制。

（2）十分注意输水工程的安全运行，准备各种应急对策和抢险措施。

南水北调中线工程输水总干渠 1267km，贯穿沿黄淮海平原西侧山麓向平原的过渡地带，这是我国强暴雨集中分布和频繁发生的地区，又是地震高发区。整个输水总干渠穿越数万条大小河沟，部分渠道水位高出地面，这条常年行水 500m³/s 左右，长达千余公里，纵贯南北的大渠道，在汛期行水安全是十分引人关注的，虽然渠道设计采取了各种安全措施，穿越河沟涵闸都按一定标准修建，但渠道过长，每年汛期都有部分地段可能产生超标准洪水，发生意外事故的风险也较大，因此对总干渠行水安全，必须有全面的监测管理、应急处理方案和抢险措施。由于渠道的常年输水，将会改变渠道沿线水文地质状况，产生新的渍、涝灾害，也须加强观测，及时采取治理措施。

（3）南水北调工程环境用水是重要组成部分，如利用渠道退水、城市处理后的污水在非灌溉季节排入天然河道，以及水源丰富年份的引水量都可改善天然河道内的生态系统、湿地环境和部分河道的输沙用水等，这些都是南水北调的重要目标。

这一部分的用水水价如何确定？谁来付费？都应及早研究，制定具体办法。建议国家按照退耕还林还草的政策，制定一项生态环境用水费用的政策和办法。

（4）在建设南水北调主体工程的同时，要及时安排配套工程的实施，要特别重视城市供水从开采地下水为主向以引用地表水为主的转变，安排相应的配套工程和城市地下水管理办法，这是减少地下水超采的关键措施。

（5）必须形成整个南水北调系统的统一调度、协调的管理机制，建立分级、分部门责权明确、运作方便、指挥灵敏和有效监督的管理机构和操作规则。

南水北调工程是缓解当前黄淮海平原供水紧张、抢救生态环境、改善城乡居民生活和促进社会经济可持续发展的国家重大基础设施建设，不仅有利于当代，而且可造福于千秋。必须遵照中央的英明决策，采取积极有效的措施，使工程达到尽善尽美的水平。并抓紧有利时机，尽早建成，尽早发挥效益。

防汛抗旱减灾

搞好城市防洪工作的几点意见

从近几年来看，全国各大江河洪水都不大，但是局部地区特别是城市洪水灾害却比以往任何时候都大。目前城市防洪工作已到了不能不认真对待的程度，而且是非解决不可的时候了。下面对怎样搞好城市防洪工作谈几点意见：

（1）要从思想上重视城市防洪问题，要把城市防洪设施作为城市发展的基础设施来抓。这是保障城市稳定发展的主要措施，应从思想上高度重视这项工作。

（2）要搞好城市防洪工作，必须尽快地对城市防洪排水做出全面规划。

首先，要把城市的防洪规划与江河的流域规划密切结合起来。如武汉、天津等市，过去防洪的特点是舍面保点。即当遇到一般洪水时，防洪工程可以起作用，保障整体安全。但当遇到大洪水时，就要放弃周围的部分农村进行分蓄洪来保证城市的防洪安全。而规划就应该考虑上下游、左右岸的关系，邻近地区的关系。不然这个规划是行不通的。因此在规划中，要照顾好周围地区。

其次，规划一定要与城市建设密切结合，使防洪设施发挥多种功能。这方面长春、武汉都有比较成熟的经验，即把城区沿江堤防建成以防洪为重点，防洪、交通、游览三大功能兼备的防洪屏障。要在不影响行洪能力前提下合理地使用行洪滩地，如开辟为运动场、停车场或公园等。

第三，城市防洪的标准要和城市的社会经济发展相适应。现在城市的防洪标准很低，要一下把它搞得很高是不可能的。因此，防洪标准要定得适当，从低到高。在修建防洪工程时，要为今后的提高标准留有余地。这些标准不高的防洪设施一定要形成完整的体系，要配套，要形成整体，不要留下缺口或形成某些薄弱环节。在规划中，要考虑超标准洪水的对策。

第四，城市防洪规划还应把排水、排污与防洪结合起来。统一安排工程措施。

（3）必须重视非工程措施。有些城市光靠堤防不能完全解决问题，因此要把非工程措施摆在首位。四川省在1981年大水后，将河道划出三条线：一条线就是在河道经常

原文为作者在1989年3月26日国家防汛抗旱总指挥部办公室召开的"全国城市防洪座谈会"上的发言，后刊登于《中国水利》1989年第5期。

过洪的范围内，任何设施都不能修建；第二条线是在经常洪水位以上到比较大一些洪水才行洪的地区，允许使用，但不允许造成阻水；第三条线允许修建建筑物，但对这些建筑物要有特殊的防洪要求。这个经验对山区、丘陵区河道还是非常适用的。

非工程措施很重要的一条就是要建立法规制度，把执行法规制度的组织措施落实，才能按照法规把河道管理好。同时，对城市的水情预报、预警系统要安排好，特别是那些临江涨落快的地方，要管理好预警装置。

（4）要建立城市防洪管理体系，把防洪工作长年化、规范化，城市防洪建设不是搞到一定程度就不再管了，而是应该不断加强管理，巩固完善现有防洪设施，而且要根据城市的发展进行提高。因此要建立打持久战的思想。要使城市防洪规范化，首先要明确城市防洪的总体要求，有一个完整的防洪规划；第二，要建立一套完整的城市防洪设施的管理法规，在组织上有比较健全的执行法规的机构。才能谈得上规范化。

（5）要争取稳定的资金渠道。新中国成立之初，防洪有两笔经费：一笔是防洪基本建设费，修建防洪工程用的；另一笔是防汛事业费。当时这两笔经费还是能够适应需要的。但是现在防洪事业发展了，工程设施多了，工作范围大了，而防洪事业费不变是非常不合理的。必须改变这种不合理的状况。现在城市防洪建设资金渠道应从两方面考虑：一是靠国家、各级政府，要使防洪事业费、基本建设费与城市发展的规模和速度相适应，并把城市防洪基本建设费和事业费列入城市财政预算之中；二是靠群众，对防洪工程保护对象征收一定防洪保护费。

（6）要加强城市防洪的科学研究。城市防洪究竟是些什么问题？我们现在还没有完全建立起比较有系统的科学体系，需要加强这方面的工作。当前建议主要抓两个问题：一是要抓好城市水文的观测试验和科学研究，二是开展对城市非工程措施的研究。因为城市防汛每一个城市都不一样，差别很大。因此非工程措施在这个城市行得通，不见得在另一个城市行得通，必须要结合城市本身的特点进行研究。

对中国防洪问题的初步探讨

洪水灾害是当代世界上损失最大的自然灾害，据联合国统计，每年全世界各种自然灾害损失的60%是洪水造成的。由于自然环境和社会经济历史发展的特殊条件，我国2/3的国土上存在着不同类型和不同程度的洪水灾害，发生的频繁和严重程度在世界各国中是最为突出的。如何解决好我国的防洪问题，保证社会经济现代化的实现，是摆在全国人民面前一项长期而艰巨的任务。

一、洪水的成因

据历史记载，自公元前206年（汉高祖元年）至1949年的2155年间，全国发生了1092次较大的洪水灾害，平均2年一次。中华人民共和国成立以来，据统计全国每年平均受水灾面积约1.2亿亩，其中减产三成以上的成灾面积在6000万亩以上；40年来又先后发生了影响很大的1954年江淮特大洪水，1963年和1975年海河、淮河部分地区的罕见暴雨洪水，灾害损失一次达数十亿元，因灾死亡达数万人之多，对整个社会经济产生了巨大影响。洪水灾害的成因主要是特殊的自然地理因素和社会经济发展长期相互影响的结果。

1. 自然地理因素的影响

我国东临太平洋，西部深入亚洲内陆，地势西高东低，呈阶梯形分布，地形错综多变，南北又跨越热带、亚热带和温带等三个不同气候带，由于幅员辽阔，地形多变，水热条件的空间组合十分复杂，气候的地域差异很大，最基本的特征是大陆性季风气候。每年汛期4个月集中了全年降雨量的60%～80%，而汛期最大一个月降雨量又占全年30%～50%，而这一个月的降雨量又是几次大暴雨的结果。我国暴雨（24h降雨量大于50mm）的分布面极广，强度很大，短历时暴雨记录均接近世界各地的实测最大记录，因此我国洪水灾害主要由暴雨形成。来自低纬度海洋面上的各支季风是我国汛期降雨的主要水汽来源，来自高纬度冷空气经常南下的活动是汛期降水的动力。汛期雨带的移动与太平洋副热带高压脊的位置变动密切相关，在正常年份集中的降雨带每年从4月起自南向北逐渐推移；4—6月岭南地区暴雨频繁发生，珠江流域进入汛期；6—7月暴雨主

原文系1989年9月为《水利水电技术》新中国成立40周年专刊撰写，2003年5月作了校改。

要集中在长江中下游和淮河流域，一般称为梅雨；7—8月暴雨推移至北方各省，为华北、东北地区的主汛期；此时华南受副热带高压脊南侧东风带的影响，台风等热带风暴不断发生，酿成第二个降水高峰期，部分台风登陆后深入内地与特殊天气形势遭遇，往往形成特大暴雨，这种情况在我国东部广大地区都可能发生；8—10月暴雨带自北向南逐步撤退，汛期结束。在正常年份，暴雨带进退有序，在某一地区停滞时间不长，一般不致形成大范围的严重洪涝灾害，但在气候异常的年份，集中雨带来临的时间推后或提前，在某一地区停滞的时间延长或缩短都可能造成某一河流或几个河流的大洪水和特殊干旱。

我国地势、地貌和地质的特点对气候的影响和暴雨洪水的形成关系十分密切，主要影响是：

（1）阶梯形的地势和一系列走向不同的山脉，把全国分隔成差异很大的自然地理区域，加剧气候的地区差异，地区降雨极不均匀；由于青藏高原的存在，抑制了西部地区南北冷暖气流的交换，加强了东部季风的强度，形成了暴雨的季节集中和强度加大。

（2）由于地形特点和海陆季风的作用，暴雨特别集中在第二阶梯与第三阶梯山地与平原交界处的山地丘陵区迎风坡，以及东南沿海主要山脉的东南侧，如燕山、太行山、伏牛山、大别山、巫山、雪峰山、九岭山、武夷山的迎风坡，以及四川盆地周边是我国暴雨最集中、发生最频繁和强度最大的地区，如1963年8月海河南系、1975年8月淮河上游、1935年7月长江中游的特大暴雨和1931年、1954年江淮的特大梅雨，都产生在这些地区。

（3）除西部内陆河流外，主要江河都自西向东流动，洪水径流自西向东递增，地势阶梯急剧下降的地段河床深切，形成峡谷，落差集中，于是水力资源集于西部，而洪水灾害集中东部，各大江大河的中下游平原湖区成为我国最主要的洪水灾害分布地区。

（4）由于地质地貌的特点，地表侵蚀剧烈。黄河中游黄土高原水土流失的严重闻名于世；西南地区山洪、泥石流、滑坡、岩崩等山地灾害也非常突出，同时由于地震分布广，强度大，也加重了山地灾害。

（5）我国西部受高寒地势和内陆腹地特殊气候的影响，融冰融雪和局部暴雨也可形成局部地区的严重洪水灾害，但范围有限，频次较低。

2. 社会经济发展的影响

产生洪水的自然因素是决定洪水特性和形成洪水灾害的主要根源，但洪水灾害不断加重却是社会经济长期发展和河道、湖泊等水域历史演变的结果。社会经济发展对洪水灾害影响最大的是人口的增加和土地的开发利用。河道、湖泊的历史演变，除受径流（主要是洪水）和泥沙运动的作用外，人类的生产和各种社会活动，影响也是十分巨大的。可以说，洪水灾害是自然和社会相互作用的结果。

我国土地总面积960万 km^2，大体以大兴安岭、长城和青藏高原东坡为界，以西地区为干旱、高寒地带，生产条件十分困难，人口稀少，总面积占全国52%，至今人口仅占全国7%；以东地区，为亚热带和温带，雨热同期，温暖湿润，自古以来就是我国各族人民经济文化的中心地区，占全国48%的土地，聚居着92%以上的人口。东部地区也正是我国洪水灾害最为频繁而严重的地带。据专家们的研究，距今 2500 年（战国时期）以前，全国人口稀少，大多为农牧狩猎共存的生产形式，村落分散，林草丰茂，河流散乱，湖泊沼泽广泛分布，河流泥沙较少，洪水灾害发生的机会少、损失轻，许多文献记载和古文物的出土，可以说明这一情况。战国时期，人口可能达到 3200 万，主要集中在黄河流域的中下游沿河平原，已有较大的城市形成，农业已经相当发展，各国开始筑堤防洪，洪水灾害已被社会普遍关注，我国人口的繁衍呈波浪式发展，两汉、唐宋和明清三个时期都是稳定增长时期。东汉末年全国人口达 6000 万，南宋时已接近 1亿，明朝中叶至清朝末年，人口从 6000 万左右增加到 4 亿，从清末（1911 年）至现在70 多年间，又从 4 亿增加到 11 亿。我国长期以农业经济为主体，人口稳定增长的时期，也正是大量开荒，扩大耕地的时期。而开荒的重点大都集中在沿江河两岸、湖区周围和盆地边缘土地肥沃易于得到灌溉的地带，与水争地成为必然的发展趋势。从先秦到唐代中期，黄河中下游和淮河、海河流域大约占全国总面积 10% 的土地上，人口占全国 50%～70%，汾渭盆地、伊洛河谷地和黄河下游两岸平原的土地利用率已经达到很高的程度，历史上有记载的湖泊洼地逐步消失，如《尔雅·释地》中所载"十薮"，除云梦、具区在长江流域外，其余都在这个地区，均逐步消失，至明代初已基本上湮没不复存在。黄河及其两侧诸水系，失去了滞蓄场所，黄河逐步形成了明显的悬河，遂频繁地发生决口改道。自唐中叶至今，长江流域的主要省份，人口逐渐增多，从西汉初年占全国人口比重不足 20%，至清末已达 50% 左右，湖泊洼地不断被围垦，圩垸不断发展，古代的云梦泽、彭蠡泽人都消失，近代的湖泊洼地也多被垦为良田，清初至今，这种围湖滩造田的发展速度进一步加快，本世纪内与水争地的速度更为惊人。从人口增长的绝对数来看，黄河中下游及淮河、海河流域从西汉末年（公元 2 年）大约 4000 万人增至现在的 3.5 亿人，增加了 8 倍；长江流域主要省份人口从 1000 多万，增加到 3.7 亿左右，增加了 36 倍。人口的大量增加和耕地的急剧扩大，河道及天然湖泊洼地的泄洪和蓄滞洪水的能力大幅度下降，成为洪水灾害不断扩大的重要原因。

二、我国洪水的防治特点

根据我国洪水灾害形成的原因、社会经济的特点和防洪斗争的实践经验，我国防洪问题具有以下特点：

（1）根据我国洪水和河流特性，一般河流进入平原以后，洪水峰高量大，河道泄洪能力低，来量大泄量小的矛盾普遍存在。这种矛盾是造成洪水泛滥的基本原因，为了保护沿河两岸密集的人口和耕地，争取平原地区有较高的防洪标准，都修建堤防，高水行洪，防汛抢险任务十分繁重，上下游、左右岸地区之间防洪矛盾十分尖锐，提高行洪能力的措施，往往受土地使用和各地区之间利益相互矛盾的阻挠，不易实现。不断整治江河、加固堤防是巩固和提高河道防洪能力的重要措施。

（2）为了解决平原河道洪水来量与泄洪能力的矛盾，在遭遇超过河道堤防泄洪能力的超标准洪水时，必须采取临时分蓄洪措施。现在全国主要江河通过规划确定的行洪、分蓄洪区有 100 多处，主要分布在长江、淮河、黄河和海河水系，分蓄洪范围约 3 万km^2，居民有 1500 万，耕地 3000 余万亩。这些行洪和分蓄洪区在历史上大都是洪水自然泛滥滞蓄的场所，随着大规模防洪工程的建设，大多数与经常行洪的河道分离，使用的机会大为减少，人口急剧增加，土地大量利用，现在大多数的行洪、分蓄洪区已成为高产稳产农业生产基地。因此，这些地区防洪和生产的矛盾十分突出，一旦使用则经济损失非常巨大，如何解决这些地区防洪和生产的矛盾是我国防洪中的一个重大课题。近期迫切需要解决：分蓄洪区的安全设施，加强管理，限制盲目地开发使用土地，并控制人口的机械增加。

（3）南方低洼地区圩垸的形成是江河防洪和土地利用中的一个特殊问题。江河两岸、滨湖、滨海的低洼地带，土质肥沃，取水方便，在天然状态下，有些年份和每年的非汛期都是可以种植利用的。在人口不断大量增加的情况下，为了扩大耕地，争取更大的生存和发展空间，围垦利用这些低洼肥沃的土地，成为历史发展的必然结果，从先秦起至当代，全国圩垸地区约 $70000km^2$，主要包括江汉平原、洞庭湖区、鄱阳湖区、湖北、安徽沿江沿淮地带、太湖流域、里下河地区和珠江三角洲等处，大约有耕地 7000余万亩，人口 6000 余万。经过几千年的发展，这些地区已经成为我国最重要的农业生产基地，工农业生产水平居于全国领先地位，因此保证圩垸区的防洪安全成为国家防洪的重大任务。

（4）城市防洪是江河防洪的重点。城市人口密集，财富集中，是政治经济文化的中心。我国的主要大、中城市大都滨河、临湖、沿海，依山傍水兴建，都受到不同程度的洪水威胁。我国 1988 年设市的大、中城市有 434 座，其中 300 余座有迫切的防洪任务，大多数防洪标准低于 20 年一遇；数以千计的县城和县内较大集镇，其防洪标准更低，大多数与当地农田防洪标准相当。这种情况与人口增长、城市化速度和经济发展极不相适应。我国沿江河两岸平原的重要城市依靠堤防保护，很难提高标准，在大洪水时要依靠江河上游和城市郊区的部分农业区进行临时分洪提高防洪标准，如武汉、天津，这些城市的防洪与流域性的防洪安排是一个整体，城乡关系须要妥善处理。

（5）我国大陆海岸线长达 18000km，沿海有大小岛屿 5000 多个，岛屿岸线有14000km。海岸受天文大潮、风暴潮、海啸以及江河洪水等多种洪水侵袭。因此海岸防洪在全国整个防洪工作中占有突出的地位。风暴潮，特别是台风，是形成我国海岸灾害性洪水的主要因素。我国台风季节长，频次多，强度大，过渡季节冷气团和暖气团在北部海区又十分活跃，广阔的大陆架海区又是助长风暴潮发展的有利条件，因此，我国是世界上风暴潮最多的国家之一。

我国海岸洪水灾害集中在东海、南海沿岸和台湾、海南等沿海岛屿。钱塘江涌潮，最大潮差达 8.9m，破坏力极强，钱塘江海塘成为世界上著名的海岸防洪工程。海岸洪灾的防治，主要依靠修建海堤（海塘）和通海中小河流河口建闸防止海水倒灌，同时加强风暴潮的预报预警工作，采取临时躲避措施，以减少损失。

（6）冰凌洪水对我国北方河流往往造成局部性的严重灾害。我国北方一般中小河流冬季枯水流量很小，或被上游水库拦蓄，河道断流，大多不产生冰凌洪水。只有黄河干流和松花江的冰凌洪水影响和危害很大。黄河冰凌洪水集中在上游的宁蒙河段和下游的山东河段；松花江冰凌洪水集中在哈尔滨市以下江段。这些河段在每年封河和开河期间，经常形成冰塞、冰坝，急剧抬高水位，造成决口，虽然影响范围不大，但破坏力极强，防凌措施十分困难。

（7）洪涝矛盾在我国不少地区是一个难以解决的问题。由于我国河流普遍高水行洪，圩垸与自然水系分离，形成洪涝两种不同性质的水灾和洪涝排泄出路的矛盾。全国受江河洪水威胁和堤防保护的面积约 100 万 km²，这些地区都存在着不同程度的涝灾，全国易涝耕地约 3.6 亿亩，主要分布在黄淮海平原、长江中下游平原湖区、松辽平原、三江平原和沿海江河河口三角洲地带。除沿海部分平原排涝河流直接入海外，一般平原洪水与涝水出路都是同一条河流，汛期干流水位高，支流出流受到顶托，两岸涝水不能排入河道，形成涝灾，有些中小河流不得不在河口建闸防止干流洪水倒灌或顶托，同时修建扬水站动力抽排。圩垸地区主要靠内部湖泊调蓄和机械动力抽排涝水，在外河水位很高时，大量抽排涝水增加外河洪水流量，加重了防洪负担。洪涝排泄出路的矛盾普遍存在，而又很难妥善解决，成为我国治理水灾的一个重大课题。

（8）水土流失、江河泥沙冲淤变化对防洪安全影响极大。我国水土流失比较严重的地区约占国土的 1/5，每年表土流失量达 50 亿 t 以上，平均每年从山地、丘陵区被河流带走的泥沙约 35 亿 t，其中：直接入海的 18.5 亿 t，流出国境的 2.5 亿 t，内陆诸河带走的约 2 亿 t，其余大约 12 亿 t 泥沙淤积在外流的河道、湖泊、分蓄洪区、泛滥场所、水库和灌区之中。如黄河和北方部分河流河床不断抬高，河口淤堵，行洪能力下降；北方各省如陕西、内蒙古、山西、辽宁等省大型水库泥沙淤积量占总库容量的 20％以上；南方山地丘陵区中小河流的河床推移质泥沙堆积十分严重，不少河道已失去规整河形。泥沙问题是长期影响我国防洪成败的重大因素，减少泥沙来量，保持河道输沙能力，减缓水库河道淤积，稳定河床，将是我国防洪的长期持久的奋斗目标。

了解研究上述这些特点，对提高中国防洪本质问题的认识和采取重大对策，都是非常必要的。

三、洪水灾害防治现状

洪水灾害在我国分布广、频度高、灾情重，对社会安定和经济发展都有重大的影响。19 世纪 40 年代到新中国成立时的 100 多年间，由于政治和经济方面的原因，生产破坏，水利失修，成为水旱灾害最为严重的年代。1949 年前，大江大河的堤防除黄河下游大堤、荆江大堤、洪泽湖和里运河东堤等重点堤防比较完整外，绝大部分江河圩垸堤防残破不全，所有堤防防洪标准都很低；排洪能力很低，在常年洪水时自然分流于天然湖泊洼地，部分河段仍漫溃成灾；遇较大洪水时，除天然湖泊洼地满蓄扩大外，则堤防普遍漫溃，按本世纪内曾经发生过的特大洪水灾害调查，七大江河可能泛滥的范围达 70 万 km²，4 亿多亩耕地；主要江河除东北地区少数河流如东辽河、柳河和第二松花江有几座起防洪作用的水库外，大江大河没有一座防洪水库。在这种情况下，每次大洪水受灾人口上千万，直接死亡人口十数万，因灾导致疾病流行和辗转流离而死亡的人口达数百万。新中国成立初期的十年间，除 1954 年江淮特大洪水外，其余各年洪水并非很大，而灾情都十分严重。新中国成立，就是在这种历史背景下开始进行江河治理和防洪工程建设的。当时中国共产党和全国广大劳动人民，为了安定社会和恢复生产，都把江河治理和防洪建设作为首要任务，受灾严重的冀鲁豫皖苏湘鄂等省每年各省都动员数十万至百余万劳动大军投入治河防洪。40 年来全国各省这种努力，从来没有中断，江河防洪建设取得了巨大成绩，发挥了重要作用，主要成就是：

（1）主要江河在综合性流域规划中都将防洪作为重点问题，对防洪的目标、总体部署、主要措施和实施步骤作了全面规划，这种规划通过防洪工程建设和管理运用的实践，又不断得到补充和修正，使防洪建设建立在比较科学的基础上。

（2）全国各级河道修建加固堤防 20 万 km，保护耕地 4.83 亿亩，保护人口 3.22亿；其中：主要堤防 5.61 万 km，保护耕地 3.17 亿亩，人口 2.15 亿。七大江河共有堤防长 16.8 万 km，占全国的 88.8%；保护耕地 4.24 亿亩，占全国堤防保护耕地的87.8%；保护人口 2.77 亿，占全国堤防保护人口的 86%。同时对淮河、沂沭河、海河诸水系的排洪入海出路进行了治理和调整，大大提高了排洪入海的能力。如海河水系直接入海的排洪能力从 1949 年前后不足 3000m³/s 增加到 24680m³/s；淮河和沂沭河下游入海排洪能力从不足 10000m³/s 提高到 23000m³/s。各级河道的险工和塌岸得到普遍整修加固，仅黄河下游改造险工 5000 多道坝垛，新建丁坝 3000 多座和护岸工程共完成石方达 1200 多万 m³；长江中下游险工护岸使用石料达 6500 万 m³。修建堤防和整治河道，大大增加了河道的泄洪能力，提高了防御常遇洪水的标准。

（3）全国修建了大、中、小型水库 86000 多座，总库容约 4500 亿 m³，对各级河道的洪水都起到了不同程度的调节作用。特别是 350 多座大型水库总库容 3400 亿 m³ 和2400 多座中型水库总库容 670 亿 m³ 发挥了重要作用。黄河干流的三门峡、刘家峡、龙羊峡水库控制了黄河下游、兰州市和宁蒙平原的主要洪水来源，海滦河、辽河、淮河、汉江和东江等水系的水库或水库群，控制山地和丘陵区的绝大部分集水面积，洪水对平原地区的威胁，大大减轻。

（4）主要江河修建或规划确定了行洪，分蓄洪区约 100 处，分蓄洪能力达 1000 多亿 m³，这些分蓄洪区在各江河发生超标准洪水（即超过水库调蓄和河道下泄能力的洪水）发挥了极其重要的作用，保证了重要河段和重点城市的安全。

（5）逐步建立和完善了非工程防洪措施。大江大河都建立了水情预报、防汛通信和调度指挥系统；加强河道、水域和分蓄洪区的管理，包括法规体系、规章制度和组织机构的建立和完善；进行了防洪保险试验。这些措施在经常的防汛工作中为减少洪水灾害损失发挥着重要作用。

防洪工程和非工程防洪措施的建设和完善，使我国主要江河初步控制了常遇洪水灾害（一般约相当于 10~20 年一遇的洪水），在遇大洪水时，主要江河可以把洪水灾害限制在规划的分蓄洪区范围之内，大大缩小了洪灾范围。当前七大江河的防洪能力，大体如下：①黄河下游花园口可通过洪峰流量 22000m³/s，在金堤河和东平湖分蓄洪区的配合运用下可使下游河道安全行洪，防洪标准约合 60 年一遇，上游兰州市和宁蒙河段防洪标准可达 100 年一遇。②长江中下游干流、汉江下游及湖区堤防防洪标准可达 10~20 年一遇，在分蓄洪区配合运用下，在遭遇 1954 年洪水时，可保大、中城市和重点平原圩区的安全。③海滦河水系，在各种防洪措施配合运用下，北系各河可防御 1939 年型洪水，南系各河可防御 1963 年型洪水，均相当于 50 年一遇。④淮河中下游，可防御1954 年洪水，相当于 40 年一遇，沂沭泗河下游可防御 10~20 年一遇的洪水。⑤珠江干流及三角洲的主要圩堤可防 10~20 年一遇的洪水。⑥松花江干流一般防洪标准约为10~20 年一遇，沿江重点城市如佳木斯、哈尔滨可防 40 年一遇洪水。⑦辽河干流河道

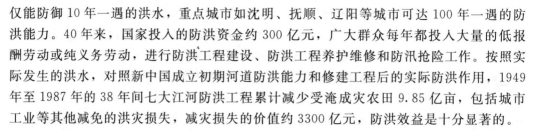

仅能防御 10 年一遇的洪水，重点城市如沈明、抚顺、辽阳等城市可达 100 年一遇的防洪能力。40 年来，国家投入的防洪资金约 300 亿元，广大群众每年都投入大量的低报酬劳动或纯义务劳动，进行防洪工程建设、防洪工程养护维修和防汛抢险工作。按照实际发生的洪水，对照新中国成立初期河道防洪能力和修建工程后的实际防洪作用，1949 年至 1987 年的 38 年间七大江河防洪工程累计减少受淹成灾农田 9.85 亿亩，包括城市工业等其他减免的洪灾损失，减灾损失的价值约 3300 亿元，防洪效益是十分显著的。

四、存在的问题

我国的洪水灾害经过 40 年的大力治理，大面积经常性的洪水灾害已经大为减轻，但从一般年份每年洪灾经济损失仍近百亿元，死亡数千人，洪水对自然环境的严重破坏等情况来看，洪水灾害仍然是社会经济发展的严重威胁。当前存在的主要问题是：

（1）现有防洪工程设施的老化失修，和人类社会活动影响的增加，防洪设施的效能在逐步减弱，原来规划设计的防洪标准难以达到。首先是河道的淤积和人为设障，河道行洪能力普遍下降，黄河下游河床的不断淤积抬高，平均 10 年左右，大洪水时同样流量的水位要抬高 1m，必须相应加高堤防；淮河中游正阳关以上河道中小洪水时现在比 50 年代末期减少泄洪能力 1500～2000m³/s，比原有泄洪能力减少 1/4～1/3；长江中下游几个控制站的洪水位现在比 50 年代末期普遍抬高 0.5m 以上；辽河干流泄洪能力从 20 年一遇下降到 5～10 年一遇；海河水系河口淤积特别严重，所有新开辟或整治过的河道，均达不到原有设计能力，有少数河道泄洪能力减少了 1/3～1/2。其次，是水库淤积防洪能力下降，尚有 1/4 的大型水库和 1/3 的中小型水库，安全标准低或存在严重的缺陷或隐患，工程不能正常运用，不能合理发挥防洪作用。第三，河湖洲滩的滥占滥用，任意设置行洪障碍，屡禁不止，结果每年堤防圩垸加高加固所起的加强作用还抵消不了人为设障的削弱作用。

（2）大江大河的干流及其主要支流，现有的防洪标准普遍偏低，遭遇较大洪水时缺乏有效对策。如黄河下游现在仅能防御 60 年一遇洪水，虽然比其他大江大河都高，但由于它的悬河多沙的特点，一旦溃堤决口，对两岸的破坏力很大，还可能完全改道，当超过 60 年一遇洪水时，即使将分蓄洪区投入使用，仍然难以保证安全；长江荆江河段，现有河道只能通过 60000m³/s 的洪水，但历史上曾在 1870 年发生过 110000m³/s 的洪水，即使运用荆江两岸的分蓄洪区也只可能通过 80000m³/s 的洪水，超量洪水可能造成南北堤防溃决，不仅江汉平原和洞庭湖区遭受巨大经济损失，而且可能造成数十万人口的伤亡，其后果是十分严重的。其他各河都有类似情况。

（3）处理大江大河的特大洪水主要靠临时分蓄洪区的运用，这些上百处的分蓄洪区现有人口 1500 多万，但必要的安全设施和分洪、退水的控制工程都缺乏，因此难以适时启用，启用后除经济损失十分巨大外，广大人民群众不能及时撤退转移，生命安全缺乏保障。如果不能适时适量地使用分蓄洪区，可能既牺牲分蓄洪区，又可能洪水失控造成更大范围的灾害。

（4）众多的中小河流，包括大江大河的次要支流防洪标准更低，多数不能控制常遇洪水；山地丘陵区的山洪、泥石流、滑坡、岩崩等自然灾害普遍存在，缺乏有计划的防治。

（5）水土流失仍在不断加重，陡坡开荒，森林的过量采伐，开矿、修路、城镇建设等都仍在不断制造新的水土流失而不加防治，其结果是水土保持治理的速度低于破坏的速度。由于水土流失的加重，洪水径流更加集中，河道、水库淤积更加严重，防洪的困难在不断增加。

（6）非工程措施尚未被普遍重视。突出的问题是：河道水域的管理不健全；法规不配套，有法不依和执法不严的现象普遍存在；非工程防洪措施中的技术装备如水情测报、防汛通信和防汛抢险机具等仍然十分落后。

（7）由于常遇洪水灾害减少，全社会的防洪意识淡薄，缺乏应付洪水灾害的经验，因此一旦遭遇较大洪水，意外事故和意外损失将大量增加。

五、防治洪水灾害的对策

从全社会来看，防洪的工程设施和非工程措施都在不断加强，但随着人口和社会财富的增长，洪水灾害的损失却与日俱增。水库、涵闸越修越多，堤防越修越高，江河洪水位却随着防洪工程的增加而日益抬高，工程失事可能造成的危害越来越严重。因此洪水给人类社会造成的威胁和增加的负担不是逐渐减少而是日益增加。这种现象不仅在中国而且在世界各国都是普遍存在的。面对社会经济发展的趋势，当前防洪中存在的问题和我国防洪保护对象在国民经济中的重要地位，有关防洪对策，建议作如下考虑：

（1）在我国自然环境和社会经济的特殊情况下，洪水灾害将长期存在，随着气候的周期波动和社会经济活动对洪水和防洪设施的影响，还会产生新的问题，在一些地区还有可能加重洪水灾害，因此必须把防洪纳入国家重大自然灾害防治、生态环境保护和国土整治的长远总体规划之中，作为长期社会经济发展计划的重要组成部分。

（2）鉴于我国洪水的年际变化幅度很大，防洪措施与人口增长和土地利用有尖锐的矛盾，主要江河在基本控制常遇洪水（10～20年一遇洪水）后，继续提高标准十分困难，代价昂贵，防洪的基本策略应是：除重点河段、重要城市外，一般地区应立足于巩固、完善防御常遇洪水的防洪工程设施体系；非常洪水采取非常措施加以控制。对非常措施要有备无患，立足长远，要与各种民用设施的建设密切结合，发挥综合作用。大江大河的重点河段和重要城市要有较高的防洪标准和明确的防洪目标，对超标准的特大洪水必须有所安排，防止对洪水完全失去控制，而造成大量人口伤亡或打乱国家经济部署的重大事故。

（3）工程措施与非工程措施必须密切结合，因地制宜，有所侧重，在我国的具体情况下，常规的工程措施，一般只能控制常遇洪水，除了重点地区依靠常规工程提高防洪标准外，广大地区在大洪水时都必须依靠非工程措施保护安全和减少损失。非工程措施主要是：首先要树立全社会的防灾意识，在遭受洪水威胁可能泛滥成灾的地区，要对防洪问题进行系统的宣传，使居民充分认识洪水灾害的严重性，在生活和生产活动中，以及进行各种建设时都要考虑适应防洪的要求，安排适当的措施，减少损失，各级政府和水行政主管部门应制定各种法规和各种建设的指导性文件，对这些地区的生产建设活动加以制约；第二要加强河道、湖泊、分蓄洪区和一切防洪工程设施的管理，严格控制河湖洲滩和分蓄洪区的人口机械增长、滥占土地和人为设障，及时清除河湖行洪障碍，力争保持所有防洪工程设施和自然河湖洲滩的行洪、蓄滞洪能力；第三，提高洪水预报水

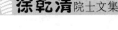

平，健全通信预警系统，改善防汛抢险的技术装备，提高防汛工作水平，减少事故风险；第四，有计划地推行防洪保险，改进灾后救济工作。

（4）防洪的工程措施要点、线、面密切结合。面上要长期持久地推行水土保持和中小河流的治理，控制水土流失，减少河道、水库、湖泊的淤积，减轻山洪等山地灾害；要有计划地进行江河治理，稳定河道岸线、保护行洪洲滩，提高堤防的质量；在巩固改造现有水库基础上，按照蓄泄兼筹的原则，结合水资源的综合开发利用，建设一批对江河洪水有控制性的水库枢纽工程，如长江三峡工程、黄河小浪底枢纽等，以提高对洪水的控制调度能力；加速分蓄洪区的安全设施和分蓄洪配套工程，使分蓄洪区的运用能尽量做到适时适量，减少损失和失控事故。

防洪问题是中国的一件大事，是一项长期艰巨的任务，需要不断总结经验，深入研究，结合中国的特点把防洪工作推向前进。

近代江河变迁和洪水灾害与新中国水利发展的关系

1840—1949 年，即鸦片战争开始至中华人民共和国建立的 110 年间，我国的水利形势与整个历史形势一样，是一个冲击与探索的年代。江河变迁、水旱灾害形成了影响整个社会经济发展的严峻形势。新中国大规模江河治理，积极发展水利事业，是客观形势的需要，是历史的必然。本文仅就主要江河演变和洪水灾害的发展，粗略分析一下新中国建立前的水利形势，说明新中国发展水利的历史背景。

1. 近代中国主要江河发生了剧变，都发生过历史最大（或接近历史最大）的洪水，成为我国历史上洪水灾害最严重的时期

（1）1855 年（清咸丰五年），黄河铜瓦厢决口改道，黄河夺大清河入海。铜瓦厢以上河道发生剧烈溯源冲刷。河道行洪水位大幅度下降。黄河下游防洪形势发生根本变化。但要形成新的防洪体系，需要付出极大的代价。

（2）1851 年（清咸丰元年），淮河在洪泽湖南端蒋坝附近决口，经三河至三江营入江。1855 年黄河北徙，700 年的黄河夺淮局面从此结束。淮河摆脱了黄河的侵扰和治黄保运的约束，为治理淮河提供了新的条件，但黄河夺淮给淮河水系造成破坏性影响十分严重，又为治理淮河带来极为复杂和长期艰巨的任务。

（3）自 1128 年（宋建炎二年）河决滑县，黄河南徙，自此海河水系摆脱黄河的侵扰，形成独立的水系。但自 1855 年黄河北徙以后，又面临黄河洪水泥沙的严重威胁，特别是徒骇河、马颊河和漳卫河下游不断遭到黄河决口泛滥。由于大运河中断，减少了大运河对海河水系出路的束缚和限制。但大运河对海河水系的恶劣影响，如沿河两岸的淤高，限制运西各河流直流入海和淀洼淤塞淹废，仍将长期难以消除。

（4）黄淮海平原经过黄河的长期破坏和自然演变，水系紊乱，洪涝灾害频繁，已成为破坏生产力和动摇社会安定的重要因素。近代政治腐败，帝国主义入侵和农民不断武装起义，形成了社会的极度动荡和经济的严重破坏。社会经济状况和江河变迁、洪涝灾害互相影响形成恶性循环，江河治理的艰难程度与日俱增。

原文为水利史研究会 1990 年 3 月在陕西三原召开的"中国近代水利史讨论会"的交流文章，后刊登于《中国水利》1990 年 11 期。

（5）1860年和1870年长江上游发生了两次特大洪水，长江中游先后冲开藕池口、松滋口，荆江河段形成松滋、太平、藕池、调玄等四口分流入洞庭湖的局面。自此，长江中游江湖关系、荆江河段的演变规律发生根本变化。长江中游防洪形势出现新局面，不断发生新问题，长江两岸防洪矛盾有新的发展。

（6）近代主要江河都发生过特大洪水，对主要江河的中下游产生了极其严重的破坏，灾情之重，影响之大，震惊中外。对中国近代历史产生了极其深远的影响。如：

1）黄河：1840—1853年间，连续发生特大洪水，13年间7年决口，特别是1843年（清道光23年）黄河中游发生千年来最大洪水，花园口以下两岸具溃，使豫东皖北20余州县受灾；1933年又发生本世纪内最大洪水，冀、鲁、豫三省受灾67县，黄水泛滥11000km²，灾民360余万，死亡1.8万人；1938年，国民党军队在花园口决堤，造成惨绝人寰的大灾难，同时又一次对淮河水系造成严重破坏。

2）长江：1788—1870年间，长江中游在不到100年的时间里，发生了三次大于百年一遇的洪水，其中1870年是1153年以来最大的洪水，每次洪水江汉平原和洞庭湖区都是一片汪洋，最大淹没范围达30000km²，造成极其严重的损失，形成了四口分流入洞庭的局面。本世纪内，长江中下游平原地区又发生了1931年的特大洪水，淹没农田5000余万亩，死亡14.5万人，汉口被淹达3月之久，洞庭湖区，江汉平原和太湖流域灾情最为严重；1935年，汉江、澧水又发生特大洪水，淹没农田2200余万亩，澧水尾闾死亡3万余人；汉江下游遥堤决口，汉北平原死亡8万余人，灾情非常严重。

3）淮河：1905年、1921年沂、沭、泗流域和淮河流域分别发生大水，苏、鲁、皖灾情十分严重，1931年淮河又发生特大洪水，淹没农田7700万亩，死亡7.5万余人，干支流堤防普遍决口泛滥，里运河开归海坝，里下河地区一片汪洋。

4）海河：本世纪内先后发生1917年和1939年大水，潮白河、永定河、大清河普遍泛滥，天津全市进水，灾情十分严重。

5）辽河：1861年辽河下游决口冲入双台子潮沟，以后遂形成双台子河，1894年西拉木伦河在台河口以下决口，形成了新开河，辽河水系发生了明显变化，1886、1888、1917、1923和1930年辽河干流东侧主要支流和大凌河均先后发生大洪水，每次造成十余州县的水灾。

6）松花江：1932年松花江发生特大洪水，64县市受灾、3000万亩耕地被淹，哈尔滨市被淹达一个月之久，全市80%的人口受灾，死亡达20000余人。

7）珠江：1915年发生特大洪水，西江北江分别达200年一遇，而且同时并涨，三角洲堤圩几乎全部溃决，广州市被淹达7天之久。

据调查分析，近代特大洪水泛滥淹没农田达70余万km²。都是中国人口最为密集，经济发达的地区。巨大的洪水灾害，不仅经济损失惊人，人口死亡众多，造成了社会的严重动荡；同时使基础十分薄弱的防洪设施，不断遭受破坏，每遭破坏又无力修复。于是大雨大灾、小雨小灾，已成为中国东部广大地区的普遍现象。这一百余年成为中国历史上水灾最为严重的时期。

2. 近代对江河治理的探索，取得了一定的进展，而付诸实施者甚少

近代历史，历经清末和民国两个时期，其共同点是政治腐败，经济凋敝、战乱不

已、社会动荡、民穷财匮，都没有把安定社会、发展经济放在重要的位置上。但江河治理，特别是大江大河的治理需要一定的社会经济环境，巨大的财力和国家行政的组织领导力量。这些条件在整个近代历史中都是不具备的。但是统治阶层有识之士和爱国爱民知识分子却不断进行探索，孜孜不倦地促其实现。他们所作的贡献是不容忽视的，近代对江河治理的探索，大体集中在三个时期：19 世纪 70 年代，太平天国及与之有关系的各农民起义都失败了，清朝统治者暂时渡过了被推翻的危机，清朝少数上层人士，面对江河剧变不断加剧的洪水灾害，开始关注江河治理，着手进行调查测量；民国肇始，第一次世界大战结束之前，民族经济略有发展之际，从孙中山的"建国方略"到张謇等人的导淮倡议，推进了江河治理的探讨研究；20 世纪 20 年代末至抗日战争前夕，以李仪祉为代表的到西方学习科学技术的知识学子，引用西方科学技术，对江河治理的方向和规划，提出各种建议和方案，将江河治理的工作推向了一个新阶段。这三个时期的主要贡献是：

（1）引进西方科学技术，设置气象水文站点，进行江河、港口测量，引用近代科学技术分析江河演变规律和水工技术。

（2）开展了江河治理方略的探讨，对主要江河提出了轮廓规划。从 19 世纪 70 年代起，对江河变化和治理方向展开过探索和争论；如黄河堵塞决口和挽河归故与修筑新堤就势北流之争；淮河入江尾闾的治理与分流入海的议论；长江中游塞口还江与退田还湖之争。这类问题的争论对江河演变的认识和治理方案的研究是有帮助的。20 世纪 30 年代初，学习西方水利技术的先驱利用近百年来的水文、气象测量资料，亲自进行实地踏勘研究，以现代科学技术观点研究编制了主要江河的初步规划。至抗日战争前夕，淮河、海河、黄河、长江、珠江等大江大河都有了比较全面的治理规划和重点工程查勘研究，这是江河治理的一大进步。

（3）按照近代科学技术要求培养了水利建设人才。从 1915 年张謇倡议设立"江苏河海工程测绘成所"和"南京河海工程专门学校"（1924 年改名河海工程大学）起，开始用近代科学技术培养水利人才，李仪祉等发挥了重要作用。此后，北洋大学、清华大学、中央大学等先后设立土木工程系水利组或水利系。使水利人才逐步壮大。在发展水利教育的同时，水利实验研究机构逐步建立，开展了水力学、土力学、材料力学、河工学等方面的试验研究，对气象水文资料和水利历史文献的整编，也做了不少有益的工作。

（4）沿海城市被迫对外开放，出于商业贸易的需要，港口、航道、江河治理的要求同样迫切，清末民初外国殖民者与中国民间合作，对局部河段进行了整治，如天津海河和上海黄浦江的治理，收到了一定的效果。20 世纪 30 年代，我国自行设计自行施工修建了一批水利工程，也发挥了一定作用。

江河治理防治水灾是国家大事，是安定社会发展经济的重要条件。但治理江河，由于工程大、投资多，涉及千家万户，没有良好的政治经济环境是无法举办的，特别是进入 20 世纪以后，江河水系的紊乱，洪水灾害的频繁，我国主要江河如果不采取治本措施是难以见效的。这种治本措施动辄一项工程需银上千万两，须数年之久，在近代一百余年内实在没有可行的条件。因此，众多的仁人志士专家学者，虽怀报国之心，坚持不

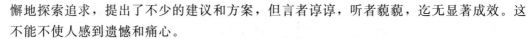

懈地探索追求，提出了不少的建议和方案，但言者谆谆，听者藐藐，迄无显著成效。这不能不使人感到遗憾和痛心。

3. 新中国成立前的江河治理形势

（1）自 1855 年以来，到新中国成立前夕，主要江河变化，已逐步趋于稳定，不可能恢复到 19 世纪 50 年代以前的状况，但河道恶化日趋严重，洪水灾害的威胁不断增加。黄河下游已基本稳定在改道后的流路上，但经过 1938 年花园口决口改道和 1947 年在未作好必要准备的情况下强制堵口，都给下游河道造成严重危害。1949 年前黄河伏秋大汛和凌汛期间，在中小洪水时，随时可能发生决口泛滥。淮河流域，排洪出路不畅，入江能力不足，入海极为有限。自 1881 年至 1949 年开放归海坝 8 次，里下河地区洪涝灾害无法解除；1938 年花园口决口后，淮北各河破坏十分严重，洪涝灾害进一步加重；沂沭泗尾闾紊乱不堪，洪涝不分，泄量很小，连年水灾不断；淮北平原、里下河地区和沂沭泗平原已成为当时水灾最严重的地区。海河水系 1939 年以后虽无大水，但一般年份洪涝灾害面积很大，洪涝都没有适当出路。长江中游，自四口分流入洞庭湖的局面形成以后，洞庭湖区每年淤积 1 亿 m³ 以上，湖滩不断围垦，调蓄洪水能力不断下降，洞庭湖水面从 19 世纪初的 6000km² 到 1949 年已下降到 4000km²，沿江河洲滩的淤积围垦，江河水位普遍抬高，河湖蓄泄能力普遍下降，其他主要江河都有类似情况。由于自然和人为因素，江河恶化的速度不断加剧，洪水灾害对社会经济的严重破坏，沿江河海的广大人民群众，每年防汛修堤的负担极重，而又得不到安全，主要江河已到了非治理不可的程度。

（2）全国主要江河防洪设施极为薄弱。除少数主要堤防如黄河大堤、荆江大堤、洪泽湖大堤等有专设机构和人员进行修防外，绝大部分的堤防依靠群众自行修守，限于财力人力，大都残破不全，不能及时养护维修，防洪能力很低。沿海海塘残缺不全，防风暴潮的能力下降，但沿海人口增加和经济增长都较快，迫切要求提高防潮能力。主要江河除东北地区部分河道有少数水库（如松花江的丰满水库、辽河流域的二龙山水库）可以调节洪水外，其余各河没有一座调洪水库，每遇较大洪水，依靠天然湖泊洼地滞蓄，作用有限，不能防止堤防自然漫溃，每遭遇一次大洪水，江河防洪设施就遭受一次大破坏，长期难以修复。

（3）水土流失不断加剧。山丘区山洪、泥石流、滑坡、岩崩等山地灾害不断加重，平原湖洼地不断淤积，蓄泄能力下降，特别是黄河中游黄土高原水土流失大量增加，本世纪初以来，平均输沙量已达每年 16 亿 t，黄河下游河床持续淤高，"悬河"的危险程度与日俱增，河口流路不断变化延伸，使黄河的防洪更为困难。华北的永定河、东北的辽河河道淤积也日趋严重。

（4）人口的不断增加，与水争地不断加剧，影响了河湖蓄泄能力，同时又加重了防洪的任务和要求。19 世纪 50 年代末，全国人口达到 4.4 亿，由于频繁的战乱和水旱灾害，人口一度下降到 3.6 亿，但到 1912 年（民国元年）人口又达 4 亿，至 1949 年人口已达 5.4 亿，人口增加最多的是沿江河的中下游原湖区和滨海地区。为了扩大生存空间，不断与水争地，天然湖泊面积不断缩小，行洪障碍不断增多，增加了江河洪水决口泛滥的机会，洪水灾害的损失和社会影响越来越大。

上述情况是建国初期所面临的严峻形势，新中国的成立，迅速统一了全国，安定了社会，恢复生产、发展经济成为亿万人民的要求，而最迫切的任务就是江河治理防治洪涝灾害。中国共产党的坚强领导和广大人民群众的热情拥护，又为治理江河创造了有利条件。因此可以说新中国成立后的大办水利，全面进行江河治理，是顺乎民意，符合历史发展的必然规律。所取得的巨大成绩是对中国历史发展的巨大贡献。100 多年来的志士仁人和杰出的知识分子对治理江河的探索和贡献，都在新中国水利事业发展中得到体现，也可以使他们在九泉之下得到安慰。20 世纪 90 年代，中国江河治理仍然面临着艰巨的任务，但在社会主义的优越条件下，完全有可能把江河治理的重任推向前进。

参 考 文 献

[1] 水利水电科学研究. 中国水利史稿（下）[M]. 北京：水利电力出版社，1989.

[2] 长江流域规划办公室. 长江水利史略 [M]. 北京：水利电力出版社，1979.

[3] 黄河水利委员会. 黄河水利史述要 [M]. 郑州：黄河水利出版社，1982.

[4] 赵文林，谢淑君. 中国人口史 [M]. 北京：人民出版社，1988.

[5] 李仪祉水利论著选集. 五十年来中国之水利（1921）[M]. 北京：水利电力出版社，1988.

在中国水旱灾害编写委员会第一次会议上讲话

我有幸应邀参加这次《中国水旱灾害》编委会议，但是我了解情况比较晚，好多情况事先没有什么准备，刚才周振先同志对会议的宗旨，要求都讲得很清楚了，我现在想简单地谈几点对这项工作的一些基本认识和一些建议，供大家参考。

我国由于自然地理环境和社会经济发展的特点，水旱灾害频繁而且严重，不仅影响到经济发展而且与社会的安定有着密切的关系。因此对水旱灾害的防治历来都是国家的一件大事，防洪、除涝、排水等建设都是作为国家全社会的基础设施。提高江河防洪能力，保证防汛安全，提高农田的抗旱能力，保证农业稳产高产，是稳定大局发展经济的重大措施。因此，研究水旱灾害的发生、发展、规律，总结防治经验，展望和预测水旱灾害未来发展的形势是我们水利部门的一项重要的、经常性的工作。中国水旱灾害研究，已经有了很好的基础，刚才周司长已经讲到这方面情况，特别是解放以后，对水旱灾害的资料收集、规律分析都有很多成果，对整个问题的认识也有很大提高，而且这些成果在生产建设中都已经发挥了重要作用。在这个基础上，我们再组织起来进一步充实资料，进行综合研究分析，全面地、科学地提出中国水旱灾害的基本情况和发展规律，是适时的、是必要的，而且是有良好基础的。我相信通过这次工作能够为我国防汛抗旱和水利建设提供科学依据，为水利事业的发展作出重要贡献。为此我预祝这次会议圆满成功，为整个工作树立一个良好的开端。

水旱灾害的成因是自然因素和社会经济因素的综合结果。单纯讲洪水，它主要的成因是自然因素，社会经济因素也是起作用的，但相形之下自然因素占主导地位，如果讲水灾或旱灾那就必须跟社会经济联系起来，否则不能成为灾。在过去地广人稀，洪水可以到处漫流的年代，无所谓洪灾。在广种薄收，生产有很大回旋余地的时候，旱灾也并不突出。因此说到灾，就必须联系到社会经济发展，对社会经济的各种条件进行分析，研究水旱灾害一定要把自然环境的因素跟社会经济的因素结合起来，进行综合分析。找出不同的特点和基本规律，把浩瀚的测验调查资料提高到一个新的水平。从全国范围来看，中国的水旱灾害，我认为有以下几个特点：

原文系作者 1990 年 10 月在中国水旱灾害编写委员会第一次会议上讲话。

第一个特点是水旱灾害的普遍性；从水灾来讲全国 960 万 km^2，大概除了沙漠和高寒山区估计大约 20％左右面积外，从西部的崇山峻岭一直到东部的沿海平原都存在不同形式的水灾，全国山地丘陵区大约占 80％的面积，山地丘陵的洪水灾害，因为它分散，过去认为不成为很大问题，但是随着经济发展，山地丘陵区的灾害越来越突出，从总的经济损失和对社会生产力的破坏情况来看，山地丘陵地区的灾害在当前可能要大于平原地区。山地丘陵区的水灾可以分为两种类型；一种是真正属于山地丘陵，坡度很大的地区，随山洪而产生的滑坡、泥石流、岩崩等灾害；再一种是山地丘陵区的开阔河谷和小盆地，这些地区在当地往往是政治经济文化中心，一次洪水淹没范围并不大，但影响很大。所以山地丘陵区的灾害是一个相当突出的问题，特别是近年来水土流失失控，有加重山地灾害的趋势，是我们新中国成立 40 年后的一个突出的问题。再向东部来看，就是广大平原地区，可以讲是 40 年来防洪除涝的重点地区，大量的工作都集中在东部平原地区，经过 40 年努力，我们概括得到的印象是：平原地区，常遇的洪涝灾害基本得到控制，所谓常遇洪涝灾害，我的概念是中、小河流一般 5～10 年一遇，较大河流或大江大河重要河段大约为 10～20 年一遇。绝大部分平原地区控制了 3～5 年左右的除涝问题。现在平原地区突出的问题是超标准洪水，超过江河泄洪和水库调蓄能力的洪水，按现在各大江河防洪规划来看都有可能把它控制在分蓄洪区、行洪区或一般自然湖泊内，按规划是这么个概念。但真正控制住它，问题还很多，可以说危险极大，笼统地说大约有 110 多处重要的分蓄洪区，面积约估 3 万 km^2；人口有 1500 多万，耕地有 3000 多万亩，发生超标准洪水以后，主要受灾就限制在这么大一个范围之内，当然再比它大的洪水，范围可能要更大，但机会极少。从现在灾情来看，平原区涝灾是比较突出的。最近几年灾情统计情况非常复杂，应用时要认真分析。从洪涝灾害来讲，基本概念是从西到东灾情都很普遍，沿海还有风暴潮灾害，成灾影响最大的还是在东部，但损失大的还是在山地丘陵区。

从旱灾来看，在西部地区特别是西部内陆地区，没有灌溉就没有农业，这是大家都清楚的，从东部地区的北方半干旱地区来看，关键问题是影响农业的稳产问题，特别是夏收这一季，如果没有水利设施，这一季是非常不稳定的，秋收这一季相对比较稳定。从南方来说基本上是间歇性旱灾。从长江流域的一些灌区来看，咱们讲有效灌溉面积和保证灌溉面积，我体会所谓保证灌溉面积就是能保证两季的用水，一般的灌溉面积只能保一季，但是南方间歇性旱灾，如果水利设施不能跟上，那么就只能保证一季。间歇性旱灾也很有规律，一般是七八月南方总有一段旱灾期，所以南方的旱灾也相当严重。灌溉保证一季或者两季，一亩土地的利用收益可以差一倍。我曾经在湖南、湖北一带做过一点调查，差别很大，因此解决抗旱问题对南方来讲也是提高土地利用、增加复种指数的重要措施，如不解决灌溉抗旱问题，南方要提高土地利用，提高复种指数都是不可能的。因此旱灾从全国来讲，不管哪个地方都有旱，不同的是有的地方严重，有的地方不严重，特别要联系到我们的社会特点，即人口增长速度和人口的密集程度，如何充分利用土地，这是我们的关键问题，而要充分利用土地必须解决抗旱问题，不解决抗旱问题，空谈提高土地利用，是没有出路的。所以普遍性是很突出的一个问题。

第二个问题是灾害的集中性；水灾不管洪灾还是涝灾，从时间的分布，空间的分布在中国都是相当集中的。比如说洪水的集中程度，咱们很多专家曾经在这方面有过很好的研究，暴雨洪水的集中程度非常明显，而且洪水的强度也特别大，局部地区可以和世界纪录等量齐观。旱灾也很集中，各地方从农业的角度来讲都有一个卡脖子旱，这个卡脖子旱对农业影响是非常深远，就是集中早一二十天，而对农业影响很大，再加上连续长期干旱，与连续若干年的干旱，对国家、社会影响都非常大，所以灾情的集中性是个很突出的问题。

第三个问题是灾情的多样性；由于我国地域辽阔，气候条件复杂，特别是东亚季风的影响，尽管全世界都有季风影响，但中国的季风特别复杂，比印度、东南亚要复杂得多。我们不仅有东南方向季风而且有西南方向的季风，从气象上来讲，这个多样性是其他各国所没有的。因此，洪水有暴雨洪水、冰雪洪水、沿海风暴潮等应有尽有，而影响最大的还是暴雨洪水，除东部平原地区暴雨洪水可以造成非常大范围灾害而外，局部暴雨灾害也很严重，比如我国西部几小时之内下四五百毫米的纪录多得很，只要碰上它，破坏就不得了。其次，是风暴潮。风暴潮灾害不仅因为台风对中国影响特别明显，中国大陆架有利于形成大的风暴潮，因为它是一个很长的缓坡延伸到海域中去，大的风暴潮来临以后，沿大陆架缓坡向上爬，所以沿海风浪高度在世界上也是少有的，冬季风暴潮也是相当厉害。另外加上冰雪洪水，黄河的凌汛，松花江的凌汛这些问题，从全国来讲一年四季都有洪水，这就增加了我们对问题分析的复杂性。从旱灾来讲各地方气候条件不同，产生条件不同，因此，旱灾的表现也是非常复杂的。譬如北方深厚土层的旱灾与南方瘠薄土层的旱灾表现形式差别就很大，在贵州，只要两个礼拜不下雨，玉米的叶子就金黄了，它就是因为土层很薄，很快就旱死了，卡脖子旱各个地方表现形式差别也很大，特别在西部，每年的气温对冰雪融解的速度，对卡脖子旱影响极为密切，至于不同的地方长周期连年干旱带来的影响就更大，所以旱灾也是一个多样的。

第四个特点是灾害的周期性，水旱灾害本身它是一个随机事件，每年情况都不一样，但是很多水文方面的专家经过长期研究，认为中国水旱灾害周期性还是很明显的。特别是过去曾经发生过特大洪水在同一地区几乎可以讲，都有重复出现的可能。如长江流域 1931 年的大洪水和 1954 年的大洪水，不管是洪水成因、分布的地区、成灾的形式几乎相差不多；譬如海河流域像 1963 年大水在历史上就曾经找到过，1939 年的洪水也找到过相类似的洪水，强度也比它大，所以它有重复性。过去研究太阳黑子的问题，有11 年的周期，22 年的周期，40 几年的周期或 70 几年的周期。这些周期性规律性我们都应很好地研究。旱灾同样有这个问题，因为水文周期总是有丰、枯的问题，旱灾往往出现连续干旱的问题，连续干旱对华北地区的危害，可以说是毁灭性的。所以周期性的问题也是很突出的。此外像水灾的突发性，水旱交替发生的特点，都是非常明显，从全国范围来看、不管是从历史情况也好或近代历史也好，我有一个印象就是旱灾危害远大于水灾。我们可以从历史上看，造成社会动乱的往往不是一次水灾而往往是连续旱灾造成的，特别是历史上最有名的几次旱灾都是连续几年旱灾造成的。80 年代农业统计资料中农业一个特点，因为这些年一般来讲风调雨顺，旱灾情都不大就是说它的结果，每年自然灾害对农业减产大体上是洪涝灾害占 20％，旱灾占 60％，其他风、虫等灾害占20％。旱灾从总体上来讲，对中国的社会经济影响都是第一位的。水灾影响面相对较小，但破坏性强，局部大灾也可能影响到全局的问题，比如现在大家最担心长江中游防洪问题，长江中游江汉平原和洞庭湖区两个加起来大概有 2000 多万亩耕地 2000 来万人口，生产比重在两个省都很大。特别对全国提供商品粮，商品经济作物。这两个地区都是很重要的但这个地区防洪标准现在大约为十年一遇，因此每年提心吊胆，这个地区一旦出问题就很难办，不仅影响到本地区，且牵涉到全国。所以研究三峡任务时就是想通过修建三峡工程解决长江中游防洪问题。当然三峡不仅是这一个问题，但这也是考虑的一个重要方面。长江一次特大洪水，灾情虽然是局部的，但影响是全局的。所以这个关系也是非常复杂的。在这次工作中，希望水旱灾害的研究要并重，过去对水灾研究相对来讲比较多一些，资料也多，研究深度也较深入。对旱灾研究相对不足，比如《五百年旱涝灾害》这可能是我们现在研究旱涝灾害很重要的一部著作，好多问题还说不清楚，在这次工作中要水旱灾害并重，同时还希望能够对旱灾的分析要特别加重。

考虑到以上这样一些特点，对《中国水旱灾害》的编写工作提下面的几点建议。

第一点，历史水旱灾害要研究，要全面考虑，但是又应把重点放在近代，我们所以要研究长期历史水旱灾害，目的是要寻找水旱灾害长期规律，同时还要搞清当代水利起步的背景是什么。因此要把重点放在近代上。所谓近代，有一个巧合就是近代江河的突变与近代社会的突变，基本上都是 19 世纪 40 年代开始的。19 世纪 40 年代以后江河变化有两个特点：第一个特点是在这个时候江河本身发生了突变，一个标志就是黄河铜瓦厢决口。铜瓦厢决口后黄河北徙走了大清河这条路以后，多少年来高高的悬河一下走到了低谷，同时铜瓦厢以上经过几十年的溯源冲刷，从郑州以下是大大的刷深了，我们现在可以看到在东近老滩一百几十年从来没有上过水。有人估计大概要超过 3 万流量老滩才能上水。未改道以前只要几千流量就要上水了，这个形势是一个很重要的变化，对黄河来讲既为黄河的治理创造了有利条件，但要形成一个新的黄河防洪体系又是一个极为艰巨的任务。由于黄河的改道解决了两大难题，一个是对淮河的干扰，淮河从 11 世纪起就受到黄河的严重干扰，既淤积了河道又打乱了河道，整个水系十分紊乱，那时为了保证漕运，不能不治黄，治黄为了保运，牺牲淮河理所当然，因此，淮河受到的破坏非常严重。铜瓦厢决口后，淮河本身又南下入江，1951 年以后蒋坝决口南下入江，淮河摆脱了黄河干扰，这是一个很重要的变化。海河也同样如此，海河同样既受黄河影响，又受运河影响，受黄河影响在 11 世纪以前，11 世纪以后对海河影响不大，但黄河改道到大清河后，又恢复了对海河影响，可以讲从隋唐一直到清末，七八百年之间运河对海河破坏也很大，最重要的一条，是运河沿岸形成了分水岭，西边水不能自然地东流入海。黄河改道，运河冲断，也解除了这个束缚，但并不等于解决了问题。黄淮海平原到了 1855 年后出现了新的局面，这是我们以后治水的一个根本的背景。从长江来讲，1860 年到 1870 年连续两次特大洪水，形成了四口分流的局面，这对长江流域来说也是一大变化，这个变化也是影响深远的。荆北的灾情和洞庭湖的灾情调了个位置，当然两方面问题仍然相当严重，对下游也有很大影响，现在看长江荆江河段和下游河段的变化，与这个局面的形成极为密切。其他像辽河双台子河的形成，新开河的形成大体都是这个年代。所以从 19 世纪 50 年代起中国江河上的这个变化影响很深远，直到我们解放以后。再一个特点是从 19 世纪 50 年代到建国前这 100 多年中，所有的大江大河基本上都出现了历史特大洪水或接近历史特大洪水。根据调查，从南到北，珠江的 1915 年洪水，是我们调查到的历史最大的，长江的1954年也是最大的，淮河1931年、1954年也是最大的，海河1963年、1939年也是接近最大的，辽河大凌河1930年也是很严重的，松花江1932年不是历史特大就是接近历史特大。这就是说在江河变化严重的局面下，又遭遇到特大洪水，破坏更加严重。这个局面可以讲就是建国初期，我们整治江河的根据。大干水利是客观环境逼着你非干不可的。有这个历史背景摆在这儿，不是哪个有这么大本事一年动员上千万人来干水利，而是历史发展的必然。当然，旱灾同样是如此，比如光绪末年的旱灾，民国十几年的旱灾，那都是不得了的事情，一死都是上几百万的人口，所以我们要弄清这个阶段的历史背景对我们研究当代的水利问题具有非常重要的意义。所以在这一点，我觉得既要研究历史的、长期的，同时要把重点放在近代，特别是新中国成立前100多年来，对于我们了解当代的水利问题是很有帮助的，这是第一个意见。

第二个建议是编写这本书应以全国作为一个整体分析，与分流域分地区分析相结合，不单纯搞分流域的，还要搞对全国性问题的研究。所以要研究全国性的，是要供更高层次的决策使用，现在我们对全国防洪抗旱的部署决策，必须要有全国的概念，只有局部地区的概念说明不了问题，因此对以全国为整体来做一个全面分析，这是非常必要的，但是这个分析必须在分流域分地区的基础上进行。从实际使用价值上来讲，水利建设或者防汛抗旱，分流域地区的作用就比全国作用要大得多，所以这两方面要结合起来，先把分流域分地区搞好，然后在此基础上来全面分析全国的问题。

第三个建议是我们分析不同时期、不同地区的水旱灾害，既要研究自然条件，又要研究社会经济因素。这个问题比较困难，但是联系这方面问题可能有好处，因为现在从记载上来看，特别从中国历史文献来看，一般描写水情比较多，灾情就非常笼统，辨别不了灾情轻重，这种情况下，我们对受灾重的地区，能研究一下当时的社会经济条件还是很有必要的。因为在最近这些年不管社会科学也好，自然科学也好，对这方面的综合性研究还是进行得很不错的：有很多很好的参考价值，比如我看到一本《中国人口史》，华东师范学院编的，它把全国从周朝中期一直到现在逐时段对全国人口、数量与分布状况都做了些研究，这是一个全面的分析研究工作。对全国土地利用须作一些研究，研究一下社会经济的发展情况，然后对灾情做出定性的分析才比较可信。历史洪水关键在定性，定性要准确，定量是很难的，定性我们参考各个方面的情况，才能够作出一个比较明确的结果。

第四个建议是基本资料的收集、考证、与综合分析要相结合，综合分析应该是今后的重点工作。现在资料已不少了，比如以南京水文水资源研究所为主编写的《中国历史大洪水》已做了大量考证工作，已经出了上卷，这个资料是非常有用的，是非常有价值的，不仅在科学技术方面，而且在应用方面都有很大价值。其他方面比如在做暴雨洪水分析时候收集的场次暴雨大概也有几百场，这样一些资料现在我们觉得都需要把它整理、刊印出来。这些资料当然需要进一步补充、考证落实，但是毕竟基础工作做得比较多，而综合分析方面相对比较薄弱，因此在收集、考证基本资料的基础上，要能够把综合分析搞好。所以，编写大纲中后几章的许多工作分量相当重，而且这些工作一开始就要有人去考虑，不是把资料都拿来了再考虑，那时你连基本概念都无法形成。要系统地研究这个问题。

第五个建议是对策。预测和对策的研究，恐怕是不可避免的，因为研究到最后，总要对旱涝灾害有个预测、有个发展形势的展望，以后提出一些对策问题。对策的研究，我觉得最重要的一点要放开视野，不要局限于我们水利专业业务范围，如果局限在水利专业业务内，我们的对策很难提，结果提来提去还是修工程或者说加强管理，别的就很难。要放开视野，现在防洪抗旱已基本上逐步向社会化发展，这是很明显的，比如，日本和欧洲城市对防洪设施强调防洪设施的多功能利用。因此它可以修一个堤 100m 宽，但是在这个堤外边和下边就是综合利用，发挥多功能作用，但这种实施现在并不多，但是我看到人家研究的东西有向这方面发展的趋势。又如堤防、涵闸，还有与道路的结合与城市绿化的结合，与城市公用设施的结合，看到这是一个发展方向，因为不这样的话，城市将来很难发展。防洪弄到最后标准总是不能太高，最后还是要靠非工程措施，所谓非工程措施，实际上即社会措施，动员全社会各行各业建立防洪意识，在各行各业搞基本设施建设时考虑防洪的要求，如果能做到这样的话，那么防洪问题就简单多了。

过去长办分析长江流域洪灾损失，最突出的一点就是洪水对固定资产的破坏，一次洪水分洪以后房倒屋塌，什么东西都弄光了，最后算下来，固定资产的损失大概要占60％～70％，而当年的生产损失占的比重是有限的，要减少这个灾害就得要动员全社会，来解决公共设施、基础设施在遇洪水时不受严重破坏。又如分蓄洪区的道路都是水利部门去修的，修好后没人管，再修又没有钱了，这也是社会问题。所谓非工程防洪措施基本上是社会措施。旱灾同样是这个问题，单纯靠修工程扩大灌溉面积只是一方面，还要采取其他措施提高土地抗旱能力，很重要的是农业方面的措施。在研究对策时要放开视野，既要了解水利工程的作用，又要超脱水利工程范围，从全面来考虑这个问题。

最后一点建议就是像刚才吴所长、周司长所讲这是一项非常复杂、非常巨大的工作，因此必须发扬协作精神，互相支援，共同提高。在这方面过去水利部门搞了些基础工作的研究，如水资源评价、水资源利用，可能最大暴雨以及历史洪水调查等等都是大家共同发扬协作精神搞起来的，不是哪个单位一下子能搞起来的，我们这次工作同样是这样，需要有各个部门的积极参与和主动研究，才能够提出一个比较好的成果。相对来讲，流域机构过去由于有生产任务，防汛任务，抗旱任务和对具体问题的研究分析，科研部门和学校要有很多有利条件，他们积累材料也比较多，对问题的认识也不同，因此，希望各个流域机构能够发扬奉献精神，能够把这项工作共同协助搞好，当然研究部门这几年做的工作也是大量的，但是从直接和间接的角度来讲可能流域机构更直接一些。

我要说的就这几点意见，可能有些地方讲得很不确切，而且有很多错误。请大家批评指正，谢谢大家。

大力改造渍涝盐碱中低产田　为农业高产稳产创造条件

　　这次会议与全国水利科技座谈会、中国水利学会农田水利专业委员会议同时在一个地方召开，三个会议共到代表170人，其中参加北方地区治理渍涝盐碱中低产田水利技术措施经验交流会的代表53人，农田水利专业委员会的委员46人。崔宗培、李纬质、贾大林、瞿兴业和方生等5位特邀代表到会指导。会议听取了张春园副部长的报告，科教司戴定忠副司长传达了全国科技工作会议精神，农水司丁泽氏司长作了关于依靠科技进步，振兴农村水利和水土保持事业的发言。然后进行大会经验交流，有24位同志在会上发言。会议期间，代表们还参观了天津市暗管排水改造盐碱地的试验成果，讨论了《北方地区治理渍涝盐碱中低产田初步规划编制提纲》。同时，中国水利学会农田水利专业委员会召开了第3届委员会第一次会议。

　　科技工作座谈会已经结束。农田水利专业委员会进行了一天紧张热烈的会议，对专业委员会今后的工作和农田水利科技规划，提出了很多、很好的意见。现在我着重就北方渍涝盐碱中低产田改造经验交流会的情况，讲一些意见。

　　1. 会议的基本收获和特点

　　会议共收到北方17个省、市、自治区及科研单位的论文和交流材料56份，这是从70年代以来各省、市、自治区水利部门、科研院所、大专院校从事渍涝盐碱地改良、防治的试验研究和生产实践总结的丰硕成果，包括了北方地区各种类型的渍涝盐碱灾害防治试验研究成果。总结出了各种不同类型地区防治渍涝盐碱灾害比较完整、系统的科学技术措施，攻下了一系列长期以来难以克服的科学难题。为今后全面治理渍涝盐碱灾害，改造中低产田打下了良好的科学技术基础。如淮北（包括河南、安徽、江苏）沙礓黑土区，由于它具有的地质、土壤和气象水文特性，旱涝渍灾十分突出，虽然过去兴修过大量各种排水工程，但都没有收到预期的效果，发展灌溉几起几落。这次会议提出的浅埋密布暗管进行管灌管排收到了良好效果，为这一地区今后治理找到一条出路；苏北是水资源较丰富的地区，在大面积排涝治碱取得重大进展之后，深入调查研究了各种复

_____

　　原文系作者在北方地区治理渍涝盐碱中低产田水利技术措施经验交流会上的总结讲话，后刊登于《农田水利与小水电》1990年第7期。

杂因素下的盐碱地变化情况，针对不同问题提出了解决办法，为进一步控制盐碱化和提高治理渍涝指出了方向；黄淮海平原旱、涝、渍、碱低产田综合治理，经过河北省长期坚持试验研究，以开发利用浅层水为重点，利用地表浅层空间调节雨水、地表水、地下水和土壤水，最大限度地把天然降雨转化为可利用的水资源，使淋溶脱盐过程大于蒸发积盐过程，把土壤根层盐渍度调控在作物耐盐度以内，实现了旱、涝、碱综合治理，达到了很高的科学技术水平和实用价值；天津市长期进行地下管道排水试验，利用暗管排水解决渍涝盐碱取得了显著效果。北京市东南郊中低产盐碱地"四水转化"工程的研究和河南省不同地区旱涝碱综合治理模式的试验研究，针对本地区水资源短缺，利用地面工程和井的排灌作用，解决了本地区水资源不足和简化地面排涝排咸措施要求，很有实用价值；东北地区，在深入研究利用传统治理渍涝盐碱灾害措施的基础上，结合本地区的土地水资源特点和农业发展的要求，充分利用低洼易涝地区引水、打井改种水稻，取得了良好的效果和显著的经济效益；三江平原在建设排水工程的基础上，积极研究"排、蓄、用"的工程模式，向水资源的综合利用和渍涝旱的综合治理方向发展，已经取得了很大的进展；西北内陆地区和黄河上游干旱、半干旱地区，盐碱灾害十分突出，长期以来水利和农业部门坚持不懈地进行了盐碱地的防治和改造，在防治技术措施和对盐碱地发展规律的认识方面都有丰富的经验。这几年又有很多新的进展，这次提出了许多好的试验研究成果。在技术措施中，要特别提出的是管道排灌技术的迅速发展，在管材、配件、制作、安装工艺等方面已经形成系列化和系统化，可以根据不同条件进行各种组合，已经是一项比较成熟的科学技术成果。这几年山东、河南等省进行了各种类型的管道灌排试验研究和推广应用，取得了很大的经济效益。以上只是举例说明一些好的经验，远远不能概括我们这次会议的丰硕收获。

根据这次经验交流的成果，我认为有以下特点：

（1）从各地具体水土资源特点出发，科研与生产密切结合，针对农业生产中存在的具体问题进行试验研究，既解决了当地问题，又起到了示范作用。

（2）治理的要求从单一目标向多目标发展，治理的方法从单一措施向综合措施发展。很多试验研究项目都是对旱、涝、渍、碱进行综合防治，采取井灌井排与地面、地下排灌相结合，水利、农业、林业措施相结合，对水资源排、蓄、用相结合，逐步形成成套完整的措施体系。综合观念的建立是渍涝盐碱防治科学技术水平提高的一个重要标志。

（3）积极研究试用新材料、新技术、新设备、新工艺，取得了很好的效果。如低压管道输水和各种形式的地下暗管排水等课题的试验研究做了很好的工作，取得了重大进展。

（4）试验研究项目普遍进行了经济核算，重视投入产出效果和经济效益，这是巨大的进步。

从整个交流的内容来看，我认为还有几点不足之处：①各地区发展不平衡，有些地区土地盐碱化问题十分突出，过去曾经做过大量科学试验和防治工作，取得了丰富经验。但最近这方面的工作放松了，对过去经验总结分析还不够，也没有及时开展新的试验研究工作。②区域性的综合研究比较缺乏，需要加强这方面的工作，进一步明确试验研究和治理工作的发展方向。③在大量试验研究和防治实践的经验基础上，规律性和理论性方面的分析研究数量较少，应当加强这方面的工作，提高治理渍、涝、盐、碱低产田的科学技术水平。

2. 进一步认识北方地区渍涝盐碱中低产田改造的新问题、新形势，把治理渍、涝、盐、碱的科学实验和防治工作坚持开展下去，为农业登上新台阶作出新贡献

渍涝盐碱地的防治改造是农田水利工作中的老问题，在过去 40 年中通过大量的试验研究和防治实践，大大提高了这一领域的科学技术水平。在不同地区针对不同类型所提出的比较完整的科学技术措施，为治理渍涝盐碱地取得了巨大的成绩，并在我国农业生产的持续稳定发展中发挥了重要作用。因此，可以说渍涝盐碱的治理，成绩是非常巨大的，科学技术的成就也是令人鼓舞的。但是，在当前北方地区渍涝盐碱仍然是农业生产的严重灾害，也是农业发展中的一只拦路虎。要想使农业登上一个新台阶，中低产田的改造是最重要的措施，而改造中低产田的措施，就水利工作而言，在北方最主要的就是渍涝盐碱的改良和提高土地的抗旱能力。通过这次经验交流会，对于渍涝盐碱的危害，我们有了更深刻的认识，治理渍涝盐碱的效益是十分巨大的。因此继续开展这方面的试验研究，加速治理渍涝盐碱中低产田，正是我们科技兴农的一个重要课题。

渍涝盐碱的治理是一个老课题，但随着水利建设的发展和社会经济条件的变化，出现了一系列的新情况和新问题。今后我们继续开展治理渍涝盐碱的科学实验或进行大面积防治工作，都需要面对新情况、新问题，采取新方法、新措施，才能取得进展，收到成效。当前的新情况和新问题主要有以下几个方面：

（1）主要江河得到初步治理，基本控制了广大平原常遇洪水泛滥，大部分平原地区排涝骨干工程已初步形成，解决了渍涝排水的出路问题。多数地区灌溉发展到一定程度，一般年份的水资源大部分得到利用，已初步改变了靠天吃饭的局面。这是与 50 年代和 60 年代大不相同的地方。

（2）土地利用水平大大提高，农田耕作方式也有很大的改变。从全国来看，按统计资料，现有耕地约 14.3 亿亩，30 多年来耕地累计减少 6 亿多亩，开垦 3 亿多亩，净减少 3 亿亩。但按全国农业区划统计（1984 年），全国有耕地 20.5 亿亩，如果再加上实际减少、改作它用的 6 亿多亩，可以看出土地利用率已经大大提高。如山东省总面积约 15 万 km^2，耕地统计约 1 亿亩，按区划工作核查已达 1.48 亿亩，再加上城镇、农林和交通道路，土地的利用率估计可能达到 75％以上，北方很多省、区都有类似情况。土地利用率的提高说明两个情况：一是土地的潜力已经很小了，农业的出路必然是尽量改造提高现有耕地的生产能力（复种指数和单产都在提高）；二是土地耗水量增加，地表径流明显减少，水文地质状况大大改变，土地抗旱能力下降。一旦受灾，直接损失和间接影响都将不断增大。

（3）华北平原在长期平枯水年份持续出现的情况下，地下水得到充分开采利用，地下水位长期下降，改变了地表水、地下水的相互关系。一方面地表径流减少，涝碱灾害减轻。另一方面提水困难，供水不足，有些地方过去深沟浅井已经不能适应新的情况。在水文状况产生两级化的情况下，涝碱灾害的发生规律已经变化，必须寻找新的办法，解决旱涝碱的问题。

（4）平原排涝系统的淤积失修，已使排涝能力大大下降。特别是排水骨干河道层层建闸修坝蓄水，排盐出路不畅，用水量大量增加，入海水量急剧减少，不少平原地区（如鲁北）已从60年代后期的大面积脱盐状态，到80年代已成为积盐状态。宁夏银北地区也有类似问题，从长远看这是值得考虑的。

（5）次生盐碱化的发展趋势有所加快，如新疆地区、陕西关中灌区，以及许多新修工程（如天津海河二道闸）引起的次生盐碱地问题，值得认真注意。此外土地包产到户以后，土地分散经营，种植缺乏合理布局，水旱插花，作物种类多样化，也使部分地区涝碱灾害有所发展。

（6）工业城市发展迅速，城镇工业用水量急剧增加，工农业用水矛盾突出，城市污水量大增，不加处理，任意排放，都加速了土地恶化和水资源危机。

（7）长期干旱缺水，使人们对涝碱灾害产生麻痹思想。

（8）经过10年改革，农村经济实力有了很大增强，在政策稳定的情况下，农民对中低产田改造的积极性提高，对增加投入的能力也有所提高。

以上讲的这些情况，大部分是不利因素，也有不少有利因素，希望在新的工作中，充分利用有利因素，注意改变不利因素，使工作取得真正进展。

为了顺利开展渍涝盐碱中低产田的改造工作，提出以下建议：①要继续认真总结过去治理渍涝盐碱地的实践经验，积极推广现有的科学实验成果。同时必须看到各地自然条件和生产方式差异很大，在吸收应用各地成功经验和科技成果时，必须坚持因地制宜，对已有的经验和成果通过试验、示范加以必要修正补充，真正地建立适应于本地区的技术措施体系。②要认真维持现有地面排水工程设施，并不断地配套完善，使它保持必要的排涝能力和排渍、排咸的出路，要防止土地总体方面的恶化和准备对付特殊渍涝灾害。③要提高平原地区各项工程建设的设计水平和工程质量，水行政主管部门要严格把关，尽量减少新工程的副作用，避免次生盐渍化发生和发展。对于可能产生的副作用，一定要有补偿措施。④要加强工程管理运用方面的研究和采取切实有效的措施，使工程能长期充分发挥作用。现在很多地区的工程修建时作用很好，但使用不了多久，作用逐年下降，甚至报废，许多科学实验点花了极大的心血和代价，搞成了，但维持不下去，使人感到痛心。因此这方面必须下大工夫。⑤要在继续开展治理渍涝盐碱的具体技术措施的基础上，加强一个地区的宏观战略研究，弄清地区的总体问题、战略措施，用以指导具体技术措施的研究方向。⑥要始终把水资源短缺，节约用水和旱涝碱综合治理的思想贯彻到治理中低产田的各个工作环节中去。⑦在北方地区要把治理渍涝盐碱中低产田和建设稳产高产农田密切联系起来。不仅对未治理的和新的渍涝盐碱地要积极开展治理，而且对已经初步治理的要继续提高，对已成为稳产高产的农田要有保护措施，防止恶化。

3. 认真搞好改造渍涝盐碱中低产田规划，制定近期行动计划

改造渍涝盐碱中低产田，同样要靠政策、靠科技、靠投入。近些年来，在政策方面，国家已有一套行之有效的规定。并且在不断完善；在靠科技、靠投入方面也更重视了，但从专业来讲还有许多工作要做。首先要注意科研、技术试点、生产经验总结等基础工作，在此前提下抓好专业规划，这样才有可能提出比较可行的治理渍涝盐碱中低产

田项目。这次会议的一项重要内容，就是请代表们讨论修改《北方地区治理渍涝盐碱中低产田初步规划编制提纲》，以指导各地把这项初步规划搞起来，然后进行汇总、分析，编制《北方地区治理渍涝盐碱中低产田规划纲要》，再指导各地对初步规划进行补充完善。这样制定出来的规划，有一定理论和实践的基础，对指导设计和推动渍涝盐碱中低产田治理具有重要意义。

大家在讨论中，都认为这项工作非常必要，同时也对"提纲草案"提出许多修改补充意见，我们将认真研究，定稿后，再正式发给你们。这里有几个普遍性问题，现在具体谈一下。

（1）关于这次规划的性质。这次规划是专业规划，与其他水利综合规划和水利专项规划有一定内在联系，但主要内容是搞渍涝盐碱中低产田治理。由于中低产田改造与水利以外的行业联系密切，所以这次规划的重点是以水利技术措施为主，结合农业综合措施进行治理，达到稳产高产。这次规划的范围比其他规划相对讲小一些，但专业深度要大一些。

（2）关于这次规划的工作量问题。首先不要看得太难了，要充分利用以往本地区综合规划、经济效益计算成果以及其他水利规划的资料和有关统计资料，结合已治理的典型进行分析，并按典型实例提供的指标进行扩大计算，工作量不会很大。关键是通过调查，摸清本地区主要问题和治理途径，把功夫用在典型的选择和分析上。

（3）关于这次规划与改造中低产田日常工作的关系问题。不少地方以中低产田改造为主攻目标开展农田水利建设，所以搞好这次规划，实际上是搞好农田水利建设的日常工作，不是什么附加任务，应主动把它搞好。

（4）希望同志们回去后，向领导汇报，组织一定力量，按统一的规定和时间编制规划及时报送，以便汇总。目前正在编制全国"八五"计划和十年发展规划，各地应根据具体条件及时提出近期行动计划，争取纳入当地"八五"计划，取得必要的资金、物资支持。

4. 充分发挥农田水利专业委员会的"桥梁"作用

农田水利专业委员会全体委员会在这里同时召开，委员们听了中国水利学会第三次全国委员代表大会情况的传达、国外农田水利发展新动向、水利科技中长期发展纲要和农田水利科技中长期发展规划的介绍，审议了第2届专业委员会的工作总结。同时，研究了工作，找了差距，主要表现在与委员们联系不够，活动少，专业学组发展缺乏规划，我们的刊物存在很大困难等方面；还进行了学术交流与专题研究。委员们对我们的工作和今后计划安排，提出了许多好的意见和建议。我们有许多有利条件，相信今后工作会能搞得更好些。因时间限制，有些同志没能充分发表意见。许多同志远道而来，表示感谢。会后，我们按照大家提的意见和建议，修改计划，加强联系，互通信息，贯彻水利学会"三大"精神，积极开展学术活动，发挥"桥梁"作用，为农田水利事业的发展作出新贡献。

对于今年水灾和我国防洪问题的一点认识（提要）

今年淮河、太湖、长江部分支流和松花江等河流水系发生了大洪水，虽然水利工程发挥了很大作用，各地军民奋力防汛抗洪取得了胜利，但仍然造成了部分地区巨大的经济损失和深远的社会影响。这是值得深思和研究的问题。今年江淮梅雨期较长、暴雨连绵不断、次数多、强度大、历时长，这种情况虽然不同于一般年份，但这种现象在过去也曾多次发生过（1931年、1954年等），各流域机关、科研部门都进行过比较深入的研究，对其发生的规律有所认识，在有关河流的防洪规划中也有所反映。因此，不宜过分强调气候反常或极为稀遇，我国地域辽阔，每年都有部分地区发生洪涝灾害，在所难免，江河防洪能力有一定标准和限度，因此，对今后也不宜对工程措施抗洪减灾提出不切实际的过高期望。需要通过今年的水情灾情，认识洪涝灾害的客观规律，总结防治灾害的经验教训，提出切实可行的防灾减灾的对策。下面讲五个问题。

一、我国水灾的特点

我国地域辽阔，气象复杂，全国各地都存在着各种类型、危害程度不同的水灾。按照成灾原因和灾害性质有四种情况，即：山洪及其引发的山地灾害；江河洪水决口泛滥成灾；平原暴雨积涝成灾；沿海风暴潮灾害。山地丘陵区山洪及由山洪引发的滑坡、岩崩、泥石流等山地灾害，由于我国山地丘陵区占全国总面积的60％以上，这种灾害分布面很大，来势猛，破坏力强，不易防治，灾害虽然分散，但每年总的损失是十分巨大的。江河洪水灾害，主要是我国绝大部分平原地面高程低于汛期河湖水位，江河洪水依靠堤防的约束向下排泄，平原依靠堤防保护，一旦堤防溃决，又不能及时堵复，即造成大范围的洪水泛滥，财物破坏严重，甚至可能造成大量人口伤亡，损失和影响特别严重。平原涝灾，主要由当地暴雨所形成，地面短期积水在所难免，是否成灾或成灾的严重程度，取决于排水设施的能力和受大江大河洪水或海潮影响的程度，以及发生的季节。涝灾分布面很广，有的灾情也十分严重，是构成每年水灾的重要部分。风暴潮灾害，主要由台风引起，一旦接近沿海，则潮水猛涨与江河洪水相遇，即可形成异常高水位，对沿海城乡都可造成严重威胁，如果台风登陆，则挟带大暴雨，可能形成江河洪水

原文为1991年9月受天津市水利学会邀请所作防洪形势报告的准备文稿。

和平原内涝。我们分析水灾必须按照不同类型、不同性质及其造成的后果加以认识；研究防治水灾的措施，也需要根据具体保护对象，采取相应的措施，从宏观上控制水灾，使水灾所造成的总损失尽量减少，要洪、涝、湖综合考虑，全面安排，不可顾此失彼，避免工程做了不少，而水灾并未明显减轻的后果。

二、今年汛期的水情和灾情

今年进入汛期以来，我国气候出现异常。闽、粤、桂、赣、海南、湘南等地少雨干旱；江淮流域入梅早，自5月中旬入梅以来，至今雨带一直在江淮及太湖流域徘徊。阴雨天气已持续两个月。由于今年春夏季西太平洋副热带高压在华南停滞不前，北方冷空气活跃，冷暖空气在江淮之间交绥频繁，降雨强度大。据5月15日至7月13日（60天）的资料统计，江淮流域的降水量在800mm以上，其中淮南及皖南山区达到1000多mm，平均雨量较常年同期多1～3倍；安徽歙县最大点雨量为1560mm，金寨县前畈为1775mm，江苏兴化1218mm，高邮1065mm，全椒赤镇1220mm，南京1021mm，武汉1622mm。最大30天雨量江苏的常州市、无锡市、安徽的歙县，接近100年一遇，江苏的兴化县、安徽的金寨县超过百年一遇。今年梅雨期有三个集中降雨阶段，第一段自5月19日至5月底，第二段自6月12—20日，第三段自6月29日到7月14日，三段的降雨强度不断加大。因而造成了江淮流域，特别是安徽、江苏、河南、上海、浙江杭嘉湖地区，湖北和湖南北部等地区大面积内涝；淮河中游寿县正阳关至洪泽湖发生了仅次于1954年的大洪水；滁河发生了两次有记录以来最大洪水；太湖水位持续上涨，超过了历史最高水位；四川、贵州长江的一些支流也相继发生了大洪水和山洪灾害。7月13日以后西太平洋副热带高压北移，江淮和太湖流域梅雨结束，主要雨区移至东北华北地区，松花江和山东沂沭河出现了较大洪水。此后台风也较频繁，7月中旬至9月上旬先后有5次台风在海南、广西、广东、福建沿海登陆，造成了相当严重的灾害。

今年淮河洪水，洪泽湖以上30天最大洪水总量370亿m^3，约20年一遇，60天洪量572亿m^3，约30年一遇，均比1954年小。洪水的特点是：梅雨来得早，与1956年相当，历史上是少见的；高水位持续时间长，正阳关越过警戒水位24m的时间长达32天；淮河两岸及下游里下河地区暴雨内涝十分严重。太湖流域汛期总降雨量比1954年小，但30天降雨比1954年大，1954年5—7月全流域平均降雨890mm，今年5月中旬至8月中旬大约700mm，但流域平均30天降雨达502mm，超过了1954年的353mm，流域的西部和北部降雨更为集中。由于出湖口门堵塞，湖区水域盲目围垦，而规划的主要排洪出路又未实施，致使湖水位于7月16日涨至4.79m，比1954年历史最高水位高0.14m，沿湖暴雨积涝灾害非常严重。长江下游支流的滁河今年出现了有记录以来的最大洪水，水库、河道、分洪道发挥了正常作用，破除四个小圩分蓄洪水，保障津浦路的行车安全。长江另一支流澧水7月发生了一次较大洪水，下游水位接近或超过历史最高水位。湖北省东部长江各支流和贵州省乌江部分支流也发生了大洪水，山洪和内涝都很严重。东北地区的松花江发生了较大洪水，连续降水使嫩江和松花江涨水，形成哈尔滨、佳木斯两市1949年以来第二位的高水位。总之，今年雨情和水情，就局部地区而言是极为稀遇的。但从全局看，今年的大水也是局部的，长江干流、黄河、珠江、海河、辽河等大江大河都未发生大洪水，比起1954、1956、1963、1964等年份灾害覆盖面都要小。

今年大洪水虽然是局部性的，但造成的损失十分严重。几十年来，人口大量增加，经济发展迅速，人民生活水平有很大的提高，因此今年洪水造成的损失几倍甚至十倍于从前。截至 7 月底，全国各省报灾：受灾人口 1.8 亿，死亡 2400 多人，倒塌房屋 280 多万间，受灾耕地 2.3 亿亩，成灾 1.4 亿亩，绝收 3400 多万亩，因水灾减产粮食估计 220 亿斤，水毁水利工程 17 万处，其他公用设施破坏损失也很严重。初步估计总的经济损失约 400 亿元左右。今年灾情严重的原因主要是：①江淮地区梅雨早，降雨强度大，不少地区远远超过排涝标准，夏秋两季都受到严重损失。②江河行洪河道和分洪区人为设障严重，加重了灾害。③江淮地区，人口稠密，经济发展迅速，特别是太湖流域乡镇企业遍地开花，2 万多家乡镇企业由于所在位置低洼，缺乏防洪设施，遭受水淹，造成严重损失。④多年来水利工程设施投入严重不足，老化失修，历史欠账很多，一些早已规划确定的工程未能及时实施。今年虽然灾情十分严重，但抗洪救灾工作得到全党、全国的重视和支持，又得到不少国际援助，工作是及时的，有成效的。加上以后八九月份天气不错，对农业生产很有利，因此最后成灾的损失，可能比估计的要轻一些。

三、防洪除涝工程措施的作用

新中国成立 40 多年来，在大江大河治理和平原除涝方面进行了大量工作，绝大多数的工程和非工程措施在今年抗洪、排涝中发挥了应有的作用，同时也暴露了许多值得注意的问题。工程设施所发挥的作用主要有三种情况：①江河洪水没有超过现有防洪工程设施的防洪标准，工程设施发挥了正常作用。如淮河支流水库、干流河道堤防、行蓄洪区都有效地拦蓄了洪水，保证了行洪安全；松花江干支流堤防和丰满水库都在正常运用范围内，充分发挥了作用；滁河虽然遇到超标准洪水，支流水库新开辟的分洪河道和临时分洪措施也都按计划发挥了作用，没有出现失控问题。这些地区基本上没有发生水库失事、江河堤防自然决口泛滥的灾害。②由于江河堤防和圩垸绝大部分保证了安全，因此没有加重涝灾，并为排涝救灾建立了阵地，使排涝工程设施充分发挥了作用，在受灾后较短的时期内使受淹耕地脱水补种和恢复工农业生产，大大减少了成灾损失，江汉平原、太湖流域、里下河地区都取得了明显的效果。③暴雨洪水虽然超过现有防洪工程设施的能力，充分挖掘现有工程的潜力，牺牲局部保全大局，采取紧急措施，减轻洪水灾害。太湖流域在水位超过历史最高水位的情况下，打通太浦河、红旗塘尾闾和望虞河出太湖的通道，使这些只完成了局部工程的河道充分发挥了排洪能力，控制了太湖水位的上涨，加速降低了湖水位。此外，很多非工程措施，如气象、水文的预报，防汛的通信调度，分蓄洪区的管理运用，都发挥了正常作用，为防灾减灾作出了贡献。当然这些工程设施是在各级干部、广大群众和成千上万的人民解放军的艰苦抗洪斗争中发挥作用的，没有人的主观努力，工程设施是难以发挥作用的。

四、对今年水灾的几点认识

今年汛期即将结束，水灾已成定局，面对现实，水利工作需要认真总结经验教训。初步考虑有以下几个方面：

（1）今年绝大部分江河洪水来量未超过设计标准，但行洪水位普遍偏高，高水行洪历时加长，增加了防汛困难，有的河段提前或扩大了行蓄洪区的使用，增加了损失。主要原因是河道行洪障碍增多，河道泄洪能力下降；河湖洲滩盲目围垦占用，自然滞蓄能力减少；分蓄洪区管理失控，不能及时顺利运用；有些工程质量差，在没有达到保证水位前就多数出险，被迫分洪缓解水势。这种现象在江河防洪和平原排涝中都有突出反映，是加重水灾一个不可忽视的因素。

（2）我国广大平原，地面高程低于江河洪水位，滨海地区又受海潮顶托倒灌影响，当地暴雨积涝排泄困难，多数地区必须实行洪涝分治。但平原除涝面积大、工程量巨大，不仅需要排水骨干工程和抽水泵站，而且面上的排水沟洫数量非常巨大。因此，平原排涝标准不可能太高，当前受灾的多数地区排涝能力在3～5年左右，标准较高的里下河地区，也仅5～10年一遇，而今年这些地区的暴雨大多超过了排涝标准，短期积涝成灾是难免的。但是，很多地区，河道淤积，排水河沟重复设障，滞涝内湖围垦利用，面上排水配套工程不全，抽水泵站老化失修或不配套都扩大了积涝面积，延长了积涝时间，加重了涝灾损失。这种扩大灾情的原因，很多是人的社会生产活动的盲目性，如只顾局部不顾大局或只顾眼前不顾长远的错误行为所造成的。这些年来，忽略治涝，该做而又有条件做的工程没有做也是一个重要原因。

（3）随着经济改革的发展形势，城市建设，乡镇企业发展十分迅速，新建中小城市和市镇多数没有考虑防洪规划，有些城市和工厂为了少用征地费，侵占行洪河滩，占用低洼易涝土地，市区外无防洪工程，市区内缺排水设施，一遇暴雨洪水，即遭淹没，有些乡镇企业比农田防御灾害能力还低。这些年铁路、公路等公用设施建设速度也很快，本身防洪标准较低，有的为了节省投资，桥梁长度不够，限制了河道排洪能力，有的路基通过低洼地段没有采取必要的防洪措施，因此其本身遭受严重损失而且加重了农田的灾害。

（4）一些经济发展的重要地区，如太湖流域，规划安排的骨干排洪工程没有及时完成，现有工程排水能力过低，形成了预料之中的过高水位。初步估计，如果及早建成太浦河和望虞河，今年太湖最高水位将比实际最高水位下降0.5m左右，灾情将会大幅度下降。骨干工程不能及早建设，固然有许多客观原因，但决策失误，贻误时机也是重要因素。

（5）从江河防洪和平原除涝总体能力上看，标准是普遍偏低的，很不适应当前社会经济发展形势的需要。特别是长江中下游、黄河下游和黄淮海平原的洪涝灾害，对国民经济发展的影响最大，如果长江中下游或黄河下游遭遇特大洪水而失去控制，即有可能在局部地区造成毁灭性灾害，必将对国家经济部署产生严重影响，那要比今年的灾害损失和社会影响严重得多。有计划地进行江河治理，提高防洪能力应是发展国民经济的重要组成部分，特别是长江、黄河的治理，必须抓紧进行，以免贻误时机。

（6）暴雨山洪及其引发的山地灾害，在今年（也是一般年份）水灾中占有很大的比重。这种灾害虽然分散局部，但点多面广，总体的损失是十分巨大的，林草植被破坏，坡地过度开垦，水土流失严重等是山洪和山地灾害不断加重和河道淤积的直接原因。防洪需要正本清源，进行植树造林，推行水土保持，加快山溪河流治理是根本的防洪措施，决不可忽略。

吸取今年水灾的经验教训，今后加速大江大河骨干工程的建设，重视平原排涝措施，积极解决城市集镇的防洪问题，严格水域、工程设施的管理，坚决清除河道、行蓄洪区的行蓄洪障碍，提高防洪的非工程措施水平，都是非常需要和急待进行的。更重要的是：从今年的水灾和防汛抗灾斗争中可以看到：在中国的自然环境和社会经济特点下，各行各业进行各种社会经济活动、生产建设都与洪涝灾害有密切的关系，防治水灾必须成为全社会的课题，各种社会经济活动必须考虑暴雨洪涝可能带来的影响，和应有的防灾对策。水行政主管部门有责任制订防治水灾的全面规划，并向全社会宣传普及防灾知识。全社会也要逐步树立防灾意识，准备在遭遇较大水灾时的应急措施。只有全社会对水灾有所认识，对防灾有所准备，才能大大减少灾害损失和灾后恢复的困难。

当前正在召开淮河和太湖的治理会议，国家准备增加水利投资，加快淮河和太湖的治理，力争5～10年内按照已批准的治淮和治理太湖的规划完成必要防洪建设，使再遭遇类似今年的洪水，灾害就能大大减轻。中央和国务院的领导也一再号召，各级政府要重视水利，今冬明春掀起水利建设的新高潮。我希望能总结经验吸取教训，采取有效措施，扎扎实实地干起来，取得切实的成效。

五、对今后我国江河防洪的一点展望

我国江河治理经过40年的努力，主要江河已经形成了比较完善的防洪措施体系，一些中小河流也得到初步治理，因而经常性的洪水灾害已明显减轻，防洪工程设施在社会经济发展中，发挥了巨大的作用。但在人口持续增长和经济迅速发展的情况下，洪水灾害仍然是经济损失最重、人口伤亡最多和社会影响最大的自然灾害之一。展望今后一个相当长的时期内，我国防洪仍面临着许多重大问题。主要是：

（1）江河湖海的自然演变和人类社会经济活动对防洪产生的不利影响在不断增加。突出的是江河淤积、萎缩，湖泊消亡和行洪河道人为设障，河湖洲滩盲目使用，使江河排洪能力和天然湖泊洼地滞蓄洪水的能力下降。

（2）江河的正常防洪设施能力偏低，大洪水时利用平原分蓄洪水，可靠性很差，困难很大。

（3）中小河流多数不能控制常遇洪水，广大山丘地区山洪及其引发的山地灾害极为普遍，总的损失很大，治理任务艰巨。

（4）已有工程设施老化失修，更替困难，巩固改造和更新的任务十分艰巨。

（5）非工程措施尚未被普遍重视。

考虑到上述问题，今后我国防洪形势依然是严峻的，必须将防洪建设纳入国家重大自然灾害防治、生态环境保护和国土整治的长远总体规划之中，作为长期经济发展的重要组成部分。可能采取的对策有以下几个方面：

（1）进一步加强防洪工程设施，蓄泄兼筹，点、线、面措施密切结合，使水土保持，河道整治、堤防加固、水库和分蓄洪区建设互相配合，发挥综合防洪效益。

（2）强化防洪设施和江河水域的管理，使工程设施经常处于完好状态，在汛期能及时有效的运用。保持河湖水域的蓄泄能力。

（3）工程措施与非工程措施密切结合，因地制宜有所侧重，要树立全社会的长期防灾意识。

近期我国江河治理和防洪建设有五大重点：

（1）黄河下游，保证不决口改道，减缓淤积，延长河道使用寿命。

（2）长江中游，保证荆江河段行洪安全，防止发生毁灭性灾害。

（3）海河、淮河等主要江河的中下游，保护大平原生产建设安全，提高排涝能力。

（4）提高城市防洪排涝能力，保证政治、经济、文化中心的正常活动和稳定发展。

（5）研究解决平原分蓄洪区、分洪道内生产建设与蓄滞洪水的矛盾。

总之，治理江河、防治水灾，是任重道远、极为艰巨的任务。希望水利工作者和社会上关心水利的人士，共同奋斗，努力钻研，把这项关系国计民生的重大工作推向前进。

吸取历史经验　积极防旱抗旱

　　1991 年是一个大旱大涝交错出现，不同地区同时存在，洪涝灾害和干旱影响都十分突出的年份。1990 年至 1991 年春，北方大部分地区冬季降水稀少，气温偏高，土壤失墒严重，到 2 月底，华北、东北和西北东部 13 个省市自治区受旱农田面积达 2.7 亿亩，其中越冬作物 9200 多万亩，对冬麦及春播作物造成严重减产。1991 年入春以后，华南、西南和东南沿海部分地区降水明显偏少，不少地区江河流量枯竭、水位下降，山塘、小水库干涸，气温偏高，旱情迅速发展，6 月初上述地区受旱面积达 5000 多万亩，有 2500 多万亩水稻插秧生长受到影响，广西、广东旱情特别严重。自 4 月初，江苏、安徽、湖北、浙江北部、河南南部阴雨连绵，直至 7 月中旬，这些地区发生了特大洪涝灾害，造成了巨大的经济损失。但全国其余广大地区降水仍然偏少，华南、四川、西北大部和华北西部持续干旱，降水较正常年份同期少 2～8 成，同时出现持续时间很长的高温天气，旱情急剧发展，至 8 月中旬，全国受旱农田又达 2 亿亩以上，减产 3 成以上的成灾面积有 8400 多万亩，绝收近 1500 万亩。9 月中旬，华北大部、西北东部及东北西部出现较大降雨后，这些地区旱情有所缓解；但河南大部、山东东南部、甘肃南部仍然干旱严重，给冬麦播种造成极大困难。自 9 月下旬至 11 月底，全国降水稀少，黄河、海河、淮河流域和长江中下游旱情仍然十分严重，截至 11 月下旬统计，全国受旱农田面积达 2 亿多亩，已播冬麦，大面积缺墒，还有大面积播种困难。按照我国灾害性气候发生的规律，这种大范围的旱情继续发展扩大的趋势，仍然存在着很大的可能性。

　　1991 年旱灾面积之大、持续时间之长和局部地区洪涝灾害之严重是比较稀遇的，但又是符合我国气候特点和旱涝灾害发生规律的，历史上这种旱涝交错发生的现象和持续多年的严重干旱并不少见。由于 40 多年来水利建设的基础和广大军民全力防汛抗旱，1991 年的农业生产仍然保持了较好的收成，但因灾减产仍然十分巨大。1991 年的旱涝灾害说明了兴修水利的重要性，同时也看出现有水利基础仍然十分薄弱，作用有一定限度，远远不能适应农业稳产高产的需要。按照我国历年水旱灾情的统计，平均年受灾农田面积约 3 亿亩，成灾约 1.8 亿亩，其中旱灾约占 2/3。旱灾虽然来势较缓，不致造成

原文系作者 1991 年 10 月给时任水利部部长的报告。

固定资产的损失，但受灾面之广，减产损失之大和给广大人民生活带来的不便都是十分巨大的。按照农业部门的统计各种自然灾害中，干旱属于首位，一般年份直接损失占各种自然灾害损失一半以上，对全国社会经济发展影响十分巨大。1991年淮河、太湖流域的特大洪涝灾害，已经引起全国人民的深切关注，对江河治理提高防灾减灾能力的迫切性取得了共识，各级党政领导深入灾区总结经验，下定决心，动员群众大干水利，是一项非常英明的决策。通过1991年实际发生的情况和对历史的回顾，大搞水利建设必须防洪、除涝与抗旱并重，从影响范围、社会的总体经济效益和复杂艰巨性考虑，对灌溉抗旱应当放在足够重要的地位，要长期坚持不懈地搞下去。为了迅速有效地提高广大地区灌溉抗旱能力，特提出以下建议：

（1）全面研究我国农用土地防旱抗灾措施的发展方向。我国地域辽阔，自然环境复杂多变，水资源相对短缺又分布不均，社会经济发展水平差异很大，各地发展灌溉的条件和可能采取的抗旱措施很不相同。需要进一步搞好农业与水利密切结合的区域规划，科学合理地利用降水、地表径流和地下水，发展多种形式的灌溉、抗旱措施。要采取土壤改良、土地加工、水土保持、农业耕作和水利工程等多种措施相互结合的综合治理，取得土地总体抗旱能力的提高。规划确定后，水利与农业协调发展，长期坚持，逐步取得成效。

（2）抓紧现有农田灌溉工程设施的更新改造和完善配套，充分发挥现有工程的抗旱作用。现在全国已有有效灌溉面积7.2亿亩，占全国统计耕地面积不到一半，占全国实有耕地约1/3，但它是保证农业稳产高产的重要基础。根据部分地区的调查统计，这些灌溉工程设施，老化失修相当严重，大约有20％的面积不能正常发挥效益，1/3的建筑物或机电设备急需更新改造。由于建设和管理期间的"欠账"很多，现在更新改造的资金缺乏正常渠道，因此非正常的老化失修的现象仍在继续发展。大搞水利，必须把老灌区的巩固改造放在首要地位，必须解决老灌区更新改造的资金渠道，除了动员农民投劳投资和改革水费征收办法提高工程设施的养护维修水平防止新的"欠账"外，国家（包括各级地方政府）应当开辟资金渠道，帮助农民加速更新改造，还清"欠账"，使灌溉工程面貌和管理达到一个新的水平。

（3）坚持不断地进行农田基本建设。建国以来持续不断地开展以治山、治水、平整土地、改造坡耕地为中心的农田基本建设取得了巨大成绩，虽然某些时期在一些地方出现违反客观规律盲目蛮干造成浪费的现象，但从农业基础条件的改善和农田抗旱能力的提高方面来看，绝大多数是好的，对农业稳产高产起到了重要作用。80年代不少地区农田基本建设有所放松，今后应当发扬优良传统，积极进行农田基本建设。广大山地丘陵区在全面推行水土保持的基础上，着重进行坡耕地的改造，积极修建高质量的各类梯田，治沟治坡防止水土流失；平原区要继续平整土地，改良土壤，改进耕作技术，提高蓄水保墒的作用。

（4）要有计划地扩大灌溉面积。我国40多年来的水利建设，凡是地势平坦、水源方便、需要灌溉而工程又比较简单的土地，绝大部分发展了灌溉。今后发展扩大新灌区，大多数条件是比较艰巨的，如北方急需发展灌溉的多系水低地高的旱塬，或水资源十分贫乏的滨海平原；南方发展灌溉潜力最大的在丘陵地区，这些地区地形复杂或当地水源不足。继续扩大灌溉面积，除了利用老灌区的骨干工程进行面上工程配套可以扩大数千万亩外，进一步扩大都需要修建复杂艰巨的工程，付出比以往高出几倍的代价。但是，我国人口多，可利用土地有限，农业的出路在精耕细作增加复种指数提高产量，要做到这一点，农田灌溉是不可缺少的条件。积极发展灌溉应是我国一项不可动摇的长期国策。因此，发展灌溉是一项既积极而又需十分认真对待的工作，必须以科学的态度、周密的计划和充分的准备，按照基本建设程序踏踏实实地进行，按照科学技术的要求做好设计，进行施工，保证质量，修建一项，完成一项，管好用好一项。

（5）要科学地开展农田抗旱工作。在农田灌溉工程设施不足的情况下，旱情严重时采取各种临时性的抗旱措施，是减轻旱灾损失的积极手段。如利用河湖沟渠水源，临时提引浇地，或运水点浇抗旱播种、保苗等都是行之有效的办法。为了使临时性的抗旱措施能费省效宏，需要研究适应于当地的抗旱机具，要有计划地把临时性的抗旱措施逐步转变为永久性的灌溉工程。对临时性的抗旱工作要做长远考虑，同样需要认真规划加强领导。

最近中央全会对加强农村工作，积极发展水利做出了重要决议。这必将把水利建设推向一个新的高潮。我们必须充分利用大好时机把农田水利工作积极推向前进，把农田抗旱减灾能力提高到一个新水平。

我国的暴雨洪水特性和防洪对策

中国地处东亚大陆，地形地质情况复杂，气候地区差异很大，东部受季风气候和热带气旋影响，暴雨洪水灾害非常突出。从黑龙江呼玛至云南腾冲划一条东北——西南的斜线，这条线大体与年平均 400mm 降雨量等值线和年平均最大 24h 降雨 50mm 等值线相一致。这条线将全国分为东部和西部两个不同地区：东部是暴雨洪水主要分布地区，全国 90％以上的人口居住在这一地区，而人口和主要经济活动又集中于平原、盆地和河川谷地，洪涝灾害特别严重。粗略估计：全国 1/3 的耕地、2/5 的人口和 3/5 的工农业总产值处于洪水威胁之下，洪水灾害十分频繁，每年都给社会经济造成巨大经济损失。进行防洪建设和控制减轻洪水灾害损失，特别是防止堤坝溃决，避免造成大量人口伤亡的局部地区毁灭性洪水灾害，已成为保障社会安全和发展国民经济的重大任务。

一、暴雨洪水特性

我国大范围暴雨的天气系统主要是西风带低值系统和低纬度热带天气系统两大类。暴雨主要由青藏高原东移的气旋性涡旋和热带风所引发，受地形变化的影响十分显著。暴雨洪水具有以下特性。

1. 暴雨洪水集中程度十分突出

我国实测最大 1h 降雨达 401mm（内蒙古上地），最大 6h 降雨达 830mm（河南省林庄），最大 24h 降雨达 1672mm（台湾新寮），可以看出不同历时的最大点暴雨记录与世界相应历时最大记录相当接近，个别点甚至超过。中国与世界不同历时最大点雨量如图 1 所示。这种强度高、覆盖面大的暴雨，经常形成江河极大的洪峰流量，造成严重的洪水泛滥。我国主要江河实测和历史调查最大洪水流量与国外最大纪录十分接近（见图 2）。我国一次暴雨总历时，以北方局部地区雷阵雨最短，一般只有不足 1h 到数小时，常常在小流域内造成来势猛、涨落快、峰高量小的洪水，对局部地区造成很大破坏，我国长城东段沿线地区经常发生这种情况。华北暴雨多集中在 1~2d 内，个别暴雨历时可达 7~8d，如 1963 年 8 月海河南系特大暴雨洪水，暴雨中心 24h 降雨达 950mm，7 天

原文系作者在水利部、中央气象局于 1992 年 10 月在黄山召开的"暴雨洪涝国际学术讨论会"上发言稿，后刊登于《水利规划》1993 年第 1 期。

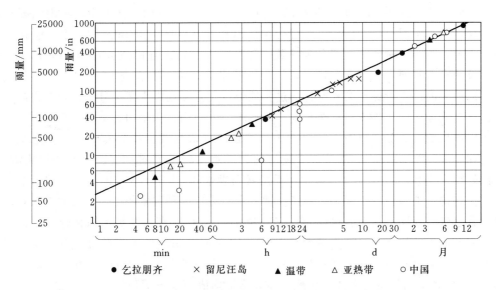

图 1　中国与世界不同历时最大点雨量与历时的关系

降雨达 2050mm，一次暴雨洪水总量达 270 亿 m³，造成海河流域特大洪水灾害。南方暴雨一般可以持续 2～3d，有时可达 5～6d，梅雨期可以连续发生多次暴雨，雨期可长达 2 个月。如 1935 年 7 月上旬湖北西南部和四川东部发生特大暴雨，暴雨中心 5 天降雨量达 1200mm 以上，降雨量大于 200mm 的面积达 12 万 km²，造成长江中游支流澧水和汉江的特大洪水，死亡人口达 14 万余人；又 1991 年江淮梅雨，太湖和淮河流域自 6 月中旬至 7 月上旬，连续发生 3～5 次特大暴雨，形成这两个流域有实测记录以来 30 天的最大降雨量，造成巨大的洪水灾害损失。

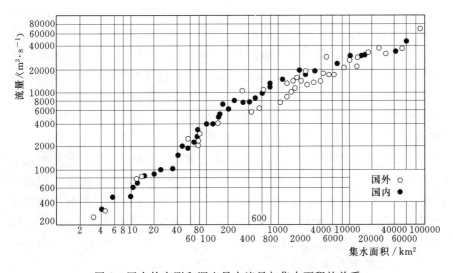

图 2　国内外实测和调查最大流量与集水面积的关系

2. 特大暴雨洪水集中形成于西部高原与东部平原接壤的山地丘陵区东侧

中国大陆从西向东形成高差悬殊的三个阶梯带，最高一级为青藏高原，一般海拔高程在 4000m 以上；青藏高原以北和以东与大兴安岭、太行山、伏牛山、巫山及云贵高原东缘之间，构成第二个阶梯，大部分地区海拔在 1000～2000m 之间；第二阶梯以东直至海滨，为第三阶梯，大部分为丘陵平原交错地区，山丘海拔多在 1000m 以下。东部广阔的东北平原，黄淮海平原、长江中下游平原海拔高程多在 50m 以下。中国大陆阶梯形地势的第二阶梯与第三阶梯的过渡地带，正是暴雨洪水集中分布和频次很高的地带。自东北地区的大兴安岭、医巫闾山、燕山、太行山、伏牛山、巫山、雪峰山的东侧和四川盆地的西北侧，以及东南沿海山地的迎风面成为我国特大暴雨洪水的主要发生带，如 1930 年 8 月辽西暴雨造成大凌河的大洪水，1935 年鄂西五峰大暴雨造成澧水、汉江的特大洪水，1963 年 8 月海河南系的暴雨洪水和 1975 年 8 月淮河上游的暴雨洪水都发生在这一地带。由于暴雨、地形、地质和植被等多种因素的影响，最大洪水量级差别十分悬殊。我国水文学者根据 6000 多个河段历史调查和实测洪水综合分析，将各地不同流域面积的最大流量统一转换为 1000km² 流域面积的最大流量值，绘出我国东部地区最大流量分布图（参见《水利规划》1993 年第一期）。图中可以看出 1000km² 最大流量 1000m³/s 的等值线大体与年最大 24h 雨量均值 50mm 等值线相当。此线以西为非暴雨洪水区，此线以东为主要暴雨洪水区，其中辽东半岛、千山山脉东段，燕山南麓，太行山、伏牛山、桐柏山、大别山的东南迎风面，东面滨海地区，以及黄土高原和鄂两局部地区，每 1000km² 最大流量值在 6000m³/s 以上，局部地区可达 9000m³/s 以上，个别地区如伏牛山区竟高达 15000m³/s。这种高强度的洪水，对局部地区和较大河流流域都可能造成巨大的洪灾损失。

3. 严重的洪水灾害存在着周期性变化

由于气候的周期性波动和形成特大暴雨的天气、地形条件比较稳定，严重的洪水灾害存在着周期性的变化。根据全国 6000 多个河段历史洪水调查资料分析，近代主要江河发生过的特大的洪水，历史上极为相似的洪水几乎都曾出现过。如 1963 年 8 月海河南系大洪水与 1668 年同一地区发生的特大洪水十分相似；海河北系 1939 年洪水与历史调查的 1801 年洪水，其成因和分布地区也十分相似；1931 年、1954 年长江中下游与淮河流域的大洪水，其气象成因和暴雨洪水的地区分布也基本相同。从历史资料中不同年代发生大洪水的次数分析，19 世纪 40 年代、70 年代和本世纪的 30 年代、50 年代是我国洪涝灾害频繁发生和受灾程度最为严重的时期。

4. 各地暴雨洪水出现的时序有一定规律

我国夏季集中出现的雨带，一般呈东西向，南北来回移动。集中雨带常出现在西太平洋副热带高压的西北侧，雨带的移动与副热带高压脊线位置变动密切相关。一般年份，4 月初至 6 月初，副热带高压脊线在北纬 15°～20°，暴雨洪水多出现在南岭以南的珠江流域及沿海地带；6 月中旬至 7 月初，副热带高压脊第一次北跳至北纬 20°～25°，雨带北移至长江淮河流域，南岭以南地区降雨减少，江淮梅雨开始；7 月中下旬，副热带高压脊第二次北跳至北纬 30°附近，雨带移至黄河流域，江淮梅雨结束；7 月下旬至 8 月中旬，副热带高压脊第三次北跳，跃过北纬 30°，达到全年最北位置，雨带也达到海滦河流域、河套地区和东北一带，此时副热带高压脊南侧的华南地区，热带风暴和台风不断登陆，华南出现第二次降水高峰期；8 月下旬，副热带高压脊开始南撤，华北、华中雨季相继结束，有些年份在雨季结束前又出现秋季洪涝。如果发生副热带高压脊在某一位置上迟到、早退或停滞不前，均将产生较为严重的洪涝灾害或干旱，特别是一旦副热带高压脊停留在华南时间过长，在长江中下游和淮河流域将形成过长的梅雨期或强度很大的连续暴雨，在我国长江、淮河流域必将形成数十万平方公里范围的特大洪水灾害，1954 年和 1991 年都具有这种气候特点。

二、主要江河防洪中的突出问题

我国洪水灾害集中在黄河、长江、淮河、海河、辽河、松花江等七大江河及东部沿海的中小河流。这些河流都存在一些普遍而突出的防洪问题：

（1）主要江河流域面积中 60％～80％为山地丘陵区。这些地区暴雨发生频繁，强度很大，每年都有很多地区发生山洪灾害，由暴雨山洪引发的泥石流、滑坡、岩崩等山地灾害也普遍存在。由于山洪及其引发的山地灾害来势迅猛，破坏性很大，防治困难，分布面很广，因此在洪灾损失中占有很大比重，造成巨大的社会经济损失。

（2）由于山地丘陵区的面积大，主要河流在进入平原时形成峰高量大的洪水一般都超过平原地区河道泄洪能力。洪水来量大，河道泄洪能力小的矛盾普遍存在。如黄河从中游进入下游花园口站历史上曾经发生 32000m³/s 的特大洪水（1761 年），而现在河道堤防仅能通过 22000m³/s；长江出三峡后进入荆江河段，1870 年曾发生 110000m³/s 的特大洪水，而现在荆江河段虽有堤身高达十余米的堤防，但也只能通过 60000m³/s 的洪水；淮河、海河山地丘陵区的洪水来量与平原河道的安全泄量相差更为悬殊。因此，如何处理超过河道安全泄量的超标准洪水是平原地区防洪的关键问题。

（3）由于暴雨洪水和地质地貌的特点，我国河流泥沙问题特别突出。北方黄土类土壤分布范围很广，这种土壤抵御暴雨冲刷的能力很低，河流含沙量很高。如黄河，进入中下游干流的泥沙平均每年达 16 亿 t，河水含沙量平均达 35kg/m³，流经黄土高原的黄河支流汛期含沙量可达 1000kg/m³ 以上，海河、辽河水系的很多支流汛期河水含沙量也很高。这些多沙河流的河床冲淤变化剧烈，河势不稳，水库淤积严重，给防洪带来很多不利因素。黄河已成为高出两岸土地 5～10m 的"悬河"，对两岸广大平原造成严重威胁。南方河流含沙量虽然相对较低，但由于山地丘陵区岩石风化强烈，水土流失严重，河道推移质泥沙来量很大，中小河流的河床淤积很快，30～40 年前的地下河现在变成了地上河，原来洪水灾害并不严重的河流，现在洪水经常漫溢河岸泛滥成灾。因此，在防洪工作中正确处理泥沙问题极为重要。

（4）我国大陆海岸线长达 18000km，东部主要河流都受沿海风暴潮的影响。河口排洪排沙受潮水顶托，排水不畅，抬高水位，很多河口段形成拦门沙或整个河口段严重淤积，河道的排水能力不断下降。我国北方河道，除汛期外，入海水量很少，河口淤积特别严重，是一个亟待解决的问题。

（5）随着社会经济的发展，沿河城市和工矿企业不断增加，滥占河湖洲滩、岸线和在行洪河道中修建码头、桥梁等各种碍水建筑物日益增多，河道的泄洪的能力和天然湖泊对洪水的调蓄作用有不断下降的趋势。

三、防洪对策

我国的洪水灾害，经过新中国成立后 40 多年的治理，主要江河已经形成比较完整的防洪工程体系，大面积经常性的洪水灾害已经明显减轻，对人民生命财产的安全和工农业的持续稳定发展起到了保障作用，获得了巨大的经济效益。但是主要江河防洪能力普遍较低，大洪水时缺乏有效控制；广大山地丘陵区的洪水灾害仍然十分严重。因此，我国防洪形势依然严峻，防洪任务十分艰巨。根据我国洪水灾害的特点和主要江河存在的普遍性问题，我国今后相当长的一段时期，防洪的主要对策如下：

（1）继续贯彻"蓄泄兼筹"的防洪原则。不断整治河道，加强堤防，提高河道的泄洪能力，在充分发挥河道泄洪能力的基础上，结合水资源的综合利用兴修控制性水库枢纽工程，如长江三峡工程、黄河小浪底水库枢纽，有效地调节山地丘陵区洪水，减轻平原地区洪水压力。对于超过河道、水库泄洪调蓄能力的超标准洪水，仍然利用平原地区部分农田和湖泊洼地进行临时性的蓄洪滞洪，牺牲局部保全大局，将灾害损失尽量减小。

（2）点面结合，整治河道，兴修水库与水土保持密切结合。坚持不懈地推进水土保持工作和中小河流的治理，控制水土流失，减少河道、湖泊、水库的淤积，减轻山洪等山地灾害。

（3）临时性的分蓄洪区在当前是处理超标准洪水、防止洪水失控、提高重点河段和沿江城市防洪标准的重要措施。而这些地区既是防洪设施，又是上千万人赖以生存的生产基地，由于分蓄洪区受洪水灾害最频繁最严重，必须加速这些地区安全设施和分洪退水配套工程的建设，逐步调整分蓄洪区的产业结构和土地利用方式，使之适应分蓄洪的要求，尽量减少分蓄洪区的损失。

（4）工程措施与非工程措施密切结合，因地制宜，不同地区有所侧重。首先，要加强河道、湖泊、分蓄洪区和一切防洪设施的管理，严格控制河湖洲滩的开发利用和分蓄洪区的人口增长，严禁行洪河道的人为设障，及时清除河湖行洪障碍，力求保持现有防洪设施（包括自然河道、湖泊、洲滩和水库、堤防等）的防洪能力；其次，凡受威胁的城市和沿河市镇，在进行城乡基本建设时要充分考虑适应洪水的暂时淹没，尽量减少洪灾的损失；第三，提高洪水预报水平，健全通信、预警系统，提高防汛调度水平，减少人口伤亡和财产损失。

（5）加强防洪减灾的科学研究和社会宣传工作，要树立全社会长期防灾的意识，使受洪水威胁地区的广大居民充分认识洪水灾害的严重性和了解防灾措施的基本知识。

现代人口剧增，人类的生存空间有限，人类在不断控制洪水，尽量使洪水服从人的调度和安排，以便扩大人类生存和发展的空间。但是，对自然的控制能力毕竟是有限的，洪水灾害在相当长的历史时期中，依然是制约社会经济发展的一个重要因素。因此，必须不断加强对洪水灾害的研究，坚持不懈地开展防洪减灾的各项工作，以争取人类获得更大的自由。

中国防洪的基本情况和 1994 年的水灾

——中国防洪问题漫谈

一、水灾始终是中国人民的忧患，长期以来影响着社会经济的发展和安定

1. 水灾

包括洪、潮、涝、渍灾害，古代洪涝不分，统称水灾；当代洪涝有所区别，又有密切联系。现在只谈谈洪水灾害及有关的涝灾。

2. 洪水灾害的历史回顾

古代洪灾：从大禹治水到鸦片战争，以黄河水灾为中心，逐步发展到江淮，沿海除个别城市，特大风暴潮外，记载不多。

近代洪灾：从鸦片战争到新中国成立，黄河北徙，长江剧变，各大江河都发生历史特大或接近特大洪水，同时水利失修破坏严重，洪水灾害对社会稳定和经济发展产生了巨大影响。新中国成立之后，洪水灾害达到空前严重的程度。（同时说明 50—60 年代的大水灾）

3. 水灾的成因分布

自然地理环境因素：降雨集中；暴雨强度和洪水模量接近世纪纪录；暴雨洪水有一定时序规律——季风，热带风暴。受地形影响，暴雨洪水集中于二、三阶梯连接地带和东南沿海迎风面。

人类社会经济活动因素：

人口剧增，人与水争地日趋严重，河湖萎缩，洪水来量与河湖蓄泄能力不相适应的矛盾日趋尖锐。

人口：秦 3000 万人

汉 6000 万人

唐 5000 万人

明末清初 6000 万人　　8 亿亩→5 亿亩

清末（1843 年）4 亿人　　11.56 亿亩

原文系作者 1994 年在某高校所作报告的提纲。

　　50 年代 5.4 亿人　　　16.77 亿亩

　　90 年代 12.0 亿人　　　耕地、城市集镇、道路交通等，共计不下 30 亿亩

人类活动破坏地表植被，加重水土流失，改变了暴雨洪水特性。

城市化和沟渠道路桥梁码头等的建设改变了水系的天然流路，又未能合理、足够地重新安排，形成水灾的分散和转移。

4. 洪水灾害是自然演变和人类社会经济活动的综合产物

洪水灾害也在不断变化之中，随着人口的增多，经济的发展，洪水的影响越来越严重越广泛，防洪将是长期的历史任务。

二、90 年代我国水灾的特点和防洪的基本对策

1. 特点

（1）经过 45 年的江河治理防洪建设，大江大河中下游开阔的平原地区，基本控制了常遇洪水，大面积洪水决堤泛滥的机会大大减少；常遇中小洪水的危害集中于行洪河道、通江湖泊的洲滩和标准很低的行洪区、分洪道；多数超标洪水灾害主要集中在规划确定的分蓄洪区内（全国大约 100 处，3000 多万亩耕地，1600 多万人）。

（2）中小河流防洪标准低，洪水灾害日趋严重，特别是山地、丘陵、河谷地带，灾害突出，就全国而言，每年带有毁灭性的山洪、岩崩、滑坡、泥石流等灾害相当普遍，其灾害损失在一般年份占水灾总损失的一半以上。

（3）平原涝灾一般年份是水灾的主要部分；在大小年则洪涝不分（丘陵区的滚坡水，平原区的客水），洪涝相互影响，排涝加重了排洪负担，高水加重了排涝的困难。淮河（如 1991 年）以南涝灾集中于支流河口及湖区周边；田区则由于内湖面积缩小，排水河道萎缩，以及排灌设施不足或不配套，除涝标准有下降的趋势；北方平原，由于降雨径流关系的改变，排涝规模有减小的趋势，与五、六十年代比较，一场相似的暴雨，成灾面积缩小，涝灾相对集中于暴雨中心地带。

（4）城市、集镇防洪排水问题，日趋严重，中小城市遍地开花，缺乏认真对待和全面规划，防洪意识淡薄。

（5）洪灾损失越来越大。1991 年损失 779 亿元，1993 年 559 亿元，1994 年 1600 亿元。

2. 当前水灾加重的几个主要影响因素

（1）人类的社会经济活动，干预（治理）和干扰（破坏）自然的能力加强，同样降雨、径流减少（北方平原地区特别突出），流量过程发生变化，洪水出现两极化的变化，常遇洪水，洪量、洪峰相对在减少，大洪水的突发性增加。

（2）河道萎缩。河道淤积，河势变化：

行洪、滞洪的洲、滩土地乱占乱用，人为设置行洪障碍。

上游用水增加或拦蓄，出现季节性河道，或中小水流量减小，水沙关系改变，河道造床流量发生变化，排洪能力下降，同样流量水位抬高，河道高水位出现的机会增加。

湖泊减少，自然调洪能力下降。（如长江，50 年代通江湖泊有 2.0 万 km^2，现在只有大约 $7000 km^2$）。

（3）洪涝矛盾突出。

（4）城乡矛盾尖锐。像城市，牺牲郊区农村，地区矛盾增加，城市排污等。

（5）水土流失仍在继续恶化。

3. 防洪对策问题

（1）基本对策：①蓄泄兼筹，提高和完善防洪工程系统，提高防洪标准；②点、线、面结合全面控制洪水；③工程措施与非工程措施结合，尽量减少超标准洪水造成的灾害和损失；④增强全社会的防灾意识，动员全社会，在每一项社会经济活动中采取防灾抗灾措施。

（2）针对当前水灾特点和影响防洪的因素应采取的具体措施：①已有堤防的改造加固，消除隐患和薄弱环节；②加强河湖的管理和分蓄洪区的管理，保护河湖洲滩的行、蓄洪能力；③加强行洪河道的治理；④加速中小河流的整治；⑤加速水土保持，控制水土流失，减少山地灾害；⑥防洪、除涝要统一规划，统一治理，统一调度；⑦采取综合措施，防止河湖进一步萎缩，如坚持清障，严禁盲目围垦利用湖河洲滩等；⑧有计划地兴建防洪工程措施，水库，堤防等。

三、主要江河防洪状态及存在问题

1. 黄河

（1）洪水灾情范围（12 万 km²），主要工程，防洪能力。

（2）问题：水沙变化；河道淤积；排洪、排沙能力下降。

2. 长江

（1）防洪形势：洪水，水灾及其范围，防洪能力。

（2）三峡工程的作用及其影响。

（3）三大湖区的治理。

3. 淮河

（1）形势。

（2）上中下游关系——行蓄洪区。

（3）洪涝关系。

4. 海河

（1）形势。

（2）问题——河道萎缩，河口淤积。

（3）京津防洪问题。

5. 珠江

（1）洪水与水灾。

（2）西北江防洪和城市防洪问题。

（3）珠江三角洲，海潮与洪水。

6. 其他诸河

（1）东南诸河，局部江河洪水，风暴潮，山洪。

（2）松、辽。

（3）西部内陆诸河。

四、关于城市防洪

（1）城市水文效应。

（2）类型：沿大江大河，平原圩区，山丘区城镇。

（3）对策：与大江大河防洪体系相结合，完善工程和非工程体系，防洪管理中的城乡关系，城建与防洪建设相结合（妥善利用城市附近的河湖洲滩），完善市区排水系统。

五、1994 年的洪水灾害

1. 概论

1994 年既是洪水灾害比较严重的年份，据统计损失达 1600 亿元；又是以长江流域为中心的特大旱年。（长江流域：6、7、8 月宜昌径流量分别比同期径流量少 5％、36％、58％，为特枯年。中下游属偏枯年）。

2. 汛情发展形势

（1）4 月中旬至 5 月初赣江、抚河、闽江发生较大洪水，4 月 30 日武隆鸡冠岭岩崩，崩体 500 多万 m^3，滑入乌江 30 多万 m^3，形成 110m 长 10m 高堆石堵坝，断流半小时。

（2）6 月 8 日 3 号台风登陆后，九州江发生历史特大洪水，湛江、茂名等地受灾。

（3）6 月 12—18 日，主要两区稳定在华南北部和江南南部，一般降雨 150～300mm，最大 500mm，山洪暴发，江河水位暴涨。

6 月 17 日柳州 89.25m，27500m^3/s，超警 8.25m。

6 月 19 日梧州 25.91m，46200m^3/s，为 1915 年（27m，54000m^3/s）以来最大洪水。

6 月 19 日北江石角 14.72m，17400m^3/s。

6 月 20 日三水 10.39m，17000m^3/s。

均为 1949 年以来最大，次于 1915 年。

6 月 11—18 日湘江大水，干流水位超历史纪录，洪峰流量 20～30 年一遇，长江、珠江、湘潭、衡山等市县进水。

6 月 8—18 日，赣江支流、昌江、采安河、修水、抚河大水，南昌 25.42m，19100m^3/s，历史实测第二位，涝灾严重。

同时，浙闽都发生较大洪水。

截至 6 月 30 日，全国受灾 518.7 万 hm^2，成灾 290 万 hm^2，受灾人口 8550 万，死亡 1406 人，损失 536 亿元。

（4）7 月以来西江先后又发生三次较大洪水，西江梧州三次被淹，柳州、南宁也相继发生水灾。

7 月中旬，大凌河大水（约 20 年一遇），新中国成立以来第二位。（7 月 14 日，锦县 21.58m，11400m^3/s，仅次于 1962 年 20.20m，13300m^3/s。）

8 月初辽河干流及东辽河较大洪水，灾情颇重。

8 月 20 日 17 号台风温州附近登陆，12 级以上，造成 1500 人死亡，损失 170 亿元。

8 月下旬 19 号台风在福建登陆，造成重大损失。

3. 洪灾损失

截至 8 月底——洪涝受灾 2 亿亩，成灾 1.6 亿亩，受灾人口共 2.3 亿，倒塌房屋 400 多万间，直接损失 1600 多亿元，为 1991 年的两倍多（指伤亡之人数和倒塌房屋数量）。

4. 旱灾损失

旱灾 8 月底，受灾 4 亿亩，成灾 1.9 亿亩，绝收 3000 万亩，2000 多万人、3000 多万头牲畜饮水困难。

受灾统计有一定伸缩性。

5. 水灾特点

（1）西江及其支流，湘江，辽河等重复受灾。

（2）台风登陆频繁。

（3）城市灾害严重（洪水，内涝）。

（4）重大堤防，水库未出事，中小河流山洪，内涝严重。

（5）经济发展，缺乏总体规划，缺乏防灾意识。

（6）有些地方防汛抢险缺乏经验，防守不力。

6. 几点看法

（1）防洪工程措施，标准低，质量差，能力弱。

（2）人为行洪障碍多，清除不力，河道行洪能力下降，汛情加重。

（3）城市防洪薄弱，远远不适应经济发展的速度，水患意识不强。

（4）水利工程失修、老化，人为破坏严重，不能抵御较大洪涝灾害。

（5）防汛水情指挥调度手段不适应防汛抗洪要求。

总的来说，这些水利投入不够，欠账很多。

总之，中国水灾将是长期存在的，防洪任务随着人口增加经济发展，日趋沉重复杂，从事水利工作的人，任重道远。水利、防洪是自然科学、技术科学和社会科学的综合，水利科学的发展日益综合化，许多新的领域有待在座的各位老师同学去开拓、去发展。祝愿同学们走上工作岗位，取得重大成就。耽误大家时间，谢谢！

总结经验　深入改革　积极发展农田水利

农田水利是控制水旱灾害、调节土壤水分状况，发挥土地综合生产力和开发利用农业新技术的基础设施。在我国气候多变，水旱灾害频繁发生的特殊自然环境中，具有十分重要的地位。

一、效益和问题

新中国成立以来，农田水利事业经过持续大规模、高速度工程建设和巩固、改造、加强经营管理两个时期的艰苦工作，取得了举世瞩目的成就，为农业持续稳定增产创造了必要条件。到 1992 年全国建设水库 8.4 万座，总库容 46881 亿 m^3；修建江河堤防 24 万 km；建成万亩以上灌区 5500 处，已配套机井 295 万眼，建成固定排灌泵站 49 万处，拥有机电排灌设备 6600 万 kW，各类小型引蓄水工程约 670 万处，形成有效灌溉面积 7.42 亿亩，占统计耕地的 52%；除涝 2.96 亿亩，占易涝面积的 81%；治理盐碱地 7800 万亩，渍害低产田 4100 万亩，分别占现有应治理面积的 68% 和 31%；治理水土流失面积 58.64 万平方公里，占统计水土流失面积 163 万 km^2 的 36%。由于大量工程设施的建设，我国主要江河初步控制了常遇洪涝灾害，对超标准的大洪水也安排了减轻灾害的临时紧急措施，水灾危害程度大大减轻。根据全面调查分析，平均每年因减少洪涝灾害损失而多生产的粮食达 200 亿斤以上；灌溉面积从 1949 年的 2.4 亿亩，增加到 7.42 亿亩，其中水田有灌溉设施的面积从 1949 年的不足 2 亿亩，发展到 3.8 亿亩。一些地区水稻从 50 年代一年一熟改为二熟、三熟，水稻播种面积也从 50 年代的 3 亿多亩，增加到约 5 亿亩，平均单产也从 250 斤增加到接近 800 斤；水浇地 50 年代初仅 0.48 亿亩，90 年代已达到 3.6 亿亩，扩大和稳定了小麦、棉花、蔬菜等种植面积，旱地改水浇地后，一般增产 1~2 倍，遇干旱年份则增产幅度更大。全国粮食总产量从 1949 年 2264 亿斤，增加到 1993 年的 9128 亿斤，为 1949 年的 4 倍。经多次调查分析，自 80 年代以来，每年实际灌溉面积约占当年有效灌溉面积的 85%~90%，90 年代初约 6 亿亩左右，占全国统计耕地的 2/5 强，提供的粮食占全国总产量的 2/3，经济作物产量占全国 3/5，蔬菜产量占全国 4/5。70 年代以来，在全世界农业生产极不稳定的情况

原文系 1994 年 6 月向全国政协部分委员提供的关于我国农田水利发展状况的材料。

下，农田水利的发展，对我国农业持续稳定高速发展起到了重要保证作用。

我国农田水利事业取得巨大成就，发挥重要作用的同时，也存在着严重的潜在危机，当前突出的问题是：

（1）由于自然和人为因索的影响，抗御洪涝灾害的能力有下降的趋势，特别是行洪河湖洲滩的乱占乱用，平原排涝河道的淤塞，中小河流的严重萎缩，湖泊洼地的盲目围垦或不适当地发展人工养殖，都严重影响广大地区的防洪排涝能力。主要江河中下游河道的排洪能力和黄淮海平原的排涝骨干工程的排水能力，都远低于经过治理曾经达到过的水平，不少河道行洪排涝能力只相当于最好时期的 1/2～2/3。这几年不少地区雨不大而灾不小，正是这种河湖萎缩工程老化的结果。

（2）灌溉排水工程设施老化失修严重，效益衰减。据 1991 年水利部门对 100 多处大型灌区工程状况的调查，多数灌区建筑物工程完好率不足 40％，约有 30％的建筑物严重老化损坏，急需大修改造；又据 1987 年对 190 处大型泵站的调查，机电设备老化损坏率达 30％～40％，有的已经报废，有的处于高耗能状况。工程老化失修的状况长期存在，同时由于城镇不断扩大、交通道路等基建占地不断增加，加上自然损毁，灌溉面积长期徘徊。据统计，1981～1990 年的 10 年间新增灌溉面积 1.19 亿亩，而同期减少 1.26 亿亩，净减 700 万亩。最近几年，由于投入有所增加，灌溉面积有所增长，但速度很慢，而老灌区的老化失修和更新改造并未明显好转，潜在的危机依然存在。同时，现有灌区内尚存在大约 50％的中低产田，需要通过灌溉排水的完善和提高，以及相应的农业措施进行改造，才能发挥土地生产的潜力。

（3）水源紧缺，城乡用水矛盾突出。北方水源严重不足，随着工业城市的发展，不少原来用于农业的水源，转供城市工业使用；不少地区由于过量开采地下水，地下水位持续下降，造成了农用机井和机电设备的大量更换，农民负担成倍增长，有的机井完全报废，仅山东、河南两省即达 10 多万眼，损失巨大。特别严重的是城市集镇工业污水、废水不加处理大量排放，灌溉和农村生活用水水质严重恶化，同时也使大面积土地、地下水遭到污染，造成了长期难以挽回的损失和影响。

（4）农田水利在不同地区之间发展很不平衡。我国东部水源、土地较好和经济发展水平较高的地区，灌溉面积接近饱和，配套和管理水平也较高，农业稳定发展得到必要的保证；水源、土地条件较差的北方缺水区、西北源区、南方丘陵区，灌溉面积占耕地面积的比重较小，农业生产长期低而不稳，很难适应农业进一步发展和改变农村贫困面貌的需要。

（5）经营管理水平长期落后，影响了农田水利工程设施效益的发挥。70 年代以前农田水利工程建设，求多、求快、质量差、配套不全，给正常管理运用带来极大的困难。由于长期重建轻管，管理维修费用多数地区未能建立经常性的渠道。不少工程投产后，一直带病运行，直至损坏报废，造成极大浪费。80 年代以来管理机构、体制、法规、水费征收及开展综合经营等方面，不断进行改革，取得一定成效，但管理经费仍无保证，更新改造费用仍然没有正常渠道，经营管理工作迄今未走出困境，效益下降的趋势也未能根本扭转。

（6）农田水利工程设施状况和管理工作不能适应农业结构调整和走向现代化的要

求。过去农村生产单一，用水管理简单。随着种植业的高产和多样化要求，复种指数提高，必须适时适量灌溉和严格控制地下水位。因此必须灌溉水源有保证，渠系配套完整，排水设施健全，调度运用灵活，现有灌溉排水工程设施大部分不经改造是难以适应的。当前农村用水，除种植业灌溉外，生活集中供水和养殖业的迅速发展，都需要结合农田水利工程设施的巩固改造加以发展，并改进管理运用方式，以适应农村经济发展形势。

二、回顾与分析

我国农田水利经历了一个曲折的发展过程：20世纪80年代以前发展迅速，效益逐步发挥，但建设粗放，管理不善，遗留问题很多。进入80年代以来，长期徘徊，难以持续发展，而且效益衰退的潜在危机日趋明显，虽然积极改革，不断探索新的发展途径，但还未能走上健康发展的道路，原因是十分复杂的。通过45年来的实践经验，进一步认识农田水利的基本性质和潜在危机的根源，从而提出有效的对策，是当前的迫切任务。

（1）新中国成立之初，由于历史的原因，水利设施遭到严重破坏，水旱灾害达到极其严重的程度，为了安定社会、恢复生产，必须从控制水旱灾害入手，大兴水利既符合国家总体利益，又符合广大群众的愿望。农业稳步发展的重要基础设施就是以农田水利为核心的水利建设。在毛泽东主席"水利是农业的命脉"这一指导思想下，坚持不懈地进行水利建设成为一个长期稳定的政策。这是水利得以持续发展的重要历史背景。

（2）农田水利建设项目规模巨大，涉及各行各业千家万户，覆盖面大，建设周期长，需要大量的资金劳力投入。根据历史和国际经验，只有在国家大力支持下，才可能得到发展。自20世纪50年代国民经济恢复时期以来，直至70年代末期，党和国家积极领导水利建设，投资向水利倾斜，农民群众不断大量投劳集资用于水利。1950—1980年的30年间，平均每年水利建设投资占全国基建投资的6.4%，包括农田水利事业费，国家（包括各级地方政府）投入水利的资金大约1000亿元（按1980年以前币值）；农民劳动积累和部分物资投入，按1980年前民工低工资标准折算也不下1000亿元，国家巨大的财政投入和农民劳动积累是这30年水利高速发展并取得巨大建设成就的两大支柱。进入80年代，国民经济进行全面调整，国家对水利的投入大幅度减少，已开工的水利项目纷纷下马。"五五"时期水利基建拨款平均每年28.6亿元（1979年37.04亿元），小型农田水利及水土保持事业费平均每年23.3亿元（1979年36.1亿元）；"六五"期间，水利基建拨款平均每年16.3亿元（最少的1981年为12.16亿元），小型农田水利和水土保持事业费18亿元。同时由于国家财政收支实行分灶吃饭，从1980年起，将原由中央支配的水利基建拨款和小型农田水利水土保持事业费统统划归地方管理，中央仅保留大江大河治理基建拨款，平均每年约5亿元。不少省市又将水利经费层层下划，在当时各地财政十分困难的情况下，各地实际用于水利的经费仅相当于中央下划经费的1/3～1/2，仅能维持下马工程维护和少量在建工程的缓慢施工，以及各种行政管理开支。中央支配的水利经费主要用于大江大河重要河段和重点水库防洪安全设施的维护和个别在建工程（如引滦济津工程）的续建。这种状况持续10年之久，原有工程的续建配套基本上难以进行，形成了水利发展的徘徊停滞。

（3）水利工程设施是改善自然环境与自然灾害作斗争的社会经济基础设施。水利工程设施建设必须符合科学规律，质量必须保证，而且要求有配套完整的工程体系，这样才能使工程设施正常使用，充分发挥效益。我国很大部分的水利工程设施都是在"大跃进"和"文革"期间修建的，虽然由于 20 世纪 50 年代初期集中力量抓了江河流域治理综合规划，在水利建设大型骨干工程的总体部署方面尚未出现重大失误；但是，由于当时国家财力有限，求多、求快，大搞群众运动，不少地方瞎指挥，具体工程建设不按科学办事，违反基建程序，工程标准低，设计不合理，施工粗放，土建工程和机电设备质量都较差，一些工程为了节省原材料，以"土"代"洋"，因陋就简，简易投产，投产后往往国家投资中断，留下巨大尾工和配套任务，许多病险隐患长期不能处理。这些都是建设中的"欠账"。1980 年以后，水利投资大幅度下降，农村实行联产承包制，用于水利的劳动积累大量减少。这些大规模建设时期的"欠账"，很难有计划地补偿清理，致使工程效益不能充分发挥，加上老化破坏严重，工程设施效益衰减的潜在危机长期存在而日趋严重。

（4）水利工程设施有一定的使用寿命，又经常受各种自然和人为因素的破坏，工程设施投入使用后又会引起自然环境的改变，特别是地下水运动状况的变化，产生不利影响，如灌区土地盐碱化或渍害。因此，工程设施的养护维修、更新改造的任务十分巨大，而且必须及时进行。管理工作不仅需要有健全的管理机构、规章制度和技术力量，而且必须有经费的保证，才能使工程设施正常使用，长期发挥作用。由于大规模建设时期的"欠账"，不少工程设施没有给管理运行工作建立起良好的基础，而长期以来又存在着重建轻管的偏向，工程老化失修十分严重。20 世纪 80 年代以前，工程投入使用后，即交地方水利部门或公社大队管理，多数工程缺乏必要的经营管理机构和规章制度，多数地区一直未能建立经常性的管理维修经费渠道。不少工程长期靠基建拨款或小型水利事业费补助，一旦基建停止拨款，或小水利事业费减少，管理维修工作便陷于停顿；部分工程虽然收取水费，但标准低，相当部分被行政部门挪用，管理部门难以维持自身的存在，用于工程养护维修的经费很少，更新改造更无从谈起。70 年代末期，实行改革开放，农村经济迅速发展，但作为农业基础设施的水利却明显削弱。公社化取消后，不少地方的农村基层管理机构陷于瘫痪，原来由社队管理的大量中小型水利工程设施一度陷入无人管理状态，各级政府对管理经费的补助大量减少，工程设施破坏失修十分严重。进入 80 年代，水利工作重点转向经营管理，不断探索改革途径，健全法规，加强机构，改革水费，开展综合经营等都取得一定的进展，经营管理工作有所改善，但管理工作中的两个难题一直没有得到很好解决。

1）管理经费问题。当前工程管理经费主要靠水费收入，80 年代对供水成本进行了分析核算，对水费征收使用办法进行了改革，但是按供水成本收费很难做到。农田灌溉水费是农业生产成本的组成部分，而所占比重很小，按供水成本收费一般大约占生产总成本的 10％左右，如果农产品价格合理，农民是能承受的；但从农民的各种负担和工农业产品剪刀差不断扩大的现实情况考虑，多数地区的农民又难以承受。现在多数地区的水费标准是按不算大修折旧费的政策性水价确定的，即使如此，不少地区仍然很难按规定收取，因此经常性养护维修仍然"欠账"。至于大修和更新改造根本没有正常的资金渠道，不少工程只有在严重损毁不能继续运转的情况下，地方才拿出少量一次性补助。解决一些紧迫问题。老化失修的趋势无法根本扭转。

2）建设时期的"欠账"缺乏全面的安排，已建工程的尾工和田间排灌配套工程进展缓慢，新增加的配套工程设施，往往抵偿不了老化失修的速度。工程设施运用期间产生的新问题（如土地恶化）和适应现代化需要的现有工程改造，除少数地区进行试验外，基本没有有计划地开展。当前水利管理工作远未走出困境，基层队伍工资待遇普遍低于其他行业，而生活和工作环境又比较艰苦，技术力量严重流失，队伍很不稳定。

（5）资金不足而又使用不当是水利潜在危机不断加重、后劲不足的关键所在。20世纪80年代以来，水利资金和劳务投入都大量减少，建设规模大大压缩，配套、维修、更新、改造资金始终缺乏正常渠道，其后果是十分严重的。80年代后期，采取多渠道集资，投入明显增加。如1991年，水利基建拨款和农田水利事业费达到99.89亿元，扣除物价上涨因素约为"六五"时期年平均的2倍。此外，农业综合开发资金、发展粮食专用资金、商品粮棉建设资金等项的50%左右也用于水利。最近几年由于资金的增加，主要江河的治理加快，有效灌溉面积开始回升，配套和更新改造有所进展，病险水库处理加快。但资金使用方面还存在不少问题，主要是：①水利投资中灌溉工程所占比重，"七五"期间为20%，"八五"期间逐年下降，1993年仅占14%；②国家扶持农业的资金中，虽然相当大的部分用于农田水利，但由于不同单位分散管理，各有各的章法，各有各的重点，往往不能按农田水利的发展规划和亟待解决的更新改造问题安排项目，有些地方以同一项目向各部门要钱，造成了很大的浪费；③管理经费中水费以外的不足部分和更新改造资金仍无固定渠道。长期以来，国家基建投资只安排大、中型骨干工程，配套工程依靠群众集资投劳和小型水利事业费的少量补助，不列入建设计划。实践证明这种做法难以落实，效果很差。很多大中型骨干工程建成多年，如内蒙河套灌区、安徽淠史杭灌区、四川升钟寺灌区，都是老灌区、但干渠以下的排灌配套工程始终进度缓慢，很大一部分骨干工程控制的面积不能发挥作用，或缺乏完整的配套沟渠，造成水源的浪费或土地的恶化。其根本原因是，农民依靠农业积累和劳力投入是无法完成这项艰巨任务的。应当按照实际情况改革这种投资分配和计划管理办法。

三、近期任务

面对21世纪初粮食需求的压力和整个社会对各种农产品的要求，使农业发展与整个国民经济协调发展，提高农业综合生产能力，迅速走向现代化是国家的基本国策。我国人多地少，充分利用土地生产潜力，尽量提高耕地单产是农业发展的主要出路。要走这一条路，进一步减轻水旱灾害造成的损失，完善并发展农田灌溉排水设施，更好地调节土壤水分状况，为优良品种、优质肥料和先进农业生产技术发挥最佳效果奠定基础，是必不可少的条件。结合历史经验，考虑当前农田水利发展的形势，今后在大江大河继续综合治理和解决北方水资源不足的同时，要积极发展、完善和提高农田水利事业，农业发展才有巩固的基础。今后10～20年内，农田水利的主要任务应是：

（1）在巩固现有工程设施，控制效益下降的基础上，积极按农业现代化的要求改造现有灌溉排水设施。从总体上看，现有灌溉排水工程设施中：1/3状况良好，配套齐全，管理健全，效益显著；1/3骨干工程和配套设施基本完好，但存在缺陷或老化，大修和更新改造跟不上，尚能正常发挥效益：1/3 工程设施存在重大缺陷，老化失修严重，管理很差，效益不能很好发挥，而且在明显衰退之中。现有灌溉排水工程设施是建国以来亿万人民所创造的巨大财富，不少还是数千年来的历史遗产，是当代农业生产最宝贵的基础设施，必须千方百计地巩固、完善，并按农业现代化的要求进行改造。主要任务有：①对水源和输水、排水骨干工程，按合理的规划设计进行调整改造，补充水源，控制农用水源向城市工业转移，消除隐患，更新机电设备，避免大面积的工程失效；②按照灌区种植业结构的调整、灌水制度的改变和提高管理水平的需要，本着节约用水的原则，对田间灌排配套工程进行完善和改造；③对出现的新问题，突出的是灌区土地盐碱化、排水系统的淤积和排水障碍进行有效的处理，恢复并改善排水能力，防止土地的恶化；④完善管理和试验观测设施，为提高管理水平创造条件。对现有灌溉排水工程设施的巩固改造，既是对过去建设和管理中新老"欠账"的必须偿付，又是适应农业现代化必需的发展工作，绝不能等闲视之。

（2）改造现有灌区中的中低产田，是保证 2000 年农业增产的重大措施。全国中低产田占耕地的 2/3，其中现有灌区中有 3 亿多亩，约占灌溉面积的 50％左右。灌区中的中低产田，除土地质量差和农业措施跟不上外，关键问题是水源不足，配套不全，老化失修，灌溉缺乏保证；由于排水不良形成土地盐碱化和渍害。进一步完善灌区排灌工程设施是改造中低产的基本措施。根据专家们的估计：今后 10 年，如能将现有灌区中 90％的中低产田，即 3 亿按旱涝碱渍综合治理和农林水利措施密切结合进行改造，其中 75％的面积种粮，平均每亩增产 150 公斤，其余 4.2 亿亩的灌溉面积中 3.1 亿亩种粮，平均每亩增产 40 公斤，现有灌区即可增产 460 亿公斤。根据实践经验，灌区中低产田改造，平均每亩投资约相当于新建的旱涝保收田平均每亩投资的 1/3～1/5。这是一项投资省见效快的增产措施。

（3）积极发展新的灌溉面积。在我国耕地面积不可能明显增加的情况下，依靠改良旱地土壤，在旱地上增加农业措施，增产的幅度比较有限，而且生产很不稳定，因此继续扩大灌溉面积，是一条必然要走的路。现有非灌溉耕地，大约 7 亿亩，绝大部分是中低产田，其中大约有 2 亿多亩，比较平整，可以发展灌溉；将来通过开荒和坡耕地改造，再扩大几千万亩灌溉面积，也是可能的。如果扣除今后城乡基建占地和难以恢复的自然损毁，全国灌溉耕地面积达到 9 亿亩是可能的，但是这需几十年的发展才有可能达到。估计 21 世纪初灌溉耕地面积达到 8 亿亩是相当艰巨的任务。进一步扩大灌溉面积，条件要比过去困难得多，北方土地资源较好，但水资源不足，只有通过艰巨的跨流域调水或高扬程扬水，才可能发展；南方丘陵地区发展灌溉潜力巨大，但地形复杂，需修建水库调节水源和通过复杂地形长距离送水和艰巨的田间配套工程才好解决；西北内陆需要在开荒和进一步调节水源的基础上发展灌溉；东北地区扩大水田面积和小麦灌溉仍有一定潜力。今后扩大灌溉面积，必须坚持排灌结合，防止涝渍和土地盐碱化的发展。由于发展灌溉的条件越来越艰难，需要国家和农民巨大的投入，但又是非走不可的路，因此必须早作规划，确定目标，尽快作为农田水利建设的重点，坚持不懈地搞下去。

（4）全面推行水土保持，防止水土流失，改善农业生产环境。据 1992 年统计，全国水土流失面积 163 万 km²，已治理 58 万 km²，占水土流失面积 36％；原有坡耕地 5

亿多亩，已完成坡地改梯田 1.2 亿亩，占坡耕地 24%。没有划入水土流失区的耕地，不少也是土地不平整，有一定程度的水土流失。水土流失是破坏耕地，降低土壤肥力，造成环境恶化的重要因素。通过水利工程，农业和林业措施，控制水土流失，改造坡耕地，是改变农业生产面貌的重要措施。80 年代以前，大力开展以平整土地、保水、保肥为中心，山水林田路综合治理的农田基本建设，虽有不少缺点，但在绝大多数地区，至今仍发挥着巨大作用。今后，土地以户为主，虽然开展大面积的农田基本建设有困难，但积极动员农民改造自己耕种的土地仍是可能做到的。对连片的坡耕地和小流域组织集体治理改造也是非常必要的。水土保持、坡耕地改造是农田基本建设的基本功，必须坚持不懈。

（5）治理污染源，防止水源、土地污染，改善灌溉和农村生活水质，保证农村生活用水，是农业现代化的基本要求。现在全国城市工矿企业排放的污废水，绝大部分未经处理即排入河道湖泊水域，或用作灌溉水源，对农业生产和农村居民用水造成极大的危害。北方许多地方超采地下水，污水大量渗入，既污染了水源又污染了土地。防止水土污染将成为今后既迫切又十分艰苦的任务。

四、几点建议

根据我国的历史经验和国外的农业政策，都可以看出发展农田水利是政府的职责，国家支持则兴，国家减少支持则衰，靠水利本身是难以发展的。为了农田水利继续发展，必须深入改革，调整政策。为此提出如下建议：

（1）调整工农业发展关系，使工农业发展速度相互协调，逐步缩小工农业产品价格的剪刀差，改变长期以来依靠农业发展工业、养活城市的传统做法，采取以工补农，增加农业投入，加强农业基础设施的建设和改造，加速农业现代化的步伐。

（2）开拓农田水利资金渠道，增加资金投入，改革资金使用办法，提高资金使用效果。进入 20 世纪 90 年代，农田水利资金有明显增加，但地区之间很不平衡，与巩固、改造和发展的任务相比，资金还是不足的，必须进一步开拓资金渠道，增加投入，特别要向中西部贫困落后地区增加投资。必须改革投资分配和资金使用办法。长期以来，计划部门将全部水利投资均算作国家的农业投入，这是很不合理的。水利是国民经济的基础设施和基础产业，江河治理、防洪建设保障全社会的安全，水资源综合利用开发为各行各业服务，80 年代以来水利投资中用于城市工业的比重大大增加，因此建议将水利作为国民经济基础产业单独列项，其中农田排灌和水土保持等直接为农业服务的部分才可计入国家的支农投入。农田水利的骨干工程和配套设施投资，应统筹安排，纳入国家计划，按工程规划设计一次完成，严格按基建程序办事，加强监察工作，坚持验收制度。

（3）将农田水利的经营管理纳入农业统分结合的双层结构之中，作为农村统管事业的重要组成部分。大力改革灌区管理体制，专门管理机构与群众性管理体系密切结合，完善法规建设和落实水政策执法机构，切实保护水利工程设施，防止人为破坏。继续调整水费标准，进一步核算供水成本和管理运行的必需费用。在经济发达地区力争按供水成本收费。在不能按供水成本收费的地区，应按实际需要核定灌区管理运行费用和大修折旧资金，所收水费不足部分，由各级地方财政给予补贴，并纳入财政预算，变暗贴或一次性的紧急补助为明补和经常性的补助。

（4）制定防止城市和工业公害转嫁给农村的法规政策。城市和工业用水 80％以上成为污废水，增加城市工业的供水量，同时也增加了污废水的排放量，如及时处理，将变成水资源，可以在很大程度上满足缺水地区农业用水，不仅解决长期存在的工农业用水矛盾，而且可以增加灌溉水源。因此，城市和乡镇企业形成的污染源必须及时治理，使污废水达到农用水标准后才能排放；城市垃圾和工业废渣严禁向河道、农田倾倒。污水和废渣处理费用应由城市有关部门负担，防止向农业和农村转嫁。

（5）加强以节约用水为中心的农田水利科技研究和推广，逐步建立节水型农业；同时要加强研究农业生产措施与农田水利发展密切结合的有关技术和政策，发挥农业生产的整体综合效益。

加强农业基础设施建设　保证农业持续稳定发展

农业持续稳定增长始终是关系社会稳定和经济发展的大事。要达到这一目的，除了深化农村改革，完善各项农业法规政策外，认真加强农业基础设施建设，提高抗御自然灾害的能力，改善农业生产条件，是当前的迫切任务，也应是一项长期的重要国策。

近三十年来，农业长期保持稳定发展，没有发生大起大落，这与各级领导坚持不懈地支持和组织广大群众治理江河、兴修农田水利、推行水土保持、开荒整地、植树造林和防风治沙等农业基本建设的巨大成就是分不开的。但是，我国农业基础设施仍然非常薄弱，农业基本建设进展缓慢，在自然破坏和人类活动的影响下，很多地区不断恶化，已经不能适应农业发展的需要。当前存在三方面的突出问题。

1. 耕地面积大量减少，质量不断下降

根据有关部门统计，1957年到现在耕地面积累计减少约6.5亿亩，同期开荒造田不足4亿亩，耕地净减少2.6亿亩，人均耕地从2.59亩下降到1.2亩。除大约1/3系自然损毁外，2/3为城市村镇和基本建设所占用。这些被占用土地，大多数是土地肥沃、灌溉排水设施良好的高产稳产农田，而新开垦扩大的耕地（据国家组织的土地调查测算，现有耕地面积约20亿亩，说明实际开荒规模远远超过统计数字，群众滥垦相当严重）大部分分布在边远省区或丘陵山地，自然和社会经济条件相对较差，除部分开垦的河湖洲滩和新发展灌区外，绝大部分属于水土流失严重、土地退化因素较多的劣等的土地低产田。近年来水土流失没有得到有效控制，土地沙化、盐碱化、潜育化仍在继续发展，加上不少地区土地使用不当，肥力普遍下降的情况，耕地质量下降的趋势日趋严重。如果我国这种耕地面积不断减少、质量不断下降的趋势不能很快扭转，农业发展的前途令人十分担忧。

2. 水旱灾害频繁仍然是农业生产不稳和减产的主要因素

经过40多年的水利建设，初步控制了常遇水旱灾害，保持了农业持续发展和广大人民生命财产安全，取得了巨大的经济效益。但是每年总有很多地区发生水旱灾害，损失逐年增加，如果再遭遇20世纪内曾经发生过的较大洪涝旱灾，仍然会对整个国民经

原文系作者在1995年3月全国政协八届三次会议上的书面发言。

济发展造成重大影响。

（1）主要江河虽然形成了比较完整的防洪除涝工程体系，但防御标准不高，中小河流普遍缺乏系统整治，全国各地每年都有部分地区发生超标准洪涝灾害，广大平原、河川、盆地等农业生产中心地带每年水灾成灾面积达数千万亩。近年来中小城市大量发展，一般都缺乏完整的防洪排水措施，水灾损失十分巨大。特别严重的是：由于水土流失缺乏有效控制，河道、湖泊、水库迅速淤积；为了发展经济乱占乱用河湖洲滩，不顾后果地围湖造田和占用河湖岸线，人为设置行洪排涝障碍十分普遍。这些因素促进了河湖的急剧萎缩，河道行洪排涝能力持续下降，不少河道现有的行洪排涝能力只有建国以来最好时期的 $1/3\sim1/2$。这几年不少地区雨不大而灾不小。正是这种河湖萎缩老化的结果。

（2）农田抗旱能力虽有显著增强，但旱灾仍然是农业减产的最主要因素。1949 年以来，我国灌溉面积从标准很低的 2.4 亿亩发展到 7.4 亿亩。20 世纪 90 年代每年实灌耕地 6 亿多亩，占统计耕地的 2/5，据统计，在灌溉耕地上生产了 2/3 的粮食，3/5 的经济作物[1]和 4/5 的蔬菜，农田抗旱能力大大增强。但是，长期以来，灌溉排水工程老化失修，更新改造跟不上，效益衰减。据近年来对大型灌区和泵站的调查，多数灌区建筑物完好率不足 40％，泵站机电设备老化损坏率高达 30％～40％，多数泵站运行处于高耗能状态。同时由于自然损毁和基建占地，80 年代灌溉面积减少 1.26 亿亩，同期新增 1.19 亿亩，净减少 700 万亩。最近几年，由于投入增加，灌溉面积逐年有少量扩大，而老灌区老化失修和更新改造工作没有明显好转，潜在危机依然存在。现有灌区内尚有 50％ 左右的中低产田，需要通过灌溉排水设施的完善和提高，以及相应的农业措施，才能发挥灌溉耕地的生产潜力。由于北方水源紧缺，城市大量占用农业用水，灌溉水源保证程度下降，灌溉面积很难扩大。西北、西南多数地区灌溉耕地占耕地面积不足 30％，旱灾威胁特别严重，农业生产很难提高。由于旱灾面积广，抗旱设施不足或标准过低，致使每年因旱灾减产损失在各种自然灾害损失中居于首位。

3. 环境不断恶化，严重影响农业产量的提高和品质的改善

由于长期以来对自然资源重视开发利用，忽视保护培育，近年城市工业迅速发展而环境保护工作严重滞后，农业生态系统遭受严重破坏，生产条件不断恶化。严重的问题是：

（1）水土流失破坏土地资源，北方黄土高原每年平均剥蚀表土 5～10mm，土壤肥料大量流失；南方山丘区表土很薄，一旦流失，土地"石化"，难以恢复。贵州毕节地区石化面积占耕地面积 13％；陕西镇巴 50 年代以来垦而复废的面积大体与现有耕地面积相当；此外，开矿，修路和滥垦不断增加新的水土流失。

（2）水源、土壤严重污染。90 年代以来，全国每年污废水排放量达 350 亿 t 左右，绝大部分未经处理即排入河湖海洋水域，或渗入地下，或用作灌溉水源，对水土资源造

---

[1] 编者注：灌溉耕地生产的经济作物产量比例一般高于粮食作物产量比例，而低于蔬菜作物产量的比例。这一比例与耕地灌溉率和产量有关。2004 年翟浩辉报告称：中国每年在灌溉面积上生产的粮食占全国总量的 3/4，生产的经济作物占 90％ 以上。

成严重污染，带来长期难以消除的恶劣影响。

（3）北方地下水严重超采，华北地下水位普遍下降8～10m，降落漏斗达2.7万km²，造成多方面的影响和损失：很多地区泉水消失或水量大幅度下降，山西省特别突出，引起地面下沉；西安、上海、天津等大城市特别严重，由于地面下沉（不少地区下沉幅度达1～2m）引起地面建筑物的严重破坏，加重城市洪涝灾害；严重影响机井的正常运用，不断更换机电设备，增加能源消耗和农民负担；加剧了海水入侵，沿渤海湾地区海水入侵面积已达1500km²，造成了大量耕地报废、林草死亡、居民用水困难；地下水大量超采还加重了土地污染的速度。

（4）土地沙化发展迅速，近25年来沙漠化土地面积每年平均扩大1500km²，塔里木河、河西走廊各河下游问题特别突出。塔里木河下游天然胡杨林成片死亡，沙漠可能切断库尔勒至若羌的交通要道；石羊河下游民勤县50年代天然草场面积有108万亩，80年代末退化和沙化面积达74万亩，留下的不足1/3。环境恶化是破坏水土资源最严重的人为因素，在我国水土资源都十分紧缺的情况下，如不及时防治污染和保护水土资源，无异于自杀。

上述情况说明农业生产的基础条件在不断恶化，如不及时采取有力措施，在2000年前农业发展目标难以实现，21世纪农业发展将更为困难。为此，建议：

（1）完善保护水土资源和防治自然灾害的有关法律政策，加强行业管理，建立专门执法机构，认真贯彻执行法规，严格限制占用耕地和控制水土资源的恶化。

（2）制定全面规划，广泛动员群众，利用农村富余劳动力，坚持不懈地推行水土保持、兴修农田水利、植树造林和防沙治碱等农业基本建设。

（3）继续加强江河治理，提高防洪除涝标准。特别要加速中小河流的整治和平原排涝的配套，防治山洪破坏和减轻内涝灾害。

（4）积极巩固改造现有水利工程设施，加速更新改造工作，加强河道管理和执法力度，坚持河道清障，迅速扭转工程老化失修、河道萎缩退化和工程设施效益下降的局面。

（5）综合研究跨流域引水计划，制订分期实施的南水北调方案，从易到难尽快起步，逐步实施。使北方地区城乡供水矛盾和地下水超采问题逐步得到缓解。

（6）积极而有序地扩大耕地面积，重点应放在西北、东北和南方丘陵地区的开发。开发过程中，应水利先行，严格防止盲目破坏生态系统、乱围乱占河湖洲滩和制造新的水土流失。

（7）制定防止城市和工业公害转嫁给农村的法规政策。城市和乡镇企业造成的污染源，应按有关法律迅速治理。

（8）各级政府必须增加对农业基础设施建设和保护的投入。同时开拓各种集资渠道，建立各级农业基础设施更新改造和保护的基金，使农业基础设施尽量保持应有功能和效益。

中国农田灌溉排水的现状、问题和对策

新中国成立以来，水利建设取得了巨大成就，为农业减灾增产创造了雄厚的物质基础。20 世纪 80 年代以来，农业生产上了新台阶，水利设施，特别是灌溉排水设施发挥了重要作用。但是，必须清醒地看到农业基础依然脆弱，作为农业基础设施的灌溉排水事业很不稳固，工程设施和管理水平的状态很难适应农业生产能力再登新台阶和走向现代化的需要。重新认识灌溉排水事业在农业生产中的地位，切实了解灌溉排水事业的现状、问题，研究其发展途径是非常必要的。

一、从农业发展的历史、现状和未来考察，农田灌溉排水都是农业发展的重要基础

1. 农业是世界主要国家经济发展和走向文明的基础，农业发展首先受自然环境的制约

我国农业作为主要经济成分发展的历史特别长久，自然环境的优越性起了重要作用，但随着发展，复杂多变的自然环境越来越成为制约农业发展的条件。从黑龙江北部到云南西部大体沿年平均降雨 400mm 等值线将中国分为东西两部分：人口和耕地都占全国 90％以上的东部地区，气候温和，光照充足，雨热同期，适于各种农作物生长，这是我国农业发展的基本条件；但是降水量年内和年际分配变化都很大，因此水旱灾害频繁，农业生产很不稳定；广大西部地区，降雨稀少，绝大部分地区在没有灌溉设施的情况下，只能发展牧业，有灌溉设施才能有比较稳定的农业生产。按照自然地理条件和农作物需水状况，全国可以划分为三个不同的灌溉地带：年平均降水量小于 400mm 的常年灌溉带；年平均降水量 400～1000mm 的不稳定灌溉带；年平均降水量大于 1000mm 的补充灌溉带。常年灌溉带包括西北内陆和黄河上中游部分地区，必须常年灌溉才能发展种植业，同时由于这些地区土壤多属碱性，灌溉过量即引起土壤次生盐碱化，因此灌溉区必须有排水设施；不稳定灌溉带主要包括黄淮海和东北地区，年平均总雨量基本可以满足旱地作物需要，但年内年际变化很大，多数年份不能适应作物需水要求，特别在耕地复种指数不断提高和要求高产稳产的情况下，天然降水更难适应作物需水，灌溉作为天然降水不足的补充是农业发展的必要条件，同时这个地区夏季雨量集

原文系作者 1995 年 8 月提出并已作为全国政协第八届经济委员会研究"九五"计划的参考材料。

中，洪涝灾害严重，冬春干旱缺雨，极易发生土壤盐碱化问题，因此平原排涝和灌区排水是必不可少的；补充灌溉带主要包括南方水稻地区，旱作物一般不需灌溉，水稻特别是双季稻没有完善的灌溉设施和充分的灌溉水源，是难以保证正常生产的，田间排水和土壤排渍同样是高产稳产的重要条件。在我国人口众多，耕地不足，农业发展只能依靠耕地单产的不断提高，农田灌溉排水这个农业发展的基础条件越来越显示出其突出的重要地位。

2. 考察我国的发展历史，农田灌溉事业是社会稳定、经济发展和创造文明社会的必要条件

我国5000年的文明史中，农田灌溉排水是伴随着农业的发展而发展的。根据历史资料，在唐代以前，人均耕地在10亩以上，按照各地降雨特性，适当安排农作物品种和农时，多数年份可以获得足够的粮食和棉麻油等经济作物；在人口稠密经济发达的政治经济中心地带和边防屯军要地，为足食足兵和抗御较大的水旱灾害，发展灌溉排水成为必要条件。秦汉以来关中、河洛、川西、河西、河内等地引水灌溉和两淮、江南的陂塘、圩垸得到大规模发展，虽然灌溉面积占耕地面积有限（一般在10％以下），但对国家的稳定和经济繁荣，却起到了举足轻重的作用。自宋代至清初，全国人口在1亿上下，人均耕地5～8亩，由于农业技术的进步，中小型灌溉的普遍发展，除了少数自然灾害严重和社会动乱突出的年代外，较长时期保持了稳定和繁荣，特别是这一时期南方水稻种植面积的扩大，粮食大量增产，通过水运进行南北调剂，解决了北方的缺粮问题。自清代中叶到新中国成立之初，人口从2亿增加到6亿，人均耕地一般2～3亩，靠天吃饭的局面难以维持，社会经济状况又不具备大规模发展灌溉排水的条件，水旱灾害频繁突出，对社会安定和经济发展都带来了重大影响，农业生产水平低下，吃饭成为国家的头等大事，社会动乱连续不断，愈演愈烈，外敌入侵持续不断，其总根源都在于吃饭问题没有得到有效解决。在我国的自然条件下，人口不超过2亿，生活水平不高的情况下，大部分地区靠天吃饭，人口密集经济发达地区发展灌溉排水作为重要辅助手段，是可以维持社会经济发展的，在太平盛世人均粮食可达千斤以上，促进了繁荣昌盛。人口超过2亿，在耕地面积不能相应增加的情况下，依靠自然条件，保持社会经济的持续发展已不大可能。历史上英明的政治家和社会有识之士，对水利建设发展灌溉都给予极大的重视，力争提高抗御水旱灾害的能力，提高农业生产水平，保持社会稳定。

3. 当代农田灌溉排水在解决10亿以上人口吃饭，农村支援工业发展方面，发挥了巨大作用

由于历史的原因，新中国成立之初，水旱灾害达到空前严重的程度。长期战争的破坏，全国经济停滞，生产下降，灾荒遍野，冀、鲁、豫、皖、苏等黄淮海平原地区，灾情特别严重，灾民达数千万，恢复生产，安定社会，成为最紧迫的任务。党和国家决定以修复水利，发展灌溉，作为重大措施，动员广大群众全面开展。1952年全国粮食生产迅速恢复到抗日战争以前的水平，江河堤防和各种水利工程设施得到恢复和加强，为有计划地进行经济建设创造了有利条件。从20世纪50年代中期开始，我国进入全面经济建设时期，主要依靠农业支持城市，依靠农业的积累发展工业，农民的温饱问题也亟待解决。作为国民经济基础的农业要发展，农业生产的基础设施，必然要首先加强。这

就是新中国大规模兴修水利，发展农田灌溉排水事业的客观历史背景。

从 20 世纪 50 年代初期到 90 年代中期，江河治理初步控制了常遇洪涝灾害，农田灌溉排水大大增强耕地生产能力。全国灌溉面积从 1949 年低标准的 2.4 亿亩，发展到 7.5 亿亩，其中水田有灌溉设施的面积从 1949 年不足 2 亿亩发展到 3.8 亿亩，不少地区水稻从 50 年代一年一熟改为二熟三熟，水稻播种面积从 50 年代的 3 亿多亩，增加到 5 亿亩，平均单产从 250 斤左右增加到大约 800 斤；水浇地 50 年代初仅 0.48 亿亩，90 年代已达到 3.7 亿亩，扩大和稳定了小麦、棉花、蔬菜等种植面积，大幅度提高了单产，一般旱地改水浇地后增产 1～2 倍，干旱年份增产幅度更大，西北干旱地区则是从无到有。全国粮食总产量从 1949 年的 2264 亿斤增加到 1993 年的 9128 亿斤，为 1949 年的 4 倍。经有关部门调查分析，自 80 年代以来，每年实灌面积 6 亿～6.5 亿亩，占全国统计耕地面积的 40%，生产了 70% 的粮食，60% 的经济作物[1]和 80% 的蔬菜。70 年代以来，在全世界农业生产极不稳定的情况下，我国农业却持续稳定高速发展，不能不说是农田灌溉排水起到了巨大作用。

从我国人口急剧增长和耕地资源不足考虑，我国农业的出路在于精耕细作，提高现有耕地单产，以满足日益增长的吃饭和城市工业对农产品的要求。提高单产固然要依靠作物优良品种，高效优质肥料、农药的增加、提高耕地复种指数和种植技术的提高等措施，但是如果没有灌溉排水设施，土壤水分状况不能适时适量满足作物要求，上述措施都是难以充分发挥作用的。世界各国当代农业生产实践证明，农业越是现代化，越是要求高产，对灌溉排水设施的依赖程度越高。农田灌溉排水作为农业发展的基础地位，只能加强和继续发展而不能削弱，更不能忽视和动摇。

二、我国农田灌溉排水的基础不稳固，存在着严重的危机

40 多年来农田灌溉排水事业发展很快，对农业的稳步发展起到了保证作用。由于发展过快，投入不足，重建设轻管理形成粗放建设和粗放管理，建设中遗留问题很多，管理过程中老化失修严重，长期得不到解决，因此造成灌排工程设施基础不稳，危机严重，发展后劲无力，如不能得到及时解决，将会严重影响农业的持续发展。

1. 灌溉排水工程设施普遍老化失修，存在着极大的潜在危险

根据水利部农水司 1992 年对 195 处大型灌区的调查，在 28 万座干支渠水工建筑物中，严重老损带病运行的占 21%，损毁失效的占 9%，报废的占 10%，合计占建筑物总数的 40%，这些灌区由于工程老损灌溉面积减少了 769 万亩，占灌溉面积的 6%。不少灌区输水渠道破坏也是十分严重的，据新疆水利管理总站统计，大型灌区干支渠总长 1.62 万 km，老化损坏的有 8173km，损坏率 50.3%；干支灌排渠道建筑物 1.28 万座，老化损坏 7056 座，老化损坏率占 55.1%，水闸、倒虹吸管、跌水陡坡等损毁尤其严重。排水河道淤积十分突出，据黄河水利委员会调查，黄河下游引黄灌区干支流排水河道 80 年代初与 60 年代开挖疏浚刚完成时相比，已淤积 4.55 亿 m^3。徒骇河、马颊河淤

---

[1] 编者注：灌溉耕地生产的经济作物产量的比例一般高于粮食作物产量的比例，而低于蔬菜作物产量的比例。这一比例与耕地灌溉率和产量有关。2004 年翟浩辉报告称：中国每年在灌溉面积上生产的粮食占全国总量的 3/4，生产的经济作物占 90% 以上。

积最严重的河段，河底抬高 $2\sim3m$，过水断面减少 $50\%\sim70\%$，近十年来淤积继续增加，而清淤疏浚工作则十分迟缓。又据水利部农水司对 174 座大型灌排泵站的调查，设备老化带病运行的占 45%，这些泵站的设备利用率只占 $27\%\sim30\%$，相当数量的设备已经不能利用。设备状态较好的 55%，大部分设备技术落后，耗能高，效率低，其中不少设备已超过更新改造期限。由于工程设施的老化损毁，很多灌区面积缩小，效益下降。如河北省的石津渠，原设计灌溉面积 250 万亩，由于水源用途转移，灌溉水源不足，有 53.5 万亩改为井灌，渠道灌溉面积减为 194.7 万亩，又由于工程设施的老化失修，到 1990 年底灌溉面积减少到 145.5 万亩，衰减 51.3 万亩。又如新疆三屯河灌区，1962 年建成，渠首设计引水能力 $50m^3/s$，90 年代初期已经下降到 $23m^3/s$，引水能力减少 54%，总干渠也因衬砌损坏，过水流量也由原来的 $50m^3/s$，下降到 $22m^3/s$。内蒙古河套灌区总干渠的多级分水枢纽由于闸下严重冲刷，危及建筑物的整体安全，渠道也经常发生崩塌滑坡，存在着断水的潜在危险。关中最大的宝鸡峡引水灌区的总干渠通过黄土旱塬的边缘，几乎每年都发生渠道边坡滑塌，影响正常通水。最近几年东北地区水田发展很快，不少引水渠首因陋就简，由木桩土石筑成，河水稍大即有冲毁的危险。灌区工程设施的老化损坏，一种是自然因素形成的，如寒冷地区的冻胀，泥沙的磨损，洪水的冲毁，边坡滑塌，自然削蚀等；一种是人为因素造成的工程质量差、不配套，管理不善加速了自然破坏和工程老化，近年来人为偷盗破坏也相当突出。灌区老化失修是一个长期存在并不断积累的问题，对灌区的稳定造成极大的威胁，1983 年至 1990 年每年有效灌溉面积减少 1500 万亩，其中工程老化失修损毁大约占 50% 左右。

2. 灌区工程的大量尾工、配套不全或配套水平很低是工程效益难以充分发挥的根本原因

一个完整的灌区工程，应当包括水源工程，灌溉渠首枢纽工程，灌溉渠道系统和排水系统。灌溉渠道一般分为干、支、斗、农、毛五级，以及相应的渠系建筑物；干、支渠主要起输水作用，称输水渠道；斗、农渠主要起配水作用，称配水渠道，毛渠、灌水沟、畦等固定或临时性灌水系统，以及放水建筑物、量水设施，田间道路及土地平整统称为田间工程。农田排水系统，一般由排水河道，干、支、斗沟和田间排水沟（或暗管）组成。一个完整的灌区工程才能适时适量灌溉和保持土壤水分的合理状况。长期以来，水源，渠首、输水渠道和排水河道等骨干工程可以列入国家基建计划，投资及原材料较有保证；配水渠道及以下的田间工程，统称为配套工程，一般不列入建设计划，采取群众自筹政府补助的办法进行建设，而群众又不断投入不断扩大的骨干工程建设，资金、原材料等筹集均极其困难，因此配套工程进度很慢，即使部分进行配套建设，也只能因陋就简，或采取临时措施，能浇上水就作为有效灌溉面积。这是灌区工程不配套的主要原因，工程质量差、损毁老化也加剧了不配套的程度。80 年代以来统计有效灌溉面积 7.1 亿～7.5 亿亩，每年实灌面积仅 5.8 亿～6.5 亿亩，每年大约都有 1 亿亩没有发挥灌溉作用，其中除极少部分由于雨水过多或休闲，不需要灌溉外，绝大部分是由于水源不足和缺乏配套工程无法灌溉。

在有效灌溉面积中，大约有 5 亿亩灌溉水源较有保证，灌区配套比较齐全，除特殊干旱年份外，每年都可以进行有效灌溉，这也称作旱涝保收的灌溉面积。但是这类灌区中，渠系建筑物和机电设备老化、渠系存在局部损坏，缺乏防渗措施，比重仍然不小，

斗、农渠以下的配套工程普遍缺乏必要的建筑物，因此效益也不能充分发挥，虽然旱涝保收而产量不高的灌溉面积也还占不小比重。5亿亩旱涝保收灌溉面积以外的2亿多亩有效灌溉面积，工程不配套的现象更为严重，其中大约2/3虽然每年都能灌溉，但往往由于水源保证程度很低，工程简陋，在不断采取临时维修中维持低水平的灌溉。而且灌区中涝渍灾害严重。全国有待改良的3800万亩盐碱耕地和南方1.47亿亩渍害田，大部分在灌区内。据调查分析，全国灌区中大约还有3亿亩中低产田，除部分由于农业措施跟不上外，主要是由于灌区工程老化失修和工程不配套所造成的。

多数灌区建设较早，经过二三十年的运用，灌溉设施已不能适应变化的周围环境，如灌溉水源被城市工业占用或重新分配，河道淤积，堤防加高，灌区沼泽化、盐碱化，以及灌溉面积的扩大或缩小等，使灌溉效能下降或不能灌溉，须在不断改造中维持灌溉作用。如苏北灌溉总渠沿岸，原设计都是自流灌溉，过去引水流量大，渠道平整，分水口门能保持设计水位，现在引水量减少，局部渠道冲刷，分水口门降低，一部分自流灌区不得不改为扬水灌溉。南方圩区主要依靠机电排灌，多数泵站是60年代修建的，现在由于河湖堤防加高，内湖面积减少，灌排要求提高，原设计的排灌标准、泵站扬程都不能适应新的形势，灌排作用大大下降，同时多数泵站供电系统不健全，也大大限制了排灌作用的发挥。

由于灌区工程设备老化、失修，不配套或配套水平很低的普遍存在，造成三个严重的后果：①灌溉面积增长缓慢，效益不能充分发挥，灌区中的中低产田生产水平长期低下。②灌溉水源严重浪费，多数灌区水的有效利用率低于50%，不少灌区低于1/3，不少灌区由于灌水过多而造成土地恶化。③灌区管理缺乏科学管理的工程基础。

3. 经营管理水平长期落后，影响了灌区工程设施效益的发挥

灌区工程设施的老化失修和配套不全，使灌区缺乏科学管理的基础；管理经费，包括正常的养护维修费和更新改造资金，缺乏正常渠道是管理工作水平低下的根本原因。当前工程管理经费主要依靠水费收入，长期以来水费征收标准极低，不仅不能维持一般养护维修经费，不少灌区，连管理人员的工资也难以维持。20世纪80年代对水费征收政策进行了改革，但按供水成本收费很难做到。灌溉水费是农业生产成本的组成部分，一般大约占生产总成本的10%左右，如果农产品价格合理，农民是能够承受的。但从农民的各种负担和农业产品价格剪刀差不断扩大的现实情况考虑，多数地区农民又难以承受。当前很多地区水费标准仍按不计大修折旧费的政策性水价征收，即使如此，不少地区仍然很难按规定收取。因此经常性养护维修仍然"欠账"，大修和更新改造依然没有正常资金渠道，不少工程只有在严重损毁不能继续运转的情况下，地方才安排一次性补助，解决一些紧迫问题。老化失修的问题无法根本扭转。

4. 水源紧缺，城乡用水矛盾突出，制约了灌区的改善和发展

北方水源严重不足，随着工业城市的迅速发展，不少原来用于农田灌溉的水源，转供城市工业使用，原有灌区缩小或改用地下水，北方地区特别突出。城市近郊和大部分井灌区过量开采地下水，地下水位持续下降，破坏了井泉灌溉，造成农用机井和机电设备的频繁更换，农民负担成倍增长，不少机井报废，仅山东、河南两省即达十多万眼，损失巨大。特别严重的是城镇工业污水、废水大量排放，灌溉和农村生活用水严重恶

化，同时也使大面积土地、地下水遭到污染，造成了长期难以挽回的损失和影响。

5. 受到水资源不足和耕地后备资源有限的制约，进一步扩大灌溉面积存在着严重困难

80年代每年新增灌溉面积补偿不了因老化失修、自然损毁和基建占地所减少的灌溉面积，致使有效灌溉面积长期徘徊在7亿亩左右，90年代以来有效灌溉面积逐年有所增加，据统计1994年底已达到7.5亿亩，平均每年净增604万亩，但增加幅度逐年减少，1994年仅净增240万亩。计划部门提出2000年有效灌溉面积达到8亿亩，从1995年起平均每年需净增840万亩，按照当前新增灌溉面积逐年下降和灌溉面积的减少数量有增无减的情况下，2000年前很难达到预期的目标。从当前旱灾情况和各省每年实灌面积看，近几年净增的灌溉面积，可能有一定"水分"，因此2000年的目标要想达到更为困难。据全国农业区划委员会调查，1989年全国共有荒地、荒山、荒滩面积10.3亿亩，其中宜农荒地毛面积为1.42亿亩，在现有耕地不断减少的情况下，耕地后备资源又如此紧缺，因此在20世纪内和21世纪初，耕地面积很难扩大，能保持现有耕地面积，尽量控制减少速度可能是最好的结果。灌溉面积的继续扩大十分困难，发展灌溉潜力较大的黄淮海、东北和西北地区，水资源困难，工程艰巨；水源丰富的南方，可灌耕地又较少，而且地形复杂，工程艰巨，可扩大的灌溉面积有限。

6. 灌区工程设施状况和管理水平都不能适应农业结构调整和走向现代化的要求

过去农业生产单一，用水管理简单。随着种植业的迅速发展，要求高产、多样化，耕地复种指数不断提高，必须适时适量灌溉和严格控制地下水位。因此必须灌溉水源有保证，工程配套完整，管理运用灵活，现有灌区工程设施不经过改造是难以适应的。当前农村生活集中供水和养殖业迅速发展，都要求对灌区工程设施进行改造和改进管理运用方式，以适应农村经济发展形势。

综合以上所述，现在灌区工程设施是农业发展的重要基础，但存在着严重的危机，如不能及时正确处理，将对农业发展产生严重后果。

三、灌区工程设施严重危机的根源和出路

新中国成立之初，全国迅速恢复生产安定社会，以后长期贯彻以农业为基础发展国民经济，作为农业基础设施的农田灌溉排水事业得到迅速的发展，建设规模之大和发展速度之快，为举世所瞩目，从而为农业生产的持续稳步增长作出了重大贡献。由于当时资金、技术、原材料的限制和采取大搞群众运动的方式进行建设，追求大规模、高速度和尽快发挥效益，因此形成普遍的粗放建设和粗放管理。这种做法，在国家财力、物力困难时期，为迅速恢复生产和发展农业，特别是解决粮食增产和支援城市工业发展是必要的，有它的历史必然性。但对农田灌溉排水事业本身来说，却形成了巨大的历史"欠账"，虽然在短期内发挥了效益，但运行使用时间略长，各种潜在问题都逐步暴露。工程老化失修，效益下降，许多工程过早的损毁报废，灌溉水源浪费严重，灌溉排水发展停滞不前，就是"欠账"的后果。认识和总结历史经验教训，很有必要，值得注意的是：

（1）不顾客观条件，不尊重科学技术，盲目追求高速发展，许多灌区工程规划设计不合理。不少灌区在灌溉水源不足，又无力修建水源工程（如水库）的情况下，追求扩大灌溉面积，结果部分灌区长期灌不上水，工程失效；许多可以采用隧道、渡槽等建筑

物，选择合理路线缩短渠道长度，但限于资金、原材料和技术条件，而采取盘山开渠或堵坝过河，许多渠道通过山体滑坡带；还有不少工程缺乏钢材、水泥而采用替代材料，如竹筋代钢筋，土水泥代合格水泥等。既增加了大量工程量，给工程管理带来困难，又缩短了工程寿命，增加了工程隐患和潜在危险。

（2）为了追求工程施工进度和尽快投产使用，不重视工程质量，因陋就简，简易投产，遗留大量尾工。群众运动搞建设，成绩巨大，应予肯定，但工程标准低、质量差的事实，也不能讳言。这种做法，虽然可以很快发挥作用，但合理的效益发挥很慢，甚至长期不能发挥。

（3）计划体制严重脱离实际，灌区骨干工程与配套工程严重脱节，缺乏统一安排。长期以来国家基本建设计划中只安排大、中型骨干工作程，配套工程依靠群众集资投劳和小型水利事业费的少量补助，不列入建设计划。实践证明这种做法难以落实，效果很差，很多大中型骨干工程建成多年，如内蒙河套灌区、安徽淠史杭灌区、四川升钟寺灌区，都是老灌区，但干渠以下的灌溉排水配套工程始终进度缓慢，很大一部分骨干工程控制的灌溉面积不能尽快发挥作用，或者缺乏完整的田间工程配套，造成水源浪费或土地恶化，其根本原因是，主要依靠农业积累和农民劳力投入是无法完成这项艰巨任务的。

（4）长期重建设轻管理，加速了工程的老化失修，积累新的"欠账"。80年代以前，工程投入使用后，即交基层水利部门或公社大队管理。多数工程缺乏必要的管理机构和规章制度，未能建立经常性的管理维修经费渠道。不少工程长期靠基建拨款或小型水利事业费补助，一旦基建停止拨款或补助减少，管理维修工作便陷于停顿；部分工程虽然收取水费，但标准低，又往往被行政部门挪用，管理部门难以维持自身生存，用于工程养护维修经费很少，更新改造更无从谈起。本来配套不完善的灌区工程，从投入使用开始，即造成日积月累的损坏，形成工程设施的新"欠账"。进入80年代，水利工作重点转向经营管理，不断探索改革途径，健全法规，加强机构，改革水费，开展综合经营，都取得了一定进展，经营管理工作有所改善，但管理工作中两个难题一直没有得到很好解决。即：管理经费渠道得不到解决；建设时期和管理时期工程设施的"欠账"缺乏全面安排，现有灌区的尾工配套进展缓慢。这就使现有灌区工程设施难以开展正常的管理工作，管理部门职工待遇低微，工作艰苦，大量流失。20世纪90年代以来，整个经济体制从计划经济向市场经济过渡，领导部门强调灌溉管理部门向企业化方向发展，自力更生，职工自谋出路。灌区职工除千方百计搞多种经营外，利用城镇缺水和城市供水的较高水价，尽量开展城镇供水，增加部门收入，改善职工待遇，不少灌区取得了明显的经济收入，解决了职工的燃眉之急。在灌区改造节水措施未跟上的情况下，有些灌区也出现了灌区工程设施管理工作的滑坡和损害灌溉效益的现象。这些年来每年大搞冬春水利运动，绝大部分工作用于现有工程的养护维修、渠系河道的疏通清淤；部分工作用于修复水毁工程和发展部分新灌区，这样才使得已有灌区工程设施还能维持一定水平，持续发挥效益。最近几年农业综合开发工程，大部分投资用于老灌区的灌溉排水配套工程，取得了一定的效果。但是从农田灌溉排水的整体考虑，大量骨干工程老化失修状况仍然没有根本改观，机电排灌设备的更新改造十分缓慢。这种状况与农业发展的要求有很大差距。

近几年来，很多省区围绕灌溉节水进行灌区技术改造积累了丰富的实践经验。陕西省关中灌溉区灌溉设施面积 1990 年达到 1578 万亩，有效灌溉面积 1422 万亩，一般年份实灌面积 1220 万亩，但有效面积比工程控制面积少 150 万亩，实灌面积又比有效灌溉面积少 200 万亩，灌区内典型示范区的产量高出灌区平均产量 50％左右，说明灌区老化失修、工程不配套的现象相当严重，灌区生产潜力仍然十分巨大。80 年代后期以来，不断扩大配套，积极进行现代化渠系配套的农田建设，加强排水设施，防治涝碱，逐步建立水利服务体系，促进农业生产结构调整，灌区的完善化和生产水平发生了显著变化，扭转了有效灌溉面积长期徘徊不前的局面，有效灌溉面积逐年增加，在连续干旱缺水的情况下，灌区由于节约用水，仍然保证了丰收水平。山东省有效灌溉面积约 7000 万亩，已有 4800 万亩进行了不同程度的节水措施，全省发展喷灌 205 万亩，微灌 25 万亩，推广低压管道输水灌溉 2400 多万亩，全面进行渠道衬砌，推行小畦灌溉和高产节水的灌溉制度，这些措施起到了明显的节水增产效益。全省引黄灌区进行节水灌溉的同时，加强灌溉管理，实行分级管理计量供水，很有成效，"七五"与"六五"期间比较，亩次毛灌溉定额下降 22.9％，每年可节水 15 亿 m^3，年均节水效益达 1.6 亿～2.1 亿元。浙江杭嘉湖地区机电排灌设施在"八五"期间进行了积极改造，完成改造装机 8.8 万 kW，受益面积 332 万亩，增加流量 287m^3/s，回收耕地 1.25 万亩，泵站装置效率从 34％提高到 50.9％，年节电 2482 万 kW·h，年增产粮食 4000 万 kg，年综合经济效益 1.43 亿元，两年可收回投资。广东省流溪河灌区通过技术改造，每年较改造前节约水源 1.63 亿 m^3，旱涝保收面积达 95％。上述这些事例说明，进行灌区全面技术改造是充分发挥现有灌区效益的根本措施，也是灌溉继续发展的基础和出发点。

四、对现有灌区进行全面的技术改造是走出农田灌溉排水发展困境和解决水资源危机的重大战略措施

我国为实现 20 世纪末人民生活达到小康水平，并继续向中等发达国家水平迈进，经济发展的任务十分艰巨。经济发展中，农业始终是一个薄弱环节，城乡供水不足将是长期的制约因素。农业的出路在于充分挖掘现有耕地的生产潜力，精耕细作提高单产。实践证明老灌区生产潜力仍然是很大的，挖掘生产潜力，重点应当放在老灌区。提高单产的基础条件是完善的现代化农田灌溉排水工程设施和科学的管理运用。城乡供水不足，一方面要靠水资源的进一步开发提高供水能力；另一方面是节约用水，特别是占 80％的农田灌溉用水的节约，则有巨大的潜力。不少地区进行灌区改造，节约用水，节省下来的水转供城镇，较好地缓解了城乡用水的矛盾。灌区的改造，势在必行，十分迫切，不仅是农业发展所必须，而且也是解决水源危机的一项关系整个社会经济发展的重大战略措施。

根据我国灌区现状和水资源开发利用的前景，灌区技术改造应以节约用水为核心，按照农业现代化生产、提高水资源有效利用和灌区科学管理运用的要求，进行全面系统的技术改造。灌区改造的具体技术任务是：

（1）对水源和输水、排水骨干工程，按合理的规划设计进行调整改造，增加必要的水源工程，消除现有工程的隐患，补充完善渠系建筑物，按照改变了的环境条件进行必要的加固改建，更新机电设备，避免大面积的工程失效。

（2）按照灌区种植业结构的调整、灌溉制度的改变和提高管理水平的要求，本着节约用水的目标，对田间灌溉排水配套工程进行完善和改造，使灌区从渠首到田间各级渠系完整，都有相应的分水控制建筑物，都有必要的防渗设施。

（3）对灌区出现的新问题，突出的是灌区耕地的盐碱化、渍害、排水系统的淤堵，要认真防治、恢复和改善排水能力，防止土地恶化。

（4）完善管理和试验观测设施，为科学地进行管理创造条件。通过灌区技术改造，达到水资源的充分合理利用，尽量减少灌溉水源的浪费、损失，既可保证农业的持续高产稳产，又可缓解城乡用水矛盾。灌区的技术改造，既要对历史的"欠账"进行合理的补偿，又要按照农业现代化的要求对老灌区工程设施进行调整补充。通过灌区技术改造，创造一个现代化农田灌溉的新起点。

进行灌区现代化改造的关键是要把这一战略任务摆在国家建设的适当位置，要解决资金问题，要制定全面规划和必要的法规政策。建议：

（1）对现有灌区进行全面调查研究，弄清灌区的实际状况和存在的问题，认真总结灌区改造的成功经验。在此基础上制订灌区改造的全面规划。在制定规划时要充分考虑高产、高效、优质的农业生产要求，旱涝碱渍综合治理，农林水措施密切结合，严格节约用水。特别对那些灌溉水源挪用于城镇工业的灌区，或城镇工业除挤占灌溉用水别无出路的地区，要从合理调整农作物结构，采取特殊有效的节水措施，达到灌溉和城镇供水兼顾的效果。

（2）将现有灌区的技术改造列入"九五"国家重点计划。每年安排必要的投资，选择重点灌区作为技术改造的示范工程；各级地方也要在本地区内安排灌区改造项目，并使这一项目长期坚持下去。项目选择应首先考虑城乡供水矛盾突出和生产潜力较大的灌区。

（3）开拓灌区技术改造的资金渠道，增加资金投入，改革资金使用办法，提高资金使用效果。灌区技术改造应纳入国家基本建设计划，按项目安排投资。当前用于灌区改造的资金项目繁多，但多口管理，使用办法和侧重点各不相同，使用效果较差。建议整顿，归口管理，按规划要求安排项目。对灌区改造资金，应从水源工程到田间配套应多方集资统筹安排，改变过去将骨干工程和配套工程计划脱节的办法。骨干工程和配套工程所需资金都要落实到位。

（4）制订灌区保护的法规政策。对各种占用灌溉水源和建设占用灌溉农田的要制订明确的补偿办法，按照新建工程收取补偿费用，这项费用可建立灌区改造和灌溉发展基金，专款专用。要制订灌区养护维修和更新改造标准；改革水费制度，鼓励节约用水。制定防止城市工业公害转嫁农村的法规政策。

（5）进一步改革和加强管理。在灌区进行技术改造的同时，研究制订符合科学管理和积极促进农业增产的新管理体制。实行灌区范围内水资源的统一管理。实行城市工业和农田灌溉两种水价标准。坚决按合理水价征收水费，建立可靠的养护维修和更新改造经费渠道，保证管理职工得到合理的福利待遇。避免在灌区技术改造后，由于不能自我维持，出现新的失修毁坏，效益衰减。

我国农田灌溉排水工程设施老化失修和北方水资源紧缺问题日趋严重,灌溉面积的继续扩大潜力有限,速度不可能很快,农业发展的重点应放在老灌区的改造和发挥老灌区增产潜力方面。同时为了缓解城乡用水矛盾,进行老灌区的技术改造也刻不容缓,这项工作做好了,可以使农田灌溉排水事业走上一个新纪元,农业发展可以很快上一个新台阶。如果按照目前的情况继续发展下去,灌溉面积再度缩减,灌溉农田的效益出现新的衰退是不可避免的。当前全世界农产品价格长期疲软,而灌溉工程建设费用迅速上升,和我国情况一样,发展灌溉条件较好的土地已经很少,灌溉发展的重点已从开发新灌区转向改造老灌区和加强灌区水资源管理,这些已成为全世界的趋势,这一发展趋势也是符合我国客观实际的。我国农田灌排事业在第三世界属于领先地位,我国农业发展又依赖于农田灌排事业。对于老灌区的巩固完善和全面技术改造,不仅对我国经济发展发挥重要作用,而且也可为第三世界国家发展灌溉排水创造新的经验,作出新的贡献。

中国水灾防治的基本形势、现状、对策与展望

一、引言

水灾防治是一个极为古老的问题。随着人类的繁衍，生存空间的扩大，社会经济的发展，水灾成为威胁人类发展的重要因素。愈到近代，情况愈复杂，问题愈严重，水灾防治在中国已成为保障社会经济持续顺利发展的重要任务。

凡是江河湖海水流漫溢、堤坝决口、大水泛滥、地表积水而影响人类生活、社会经济活动和土地水分过多而影响作物正常生长的都可称为水灾。当代通常将水灾分为：洪灾（包括风暴潮灾）、涝灾和渍灾（包括土地盐碱化灾害），除了渍灾属于地下水灾害外，洪涝灾害都属于地表水灾害。古代江河水系处于自然状况，文献中虽有洪、潦、涝、沥等不同称谓，但很难区别。一般灾情的描述，灾害的统计都包括所有地面水灾。及至近代，沿河修筑堤防，排水系统经过人为调整，天然流路受到人为分割，排水出口水位抬高，地表滞流状况改变，不同河段的来水才有"主水"、"客水"之分，"内水"、"外水"之别，逐步形成了"洪"、"涝"的差别和防治要求措施的不同。当代一般认为：洪灾主要是江河漫溢或堤坝决口所造成的灾害，具有突发性，破坏力强，损失巨大，影响深远，恢复困难的特点；涝灾主要由当地长期降雨或暴雨积水不能及时排出而形成，一般来势较缓，对固定资产的破坏较小，主要是一季农作物的损失，但发生频繁，波及面很大，对局部地区也可能造成重大损失。在当代，"洪、涝"，虽然已经形成有所区别的概念，但是在很多中小河流仍然难以区分。在研究灾害的形成和减灾对策时，不仅洪、涝必须密切联系，而且对地下水的状况也必须加以考虑。就社会公众而言，更不易分清洪涝，不管是洪是涝都是水灾，都要求有效控制。因此，水灾必须作为一个整体进行研究，采取相互联系、紧密配合的措施，使水灾在总体上得到减灾的效果。本文主要对洪涝灾害进行分析，较少涉及地下水害。

二、水灾的成因

水灾是气候、地形地质和人类社会经济活动等三种因素综合形成的。自然因素决定

原文草拟于 1992 年 9 月，作为国家防办成都培训班的讲稿，题名："中国的洪水灾害与防洪对策"。1995 年 9 月修改，改用现题名，曾作为武汉水利电力大学和水利部南京水文水资源研究所学术报告的材料。

水情特征，社会因素促进灾情的发展。

（1）汛期连续性降雨和集中大暴雨是洪涝灾害的主要来源。我国大陆受季风和热带气旋的影响，东部地区汛期降雨特别集中，暴雨十分频繁。形成我国东部地区大范围暴雨的天气系统主要是西风带低值系统和低纬度热带天气系统。西南季风和东南季风经常为西太平洋副热带高压脊的北侧或西北侧提供丰富的水汽来源，与北方南下冷空气接触，便形成连续的暴雨天气。一般年份4月上旬至8月中旬，随着西太平洋副热带高压脊从南向北移动，降雨带也逐步从华南向江淮、华北和东北地区推进。如果发生副热带高压脊在某一位置上早到、迟退，或迟到、早退，或长期停滞不前，均将发生严重的水灾或旱灾。特别是副热带高压脊滞留在华南的时间过长时，会在长江中下游和淮河流域形成过长的梅雨期，出现强度大的、连续暴雨，形成大面积的洪涝灾害，1931年、1954年和1991年这些流域的特大水灾都具有这种气象特点。随着副热带高压脊的逐步北移，产生于西太平洋的热带风暴和台风逐步从南向北在中国大陆沿海登陆，形成沿海的暴雨洪涝和风暴潮灾害。少数台风深入内地与西风带低值天气系统相结合，形成强度大、覆盖面广的局部流域特大暴雨，如1935年7月鄂西大暴雨、1963年8月海河南系大暴雨和1975年8月淮河上游大暴雨都具有这种特性。黄淮海平原和东北地区的特大水灾无不与热带风暴和台风有密切关系。我国西部干旱和半干旱地带局部地区热力性雷阵雨也可以形成小面积、短历时、高强度的大暴雨。由于上述气候特点和地形特征的影响，我国短历时暴雨极值和特大洪水记录与世界各地相应极值比较，十分接近。据历史洪涝灾害的调查研究，各地形成严重灾害的大暴雨，存在着周期性变化，近代主要江河发生过的特大洪水，历史上极为相似洪水几乎都曾经出现过。我国西部地区融冰、融雪洪水，冰雪暴雨混合洪水以及冰凌洪水，对局部地区可能造成灾害，但发生的频率和影响范围都不大。

（2）我国地形、地质情况复杂，区域性变化很大，对暴雨洪涝灾害有重大的影响。主要是：①由于青藏高原的存在，抑制了西部地区南北冷暖气流的交换，加强了西南季风向我国东部输送水汽的强度，使暴雨的集中程度和强度加大。②从西向东三个阶梯形地貌，对西南暖湿气流向大陆输入的途径和热带风暴登陆后的影响范围都有明显的制约作用，形成我国特大暴雨集中分布于第二阶梯与第三阶梯的接壤地带和四川盆地的西北侧，构成了我国东部地区洪水的主要来源。③中国大陆夹持在西伯利亚与印度两大稳定地质单元之间，形成了东西向延伸的相对活动地带，又受东部陆海交界处地质构造带的影响，使我国东西向和南北向的地形地质特点差异很大，主要河流自西向东流动，径流洪水自西向东递增，河道比降自西向东递减，地形阶梯急剧下降的地段河流深切，形成峡谷，落差集中，于是水力资源集中于西部，而洪涝灾害集中于东部。④由于北方广阔的黄土高原存在和南方大面积的红色风化地壳的广泛分布，我国广大地区地表侵蚀剧烈，水土流失严重，江河的泥沙问题特别突出。北方河道以悬移质泥沙为主，大量淤积；南方河道以推移质泥沙为主，填塞溪沟河道，伴随山洪产生的滑坡、岩崩、泥石流等山地灾害普遍存在。

（3）洪水涝水成为灾害并日趋严重与社会经济发展有着密切的关系。影响水灾最主要的社会经济因素是人口的急剧增加和土地的盲目开发利用。我国人口到19世纪末已达到 4 亿，20 世纪 80 年代已超过 10 亿。据统计，1957 年耕地面积 16.7 亿亩，达到历史最高水平，此后即逐年减少，80 年代初统计耕地面积已下降到 15 亿亩以下。而实际上由于农村人口的过快增长，分散地大量开荒，长期持续进行，80 年代中期农业部门调查耕地面积约为 21 亿亩。1949—1986 年由于基建占地和各种自然损毁，累计耕地减少 6 亿多亩，加上一些退耕和荒废的耕地，1949 年以来新开垦扩大和垦而复废的耕地总计不少于 10 亿亩。垦荒主要分布于两类地区：一类是山地丘陵区的坡耕地和部分干旱草原；一类是沿河沿湖低洼湖泊或滩地，以及少量的沿海滩涂。前一类，加重水土流失，坡地径流滞蓄能力下降；后一类减少河道排水能力和湖泊洼地的自然滞蓄作用。人口增加，经济发展，城市化范围不断扩大，道路、沟渠、堤防不断增多，都在改变着地表产流汇流条件，破坏自然流路，形成新的水灾区。上述情况，导致水灾范围扩大，发生机会增多。这种发展趋势，人们早已有所认识，也力求加以限制。但收效甚微，这与社会经济发展要求有效控制水灾是相悖的，值得深入研究。我国水灾集中在人口特别稠密，经济比较发达的地区，水灾损失巨大，要求提高水灾控制能力特别迫切，而水灾的治理又受人口稠密、耕地不足、修建工程移民占地困难的制约，任务十分艰巨。

三、水灾的地区类型分布和特性

我国从西部的崇山峻岭到东部的滨海平原都存在着不同类型不同危害程度的水灾。

（1）山地丘陵区。我国山地丘陵和高原占国土总面积的 70%，主要江河流域山地丘陵面积占流域总面积的 60%~80%，山地丘陵区的水灾可分为两种类型：一种是山丘坡面和小溪沟，主要是暴雨山洪以及由其引发的滑坡、岩崩、泥石流等灾害，对局部地区破坏力强，总体损失很大，一般以洪流为主，很少积涝。另一种是沿较大河流的开阔平川阶地和大小盆地。这类地区地面坡度较大，河床较低，河道洪水涨落快，漫溢范围有限，地面径流都可汇入河床，一般不修堤防，洪涝很难分清。随着社会经济的发展，开阔河川平原一般为了扩大土地使用面积，缩小行洪河床，逐步修建了堤防，在一般年份可以防止河川洪水漫溢，在超标准洪水时，堤防溃决，则可形成比不修堤防时更为严重的灾害。由于沿河修了堤防，平川涝灾也就突出了，由于修堤时行洪断面缩小，抬高了河水位，内水不易排入河道，同时河川平地临山丘、岗坡一侧的来水大量流入，增加了平川积水涝灾。这类涝灾在开阔河川地带是普遍存在的。东北漫岗丘陵区河谷宽阔，河道比降较小，河川平地的涝灾特别突出。丘陵岗地中还有不少封闭洼地，形成一种特殊的易涝地区。山丘区开阔河川阶地，在总面积中比重很小，但人口密集经济发达，都是当地政治、经济、文化中心，是山丘区防洪除涝的重点所在。

（2）平原区。我国平原区占全国总面积 19%，主要包括东北平原、华北平原、长江、淮河中下游平原，以及东南沿海主要河口三角洲，是我国水灾最集中的地区，是防洪除涝的主要对象。来源于山地丘陵区的洪水峰高量大，与平原区河道的泄量不足，形成了尖锐矛盾，是平原洪水灾害的根本原因，因此广大平原地区不得不普遍修建堤防，防止洪水泛滥，一旦堤防漫溃则可形成严重的破坏和巨大的损失。由于江河堤防的普遍修建，广大平原地区一般都形成洪涝分开的局面，易涝地区主要有四种类型：①以大江大河为排水出路的平原涝区，如淮河中上游的淮北平原，东北的松辽平原，海河水系的西部平原，涝水的排泄主要受河道排泄能力的限制和承泄河流水位的顶托的影响，排涝标准很难提高，而且往往在排涝河道与承泄河道汇口处形成大量积水，成为涝灾最重的地区。②可以直接排水入海的平原涝区，如苏北平原、海河水系平原的东部地区，这些地区排水出路不受限制，但往往受海岸潮汐的影响，河口咸水倒灌或河口淤积严重。③南方沿江及滨海圩区，大多数圩内地面低于河湖汛期水位或海潮高潮位，涝水除内湖滞蓄外，主要依靠动力排水。④沿大江大河的湖区洼地周边的涝区，除当地降雨积水外，受周边滚坡水的影响很大，多数地区洪涝不分。平原地区堤防一般只能防御常遇洪水，标准较低，一旦堤防溃决，洪涝不分。北方平原河道往往形成滚坡水，波及面积很大；南方则整个圩区被洪水淹没，退水迟缓，淹没水深加大，历时长，灾情严重。

（3）海岸水灾。海岸洪水一般由天文大潮、风暴潮、海啸以及江河洪水所形成，特别是热带风暴和台风登陆时挟带大暴雨，在海潮侵袭和江河高水位时又是排涝的关键时刻，洪涝矛盾特别突出。

（4）城市水灾。全国设市的城市 500 多座，其中 2/3 有防洪任务。由于城市化后，"热岛"效应和下垫面的特殊变化，降雨和产流、汇流情况都有很大变化。既要防洪，又要排市内涝水。洪涝矛盾相当突出。保护大、中城市的江河堤防防洪能力较低，不少城市依靠市郊农村临时分洪提高城市防洪标准，很多城市内部排水设施能力不足，几乎每年都积水成灾。数以千计的县城和乡镇，其防洪能力大多数与当地农田防洪标准相当，最近几年乡镇企业急骤发展，往往选厂时不注意防洪问题，有的为了节省投资，在低洼地上建厂，甚至侵占河湖洲滩，水灾特别严重。

我国水灾主要集中在黄河、长江、淮河、海滦河、辽河、松花江和珠江等七大江河中下游平原，这些地区平均每年受灾面积占全国受灾面积 2/3 以上。根据 80 年代研究，七大江河及沿海直接入海的中小河流，流域面积总计约 500 万 km²，其中平原约占 20%，即约 100 万 km²。根据历史上曾经发生过的严重水灾，并考虑地形条件、江河行洪水位和防潮水位，划定洪水可能波及的范围，得到平原地区（包括主要盆地）洪水可能泛滥的范围达 73.8 万 km²（其中统计耕地约 5 亿亩），主要分布在黄淮海平原（34.5 万 km²），长江流域（16.4 万 km²）和松辽平原（12 万 km²），以上面积大体相当于主要河流 100 年一遇以上洪水波及范围面积的总和（扣除黄河下游的淮河、海河重叠的泛滥后约 64 万 km²）。据统计全国易涝耕地面积 3.7 亿亩，统计时缺乏统一标准，但经多年治涝实践，大体可以认为在 50 年代排涝工程设施水平下，大约相当于小于 5 年一遇的当地一次暴雨即可成灾的耕地面积，其范围大体与洪灾可能泛滥的范围相一致。但洪灾范围内，有的地区地势较高或地面比降较大，排水条件较好，不属于易涝耕地；在洪灾范围外，有些岗丘或源地的封闭洼地，经常积水成灾，又属于易涝耕地。易涝耕地中，黄淮海地区占 1.62 亿亩，长江流域占 7000 万亩，松花江和辽河流域占 7000 万亩。可以说我国水灾的治理主要是七大江河中下游平原的治理。

四、水灾治理的现状

我国治理水灾有悠久的历史，但随着社会经济的发展和历史条件的限制，长期以来未得到有效控制，而且愈到近代愈趋严重。特别是新中国成立前的 100 多年间，主要江河发生剧变，又都发生过历史最大或接近历史最大的洪水，又值外敌入侵内政腐败的年代，成为我国历史上水灾最严重的时期。新中国成立之初，治理江河控制水灾已成为巩固国家、安定社会和发展生产的最为迫切的任务。国家和广大人民群众付出了巨大的代价，进行了长期不懈的大规模水灾治理工作，初步控制了常遇洪水的漫溢决口泛滥，对重点防御保护对象制定了防御超标准洪水的应急对策，使重点城市、重要的农产品生产基地达到较高的防洪能力，防止了涝灾的扩大，并为除涝创造了基础条件。同时初步治理了易涝耕地 2.96 亿亩，其中治涝标准达到 5 年一遇以上的占 1.77 亿亩，分别占易涝面积的 80% 和 48%。据 80 年代后期研究：1949 年至 1988 年国家投入防洪资金 263 亿元，除涝资金 204 亿元，广大人民群众每年都投入大量低报酬劳动或义务劳动进行防洪、除涝工程建设和防汛抢险工作。按照实际发生的水灾，对照 1949 年前后的河道防洪和地区除涝能力与修建工程后的实际作用，1949 年至 1987 年的 38 年间，防洪除涝工作累计减淹和增产效益，按当年价格计算，达 4600 多亿元，效益是巨大的。

　　新中国成立 40 多年来，我国江河治理控制水灾成绩巨大，效益显著，既有丰富的成功经验，也有值得重视的失败教训，对水灾防治现状的初步认识是：

　　（1）在防洪措施方面采取了"蓄泄兼筹"的方针。按照常遇洪水与非常洪水区别对待的原则，工程措施与非工程措施相结合，统筹兼顾，依靠群众，因陋就简，在较短时期，主要江河都形成了比较完整的防洪工程体系，初步控制了平原地区大约相当于 5～20 年一遇的常遇洪水，并采取临时分蓄洪措施，将非常洪水限制在一定的范围之内。这种方针、政策和措施是符合我国国情，符合国家和群众的迫切愿望和承受能力的成功经验。

　　（2）我国北方平原在控制洪水泛滥的前提下，对于涝灾采取了调整水系分区治理、高水高排和自流排水与动力抽排相结合的措施，建立排水系统，开辟排水出路，完善田间沟洫，大部分易涝耕地得到初步治理。南方易涝耕地区，多数为沿江、沿湖低洼平原。汛期河湖水位经常高于农田地面，多数易涝耕地已形成封闭圩垸。经过联圩建闸，内外水分开；临山丘地带截洪导流，洪涝分开；沿海河口建闸防潮御卤，咸淡分开；圩内利用内湖滞蓄能力，发展机电排灌。现在绝大部分易涝耕地的排涝能力有显著提高，同时各地也形成了各具特色的治涝系统经验。

　　（3）防洪工程建设取得巨大成效的同时，工程措施点、线、面不配套。即水库枢纽工程与河道堤防不配套，面上水土流失和山洪为害没有得到控制；许多工程标准低、质量差、缺陷多，达不到设计能力。非工程措施不完善，河湖水域和分蓄洪区管理一度失控，形成大量人为行洪、蓄洪障碍，不少河段防洪能力有所下降。上述情况致使各项防洪措施的总体效益很难充分发挥，防汛调度运用矛盾重重。现有主要江河的防洪能力偏低，不能适应社会经济发展的需要。广大平原仅能防御 5～20 年一遇的常遇洪水，在遭遇超标准洪水时，只有采取牺牲局部保全大局的临时分蓄洪措施，力争把洪水灾害限制在规划的分蓄洪区内，但使用分蓄洪区时居民安全、生产与分蓄洪的矛盾很大，不能确保适时启用和适量分洪，一旦分洪，经济损失巨大，很难避免人口伤亡，很多中小河流尚不能控制常遇洪水，山丘区山洪灾害仍较普遍，总体损失很大。

　　（4）治涝工程十分艰巨，当前存在的主要问题是：地表排水系统的骨干工程标准低，面上配套很差；机电排灌设备老化、供电不足，不能充分发挥作用；圩垸区内湖大量垦殖利用，滞蓄能力不断下降；除涝标准低，超标准的涝灾机会增多，而又缺乏缩小灾害的应急对策；排水骨干河道和沿海排涝河口淤积十分严重，而又缺乏有效的防治对策；排涝工程的养护维修很差，特别是排水沟河往往多年不进行维修清淤，排水能力下降。

（5）现有工程设施老化、损毁、失修相当普遍，不少工程已达到或接近正常运用寿命，改造更替（如控制性水库）困难，巩固、改造和更新的任务十分艰巨。

（6）北方河道由于上游用水增加，径流减少，淤积严重，社会经济活动影响河道自然功能的发挥和排水障碍增多，因此平原地区河道萎缩日趋严重，不少过去常年流水的河道变为季节性流水河道，河道排洪、排涝能力普遍下降。南方湖泊由于泥沙淤积，湖河洲滩盲目开发使用，围湖造田河湖隔绝，湖面日趋缩小，滞蓄能力明显下降。由于上述原因，同等来水而江河水位普遍上涨，高水行洪蓄水时间加长，水灾威胁与日俱增。

五、水灾防治对策

我国自然环境特点和人口众多而又密集于东部平原地区决定了水灾的频繁和严重，防治水灾将成为我国长期的建设任务。必须将水灾防治纳入国家重大自然灾害防治、环境保护和国土整治的长远总体规划之中，作为长期社会经济发展的重要组成部分。防洪与除涝既要密切联系，紧密配合；又要分清主次，区别对待，根据地区特点采取不同措施。根据当前我国水灾防治的形势和存在的主要问题，今后可能采取的对策如下。

1. 防洪方面

（1）必须加强面的治理。积极推行水土保持，控制水土流失，改造坡耕地，增加地表植被。这是治理山丘区暴雨洪水害灾的根本措施，对主要江河洪水泥沙来源的减少和延缓洪水汇流都有明显效果。

（2）继续贯彻蓄泄兼筹的方针，加强防洪工程建设。整治河道、加高加固堤防，充分利用河道的泄洪能力，仍然是防洪的首要措施。在有条件的地方，要扩大河道平滩泄量，提高河道泄洪能力，为两岸平原排涝创造条件，并且尽量减少分蓄洪区的运用机会。结合水资源的综合利用修建水库，完善分蓄洪区的进洪、退水工程和安全设施，使防洪工程体系更加完善和相互配套，充分发挥总体效益。

（3）工程措施与非工程措施密切结合，因地制宜地有所侧重。对于依靠常规工程措施很难提高防洪标准的丘陵区河流、沿江河城市集镇和分蓄洪区要加速完善非工程措施。特别要加强防灾宣传，树立全民的防灾意识。

（4）强化防洪设施和江河水域的管理，使行洪通道能经常保持畅通，天然湖泊和分蓄洪区能保持其滞蓄洪能力，在汛期能及时有效地运用。

（5）尽快制定《中华人民共和国防洪法》，将防洪工作建立在法治基础上。

2. 除涝方面

（1）在北方，必须坚持旱涝碱综合治理，地表水与地下水联合控制，水灾防治与水资源开发利用结合进行。20 世纪 70 年代以来大面积发展井灌，地下水位大幅度下降，有些地方进行降水、地表水、土壤水、地下水四水转化的研究和开发利用，都证明降低地下水位，充分利用土壤蓄水，降低排涝模数是十分有效的办法，而且可以使水资源得到充分利用，土地盐碱化得到有效控制。

（2）在南方，必须进一步完善圩区圩垸的治理。加强圩垸堤防，提高防洪能力；严格控制内湖面积，必须保持一定的滞蓄能力；完善内部排水系统，保持并发展河网化；改造机电排灌设施，加强电网建设，提高动力排水能力。

（3）平原地区要继续加强农田基本建设，平整土地，完善田间排水系统。要加速平原骨干排涝河道疏浚整治，扩大排水出路，实行分区治理。骨干河道上建闸蓄水要妥善规划，严格管理运用，防止只蓄不排，或蓄水期过长，要为平原排碱或脱盐创造条件。防治河道淤积。

（4）要加强沿河洼地和大湖周边地区的治理。要按高低分开的原则，减少滚坡水对洼地的压力，加强动力抽排的能力。在水源条件较好的地区，改种水稻是减轻涝灾的有效途径，松花江流域、淮河干流都有比较成功的经验。

（5）经常进行排水工程设施的养护维修，及时进行排涝河道沟洫的清淤工作，防止排涝河沟内打坝阻水，保持河沟畅通是排涝的关键措施。

六、近期水灾治理的展望

根据我国水灾治理现状和近期治理安排，到 21 世纪初，大江大河中下游防洪的重要河段，能够比较有效地控制常遇洪水；在有效运用分蓄洪区的前提下，对曾经发生过的特大洪水，其洪水灾害范围可望限制在分蓄洪区之内，重点城市、重要平原、河口三角洲和湖区的重点圩垸可望保证防洪安全。如果遭遇类似 1935 年 7 月鄂西、1963 年 8 月滏阳河上游、1975 年 8 月淮河上游的特大暴雨，局部地区毁灭性灾害仍会发生。就广大平原常遇涝灾而言，60 年代和 70 年代曾经整治开挖了大量骨干排水河道，南方圩垸地区发展大规模的机电排灌，都起到过良好的作用。80 年代以来，骨干排涝河道，如海河水系的徒骇、马颊河、淮河里下河地区通海各港，淤积损坏十分严重；大量机电排灌设施老化，更新改造不及时，供电不足，排水能力明显下降，恢复改造的任务十分艰巨，较大面积地提高标准实非易事。在遭遇 20 世纪内曾经发生过的特大洪水年份，内涝灾害仍会十分严重。20 世纪内和 21 世纪初，水灾防治的形势依然严峻，任务非常艰巨。

展望未来，今后水灾治理中有几个重点问题值得特别注意。

（1）黄河下游的防洪仍然是全国的重点，中心任务是保持河道行洪能力和延长河道使用寿命。80 年代以来进入下游河道的水沙减少，河床平均淤高的速度减缓，但河道主槽大量淤积，平滩泄量减少，洪水漫滩机会增多，发生斜河滚河的危险大增，花园口通过 22000 m³/s 洪水的安全保证仍然不高，仍需加强整治。黄河下游河道行洪寿命为社会各界普遍关心，鉴于黄河改道社会经济难以承受，力争现有河道延长安全使用寿命是黄河长治久安的关键所在。按照黄河规划研究，现行河道继续使用 50～100 年是完全有可能的，更长时间的使用可能性也是存在的，需要积极开展观测试验和科学研究。

（2）长江中游保证行洪安全，仍然是一个长期的任务。长江三峡工程修建后可以解决荆江河段上游洪水来量与河道安全泄量不相适应的突出矛盾，可以防止遭遇历史特大洪水时荆江南北堤防溃决造成大量人口伤亡的毁灭性灾害。但在三峡工程建成后，枢纽以下河道将发生明显的冲淤变化，江湖关系将出现新的形势，大洪水时河道蓄泄关系、分蓄洪区的运用程序、堤防险工的加固改造，均将发生变化，需要进行新的研究和规划。

（3）淮河中游主要依靠淮北大堤和行蓄洪区保证淮北平原安全。但干流河道平滩泄量和行洪能力都很小，洪涝矛盾突出，行洪区使用频繁，而又缺乏固定的进洪退水工程，很难发挥行洪效果，致使大洪水时水位抬高，堤防防洪标准下降，两岸涝灾加重，行蓄洪区百余万居民难以脱贫。如何扩大河道泄量，扩大洪涝出路，减少分洪几率，提高两岸沿河洼地除涝能力，改善蓄洪区生产条件等问题，迫切需要研究解决。

（4）城市防洪，特别是沿海受台风暴潮侵袭的城市防洪，是全国防洪中的薄弱环节，必须加强。要研究城市建设与防洪相结合，使防洪工程设施发挥综合功能的问题，以及邻城市河湖洲滩的保护和合理利用问题。

（5）行蓄洪区的改造和安全设施建设是今后防洪中严峻的任务。行蓄洪区是处理超标准洪水的主要措施，将会长期保留使用。关键在于处理好居民安全、生产活动与行蓄洪的矛盾。重点应当研究：提高河道排泄和山丘区拦洪调节能力，减少行洪蓄洪机会的合理性；完善分蓄洪区进洪退水工程和居民安全设施的迫切性；控制人口增长和调整产业结构的可行措施；以及行蓄洪区的特殊行政管理方式和各项法规政策。分蓄洪区的问题十分复杂，必须动员全社会在统一规划、统一政策、统一行动的前提下，逐步加以解决。

（6）黄淮海平原既有严重的洪涝灾害，又缺乏水资源，因此必须深入进行旱涝碱综合治理的研究。研究充分利用井灌井排的优势，利用地下蓄水能力，降低排涝模数，增加可用地下水的有效途径和开发利用方式。在松花江流域和辽东地区须进一步研究巩固和发展改稻治涝的科学方式和合理规模。

（7）认真解决洪涝矛盾，减少水灾的总体损失。在常遇洪水已经得到基本控制的江河两岸，需要进一步加强治涝措施。研究平原地区超标准涝水的减灾措施；研究防止平原和丘陵区河道洪水形成滚坡水的措施，以减轻湖泊涝水的压力；研究扩大沿河涵闸排水能力，充分利用河道退水抢排的合理性。由于大江大河沿岸机电排灌能力的增强，高水行洪时，抽排进入江河的流量很大，如长江中游可增加数千立方米每秒，显著抬高洪水位，增加防汛困难，防汛调度中如何妥善安排需要研究解决。

我国水灾防治是一个长期复杂和艰巨的任务，需要从多学科、多层次进行探讨研究。上面提到的一些问题只是管窥之见，错误是难免的，衷心希望得到关心水灾防治的人士给予指正和讨论。

主 要 参 考 文 献

[1] 钱正英. 中国水利 [M]. 北京：水利电力出版社，1992.

[2] 《中国自然地理》编写组. 中国自然地理 [M]. 北京：高等教育出版社，1979.

[3] 中科院综考会. 中国国土资源数据集 [G].

[4] 王先进. 我国耕地的现状：发展趋势及对策 [J]. 农牧情报研究，1989（5）：1-9.

[5] 顾文书. 黄河水沙变化及其影响的综合分析报告 [M] // 黄河水沙变化研究（第1卷）. 郑州：黄河出版社，2002.

[6] 天津勘测设计院. 七大江河下游及沿海诸河洪水主要威胁范围社经调查报告 [R]. 1991.

[7] 陆孝平、谭培伦、王淑筠. 水利工程防洪经济效益分析方法与实践 [M]. 南京：河海大学出版社，1993.

加强大江大河分蓄洪区建设和管理是当前防洪的迫切任务

通过长期生产建设实践，全国上下都认识到水利是社会经济发展的重要基础设施。最近几年由于中央和各级地方领导的重视，加大了投入力度，各地抗御水旱灾害的能力有所提高。90年代以来，虽然每年都有部分地区发生大的洪涝旱灾，但在已有水利工程设施发挥巨大作用和全社会积极防汛抗旱的情况下，仍然取得了农业持续丰收，保证了广大地区防洪安全。但是必须看到，最近几年发生的洪涝旱灾，只是局部的，绝大多数的地区气候正常，比起20世纪内曾发生过的大洪、大涝、大旱，无论是稀遇程度或涉及范围都是较小的。如果在今后发生类似20世纪以来曾经发生过的特大水旱灾害，现有水利工程设施将很难保证农业的稳定生产和广大地区人民生命财产安全。假如发生历史上曾经发生过的特大洪水、特大旱灾，将直接影响国民经济持续稳定发展。对这种情况绝不能掉以轻心。1997年1月中央农村工作会议上江泽民主席明确指出，大力加强水利建设，保证大江大河安全度汛。对于今年可能发生的水旱灾害，我们必须高度警惕，及早防范，决不可麻痹大意。这是一项非常及时中肯的指示，对广大水利战线来说，不仅是今年，而且在今后一个相当长的时期，都应这样做。

大江大河能否安全度汛是影响全国稳定和发展的大事。当前我国大江大河中下游平原湖区主要依靠堤防和部分水库蓄泄洪水，保证行洪安全。但限于自然和社会经济条件，工程设施不可能达到较高的防洪标准，一般只可能防御常遇洪水（即10～20年一遇洪水）。但超标准的大洪水出现机会较多。超标准洪水一旦失控，广大平原湖区洪水泛滥，将造成巨大的经济损失和严重的社会影响。现在对付标准洪水的主要对策是牺牲沿江河的局部地区，进行临时分蓄洪水，减轻江河泄洪压力，争取行洪安全。当前规划安排的分蓄洪区，主要集中在长江、黄河、淮河和海河中下游两岸低洼平原和湖区。全国共有分蓄洪区约100处，总面积达3万多km²，可分蓄洪水约900亿m³，其中人口约1700万，耕地2700万亩。我国的临时分蓄洪区，绝大多数人口稠密，农业发达。多

原文为1997年3月在全国政协第八届第五次会议上的书面发言，后刊登于《中国水利》1997年第4期。

数分蓄洪区缺乏必要的工程设施（如进洪闸、退水闸），依靠临时扒开堤防分洪；分洪区内又缺乏必要的安全设施，分洪时居民临时撤退，公私财产损失很大，灾后又缺乏明确的赔偿恢复政策和办法。因此，在必须分洪时，动员撤退异常困难，往往丧失有利时机。分洪造成巨大损失，却达不到分蓄洪的预期效果。因分洪而受灾的居民，不少得不到及时和有效的赔偿，造成受灾群众多年生活困难和生产倒退。地方基层政府多年陷于救灾赔偿的困境之中，对当地社会经济的发展造成严重影响。如果更为不幸，连续几年遭遇大水，数次分洪，则造成极大损失，直接影响社会安定，地方政府工作更为困难。在这种情况下，在汛期需要分洪时，分洪区群众和基层干部拼命加高堤圩，直至堤圩溃决，造成江湖水位高涨，防汛全面紧张，往往出现洪水失控，造成更大的灾害。由于分蓄洪区人民年年担心分蓄洪，很难按照一般地区进行生产建设，经济发展水平低而不稳。不少分蓄洪区成为全国重点贫困地区，温饱问题未能稳定解决，向小康发展缺乏条件和信心，已成为发展经济的重大难题。

根据我国大江大河洪水特点，上游洪水来量大而下游河道泄洪能力小，蓄泄矛盾十分突出。虽然经过数十年的防洪建设，但修建水库和扩大河道都受到大量人口迁移和占用耕地的制约，依靠继续修建水库和提高河道泄洪能力来提高防洪标准是极为有限的。因此，牺牲局部保全大局利用分蓄洪区处理超标准洪水的防洪策略，将是长期需要的。特别像长江中下游大江沿岸和洞庭湖区的分蓄洪任务更为艰难复杂，即使三峡工程建成发挥防洪作用以后，也仍然是必要的。无论从当前或长远看，分蓄洪区人民群众生命安全和生产出路与江河防洪需要的矛盾将长期存在。

长期以来，水利部门虽然不断进行分蓄洪区的安全建设，并提出一些减轻居民负担的政策措施，但如何使上千万人口、数千万亩耕地的分蓄洪区达到长治久安，使之既能分蓄洪水，又使广大群众得到生存和发展的必要条件，仍未获得妥善解决。根本全面解决这一难题，如取消分蓄洪任务或将其中居民迁出另行安排，都是难以做到的。因此，只有按照分蓄洪区的特殊性，进行分蓄洪运用与发展经济的全面规划，加强居民安全设施和生产条件的建设，明确发展方向和建设重点，制订新的管理体制和灾后补偿、恢复和救济政策，全面加强管理，做到：适时适量分蓄洪水，尽量减少公私固定资产的损失，灾后迅速恢复；一般年份具有稳定生产条件，使其经济能够持续发展。只有分蓄洪区居民感到安全有保障，生产发展有出路，损失能得到合理补偿，分蓄洪区才能顺利分蓄洪水，大江大河的防洪安全才能得到保证，大江大河上下游左右岸的防汛矛盾才能缓解。

为此，建议：

（1）完善分蓄洪水工程设施的建设，修建必要进洪、退水涵闸，做到有控制地分蓄洪水。

（2）加速分蓄区安全设施建设。实践证明分蓄洪时如能使房屋不倒塌，公共基础设施破坏轻微，则居民可避免意外伤亡，财产损失大幅度减少，灾后很快得到恢复。洞庭湖区过去几年修建的少量防洪安全楼，在1996年大水溃垸中发挥了巨大作用。因此必须制定必要的法规政策，结合民房改造和公私设施建设，今后在分蓄洪区一律修建能抗御分洪淹浸的楼房。同时修建必要的安全区，保护分蓄洪区城市集镇，为二、三产业发展创造条件，并作为临时居民撤退的安置点。

（3）改善分蓄洪区内的生产条件和交通设施。分蓄区内应有较高的标准和完善的灌溉排水设施，在一般年份农田达到高产稳产。分蓄洪区内的道路、桥梁、码头等交通设施必须完善，平时有利于经济发展，分蓄洪时居民能安全撤离。

（4）制订分蓄洪区内经济发展的产业政策。根据分蓄洪的几率、生产资源条件，扬长避短，制订分洪时不致造成巨大损失，而灾后又能迅速恢复的产业政策。

（5）严格控制分蓄洪区人口增长。除严格执行国家计划生育政策外，要严格限制人口的迁入。在严格控制人口的前提下，给予发展经济的优惠政策。

（6）以分蓄洪区为单位，建立特殊的管理体制。平"战"（分洪）结合，建立既能平时为居民生产服务，又能在分洪时统一指挥、统一行动的乡村社区组织。

（7）建立分蓄洪区救灾恢复基金，推行安全和财产保险，解除居民后顾之忧。

（8）必须加大国家对分蓄洪区的投入力度。分蓄洪造成的损失不同于一般自然灾害损失，它是牺牲本区保护它区的结果，不仅在分蓄洪时造成直接经济损失，使发展生产受到限制，而且平时承受分洪的心理压力。因此分蓄洪区的生产建设，特别是安全设施建设，国家应给予大力支持。建议国家计委和水利部门必须增加防洪投入，将大江大河治理投资中相当部分投入分蓄洪区安全建设。当然当地群众自力更生和地方政府的积极投入是不可缺少的。

总之，分蓄洪区是大江大河防洪的重要组成部分，将长期存在；同时，又是处于国家经济发达地带中的特殊地区。这些地区居民的稳定、温饱和向富裕水平发展问题的解决，不仅影响上千万人口的生存和发展前途，而且也影响全国广大地区的稳定和发展，必须采取有力措施，尽快加以解决。

充分利用天然降水是缓解北方水资源短缺的重要途径

（1）我国水资源紧缺，特别是北方干旱和半干旱地区，可利用的水资源量不足，已影响和制约社会经济发展，为社会公众所共识。长期以来，水利工作在水资源开发利用方面，主要着力于河川径流和地下水。一般认为我国水资源总量就是河川径流与河川径流不重复计算的降水直接补充的地下水。全国水资源总量 2.81 万亿 m^3，与全国年平均降水量 6.19 万亿 m^3（即年降水 648.4mm）相比，仅占 45%。西北干旱内陆地区，年降水总量 5113 亿 m^3，而计算的年水资源总量仅 1064 亿 m^3，仅占年降水量的 21%；干旱和半干旱的黄河上游，年降水量 1539 亿 m^3（即年降水 400mm），而计算的年水资源总量仅 313.5 亿 m^3，占年降水量的 24.1%；黄河中游、辽河流域和海河流域，80 年代计算的水资源总量分别占年降水总量的 16.5%、21.5% 和 23.9%。广大地区绝大部分的年降水量除一部分为地表植被直接利用、形成地表径流和补充地下水外，大部分变为无效蒸发，白白浪费。由于地表径流大部分以洪水形式出现，地下水开采在空间分布方面往往难以适应利用对象的需要，因此水资源的开发利用，局限性很大。特别是北方干旱、半干旱地区，水资源开发利用和保护成本高、代价大，长期处于不能适应社会经济发展的被动局面。在北方干旱和半干旱地区应以年降水量作为可利用水资源总量的观点，以此作为水资源研究和开发利用的出发点。最近几年科研和水利部门在北方地区通过科学实验和生产实践，已经取得了很多成功的经验，如甘肃、宁夏、陕西利用集流雨水解决极干旱地区人畜饮水和分散灌溉农田，北京市西南郊区地下水利用的长期试验研究经验显示了降低地下水位增加降水对地下水的补给，合理开发利用雨水和地下水的潜力很大。

水资源的开发利用，在进一步提高河川径流的调蓄利用和积极开采利用地下水的同时，应积极开展雨水就地直接利用，尽量减少地面的无效蒸发，提高降雨的有效利用率，我国北方就有可能走出水资源危机的困境。

（2）以防治水灾、开发利用水资源为目标的水利建设，在我国当代社会经济发展中，特别是在农业持续稳定增长的过程中，发挥了巨大作用，取得了巨大效益。但进一

原文系作者在 1997 年 11 月 4 日全国地下水信息网泰安年会上的发言。

步扩大或提高地表水调节利用能力则困难因素越来越多，代价越来越大，发展日益困难。主要是：

1）河道和天然湖泊日益萎缩，河湖蓄泄能力下降，行洪排涝日益困难，需要巨大投入，不断进行恢复性治理和保护。

2）天然河川径流量越来越少，主要利用客水或过境水的地区，如河北、河南、山东等省区，困难更为显著，增加地表径流调蓄，提高洪水利用程度，在我国人稠地少的情况下困难极大。

3）北方资源性缺水已成定局，跨流域调水是一条出路，但代价高，解决问题有限，是一种不得不办，又不能大规模急办的事业。

4）地下水开采，如果不增加降水的补给，开采的限制很大，现在的超采已引起严重的环境问题。

5）南方发展旱地灌溉势在必行，但南方旱地一般分布于丘陵坡地，只需相机补充灌溉，大型常规灌溉设施费用高，效益低，分散小型仍是主要出路。

6）水资源受到严重污染，使本已匮乏的水资源进一步遭到破坏，给开发利用造成巨大困难。

以上情况说明，传统水利发展虽然还有很大潜力，必须继续开发利用，但局限性已日益明显，必须寻求新的补充出路。这个出路就是充分利用当地降水量。

（3）充分利用雨水，有其不可取代的优越性，其突出优点是：

1）覆盖面广，潜力巨大，不致产生水事纠纷。

2）采取就地集流、简易蓄存和简易引水机具即可发挥作用，方式多样化、小型化、技术简易，可发动广大群众参与，直接受益。

3）投入少，见效快，易管理，适应当前农村经济技术水平。

4）可以减轻洪涝碱灾害，发挥综合利用效益。

（4）缓解北方水危机的根本出路在于充分利用降水和科学用水。

1）减少地表无效蒸发，提高土壤水分的有效利用是旱地农业的重要出路。北方各省的水平梯田、旱地蓄水保墒措施，不少地方旱地小麦高产稳产技术等取得了重要突出效果。

2）控制地下水位，增加地下水补给（包括人工地下水回灌），涵养地下水资源，科学合理地管理使用地下水，提高地下水的供水能力是缓解北方水危机的重要途径，北京、河北的试验研究取得了重要成果。

3）地表水、地下水联合调度运用，如山东省的引黄灌区"以井保丰，以河补源"的措施，大大缓解了黄河断流带来的影响，未来黄河两岸广大地区都必须考虑这种措施。

4）长期坚持节约用水，科学用水，紧密配合农业节水高效优质高产技术，提高地区水资源利用的经济价值。

5）分步骤地进行跨流域调水，补充城市供水水源，下工夫处理城市污废水，作为农业补充水源，缓解环境恶化，逐步补充地下水超采所造成的亏缺。

6）治理和保护环境，防止水资源污染和破坏。

解决北方水危机必须从充分利用当地水资源，即天然降水，作为出发点，全面研究防止无效蒸发、充分存储利用、有效保护的各类措施。不断研究提出综合性、系统化的开发利用保护和管理的理论，以及符合客观技术经济条件可操作的措施，这是中国水利工作艰巨而光荣的任务。

对未来防洪减灾形势和对策的一些思考

——20 世纪 90 年代防洪形势的回顾与展望

　　洪水灾害既是气候、地形、地质等自然环境形成的自然灾害，又是人类社会经济发展不断开发江河冲积平原、河谷阶地，与洪水争夺生存空间和出路的人为灾害。20 世纪是中国洪水灾害最为严重的时期，又是防洪减灾工程建设规模最大、效果最好的时期。防洪减灾工作积累了丰富的经验，对我国社会经济稳定持续发展，起了重要作用。进入 20 世纪 90 年代，由于自然环境的变化，异常气候的出现，以及人类活动对防洪减灾造成的不利影响，我国又出现了一个洪水灾害相对严重的时期。随着社会经济发展，社会财富增加，灾害损失越来越大。特别是 1998 年，长江、嫩江发生特大洪水，防汛任务的艰巨，灾害损失的巨大，震惊中外，引起了各级领导和广大社会公众的极大关注。在即将进入 21 世纪之际，对面临的防洪形势和未来的防洪减灾对策，作一些思考和探讨。

一、20 世纪 90 年代防洪形势、特点和启发

1. 形势

　　进入 20 世纪 90 年代，大陆南北洪涝严重而中部干旱的局面十分突出。长江流域及其以南地区，主要江河先后发生多次接近 20 世纪内曾经发生过的特大洪水。长江流域继 1991 年太湖流域和中下游大水之后，先后发生了 1994 年、1995 年和 1996 年洞庭湖、鄱阳湖水系大洪水，1998 年又发生了全江型特大洪水；珠江流域 1994 年和 1998 年接连发生了接近 1995 年的特大洪水；闽江在 1992 年和 1998 年分别发生 50 年一遇和 100 年一遇的大洪水。淮河流域及其以北地区，在 1991 年发生淮河中下游和嫩江大洪水后，又发生了 1998 年嫩江可查考的最大洪水；在此期间，辽河支流浑河、黄河支流无定河、新疆塔里木河等河流均发生了 20 世纪内最大洪水，同时东南沿海台风及热带风暴频繁登陆，造成重大经济损失。

　　20 世纪 90 年代，洪涝灾害损失空前巨大。据统计：1991—1998 年，平均每年农田受灾面积 1786.7 万 hm^2，成灾 1013.3 万 hm^2，分别是 1950—1990 年平均数的 2.29 倍

　　原文系作者于 1999 年 4 月为《水科学进展》杂志创刊十周年专刊写作，1999 年 9 月发表于该刊第 10 卷第 3 期。

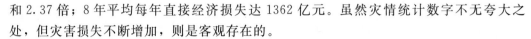

和 2.37 倍；8 年平均每年直接经济损失达 1362 亿元。虽然灾情统计数字不无夸大之处，但灾害损失不断增加，则是客观存在的。

2. 特点

（1）洪涝灾害分布范围广。南方大江大河大洪水和特大洪水发生频繁；北方局部洪涝灾害突出；中小河流水灾十分严重，特别是山洪、地质灾害（滑坡、岩崩、泥石流等）频繁发生；洪涝灾害受灾面积中山丘区的山洪和平原区的内涝约占总受灾面积的 90%。由于大江大河大湖和河口三角洲地区的主要堤防未发生溃决，为广大平原圩垸排涝创造了有利条件，使涝水能尽快排出，恢复生产；山洪涨落迅速，只要措施及时，可以将水灾损失大大减轻。以上特点是统计受灾面积很大而农业连年丰收的重要原因。

（2）城市水灾十分突出。近 10 多年来，城市集镇迅速发展，一些城市扩大到防洪设施保护范围之外；部分市区建设在低洼易涝地带；许多新兴城市或新设开发区缺乏防洪规划，忽视防洪建设；大多数城市集镇市区排水设施简陋，标准低，建设滞后，排水出路缺乏合理安排，城市涝水灾害特别严重；有些靠山临河的城市，对山洪的突然袭击缺乏对策，不重视水土保持，未妥善安排山洪出路，使市区遭受严重破坏和巨大损失。

（3）洪涝矛盾加剧。江河汛期水位高，堤外两侧积水排除困难；高水行洪历时加长，沿江河涵闸开启自流排水时间缩短；江河高水行洪时，两岸机电排灌站集中排涝，加大江河行洪负担；山地丘陵区河谷川地大量修建堤防，改变了漫滩行洪快涨快落的特点，形成堤外积水的新涝区；湖区圩垸内部湖泊洼地日益缩小，有的围湖造田，有的改为渔场，减少了涝水滞蓄调节能力，降低了圩垸排涝标准。

（4）河道和天然湖泊萎缩、蓄泄能力下降，同流量下河道行洪水位明显抬高，高水行洪历时延长，成为全国主要江河普遍存在的问题。北方平原河道断流时间增长，不少变为季节性河道，主槽退化，河床杂草芦苇丛生，任意取土采砂，河道糙率加大，一旦行洪，河势变化多端，水位急剧抬高，行洪不畅，险象环生，防汛风险增大。

（5）由于河道高水位行洪的机会增多，按原有防洪规划需要分洪处理的超标准洪水机会也增多。但是由于分蓄洪区人口稠密，经济发展，资财增加，安全设施建设严重滞后，分蓄洪将造成严重的经济损失，且长期难以恢复，而灾后又缺乏明确合理的救济、恢复、重建政策和办法，同时由于水情极为复杂，缺乏可操作的分蓄洪实施方案，相邻地区又矛盾尖锐，因此分蓄洪区群众和地方政府宁愿严防死守，不愿主动分洪，其结果是强迫河道堤防超标准行洪，形成危险的高水位，加重了重点保护地区的安全风险。这种情况造成了防汛调度决策的困难局面。1996 年洞庭湖水系大水，1998 年长江特大洪水，都发生这种情况，是急需总结经验研究对策的重大课题。

（6）水灾损失巨大，且有不断增加的趋势。随着经济发展，社会财富的增加，同样水情，损失不断增加是客观存在的。直接经济损失中 80 年代以前农业损失占绝大部分，80 年代以后工业、交通、城市损失所占比重逐年增加，90 年代工业、交通、城市损失已占总损失的 20%～30%。特大洪水年份比重还要大，城市工交防洪不容忽视。

20 世纪 90 年代，虽然洪涝灾害频繁，水灾损失巨大，但国民经济生产总值平均增长率仍达到 9% 的高速发展，粮食产量稳定增产，未出现过大波动。这说明：水利工程设施和防汛指挥调度都充分发挥了作用，取得了巨大经济效益。

3. 启发

（1）新中国成立（1949 年）以来，江河治理防洪建设取得巨大成就。50 年来主要江河都形成了"蓄泄兼筹"的防洪工程体系，常遇洪水得到有效控制，规划安排了超标准洪水的出路，防止了特大洪水失控。但工程设施标准较低，工程质量较差，特别是堤防隐患难以清除，病险水库未及时处理，不能充分发挥工程体系的整体防洪作用，往往达不到设计防洪标准。90 年代大江大河虽然发生了多次大洪水，但并非历史上曾经发生过的特大洪水。如 1998 年长江流域洪水总量和控制性水文站洪峰流量均小于 1954 年洪水，而且江、淮、太湖未出现过去多次出现过的同期并涨的严峻局面；嫩江特大洪水，但第二松花江和松花江干流洪水则较小。在今后如再遭遇近 200 年来曾经发生过的特大洪水，现有防洪设施是难以保障安全的。随着人口增加和经济快速发展，特大洪水所造成的经济损失会越来越大，对社会和环境的影响将更加深远。防洪、除涝必须作为国家重要基础设施长期不懈地进行巩固、提高和完善。

（2）人口增加、各种社会经济活动的盲目性和失控是加重、转移洪水灾害和造成防汛紧张的重要因素，但必须辩证地全面地认识这一问题。

1）一种舆论认为，由于防洪建设的不当，改变了自然河湖功能，特别是长江通江湖泊的减少和围湖造田是造成 1998 年长江大水的主要原因。对此，必须进行辩证的分析。诚然，修建堤防涵闸，限制江河洪水进入两岸平原湖区，使行洪水位抬高，洪水威胁加重，但是必须看到人口增加，扩大生存和发展的空间、人与水争地、开发利用江河冲积平原，是人类文明发展的必然结果。人类与水争地扩大生存和发展空间与防洪工程建设既是必要的，又是矛盾的。如果掌握适度，在开发利用江河冲积平原的同时，又给洪水宣泄和滞蓄留有足够的空间，是可以促进社会经济持续稳定发展的；如超过适当限度，与水争地失去控制，则可能造成巨大灾害，阻碍社会经济的持续稳定发展。因此，退田还湖必须是有利于增加江河宣泄能力和增加洪水的有效调蓄能力为前提，不可盲目进行。

2）一种舆论认为，生态环境的破坏是形成特大洪水的主要原因。森林植被对洪水的形成和汇集有一定影响，近年来不少地区森林过伐，坡地过垦，增加了水土流失，中小河流泥沙淤积增加，山洪和地质灾害加重。但对大江大河流域性稀遇大洪水而言其减灾作用是有限的，试验证明：森林植被对一般中小暴雨和汛初第一场洪水的减洪作用较为明显；对特大暴雨、连续性暴雨和后期洪水减洪作用显著减少，这也是历史大洪水所证明了的。因此，单纯依靠增加森林植被，控制较大洪水的危害，是难以收效的。但是，必须肯定恢复重建生态环境和增加森林植被对防洪减灾的重要作用。加强水土保持、积极植树造林和保护自然生态环境是防洪减灾的基础措施，必须坚持不懈地长期进行。

3）在江河上修建水库和引水工程，改变了江河径流的时空分布，虽然满足了社会经济发展对水资源的需求，调节控制了某些河段的洪水，减轻了洪水威胁；但是由于河道下泄径流量的减小，径流过程的改变，特别是洪峰流量的削减，使原有天然河道不能适应新的水文情势变化，致使水流挟沙能力降低，淤积增加，河道萎缩，行洪水位抬高，河道泄洪输沙能力下降，抵消了一部分水库和堤防的防洪作用。修建水库、增加引水必须与河道整治措施密切结合，整体安排，才能防止或减少河道功能的衰退。

4）山地丘陵区的河道，原来大多属于漫流行洪，河道滩地、阶地有很大槽蓄容量，近20多年来在河谷川地普遍修建堤防，保护了沿江河两岸的城镇、农田，提高了防洪标准，但洪水归槽下泄，河道槽蓄容量减少，下游洪水来量增加；河道行洪水位抬高，原来规划设计的防洪标准下降，同时也增加了两岸堤外的排水负担。受这种影响，流域防洪标准，防洪措施安排必须进行重新调整和平衡。

（3）20世纪90年代接连不断地发生了大洪水，充分发挥了防洪工程措施的作用，体现了江河防洪"蓄泄兼筹，以泄为主"方针的正确性，同时也暴露了许多重大问题，致使防汛抢险极为艰巨，代价很高，主要是：①一些堤防超标准行洪，既冒了极大的安全风险，也打乱了上下游防洪的总体部署。②充分暴露了堤防质量差、隐患多带来的严重问题。③控制性综合利用水库防洪标准偏低，超标准泄洪的机会很多，往往在下游河道高水行洪十分危险的情况下，不起作用，甚至加大泄量，火上加油。④分蓄洪区运用条件（包括进洪、退水涵闸，安全设施，灾后重建等）不落实，很难按规划安排进行调度运用。由于"蓄泄兼筹"方针的不落实，沿江河的群众和基层干部，每次大洪水后，在缺乏统一规划的情况下，积极加高堤防，虽然局部河段可能受益，但不能形成总体的防洪效果，而且增加相邻地区的矛盾和重点防洪地区的安全风险。因此，在统一规划下，全面落实"蓄泄兼筹，综合治理"的防洪方针，才能提高江河防洪能力和缓解防汛紧张局面。

（4）经济发展，社会财富增加，既为江河防洪能力的提高和防汛抢险料物的充分供应创造了有利条件；同时也由于社会经济的发展，特别是人口剧增，不断向江河沿岸聚集，沿江土地的高度开发利用，特别是行洪河湖洲滩的乱占乱用，又为提高防洪能力设置了许多障碍。加强对沿江河两岸土地、江河湖泊水域的有效管理，限制不合理的开发利用，是提高江河防洪能力的关键环节。

二、未来防洪对策的思考

1. 从防洪与社会经济可持续发展的关系出发，明确江河防洪的目标

防洪是社会经济发展的一个支撑条件，要保障社会经济发展的安全和稳定，一方面要使人民生命财产免受洪水危害，减少经济损失；另一方面要为经济发展创造条件，减少投资风险，改善投资环境，使经济平稳发展。同时还必须认识，洪涝灾害是自然界的随机事件，在一定技术经济条件下防洪工程设施可以承受或控制一定标准的洪水灾害。但超标准的洪水灾害是永远存在的，在相当长的历史时期内人类不可能完全控制和消除洪水灾害。面对这种客观现实，防洪的目标可以考虑以下三个方面：

（1）有效控制常遇洪水。使受洪水威胁地区，即人口密集、经济发达的平原、河川盆地等，90％以上的年份和90％以上的地区，免受洪水灾害，保证社会经济的正常运行，在当代社会经济条件和科学技术水平下加强常规的防洪工程措施并配合必要的非工程措施，是可能做到的。

（2）对超标准的非常大洪水，要有可行的对策。在充分利用自然河湖和常规防洪工程措施（如水库、河道堤防等）蓄泄能力的前提下，采用临时分蓄洪、积极防汛抢险和相应的非工程措施，将洪水控制在预期安排的范围内，防止洪水在较大范围内失控造成

巨大损失或毁灭性灾害，使经济发展不致受到过大的冲击，社会仍然保持稳定。在社会主义制度下是完全可以做到的。对大江大河超标准的非常大洪水的妥善处理和加强城市防洪，可能是 21 世纪中国防洪的主要课题。

（3）建立灾后的有力保障体系。使灾后的救济、恢复、重建工作迅速而有效地进行，保障灾区社会稳定，经济运行迅速恢复正常。大江大河中下游平原、湖区的洪灾安全保障体系应纳入整个国家的安全保障体系之中。

2. 根据客观条件，经过充分论证，确定近期和远景的防洪标准

防洪标准应根据水文特性、工程措施条件和社会经济承受能力，进行综合分析，全面评价，比选确定。我国大江大河的洪水，年内非常集中，年际变化十分悬殊，大洪水来量大，河道泄洪能力不足的矛盾又非常尖锐，防洪标准提高一个等级，往往须增加大量工程设施；在我国人多地少的情况下，增加大量工程设施占地移民是一个重要制约因素。根据我国防洪的实践，主要江河中下游人口稠密的平原和盆地，依靠常规工程一般可能达到 10～20 年一遇防洪标准，少数重要河段和大中城市采取特殊措施，可达到较高的防洪标准。江河超标洪水的妥善处理，是提高重点保护地区、大中城市和重要工矿企业防洪标准的主要手段，也是防止特大洪水失控造成巨大灾害的基本途径。防洪标准是一个动态指标，随被保护区的社会经济发展水平和江河上下游防洪能力的变化而变化，每隔一段时间，须进行新的评估和修订。在缺乏社会经济和水灾调查分析资料的情况下，今后一个相当长的时期内，1995 年国家颁布的《防洪标准》仍然是确定江河防洪标准的一个主要依据。

3. 防洪对策的探讨

（1）防洪对策的历史回顾。根据历史论证，人类与洪水作斗争始于农业生产的发生和人口的定居。防洪策略的发展可分为三个阶段：第一阶段，人口定居和农业发展的初期，只能对局部地区修建低矮堤防加以保护，遭遇较大洪水时，只能逃离并易地生活生产。第二阶段，人口增加，生产规模扩大，固定资产（房屋建筑和耕地等）难以挪动，城市出现并不断发展，防洪保护的范围不断扩大，防洪措施从局部修堤扩展到整个河段修建堤防，临河城市筑城既为防敌入侵，又能起到防洪作用，在保持河道自然流路的同时，对局部河段进行疏导。随着社会财富不断增长，科学技术水平迅速提高，改造河流，控制洪水，将洪水限制在人类主要生存和发展空间之外，便成为防洪减灾的主要指导思想，这种思想一直延续到近代。在经济和科技发展突飞猛进的 20 世纪，在这种指导思想下，大规模地修建堤防、整治河道、兴修水库达到了空前水平，人定胜天的思想支配了人类的行动。20 世纪内，美国大规模地治理密西西比河、中国 50 年代以来集中进行七大江河的整治都是这种策略的体现，企图征服自然，驯服洪水。防洪工作既取得了巨大经济效益，也产生了一系列的新问题。第三阶段，在人类大规模改造自然、积极兴修防洪工程设施的过程中，发现人与自然的矛盾在逐步加深，虽然提高了部分地区的防洪能力，减少了直接经济损失，但是同时改变了自然环境和江河湖泊的自然功能，增加了洪水威胁的程度，加重或转移了洪水灾害，防洪的投入不断增加，而减灾的效果并不明显。人们逐步认识到：洪水的成因大大超过人类的控制能力，就当代的技术经济条件要完全消除洪水灾害是不可能的，洪水灾害将在相当长的历史时期中，依然是制约社会

经济发展的一个重要因素。人类必须以科学的态度，从长远发展和全局利益考虑，既要适当控制洪水改造自然，又必须适应洪水，与自然协调共处，约束人类各种不顾后果破坏生态环境和过度开发利用土地的行为，采取全面综合措施，将洪水灾害减少到人类社会经济可持续发展的适宜程度。按照这种思想，江河防洪减灾的基本原则应是：工程措施与非工程措施相结合，改造自然控制洪水与适应自然利用洪水相结合，以达到防洪减灾的总体目标和最大效益。

（2）防洪的工程措施。防洪减灾工程措施的核心是贯彻江河防洪"蓄泄兼筹，以泄为主，综合治理"的方针，点、线、面措施相结合，即推行水土保持，控制水土流失，减轻山洪和山地灾害；进行中小河流治理，减少干流广大平原、湖区的洪水压力；加强堤防，整治河道，提高河道泄洪排沙能力；修建控制性调洪水库和临时分蓄洪工程，削减洪峰流量和分泄超量洪水。这些措施必须在防洪综合规划的基础上建设，相互补充，密切配合，否则可能造成上下游左右岸的矛盾，甚至加重某些河段的防洪负担。各种工程措施中，堤防建设和河道整治是基础，必须保证工程质量，在设计标准下安全行洪；河道整治必须充分利用水沙特性因势利导，河道疏浚是整治河道的重要手段之一，但在北方水少沙多的河道上进行，必须经过试验研究，充分论证，慎重对待。在我国人口多、洪水威胁区人口密度大、土地开发利用程度极高、防洪工程措施发展很不平衡的情况下，依靠工程措施提高防洪能力，减少灾害损失，依仍是当前防洪的主要方向。

（3）防洪的非工程措施。我国的防洪减灾实践证明，在洪涝灾害损失不断增加的情况下，仅仅依靠防洪工程措施对较大洪水，特别是超标准洪水，是很难起到减灾明显效果的，防洪的非工程措施显得日益重要，必须不断加强和完善。在提高水情预报、防洪警报，完善防洪法规，加强河湖水域管理，健全防汛调度、抢险救援工作诸方面近 10 多年来有很大的进步，但对洪水可能泛滥成灾地区的有效管理和灾后保障体系方面，工作尚在起步阶段。根据具体条件，区别不同情况，对洪水严重威胁地区按照受灾风险程度实行有效管理，仍然是防洪减灾的必要措施，也是有可能做到的。我国受洪水灾害严重威胁地区的管理，应根据受灾机会的多少、发生灾害的先后次序和严重程度，分类采取措施，制订不同管理办法。

根据历年受洪水灾害的实际情况分析，除山地、丘陵区受涨落很快的山洪和河川漫滩行洪所造成的短期淹浸地带外，主要江河经常可能受洪灾的耕地约 400 万 hm^2，按汛期淹没先后可分为 4 类情况：①江河大堤之间行洪河滩和生产民垸，大约 66.67 万 hm^2，其中黄河、长江干流约占 33.33 万 hm^2，每年汛期最先淹没。②支流尾闾低标准堤防保护区和沿江河湖区的低矮圩垸，约 100 万～133.33 万 hm^2，往往较早溃堤受灾。③大江大河规划安排的临时分蓄洪区或分洪道，全国大江大河共安排约 100 处，耕地约 200 万 hm^2，在江河行洪水位达到安全保证水位或可能发生溃堤危险时分洪运用。④大江大河特大洪水备蓄区，仅长江、黄河、淮河等河流所设置已有 10 余处、耕地面积 20 万～33.33 万 hm^2，这些地区是在发生特大洪水时，分蓄规划安排的分蓄洪区已难以蓄纳的超标准洪水，使用机会非常稀少。这 4 种地区中每年都有部分面积被淹，最近几年汛期防汛和科研部门通过遥感技术（包括航测）获得的最大淹没范围绝大部分都在这些地区。这些地区正是通过对土地开发利用有效管理，减少洪灾损失的主要对象。这 4 种地区受洪水灾害的机会不同，社会经济发展水平也不同，因此必须因地制宜采用不同措施，区别对待。第一类地区都是行洪河道的组成部分，土地的开发利用必须服从行洪的需要，应尽可能地减少固定居住人口，严格控制有碍行洪的各类建筑，必须遵照《防洪法》和《河道管理条例》进行严格管理；对阻碍行洪的已有居民、生产圩垸（或生产堤）应平垸行洪尽量迁移拆除，恢复河道行洪能力；对行洪障碍较小而又难以拆迁的居民和生产圩垸，要规定其低于大堤防洪标准的防守标准，安排临时撤退道路和避洪处所；灾后救济和重建政府补助标准应低于大堤保护区内的标准，并强制实行洪灾保险，促其外迁；严格限制迁入人口和固定资产的建设。第二类地区，受灾比较频繁，依靠工程措施提高防洪除涝能力相当困难，应控制其土地、水域的开发利用，对已开发利用的土地应调整其生产结构，对居民住房和固定设备进行改造，提高其适应洪涝灾害的能力，减少灾害损失，推行洪水保险。第三类地区，按规划安排分蓄洪，是牺牲局部保护大局的措施，介于防洪的工程措施与非工程措施两者之间，必须妥善处理防洪与居民生产、生活的矛盾，原则上既要保障居民生命财产的安全，又要为他们的生产发展，生活环境改善创造条件。要达到这一目标，必须考虑以下措施：①必须对每一分蓄洪区在防洪规划中的地位、作用和运用条件加以明确，据此完善必要的工程配套措施，如进洪退水涵闸，排水沟河等。②根据具体条件，确定居民原地居住生产、生活还是移民建镇重新安排，据此对生产方式、经济发展等作出规划，并安排相应的生活、生产所需设施建设，保证分洪运用时居民生命财产安全和平时生活生产的便利。③建立适合分蓄洪区生活生产的行政管理体制机构，进行有效的管理。④建立灾后居民救济、恢复、重建的社会保障机制，明确资金来源，使用管理办法，同时建立强制性的防洪保险和减轻各种税负，使灾后政府和居民能共同负担灾后损失。⑤严格控制分蓄洪区的人口迁入和不利于分蓄洪区运用的各类设施建设。第四类地区是非常性防洪措施，其目的是防止规划安排以外的特大洪水和意外事故失控的措施，使用机会极少，主要措施应是结合居民居住条件的改造和基础设施建设时适当考虑分蓄洪时减少财产损失的各项措施，如修建楼房，安排临时撤退的通路桥梁等。

（4）城市防洪是未来防洪的重点对象，要在邻近主要江河防洪措施的基础上，分别形成比较完整的独立系统。在建立城市防洪体系时必须使防治外洪（江河洪水和山洪）与内部排水系统相结合，统一标准、统一工程部署，统一管理调度；城市防洪工程体系必须与市政工程相结合，充分发挥工程的综合利用功能；要特别注意城乡结合部的薄弱环节；受超标准洪水威胁的低洼市区，在固定设施建设时，要考虑暂短洪涝淹没的承受能力；市区内部河湖水系的整治和临近市区河湖洲滩的利用，一定要有利排洪、排涝和超标准洪涝的处理。

（5）必须妥善处理洪涝关系。我国广大平原湖区，已基本形成洪涝分排的局面。原有治涝标准一般在5～10年一遇，随着经济发展，排涝标准的提高势在必行，要适应这种情况，似应注意：大江大河支流的整治，特别要重视跨省区边界河流的排水出路；加紧南方圩区电力排灌系统的改造和提高；大江大河设计洪水中应适当考虑支流整治后增泄和电力排灌站排涝增加的水量；要适当控制圩区内湖和平原河道两侧低洼地的开发利用；要制定特大洪水江河高水行洪时洪涝统一调度的原则和办法。

我国洪灾特点及 21 世纪防御对策

20 世纪洪水曾造成巨大的灾难，在人类即将进入 21 世纪时候，我们将如何面对洪水和减少洪涝灾害呢？记者为此采访了"中国可持续发展水资源战略研究"课题负责人，水利部原副总工程师徐乾清。

一、我国洪水灾害的特点

徐乾清介绍说，我国洪水灾害分布极广，除沙漠、戈壁、极端干旱和高寒山区外，大约 2/3 的国土面积上存在着不同危害程度的洪水灾害，全国 600 多座城市 90％都存在防洪问题，西高东低的地理地形有利于洪水的汇集和快速到达下游，其中危害最严重的是发生在我国东部经济较发达地区的暴雨洪水和沿海风暴潮灾害，由于东部地区不仅人口密集，而且 95％的人口生活在沿江、沿河的平原地带，土地开发利用程度高，经济较为发达，因此洪水灾害造成的损失也十分巨大。

我国暴雨洪水形成的主要特点是：①暴雨集中，强度极大，从而形成江河洪水峰高量大，全国不同历时的最大点暴雨记录和不同流域面积的最大洪峰流量都与世界各地相应的记录十分接近，甚至超过。②高强度、大面积暴雨洪水集中分布在山地丘陵向平原的过渡带，并具有明显的地区差别和时序规律，夏季集中出现的雨带主要在太平洋副热带高压的西北部。③江河洪水年际变化很大，同时又存在重复出现类似的特大洪水和连年发生特大洪水的情况屡见不鲜。④沿海风暴潮灾害主要由强热带风暴和台风引起，其中少数登陆台风深入内地与从西南部产生的气旋性涡旋东移北上，往往局部地区产生突发的特大暴雨。

二、未来防洪减灾形式变化趋势

20 世纪内 1930—1939 年、1949—1963 年和 90 年代我国曾出现过三次灾害性洪水频发期，徐乾清认为在当前气候和其他各种影响因素多变的情况下，90 年代出现的灾害性洪水频发期是否会延续到下世纪初很难预料，但值得注意的是黄河、淮河、海河、辽河流域自 60 年代中期以来，30 多年未发生流域性特大洪水，北方地区连续干旱，随着气候的周期波动，在新一轮洪水频发期内要警惕以上河流发生大洪水和特大洪水的可能性。与

原文系 1999 年《科学时报》记者的访谈稿，刊登于 1999 年 8 月 4 日《科学时报》第 4 版。

50 年代相比，现在我国主要江河已经初步控制了常遇洪水，由于堤防决口而造成中下游湖区、三角洲的水患灾害已明显减少。但是人类活动的加剧对洪水、泥沙和行洪河道均产生了明显的影响，使暴雨洪水的产流、汇流特征发生变化，改变了河道演变和洪水演进规律，例如，森林过度砍伐、土地过垦、开矿修路等，加重了水土流失，对洪水的产流、汇流产生不利影响。平原地区由于道路、桥梁、沟、渠、管线的增多，打乱了原有水系和排水沟河的流路，增加了局部地区的洪涝灾害。乱占乱用河湖洲滩，设置行洪障碍，以及河床盲目取土采沙等都会对未来的江河洪水的发生及演变产生重要的影响。

21 世纪大江大河防洪形势总的发展趋势是，大洪水发生的额度、量级不会发生重大变化，超过历史上曾经发生过的特大洪水的可能性较小，但是大洪水、特大洪水的威胁不会有明显减轻；对常遇洪水的控制能力将会加强，多数年份的洪水灾害实际损失会有所减少；就全国而言，每年都会有一部分河流发生超标准的洪水，造成一定范围的洪水灾害。由于目前我国大江大河对超标准的特大洪水缺乏有效对策，城市、中小河流和海岸带防洪标准较低，因此 21 世纪防洪的主要对象将是超标准的特大洪水，防洪的重点将转向城市工矿企业，大江、大河中下游平原仍是防洪的主要地区。

三、21 世纪我国的防洪减灾对策

徐乾清强调，虽然当今科学技术有了突飞猛进的发展，但靠现有的手段和方法人类还不可能完全消除洪水的危害，必须以科学的态度，从全局利益和长远发展考虑，采取综合措施控制洪水所造成的灾害，并约束人类不顾后果破坏生态环境和过度开发的行为，以工程措施和非工程措施相结合，达到防洪减灾的总体目标和最大效益。

在工程措施方面要体现点（水库、分蓄洪区）、线（河道、堤防）、面（水土保持、中小河流治理）立体防洪建设的原则。干支流控制性水库必须有计划地逐步兴建，已建成的一批对主要河流有一定重要防洪作用的综合性水库应进行必要的扩建或改造，提高其防洪能力。分蓄洪区要做为重要的防洪措施进行建设和完善，并建立特殊的管理体制和完善的法规政策及具体的管理办法。整治河道必须因势利导，充分利用水流塑造河道的行洪能力，通过疏浚整治河道，稳定河势，巩固堤防，提高排沙能力。堤防是防洪的基础，标准要适当，不易盲目加高，新建的堤防必须保证工程质量。对中小河流要根据各自的情况采用不同的方法给予治理，提高其防洪、泄洪能力，同时应加强江河干流上游水土保持林工程的规划和实施。我国受洪水威胁的地区人口多、密度大、城市乡镇密集，防洪工程措施发展很不平衡，不少河流防洪标准偏低，因此加速各类防洪工程设施的建设是未来 21 世纪有效控制常遇洪水，减少特大洪水灾害的重要手段。

防洪减灾的实践证明，仅仅依靠防洪工程措施对较大的洪水，特别是超标准洪水很难起到减灾的明显效果，必须不断完善和加强非工程措施。在非工程措施方面要充分利用当代科学技术和各种先进的监测手段，提高水情预报精度，进一步完善防洪法规，加强河湖水城管理，健全防汛调度和抢险援救工作。结合我国社会经济发展特点，区分不同地区受灾的性质和对防洪全局的影响，分别制定不同的管理办法，使洪灾损失和影响降低到最低限度。徐乾清建议，根据 21 世纪我国洪水、水灾的特征和防洪减灾能力，在加强水土保持、中小河流治理，积极改善生态环境的同时，应不断提高城市的防洪标准以有效地控制大江大河的超标准特大洪水，全面减少由于洪灾而造成的损失。

中国防洪减灾对策研究

洪水灾害历来是威胁我国人民生存发展的心腹之患。新中国成立后，全国开展了规模空前的江河治理和防洪建设，洪患得到初步控制。但是 90 年代以来，我国又进入江河洪水多发期，河道洪水位有增高趋势，虽然洪灾面积减少，但随着受灾区域内社会经济的发展，损失仍很严重。展望 21 世纪，我国的人口将增加到 16 亿，城市化进程将大大加快。在这种前景下，如何相应地加强防洪减灾工作，成为我国社会经济在 21 世纪可持续发展中的重大课题，引起社会的广泛关注。本报告力求从我国自然和社会经济的特殊条件出发，分析和认识我国洪水和洪灾的特点，据此提出今后防洪减灾的基本策略。由于时间限制，主要依靠已有的资料和数据，在本组成员各专题报告和流域报告的基础上，进行综合分析。它不代替有关部门的防洪减灾规划，而是为今后规划提供一些基本思路。

一、中国洪水和洪灾的特点

在我国，从西部的崇山峻岭，到东部的滨海平原，可能产生各种类型、不同程度洪水的地区约占国土面积的 2/3，其中大部分地区会形成洪水灾害。特别是我国东部和南部地区的江河中下游冲积平原，洪灾威胁最为严重，它的总面积约 73.8 万 km^2，虽然只占国土面积的 8%，但人口占全国近半，耕地占全国的 35%，工农业总产值占全国的 2/3 左右，对全国经济有举足轻重的影响。

（一）洪水形成的主要原因是夏季暴雨

1. 暴雨发生的气候特征

我国的暴雨受季风影响集中出现于夏季，雨带的移动与西太平洋副热带高压脊线位置变动密切相关。一般年份，4 月初至 6 月初，副热带高压脊线在北纬 15°～20°，暴雨多出现在南岭以南的珠江流域及沿海地带；6 月中旬至 7 月初，副高脊线第一次北跳至北纬 20°～25°，雨带北移至长江和淮河流域，江淮梅雨出现；7 月中下旬，副高脊线第二次北跳至北纬 30°附近，雨带移至黄河流域，江淮梅雨结束；7

原文系 1999 年 7 月作者根据中国工程院 1992—2000 年《中国可持续发展水资源战略研究》咨询项目中《中国防洪减灾对策研究》课题专家组提供的资料汇总，提出的综合报告。原载于《中国可持续发展水资源战略研究报告集》第 3 卷《中国防洪减灾对策研究》，中国水利水电出版社，2002 年 6 月出版。

月下旬至 8 月中旬，副高脊线跃过北纬 30°，达到全年的最北位置，雨带也达到海滦河流域、河套地区和东北一带，此时处在副高南侧的华南和东南沿海地带，热带风暴和台风不断登陆，南方出现第二次降水高峰；8 月下旬，副高脊线开始南撤，华北、华中雨季相继结束。以上所述是正常年份的情况。如果副热带高压脊线在某一位置迟到、早退或停滞不前，就将在某些地方和另一些地方发生持续的干旱和持续的大暴雨。例如 1931 年、1954 年和 1998 年造成长江特大洪水和大洪水的连续暴雨，就是由于副热带高压脊线停留在华南时间过长所引起。副高压脊线的走向和深入大陆的程度，对各地暴雨的分布也有明显影响。另外，热带风暴或台风登陆后，除在沿海局部地区形成暴雨外，少数台风深入内地与西北大陆性低涡和西南部气旋性涡旋东移北上相遇，也往往产生特大暴雨。如 1963 年 8 月造成海河南系部分支流特大洪水和 1975 年 8 月造成淮河上游两座水库漫决的特大暴雨，都是在这种背景下形成的。

2. 暴雨的多发区和高值区

我国的年降雨量在东南沿海地带最高，逐渐向西北内陆地区递减。从黑龙江省呼玛到西藏东南部的东北——西南走向的斜线，大体与年均降水 400mm 和年均最大 24h 降雨 50mm 的等值线一致。这是东部湿润、半湿润地区和西部干旱、半干旱地区的分界线。东部的湿润、半湿润地区也是暴雨多发区，雨区广、强度大、频次高；西部的干旱、半干旱地区也可能出现局部性、短历时、高强度的大暴雨，但雨区小、分布分散，频次也较小。在东部地区，24h 暴雨的极值分布还有两条明显的高值带：一条从辽东半岛往西南至广西十万大山南侧的沿海地带，600mm 以上的大暴雨经常出现，粤东沿海多次出现 800mm 以上的特大暴雨；另一条分布在燕山、太行山、伏牛山的迎风面，即海河、淮河、汉江流域的上游，24h 降雨极值为 600～800mm，最大可达 1000mm 以上，是我国暴雨强度最高的地区。此外，四川盆地周边地区以及幕府山、大别山、黄山等山区也是暴雨极值较高的地区，最大 24h 降雨可达 400～600mm。

3. 暴雨的最大强度

有些地区的暴雨强度十分惊人。实测最大 1h 降雨达 401mm（1975 年，内蒙古上地），最大 6h 降雨达 830mm（1975 年，河南林庄），最大 24h 降雨达 1748mm（1996 年，台湾阿里山），都与世界纪录十分接近。这种强度大、覆盖面广的大暴雨，形成一些河流的特大洪峰流量。全国不同流域面积所产生的最大洪峰流量也十分接近甚至超过世界纪录（图 1 和图 2）。

4. 大暴雨历时长、覆盖面大，形成巨大的洪水总量

大面积暴雨集中分布在山地、丘陵向平原过渡的地带，是大江大河洪水的主要来源。一次大暴雨的历时、笼罩面积和降水总量在地区之间有一定的差别。黄河流域及其以北地区，一次大暴雨 2～7d，笼罩面积可达 3 万～7 万 km²，总降水量可达 100 亿～550 亿 m³；长江中下游，一次大暴雨历时一般 5～9d，笼罩面积可达 10 万～20 万 km²，相应降水总量可达 300 亿～700 亿 m³；东南沿海热带风暴和台风引发的大暴雨，一般历时 1～2d，笼罩面积在 8 万 km² 以下，相应总降水量可达 100 亿～170 亿 m³。大洪水或特大洪水年份，一个流域往往发生数次连续性大暴雨，形成巨大的洪峰流量和

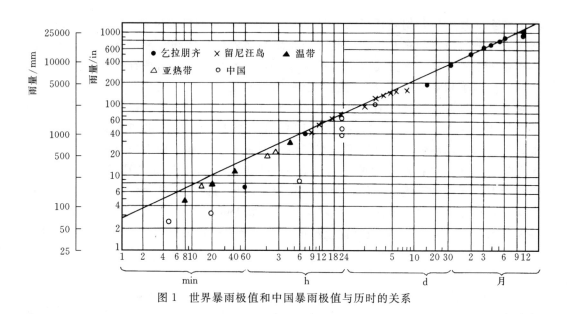

图 1 世界暴雨极值和中国暴雨极值与历时的关系

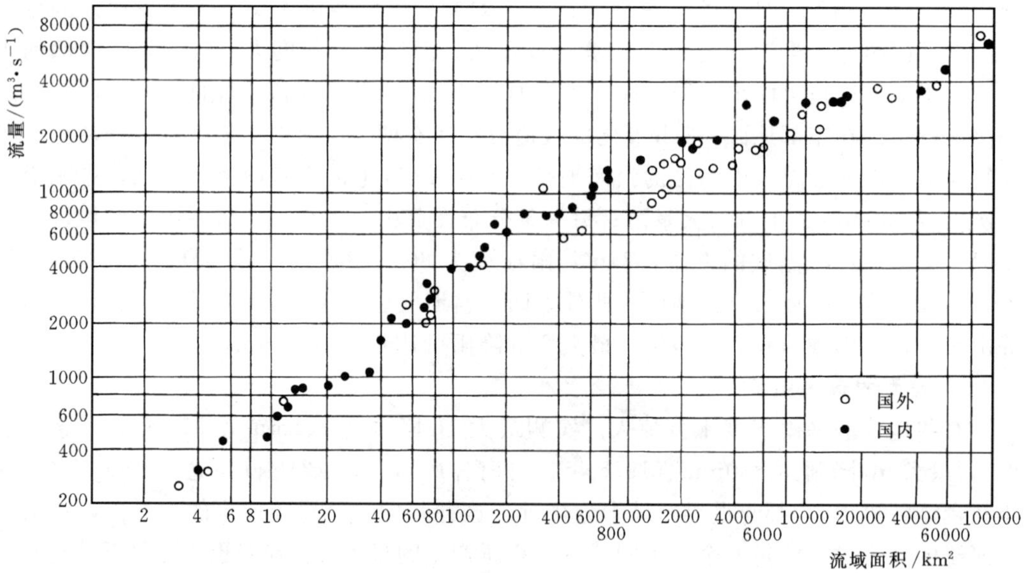

图 2 国内外实测和调查最大流量与流域面积的关系

洪水总量。

（二）江河洪水和洪灾形成的特点

1. 江河洪水存在着某种随机性和相似性

如上所述，我国特大暴雨的形成，是由于夏季在我国上空移动的西太平洋副热带高压脊线在某一位置上徘徊停滞以及热带风暴或台风深入内陆后产生的影响。特大暴雨又往往发生在我国山区丘陵向平原过渡的地带。这种气象特点使我国江河洪水的年际差别极大，大洪水和特大洪水年的洪峰流量和洪水量往往数倍于正常年份。

根据全国 6000 多个河段实测和历史调查，20 世纪主要江河发生过的特大洪水，历史上都有极为相似的情况。如：海河南系 1963 年 8 月和北系 1939 年特大洪水分别与 1668 年和 1801 年发生的特大洪水在成因和地区分布上十分相似；1931 年和 1954 年在长江和淮河流域发生的特大洪水，其特点也基本相似。从历史资料中还可以发现：17 世纪 50 年代、19 世纪中期、20 世纪 30 年代、50 年代和 90 年代都是我国的洪水高发期，在各大江河流域连续数年都发生大洪水的现象相当普遍，如：海河流域 1652 年、1653 年、1654 年连续三年大水；1822 年、1823 年又连续两年大水；黄河流域 1843 年前后 2 年大水；长江上游金沙江 1904 年、1905 年连续出现特大洪水，长江中下游 1848 年、1849 年、1850 年连续三年大洪水；珠江流域 1914 年、1915 年都遭遇大洪水和特大洪水。进入 20 世纪 90 年代，长江中下游 1995 年、1996 年、1998 年和 1999 年都连续出现较大洪水和大洪水，珠江也接连于 1994 年、1996 年、1997 年、1998 年发生较大洪水或大洪水。更值得警惕的是，历史上还曾发生过比 20 世纪更大的洪水，如长江上游 1860 年和 1870 年的特大洪水，黄河流域 1761 年和 1834 年特大洪水都超过了 20 世纪的纪录，其他江河也有这种情况。

2. 江河冲积平原的形成和开发

我国主要江河水系的基本格局在第四纪更新世中晚期已大体形成（距今约 70 万年）。在漫长的历史过程中，岩土受自然侵蚀后形成的江河泥沙，逐渐填平中下游的许多湖泊洼地和海湾，形成了今天的广大冲积平原。这些冲积平原气候适宜，地形平坦，土壤肥沃，水源丰富，雨热同期，适合人类的生存和发展。中华民族的绝大部分就是在这些冲积平原上，从原始部落逐步走向现代的文明社会。冲积平原由江河洪水挟带的泥沙淤积而成，因此必然是某个时期某条江河的洪水泛滥区。为了开发这些冲积平原，人们首先选择那些一般洪水不能淹没的地方；随着人口增长、经济发展、生产力逐步提高，又在河边和湖边修筑堤防，开发那些一般洪水可能淹没的地方。由于束窄了洪水宣泄的通道，缩小了洪水调蓄的场所，因此在同样的来水条件下，抬高了河道的洪水位。一旦洪水决破堤防，就形成洪灾。有时候，即使堤防没有决口，但因当地降雨过大，内水排泄不及，也会发生涝灾。许多地方因人口增加，在上游滥垦滥伐，加重了水土流失，使泥沙问题成为一些河流洪灾的重要因素。在我国北方，洪灾还和水资源严重短缺交织在一起，一些地方因缺乏地表径流，不能保持正常的河槽，更增加了防洪的困难。

3. 江河洪灾的产生及其规律

由上可知，江河洪水是一种自然现象，而江河洪灾则是由于人类在开发江河冲积平原的过程中，进入洪泛的高风险区而产生的问题。当洪水来量超过人们给予江河的蓄泄能力时，自然对人类实行了报复。可以说，中华民族是在与洪水反复斗争中开发了广大的黄淮海平原、长江中下游平原、松辽平原以及各大江河的河口三角洲，洪灾是人类为争取生存和发展空间而与洪水反复斗争中不断出现的一种现象。

由于江河洪水存在着某种随机性，这些在冲积平原上开发的土地也存在着不同程度的风险性。一般来说，在枯水年份和正常年份，堤防可以保证安全；但若大洪水或特大洪水超过其防御能力，堤防不可避免地被冲毁。在旧中国，由于经济条件的限制，许多江河的堤防系统不完整，标准也很低，一般只能防御 3～5 年一遇（即每年发生的几率为 33%～20%）的洪水，遇稍大洪水即溃堤决口，使社会生产力难以提高，形成一种恶性循环。新中国成立后，多数江河建成了比较完整的防洪系统，其防洪标准一般可达 10～20 年一遇。在防洪有了初步保障的基础上，经济迅速发展，冲积平原的土地得到进一步开发利用。但是，洪水的宣泄通道和调蓄场所也相应地受到进一步限制，导致在同样洪水条件下洪水位的抬高。这就形成另一种性质的恶性循环：堤防越修越高，堤线越来越长，洪水位越来越高。一旦堤防决口，损失也更加严重。现在面临的问题是，能否使防洪系统达到最高标准，遇最大洪水也不至于溃口。事实说明，这是难以做到的，一些经济发达国家以很大的投入，也只能达到 100 年一遇左右的防洪标准。而稀遇的气象因素所形成的特大暴雨，其数值远远超过正常情况下的暴雨，它所形成的 1000 年一遇、10000 年一遇以至可能发生的最大洪水，一般都大大超过经济合理的防洪工程标准。这就是我国当前面临的，也是世界上一些防洪事业比较发达的国家如美国、荷兰等同样面临的问题。

二、近代防洪减灾的状况

（一）中华人民共和国成立前的防洪形势

19 世纪 50 年代以来，我国最大的两条江河——黄河和长江的格局发生了很大变化。黄河在 1855 年再一次改道，从夺淮入海改为经山东的利津独流入海，使淮河和海河水系都摆脱了黄河的干扰，为淮河和海河的重新治理创造了条件。长江 1860 年和 1870 年两次特大洪水后，荆江河段形成四口（松滋口、太平口、藕池口和调弦口）分流入洞庭湖的局面，江汉平原的洪水威胁虽有所缓解，洞庭湖区的防洪问题却日趋紧张。在这种形势下，本来应该抓紧治理，适应江河格局的变化，但 19 世纪中叶以后的 100 年间，正是中国国势最衰微的时期，江河治理几乎趋于停顿；而山区滥砍滥垦、湖河洲滩无计划围垦，又使江河湖泊淤积加重，蓄泄能力减小。在这期间，主要江河多次发生大洪水和特大洪水：1915 年珠江大水，1931 年长江、淮河大水，1933 年黄河大水，1939 年海河北系大水。1938 年国民党政府掘开花园口黄河大堤，使黄河再次夺淮达 8 年之久。1949 年长江、珠江、淮河、黄河同年发生较大洪水。历次大洪水洪灾的受灾农田都在 1 亿亩以上，受灾人口数千万，由于救灾能力极差，每次大洪灾死亡人口达数万，有的甚至 10 万以上，灾情惨重，震惊中外。

（二）中华人民共和国成立后防洪减灾工作的成就

1. 建成了巨大规模的防洪工程

1949 年中华人民共和国成立之初，百废待兴。要想恢复生产和稳定社会，必须首先保障江河防洪安全，使常遇洪水得到初步控制，改变大雨大灾、小雨小灾的局面。在此基础上，逐步过渡到有计划的流域性治理。据统计，截至 1997 年底，共完成以下工程措施：

（1）修建加固了不同防洪标准的堤防 25 万 km（1949 年大约 4.2 万 km），保护农田 5.12 亿亩，保护人口 4.05 亿。

（2）对淮河和海河水系，扩大了排洪入海的出路，并普遍疏浚了黄淮海平原的排水系统；对南方圩区，改建和整修圩垸，建立了机电排灌设施。

（3）修建各类水库 8.48 万座，总库容 4580 亿 m^3，其中大型水库 397 座，总库容

3267 亿 m^3。

（4）安排临时分蓄洪区 98 处，总面积约 3.5 万 km^2，分蓄洪总量约 970 亿 m^3，分蓄洪区内耕地约 3000 万亩，人口 1700 万。

（5）初步治理水土流失面积约 70 万 km^2，其中黄河中游黄土高原的治理，平均每年减少入黄河泥沙约 3 亿 t。

2. 加强了防洪的非工程措施和救灾工作

逐步建立并完善了气象水文测报站网、防汛通信网络、防洪法规体系和防汛指挥系统，使洪水预报水平、水利管理工作和防汛抢险能力逐步提高。与此同时，在各级党政领导下，动员组织社会各界，认真加强了救灾和灾后重建工作，大大减轻了洪灾造成的损失。

3. 增强了主要江河的防洪能力

（1）长江的特点是洪水峰高量大，中下游平原的河道泄洪能力严重不足，荆江河段形势更为严峻。三峡水库建成前，在充分运用中下游两岸分蓄洪区（分蓄洪总量 500 亿 m^3 以上）的条件下，重点堤防圩垸可防御 1954 年洪水；三峡水库建成后，荆江河段可防 100 年一遇洪水，在配合适当的分蓄洪工程的条件下，城陵矶以下重要堤防圩垸可防 1954 年型洪水，如再遇 1870 年型洪水，可保荆江大堤安全，避免发生毁灭性灾害。

（2）黄河的特点是水少沙多。洪峰虽高但洪量并不很大，问题在于含沙量特大，下游河道淤积严重，形成"悬河"。经多年治理，入黄泥沙从年均 16 亿 t 减到 13 亿 t。在小浪底水库建成并完成下游配套工程后，下游防洪可达到 1000 年一遇，并可在 20 年或更长的时间内，较大幅度地减少下游河道淤积抬高，但还没有根本解决黄河的淤积问题。

（3）淮河流域的特点是，淮河和沂沭泗水系均被黄河夺淮时破坏，不仅要重新安排洪水出路，而且造成淮北平原的排涝困难。经过治理，现在淮河干流上游的防洪能力达到 10 年一遇，中游近 40 年一遇，下游 50 年一遇，主要支流 10 年一遇，沂沭泗水系中下游达到 10～20 年一遇。

（4）海河流域的特点是洪水与枯水相差悬殊，平原地区河道泄洪能力严重不足。治理工程按 50 年一遇洪水标准，分区分流入海。但 1963 年特大洪水后建成的分洪入海的新河长期干涸无水，河道萎缩，河口段严重淤积，据调查分析，防洪能力已降低至 20 年一遇左右。

（5）珠江流域的洪涝灾害集中于珠江中下游、三角洲及干支流的河谷川地。目前除广州市及珠江三角洲的重点堤防可防 50～100 年一遇的洪水外，其他地方可防御 5～20 年一遇的洪水。

（6）松花江流域的防洪重点是干支流两岸的城市和松嫩平原。现哈尔滨、长春等大城市的防洪标准达到 50～100 年一遇，其余地方 5～20 年一遇。

（7）辽河流域的防洪重点在中下游干流两侧，洪水主要来自右岸支流。现主要支流和干流下游可防 20～50 年一遇洪水。

（8）太湖流域的特点是滨湖平原缺乏洪涝出路。现在已按规划基本完成防治洪涝的骨干工程，1999 年经大洪水考验，效益显著。

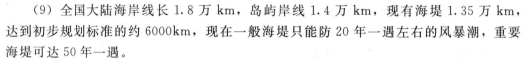

（9）全国大陆海岸线长 1.8 万 km，岛屿岸线 1.4 万 km，现有海堤 1.35 万 km，达到初步规划标准的约 6000km，现在一般海堤只能防 20 年一遇左右的风暴潮，重要海堤可达 50 年一遇。

4. 取得了巨大的防洪效益

据 80 年代末的分析研究，1949—1987 年的 38 年间，七大江河各类防洪工程累计减淹耕地 9.85 亿亩。按当年价格计算，共减免城市工交和农业损失 3300 亿元，同期防洪工程投入 249.1 亿元，另外群众投劳折资 167.4 亿元，合计 416.5 亿元，投入与效益之比为 1∶7.9。

90 年代，江河洪水频发，其中长江、珠江差不多出现 20 世纪的最大洪水，松花江出现近 200 多年来可查考的最大洪水。经过紧张的防汛抢险，大江大河的重点堤防和圩垸绝大多数保证了安全，大中型水库也未发生重大事故。虽然仍有较大面积的山洪和内涝灾害，并且由于经济发展，淹没面积内的资产损失较过去增加；但由于遭受江河洪灾的面积较过去减少，排涝能力提高，重要城市工业及交通设施未遭毁坏，救灾和灾后复建能力增强；因此，国家经济未受到严重影响。需要说明的是，近年来，水灾面积的统计有明显的浮夸和混乱现象，难以作为分析比较的依据。例如，统计的 1998 年长江水灾面积竟超过 1954 年，统计的 1991 年淮河水灾面积也超过 1954 年，都违背了客观事实。

（三）主要问题

总的来看，主要江河防洪标准都相对较低，很难抗御大洪水或特大洪水，每年还有相当范围遭受洪水灾害。防洪系统还存在以下主要问题。

1. 由于种种历史原因，已建工程还存在不少质量问题

多数堤防是经历年加高加固形成的，地质条件复杂，堤身隐患很多，高水行洪时往往形成管涌、滑坍。加之缺乏应有的防浪护坡工程，不得不依靠"人海战术"来防汛抢险，造成沿岸军民的沉重负担。许多水库涵闸，设计施工中的质量问题很多，并且老化失修，至今仍有很多病险工程，有的不能充分发挥效益，有的成为防洪中的隐患。

2. 分蓄洪区和漫滩行洪的河道，不能保证按计划使用

新中国成立初期，为了迅速安排洪水出路，许多江河都利用沿岸的湖泊洼地，安排了临时的分蓄行洪区，并在海河水系和淮河水系的沂沭河，开辟了漫滩行洪的入海河道，这些设施在过去的防洪中都发挥了很大作用。但经过几十年的发展变化，许多当年人口稀少、贫穷荒凉的分蓄洪区和行洪河滩，已成为富饶的农田，不少地方建成了繁荣的村镇，而安全建设又严重不足。就现在的情况看来，要落实原定的分蓄行洪任务有很大困难。在长江、黄河等天然行洪的河滩上，由于缺乏应有的管理，还修建了许多侵占河滩、妨碍行洪的设施，并有大量人口定居。这些问题如不能及时解决，实际的洪水位将大大超过规划设计的水位，从而降低原定的防洪标准。

3. 按原定的防洪规划，还有许多骨干工程没有修建

例如：在黄河和长江流域，虽然小浪底和三峡水利枢纽都将建成，但与之配套的堤防、河道、分蓄行洪区和重要支流的控制性水库等工程尚未完成；在淮河流域，规划中的干流控制枢纽还没有建设，洪水入海出路也没有完全解决；在松花江和珠江流域，主

干流嫩江和西江的控制性枢纽还没有建设；在海河和辽河流域，也没有完全完成规划中的骨干工程。

4. 对跨省、市、自治区的江河水系，缺乏全流域的统一管理

改革开放以来，虽然陆续制定了《中华人民共和国水法》、《中华人民共和国防洪法》、《中华人民共和国水土保持法》和《河道管理条例》等基本法规，但缺乏相应的行政组织措施。对各跨省、市、自治区的江河流域，虽有统一规划，但不能进行有效的统一管理。上下游、左右岸、各行业的建设往往互相矛盾，抵消效益。江河洪水的汇集、调蓄和宣泄，是一项巨大的系统工程。为保护河谷平原而加高上游支流堤防，不可避免地减少洪水的调蓄，加快支流洪水的汇集，从而加速和加大干流的洪峰。如果筑堤保护干流两岸的行洪河滩和湖泊洼地，或提高其原定的防洪标准，将直接抬高干流的洪水位。河流上的桥梁、港口、道路、排灌等各种设施，都将影响河流的洪水位，甚至影响流势和上下游的冲淤变化。多年来，由于缺乏统一的流域管理，造成一些河流在同样洪水条件下，洪水位不断抬高。有的在洪水过后，又进行新一轮的堤防加高，形成加高堤防与抬高洪水位的恶性循环。

5. 对超标准的特大洪水，缺乏明确的对策

在目前条件下，各江河首先应当按已定规划达到规定的防洪标准，今后还将随着经济发展继续提高防洪标准。但即使这样，每年在一定范围仍将发生超标准或特大洪水。这种洪水发生的几率虽然不高，一旦发生其灾害却十分严重，不能不预为之计。改革开放后，全国人大常委会曾经确定主要江河遭遇特大洪水时的非常措施，但没有落实。

三、未来防洪减灾的形势

（一）全球气候变化对未来洪水的可能影响

全球气候变化及其可能产生的影响是当前人们普遍关注的问题。根据国内外专家的研究，未来全球气候变暖是比较肯定的，全球增温幅度，各种估计差别很大。据政府间气候变化委员会第一工作组 1990 年的报告，2030 年全球平均气温可能上升 $1\sim2\,^{\circ}\mathrm{C}$。我国有关方面研究，中国大部分地区也将相应增加，并对我国夏季降水产生一定影响，估计对洪涝影响不致太大。对海平面上升的影响，一些国内专家估计，我国海面到 21 世纪中叶，有可能升高 $0.2\sim0.3\mathrm{m}$。总的来说，全球气候变化的因素非常复杂，目前还很难作出比较肯定的预测。由于其进程比较缓慢，变化的幅度有限，一般地区其影响可以暂不予考虑。但对沿海地面沉降显著的城市和地区，应适当考虑海平面上升的可能影响。此外，周期波动的厄尔尼诺和南方涛动现象，对我国洪涝的加重可能有一定影响，应予以注意。

（二）人类活动的可能影响

随着生产力的提高，人类各种社会经济活动对自然界的影响，不论其规模和程度，都日益增加。在我国，这些活动对洪水、泥沙以及某些河道的形态，都有明显的影响。主要表现有：

（1）前节所述对江河冲积平原的许多无序开发，都促使江河洪水位不断抬高。

（2）山区森林过伐、土地过垦以及开矿修路修渠等各种经济建设，加重了水土流失，从而加快了洪水的汇集，增加了河流的泥沙。如：大小兴安岭森林面积的急剧减少，对嫩江洪水产生明显影响。长江、珠江流域某些山丘区森林覆盖率的减少和陡坡开

荒，加重了水土流失、山洪灾害和中小支流的淤积。

（3）大面积的水土保持措施以及山区农业林业用水的增加，减少了进入河流的泥沙，也减少了进入河流的水量。中小洪水时降低洪峰洪量的作用明显，大洪水时影响不大。黄河中游黄土高原的水利水保措施，使年均入黄泥沙减少约 3 亿 t，同时也减少了入黄的年均径流量和在中小洪水时的洪峰流量和洪水量。

（4）水库拦蓄洪水，削减了下泄的洪峰流量，减轻了水库以下的洪水威胁；但在拦蓄洪水的同时，也拦蓄了泥沙，使下游河道冲淤发生变化。

（5）由于大量引用地面径流，河道径流急剧减少，破坏了河道水沙的动力平衡，造成河道淤积萎缩，降低了河道的行洪能力，这种影响在北方河流与南方沿海的中小河流都很突出。

（6）有些平原地区，地下水的大量超采引起地面沉降，对防洪和排涝都产生不利影响。

以上各种影响，总的后果是江河的洪水位趋向抬高。另外，北方河流和南方的一些中小河流，中小暴雨时洪峰流量和洪水量有一定程度的减小趋势，但暴雨越大，这种洪水趋小的程度越低。因此，北方河流和南方的一些中小河流，洪水有两极化的趋势，即：一般年份，洪水很小甚至多年不发生洪水；但遇特大暴雨，仍会发生突发性的特大洪水，这是需要十分警惕的。

（三）城市化的影响

在人类活动对防洪减灾的各种影响中，城市化造成的影响最为显著，有必要加以专门分析。

21 世纪初期将是我国城市（包括中小城镇）化迅速发展的时期。据中国社会科学院专家预测，按人口比例计算的城市化率将由目前的 29％发展到 2035 年的 68％，将有 6 亿人口由农村进入城市。城市化对防洪减灾将有两方面的影响，一方面使致灾因素加强，另一方面使洪灾的损失加大。一般认为，城市洪灾的经济损失将成为下世纪洪灾经济损失的主体。其主要影响是：

（1）由于排放废热增加，城市上空出现热岛效应，可能增加城区的降雨强度和降雨频率。

（2）由于地表不透水面积增加，地表径流将增加，入渗减少。在地下水补给减少的同时，又大量抽取地下水，使地面沉降加剧。

（3）由于资产密度增加，洪灾的经济损失将同步增长。伴随城市的现代化，地下交通、商业、仓储等设施大量增加，这些设施最易因洪涝灾害造成较大损失。同时，城市对交通、水、电、气、通信、信息等网络的依赖性增大，由洪灾引起的各种网络系统的局部破坏，可能影响城市的整个系统，甚至造成城市瘫痪。一个城市受灾还可能波及其他相关城市。

（四）江河的防洪能力和常遇水灾的地区分布

随着江河防洪系统的继续加强，其防洪能力将进一步提高，但山区中小河流的洪灾和平原地区的涝灾仍不可避免。在江河主要堤防保证安全的情况下，大江大河经常遭受洪灾的主要集中在下列地区：江河大堤之间的行洪河滩和生产民垸；大江大河支流的尾间及湖区小圩垸；大江大河的分蓄行洪区。

以上三类地区在大江大河中下游平原地区大约有耕地 6000 万亩，人口 4000 多万。根据江河的防洪总体规划，这些地区的防洪标准一般不可能提高。事实上，1991 年淮河的洪灾地区、1996 年和 1998 年长江和洞庭湖、鄱阳湖的洪灾，除山洪内涝外，绝大部分集中于以上三类地区。对这些地区，应在统一规划下，根据不同情况采取不同的减灾措施，包括移民建镇、平垸行洪、退田还湖、解除和改造某些分蓄洪区，以及调整生产结构、在高地迁建村庄和实行防洪保险等。

（五）江河特大洪水的可能性

如前所述，我国江河的洪水存在着某种随机性和相似性。虽然由于气象因素的错综复杂，这种随机性波动很难预测。但根据历史资料分析，我国江河的洪水仍有明显的阶段性特征。20 世纪出现过：1930—1939 年、1949—1963 年和 1991 年以来的三次大洪水频发期。在当前气象多变的情况下，90 年代的大洪水频发期是否会延续到 21 世纪初，很难预料。值得注意的是，黄河、淮河、海河、辽河流域自 60 年代中期以来，30 余年未发生流域性的大洪水或特大洪水，近年来，北方地区连续干旱，"大旱之后，必有大涝"，这是我国的历史经验。因此，在 21 世纪初期，要警惕我国主要江河，包括久旱的黄河、淮河、海河、辽河流域发生大洪水或特大洪水的可能性。

四、21 世纪防洪减灾的指导思想和目标

1. 21 世纪防洪减灾的指导思想

人类与洪水的斗争既然产生于对江河冲积平原的开发，人类防洪减灾的策略也随着社会经济的发展和冲积平原开发的程度而发展变化。在开始定居于冲积平原和发展农业的初期，人类只能进行局部的低标准的防洪保护。人口增加、生产发展后防洪保护的范围也不断扩大。随着社会财富的增长、生产力的提高和科学技术的发展，改造自然，控制洪水，将洪水尽可能限制在人类生存和发展的空间之外，成为防洪减灾的主导思想。人类掌握了筑坝建库的能力后，更提出了人定胜天的口号。美国对密西西比河的大规模治理，中国对七大江河的治理，荷兰的拦海建闸、围垦开发，都体现了这种思想。这些斗争取得了巨大的经济效益，但也产生了一系列新的问题。特别是防洪标准提高后，仍有可能发生超标准的洪水，造成巨大灾害。20 世纪 70 年代以来，特别是 90 年代，这些国家相继出现了特大洪水或巨大风暴潮的灾害，不约而同地引起了各自的反思。人们发现在大规模改造自然、试图征服洪水的过程中，人与自然的矛盾逐步加深，虽然提高了部分地区的防洪能力，减少了直接的经济损失，但不可避免地抬高了洪水位，加重了洪水的威胁。防洪的投入不断增加，而减灾的效果并不明显。人们逐步认识到：洪水的形成大大超过了人类的控制能力，就当代的技术经济条件，要完全消除洪水灾害是不可能的。人类必须以科学的态度，从长远发展和全局利益考虑，既要适当地控制洪水、改造自然，又要主动地适应洪水、与自然协调共处。要约束人类自身的各种不顾后果、破坏生态环境和过度开发利用土地的行为，并采取综合措施，将洪水灾害减少到人类社会经济可持续发展所容许的程度。"与洪水共处"，这几乎是世界各个不同地方反思自身历史经验后所得到的共识。

因此，防洪减灾工作事实上是一种对洪水灾害的抗御和风险管理，我们的指导思想是要从无序、无节制地与水争地转变为有序、可持续地与洪水协调共处。为此，要从以建设防洪工程体系为主的战略发展到在防洪工程体系的基础上，建成全面的防洪减灾工作体系。其具体内容有：

（1）考虑到江河洪水的随机变化，通过一定的工程措施，在常遇或较大洪水的情况下，开发利用江河的冲积平原，这不仅在技术和经济上可能，也是人类发展所必需。但是这种开发利用必须适度，不能无限制地与水争地，要准备在发生大洪水或特大洪水时，让出一定数量的土地，为它提供足够的蓄泄场所，以免发生影响全局的毁灭性灾害。

（2）在大洪水或特大洪水时，要首先确保城乡广大居民的生命财产和重要工业交通的安全，为此可以让出一部分用于农业的土地作为分蓄行洪区。在准备让出的土地上，结合小城镇建设和分蓄洪区内的安全设施建设，有计划地把居民点迁至安全地带妥善安置，并创造充分条件，保证他们的生活生产。一般来说，在确保居民生命财产安全的前提下，农业土地遭受10～20年一遇的洪水淹没损失，即相当于90％～95％的防洪安全保证率，是可以承受的，并可采取防灾保险等适当措施，予以合理补偿。

（3）江河洪水的形成、演进和蓄泄机制，是一个巨大的流域系统工程，流域内上下游、左右岸的各种基础设施建设和经济活动都会影响洪水的进程，从而影响防洪的安全。流域内土地开发利用的程度越高，对防洪的要求也越高，但是为防洪工程所必须付出的代价也越高。因此，全流域应制定统一的防洪规划，根据全局的经济效益，确定各地的防洪标准，进行防洪的风险管理。要坚决避免竞相加高堤防以致不断抬高江河洪水位的恶性循环。

（4）考虑到我国的气候特点，在全国范围内，每年都可能有一些地方遭遇特大暴雨。因此，在加强防洪工作的同时要重视灾后的救济和重建工作，建立全面的防洪减灾保障体系。

（5）到现在为止，人类对气候变化和江河洪水还不能做到准确进行长期预测。因此，应当尽量利用最新科学技术，继续研究洪水、洪灾的形成机制，不断提高防洪减灾决策的可靠性和预见性。

2.21世纪防洪减灾的总体目标和具体要求

我国在20世纪的下半个世纪，通过大规模的群众性工程和许多过渡性的措施，初步控制了江河洪灾；在21世纪内，我们应当在此基础上，建成有中国特色的全面的防洪减灾体系，保障我国社会经济的可持续发展。根据对我国洪水和洪灾的分析和相应的指导思想，21世纪防洪减灾的总体目标是：

（1）在江河发生常遇洪水和较大洪水时，国家的经济活动和社会生活不受影响，可以正常运作。

（2）在江河遭遇大洪水和特大洪水时，国家的经济活动和社会生活不致发生动荡，不致影响国家长期计划的完成或造成严重的环境灾害。

具体要求：

（1）各主要江河按规划要求，建成有一定标准和质量保证并能有效运行的防洪工程系统。在不超过设计的防洪标准时，逐步做到由防汛的常规队伍进行正常防汛，尽可能不动员千军万马上大堤。

（2）各类防洪工程、减灾措施和分蓄行洪区都有规范性的运行制度，能够根据需要按时开放，区内的人民有可靠的安全保障，退水后能迅速恢复生产。

（3）遇超标准洪水时，有预定方案和切实措施，并能有序地付诸实施。

五、防洪减灾的基本对策

为了实现以上目标，建议采取下述基本对策。

1. 树立防洪减灾的社会意识

我国洪水威胁最严重的地区正是我国人口最集中、经济最发达的江河冲积平原。由于我国的气候特点，每年汛期总有一部分地区发生大的或特大的暴雨洪水灾害，有的年份还可能几条江河同时发生特大洪水灾害，威胁全国的经济发展和社会稳定。因此，应在全社会树立长期的防洪减灾意识，使社会全体成员都了解洪水威胁是我国基本国情的一个重要问题，防洪减灾是我国基本国策的一个组成部分。不仅要求各级领导和有关方面都了解我国洪水和洪灾的特点、防洪减灾的指导思想和基本对策，而且要将其作为科普常识普及到城乡居民，使广大社会公众在生活和生产活动中主动采取必要的防洪减灾措施，这是做好防洪减灾工作的最重要的思想基础。

2. 建立国家授权的统一管理流域水利的领导机构

目前作为水利部派出机构的六大江河流域委员会（松花江和辽河合为一个委员会），虽有委员会之名，实际并没有委员会的成员。建议改组为名副其实的委员会，由流域内各省、市、自治区和水利、电力、航运、城建、农业、林业、国土资源、环保等有关部门组成的有代表性、有权威的流域管理委员会，定期开会，负责审议全流域的长远规划、年度计划和重大事项。委员会为国家行政机构，与事业机构和企业分开，在国家水行政主管部门的组织协调下，负责执行国家有关防洪和水利的法规，并在国家防汛抗旱总指挥部的统一指挥下，具体指挥全流域的防汛和水资源的分配调度。

3. 修订各大江河的流域综合规划和防洪规划

经国务院批准的各大江河的流域规划和防洪规划，在实践中证明是基本正确的，但也出现了一些新的问题。应进一步总结近年来的实践经验，继续贯彻"蓄泄兼筹、综合治理"和"工程措施与非工程措施相结合"的方针，并考虑经济发展中的一些新情况和新问题，广泛吸收各方面的意见，进一步明确指导思想，修订原有的流域规划和防洪规划，上报国务院批准。对土地资源的合理使用和人口、居民点的合理分布进行统一规划，留出足够的行洪通道和分蓄洪区，并定出遭遇超标准洪水时的应急措施。要注意提高城市的防洪标准，这是保障全局稳定的关键。在干旱地区，防洪规划要和开发水资源相结合。在山地丘陵区要坚持不懈地开展水土保持工作。

4. 建立稳定的防洪投入机制，保证按规划建好、管好和用好防洪减灾系统

过去一个时期，从中央到地方各级领导，对防洪的认识很不稳定，形成大洪灾后大投入、小洪灾后小投入、无洪灾时不投入，发生洪灾的地方增加投入、暂时未发生洪灾的地方减缓投入。防洪投入的极不稳定，不但使许多已定的防洪规划久拖不能完成，而且使不少工程由于资金不足，不得不因陋就简。有的降低了质量，有的配套不全，造成许多遗留问题。例如：治淮已近 50 年，但淮河的入海水道，直到 1999 年才开始建设第

一期工程；1991年淮河发生洪水后决定建设的工程，因资金不足，至今完成还不到一半。防洪是一种公益事业，管理机构没有经济收入，许多防洪工程虽然建设质量良好，但由于缺乏管理维修的资金，以致年久失修，不能进行必要的更新改造，甚至不能维持简单再生产。

应当明确认识到，防洪是一项长期事业，必须根据规划按期投入资金，保证完成。工程建成后，必须有正常固定的管理维修资金来源，要坚决改正那种洪水来时千军万马、洪水不来无人管理，洪水来时不计代价地抢修抢险、洪水不来无钱管理维修等不合理现象。必须建立稳定的防洪投入机制，保证按规划建好、管好和用好防洪减灾系统。

5. 在洪水可能淹没的地区，要区分不同情况，以确保居民的生命财产安全为首要目的，合理安排防洪减灾的措施

历史上，由于洪水威胁严重，社会的防洪减灾意识较强，各地都有一些适合当地情况的防洪减灾传统措施。例如：许多城市，其城墙除用于战争防御外，还兼顾防洪；在许多平原低洼地区，村庄都建在堆筑起来的高于洪水位的土台上；在黄河下游和华北有些地区，农村的房屋采用砖垛、土墙、平顶的型式，全村的房顶相互连通，当河流决口泛滥时，农民将砖垛间的土墙推倒，让洪水通过，全家带着衣物和粮食在房顶上躲水，洪水过后，再将土墙修复。

新中国成立后，江河的抗洪能力大大提高了，洪水灾害减少，社会的防洪减灾意识也渐渐淡薄了。如：不少城市扩建，为了减少投资，占用了蓄洪行洪或调蓄内涝的湖泊洼地，造成防洪工作中的矛盾；一些山丘地区的城镇村庄，盲目向河滩地发展，一遇山洪暴发，损失惨重；一些保护面积较小的堤圩，防洪标准不可能很高，但缺乏必要的安全措施，一遇较大洪水，就遭受毁灭性的灾害。有的地方，为了局部利益而采取一些不合理措施，不但不能解决问题，反而加重了灾害。

应当针对不同情况，加强防洪减灾的指导。例如：

（1）山丘区的中小河流，应大力开展水土保持，退耕还林、植树种草。有条件的地方，修建中小水库和游地坝，对山洪进行综合治理。在这些中小河流的两岸，要防止盲目修建堤防，以免抬高洪水位并加重灾害。城镇村庄的选址要极其慎重，防止侵占行洪河滩并注意避免地质灾害。要鼓励群众逐步建设有一定抗洪能力的砖石或钢筋混凝土结构的楼房。

（2）江河冲积平原上的城乡建设和工业交通设施，都要考虑防洪部署问题，不应占用行洪滩地。重大建设项目，要经过防洪主管部门的认可。在城市建设中，要注意建成完善的防洪排涝体系，禁止在行洪滩地和分蓄洪区建设开发区和盲目缩窄排洪河道。在超标准洪水可能淹没的城镇村庄，要进行洪灾的风险分析，制定洪水可能淹没的风险图，定出保证居民生命财产安全措施的长远规划；并在国家的组织和支持下，动员全社会的力量，有计划地逐步完成。

（3）在沿海的经济发达地区，风暴潮的危害极大，这些地方有必要也有可能逐步建成以防御特大风暴潮为目标的高标准海堤，以求长治久安。

6. 加强防洪减灾的科学研究，并建立以高科技武装的防洪减灾信息技术体系和防汛专业队伍

要从宏观和微观两个方面进一步加强对防洪减灾的科学研究。

在宏观方面：要继续研究我国洪水和洪灾的规律，防洪工程的科学技术，建立符合我国国情的防洪减灾体系。要充分利用现代科技成就，统一组织各方面的力量，建立国家级的防洪减灾的信息技术体系，全面掌握气象、水文、地理、地质、工程、灾情和各种必要的信息。要发挥基础学科，包括自然科学和社会科学的各有关学科的作用，组织多学科长期合作，协同攻关，研究我国江河洪水和洪灾的形成机制和相应对策。

在微观方面：从防洪建设到救灾工作都要研究如何充分运用高新技术。要研究解决致洪暴雨与洪水的准确预测、预报、预警和决策支持软件。要建设一支以高科技武装的防汛专业队伍，提高抗洪斗争中勘测、通信、查险、除险和抢险的水平，逐步取代现在主要依靠人力的传统的防汛抢险办法。

7. 研究建立防洪保险、救灾及灾后重建的机制，集合社会各方面力量提高防洪减灾的能力

如上所述，在人类目前的技术经济条件下，我们不可能根本消除洪水灾害，而只能通过与洪水进行适当的斗争，开发利用一部分洪泛区；在大洪水和特大洪水下，还要主动临时让出一部分土地，以适应洪水的蓄泄规律。因此，对洪泛区的开发利用，是一种风险事业，应当研究建立一种相应的防洪保险、救灾及灾后重建的机制，来加以保障。为江河大洪水和特大洪水所安排的分蓄行洪区，是根据全局利益而统一规划的，因此，他们所承担的损失，原则上应由受益地区或全社会给予补偿。只要我们真正认识开发江河冲积平原中的客观自然规律和社会经济规律，我们就能制定出一个合理的规划和相应的运行机制，从而既能适当开发利用土地资源，又能兼顾全局和局部利益，在防洪风险中保障可持续的发展。

8. 修订《水法》、《防洪法》、《河道管理条例》和《防洪标准》，并制定配套法规，加强执法力度

过去制定的《水法》、《防洪法》和《河道管理条例》，都在防洪减灾工作中起了很大作用，但还不能适应今后的需要。从现在看来，指导思想还需要进一步明确，措施还需要进一步完善。为此，建议抓紧修订以上法规，并考虑制定必要的配套法规，如关于防洪保险和救灾的法规。与此同时，执法力度还需要进一步加强。

过去颁布的国家防洪标准，总体上是适当的，但也要考虑经济发展后的新情况，加以必要的修订。如：对城市的防洪标准，要考虑提高；对乡镇、村庄的防洪，也要有必要的规定；对下游有居民点的中小水库，要进一步研究遇超标准洪水时的措施，如逐步加固成可漫顶的土坝等。

六、主要江河防洪减灾的治理目标、重大措施与投资估计

（一）主要江河防洪减灾的治理目标与重大措施

1. 长江

治理目标：再遇1998年洪水时确保主要堤防安全，大大减轻灾害损失及防汛抢险的负担；再遇类似1954年和1870年历史特大洪水时，在充分运用三峡等干支流水库和分蓄洪工程的条件下，保证重要堤防、沿江大城市和重点圩垸的安全。主要措施包括：

（1）按统一规划，完成重要堤防和重点圩垸的加高加固、干流河道的整治和分蓄洪工程，并落实特大洪水的应急措施。

（2）在按期完成三峡水利枢纽工程的基础上，继续建设金沙江溪落渡、嘉陵江亭子口、澧水皂市等干支流水库。

（3）保护上游森林植被，将陡坡农田退耕还林，加强水土保持。

（4）尽早研究三峡工程建成后长江中下游各种防洪设施的调度运用方式及坝下河道冲淤变化和江湖关系的调整，并及时采取相应措施，保证治理目标的实现。

2. 黄河

治理目标：保证花园口安全通过 22000m³/s 的洪峰流量（约合 1000 年一遇的洪水）；稳定现行的流路，力争 21 世纪内黄河不改道。从已经达到的治理成果和已经积累的治理经验看，通过采取必要措施，这个目标是可以实现的。主要措施包括：

（1）进一步加强上中游水土保持工作，建设治理沟壑的骨干工程，改善生态环境，进一步减少入黄泥沙。

（2）合理制定小浪底水利枢纽的调度运用办法，充分发挥其防洪减淤的作用及其对三门峡水库的补救作用，缓解三门峡对渭河下游的不利影响；并根据小浪底的运行情况和发展需要，逐步兴建小浪底以上干流水库枢纽。

（3）整治下游河道，淤高两岸沿堤的地面，使黄河下游逐步成为一条相对的地下河，并妥善处理黄河滩区的居民安置。

（4）对黄河河口进行必要的治理，延缓河道的延伸。

（5）保持必要的输沙入海流量。

3. 淮河

治理目标：使淮河有独立的入海出路，干流上游达到 20 年一遇、中游 100 年一遇、下游 300 年一遇、重要支流 20 年一遇、沂沭泗水系中下游 50 年一遇以上的防洪标准，大面积的除涝达到 10 年一遇以上的标准，行洪、蓄洪、滞洪区的运用规范化。主要措施包括：

（1）完成原规划的入海水道工程、临淮岗水利枢纽、沂沭河东调南下等工程和上游干支流的水库。

（2）按新的规划目标，完成排水治涝工程。

（3）结合河道整治，调整改造行洪、蓄洪、滞洪区，提高河道行洪排涝能力，改进和完善工程及非工程措施。

4. 海河

治理目标：确保达到原定的防洪标准。主要措施包括：

（1）进行骨干工程的除险、加固、改造，修建淇河盘石头、北拒马河张坊水库。

（2）采取各种措施，解决入海各河的泥沙淤积。

（3）进一步完善北京、天津等大城市的防洪体系。

（4）调整和完善蓄洪、滞洪区的安全和管理措施，有条件的地区将其与蓄水抗旱结合起来。

5. 珠江

治理目标：进一步提高珠江三角洲、广州市及珠江中下游的防洪、防潮能力，并使珠江流域的南宁、柳州、梧州等城市达到 100 年一遇以上，主要堤防达到 50 年一遇的防洪标准；再遇类似 1915 年特大洪水和特大风暴潮时，保证广州市和珠江三角洲重点堤圩的安全。主要措施包括修建西江流域的龙滩、大藤峡、百色等水利枢纽工程及主要支流骨干水库，整修加固江海堤防和整治河口。

6. 松花江

治理目标：建成哈尔滨以上干支流的防洪工程系统，使干流和重要支流达到 20～50 年一遇、重要城市达到 100 年一遇以上的防洪标准。主要措施包括：

（1）建设嫩江的控制性工程尼尔基水利枢纽及支流水库。

（2）在嫩江和松花江汇合处建设滞洪区。

（3）按统一规划加高加固干支流堤防，整治局部河段，改建阻水桥梁。

7. 辽河

治理目标：辽河干流达到 50～100 年一遇、重要城市达到 100 年一遇以上的防洪标准。主要措施包括：

（1）修建石佛寺水利枢纽和必要的滞洪区工程。

（2）加强城市防洪。

（3）加强水土保持，解决辽河下游的河道淤积问题。

8. 太湖

治理目标：提高防洪、防潮、除涝标准，使大中城市达到国家规定的防洪标准。主要措施包括：按规划全部完成骨干工程，并加速改造河网圩区，完善城市防洪排水体系。

9. 其他江河

（1）东南沿海各河。修建必要的水库，完善河口三角洲的防洪工程系统，逐步达到防御特大风暴潮的能力。

（2）西部内陆河流。重点治理塔里木河及其主要支流，改善下游的生态环境。

（3）山丘区中小河流。以水土保持为基础，保证城镇安全为重点，积极防治山洪及各种地质灾害。

（4）国际界河。进行必要的护岸等河道整治工程建设，防止国土流失。

（二）21 世纪初期防洪减灾所需国家投入的估计

根据上述各项要求，力争在 2020 年前大江大河及其他重要河流基本建成比较完善和具有质量保证的防洪减灾工程体系，建立健全各种非工程措施，显著改变当前防洪减灾工作的被动局面，大幅度减少洪灾的实际损失和防汛的沉重负担。初步估计 2000～2020 年约需投资 6000 亿元，中央地方各出 50%（不包括长江三峡工程和以发电为主的枢纽工程）。投资集中在前 10 年，估计需达 4000 亿元左右。

参 考 文 献

[1] 陶诗言，等. 中国之暴雨 [M]. 北京：科学出版社，1980.

[2] 钱正英，等. 中国水利 [M]. 北京：水利电力出版社，1991.

[3] 陆孝平，等. 水利工程防洪经济效益分析方法与实践 [M]. 南京：河海大学出版社，1993.

[4] 温刚，等. 全球环境变化——我国未来（20～50 年）生存环境变化趋势预测及研究 [M]. 长

沙：湖南科学技术出版社，1997.

[5] 谭徐明，等. 美国防洪减灾总报告及研究规划 （A Report on Flood Harzard Mitigation；A Plan for Research on Flood and their Mitigation in the United States.）[M]. 北京：中国科学技术出版社，1997.

[6] 国家防汛抗旱总指挥部办公室，等. 中国水旱灾害 [M]. 北京：中国水利水电出版社，1997.

浅议防洪减灾与可持续发展的关系

遵循社会经济可持续发展的原则，自 20 世纪 80 年代以来，已为世界各国有识之士所共识，并已成为我国发展的基本国策。当前各行各业在制订各种发展规划时，都标明将可持续发展作为应遵循的指导思想。防洪减灾是社会经济可持续发展的重要支撑条件，它可以增强社会经济的抗干扰能力和发展的稳定性。在防洪减灾规划中如何具体体现可持续发展原则，是一项值得探讨的问题。

一、防洪减灾与社会经济可持续发展战略的关系

"可持续发展"的定义和内涵，已经有不少学者研究探讨，但至今仍未超出 1987 年联合国环境与发展委员会在《我们共同的未来》一文中所提出的："既满足当代人的需要，又不对后代人满足其需求的能力构成危害的发展"的阐释。结合我国国情，其内涵的实质是：有计划地控制人口增长；科学地节约、高效开发利用各种资源；积极保护和改善生态及社会环境；提高人类对他们生存和发展客观情势的认识；限制人类自身不顾后果的各种有损全社会长远利益的行为；协调人口、资源、经济、环境的相互变化关系。这些正是达到可持续发展目标的基本要求。

洪水是地表水的重要组成部分，是塑造生态环境的一项重要动力。洪水具有两重性：当其来量不对人类生存和发展空间构成危害时，是可利用水资源的一部分，如直接供生活生产引用、补给地下水、经过调蓄补充枯水期的水量不足，以及冲洗河道和地表污染物等；另一方面，当其来量过大，对人类生存和发展空间造成冲击破坏时，则是一

原文刊登于《水利规划》2000 年第 1 期，2000 年 5 月又经作者审校，并提出文章需要补充的主要内容：

（1）开头补充：以人文本，人与人、人与自然和谐相处，全面发展的科学发展观，建立全面和谐发展的人类生存和发展环境。贯彻可持续发展的国家战略，是达到这一宏伟目标的基本措施。

（2）在管理中，根据洪水、洪灾发生的不确定因素，在社会公众中建立"风险"意识，完善风险管理的各种措施和相关法规、政策，在防洪减灾管理中，逐步推行防洪的风险意识。

（3）贯彻人与洪水和谐共处（living with flood）的基本要求是：人在开发利用土地时，给洪水留有足够的宣泄、滞蓄场所，给洪水创造安全蓄泄的出路。因此：①给大、小河流保持必要（按一定洪水标准）泄洪河道，绝对不允许人为侵占行洪河滩和修建阻碍行洪的建筑物，长期保持河道行洪能力。②对超过一定时期规划的防洪标准时，给超标洪水流量和水量安排临时性的防洪通道或临时性的洪水滞留场所。③对规划安排水库防洪库容和调洪湖泊的调蓄容量不能随意缩减或占用。④在洪水威胁地居民应有洪水灾害意识，对住宅及有关其他基础设施应具备临时受淹的能力和措施。⑤在面上要进行减洪滞洪措施的建设。

种巨大的灾害。在经济欠发达的国家和地区，防洪设施不完善，标准很低，社会基础设施（如房屋、道路等）简陋易损，抗灾害能力很弱，每遇较大洪水，则发生江河泛滥或堤防决口漫溢，致使经济遭受损失、工厂停产、农田失收、房屋倒塌、甚至大量人口死亡，居民财产荡然无存，不得不四处逃难，造成社会的大动荡，经济发展中断或长期停滞不前。洪水灾害便成为社会经济可持续发展的重要制约因素。

洪水灾害对社会经济的影响主要是：①危及人民生命安全，有可能造成一定数量的人口伤亡。②破坏社会财富，造成巨大经济损失，受灾严重的地区和家庭可能使长期的财富积累毁于一旦。③自然资源和社会基础设施遭到损毁，如土地冲毁、生态环境遭到破坏、交通通信中断等。④恶化环境，如扩散污染物，传播疾病，造成社会秩序的混乱等。特别严重的洪水灾害，可能造成大量人口死亡，各种基础设施和社会财富遭受毁灭性的破坏，引起社会长期动荡不安，同时造成难以恢复的环境灾难。为了社会经济可持续发展，当代凡是受洪水灾害威胁严重的国家，都把防洪减灾作为保障社会经济安全的重大问题，积极研究解决。根据我国自然环境的特点和社会经济历史背景，洪水灾害是历史性的心腹大患，防洪减灾设施建设成为稳定社会、发展经济和保护环境的重大措施，得到举国上下的普遍重视。持续不断地加强和完善防洪减灾各种措施，提高社会公众防灾减灾意识，仍然是 21 世纪国家和社会公众的重大任务。

二、可持续发展战略对防洪减灾的基本要求

社会经济的可持续发展，不等于不间断的增长，它受各种客观因素的影响，也会发生一定程度的波动，但这种波动不应影响长期的增长趋势，而在波动出现后能在较短的时期内恢复持续增长。洪水灾害是引起局部地区社会经济波动的一项重要因素，防洪减灾措施的主要功能是：①保护人民生命财产的安全。②保障人民生活和各种社会经济活动的正常运作。③保护各种资源和人类生存发展环境免于遭到破坏。同时，还应尽量化成灾的洪水为可利用的水资源。这些功能正是防止社会经济波动，保证社会经济继续增长的重要措施。防洪减灾能力受社会经济发展和科学技术水平的限制。在相当长的历史时期内，人类是不能完全控制洪水灾害的。从现实出发，人类能以科学的态度，从长远发展和全局利益考虑，既要积极地、适度地改造自然，控制洪水；又要顺应客观规律，主动地适应洪水，在某些时候、某些局部地区承受暂时的洪水灾害，与自然协调共处。根据这种认识，在一定社会经济发展水平下，采取工程措施和非工程措施，建立适应可待续发展要求的防洪减灾体系是完全可以做到的。

为了适应社会经济可持续发展，防洪减灾的总体目标应是：①有效控制常遇洪水，使受洪水威胁地区的绝大部分在绝大多数年份社会生活和经济活动不受影响，保持正常运作。②在江河遭遇大洪水时，采取各种措施。将洪水灾害限制在事先安排的局部地区，使国家经济运作和社会生活不致发生动荡，不致影响国家长远计划的完成或造成严重的环境灾害。③在遭遇特大洪水时，要对洪水出路的预见作出安排，局部地区遭受灾害后，能得到迅速救济和恢复。主要江河防洪减灾能力达到上述目标，社会经济发展虽然有局部地区、某些年份暂时受到影响，但不会使其发展发生全局性和长期的大波动，可以使它始终保持可持续发展的势头。

三、保证可持续发展战略目标在防洪减灾对策中须妥善处理的几个关键问题

1. 江河防洪的标准

江河防洪标准主要是从水文随机性的角度反映防洪对象的安全风险程度。我国主要江河在防洪实践中，一般都考虑三种不同情况：①河道堤防配合水库可能达到的防洪标准，作为防御常遇洪水的基本要求。②以江河堤防、水库的防洪能力为基础，也就是在防御常遇洪水基本要求的基础上再配合运用有一定工程设施和居民安全措施的分蓄行洪区所能达到的防洪标准，以此作为符合认证要求的防洪规划标准。③如果曾经发生过的历史最大洪水，超过防洪规划标准，则往往将这种历史最大洪水作为江河重点保护对象的安全校核标准，如长江的1870年洪水、珠江的1915年洪水、松花江的1998年洪水。这种历史最大洪水，在历史上曾经造成过巨大的、甚至毁灭性灾害，为社会公众留下了极为深刻的印象，一旦在当前或今后重现，则可能造成社会公众难以承受的灾难。因此，从可持续发展战略的需要考虑，作为防洪减灾的一个目标也是必要的。如果按规划标准所安排的防洪措施尚不能满足防御历史特大洪水的要求，则必须进一步安排必要的临时措施（多数是因陋就简的）加以解决，将其可能产生的灾害限制在一定范围内，防止洪水失控。

由于我国江河洪水年际变化很大，江河洪水来量与河道泄洪能力的矛盾突出，必须贯彻"蓄泄兼筹"的方针。但宜于修建水库的河谷盆地和扩大河道、加高加固堤防所需占用的河道两侧土地，都是人口密集和经济、政治中心地带，修建水库、整治河道和修建堤防都受到占地移民的限制和工程投资过高的制约，只能达到一定规模和防洪能力。依靠水库堤防，主要江河一般只能防御10～20年一遇的常遇洪水，少数重要河段加大投入，降低直接经济效益指标，可以达到20～50年一遇的防洪标准，超过上述限度，在防洪总体安排、建设投资效益、管理养护维修和防汛安全风险诸方面都会产生很大困难。因此，许多主要江河要达到合理的防洪规划标准或对付历史特大洪水，就不能不采取暂时牺牲局部保全大局的方略，利用原来的湖泊洼地，部分农村或经济发展水平较低的地区作为临时分蓄行洪区，防止洪水失控，将洪水灾害限制在局部地区，尽量减少经济损失和社会影响。防洪标准受经济发展水平和国家财力的制约，在防洪规划中，常规防洪工程防洪能力的确定，分蓄行洪区的建设规模、运用标准、安全设施和救济、恢复、重建等社会安全保障系统以及分蓄行洪区的经济结构、管理体制的合理安排，便成为防洪规划的核心和难点，也是防洪非工程措施风险管理的主要对象，必须考虑综合因素，充分认证。

2. 防洪工程的质量问题

防洪工程的质量是实现防洪规划目标的保证。许多水库安全标准达不到设计要求，质量低下，隐患病险很多；堤防基础地质条件复杂，多数未做必要处理，堤身隐患不清，填筑质量很差，水库调洪、河道行洪水位未达到设计标准就险情不断，甚至发生溃坝决堤。因此，确保工程质量是减少安全风险最重要的条件，江河堤防随着防洪标准的提高而加高加固，堤防越高工程质量越难保证，消除隐患越加困难，高水行洪时险情越易发生。因此，依靠工程措施提高防洪标准，既要考虑自然环境对社会经济的制约因素，又必须考虑防洪工程本身质量保证程度和防汛风险增加所带来的不利影响。

3. 工程体系的管理

防洪体系形成后，能否真正发挥作用，关键在管理工作。防洪体系战线长、情况复杂，既经常受各种自然因素的破坏，又受各种社会经济活动的影响和人为设置的行洪障碍。各种破坏如果不能及时养护维修，各种障碍如不能及时清除，可能从对局部的影响扩大到对整个系统的安全造成危害。大江大河更突出的问题是分蓄行洪区的管理。分蓄行洪区既是防洪设施，又是居民生活生产基地。在规划设计和管理中必须对其土地开发利用程度、经济结构、生产方式和基本建设有所限制和提出特殊要求，使之既能保证不使用年份居民的正常生活生产，又能在分蓄行洪时尽量减少破坏损失，同时还要考虑运用后便于恢复和重建。必须将防洪体系的管理放在与防洪体系建设同等重要的地位。在防洪体系建设时，要为管理创造必要的条件。

4. 不断增强受洪水威胁地区居民承受洪水暂短淹没的能力

在当代科学技术和社会经济条件下，人类不可能完全控制洪水和消灭洪灾，每年都有一些地区发生超标准洪水，或某些河段发生意外事故，都有一些地区和居民受到不同程度洪水灾害。因此，提高受洪水威胁地区居民承受暂时洪水淹没的能力是减少洪水时人口伤亡、经济损失和社会影响的重要条件，也是防洪非工程措施的核心问题。提高居民承受洪灾能力的主要措施包括：①提高居民防灾意识。使他们确切了解居住地区遭受洪水的可能性和严重程度，宣传临时避洪减灾的各种办法，在遭受洪灾时，有必要的思想准备和应变能力。②在修建房屋和各种固定设施时，要考虑适应洪水暂短淹没的能力；在一般情况下，在遭受洪水淹没时，只要房倒不屋塌，能保住重要财产，则损失率要大大减少，灾后恢复比较迅速容易。③江河可能行洪的滩地、阶地，应尽可能保持其行洪能力，如果非利用不可，也应将永久居民迁出，土地用作体育场、停车场、公园等允许临时淹没，并易于撤退的项目；如果河滩居民多，迁移困难，就必须采取类似分蓄洪区的安全措施。在遭受一定标准的洪水时，允许行洪。江河沿岸是城市集镇聚集的地区，虽然通过防洪排水工程设施可将防洪、排水标准提高到较高的水平，但都有一定的限度，而且有不少城市集镇受自然条件和经济因素的限制，不可能达到很高的标准，因此要考虑建设"不怕淹的城市"。在城市集镇规划时要使供电、供水、通信网络、对外交通干线和重要地下设施具有一定的抗御洪水的能力，在一般地区暂时淹没时，不对正常生活和社会活动产生重大影响。在当代科技水平和经济力量下，是有可能做到的。

5. 妥善安排防洪减灾的投入问题

防洪减灾设施的建设在我国将是一个长期艰巨的任务，必须按照防洪规划逐步完善和提高，使一个流域或一个河段防洪工程设施的标准能有计划地提高，使其发挥总体的效益。鉴于洪水灾害发生的不确定性，因此要防止大灾大投入、小灾小投入、无灾不投入的被动局面。防洪减灾投入应保持一定的强度，使江河防洪能力比较均衡地提高。不少地方防汛抢险舍得投入，但对管理运行养护维修不能安排必要的经费；或修建防洪工程设施可以按计划安排投资，而对防洪的非工程建设则往往忽视，缺乏资金保证。这样就使防洪减灾的能力不能保持稳定，很难防止江河防洪能力逐步衰退的现象。国家在考虑防洪减灾的投入时，不仅要考虑直接经济效益，更须看到它的社会效益及其全部功能在社会经济发展中的重要作用。要在安排防洪工程建设的同时，充分考虑管理运行、养护维修和非工程措施费用。国家对防洪减灾的投入在各种基础设施投入中，应适当超前，这是创造经济发展外部良好环境的重要因素。江河防洪减灾的能力，应当是一个长期持续增长的过程，国家必须有全面的规划和安排，使防洪减灾逐步适应社会经济可持续发展的要求。

防洪减灾是社会经济可持续发展的重要支撑条件，是一种增强社会经济发展抗干扰的能力，是保持发展稳定性的重要因素。要通过防洪的工程措施和非工程措施，尽量减少经济损失、社会影响和环境破坏，同时不断增强受洪水威胁地区居民承受暂时洪水灾害的能力，使绝大部分地区在绝大多数年份不受或少受洪水灾害，使每年受灾的部分地区居民能在较短的时期，恢复重建，并保持社会稳定，这样就能保证社会经济可持续发展战略的实现。

关于农田灌溉节水问题的几点认识

节约高效用水是缓解水危机的关键措施，在中国北方地区尤其如此。农田灌溉用水在干旱、半干旱地区一般占总用水量的 60%～90%，农田灌溉节约用水是社会节约用水的核心，节约用水涉及科学技术和社会经济的各个方面，是一个极其复杂的问题，必须全面分析用水浪费的各种原因，有针对性地采取综合措施，才能收效。

1. 当前农田灌溉用水浪费现象的分析

（1）灌溉水源缺乏保证，难以适时适量灌水，促使农民在有水时力求多灌，避免缺水时无水可灌的风险，在缺乏水源调节工程的灌区，尤为明显。

（2）输水渠系工程不配套，工程粗放，缺乏防渗设施，形成严重输水损失。

（3）缺乏田间配套工程，土地不平整，不能均匀灌水，只能依靠大水漫灌。

（4）地块过大，灌水时间过长，造成超量渗漏。

（5）灌水不完全按照土壤水分状况和科学的田间灌溉定额，造成过量灌水。

（6）灌水技术落后，缺乏灌水计量设施，难以掌握灌水数量。

（7）灌区农作物布局不合理，多种作物插花种植，难于分区集中灌水，增加了输水损失和无效蒸发。

（8）灌溉水费不合理，一般偏低，对过量用水缺乏制约作用，这是当前用水浪费的关键因素。

（9）管理粗放，自由放任，缺乏行政约束机制。

（10）农民灌溉的历史习惯很难在短期内改变。

总之，农田灌溉用水浪费是由多种原因形成的，根据原因在于对水资源的特性和紧缺程度对社会经济发展的影响认识不足。灌区粗放建设、粗放管理、农业生产技术落后都是需要深入研究逐步解决的问题。

2. 农田灌溉节约用水必须采取综合措施，坚持不懈地进行

每个灌区的自然环境和社会经济条件差别很大，用水浪费的形式亦各有不同，因此必须有针对性地因地制宜地采取以下综合措施，达到节水的目的：

原文刊登于吴普特主编，中国水利水电出版社 2001 出版的《中国西北地区水资源开发战略与利用技术》一书。

（1）技术措施：①提高灌溉水源的调节能力，保证适时适量灌水，特别要解决"卡脖子"旱的问题。②进行灌区节水改造，尽量减少渠系输水损失。③完善田间工程配套，采用先进灌水技术，提高灌溉水的利用率。

（2）经济手段：①调整产业结构，限制高耗水、高污染产业的发展。②按照农业产业化要求，作物种植合理布局，有利于集中高效灌水。③把水费作为农业生产成本的重要组成部分，切实进行供水成本核算，按照农业用水政策调整水价，利用提高水价促进节水。

（3）社会教育：加强宣传，树立对水资源的正确认识，改进传统用水习惯，提高全民节水意识。

（4）行政措施：加强管理，健全法制，合理分配地区水资源，制订具体水量调度方案，加强执法力度，利用行政手段促进节水。

这些措施都要建立在根据当地水资源特点，按照发挥水资源总体最大效益为目标，科学地制定的灌溉方式为基础。同时，农田灌溉节水必须与农业生产技术密切配合，从农业科学技术方面寻求节水途径。如种植节水高效作物品种，减少无效蒸发的保墒措施，按照作物发育不同阶段对水分亏缺敏感性安排适量灌水提高水分利用效率等。

3. 农田灌溉节水应注意的几个关系

（1）农田灌溉节水与生态系统保护的关系。超出合理灌溉定额的灌水量，其中一部分属于浪费用水，但一部分却被农田以外的生态系统所利用，对保持一个地区生态平衡有一定作用，在西北内陆人工绿洲十分明显，还有一部分变为灌区回归水可重复利用，过分降低灌溉定额，对一个地区整体而言，不一定是合理的。农田灌溉节水标准，应在地区用水综合平衡的基础上加以研究确定。

（2）农田灌溉节水与土地盐碱化的关系。非盐碱化土地节约用水，可以防止地下水位的升高，防止了土壤次生盐碱化的发生，但在盐碱地上节水，必须考虑土壤的水盐平衡，有些土地还须考虑压盐洗碱的用水。

（3）农田灌溉节水与经济效益的关系。一部分灌溉节水与用水户有直接经济利益，但不少灌区的节水主要是社会效益，当地用水户并不直接受益，因此依靠当地农民投资搞节水往往收效有限，必须根据节水的目的，即节约出来的水用在哪里，确定节水资金的来源。如为了增加城市用水而搞农田灌溉节水，就应由城市负担；为了保护人工绿洲外围天然植被，就应由地区财政或集体负担。灌区节水改造中的骨干工程，一般规模大、投资多，国家不给予投资是很难实施的。因此，农田灌溉节水工程应纳入国家的基本建设计划，制订具体政策，促其迅速发展。

（4）农田灌溉节水与地区水资源供需平衡的关系。过去编制农田节水规划时，计算出的节水量很大，有些部门和地方不加分析地将其全部纳入地方或部门的水资源供需之中。这是十分危险的。灌溉节约出来的水，一部分用于提高本灌区的灌溉保证，一部分可用于本灌区内部扩大灌溉面积，能够用于本灌区以外扩大灌区或城市工业用水只是其中一部分。因此，在地区水资源供需平衡中对节水量要有分析论证，合理确定可参与供需综合平衡的节约水量。

在厉行节约用水的情况下,从总体上看,灌溉用水总量可以保持在现有的水平上,但由于水资源分布的不均衡,各地开发水资源的条件不同,部分地区缺水是客观存在的,特别是新建灌区还须开发新水源。完全依靠节水解决灌溉发展是不现实的。发展灌溉还是要开源、节流和保护并举,不可偏废。

浅议具有中国特色的防洪减灾体系

中国是一个洪涝灾害严重而频繁的国家。自 19 世纪下半叶至 20 世纪上半叶的大约 100 年间，洪涝灾害达到最为严重的时期。1949 年新中国成立以来的 50 年间，投入了巨大资金和人力，兴建了空前规模的防洪工程，形成了以防洪工程为核心的大江大河防洪体系，对经济发展、社会稳定发挥了巨大作用，取得了巨大的社会经济和环境效益。随着人口的增加，社会经济各方面事业的迅速发展，社会财富的日益增多，在防洪工程取得巨大效益的同时，洪水灾害的经济损失不断增加，对社会环境影响越来越深远，进一步提高防洪能力，减少洪灾损失，遏制洪水灾害对社会环境的影响已是一个当代社会的重大任务，建立具有中国特色的科学的防洪减灾体系是一个值得深入研究的问题。下面所述，只是一个初步的认识和设想。

1. 中国洪水及洪水灾害分布及形成的特点

（1）中国地域辽阔、地形复杂、各地气候差异很大，社会经济历史发展悠久，因而洪水、洪灾形成与分布具有明显的中国特色。由于受青藏高原隆起的影响，形成自西向东的三个阶梯的地形和东部季风气候的特点，因此暴雨洪水主要形成于三个阶梯的过渡地带，特别集中于第二阶梯与第三阶梯过渡地带的迎风面，形成自医巫闾山、燕山、太行山、伏牛山、雪峰山东侧的强暴雨洪水集中带；同时在季风和热带气旋影响下，又有一条自辽东半岛至东南沿海以热带气旋和台风暴雨为主形成的洪水和强风暴潮集中带。

（2）在长期地质演变、特别是第四纪地质演变的影响下，形成了自西向东流的中国主要江河，并在中国地形的第三阶梯各河流的中下游形成了广阔的冲积平原，以及各河流上中游的河谷平川、阶地及大小不等的盆地。这些冲积平原、河谷川地既是河川径流，更是洪水的宣泄、滞蓄场所，又是土地肥沃、热量充足，可供人类生存和发展所需的土地资源。

（3）在人口不断增加的压力下，开垦冲积平原土地，发展生产，古今中外莫不如此，在世界文明史中占有极其重要的地位。由于这些土地的开发利用侵占了河川径流，特别是洪水的宣泄出路和滞蓄场所，人类进入了洪水风险区，给人类生活和生产活动带

原文刊登在《水利规划设计》2002 年第 2 期。

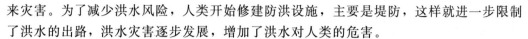

来灾害。为了减少洪水风险，人类开始修建防洪设施，主要是堤防，这样就进一步限制了洪水的出路，洪水灾害逐步发展，增加了洪水对人类的危害。

（4）中国自古以来是世界第一人口大国，绝大部分的人口集中在主要江河的中下游广大冲积平原以及河谷川地、盆地。随着人口的不断增加，与水争地愈演愈烈，不断修堤束水，河道愈来愈窄，堤防愈来愈高，主要江河中下游的河道行洪能力远远低于上中游的洪水来量，依靠堤防，高出地面行洪亦成为普遍现象。由于广大冲积平原和河川谷地，人口密度不断增加，在当代已经远远超过土地的承载能力，与水争地仍然势不可挡，土地的开发利用达到了极高的水平，天然湖泊、湿地、洼地，这些自然滞蓄洪水的场所逐渐缩小或消失，人的生存发展空间已很少回旋余地。人与洪水的矛盾日趋严重，即使不断修建防洪工程设施，在大洪水和特大洪水时也难于保证全部生活和生产空间的安全，必须主动或被迫放弃一部分土地增加洪水宣泄和调蓄场所，才能保证其余地区的安全。这一特点在中国特别突出，是考虑防洪减灾的基本出发点。

（5）由于河谷平川、盆地和广大冲积平原人口稠密，无论是修建水库、或展宽河道扩大河道泄洪能力，或进行临时分蓄洪水，都必须迁移安置大量人口，在可开发利用土地严重紧缺的情况下，投入巨大，社会环境影响长期难以解决，依靠工程措施提高防洪能力有一定限度。因此，主要靠加高堤防，高水位行洪，保护生产和财产安全，其结果是堤防越修越高，溃堤泛滥的风险越来越大。由于土地的稀缺，天然蓄滞洪湖泊、人工水库、行洪河道的洲滩、河床不断遭到不合理的开发利用和设置行洪障碍，进一步减少河、湖、水库行蓄洪能力，中小洪水时即有大量土地淹没，出现大量灾民，造成相当数量的经济损失。

（6）在河流上中游山地丘陵区，由于土地过垦、林木过伐、草原过牧以及开矿、修路不同时进行水土保持措施，造成严重水土流失，进入河道的泥沙不断增加，造成河道、湖泊、水库的大量淤积，特别是北方多泥沙河流，河床不断升高，地上"悬河"不断增加，成为平原河道中洪水威胁极为严重的部分，黄河下游最为突出。

（7）广大冲积平原由于筑堤高水行洪，一般洪水位均高出两侧耕地高程，排涝困难，经长期的洪涝治理，大部分地区已形成排洪、除涝两套系统。滨海地区河道可直接入海，均已形成洪涝分开，洪涝分排的格局，如苏北地区、海河流域的平原地区；长江中下游及其以南地区的封闭式圩垸，内部建立排水、蓄滞涝水系统，并建设强大的动力抽排工程，在汛期除利用河道低水行洪期间，开闸自流排水外，大部分时间依靠泵站抽水排涝；在河道之间地区，也建立专门的排水河道和临时滞蓄涝水场所，利用主要河道低水行水时，抢排涝水。妥善处理主要江河与广大平原的排涝关系是防洪的重要课题，也是减少水灾损失的重要措施。在汛期高水行洪时，保证堤防不溃决，即可减少淹没面积、积水深度和淹没历时；同时为抽排提供阵地，为尽快排涝恢复生产提供了条件。几个大洪水年，涝水淹没耕地虽然面积很大，但农业仍未大幅度减产，河道防洪堤防的安全和强大的排涝设施发挥了重要作用。但同时，还须看到高水行洪时，大量动力抽排涝水进入行洪河道，增加了河道的行洪负担和防汛抢险的困难，也是不容忽视的问题。

（8）当代大江大河沿岸，河口三角洲地带出现的城市集镇群，为防洪带来新的课题。在防洪措施上，不仅要保点，而且要保线或面。在建设防洪减灾体系方面，必须有新的思路和措施。

根据上述中国洪灾和防洪的特点，中国防洪减灾的重点地区，即大江大河中下游广大冲积平原、河口三角洲，以及上中游河谷平川、盆地，防洪减灾的根本立足点在于土地的科学利用和严格的管理。采取综合措施，建立各种有效的防洪减灾体系和管理运行机制，才能将洪水灾害减少到人类可以承受和达到社会经济可持续发展的目标。

2. 科学的防洪减灾体系设想

所谓体系，一般是指为解决某一特定问题，与该问题有关的若干事物互相连系而构成一个整体，这个整体有一定的功能和运作机制，并能达到某种预定的目标。防洪减灾是一个超大型的巨系统，为达到防洪减灾的总体目标和某些特定目标，必须有一个科学完整的总体系，其中也必定包括各种不同目标的分体系，这些分体系也相互连系、互相依存，最终达到总体目标。

结合中国的洪水、水灾和防洪的特点，防洪减灾体系，初步设想应包括以下五方面的内容，即水情、灾情、工情的评价体系，常规防洪工程体系，非常防洪工程体系，非工程防洪体系，水灾保障体系。

（1）水情、灾情、工情的评价体系。水情、灾情和工情都是处于自然环境和人类活动多种因素影响不断变化的动态之中。与过去曾经发生过的洪水特点完全重复出现的洪水是不存在的，每年发生的洪水灾害其发生、分布和严重程度也是差异很大的，工程设施状况也处于老化，局部损毁和不断养护、维修、完善的过程之中。因此，在防洪减灾体系中，首先必须掌握水情、灾情、工情可能的变化趋势和当前所存在的具体状况。水情、灾情、工情的评价体系，就是要建立一套完善的及时掌握水情、灾情、工情的调查、分析工作机制；一套分析评价的科学方法和评价指标体系；建立明确的工作目标、具体要求和一套完善的工作程序。

水情评价，主要是每年汛后对主要江河洪水具体观测资料和水情、雨情分布状况、发展过程进行整编、分析，并对其特性进行全面评价。每隔一定时期（如 5 年、10 年），对洪水形成的各种因素，如雨情、下垫面变化和产流、汇流条件的各种变化情况进行全面分析，研究洪水特性的变化趋势以及历史洪水要素的必要修正，尽力使洪水特性符合当前的客观条件。

灾情评价，主要是核实每年洪水灾害分布，洪灾损失的实际情况和特点，以及救灾、灾后恢复重建工作状况，提出防洪减灾中出现的新问题和今后防洪工作的方向和重点，以及要进行研究的特殊课题。

工情评价，主要是掌握各种防洪减灾工程设施的损毁状况，各种设施的实际防洪能力，水毁工程恢复重建的任务，并根据水情、灾情变化趋势提出防洪工程设施改建、扩建和新建要求。

总之，水情、灾情、工情评价的建立目的，是要把防洪减灾工作建立在切实了解实际情况和科学分析的基础之上，减少防洪减灾的盲目性和被动局面。在当代信息技术（包括计算机，通信 GPS、CIS 和 RS 技术）快速发展的条件下，建立适时快速的水情、灾情、工情评价体系，已成为现实。

（2）常规防洪工程体系。由河道、堤防和水库等常规工程所组成的防洪工程体系。

这些常规工程都具有一定的规划设计标准，工程质量要求和明确的调度运用方式，每年无论洪水大小都可参与调度运用，不需要临时搬迁安置居民。

在广大冲积平原，河道、堤防是基本的防洪减灾工程设施。在多数情况下，行洪水位高于河道两侧土地高程，堤防高度受到一定限制，堤防越高，安全风险和防汛困难越大。因此，在一般情况下，仅仅依靠堤防，防洪标准只能达到5～10年一遇，重要河段也只能达到10～20年一遇。堤防行洪安全关键在堤防质量的保证。

由于河谷川地人口密集，往往是一个地区政治经济文化的中心。修建水库大多淹没此类地区，损失很大，移民安置任务十分艰巨，因此选择库容大、具有控制性的防洪水库并非易事，代价十分巨大。由于我国洪水年际变化很大，大洪水、特大洪水与一般洪水的差异很大，因此，防洪水库都必须具有巨大的泄洪设施，并须在水库下游配备足够泄量的洪水出路。北方多沙河流水库淤积较快，水库中须留出足够的堆沙库容，采取合理的运用方式，提高水库排沙能力，尽量减少水库淤积，延长水库寿命，是一项关键任务。洪水经过水库调蓄，水沙峰量和过程发生显著的改变，原有河道的输沙特性和河道演变的基本规律都将不能适应新的水沙情势，对下游河道产生不利影响，必须加强观测分析研究，采取适应新形势的河道整治方式，改善河道行洪、输沙能力，防止河道萎缩。

常规防洪工程体系是防洪、减灾的基本措施，保持工程完善配套和良好工况是充分发挥工程效益的关键。因此，完善管理体制、法规，进行有效管理是非常重要的任务。

（3）非常防洪工程体系。鉴于中国的洪水特点，年际变化大，常规工程防洪体系能达到的防洪标准有一定限度，在发生大洪水、特大洪水时，必须要临时放弃一部分土地，蓄纳超标准洪水，因此，在主要江河防洪规划中，安排了分蓄洪区、行洪区或分洪道，并对这些临时分蓄洪设施修建必要工程，控制其淹没或行洪范围，并能有效地分洪和尽快地退水，以较小的代价，蓄纳超量洪水，并能在尽可能短的时期内排干蓄水恢复生产。在中国人口多、可利用土地少的特殊情况下，这些临时分蓄洪设施，一般都是人口密集的农村和耕地，同时还有不少的集镇、乡镇企事业和大量的基础设施。因此这些地区具有防洪和人居、生产基地的双重任务，这在西方发达国家比较少见。这些临时分蓄洪工程与常规防洪工程不同：①在常遇洪水时不使用，保持居民正常生活生产，只有在超标准洪水时才启用，各分蓄洪区的启用几率差别很大，一部分平均5年即须使用一次，一部分平均10～20年才使用一次，有的使用机会更为稀少。由于洪水发生的随机性极强，不少分蓄洪区可连年使用，之后又隔很多年不使用。这样就给居民的生活、生产带来极大的不稳定性，影响地区的经济发展，同时给必须启用时带来一系列困难。②在防洪运用时，必须考虑居民的生命安全保障、临时撤退安置和救济工作，汛后还有艰巨的恢复重建任务。③根据中国洪水和洪灾特点，这种临时防洪设施，是主要江河防减灾体系中的重要组成部分，必将长期存在。这种临时防洪设施，构成非常防洪体系，其工程构成、管理体系都与常规工程防洪体系不同，在中国防洪减灾体系中，应给予极大的关注。

非常防洪工程体系包括：①分蓄洪、行洪区的工程设施体系，主要有符合分蓄洪、行洪运用标准的圩堤或堤防工程，进洪、退水涵闸；对使用几率很小的分蓄洪区，也可采取临时破堤或修建简易溢洪埝分洪、退水。②分蓄洪、行洪区安全设施工程体系，主要包括：结合移民建镇建设安全区或临时居民撤退安置区；临时逃生暂时避洪的安全楼或安全台的建设，在使用较为频繁的分蓄洪区，可结合民宅改造，修建高出分蓄洪水位的、能耐淹的永久楼房，最为有效。③根据分蓄行洪区生活、生产规划，建设较为完善的灌溉、排水、生活供水设施，并结合居民临时撤退需要，修建交通道路；对分蓄行洪区内的各种基础设施，如电源、通信、各种管道，在修建时应考虑防洪要求，力争达到分蓄行洪时能正常或临时淹没而不遭受严重破坏的工程措施。④按照分蓄行洪区既是防洪设施，又是人居生产基地双重功能和防洪启用的不确定性，建立特殊的行政管理体系，平时组织管理居民各种社会经济活动；防洪运用时，组织居民安全避洪、临时撤退安置，在地区防汛指挥系统和防洪保障系统的指挥和配合下，负责灾民救济，卫生保障和物资供应。⑤为了适应非常防洪工程体系管理运用的特殊需要，要制定完善的法规政策和管理工作办法，国家要制定相应的法律，如分蓄洪区管理法，分蓄行洪区运用损失补偿条例等。

非常防洪工程长期以来，它属于防洪工程措施还是非工程措施有不同看法。我认为把它作为一种特殊的防洪措施，较为合理。非常防洪工程体系的建立，比之修建常规防洪工程体系要复杂和艰难得多，各级领导对此必须有充分的认识、必要的决心和相应的投入，要有长期的规划设想和分期实施的计划安排，逐步建立和完善。

（4）非工程防洪体系。非工程防洪体系的核心是建立完善的防汛调度系统，使常规防洪工程体系和非常防洪工程体系充分发挥作用，达到防洪减灾的预期要求；同时对防洪保护区特别是经常遭受洪水淹没的地区，如有人居住的行洪、蓄洪河湖洲滩，防洪能力很低的圩垸和河流尾闾地区，进行风险管理，在控制洪水和适应洪水之间寻找一个对人居生活、生产影响最小，损失最小的管理方式。

非工程防洪体系包括：①水情测报、预报、警报系统，为防汛指挥系统提供可靠的水情预报。②防汛指挥调度系统，根据水情、灾情（或可能发生的灾情）、工情的动态变化制定常规防洪工程、非常防洪工程以及各种非工程措施的调度运用方案，并及时准确命令各级防汛指挥系统和工程管理部门具体执行，同时对执行的过程进行监督，执行的结果进行评估，还要对后续工作进行安排。③防洪工程设施的管理系统，除对各种防洪工程设施进行经常性的养护维修、更新改造，并执行防汛调度以外，要对河湖水域行洪蓄洪河湖洲滩进行严格管理，控制利用方式，严禁设置行洪障碍，同时要对防洪保护和可能经常遭受洪水淹没地区进行风险分析，制定各种减少风险的措施。④法规政策体系，完善各种防洪法规政策的制定，建立执法、检查和宣传的组织措施，使各种防洪减灾的行动，有法可依。

（5）洪水灾害的保障体系。当代洪水灾害具有以下特点：①破坏性大，损失严重。在经济不发达地区，一般住房质量很差，遭遇洪水淹没，特别是水深很大，淹没时间很长的分蓄洪区，经常造成房倒屋塌，数年甚至数十年的财富积累可能毁于一旦，灾后长期难以恢复；经济较发达地区，居住条件较好，如砖砌或混凝土框架结构的楼房，只要住房不坍塌，则财产损失率可以降至很低，如 $10\% \sim 20\%$；由于洪水的突发性，突然房倒、屋塌或山体滑坡，造成不少人口的死亡。②在中国发生洪灾的汛期一般都与高温、多雨季节相重叠，一旦发生洪灾，大量人口临时转移安置，其生活环境十分恶劣，往往供水困难、食物供应不及时或质量很差，居住帐篷周围脏乱、蚊蝇滋生，易于发生流行性疾病，群众健康、卫生保障成为重大问题。③当代防洪措施，大都以牺牲局部保全大局为原则，受灾群众绝大多数是为保全大局所牺牲的局部，洪灾已经不完全属于自然灾害，社会人为因素不断增强，因此，救灾，援助灾民恢复重建家园和恢复发展生产应是国家和全社会的责任。按照上述洪水灾害特点，建立完善的洪灾保障体系，并将它纳入国家社会保障体系之中，是合理要求和防洪减灾的迫切需要。

洪水灾害保障体系应包括：①负责灾后抢救、临时撤退安置生活救助组织。②防疫、卫生保障组织。③灾后恢复、重建和经济发展援助组织。④物资供应体系。⑤资金筹措体系，包括洪灾救济募金的筹措和防洪保险事业的推行。这些组织、体系应在受灾所在地区最高行政管理部门领导下，设立常设专门机构与各有关部门建立明确的工作关系、在灾情发生时，迅速组成专业队伍，投入受灾前线，开展工作。

防洪减灾是伴随人类文明发展历史的长期任务，在中国已有数千年的历史，积累了丰富的经验，为建立科学的防洪减灾体系奠定了基础。在现代社会，由于社会经济结构、人类生活方式都发生了重大变化，对防洪减灾有了更高更新的要求；特别是现代科学技术的形成和发展，为建立科学的防洪减灾体系提供了新的认识和重要手段，建立科学完善的防洪减灾体系已成为现实。但是防洪减灾体系是一个涉及广大地区和亿万人生存和发展的重大课题，需要取得广大群众和各级领导的共识，才能建立和有效运行，因此只有不间断地开展科学研究，进行理论探索和总结实践经验，才能逐步建立和完善。

对中国防洪减灾问题的基本认识和建立具有中国特色的防洪减灾体系的初步设想

一、引言

防洪减灾是困扰人类生存发展的一个千古难题。早在 4000 多年前,《书经·尧典》一书中就提到了"汤汤洪水方割,荡荡怀山襄陵,浩浩滔天",说明当时的洪水是非常大的。我国古代传说中,鲧治水 9 年没有成功,后被处死,可见洪水危害之严重。又过了很长时间,又命禹治水,可见当时洪水延续时间之长,成为国之大患,治河防洪已成治国安民的重要任务。

《旧约·创世纪》中记载了"诺亚造方舟"的故事。它讲述了"洪水泛滥"和"洪水消落"的过程,虽系神话,但经西方考古学家的研究,在公元前 3000 年前后,在两河流域的西亚文明昌盛初期,也曾发生过大洪水,几乎摧毁了大部分的城市和农田。大约据今 6000~4000 年,世界气候正处于一个转折点,中国和西亚发生非常大的洪水的可能性是很大的。

自 18 世纪后半叶至 20 世纪末,中国不断发生历史罕见的大洪水,如黄河流域 1761 年、1843 年特大洪水,长江流域 1788 年、1870 年、1954 年特大洪水,海河流域 1801 年、1963 年特大洪水。据记载,欧洲大陆也曾于 1634 年发生了比 2002 年洪水还要大的洪水。2002 年欧洲的洪水主要发生在易北河和多瑙河的中上游,根据媒体的报道,属于 100~500 年一遇的洪水。在此期间,美国、印度等国也多次遭受特大洪水灾害。这些大洪水造成了非常巨大的经济损失和深远的社会影响。

面对这些大洪水,古今中外都还没有一条行之有效、根本解决的途径。洪水灾难之所以困扰人类,主要是由于它在时间和空间上发生的随机性、突发性,使人难以确切掌握;它的巨大破坏性和对社会经济造成的巨大损失,难以有效控制。洪水一旦发生在部分地区,就会使相当多的人倾家荡产,家破人亡。自古以来,人们就将洪水与猛兽相提并论。在科学技术发达的当今文明社会,洪水灾害依然是严重的自然灾害。由此可见,

原文系根据作者 2002 年 9 月在水利部水文局举办的专家技术报告会上所作的报告整理而成,已经本人审定。刊登于《水文》2003 年第 23 卷第 2 期。

防洪减灾将始终是人类文明历史中长期的、永恒的任务。

以下就四个方面的问题做一些阐述：①防洪减灾的基本认识及对策的发展过程。②中国洪水灾害分布的特征和防洪减灾基本对策的要求。③对具有中国特色的防洪减灾体系的探讨。④当前防洪减灾研究规划中出现的一些问题。

二、防洪减灾的基本认识及对策的发展过程

在远古时代，人对洪水是不可知的，认为洪水是上天（或上帝）对人类罪恶的一种惩罚手段，只能敬天积善，退避躲让。这是人类在狩猎游牧时期对洪水的基本态度。在人类进入定居农耕时期以后，开始产生积极的防洪意识。据考古学家的研究，人类定居进行农耕，大约发生在距今 8000 年前后，北非尼罗河文化、西亚两河流域文化和中国大地湾文化、河姆渡文化遗址的发掘和研究证明了这一点。自此以后，人类对防洪减灾的认识过程，大约经历了三个阶段：

第一阶段：大约自公元前 2000 年或前 1000 年至公元 18、19 世纪，随着人口的增加、农业生产力的提高和城市的出现，人类逐步认识到洪水发生的规律性，如季节性、年际变化、周期波动、河流水域的演变等，意识到人类可以采取措施，保护部分、局部的生存发展空间，如修堤、筑城（城具有御敌和防洪的双重作用）；同时也逐步认识到必须给洪水以出路，导河、分流、利用湖泊洼地滞洪等，给洪水以适当的宣泄流路和必要的滞蓄场所。战国时期形成的各种古代典籍中记述的鲧和禹的治水思路不同，实际上是代表两个不同时期的治水思路，并不代表同一时期治水策略的对立。修堤防洪、治河导流入海（湖）、顺应河性、因势利导、给洪水出路、不与水争地等防洪减灾的基本思想，在中国延续了几千年，直到 19 世纪中叶，在外国也延续到 18 世纪工业革命的中期。

第二阶段：当人口增加，人类需要不断扩大生存发展空间，不断与水争地，洪灾损失与日俱增；同时社会财富增加，财力允许修建更大规模、更高标准的防洪工程；科学技术进步，有更多的技术手段用于控制和调蓄洪水，而又往往能够出现立竿见影的效果。于是"人定胜天"的思想不断加强，要求控制洪水、驯服洪水，希望拒洪水于人类生存发展空间之外，企图达到根治洪水、保持长治久安的局面。于是，高坝、大库、长堤不断修建，特别是在 20 世纪中期第二次世界大战结束、新中国成立以来，修建防洪工程的势头达到了顶峰。美国到 20 世纪 90 年代，全国修建各类水库 5.6 万多座，总库容在 8000 亿 m^3 以上，其中大中型水库 1562 座，可蓄水 5576 亿 m^3，绝大部分可以起到防洪作用，仅密西西比河干支流修建的具有防洪作用的较大水库就达 150 余座，总库容达 2000 多亿 m^3，并且开辟了多条很大规模的分洪工程。印度也是一个洪水灾害比较严重的国家，易受洪水淹没的国土面积约 40 万 km^2，截至 20 世纪 80 年代末，印度修建的各类水库坝高在 15m 以上的 1554 座，其中坝高在 30m 以上的 317 座，总库容达 2669 亿 m^3，都具有一定的防洪库容；修建堤坝达 1.7 万多 km[1]。我国自新中国成立至 20 世纪末，大力进行防洪工程建设：已建成水库 8.5 万多座，总库容 5183.6 亿 m^3，

---

[1]　参见国际灌排委员会编《世界防洪环顾》。

其中：大型水库 420 座，总库容达 3842 亿 m^3，中型水库 2704 座，总库容 746.4 亿 m^3；已建各类堤防 27.03 万 km^2，其中主要堤防 7.68 万 km；开辟临时分蓄洪区约 100 处，可分蓄洪水 1000 多亿 m^3。20 世纪 50 年代，中国在防洪规划中，反映特别突出，几乎都是高标准防洪、高坝、大库、到处修堤的方案。其他欧洲各国和日本等国大都如此。但是到了 20 世纪 60 年代，美国对防洪工程进行了全面的调查研究，发现事与愿违，虽然防洪投资不断增加，但灾害损失不见减少，特别是在发生特大洪水时，缺乏有效对策。中国的防洪部门和防洪专家也深有同感。至此，人们开始考虑新的防洪对策和多种防洪措施。

第三阶段：进入 20 世纪 80 年代，世界环境组织提出可持续发展的战略思想，引发社会、经济、生态、环境各类专业人员和各国政府部门对过去经济发展模式和各种建设工程设施及其效果进行了反思。人们发现，在大规模改造自然、试图征服洪水的过程中，人与自然的矛盾逐步加深，虽然提高了部分地区的防洪能力，减少了直接经济损失，但却不可避免地抬高了江河行洪水位，加重了洪水威胁。防洪投入不断增加，减灾效果却不明显。人们逐步认识到：洪水形成的灾害大大超过了人类的控制能力，就当代的技术经济条件而言，要完全消除洪水灾害是不可能的。人类必须以科学态度，从长远发展和全局利益考虑，既要适当地控制洪水、改造自然，又要主动地适应洪水，与自然协调共处。要约束人类自身的各种不顾后果、破坏生态环境和过度开发利用土地的行为，采取综合措施，将洪水灾害减少到人类社会经济可持续发展所容许的程度。"与洪水共处"，这几乎是世界各个不同地方反思自身历史经验后所得到的共识[1]。这就是当前防洪减灾的基本认识和防洪减灾的指导思想。防洪减灾已进入一个新的时期。

三、中国洪水灾害分布的特征和防洪减灾基本对策的要求

（1）中国主要江河冲积平原、河谷川地盆地、滨海河流河口段冲积三角洲等平原区，是全国人口密集、经济发达的地区，也是受洪水威胁最严重、发生洪涝灾害最频繁的地区。洪水灾害的形成和发展是人与水争地，开拓生存、发展空间，压缩洪水宣泄调蓄场所的结果。这也是人类文明历史发展的重要途径之一。四大文明古国的产生和发展都是通过这条途径形成的。中国人口众多，可开垦利用的土地紧缺，在冲积平原与水争地更为突出，人与水的矛盾也更为尖锐，洪涝灾害频繁发生是这种矛盾的集中反映。

（2）人类为保护生存和发展空间，减少洪水侵犯和破坏，被迫采取防洪措施，修堤治河，利用较小的河道空间宣泄较大的洪水流量；修建水库、分蓄洪区，补充天然河湖洼地蓄滞洪水能力的不足，增加对洪水的调节能力。防洪工程设施随着科学技术的进步和社会财富的增加，逐步完善，逐步加强，人类生存和发展空间的洪灾风险逐步减小。但大洪水时高水位行洪的机会越来越多，历时越来越长，水库调洪运用的机会越来越多，防洪工程失事的风险越来越大；超标准洪水随着防洪标准的提高，理论上可逐步减少，但一旦发生，其风险程度则大为加强，局部地区可能造成毁灭性灾害。

（3）根据中国冲积平原的自然环境、洪水特点和社会历史发展背景，中国主要江河

---

[1]　参见《中国可持续发展水资源战略研究报告》第 3 卷《中国防洪减灾对策研究》。

冲积平原的防洪对策应是：依靠正规防洪工程（堤防、河道整治和水库）防御常遇洪水，保证80％～95％（即防洪标准为抵御5～20年一遇洪水）的年份社会经济的正常活动，超过正规防洪工程防洪能力的超标准洪水发生时，只能牺牲局部地区，作为临时分洪、蓄洪场所，保证大局安全并提高重点地区和沿江河大中城市的防洪标准。这种选择是客观条件所决定的，舍此没有别的出路。在人多地少、生存发展空间回旋余地很小的情况下，建立临时分蓄洪区问题极为复杂，也极为重要，这类地区既要解决居民的生活和生产问题，又要负担临时防洪任务，成为大洪水时防汛调度的焦点和难点，必须创造性地寻求妥善解决的途径。在防洪工程作用的基础上，建立完善的非工程体系，是防洪的重要对策措施。提高洪水预报的精度和预见期，完善防汛调度的软硬件设施和指挥调度的科学性、权威性，对受洪水威胁地区进行风险管理（包括防洪保险），不断加强防洪工程设施和水域的严格管理以及建立完善的法规政策，是非工程措施的基本内容。

（4）中国山地、丘陵区面积占2/3以上，强大的暴雨洪水又集中分布在山地的迎风面，暴雨洪水及其引发的地质灾害（滑坡、岩崩、泥石流）极其严重，由于其破坏性极强，造成的损失巨大，人口伤亡多，因此必须给予充分的重视，应成为今后防洪的重点。山区防洪，除了修建必要的防洪工程设施外，重点应加强非工程防洪措施，积极推行水土保持，加强山地灾害监控，进行风险管理。

（5）全国海岸线长达18000km，包括海岛岸线共计32000km，西太平洋热带风暴、台风所带来的风暴潮灾害十分频繁和严重，对人口密集、经济发达的沿海地区危害极大，是中国防洪的重点地区之一。

（6）中国北方地区水土流失特别严重，河川径流含沙量高，河道、水库淤积严重。控制水土流失，加强水土保持，增强地表调节、滞蓄洪水的能力，减缓河道、水库、湖泊淤积，对江河治理和防洪减灾具有特别重大的意义。

（7）城市化是当代社会经济发展的主要趋势，绝大多数城市分布在大江大河沿岸和滨海地区，洪水和风暴潮灾害严重，而防洪设施薄弱，是今后防洪之重点。必须根据当代城市的功能和基础设施特点，制订城市防洪规划，提高防洪能力。

（8）平原地区的洪涝灾害，在性质和防治措施方面既有区别又有密切联系。一个地区或一个水系，洪涝必须兼治，措施必须结合，调度运用必须统一考虑。

四、对具有中国特色的防洪减灾体系的探讨

新中国成立50多年来，我国修建了大量的防洪工程，初步建立了防洪的非工程措施，发挥了重大作用，取得了巨大的经济效益。但经过20世纪90年代的洪水考验，发现存在的问题还很多：洪灾损失依然非常巨大；防洪工程体系不够完善，存在许多薄弱环节，特别是堤防隐患、水库病险、河道萎缩、行洪输沙能力下降等现象普遍存在；防洪的非工程措施严重滞后，防汛任务非常艰巨。这些问题提示我们，防洪减灾工作必须有一个新的转变。1999—2000年，中国工程院和中国科学院的部分院士和有关部门的专家共同承担了《中国可持续发展水资源战略研究》的国家咨询项目，在这个项目的综合报告中对我国防洪减灾工作提出了战略性转变的建议。该报告指出："防洪减灾，要从无序、无节制地与水争地转变为有序、可持续地与洪水协调共处的战略。为此，要从建立防洪工程体系为主的战略转变为在防洪工程体系的基础上，建成全面的防洪减灾工作体系。"这是在总结过去 50 多年我国防洪减灾工作经验的基础上，提出的对未来防洪减灾发展具有重大意义的建议，值得我们进一步深入研究。

首先需要探讨如何正确理解"人类与洪水协调共处"。洪水灾害自古以来是威胁人类生命财产安全、造成巨大财产损失的主要自然灾害，洪水灾害频繁发生的地区，在未建立有效的防洪减灾措施之前，则是贫穷落后、社会动荡的主要根源之一。因此，在经济水平低下的古代社会和当代绝大多数发展中国家，首要任务还是搞标准较低的防洪工程建设，在洪水灾害发生时，尽量避开洪水，保护生命安全和减少财产损失，根本谈不上与洪水协调共处的问题。只有当代经济发展水平较高，已经具有较高标准的防洪工程措施，同时对防洪投入产出进行经济核算时，发现产出低于投入的情况下，才提出人与洪水协调共处的防洪减灾新思维，大力提倡防洪的非工程措施，企图以较少的投入取得较大的防洪减灾效果。因此，人与洪水协调共处，须在一定的客观条件下才能逐步实现。首先，须对洪水和水灾有一个新的认识。从"人定胜天"，人有能力控制洪水、驯服洪水、彻底消除洪水灾害，发展到认识洪水的发生、发展规律，在当代科学技术和社会财富水平下，不可能完全控制洪水、消除水灾，即使已有完善的高标准的防洪工程设施，仍然存在超标准洪水和偶发事件造成水灾，而且往往是非常严重甚至毁灭性的特大灾害，人们还必须准备应对措施，保证生命安全，减少灾害损失。其次，必须具备一定标准和设施比较完善的防洪工程设施，在绝大多数时间内保证生命安全和正常的社会经济活动，使社会经济得到可持续发展，积聚财富，为应对稀遇的严重的洪水灾害创造条件，而且在遭遇暂短的洪水灾害后，能迅速恢复正常的社会经济活动，否则根本谈不上与洪水协调共处。第三，认识到洪水既可能形成灾害，又是宝贵的水资源和改善生态环境（如补充地下水、保持河道的行洪输沙能力、清除地表有害物质等）的重要条件，人们不仅要防洪减灾，而且要充分利用洪水和发挥洪水改善生态环境的功能，这在当代科学技术和社会经济条件下，是完全可以做到的。因此，可以说，在当代，人与洪水协调共处，既有客观需要，又有现实条件，只要措施得当，是可以逐步实现的。如果不顾客观条件，抽象地要求人与洪水协调共处，那只能是一句空话。

防洪减灾是一项巨大的系统工程，包括：洪水形成及其发展变化；洪灾形成和社会经济环境损失；防洪工程设施的建设、管理、运用；防洪非工程系统的建立和完善；洪灾实际发生的应对及善后处理等各个方面。每个方面又都可以自成一个庞大的巨系统。防洪减灾系统的建立是从各个不同工作角度逐步形成，最终集成系统化的成果。它们的共同点都是建立在对洪水、水灾和防洪减灾基本对象的正确认识之上，共同要求达到防洪减灾的终极目标，即：保证人的生命安全的最大限度，社会经济财富的最低限度的损失，生态环境最低限度的破坏和充分利用洪水的自然属性改善生态环境。从现在防洪减灾工作的整体现状考虑，修建防洪工程和完善防洪非工程体系中的硬件装备，只要资金到位，是比较容易实现的；防洪减灾体系中的薄弱环节是有关自然环境和社会经济信息的及时掌握，调度、运用、管理系统和社会保障体制的完善。有鉴如此，结合中国的洪水、水灾和防洪的特点，设想防洪减灾体系应包括以下 5 个方面的内容：

（1）水情、灾情、工情（包括河道水系的演变）的评价体系。其目的是要把防洪减灾工作建立在切实了解实际情况和科学分析的基础之上，减少防洪减灾工作各环节上的

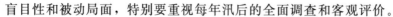

盲目性和被动局面，特别要重视每年汛后的全面调查和客观评价。

（2）常规防洪工程体系。由河道、堤防和水库构成的常规防洪工程体系是防洪减灾的基础措施，保持工程的完善配套和良好工况是充分发挥工程效益的关键。保持河道的行洪输沙能力和消除堤防隐患、保证堤防建设质量、及时养护维修尤为重要。

（3）非常规防洪工程体系。根据中国大江大河的洪水、河道行洪能力和防洪措施的客观条件，在发生超过常规防洪工程体系设防标准的洪水时，还必须准备一些行洪、滞洪、蓄洪的临时防洪设施，这些设施既具有防洪工程设施的特性，但又不经常运用，因此又具有非工程设施的一些特性，把它归入特殊的防洪工程设施范畴，在建设、运用、管理上更为合理，更容易纳入防洪建设的计划之中。

（4）非工程防洪体系。非工程防洪体系的核心是在水情、灾情、工情评价体系的基础上建立完善的洪水预报和防汛调度系统，并对防洪保护区和经常遭受洪水淹没地区实行风险管理，在控制洪水和适应洪水之间寻求一个保障人民生命财产安全和社会经济损失最小的管理方式。

（5）洪水灾害的社会保障体系。主要是使受洪水灾害的群体在受灾过程中的生活、健康得到社会保障，灾后恢复重建得到社会支援。在当代中国遭受洪水灾害的群体，大多数集中在行洪、蓄洪的河湖洲滩和非常规防洪工程范围之内，大都是为了保护大局而牺牲的局部，这种灾害已不属于纯粹的自然灾害，而应属于社会性的灾害，受防洪保护的地区和整个国家有责任为他们提供生存和发展的安全保障。

防洪减灾是伴随人类文明发展历史的长期任务，建立科学的、完善的防洪减灾体系，是当前的迫切任务，需要取得广大群众和各级领导的共识，不间断地开展科学研究，进行理论探索和总结实践经验，才能逐步实现（关于防洪减灾的具体内容，我曾写过一篇题为《浅议具有中国特色的防洪减灾体系》的文章，刊登在 2002 年《水利规划》杂志上，可供参考）。

五、当前防洪减灾研究规划中出现的一些问题

在这里只是提出问题，不能回答问题。

1. 防洪减灾的标准问题

（1）对单项的工程来讲，标准比较好确定，我们有一套防洪标准规范。但对一个大的流域来讲，防洪标准的定义就很难确定，我们现在只能理解为，所谓流域防洪标准就是流域重点地区、重点河段的防洪标准以及与它有关联的一些主要支流的防洪标准。流域防洪标准只能是流域内主要河段或重点地区防洪标准的集合。目前，大的流域只能采取以实际发生过并在流域内广大地区造成巨大灾害的洪水作为设计标准，比如长江，以1954 年实际发生过的洪水作为标准。这个标准在整个流域各个地方都不一样。长江干流城陵矶以上大约不到百年一遇，从洪量上讲接近百年一遇，从洪峰流量上讲只有 10年到 20 年一遇；城陵矶到大通，大约是 200 年一遇（是从洪量的角度上讲的，因为洪峰在这段无法确切地计算）；各个支流相应于 1954 年什么标准就是什么标准。现在在防洪规划中只能如此，至于如何进行经济评价、财务分析等等，是个很难的问题。

（2）连续大水年的发生，对防洪标准影响有多大？现在最显著的一个例子就是长江的洞庭湖流域。洞庭湖的城陵矶防洪保证水位规定是 34.40m，但是从 1995 年到现在，

7 年时间超过 34.40m 的有 5 年，接近 35.00m 的有 4 年，那么过去我们在搞洞庭湖防洪堤防建设的时候认为大部分按 1954 年标准是可以的（20 年一遇），但是按现在连续发生的洪水，这个区域究竟防洪标准如何考虑，争论很大。改变这个防洪保证水位，还是维持这个局面？防洪安全直接系于堤防安全，保证水位是堤防安全的重要指标，因此这个问题需要深入分析研究。

（3）对于历史特大洪水在防洪减灾规划中如何考虑？现在就是把它都作为一种校核的状况。比如说荆江河段，现在能够抵御的洪峰流量为 80000m³/s 的洪水（三峡工程建成后），1870 年洪水的洪峰流量是 110000m³/s，它只能作为荆江大堤安全的校核标准，或者说这是超标准洪水处理的一个可考虑的限度。所以，现在只要发生了历史特大洪水，在防洪规划中都要考虑，但有些是难以考虑、不能解决的，怎么办？如澧水 1935 年石门站发生了 30000m³/s 流量的洪水，死了 3 万人，现在澧水的防洪规划怎么也解决不了石门站 30000m³/s 流量的洪水问题，把所有可能的手段都用上也只能解决 20000m³/s 流量的洪水。采取临时分蓄洪措施，对石门市而言，也是非常困难的。现在，在长江水利委员会的防洪规划和湖南省的防洪规划中都把这个问题模糊化了，真正发生这样大洪水的时候谁也没办法。类似这样的问题，从水文的角度、从防洪规划的角度，应该怎么来对待，是一个有待研究并加以明确的问题。

现在看来，有关防洪标准的很多问题应该从水文、灾害特性和社会经济承受灾害能力的角度进行综合研究，才能对防洪标准有一个明晰的认识。

2. 关于人类活动对防洪减灾的影响

（1）由于下垫面的变化影响了洪水的产流和汇流，影响到洪峰流量和洪水总量，影响程度与下垫面变化程度的关系如何建立？过去我们对小流域做的研究比较多（如小流域的径流实验站等），但对于大的流域研究很少，把小流域的试验成果放大到大流域上不行。因此，现在只能对近期测到的洪水过程和对应的降水过程与过去相似的情况做对比分析，但差别太大，这个问题也需要进一步研究。

（2）森林植被对防洪减灾的作用问题为广大社会公众所关注。我们得到的共同认识是，在小流域范围内，在中小洪水时，森林植被对防洪有一定作用，使洪峰流量和洪水总量有所减小，对防洪减灾是有利的。但是对于大流域、对长期连续的洪水，其作用则非常有限。从防洪减灾的角度讲，我们应积极支持尽量多种树、种草，搞好植被，这对防洪是有利的，但一定要把它的作用讲清楚，不要起误导作用。1998 年大水以后我参加了几个座谈会，提了这样的观点：解放前或者更早的年代，那时候的植被比现在好，也曾发生过比现在还大的洪水。欧洲的植被比我们好得多，欧洲的洪水依然那么大。这说明森林植被不是没有作用，而是作用有限，绝对不能把它的作用夸大或者误导人们对防洪减灾工作的认识。现在我们搞的小流域治理，从短时间的观察，的确作用很大，可以减小径流泥沙的 60%、70%、80% 甚至更大，但是这样的小流域如何与大流域联系起来考虑，这方面的工作就做得很少。

（3）地下水超采对洪涝的影响。现在华北平原地下水累计超采了约 900 亿 m³，这对防洪除涝肯定是有影响的——正反两方面都有影响：正面的影响，是对平原除涝的标准大大提高，过去我们设计的 3 年、5 年一遇的除涝模数，现在大概 10 年的暴雨都达

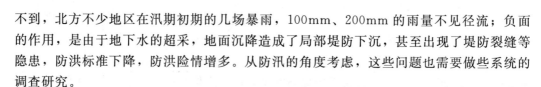

不到，北方不少地区在汛期初期的几场暴雨，100mm、200mm的雨量不见径流；负面的作用，是由于地下水的超采，地面沉降造成了局部堤防下沉，甚至出现了堤防裂缝等隐患，防洪标准下降，防洪险情增多。从防汛的角度考虑，这些问题也需要做些系统的调查研究。

（4）行洪河滩、蓄洪湖泊洲滩土地的利用问题。现在的情况还是一种无序状态，很多大江大河沿河城市向河心发展，这个问题的控制力度远远不够。比如重庆的朝天门广场修建以后，长江和嘉陵江干流的河势完全改变了，上游壅水的问题很明显。据说涪陵花了10亿元的投资修了2km长的沿江堤防，围了1000多亩土地，对行洪也有一定影响。下游的沿江城市包括武汉在内，都准备在江边搞一个像上海黄浦江两岸的景观。这的确值得我们注意。行洪河滩土地完全禁止开发利用是不可能的，但开发利用一定要有选择，不能影响行洪。我们要严格控制沿江城市向江心发展的趋势。

（5）河道采砂问题。河道采砂有利有弊，利用它有利的一面可以理顺河势，增加泄洪能力，但是要严格管理、严格限制。不利的方面现在比较多。比如，据一些部门反映，珠江三角洲在10年内河道挖砂达10亿 m³，这对行洪产生了严重影响，有的河道水位降低了，有的抬高了，河势发生了很大的变化，结果给防汛带来更多的困难。像这类问题，一方面要有法律法规，另一方面也要进行系统的调查研究。

3. 水利建设特别是防洪建设对防洪产生的影响

（1）大家普遍认为，防洪建设是为了提高防洪能力，但对防洪产生的负面影响往往被忽视了。现在主要江河高水位行洪的几率增多，历时加长，高水行洪既是修建防洪工程的一个必然结果，但是也必须看到高水行洪带来的一系列问题。高水行洪可能是今后长期存在的问题，不高水行洪，防洪能力就无法提高。但是如何重视由于高水行洪引发的一系列问题，需要系统了解，并及时采取必要的补救措施。

（2）河道内修了工程以后，河道的洪水过程、输沙过程都发生了变化，集中表现为河道的输沙能力和排洪能力下降，特别是修建水库，其影响特别大。在黄河，过去讲"大水出好河"，就是说发生一次大水以后，洪水的冲刷能力特别强，过后深槽加深了、扩大了，在下一次洪水来的时候行洪能力加强了。现在大水没有了，都变成中小洪水了，即使来大水也出不了好河，因为现在的大水经过水库调节以后，下游河道主槽淤积，每年淤在河道内的沙量80％都是淤在了主槽，20％淤在了滩地。过去是60％～70％淤积在滩地，主槽淤积比较少，因此大水之后滩槽差增大了，现在正好相反，因此造成了中小洪水滩地淹没，几十万人甚至上百万人受灾，输沙能力大大下降。最近20年，黄河进入下游河段的泥沙量大概每年都在10亿 t 左右，但下游每年平均还淤积有大约2亿 t。从来沙量和淤积量的比例看，它在上升，而淤积的部位又是泄洪主槽。

因此，修建了防洪工程以后，输沙规律、行洪规律都与原来自然河道的规律有很大不同，现在河道整治采用的一些数据，大多数是按原来自然河道或水库很少的情况下的行洪规律提出来的，以此作为整治河道规划的依据。事实上修建了工程以后，这些都已经改变了。在新的情况下，河道演变规律应该如何调整，河道控导方式应该如何调整，这是一个新问题。

（3）河道上不断修建堤防，上游洪水自然滞蓄的机会、洪水滞蓄的场所、河槽的容蓄量都减少了，结果下游的洪水加大了，原来的防洪标准发生了变化。典型的例子是1994年珠江发生大洪水以后，1995年西江中游大规模修建堤防，到了1996年，梧州站的洪水就有明显反映，同样流量的洪水，水位却抬高了1m。其他河流同样存在这样的问题。修建防洪工程，特别是江河堤防，对洪水的下泄、洪水峰量变化等具体有什么影响，应对防洪规划提供一些新的考虑因素。

4. 关于退田还湖、平垸行洪

退田还湖、平垸行洪在长江流域已经花了好几十亿元了，报纸上介绍的也很多，报道中说洞庭湖通过采取这一措施恢复了多少亿的防洪库容，鄱阳湖也同样如此。这个发展方向是完全正确的，河道内的许多圩垸应该铲除，有些支流尾闾的小圩垸的确阻水，而且这些地区的防洪标准很低，应该进行退田还湖。2002年洞庭湖洪水，莲花塘的水位是34.76m、七里山的水位是34.91m，据说退田还湖、平垸行洪的地方都发挥了作用。我希望汛后对洞庭湖的问题进行一次认真的调查，以说明现在平垸行洪、退田还湖以后是如何发挥作用的。同时，对退田还湖、平垸行洪的一些具体技术方向是否正确，也应进行调查研究。

5. 现有的防洪工程体系出现的问题

现在的防洪工程体系出现了两个问题。一是控制性的水库枢纽工程的寿命大部分已经过了30年，有的已经接近50年。水库到了一定年限以后，将来有一个更新替代的问题（特别是对北方多沙河流）。这个问题应该及早做准备。二是河道的萎缩退化问题。北方的多沙河流这种现象比较多，南方的河道也是存在的，主要是人为因素造成的。北方多沙河道既有自然因素，也有人为因素。对于河道，如何保护其排洪输沙能力、保持其河势稳定，是一个重大的任务。现在虽然有很多法规如《防洪法》、《河道保护条例》等等，但在执行上存在问题还是很多。我觉得还需要做进一步的工作。

我们的防洪减灾任务的确是任重道远。形势在不断发生变化，新的问题也在不断出现。因此，我们的科学研究如何及时开展并且跟上形势的变化，是非常重要的。现在有一些研究课题，多偏重于技术方法的研究，比如模型的建立、自动化的问题等，特别是利用现代技术手段，应用计算机进行应用方法方面的探讨比较多。但在一些基础性问题上，现在研究的还不够。基础性研究不能立竿见影，但是积累到一定程度后，其影响就反映出来了。因此，我建议水文部门在这个问题上要有长远考虑，逐步开展这项工作。

关于江河治理与防洪减灾的一些思考

一、基本概念（提纲）

（1）江河治理的目的是在一定的水文情势下稳定河势，稳定岸线，发挥江河的综合功能，如增强河道的泄洪输沙能力，提高航运水平，有利于岸线的开发利用等，因此修建堤防、险工整治和控导岸线，必须综合考虑，不应单纯立足防洪安全。

（2）防洪的目的是：保障沿河居民生命财产安全，尽量减少经济损失，保护居民生存空间，防止破坏居民生活环境。当前和未来这个目标都是需要的。

（3）防洪规划必须使宏观需要与微观技术的可行相结合，历史、现实与未来相结合；理论与实践相结合；科学性与实用性相结合。吸取历史经验，解决当前或近期问题，并为未来提出修改留有回旋余地。

（4）防洪减灾是一个动态问题，应在不断总结实践经验、社会经济和科学技术发展水平以及自然环境的变化的基础上，定期补充修改，即滚动规划。

二、对近年完成的大江大河防洪规划的综合评价

从 1998 年以后开始，8 年奋斗，终出成果。在原防洪规划基础上，结合 20 世纪 90 年代防洪出现的新形势，国务院批准的"大江大河防洪若干问题"的文件起了纲领性作用，也制约了开拓创新和深层次、重大难题的研究。

（1）基础资料的补充与更新。

（2）新的规划思想的逐步形成——科学发展观，人水和谐共存（从改造江河，控制洪水到适当控制又多方面适应洪水转变），建立防洪的风险观念与洪水风险管理的逐步建立。工程措施与非工程措施并重。

（3）进一步分析了防洪减灾形势，明确了近期的防洪减灾目标。

（4）提出了新的防洪减灾目标，充分利用了历史洪水调查资料（从 500 年的气候波动看，这是一个冷湿为主的周期，冷湿周期的波动，形成特大暴雨洪水）。选择了较高的防洪标准，适应了较长时期的社会经济发展需要。（规划目标和超标准洪水处理目标，考虑近 200～300 年内曾经发生过的大洪水和特大洪水。）

原文根据 2006 年 1 月 21—23 日作者手稿整理。

（5）完善了多年形成的大江大河防洪减灾总体布局和防洪减灾措施体系，贯彻了蓄泄兼筹，点、线、面兼治和启动了风险管理等。提高了防洪减灾的整体能力和效益。

（6）重视了防汛工作中的一些难题的解决，如分蓄洪区的安排与建设，非工程措施的加强，洪涝兼治，洪水资源化，开始重视山洪山地灾害的防治。

三、防洪问题的反思

1. 近期规划存在的三个薄弱环节

（1）重视大江大河的干流治理，忽视支流和中小河流的治理；

（2）重视平原、较大盆地的洪水灾害防治，忽视山地、丘陵区暴雨山洪灾害和城市内涝排水措施；

（3）重视防洪措施建设（包括非工程措施的装备购置），轻视管理工作（包括：体制、机构、经费和法规政策）。

以上问题也在防洪规则中有所反映。

2. 需要开展的重点科学研究问题

（1）洪水、洪灾形成因素的变化、分析计算方法的研究，包括主要江河流域水沙变化趋势，洪灾性质（由自然灾害的特征向人为灾害特征转变）和防洪形势预测的研究（多沙河流水沙变化，河道修水库调节径流对河流演变规律和河道萎缩所起的作用，水库作为重点研究）。

（2）进一步提高防洪标准的科学分析、评价选定的方法，特别是特大洪水对社会经济、生态与环境影响的评价方法，超标准洪水处理对策。

（3）河湖关系的变化，水系的调整对防洪减灾措施的影响。

（4）防洪减灾在各种措施中如何体现科学发展观（如：人与洪水和谐共存？人与环境友好相处？水资源供需的公平、合理标准？生态环境保护的标准与尺度？……）

（5）大尺度、大范围生态植被变化对洪水的影响？

（6）防洪规划的效益评价问题。

3. 大江大河需要进一步研究解决的重大问题

在未来江河流域综合规划中防洪减灾规划的地位与体现，两种方式：

（1）相隔时间较长，按新的理念，全面补充修订，仍作为综合规划的重要组成部分；

（2）时隔不久，可以摘要反映不会产生重大变化的防洪规划，并对突出问题作专题研究补充，把重点放在专题研究上。

四、大江大河需要进一步研究考虑的问题

1. 长江

三峡、金沙江梯级及上游重要支流枢纽建成后对长江中下游洪水、泥沙引起的变化，对下游河道演变和行洪安全的影响，以及不同阶段的相应对策。

上游重要水库枢纽（包括三峡）和中下游支流控制水库以及主要通江湖泊联合运用防洪调度的方案（对不同类型洪水）。

中下游主要河湖关系的变化，影响和对策（包括：洞庭湖、鄱阳湖、巢湖、太湖等）。

河口段的全面综合规划。

水土保持、生态植被的变化对防洪的影响分析。

农田灌溉引水和排涝对防洪减灾的关系与管理对策。

2. 黄河

水土保持和其他水利措施（水资源的开发利用），减少入黄泥沙的数量预测及对黄河宁蒙河段、下游河段演变规律和河势变化的预测（包括排洪输沙能力）。

黄河梯级枢纽建设对生态环境和防洪安全的影响。

黄河宁蒙河段和下游河道不同阶段的防洪对策（包括二级悬河问题）。

河口治理。

黄河下游滩区 200 万居民生存发展条件和前途的研究与安排。

3. 淮河

（1）下游河湖关系及其影响、对策的研究。

（2）上中游平原区洪涝关系及进一步提高防洪除涝标准的长远目标和措施。

（3）下游入海河口的治理和沿海土地及滩涂的开发利用对防洪除涝的要求和对策。

（4）结合干支流河道的进一步整治，研究分蓄洪区和河湖水系的进一步调整建设与运用方式。

（5）南水北调工程对干支流防洪除涝安全的影响。

（6）引黄灌溉对淮北支流淤积的影响。

（7）超标准洪水处理方案进一步研究。系如 1593 年淮河，1730 年 8 月沂、沭、泗（1/500），1965 年下游。

4. 海河

行洪河道的维护与江河防淤治理。

分蓄洪区的有效利用与调整治理建设。

上游山地丘陵区水土保持、水资源开发利用。下游关注发展对海河平原洪涝水来量、洪涝灾害的影响。

南水北调对海河平原水灾分布的影响（特别是涝灾和盐碱化问题）。

超标准洪水（1794 年南系、1801 年北系、1886 年滦河）的核实与对策。

5. 松花江

干支流洪水控制水库的建设与调整。

分蓄洪区与湿地保护的结合与运用方式。

洪涝关系的分析与治涝。

城市的防洪排水。

黑龙江干流、乌苏里江等边境河流的护岸与远景防洪设想研究。

6. 辽河

辽河干流、东辽河、浑河在高度水库调控下的水库下游河道演变趋势与生态环境变化及发展前景的预测。

辽河干流柳河以下，河道淤积问题。

西辽河两岸沙地、湿地、荒漠在防洪中如何发挥更合理的作用（结合草原、沙地、湿地保护）。

边境河流及其中国境内重要支流的防洪预想方案研究。

7. 珠江

珠江三角洲地区防洪标准及自身解决能力的研究。

结合广西地形特点，珠江防洪工程体系的运行调度方式研究，如大藤峡、老口、飞来峡……

背山面河沿江大中城市防洪对策的研究（总结近期城市防洪的经验教训）。

防洪工程体系和水资源开发引起的洪水风险转移和处理对策研究。

防洪设施与城市建设的合理结合问题。

超大风暴潮的防止对策研究。

8. 太湖

平原河网区，城乡界限逐步消失后经济高速发展城镇化水平提高的情况下，如何提高防洪能力和处理好洪、涝、潮关系。

9. 东南中小河流

沿海经济高水平发展对防洪、防潮（特别是超标准洪潮）如何处理？山地丘陵区灾害防治，洪水资源化。

10. 西部内陆河流

经济、生态与防洪的关系，特别是新疆和河西走廊，经济人口发展前景与防洪需要，水资源供需矛盾与防洪对策的关系。

关于农田水利的几点认识和建议

1. 农田水利在贯彻科学发展观和解决三农问题中有极为重要的意义

（1）水是人类生活、生产和维护生态环境良好状态不可或缺的基础资源。没有必需的饮水保证，人无法生存；土地没有适宜的水分供给，再好的优良品种、优质肥料都难充分发挥应有的作用；缺乏必要供水条件的地区，难以具有优美的生活环境。农田灌溉排水是人工调节土地水分的唯一手段。

（2）国家粮食安全依赖农田水利的支持，没有占全国耕地40%以上的灌溉面积，没有主要集中在农业生产基地的灌溉设施，特别是粮食主产区的农田灌溉排水工程，是难以保证粮食安全供应和主要农产品的稳定生产，也难以应付水旱灾害的周期波动。

（3）农业是国民经济的基础，水利是农业的命脉，这两个基本概念永远不能忘记和淡化。必须成为国家发展规划的重要组成部分。

2. 农田水利建设当前存在的突出问题

（1）农业供水保证程度不高，大部分农田灌溉排水工程建设管理粗放，节约、高效用水水平较低，难以保证粮食持续稳定增产和保证未来人口达到高峰期的粮食安全供给（保持必需的自给程度），任务十分艰巨。

（2）农村居民饮水安全的形势依然严峻。边远缺水地区，部分居民生活用水的起码要求尚未满足，部分地区虽已初步解决，但仍不安全稳定。如依靠集雨水窖供水的西北干旱地区，在遇到干旱少雨的年份，生活供水仍遇到极大困难；广大农村饮水水源水质恶化，对生命安全健康的威胁十分突出。如果按照公认的人饮供水水质标准来衡量，9亿农村人口中存在饮水安全问题的绝不止3亿多，可能远远超过。

（3）土地质量下降，生产能力衰退，水土流失没有得到有效控制，土壤板结，部分耕地次生盐渍化发展，土地沙化，土地肥力下降。这些因素对耕地提高单产的能力起到严重的制约作用。

（4）农村生态与环境恶化。农村面源污染仍在不断加重；城市污染灾害向农村转移的势头没有得到有效遏制。污染灾害对水土资源产生了严重破坏，降低了农产品的数量

原文为作者在2006年1月5日农田水利建设专题讨论会上的发言。

和质量，对农田水利的发展和提高带来极大的困难。

3. 对农田水利建设的几点建议

（1）开展一次农田水利全面深入的调查和研究分析，较彻底地搞清农田水利的"家底"和问题。我国地域差别很大，必须分地区，分类别进行调查研究，弄清不同地区、不同类型灌区的基本情况，存在的突出问题，进一步发展的有利和不利因素和须要解决的主要问题。

（2）鉴于我国地区自然环境和社会经济基础的差异，发展极不平衡，必须在摸清"家底"和问题的基础上，对不同地区提出农田水利巩固、改造和发展的目标。如老、少、边、穷地区在积极巩固、改造已有农田水利设施的基础上，尚须适当扩大灌溉面积，增强粮食自给和储备防灾能力；在农田灌排面积比重较高的地区，应以节水、高效、治污为中心，以改造中低产田和更新改造老化失修的机电排灌设施为主（包括井灌区），迅速提高节水、节能，高产的水平；在二三产业发展快，经济实力强的地区，应以实现农田水利园林化、现代化为目标，结合建设社会主义新农村的需要，建设高标准、高水平的节水、节能、高效的旱涝保收的现代化农田水利设施，进一步提高农田生产能力。

（3）坚决防禁城市污染灾害向农村转移，未经处理的污水不宜用于农田灌溉；积极研究开发农村污染物的转化利用，严格控制农村面源污染，认真保护水土资源，为农田水利建设创造有利条件。

（4）做好分地区、分类型农田水利近期和远景的建设和管理规划，作为农田水利事业发展的宏观指导依据。

（5）全面研究解决农村饮用水安全问题，要把解决农村供水安全问题作为一个重大公共安全工程来看待。

（6）建立稳定的投入机制和科学的实施战略计划。明确中央和地方投入分担比例，加大中央和地方财政投入的力度，作为支援农业发展农村建设的重要组成部分。

（7）积极开展节水、节能和高效用水的科学技术研究。节水应有一定的限度，不仅要考虑用水定额的减少，而且要考虑对区域生态与环境用水的影响；现在社会上广泛宣传灌溉用水不再增加，从总体上讲，大体可以，但对不同地区要具体分析，该增加的应适当增加，该减少的坚决减少。

以上意见极不成熟，请批评指正。

关于中国防洪减灾问题科研与实践中的创新与未来发展方向

中国地域辽阔，地形复杂，气候多变，夏秋季节，东部和南部地区受西亚和东亚季风控制和海洋热带气旋的影响，暴雨洪水和强风暴潮频繁发生，形成严重的洪涝灾害，其直接经济损失，占全国各类自然灾害损失总量的 2/3，20 世纪 90 年代以来，水灾直接损失占同期全国 GDP 的 1.7%。因此，中国历史上都将江河治理、防洪除涝作为治国安邦的大事，新中国成立以来的半个多世纪，坚持不懈地开展防洪减灾的科学研究，进行规模巨大的防洪减灾工程设施建设，在科学技术领域取得了重要进展和多方面的创新成果，主要有以下几个方面：

（1）在总结历史经验和吸收国际先进经验的基础上，从 20 世纪 50 年代起开展了全国大江大河的流域防洪规划，从国家和流域社会经济发展和生态与环境保护需要出发，协调了地区和部门之间在防洪减灾方面的矛盾，明确不同时期防洪减灾目标、方针政策和措施安排，并及时进行了修改补充，包括范围之大、内容全面性、系统性和部分有关科技水平，在世界水灾频繁严重的国家中处于领先地位，全面推进了全国防洪减灾工作的进展，取得了巨大的经济、社会、环境效益。

（2）中国水利科研和勘测设计部门利用中国数量巨大的历史文献中有关水灾的记载和广泛的民间洪水标记、传闻，通过大规模的调查、核实、整理、分析，汇集了历史洪水的调查成果，整编出《中国历史大洪水》，提出了历史洪水的调查和应用方法，在世界各国中具有首创性，对我国实测水文气象时间较短、测站较少的缺陷，作了重要的补充。对洪涝灾害发展规律的认识，洪水发生频率的分析计算和洪涝灾害分布特征性的研究都发挥了重要作用。

（3）在对泥沙问题非常突出的黄河治理研究中，开展了大规模河流泥沙观测和试验研究工作。对泥沙的产生、运动规律、输沙特征、河道演变、河道水库防淤减淤措施和河道整治技术等方面都有重要的发展和创新，如粗沙来源与下游河道淤积的关系，水库

原文系作者于 2006 年 11 月初撰写的手稿。

蓄清排浑保持水库防洪库容的调节调度方法、调水调沙人造洪峰冲刷河道减少淤积方法、高浓度含沙水流的输沙规律和泥沙运动基础理论方面都有重要的创新成果和实践经验。

（4）从中央到地方基层建立的防汛指挥系统和地方首长负责制，以及其运作机制都具有创新意义和实用价值。

（5）在中国工程院《中国可持续发展水资源战略研究》成果中提出的："在防洪减灾方面，要从无序、无节制地与洪水争地转变为有序、可持续地与洪水协调共处。为此，要从以建设防洪工程体系为主的战略转变为在防洪工程体系的基础上，建成全面的防洪减灾体系，达到人与洪水协调共处"，以及有关论述，对防洪减灾基本理念的更新和防洪减灾措施重点的转移方面，具有重要的创新意义和实用价值。

关于未来防洪减灾领域需要开展深入研究和开拓创新的课题，主要有以下几个方面：

（1）结合我国主要江河洪水和水灾产生的自然环境和社会经济发展的历史背景，深入研究人与洪水和谐共处达到长治久安的基础理论，制约条件，评价标准和对策措施。

（2）开展防洪减灾科学理论体系和实践经验的科学总结的探讨和研究。

（3）研究洪水风险管理的基础理论，与中国社会经济发展相结合，提出具体方法、模式和实施准则。

（4）坚持不懈地观测分析研究江河水沙和功能变化，及时提出防洪减灾的新理念，调整防洪对策和主要措施方向。

由于形成洪水灾害的成因复杂，发生的不确定性十分突出，其破坏能力特别强大，要从根本上解决洪涝灾害，是当前科学技术和社会财富难以做到的。防洪减灾的科学技术研究工作仍将任重道远，需要长期不懈的积极开展。

防洪减灾本质属性与相关问题的思考与探索

自 19 世纪 40 年代以来，我国大江大河几乎都发生过接近或超过历史纪录的特大洪水，主要江河水系也发生了重大变化。20 世纪上半叶是我国有史以来洪涝灾害最严重的时期。

新中国成立以后，国家动员广大群众，投入大量资金料物，开展大规模的水利建设，取得了巨大成效。这一时期的水利建设始终把防洪、除涝作为中心环节，初步控制了常遇水灾，保证了社会经济的持续发展。

由于社会财富的急剧增加，人类活动的失控，以及气象异常等原因，20 世纪 90 年代以来，我国洪涝灾频繁发生，损失成倍增大。1998 年长江、嫩江及东南沿海主要河流发生特大洪水，防汛之艰巨，灾害之严重，震惊中外，引起各层领导和社会公众的极大关注。大灾之后，国家加大投入，积极进行了新一轮的防洪减灾设施建设，主要江河防洪能力都有明显提高。

然而，随着社会经济的快速发展和生态与环境的不断恶化，洪水对社会经济、生态与环境造成的损失并未得到明显下降，防洪减灾形势仍然严峻。虽然已经制定了全国新的防洪规划，但对防洪减灾的基本规律和防洪减灾对策的探讨仍是一项重大的课题。对古今防洪减灾的历史教训值得认真反思，对自然环境，特别是江河水系的演变规律和社会经济发展的历史背景应当深入探索，寻求防洪减灾对策的发展和创新。对此巨大复杂的研究课题只能寄希望于水利系统的广大科技工作者，有组织有计划长期坚持不懈地开展研究，并通过实践取得与时俱进的创新成果，推进防洪减灾工作的健康发展。以下仅就个人的学习和接触提出若干粗浅的认识和建议。

一、对洪水与洪涝灾害的基本认识

洪水的产生是由气象（主要是各种类型的降水）和地形、地质条件所决定，而洪涝灾害的形成则是人类社会经济活动的产物。

我国西高东低三级阶梯状地形和气象条件不同，形成了三个自然地理区域，即占国土总面积 47.6%、占总人口 90% 以上的东部季风区，占国土总面积 29.8%、占总人口

原文发表于《防汛抗旱》2007 年第 1 期，本文系经作者修改后的改定稿。

不足 7%的西北干旱区和占国土总面积 22.6%、占总人口不足 1%的青藏高寒区；同时形成了从东北到西南一个地形宽广的气象过渡带。东部季风区是我国洪涝灾害集中的大江大河中下游冲积平原和河口三角洲。宽广的过渡带是主要江河源头和上中游，是季风暴雨最集中、强度最大的地带，地形有利于洪水的汇集和传播，是东部洪水的主要来源，同时又是形成广宽冲积平原和河口三角洲的基本条件。东部冲积平原和河口三角洲既是气象和水土资源条件最适宜人生活、生产的人类生存和发展的优良地区，又是洪水宣泄、滞蓄和泥沙堆积的场所，是河流生存发展必不可少的空间。

随着人口的增长，以粮食为主的各类生活必需品生产规模不断扩大，必须不断扩大人的生存空间，致使不断开发利用河流冲积平原，不断与水争地成为开拓人类生存和发展空间的重要途径。这几乎是中外文明国家发展的基本规律。古代埃及尼罗河文明、西亚两河文明、南亚印度河文明和中国的黄河文明等都是遵循这一规律发展的。在这一规律引导下，人类生存发展空间与河流洪水宣泄出路和滞蓄场所之间产生对立和矛盾，人与洪水长期处于各自为生存空间的激烈竞争之中，这就是洪水灾害的基本成因。

人对洪水滞蓄场所的侵占和对洪水宣泄出路的约束限制越多，洪水造成的破坏越大，一旦洪水失控，可能对社会经济造成巨大的损失和人口的大量伤亡，对社会经济的发展造成冲击和波动；但是，如果没有河流冲积平原的开发利用，人不与水争地，在我国就没有东部文明社会的出现和经济财富的积累。在广大山地丘陵区这种人与洪水的矛盾和竞争规律同样存在，由于山地丘陵区暴雨洪水及其引发的地质灾害突发性和破坏性更强，人类生存发展空间回旋余地更小，这种矛盾和竞争程度更为尖锐。

二、防洪减灾的本质属性

基于上述认识，防洪减灾的根本问题是科学合理地解决人与水争地的对立与矛盾，为此必须找出一个平衡点，使人与洪水和谐共处，人类的生存和发展空间与洪水的宣泄出路和滞蓄场所得到合理安排。人类既不能无控制地开拓生存发展空间，人与水争地必须适可而止，绝不能使洪水走投无路；又必须遵循洪水发生、演进规律，科学合理地安排洪水的宣泄出路和滞蓄场所，不能毫无约束地保持或恢复原始自然状态。

三、人与河流的关系及其阶段划分

根据河流形成、演变过程和不同时期社会经济发展水平的不同，在不同时期，人对洪水灾害的认识，防洪减灾的基本理念和防洪减灾对策和措施也有很大差异。人与洪水及其灾害的关系，集中反映在人与河流的关系。

大约距今 30 亿年前地球表面开始出现水域，距今 25 亿年前的太古宙时期，地表叠层岩石和生命出现，说明那时地球表层岩石圈和水圈已经形成，地表水循环和地质构造运动互相作用，河流、湖泊水系逐步形成。地质构造运动形成地表的洼地、峡谷，成为地表水滞蓄存储和流动空间；水循环形成地表径流，成为塑造河流的动力。随着水流对地表岩土的冲蚀和水量的聚集，水流在地表形成的湖沼和小溪相互连通，逐步发展成小河、大河、直至独流入海的大河流域水系。至新生代第三纪始新世（距今 5300 万～3650 万年），印度板块与欧亚板块连接碰撞，产生了喜马拉雅运动，青藏高原逐步隆起，我国从西到东三个阶梯地形逐步形成，这对我国江河水系的形成起到了重要作用。到新生代第四纪初期（距今 240 万年前），我国主要高原、盆地和平原的格局已完全形成，到第四纪晚期（距今约 15 万年前后）我国的大江大河独流入海的主要河流全部形成。

从自然环境演变和社会经济发展长期历史考虑，人与河流的关系，可以分为四个不同时期，即人类适应河流自然演变时期、人与河流竞争生存发展空间时期、人与河流竞争生存发展空间不断加剧时期，及河流回归自然、人与河流和谐共处的时期。

1. 人类适应河流自然演变时期

在这漫长的地质时期，河流水系的形成和发育完全处于自然状态。第四纪中后期（距今大约 200 万年）人类开始形成。全新世，人类文明已见萌芽，开始使用木石简陋工具，从事游牧狩猎和林果采集活动维持生存，主要活动在近水的山林地带，对河流的自然演变的干预能力极小，河流仍处于自然演变的过程之中，逐步形成了相对固定的流路和湖泊沼泽等滞蓄场所，在冲积平原具有自由摆动、自主调整的广阔空间。此时，人类对河流的认识极为模糊，既需要傍水生存，又畏惧河流巨大无比的威力，怀有强烈的敬畏思想，及时逃避洪水对人类的伤害。大约距今 8000 年前后，人类定居从事种植业和养殖业，居民点不能距河太远，种植业使用土地，需要灌溉排水，继续发展狩猎活动，利用水产，发展水上交通，人与河流的关系日益密切，但只能适应河流自然演变。

2. 人与河流相互竞争生存空间时期

自距今 1 万年以来，随着人口的增长，耕种土地的扩大，修建局部堤防，保护临河耕地和居民点，以对付河水涨落的随机性，河流的宣泄和滞蓄场所开始受到限制，这样就形成了人与洪水竞争生存和发展空间的局面。在我国春秋时期，距今大约 2500 年，黄河流域下游出现连续堤防的修建，侵占河流自然流路的现象日益加剧，引发沿河两岸的矛盾，这标志着人与河流争夺生存和发展空间的时期已经形成。人类对河流的认识，已开始从适应向改造转变，从和谐共处向竞争生存空间的转变。从此人类与河流的关系进入一个新的时期（在西亚北非可能比中国提前 1000～2000 年）。

3. 人与河流竞争生存发展空间不断加剧时期

从公元前 1000 年前后至 20 世纪 80 年代的大约 3000 年间，人与河流处于激烈竞争生存和发展空间的矛盾对立之中。在这 3000 年中，中国人口从大约不足 3000 万增加到 10 亿，2/3 人口居住在大约不到 300 万 km² 的平原、浅丘陵地区，在东部河流冲积平原和滨海地区的河口三角洲，人口特别集中，在邻近河流两岸的土地开发利用率极高。为了扩大和保护生存发展空间，修筑堤防限制河流宣泄通道、开垦河湖洲滩和洼地、侵占河流自然滞蓄场所的行为日趋严重，堤防越修越长、越修越高、越修越逼近河道的主流。随着社会财富的积累、科学技术的进步，依靠修建闸坝、堤防提高河道有限宣泄空间的泄洪能力和利用占地有限的人工水库代替天然的湖泊洼地滞蓄洪水、减少河道洪水来量的措施日益成熟，"人定胜天"、"根治河流"、"控制洪水"、"拒洪水于人生存发展空间之外"的种种防洪思想和措施得到发展，并日益强化，防洪投资不断增加，防洪工程日益增多，但河道日益萎缩，洪水灾害日益频繁严重，洪水灾害风险程度越来越高，防洪投资效益越来越小。到 20 世纪 60 年代，首先是美国对过去防洪减灾工作进行了全面调查研究和总结反思，提出这种防洪指导思想和防洪措施已经到非改不可的时候。在中国，新中国成立之初，由于洪涝灾害的严重，对人的主观能动性估计过高，"人定胜天"、"战胜洪涝灾害"、高标准防洪治涝的思想成为主流，这在 20 世纪 50 年代的大江大河综合规划中有所反映。经过"大跃进"和 20 世纪 60、70 年代海河、淮河特大洪水的防洪防汛实践的经验教训总结分析，对洪水特性和防洪规律的认识有所提高，对过去的防洪减灾指导思想和目标要求进行了反思，逐步认识到人类完全征服洪水，彻底根治河流消除水灾是永远做不到的，对大江大河防洪减灾规划不断进行修改补充，同时注意到国外的防洪减灾对策的发展趋势，逐步提出限制人与水争地的方针政策和法规，修改防洪除涝标准，开始重视工程措施与非工程措施的结合，逐步加强工程设施和河湖水域的管理。人与洪水对生存空间的竞争和矛盾逐渐得到扼制和缓解。

4. 河流回归自然、人与河流和谐共处时期

20 世纪 60～70 年代，全球在第二次世界大战中所受破坏和影响基本消除，欧洲、北美、日本等发达国家工业化已经完成，开始向后工业时代迈进。由于人口的急剧增长与经济的无序发展，自然资源过度消耗，生态系统快速恶化，环境污染不断加重。这些因素促使人们对社会经济发展前途进行反思，对控制人口增长、节约自然资源、保护生态环境、科学有序的全面发展模式等关系人类未来前途命运的重大问题不断探索和深入研究，到 20 世纪 80 年代提出了人类"可持续发展"的发展战略构想，很快得到全球多数人的认同。我国在实行改革开放政策以后，将这一人类共识纳入国家发展战略之中。2000 年中国工程院组织研究完成的《中国可持续发展水资源战略研究》成果的"综合报告"中提出："在防洪减灾方面，要从无序无节制地与洪水争地转变为有序、可持续地与洪水协调共处。为此，要从以建设防洪工程体系为主的战略转变为在防洪工程体系的基础上，建成全面的防洪减灾体系，达到人与洪水协调共处"。这是我国防洪减灾指导思想首次全面系统的表述，也是河流回归自然，人与河流和谐共处时期的一个重要标志。

四、几点思考与建议

人与水和谐共处的时代现在尚属起步阶段，建设人水和谐的生存发展环境将是一个漫长艰难的过程，必须尽早、尽快地启动和推进，愈晚则可能付出的代价愈大。对于防洪减灾这一艰巨任务，今后必须围绕"以人为本，人与洪水和谐共处"这个核心问题，对这一时期防洪减灾的基本规律、人与洪水和谐共处的具体要求和对策措施，积极开展全面探索和深入研究，及时提出既有科学依据又切实可行的实施方案，供决策者参考。这一课题是一项多学科、多层次、高度综合的系统工程，需要得到国家的大力支持、广大水利科技工作者的广泛参与，才能逐步取得成果。为此，提出几点基本认识：

（1）按科学发展观，全面理解"河流回归自然"和"人与洪水和谐共处"。"以人为本"是科学发展观的出发点和最终归宿。"以人为本"具有两重含义：一是人的一切活动目的是为了人的生存和发展；一是人与自然的关系，人始终处于主导、主动地位，自然环境处于被动和被胁迫地位。"人与洪水和谐共处"。河游在自然环境中具有独特的重要地位，它同样具有产生、发展、萎缩、衰老和死亡的过程。在河流生命的变化过程中，有自然环境自身演变规律的作用，这种作用具有长周期和缓慢的特点；另一个极其重要的作用就是人类活动，这种作用在短周期内可以使河流发生急剧变化，使河流快速演变，加速河流的死亡过程。河流具有极其复杂的多种功能，在不同变化时期，具有不

同的功能，河流的原始自然功能保持越多，河流的"健康"状况越好。在人类生存和发展的各个不同阶段，都对河流的部分功能进行干预和改造，对人而言是不可避免和必须的，但河流的一些基本功能，如河川径流宣泄能力、造床作用、地表水与地下水的交换过程、河道内（包括河口地区）重要生态系统的维持等必须保持，一旦这些作用消失，河流也就死亡了。虽然有人提倡河流"回归自然"，事实上不可能完全停止人对河流的一切干预行为，拆除闸坝堤防，使河流重新恢复到原始自然状态，但人类活动必须得到约束控制，保持河流生存必须的基本功能。人类开发利用河流水资源，进行防洪减灾建设，必须在保持河流基本功能的前提下进行，适可而止。对河流必须保持的基本功能的正确判断标准和基本功能的量化是一项重大的科学技术研究课题，应积极推进，并尽快取得成果；对人类干预河流演变的各种措施，如河道闸坝水库和堤防建设，以及整治河道的各种措施的积极作用和负面效应全面反思，总结经验教训，进一步明确对人类干预河流行为的限制标准和方式。

（2）发挥人的主观能动性，正确安排人与洪水和谐共处必须具备的各种条件。人与洪水和谐共处，并不是从今以后人对洪水无所作为，任其自由宣泄和摆动，或者使河流逐步恢复到原始自然状态，而是要充分发挥人的主观能动性，主动采取措施，创造条件，既要保护人类生存和发展空间达到一定的安全保证程度；又要科学合理地安排洪水，（包括河流泥沙）的宣泄出路和滞蓄场所。这种"出路"和场所的空间必须具备必要的回旋余地，并在特定条件下允许洪水暂短淹没人类已取得的部分生存和发展空间，并迅速恢复到原有状态。这就是说，要达到与洪水和谐共处，人与洪水都要受到一定的约束和限制。做到人类可以防御常遇和较大的洪水灾害，尽可能保障人民生命财产的安全；在特大洪水和非常情况下，又有能力承受难以避免的部分洪水灾害损失，承担必要的洪水灾害风险；河流虽然受到人为的部分约束，但仍具备必要的生存空间和变动的回旋余地，做到尽量减少对人类突发的、破坏性极强的毁灭性灾害的发生。

（3）正确把握防洪减灾工程措施与非工程措施的内涵和核心。新时期防洪减灾的基本措施仍是工程措施与非工程措施的科学结合。防洪减灾工程措施实质上是约束和限制江河自然生存和发展空间的行为和手段，是开拓和保护人的生存和发展空间的主要方法，必须达到一定的防洪标准，必须保质保量和运用灵活；防洪减灾非工程措施实质上是约束和限制人的各种过度侵占洪水生存发展空间的不良行为的手段，其作用有两方面：一是及时掌握水情、工情、灾情，为及时调度运用各类设施创造条件，提出各种水情下调度运用的方案和实施办法；二是研究分析各种类型洪水在不同工程措施情况下，防洪保护区和各河段行洪河道、蓄滞洪区的洪水风险，及其化解风险的各种对策和措施，限制造成人为灾害的各种不良行为。为此，必须建立完善水情预报、工情灾情监测调查和评估体系，建立完善的相应的法规政策及其实施办法，使人的各种违背防洪减灾基本规律，设置各种行洪障碍和无序乱占乱用行蓄洪河湖洲滩的错误行为得到有效约束和控制。

（4）正确认识洪水产生机理和洪灾属性的变化，逐步实现防洪减灾工作从建设各种设施为中心，向全面洪水管理为中心的转变，洪水产流、汇流、河道洪水演进的条件和洪水灾害的属性，在当时已发生了重大变化。在全球温室效应不断加强、地表水文下垫面迅速变化的背景下，暴雨的时空分布、强度都产生了变化，改变了洪水径流的产流、汇流的自然规律。在我国东部人口稠密、经济发达地区，主要江河由于上中游闸坝水库大量增加，洪水径流过程经过调控，河流中下游大洪水减小，中小洪水增多，造床流量减小，平槽泄洪减小，泄洪排沙能力下降，河道呈现萎缩，加上河道整治设施、跨河桥梁、岸线开发利用等迅速增加，河道洪水演进规律都不断变化，对防洪减灾产生不利影响；由于河流上中游（或河道一侧）防洪能力的提高，使下游河道（或河道的另一侧）洪灾风险增加，原有防洪标准降低。这些因素都使洪水灾害的自然属性发生变化，特别值得关注的是，主要江河在规划中都安排了一些对付大洪水或特大洪水的分蓄洪区或临时分洪道，这些设施的启用都可减轻相邻防洪保护区洪水灾害，但当地居民则会遭受洪灾损失和承担巨大的洪灾风险。因此，当代洪水灾害，特别是主要江河下游冲积平原的局部洪水灾害，不属于纯自然灾害。已向社会性转化。防洪减灾建设已不是局部河段或地区的责任，而逐步变成全流域全社会的责任，防洪减灾的社会公益性日益增强。建立健全全面的洪水管理已成为当代防洪减灾的基本措施，为此，在继续完善防洪工程体系和水情、灾情、工情监测系统的基础上，要进一步完善洪水风险管理，防汛统一指挥调度、灾后救济、灾区恢复重建和灾害损失公平合理负担的保障体系，这些工作应当成为当代防洪减灾工作的重点。更为重要的是改进国家投入机制，提高其公益属性；同时应设立防洪减灾的常年基金，增加管理费用的投入，改变过去那种"大灾之后才能大治"的被动局面。

五、关于今后防洪减灾工作重点的几点设想

新中国成立以来的半个多世纪中，防洪减灾一直是国家关注的重点，经过50多年的努力，主要江河初步建成了蓄泄兼筹的防洪工程体系，进行了重点涝区的治理，为社会稳定经济发展作出了重大贡献。但当前防洪减灾的形势依然严峻，工程设施建设仍不完整，尚有许多薄弱环节：地区之间发展不平衡，主要江河干支流治理不衔接、不配套，防洪除涝关系欠协调；非工程措施启动晚，建设力度不够，尚难适应防洪减灾的整体需要。生态系统恢复重建困难，环境治理滞后，加上"重建轻管"的痼疾，治理见效缓慢，人类活动对防洪减灾能力负面影响遏制无力，防洪减灾任务依然任重道远，必须遵循新的认识，采取更强有力的措施，坚持不懈地努力，才能与时俱进，适应落实科学发展观和可持续发展战略的需要。按照对当前防洪减灾形势的理解，对防洪减灾今后工作着重提出几点设想：

（1）大江大河等主要江河中下游地区继续按新规划完成各项工程建设，加强薄弱环节，建成高质量的完整的体系，使其发挥整体作用，提高防洪减灾效益；继续落实超标准洪水滞蓄宣泄出路，建设重点蓄滞洪区，并准备应对非常情况的各种临时措施，尽最大努力，避免毁灭性灾害的发生。

（2）深入研究探索防御沿海地区超强台风和山地丘陵区超强暴雨所引发的地质灾害。采取可行的工程措施抗御常遇的灾害。对这些地区的各种重要基础设施建设的选址要充分注意避开滑坡体，可能发生泥石流的路径，并提高建筑结构的抗风能力；对难以抗御的超强非常灾害，应采取居民临时转移、躲避灾害的预防准备措施。为此，必须建立对可能发生灾害地区的监测、预报和管理工作；必须提高对台风强度、台风路径、暴雨强度和地区分布的预报精度和预见期；对高山、峡谷地区居住极为分散的居民点，应结合新农村建设，进行移民搬迁，既可节约通邮、通电、通信和交通道路建设的费用，又可对保护山区森林植被发挥巨大作用。

（3）继续加强城市防洪排水建设。针对城市化的不断迅速发展，城乡界限逐渐消失，应改变过去以已建设集中市区的小范围设防为不同类型的区域设防；针对城市地面各类交通、管网设施的增加并向地下转移和不断扩大地下空间利用的趋势，必须加强地表排水，防止地表水入侵地下的各种措施，结合地下水的合理开采利用，科学合理有控制地降低地下水位。对城市易涝和城市防洪堤防决口泛滥风险较大的区域，在建设各类基础设施（包括居民住宅）时，要考虑地面楼层暂短淹没的风险，加固基础，建设不怕淹的市区。

（4）研究探索洪水与河道内滩地生态系统和河道外沼泽、湿地的关系，充分利用洪水保护这些地区生态与环境，利用这些地区提高洪涝滞蓄能力。在西北干旱内陆河流应给予特别关注。

（5）建议专门研究编制大江大河的防洪减灾非工程设施建设规划。针对不同流域水情、灾情和工情的特殊性，明确建设目标、建设重点，完善独特的法规政策，强化管理机构、运作机制的建立，避免片面追求不顾现实条件和难以发挥实际效用的超现代设施建设和设备采购。要十分重视管理人才培训工作。

（6）进一步完善主要江河防汛统一调度指挥机制和责任。

六、结束语

我国洪涝灾害，类型复杂，频繁严重，防洪减灾仍将是一项任重道远，需要坚持不懈的公益性基础工作。本文只是一篇"随想录"性质的防洪减灾杂谈，思想逻辑和表述层次均存在很大的缺陷，需要进一步思考探索和修改补充，有望于关心我国防洪减灾问题的同行批评指正。

作者自注：本文在《防汛抗旱》上发表时未来得及按钱部长的意见修改。当时未征求钱部长的意见，已付印刷，十分遗憾。2009年10月20日追记。

江河治理

我国江河治理水资源开发的现状、问题和对策

中国地处东亚大陆，从太平洋西岸向西延伸到欧亚大陆的腹部，跨越北半球寒温热三带，热量条件优越，又受季风强烈影响，降雨集中于高温季节，水热同期，对人类活动和生产发展，特别是对农业生产十分有利。但是，由于各地区气候差异大，地势自西向东降低，高差悬殊，地貌地质复杂，可利用的土地有限，人口多，且增长快，水旱灾害频繁而严重，形成水资源和人口、土地分布不相适应，因此，整治江河，消除水患的任务十分艰巨，这对社会经济发展和合理利用水资源带来很多困难和限制。新中国成立以后，江河治理和水资源的开发利用，取得了前所未有的成就，为社会安定和国民经济的发展创造了有利条件，但当前江河治理、水资源开发，除害兴利的任务仍然十分艰巨，如果安排不当，仍将是社会经济发展的制约因素。现在仅就新中国建立以来江河治理和水资源开发的现状、问题和今后发展对策作一概略的分析。

一、水土资源的特点和治水历史的回顾

影响江河治理和水资源开发利用的自然和社会因素很多，在我国突出的特点是：

（1）全国水资源总量达 28000 亿 m^3，但地区分布不均，大约有 60％ 以上的国土面积水资源总量不能满足日益增长的人民生活和生产发展需要，辽河、海滦河、黄河和淮河流域缺水程度更为严重。

（2）全国各地区降雨和径流，季节和年际变化都很大，降雨又多以集中的暴雨形式出现，江河洪枯流量十分悬殊，而且存在连续丰水年和连续枯水年的周期变化，这是水旱灾害频繁、严重的自然条件；由于地形气候特点和人口分布过于集中，主要江河很难找到能够充分调节河川径流的工程设施，因此洪水灾害的有效控制和水资源的充分利用都十分困难。

（3）人口多，增长快，最近 300 多年间人口从 1 亿增至 10 亿以上，人口又主要集中于东部地区江河中下游平原、河谷川地、盆地及湖泊边缘，大约在 100 万 km^2 的国土面积上集中了大约 40％ 的人口，这些地区绝大多数地面高程低于江河湖泊的洪水位，

原文系作者应中国水利学会秘书处之约，为庆祝中华人民共和国成立 40 周年，以及中国水利学会"五大"召开所撰写。后刊载于《水利规划》1989 年第 3 期，并收入中国科协学会工作部编《我国江河开发与治理问题初探》一书，该书于 1989 年 5 月由中国科学技术出版社出版。

经常受到洪水威胁。这些地区在历史上是随着人口的增长，不断与水争地，不断缩小河川径流自然调蓄的能力和排泄的出路，其结果是江河普遍存在着上游洪水来量大，下游河道排泄能力不足的矛盾。平原地区被迫高水行洪，洪涝矛盾普遍存在，经济发达地区受洪水威胁的程度与日俱增。这种发展趋势，在当代仍然存在，而且日趋尖锐。

（4）随着自然条件的变化和社会经济的发展，当代人口剧增，山林破坏，土地恶化，水土流失加剧，特别是水源污染与日俱增，不断加重了水旱灾害，恶化了生态环境，对社会经济的发展产生了越来越大的制约作用。

（5）全国水力资源丰富，内河航运条件良好，淡水养殖的潜力很大，水资源的综合利用和多目标开发，对我国的能源、交通、水产等事业的发展，具有重要意义。

（6）我国国土虽有 960 万 km²，但供人民生活和农业生产的土地极为有限，耕地和可耕地不超过国土总面积的 15%，人口密集于沿河两岸，修建江河工程都会遇到占用耕地和迁移人口的困难，江河治理和水资源开发利用受到一定的限制。

根据上述特点，江河治理和水资源开发利用，在我国历史上和当代都具有特殊的战略地位，同时也是一项十分艰巨的任务。中国历史上长期以农业经济为主体，农业人口占绝大多数，农业生产的稳定和增长是关系国家民族命运的大事，因此历史上兴盛发达的时期，都将水旱灾害的防治和水资源的开发利用当作安邦治国的重要事业。几千年来，中国水利建设的发展，在四个方面有过巨大的成就：①集中力量持续对大江大河进行整治，防治频繁的洪水灾害，特别是黄河的治理，成为历代重大政治经济问题之一；②对于政治经济中心地区，大力发展农田水利事业，如秦汉以来的关中、河内、巴蜀等地的灌溉工程，唐宋以后的江淮水利，对稳定政权起到了重要作用；③积极发展航运事业，隋唐以后的南北大运河是南北交通的命脉，长江航运是东西交流的枢纽，元、明、清三代治理黄河的目的也在于维持京杭运河的畅通，并把治黄保运作为一项重大国策；④结合巩固边防的需要，积极发展边疆的屯垦事业，如河西走廊、黄河宁蒙河套地区和新疆各地区都通过兴修水利，军民结合屯垦，促使了这些地区社会经济文化的发展。历史上修建的著名工程，如黄河大堤、钱塘江海塘、大运河、都江堰、宁夏的秦渠、汉渠等，至今仍起着重要的作用。随着水利建设的发展，水利科学技术也取得了重要成就，从水文气象的观测，治河灌溉和航运的理论与实践，水工建筑物的修建技术等各个方面对当代水利发展都有杰出的贡献。

二、新中国成立以来的发展和现状

1949 年新中国建立之前，在长期社会动乱、经济停滞、帝国主义入侵和不断战争的影响下，原来基础很薄弱的工程设施，遭到不断的破坏，江河堤防年久失修，残破不全，江、淮、河、汉和海河诸水系几乎每年决口，洪涝灾害频繁，严重的程度超过以往年代。当时全国 16 亿亩耕地中仅有灌溉面积 2.4 亿亩，主要分布在南方水稻种植区，一般工程简陋，水源缺乏保证，农业生产还处于靠天吃饭的局面。全国大约有 1/5 的农村人畜饮水十分困难，不少地区由于水质不良，引起多种地方性疾病的流行。水资源的综合利用，如水电、航运等都很少发展。新中国建立以后，党和政府面对上述情况，把水利建设作为稳定社会和恢复生产的重要措施，每年，动员各级人民政府和广大群众，持续不断地进行大规模水利建设，江河治理和水资源的开发利用得到飞速发展，对国民

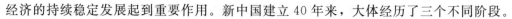

经济的持续稳定发展起到重要作用。新中国建立40年来，大体经历了三个不同阶段。

1. 建国初期的恢复时期（1949—1957年）

这个时期建设的重点有二：一是全面恢复、整修、加固原有的防洪、灌溉、排水设施；二是重点兴修一些经过长期研究，目标明确、投资少见效快的骨干工程，如治淮初期工程（主要包括淮河上中游支流水库、中游河道整治、下游三河闸、灌溉总渠等和导沂导沭等工程），长江荆江分洪工程、汉江杜家台分洪工程、永定河官厅水库、浑河大伙房水库等。这个阶段的工作取得了显著效益，1949—1956年，江河防洪能力普遍得到加强，农田灌溉面积发展到4亿亩，对农业生产的恢复发挥了良好作用。在此期间，水利、农业、交通、电力等部门的共同协作，对我国主要江河进行了综合性的流域规划，为江河治理和水资源的开发利用准备了必要条件。

2. 50年代后期至70年代末时期（1958—1979年）

该时期是以江河治理和农田水利为中心，兼顾水资源综合利用的全面发展时期。在此期间，修建了大、中、小型水库8.6万座，总库容4200亿 m³；堤防17.5万 km，平原防洪排涝骨干河道得到初步整治，各主要江河初步形成了比较完整的防洪工程体系；建成万亩以上大型灌区5200多处，机井220万眼，机电排灌动力达到7000万马力，灌溉面积达到7.2亿亩，占全国耕地的47%，治理易涝面积2.6亿亩；全国持续开展了以平整土地、排灌配套为中心的大规模农田基本建设工作；全国水力发电装机达1680万 kW（单机500kW以上）；内河通航达10.78万 km，其中可通行50t以上船泊的约占50%；改良盐碱地5000多万亩，水土保持工作有一定的进展；缺水地区农村人畜饮水问题逐步得到解决。通过大规模的江河治理和水资源的开发利用及农田基本建设，初步控制了主要江河的常遇洪涝灾害，占全国耕地不到一半的灌溉农田生产了2/3以上的粮食和大部分的经济作物，缓解了部分城市的供水困难，为工农业生产和人民生活提供了廉价的电源，内河航运有了很大的发展，减缓了生态环境的恶化。

江河治理和水资源的开发利用，对整个社会经济发展起到了重要作用，特别是对农业生产的长期持续稳定发展具有重大意义。在此期间，成绩是巨大的，但是由于要求过急，战线过长，建设中技术和管理水平较低，以及建成以后管理工作跟不上，因此在水利部门修建的工程中遗留问题很多，主要是：①工程质量缺乏严格控制，病险工程很多，许多工程不能正常运行使用。②骨干工程与面上配套工程未能协调发展，不少工程长期不能充分发挥作用。③水资源的综合利用和多目标开发，尚未完全协调进行，如防洪与发电的矛盾、闸坝碍航、城市工业供水与农田灌溉的矛盾等还有待解决。④水库移民没有妥善安排，还有很大比重的水库移民生活困难。⑤水土流失未能有效控制，局部地区生态恶化。⑥水利工程管理工作不健全，工程的正常养护维修和更新改造不能及时进行，造成工程的失修、老化、损坏严重，调度运用水平低，不能充分发挥效益。

3. 80年代新时期（1980年以后）

80年代以来，进入一个巩固、改造与发展并重和建设与管理并重的新时期。自70年代末期以来，我国经济体制进入一个全面改革的时代，从计划经济向有计划的商品经济转变，产业结构，工农业经营方式，固定资产投资办法都有很大的变化，水利建设过去靠国家大量无偿投资和广大群众的巨大义务劳动投入，以及工程配套、管理依靠集体经济的局面已基本改变。从"六五"计划开始，国家投入大量减少，广大农民群众在联产承包制的推动下，着重发掘现有生产潜力，积极开展多种经营，而在农田基本建设方面，投入大幅度减少，江河治理和农田水利事业陷入一个短时期的停滞状态，加上70年代以前水利建设中存在的大量遗留问题，使得防洪、灌溉、排水、低产田改造等方面，不仅难以提高和发展，而且效益逐步下降，已有工程巩固改造的任务十分迫切。同时，由于过去江河治理和水资源的开发利用发展并不平衡，不少地区工程设施基础薄弱，远不能适应社会经济发展的迫切需要，因此不能不在巩固改造的同时进行重点建设，加强薄弱环节，满足迫切需要。在这种形势下，进入80年代以来水利发展的特点是：

（1）调整了水利发展方针，从过去为农业生产服务为主，逐步转向为全社会服务；水利工作的重点，从过去以修建工程为主，逐步转向全面加强管理，贯彻"加强经营管理，提高经济效益"的方针。

（2）水利工程建设的重点，从过去以修建新工程为主，转向以巩固改造现有工程为主，着重对水库安全、灌排系统配套、江河防洪能力的恢复、行洪蓄洪区的改造和安全建设等方面开展工作。

（3）重点建设集中在加强现有防洪工程的薄弱环节、在建工程的尾工配套和重点城市工业的供水，如黄河、淮河、长江的重点堤防整修，天津、大连、青岛等城市供水工程；农田排灌，在"六五"期间增加了灌溉面积5000多万亩，基本抵消了自然损毁和生产建设占地所减少的灌溉面积，同时改善1.4亿亩灌溉面积，保持了农田排灌的基本稳定。

（4）加强了水资源和水利工程的管理工作，健全了机构，完善了规章制度，加强了水费电费征收，开展了多种经营，颁布了"中华人民共和国水法"、"中华人民共和国河道管理条例"和"中华人民共和国水土保持条例"，水资源和水利工程的管理跨入了一个新阶段。

在此期间，电力部门积极发展水电事业，至1988年水电站装机容量已达3200万kW，年发电量超过1000亿度，农村小水电也有了飞速发展，成为农村能源的重要组成部分，水电站的每年在建规模一直保持在1000万kW以上；交通部门大力发展内河航运事业，这在缓解交通运输紧张局面中发挥了重要作用；另外，水库渔业发展很快，已成为水利部门综合经营的重要组成部分。

当前国家十分重视农业发展，能源交通一直是国家建设的重点对象，江河治理和农田水利的投入在逐步增加，水电和航运事业发展规模越来越大。一个江河治理和水资源开发利用的新时期即将到来。

三、当前存在的主要问题和今后发展的基本对策

新中国成立40年来，国家和人民群众在江河治理和水资源开发方面都有巨大的投入，虽然在某一时期或某一地区走过弯路，曾经发生失误和造成巨大的浪费，但建设成就是十分巨大的，效益和作用也是非常显著的。水利部门曾经做过分析，按不同时期的投入（包括国家和群众的总投入）与所产生的直接经济效益相比大体为1：3。从全国情况看，其主要效益表现在：①主要江河初步控制了常遇洪水（大体相当于10～20年

一遇的洪水），重点河段在遭遇特大洪水时，可以采取临时紧急措施，保证重点地区的安全，将灾情控制在一定范围内。②保证了农业生产持续稳定增长的局面，虽然不同年分农业生产仍有起伏，但幅度都不大，这与农田水利对农业的保障作用，特别是各省市区都建成了一定规模的高产稳产农田是分不开的。③对北方和沿海城市工业供水起到了重要作用。④为城乡生活和工农业生产提供了大量廉价能源，水电供电量一直占全国总电量的 20%～30%。⑤缺水农村、牧区和水质恶劣地区的供水、改水工作、通过治理洪涝控制南方血吸虫病的传播等得到了改善。

江河治理和水资源的开发利用虽然取得了巨大成绩，在社会经济发展中发挥了重要作用，但是我国水旱灾害仍然相当严重，每年都造成巨大的经济损失和大量人口伤亡，水资源的开发利用也远远不能满足工农业发展和城乡居民生产生活的需要。当前存在的主要问题和今后发展中可能采取的对策分述如下。

1. 江河防洪能力不足，洪水灾害仍然是社会经济发展的严重威胁

全国大约 1/3 的耕地、2/5 的人口和 3/5 的工农业总产值分布于洪水威胁的地区，经过 40 年的努力，虽然在防洪方面取得巨大成绩，但江河洪防能力普遍偏低，其主要问题是：

（1）大江大河的干流及其主要支流。一般可控制常遇洪水，但遭遇特大洪水（一般指历史上曾经发生过的最大实测洪水或调查确切的最大洪水）仍然缺乏有效对策。如黄河下游仅能防御大约 60 年一遇的洪水，长江中游一般防洪标准仅达 10～20 年一遇，超过上述标准，均须牺牲大片农村和耕地，付出极大的代价，进行临时分洪，才能保证主要城市和重点保护地区的安全；有些河段如长江中游荆江河段在遭遇历史上曾经发生过的特大洪水时，尚缺乏切实可行的对策，仍然可能发生大量人口伤亡的毁灭性灾害。

（2）众多的中小河流包括大江大河的次要支流，防洪标准更低，多数尚不能控制常遇洪水；广大的山地丘陵区，山洪、泥石流、山崩、滑坡等山地灾害普遍存在。

（3）上百处临时行洪分洪蓄洪区，大约共有耕地约 3000 万亩，人口约 1500 万，是大江大河在遭遇超标准洪水时保障行洪安全的重要措施，但这些地区的安全设施和必要的分洪、退水工程都十分缺乏，因此在必要时难以顺利启用，启用后广大人民生命财产安全又缺乏保障，这是当前防洪的重大难点。

（4）由于水土流失、河道淤积和人为设障，现有河道、水库和天然湖泊的泄洪、调洪能力日益降低，每年防洪建设提高防洪能力的速度还抵消不了防洪能力降低的速度，城市防洪、排水设施普遍薄弱，防洪标准普遍较低；在大洪水时，牺牲农村保护城市，造成城乡矛盾和地区矛盾。

我国防洪的核心问题是保障精华地区的安全，为社会经济发展创造安全稳定的条件，近期的目标应使全国主要江河的重要河段能防御本世纪内曾经发生过的最大洪水，通过水土保持和江河整治，逐步提高中小河流防洪能力，减轻山洪和其他山区灾害；中远期要使全国一般江河都能控制常遇洪水，降低分蓄洪区的使用几率，保证分蓄洪区在使用时，人民生命财产安全和社会经济的正常发展。防洪的基本对策应是：

（1）点面结合，河道整治与水土保持密切结合，坚持不懈地推行水土保持和中小河流的治理为主，控制水土流失，减少河道、水库、湖泊淤积，减轻山洪等山区灾害。

（2）按照蓄泄兼筹的原则，结合水资源的综合开发利用，建设江河控制性水库枢纽工程和河道整治工程，如长江三峡、黄河小浪底等工程，提高河道行洪和洪水控制调度能力。

（3）加速分蓄洪区的安全设施和分蓄洪配套工程的建设，逐步调整生产结构和土地使用方式，使之逐步适应分蓄洪的要求，尽量减少分蓄洪的损失。

（4）工程措施与非工程措施密切结合，首先要加强河道、湖泊、分蓄洪区和一切防洪设施的管理，严格控制河湖洲滩和分蓄洪区人口的机械增长和人为设障，及时清除河湖行洪障碍，力争保持现有防洪设施（包括自然河湖洲滩和水库堤防）的防洪能力；其次，受洪水威胁、洪水灾害频繁的地区，特别是工矿城市和沿河市镇，在搞城乡基本建设时要充分考虑适应洪水短暂淹没，尽量减少洪灾损失的措施；提高预报水平，健全通信、预警系统，提高防汛调度水平，减少人口伤亡和财产损失。

（5）要逐步进行防洪工程设施的改造、更新，对于北方多沙河道的水库、河道、河口的淤积和普遍存在的工程老化问题，及时采取有效措施加以解决。

（6）在今后一个相当长的时期内，黄河下游、长江中下游、黄淮海平原和沿大江大河的大中城市仍然是防洪重点。在中国这样一个人口多，密度大、工农业生产集中于洪水威胁地区的国家，解决防洪问题，将是一项长期艰巨的任务，防洪措施必须与农田基本建设、城市建设和交通运输建设结合起来综合考虑，单纯的防洪工程建设或不考虑防洪需要的水资源开发利用工程，都已经不能适应今后社会经济发展的需要。因此，需要加强国土整治的全面规划，加强行业之间的横向联系，在受洪水威胁的地区，加强防洪宣传工作，在全社会建立防洪意识，以提高综合防洪能力。

2. 水资源不足，供水困难。北方地区水资源不足，南方部分地区供水困难，制约了这些地区的经济发展

我国长江流域以北包括西部内陆河流在内的广大地区，总面积占全国 63.5%，人口占全国 45.6%，而水资源仅占全国 19%。这一地区中，西北内陆和黑龙江流域人均水资源量超过或接近全国人均占有水资源量，只要合理开发利用，可以基本满足社会经济需要；此外，辽河、黄河、海滦河和淮河等流域（包括其下游海滨地区）人口稠密，土地利用率很高，城市密集，水资源短缺，供水紧张，污染严重，水危机成为一个重大的社会经济问题。

海滨城市和海岛，由于特殊的地形和气候条件，供水水源不足，影响了城市工业发展和对外经济交流，特别是一些沿海岛屿的缺水问题更为突出。北方严重缺水地区的问题一方面是水资源总量不足，如上述几个流域人均水资源量仅约 $660m^3$/人（包括地下水），同时由于年内和年际变化很大和开发利用条件的限制，可开发利用的数量有限，随着人口的增长，各地可用水资源人均在 $400m^3$/人以下，远远不能满足社会经济发展和保护生态环境的需要；另一方面，水资源的质量也较差，如洪枯变化大，出现连续枯水年，河水含沙量高，调蓄困难（特别是平原径流），因此每年供水能力极不稳定，供水水质也缺乏保证。当前当地水资源的利用率已经很高，费省效宏的可建工程已为数不多，进一步开发利用当地水资源需要付出极高的代价。

北方滨海地区，由于淡水水源不足，除城市工业严重缺水外，土地盐渍化有所发

展，土地不能充分合理利用；南方沿海除几条较大河流的河口地带外，大部分地区当地河流流域面积小，径流洪枯变化大，调蓄工程艰巨，造成供水不足，不少城市郊区地下水也开采过量，造成海水入侵。沿海岛屿主要受降雨量过分集中的影响。缺乏调蓄能力，季节性缺水十分严重。缺水地区普遍存在的一个突出的问题是：水源污染严重，工业城市废水污水没有得到必要的处理，不仅水的重复利用率低，水质恶化，而且为水资源的进一步开发利用带来极大的困难。

解决水资源短缺的根本对策是社会经济发展的总体规划、生产力的布局和结构必须与水资源的供需平衡和发展利用规划协调安排，水资源的开发利用必须是开源、节流和保护三者并重。按不同时期实际可能开发利用的水资源数量质量来调整生产布局和生产结构，把有限的水资源用于必需的农业发展，优势的资源开发和维持生态最低限度的需水要求方面，要限制高耗水和非必须在本地区发展的工业生产。节约用水是长期的环境战略措施，因此，我们必须做到以下几点。

（1）要加强水资源的严格管理，完善各种供水设施，制定各种用水定额，实行计划供水。

（2）要加强城市工业的节水措施，提高水的循环使用水平，采用节水型的装备和生产工艺，改造老厂、建设新厂。

（3）要加速污水废水处理，增加可供水源，防止继续破坏原有水资源。

（4）农田灌溉要围绕节水进行技术改造。

（5）要采取立法和经济手段，促进节约用水。

（6）加强节约用水的社会宣传和教育，在全社会逐步树立节水的观念，逐步形成一个节水型的社会。

（7）水资源总量的不足，需开辟新的水源，以满足最低限度的需水要求。开源的途径，首先是充分开发利用当地水资源，除增建一批新的蓄水引水工程外，要充分研究挖掘现有工程的潜力，提高供水和地下水的利用率。

（8）要尽快实现南水北调和其他跨流域引水的战略措施，严重缺水地区，当地水资源的潜力已经十分有限，南水北调和其他跨流域引水势在必行，从长远看是难以找到替代办法的，这些工程规模大、工期长，必须先行，临渴掘井是不行的。

（9）从长远看，要尽早研究利用海水和陆地咸水的途径，这对沿海和岛屿特别重要。防止污染，保护水源是开源节流各种措施能够充分发挥作用的最终保证，也是广大人民生存发展的必要条件，全社会应该给予足够的重视，使保护水源、处理污水的法规措施尽快付诸实施。由于水资源的年际变化和农业用水的缺水程度有明显的随机性，在丰水期往往给社会公众和发展决策部门以错误印象，认为缺水并不严重，不下决心解决供水问题；在枯水期又往往不惜成本不计后果，采取一些与长远或全局发展有矛盾的紧急措施，也造成了巨大的浪费。因此应把解决水资源短缺问题作为一项重大的战略决策，绝不可等闲视之。

3. 农田水利发展缓慢，不能适应人口不断增长情况下的农业发展要求

当前全国农田灌溉面积达 7 亿多亩，占耕地总面积的 47％，全国易涝耕地面积 3.5 亿亩，其中 70％以上得到不同程度的治理，这对农业的稳定持续发展无疑起到了重要

作用，但当前农业生产，特别是粮食生产徘徊不前严重，影响城乡生活供应和副食品生产，这与农田水利的发展缓慢，甚至停滞不前，是有密切关系的。当前农田水利存在的主要问题是：①农田灌溉发展很不平衡，现有的灌溉面积主要集中在河川、盆地和江河中下游的平原地区，而生产潜力很大的丘陵和旱塬灌溉发展薄弱，大量的中低产农田没有得到改造，致使这些地区生产很不稳定。②由于人口增加、经济发展基建占地不断增加，每年平均减少的 500 万亩耕地中，灌排条件良好的占 60%～70%，加上自然灾害的破坏和农田水利投入的减少，近十年来，灌溉面积基本没有增加，有些地区还在减少。③已有工程设施的巩固、改造和更新任务十分艰巨，由于一个时期，过分强调发展速度，工程修建时不少工程设计、施工质量较差，遗留问题不少，在运行使用期间管理工作薄弱，养护维修不及时，加上不少工程设施使用年限已经很久，老化严重，因此积累了大量的巩固、改造和更新的工作量，如果不及时解决这个问题，将会出现一个农田水利效益大幅度下降的时期。④现有灌排工程配套不齐全，尚有一部分骨干工程缺乏配套，使工程不能充分发挥作用，或者造成水源、能源的浪费。⑤管理工作仍然比较薄弱，在保持工程完好状态和充分合理的调度方面存在不少问题，改革体制，健全机构，提高管理人员素质等问题都亟待解决。

巩固改造现有排灌工程设施，继续扩大灌溉面积，提高排涝排渍标准，是一项必要的长期的艰巨任务。①要在巩固已有灌排设施的基础上，以节水、节能、节约耕地为中心，对现有工程设施进行技术改造。②继续扩大灌溉面积，特别要加速生产潜力很大的丘陵区和旱塬区的灌溉发展，要认真研究解决这些地区的灌溉水源问题。③要发展牧区和经济林果的灌溉。④要为开垦荒地、利用海涂创造水利条件。⑤扩大并提高排涝排渍能力，积极为中低产田改造创造条件。⑥加强灌溉排水的管理，实行分级管理，严格建管用统一的责任制。按照我国气候特点，西北内陆和黄河上游属于常年灌溉地带，没有灌溉就没有种植业生产；黄淮海平原和东北地区属于不稳定灌溉带，没有灌溉设施的农田，复种指数很低，产量很不稳定；长江流域及其以南地区，虽然降雨丰沛，灌溉只是一种作物生长需水的补充措施，但要想充分利用土地和气候资源，种植多茬高产作物，没有完善的灌溉设施，同样是无法做到的。因此要想农业，特别是种植业持续稳定发展，灌溉事业的发展是必要条件，是其他农业措施无法取代的。

4. 水资源的综合利用水平较低，不能适应国民经济的发展需要

(1) 水力发电。我国水力资源理论蕴藏量 6.8 亿 kW，5.92 万亿 kW·h，经普查分析可开发利用的约 3.7 亿 kW，1.9 万亿 kW·h，现在已开发利用 3200 万 kW，1000 多亿 kW·h，在国民经济中发挥了巨大作用。由于我国一次能源开发、运输条件都十分困难，能源短缺的问题将长期难以解决，因此水电的开发利用在整个能源工业发展中占有重要的位置。

我国可开发的水力资源虽然数量巨大，但多分布于西部地区，距离经济发展的中心较远，加上地质条件复杂，交通不便，淹没移民处理十分困难，因此在近期可开发利用的数量仍然是有限的，主要集中在黄河上游、珠江的西江上中游、长江上游川云贵和三峡地区，以及东南沿海和长江中下游各支流的一些山地丘陵区。这些地区的一大批大、中型水电站，开发条件优越，距离负荷中心近，都应优先开发。特别在近期供电长期不

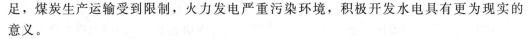

足，煤炭生产运输受到限制，火力发电严重污染环境，积极开发水电具有更为现实的意义。

（2）内河航运。我国现有可通航河道10.78万km，黄河秦岭以南可常年通航，东北松花江干流水量丰富，每年也有半年以上的通航时间。根据交通部门的研究，今后内河航运将得到快速的发展，将以长江、珠江、松花江、淮河和大运河为骨干形成强大的内河航运网，在缓解交通运输困难中发挥重要作用。

（3）水产养殖。我国可利用水产养殖的陆地水域大约7000余万亩，已经利用发展水产养殖的面积约3000余万亩，多数单位面积产量很低，进一步发展的潜力很大，需要大力提高养殖技术，增加养殖设施，提高经营管理水平。

我国水资源的综合利用潜力很大，但在某些地区和某些时期开发时没有充分合理地考虑综合利用，不少工程开发目标单一，水库的防洪，发电、供水矛盾没有妥善解决，闸坝碍航现象很多，各个部门在开发程序和实施计划安排方面，也不协调。因此一条河上已建工程不配套难以充分发挥综合利用的作用，或者不能形成有效的生产力。

5. 生态环境恶化，治理改善的措施赶不上破坏的速度

人的社会经济活动对于生态环境既有治理改善的作用，也能造成恶化的后果。当前生态环境恶化的主要表现有：

（1）水土流失没有得到有效控制，除一些地区农业生产方式不当，林草砍伐过量，继续加重水土流失外，各类基本建设如修路、开矿、城镇建设未采取相应的水土保持措施，造成新的大量水土流失；北方黄土高原的严重水土流失已为国内外所瞩目，当前特别值得注意的是南方山地丘陵区，一般土层很薄，一旦天然植被破坏，表土流失，将完全变成岩石裸露的废地，再恢复利用、是十分困难的，南方岩溶分布地带，特别值得注意。

（2）由于水资源缺乏，有些地区河流上游过量利用水资源，下游地区水源大量减少，引起生态环境的恶化，这种现象在西北内陆和东部沿海地区相当突出。不少北方河道的下游，大部分时间断流，河道功能退化，水生物的繁衍受到破坏，河道排涝排渍能力下降，平原区地下水补给减少，减弱了土地本身的抗旱能力。

（3）北方不少地区地下水位不断下降，表层土壤水分减少，影响非灌溉作物的生长，局部地区引起地面沉降，破坏地表建筑物，增加井灌困难。

（4）土地的盐碱化问题仍比较严重，北方灌区的次生盐渍化仍未有效控制，海滨地区由于缺乏淡水，大片盐渍土得不到改良利用。

（5）随着工业化和城市化的发展，水源污染日益严重，地表水、地下水和土壤都受到不同程度的污染，成为当前生态环境恶化最突出的因素，其恶果是难以估量的。

江河治理和水资源的开发利用，不仅直接为生产建设和人民生活需要服务，更重要的是要为保护和改善生态环境服务。第一，必须全面推行水土保持工作，防治并重，加速控制水土流失，修路开矿和其他基本建设必须同时做好水土保持工作，严格禁止在河道水域内抛弃废碴尾矿；第二，要做好水资源的地区分配利用规划，必须上下游兼顾，经济效益与生态环境效益并重，要分配给重要边境地区（如黑河下游）、重要交通通道（如塔里木河下游）和海滨地区以最低限度的水资源，维持并逐步改善其生态环境；第

三，合理开采地下水，严格控制深层地下水的开采，进行人工地下水补给；第四，盐碱地的改良，要防治并重，做好排水工程，采取农业和水利的综合措施，加强灌排管理；第五，要严格控制工矿企业的排污标准，加速城市污水废水处理，当前要十分重视沿海中小城市和水网地区乡镇企业对水源的污染。生态环境的保护是民族生存和发展的最基本的工作。其直接对象是水土资源的保护，因此，应当把江河治理和水资源的开发利用作为保护和改善生态环境的重要手段。

四、两点看法

（1）水土资源是民族赖以生存和社会经济发展所必需的自然资源，江河治理，水资源开发利用工程是社会发展的基础设施，与整个社会、各个产业部门都有密切的联系，必须把江河治理和水资源开发的规划纳入社会经济发展和国土整治的总体规划之中。江河治理和水资源的开发，在我国的具体情况下，必须将除害、兴利密切结合，必须强调水资源的综合利用，防止顾此失彼，造成资源浪费或给以后治理开发带来困难。同时还应注意到我国水资源、土地、能源和人口的地区分布彼此很不适应，而在开发利用时，彼此之间又有十分密切的联系，因此不同地区水资源开发的重点目标各不相同，必须有所侧重，也不能每一条河或每一项工程都强调全面综合利用。治理开发的重点需要通过对社会经济发展的综合研究和具体工程的经济效益分析来确定。根据我国的实际情况，可以设想，黄河上游、西南地区（包括广西在内）、浙、闽等地区应以水力发电开发为中心，结合防洪、供水、航运的要求，全面发展；淮河以南、长江中下游、珠江流域东部以及东北边境各河，要全面考虑综合利用水资源，按照取得社会综合效益最优的原则，安排开发项目，这些地区中丘陵区人口密集，土地开发潜力很大，须着重解决供水问题，主要河道要充分考虑发展通航；黄河中下游、海滦河、辽河、淮河流域北部、辽东、山东半岛以及西北内陆地区，要以解决人民生活和适当满足生态环境需水为中心，以尽量减少水源消耗为前提，安排水资源的开发利用。鉴于洪水灾害对我国社会经济发展的严重影响，凡是江河控制性的水库枢纽工程都必须合理考虑防洪的需求，做到除害兴利的密切结合。

（2）江河治理和水资源开发工程，涉及面广、工期长、投资大，从开始发挥效益到充分发挥效益需要较长的时间，根据这些特点，必须充分做好前期工作，广泛听取不同意见，慎重决策。同时，必须根据社会经济发展的长远规划，江河治理和水资源的开发项目必须抓紧时机先行安排，灾后治理，临渴掘井，都会造成巨大损失和深远影响。江河治理和水资源开发涉及的地区一般都很大，涉及的部门也很多，地区之间，部门之间的矛盾是不可避免的，因此必须加强部门之间、地区之间的横向联系。通过管理体制的改革，各级政府要加强统一规划和相互协调的机制。对于一条河或一个重要河段的开发，应在统一规划下，各个部门协调安排，以便在较短时期内形成全面有效的生产力。

江河治理中的一些问题和认识

一、黄河的治理问题

根据地质学家和古地理学家的研究，大约在 100 万年前，自青海至江苏，黄河分为四段互不相连的河段。大约在 70 万至 15 万年前才逐步形成一条从西到东互相贯通的大河，从现在的废黄河进入黄海。1 万年前，才改道从天津附近入海。我们研究的黄河大体是从天津附近入海的禹河开始的。在此之后，黄河经历了 20 几次决口、改道，其中大约有 7 次，直到 1855 年才形成现在的河道。它具有以下几个特点：

（1）黄河上游在青藏高原，年降雨量为 300mm 左右，雨量虽不大，但由于高寒地带蒸发量小，因而径流量还是很大的。兰州以上流域面积为 22 万 km^2，占全河的 30%，径流量 324 亿 m^3，占全河的 58%。

（2）黄河中游经过黄土高原，又是暴雨集中的地带。从河口镇到三门峡，大约占全流域 40%的面积，却产生全流域 90%的泥沙。据统计，在 70 年代以前，全河平均入河沙量是 16 亿 t，而这一地区就占了 14.6 亿 t。所谓黄河的 17 亿 t，是指进入三门峡库区的沙量，就是干流的龙门站、汾河的河津站、渭河的华县站和洛河的源头站，这四个站测得年输沙量之和。上述两个特点形成了黄河的水沙异源，就是说上游主要来水，中游主要产沙。水沙异源对河道输沙特性有重大的影响。

我们都知道，中国地形有三个大的台阶，黄河从第一台阶向第二台阶过渡的河段是黄河水能资源最集中的河段，此段集中了黄河水能资源的 50%以上，这是又一个特点。全流域大部分地区都很干旱，现有 2 亿亩可垦耕，但现在说法不一，一种认为上游还有 3000 万亩，另一种认为，只要有水，1 亿亩也不止。总之土多水少是其中又一突出的特点。由于这些水沙特性，黄河治理有三大任务：

第一，黄河下游（桃园口以下约 700 里）的防洪安全问题。由于 1855 年黄河决口改道选择了一条最低的入海流路。这一情况对黄河是比较有利的。这些年来，由于水利建设的发展，黄河若决口，主要可能发生在桃花峪以下，据黄委会分析，决口后洪水可能影响的面积约 12 万 km^2。一次性决口最严重的还是在东坝口以上，一处是沁河下游

原文系作者于 1995 年在水利部南京水文水资源研究所讲学的讲稿（根据录音整理）。

入黄河段，一处是郑州到东坝口之间，对黄河来说，这是最危险、最薄弱的地段。这两段决口可造成 3 万～4 万 km^2 面积的洪灾。黄河的洪水量并不大，历史上，12 天也就 100 亿 m^3，水灾范围也不大，但由于沙多，破坏力很大。从 1947 年花园口堵口后，除 1951 年的凌汛在山东河口附近决口外，再没有发生过决口，这是黄河史上少有的真正没有决口的年代。当然历史上有几十年未决口的记载，但是否真的未决口不得而知。按现在两岸大堤设计，花园口可通过 2.2 万 m^3/s 流量，下游的陶城埠以下是 1.1 万 m^3/s 流量，加上上游的水库工程，现在可控制到 60 年一遇的洪水。所谓 60 年一遇就是可以把本世纪内曾经发生的洪水加以解决，（1933 年为 2 万 m^3/s 流量，1958 年为 2.2 万 m^3/s 流量，这相当于 30 年一遇标准）。就黄河本身的重要性而言，这一标准是不够的，超过这一标准时，只能利用两岸的分洪区。目前两个分洪区内有人口 200 万，耕地 300～400 万亩，但自建国后一直未分过洪，到时候能不能分，谁心中都无底，这一形势是非常严峻的。其次，黄河现在已成为南北交通的关键部位，铁路桥有 4～5 座，公路桥有 6～7 座，如果黄河一出问题，南北交通将受到很大影响。另外，黄河沿岸有两大油田：胜利油田（年产原油 3000 多万 t）和中原油田（年产原油 1000 多万 t），这两处油田的年产量占全国的 1/3 左右。由此可见，解决黄河的防洪问题仍是其首要任务（之前黄河出现了新的情况，需研究新的对策）。

第二，黄河水资源的利用问题。现在全河的水资源有 580 亿 m^3。80 年代，黄委会曾作过预测，黄河能利用的最多的只有 370 亿 m^3，因为要维持历史上下游的泥沙淤积水平，输沙的最小量每年平均要达到 200 亿 m^3。当时沿河九省提出的 2000 年需水是 700 亿 m^3，这与实际水量相差很大。因而黄委会对各省 1990—2000 年的用水作过预测，大概是 370 亿 m^3。而 1982—1991 年的实际用水量是 280 亿～310 亿 m^3，平均 304 亿 m^3。由此看来，黄河还可利用的水只有六七十亿立方米了，而且这一水量还是多年平均的水量，因而所剩的水量实在不多。上游用水较多的是宁夏和内蒙古，分配给宁夏 40 亿 m^3，内蒙古不到 60 亿 m^3。目前宁夏用了 32 亿 m^3（黄委会认为可能还要多），内蒙古则年年超标。就分配给各省的水量而言，甘肃用得差不多了，青海有点剩余，略有结余的是陕西和山西，大约还有 30 亿～40 亿 m^3。下游的河南、山东，就平均水平而言基本已达到分配标准，但个别年份远远超过其分配水平，如山东，分配给它的是 70 亿 m^3，最多的年份引水大约 120 亿 m^3。因而目前这点水今后如何利用？这是个较突出的问题。当然，还有上游的水能开发问题，但这与下游的工农业用水矛盾不大，因而只要有能力都可以开发。目前已开发了的占总水能的 30% 左右。

第三，中游的水土流失问题，也可以说是中游整个工农业生产的环境问题。水土流失影响两个方面，第一是当地的生产发展，当地的农业生产能否稳定，很大程度上取决于控制水土流失的程度。其二是上中游黄土高原泥沙对下游河道的淤积问题。黄河的问题在于水少沙多，治理黄河的各种问题都与泥沙有关，因此研究水沙变化是研究黄河的关键。由于这个问题比较复杂，80 年代以来曾有三家长期研究黄河的水沙变化（水利部、中科院综考会、黄委会），但成果出入很大。前面已讲过，黄河泥沙是以进入三门峡库区的沙量为标志的。1950—1959 年平均产沙量 17.58 亿 t；1960—1969 年为 17.04 亿 t；1970—1979 年减少为 13.7 亿 t；1980—1989 年减少为 8.2 亿 t；90 年代以来年平均为 8 亿 t 左右。而减沙减得最多的是河口镇至龙门区间，水减少了约 10 亿 m³，即年径流量减少了 12%，沙减少了 6 亿 t，减少了 64%。整个黄河沙量，前 20 年与后 20 年相差很大。关于提灌的问题，高扬程提灌是黄河上中游的一项重要水利措施，从实践来看，大约 500～600m 以下的扬程还是可以开发利用的，在经济上也还是合理的。这些年来，宁夏的河套平原有 400 万～500 万亩灌区，内蒙河套现在有 700 万亩灌区，也已定型了。现在新发展的就是，甘肃和宁夏最近发展的约 200 亩高扬程灌区，这些大都是在 200～500m 之间的高程。

这些高扬程灌区取得了巨大的经济效益，不仅成为农业综合生产基地，而环境社会各方面都发生了巨大变化。关键问题是水费。现在水费大约 20～50 元/亩，这么高的水费是在电费价格优惠的条件下收取的。在甘肃大约每度电 1～2 分钱，宁夏大概是 5～6 分钱，而这么高的水费怎么能负担呢？这里面有一个比较效益问题，在东部地区，灌溉之后也增产，但与原来基础相比增产的幅度有限，而原来根本就不生长或产量极低的地区，灌溉之后产量翻了几番，比如有些地方原来产量只有几十斤或者根本就是荒地，灌溉后产量达到 400kg 左右，这样算下来，得到的效益与水费相比还是划算的。从比较效益上来说，是可以承受的。在东部，十几块钱的水费，就显得很难承受。这个地区情况不一样，除此而外它没有出路，现在在河川地灌溉已经达到了饱和状态，要继续发展农业，只能发展高扬程灌区。当然有一部分可以长距离引水，如最近完成的甘肃引大入秦，所谓引大入秦就是在甘肃青海交界处引大通河的水到兰州北边的秦王川，灌溉 80 万亩地，80km 的干渠有 75km 的隧道，最长的一个隧道 15km，一条 15km 的洞子，一条 11km 的洞子，都是在很短的时间内完成的，现在看起来，长距离引水也还是可行的。因为在这些地区要进一步发展农业生产，没有其他出路。过去有一种说法就是，有水走水路，无水走旱路，旱路不通另寻出路，结果十几年来的实践证明，走水路基本是稳定的，只要没有大的失误，发展灌溉虽然成本高，费用也高，但生产是稳定的，发展也是稳定的；所谓走旱路，就是通过水土保持，搞旱地保墒，在 400～500mm 降雨地区还可以，但有一个限度，最典型的就是定西地区，也就是从大面积的单产 50kg 提高到 100kg 这个范围，再高也不行了，所以旱路有一定的限度。在此情况下，西北要在农业上找出路，那就是非用黄河之水不可了。现在上游平均还有 200 亿 m³ 的水流到下游去，这个水源没有分给西北，但控制西北不用这个水源是很困难的，若它用了之后，下游的河南、山东可用的就很少了，中游的陕西、山西基本用它本地区支流的水，沿干流也是高扬程提水，用水有限。上游增加用水是不可避免的，如何来解决下游的缺水问题？只有留给南水北调了。流域治理普遍开展，群众水土保持积极性还是很大，特别是近十几年来，是水土保持进展最好的时期，这个势头看来还是能继续保持下去的，还是有前途的。

二、关于长江的问题

首先要了解一下长江在今后国家经济发展中的地位问题。现在，东部、中部、西部三个地区的发展，形成了不同地区的差异。五中全会中讲的发展不平衡，差距越来越大，要求今后逐渐缩小这个差距。长江正好是贯穿东、中、西三个地区的一个东西通道，长江流域的发展从资源、技术、资金各个方面来讲，是从东部到西部渐进的一个大通道，也是解决东西部差距的一个重要通道，从这个角度考虑长江流域发展有着特殊的重要意义。因为现在讨论经济问题时有一种争论，一种认为地区之间的差异是客观规律，要是将差异拉得过小的话，不利于经济发展；一种认为要是这种差距继续扩大下去，要造成社会动乱，回过头来也不利于经济发展。两种观点议论很多，特别是在五中全会以前，经济界的人士观点不同，其中有的举例说像日本、美国也不是在均衡发展中维持其高速度，发展到一定水平后，差距自然扩散消失。但从中国的情况来看，这个差距不能太大，大了问题很多，会影响社会安定和民族团结，所以五中全会的精神是要逐步缩小东西部的差距。

长江流域现在也存在三个大问题：首先就是长江的防洪安全问题。三峡工程建成以后，长江防洪形势最严重的荆江河段防洪大大缓解，特别对江汉平原，安全保证大为增强。但问题并未完全解决，1995 年是个典型的情况，1995 年长江洞庭湖、鄱阳湖水情都接近 1954 年，正好长江上游是小水，在大水期间宜昌的流量一直未超过 $30000 \text{m}^3/\text{s}$，这使得长江中游的洪水安全下泄，而且水位很快下来了，将来三峡的作用也就如此，今年防汛期间，要是宜昌流量超过 $50000 \text{m}^3/\text{s}$，那就没有办法对付了。现在由于河道萎缩，河湖的蓄泄能力下降，若再遇 1954 年的水，将沿江的水位控制在规划水位以下，原估计大约分洪 500 亿 m^3 就行了，现在初步分析不行了，需要 600 亿～700 亿 m^3，因为下游道在同样的水位时泄量已下降，因而在此情况下，防洪标准将继续下降。上游在三峡工程之后，显著影响干流的工程还没有，这一形势是非严峻的。另外，三峡工程建成后，宜昌到汉口段将发生严重冲刷，据有的数字模型模拟表明，最深的点可刷到 7m，整个荆江河段平均达 3～5m。这样就打乱了下游的防洪布局。原来超流量的水可向洞庭湖或沿江分洪区分流，到时就分不了了。若水都涌到下游去，将会是一个什么局面？所以，上述这些问题仍是长江防洪中有待解决的问题。

第二个问题就是水能资源开发问题。三峡工程完成后，目光将瞄准金沙江，金沙江现在初步规划 8 个梯级 6000 万 kW 的装机容量，年发电量接近 3000 亿度电，这当然要比现在的三峡规模大得多。这一方案原估计开发起来很困难，一个是交通不便，另一个是地质条件非常复杂。但现在这两方面的问题都有了新的认识，交通条件大为改善。地质条件，通过勘测，8 个梯级中也只有三四个地质条件相对于目前水平还难以解决，其他的还是可以解决的。因此这样大的水能资源，必定是开发的重点，三峡完成之后就会转移到这上面来。有可能先开发的将是向家坝和溪洛渡，人们认为后者比前者的开发条件更为优越。这部分开发将会影响到各个方面。至于支流问题，将摆在次要位置。

长江的第三个问题，就是内河航运和海口整治。长江流域在全国号称 10 万 km 的通航里程中占了 7 万 km，而且长江流域的货运量大概也占全国的 70%～80%。影响货运的主要问题在于出海口。在落潮时，可进 2.5 万 t 的船只。按经济方面的要求，在 2000 年后，5 万 t 级的船应能全天候进出。就宝钢而言，由于大型船只进不来，每年运送矿石费用要多用一亿多元。沿长江河口，由于拦门沙的限制，大船无法进出，影响了区域经济的发展。因此今后长江口治理，能使其达到一个深水港，以便船只自由进出，这对我国各地经济的发展都是至关重要的。过去密西西比河的河口水深也就 3～4m，通航吨位也很小，现在水深 12m，第三代集装箱船都能自由进出。上海这样一个港口，维持通航的水深最浅也在 6～6.5m，要比密西西比河强得多，但如何使其水深达到 10m 以上，是一项重要的研究和开发任务，对我国经济的发展也很重要。

另外还有，长江沿岸的岸线整治问题。以前的治理都是粗放型的：防洪两条堤加上险工险段，只要不出事就行。如何使河道本身充分发挥其作用，现在还没有全面整治，这一结果使得整个地区的经济发展都受到了影响。现在沿岸堤防的维护都成了问题，因为土地很紧张，河滩地乱占乱用。因此，如何稳定河道、稳定岸线，合理开发岸线也是较为重要的问题。

关于长江问题，我在此就不多说了。

三、与江河治理有密切关系的是跨流域引水问题

首先是中国的水资源分配不均衡，跨流域引水看来是势在必行。已有的跨流域引水方案中存在的问题是什么？当然，大家都清楚，从长江到黄河之间，存在 4 条引水路线：第一条是最上游的路线，黄河长江两条大河流之间有一条巴颜喀拉山，有一很明显的特点是，南侧长江上游的河谷高程比北侧黄河上游河谷高程低 300～400m；从水量来讲，长江上游和黄河上游没有大的差别，也就是说，单位面积的产水量基本一样，只是因为黄河流域现在缺水，才想到在其上游引水。其路线一条是在通天河，将水直接引至黄河上游。第二条是从雅砻江到黄河上游。第三条是从大渡河到黄河上游。可能的引水规模是 200 亿 m³，第一条 100 亿 m³，第二条、第三条各 50 亿 m³。第一条存在两个方案，由于地势南低北高，解决问题不外乎是：一修高坝（300～400m 高），打个 100km 长的洞，水自流过去，这是可能的；还有一种是建坝引水抽水过去。整个工程建在高寒地带（海拔 4000m 左右），在高寒地带施工到底有多大困难还不清楚。若将其按常规工程设计，造价并不太高，每方水也不过 10 元钱左右（1993 年前后的价格）。但究竟行不行还是个大问号。再一个问题从这儿引水，对长江的影响到底有多大？一是对长江流域（特别是上游）水能资源的开发影响有多大？二是不论是雅砻江、大渡河还是通天河，其河谷地带是我国有名的干热地带，这一带温度极高，一般南方热带、亚热带生长的作物在这儿都能生长，而且生长得都非常好。我最近到丽江一带的河谷去看过，中国水稻、小麦单产最高的实验点就在此处，这是由于其特殊的地理位置所决定的。而河谷的开发最缺的就是水源问题。这样，接近 70%～80% 的水都被引走了，这样做行不行？当然电量是可以算出来的（一个电站一个电站地算）。但环境方面的问题就说不清楚了。一个是工程本身的困难问题，一个是对长江上游能源开发的影响，第三是对河谷环境的影响。这三大问题，对西线南水北调来讲，是关键的问题。当然，在此建工程，调 200 亿 m³ 的水，可以利用黄河的水头还有 1000 多 m，而且也确实解决了北部缺水问题。所以黄河的远景规划中就有西线调水方案。此方案要实现，关键是几个难题如何解决。

中线南水北调已经吵了这么多年，关键问题大概是这么几点：其一，整个华北地区到底缺多少水？说不清。如果按各省的工农业定额算下来，那大得不得了——各省都是缺水上百亿 m³，但实际究竟怎么样？目前按长办分析，从丹江口水库引水 150 亿 m³，但一般认为在 100 亿 m³ 左右（超过 100 亿 m³ 的可能性不大），这与实际需水相差太大。其二，从丹江口沿太行山边向华北输水有 1240km 长的输水线，沿途要穿越大小河

道 700 多处（大的就有 200 多处），而这一带又是暴雨最集中的地带，发生的机会也是最多的，而且这一带还是地震的频发区。因而，经过这一带的渠道按什么样的标准设计才能保证安全？这是一个比较严重的问题。其三，在水源处，丹江口水库要不要加高？大坝加高本身花不了几个钱，但一个棘手的问题是移民。原库区移民 40 万人。加高后新增移民 22 万人。我曾到丹江口市与市委同志座谈了一个下午，市委书记说，丹江口水库建成 30 多年，受了 30 年的移民之害，这两年刚刚安稳，现在又要移民。我问他们的困难在哪儿，他说，新增 22 万移民问题好解决，因为有三峡为例，每人的迁移费 3 万～4 万元，可以解决，但 40 万移民如何处理，他们从拆迁开始，每人平均只得到了 1200 元的安置费，问题就来了，两种标准必然会引起两种移民生活水平的差异，到那时如何处理？后来我们觉得这确实是个问题，以前也不乏有此先例。这是另一个较为突出的问题。最近，李鹏同志曾说过，研究中线南水北调最好不要考虑丹江口加高。可是丹江口不加高，水源就没有保证。湖北和河南有两种说法，湖北认为，如果不加高，就别引水。意思是说，你不加高光引水，把水引光了我们怎么办？河南认为，如果不引水，你就别加高。他们的意思是说，你不引光加高，我们得不到水，而移民问题却加到我们头上。这是两种对立的看法。我们也做过分析，不加高，即使不考虑电站（舍弃几十万 kW 的电量），也只能引 40 亿～50 亿 m^3 的水。至于对湖北省的影响，从水量上来说，丹江口上游的径流量有 400 亿 m^3，引掉 100 亿～150 亿 m^3（占总量的 30% 左右），照理说还是可以的，但湖北省认为，引水之后引起河水位下降，沿岸的农田灌溉怎么办？另外，对航运也有影响。按长办规划，平均放 $500 m^3/s$ 流量（这一流量并不低于枯水流量），但航运部门认为，枯水流量维持不了航运，保证航运需要中水流量（800～1200 m^3/s 流量），因为航运主要集中在中水流量，否则完成不了航运计划，因此，$500 m^3/s$ 流量是满足不了航运的要求。第四个问题是水量减少会引起一系列的环境问题，如果要引水也可以，但必须做到：①渠化；②从长江引水到汉江（引江济汉），解决下游的用水问题。所谓引江济汉就是从沙市引水到汉江下游，工程倒不是很艰巨，但规模却很大。

中线南水北调中还有个工程问题，就是穿黄（河）问题，是空中架槽还是地下穿洞？目前还没有一个能说服人的方案。

南水北调问题已酝酿了 40 年，如果做成了，对北方来讲，用水问题可以大大改善，但上述几个问题不解决，那么南水北调就无法落实。最近的关键问题是投资问题，按 1994 年的价格，水利部估算是 400 亿元，但当时就有很多人认为 400 亿不行，需要 600 亿左右，还未包括数百亿元的配套经费，不管是 400 亿还是 600 亿，在"九五"期间都是不可能实现的。因而，这一问题还将继续论证。我在此声明一下，我绝不是反对南水北调，从 50 年代起我就参与了这一问题，一直是支持南水北调的。但我认为应把所有问题都解决好、落实好，把工作做得踏实些。

东线南水北调，它是靠 13 级抽水来解决问题的，净扬程是 40～50m，这个问题都不大，它最大的两个问题是：一是将来电价上涨，水价怎么办，是否电涨水也涨，这个经济账如何算？二是环境问题，东线南水北调工程要穿过很多中小城镇，污水排放没有限制。特别是 1994 年淮河的一次大的污染，现在一提到污水就特别害怕。总之，东线南水北调主要就是这两个问题，其他问题都好解决。

现在研究的也已提到日程的是松花江到辽河的引水工程。松花江地表径流有900多亿 m^3，辽河地表径流只有100多亿 m^3。实际上，现在辽河下游的工业非常集中，人口也非常稠密，每年缺水很多。要解决这一带的缺水问题，现在东北勘测设计院正在研究从嫩江和第二松花江汇合点，穿过分水岭过来，大概就300多km的距离。原打算引60亿 m^3 的水，后经规划批准最多不能超过50亿 m^3。这个工程比较简单，过分水岭切20多m就过来了，但这里有一个水资源分配问题不好解决。最近还研究了解决这一带缺水问题的另一种方案，就是从浑江桓仁电站附近引水，上游大概有20亿 m^3 的水量，现在计划在桓仁水库下游打90km的洞进入大河方向，经过调剂后可以引19亿 m^3 的水，这个工程看来是比较经济合理的（当然90km的洞子问题还有待研究），从实现上来讲是能成立的，影响的就是下游有40万～50万 kW 的电站（四、五级电站电量的总和），现在辽宁省已下决心补偿下游的电站，搞此东水西调工程。对电网来说，几十万千瓦的电也不是什么了不起的事，但洪水可是个大问题。

这些引水工程，现在从地区经济发展需要来看，都是有必要的、可能的，势在必行。但我觉得调水工程中有这么几个问题值得研究：第一，缺水区缺水究竟怎么考虑？按工农业定额算下来，数字大得惊人，根本无法解决。据过去黄淮海平原研究报告，最终缺水700亿 m^3，上游引200亿 m^3，中、下游引400亿～500亿 m^3，但究竟要不要这么多？这个问题不搞清楚，前提就很成问题。华北地区在搞黄淮海平原七五攻关时有十几处实验点，华北水电学院田园同志做过研究后，得到这么个概念：农业需水由两部分组成，一部分是作物本身的蒸腾量，另一部分是非耕地的蒸腾量。据十几个站的实验结果表明：在大面积的粮食产量达 $400\sim500kg$，农业需水量，黄河以北大约 $550\sim650mm$ 水量，复种指数为 $1.5\sim1.7$，黄河以南淮河以北需 $650\sim750mm$，复种指数 $1.7\sim1.9$，耕地利用率为 0.67。从这个结论来看，产量不低，所需的水量与当地的有效雨量相差不多。当然这个的前提是高度的精耕细作和全面的配套管理。但这里有个问题未考虑，那就是缺水时输水有个面上输水损失问题。即使两者加起来，缺水也还是不多。北京市在大兴区有个观测实验点观测地下水位有20多年了，70年代后，地表水基本没有，他们得出的结论是，大约需 $600mm$ 的水量，粮食产量达到 $300\sim400kg$，其中蔬菜占一定的比例（约 20% 左右）。当然这些都是一家之言。但可以想象，如果当地水资源都能得到充分的利用，那缺水又是什么状况？至于工业用水，也有个工业用水结构和工业用水设备及用水方式的问题。因此在考虑水问题时，当地的用水量到底怎么定？这可能是跨流域调水的一个前提条件。但这需要很长时间来观测研究，并且要使其结果让各方面都承认还是很困难的。第二个问题是水源调出地区往往要考虑为当地留有足够的发展用水，留这个发展用水的原则是什么？第三个问题，缺水区的需水量是渐增的，一下引这么多水会造成什么局面？

四、江河治理中的几个突出问题

首先是分蓄洪区安全和运用问题。像荆江分洪区，当时修建时区内有17万人，且都作了安置，但现在已接近60万人。分洪区内生产水平比区外还高。这样一来，分洪就成了问题，到时候分不了，或是分了，损失也将非常之大。再一个问题，虽然有的分洪区没有正式分过洪，都是靠临时扒口解决问题。据以往的经验表明，扒口大约有30％的误差，预先估计的水量和水位都达不到。这样一来，这30％的误差就有可能造成洪水的失控。而这些地区人口又较稠密，搬又搬不走，还得限制其发展。这些矛盾如何解决，是当前防洪工作中很突出的问题。湖南省按规定洞庭湖区有24个圩区用作分洪，蓄洪160亿 m³。但他们有自己的小算盘：洪水一来，尽量保圩，若哪个圩破了，就算其分洪，认为这是自然灾害，赔偿一点损失就了事，而扒口分洪则认为是人为灾害，政府就得把灾民养起来，这是个很大的问题。目前，防洪的控制水位，城陵矶为34.5m，宜昌为45m，以后看来肯定要超过这个水位。

第二个问题就是河湖的萎缩与季节性河道。北方河道湖泊的萎缩是客观存在的。南方河道的防洪标准普遍较以前低一个等级，原50年一遇的标准，现在只能防10年或20年一遇的洪水。这一情况使得高水位行洪时间变长，防洪负担加重。另外防洪标准下降后，若要维持原来的标准，需采取新的措施。河道湖泊的萎缩，南方主要是江河湖泊的围垦；北方问题主要是季节性河道，如海河流域、辽河流域在汛期前基本上是干河，长草、挖沙使得河道的糙率变大，每年的第一场洪水水位猛涨，特别高，洪水传播时间长，五六十年代的一些行洪规律现在都不对了，原来两站间半天就能到，现在两天都到不了。再一个就是河形发生了变化，由于河道干涸，在里面挖沙、修路，使整个河道形势都发生了变化。如前年岳城水库下面一段河道，设计过流量1500m³/s，实际只过了500m³/s，这一来一下就跨了半边堤。像这类问题，黄河也发生过。这些年来，黄河每年都发生断流，天数不等，有时十来天，今年最长达到120天，从夹河滩就开始断流了，夹河滩至河口600km，基本测不到流量。季节性河道这一问题怎么办？我们如何来对待？而且在北方其趋势越来越突出。这与水资源开发利用是联系在一起的，如南方河道，未修水库前都很好，一修水库就不行。如丹江口水库建成后，洪水位比修前同流量时高半米左右。在其他地方也同样存在这个问题，河床抬高，河道自然萎缩。至于人为设置障碍，那是另一个层次的问题。因而这是个迫切需要研究解决的问题。

第三个问题是江河上的控制枢纽工程正在逐步老化、失效，今后如何更替，这是21世纪的一个大问题。北方地区，在海河流域的所有支流上，从山区到平原的出口都有控制性水库工程，像官厅水库，现在淤积已达30％。一旦这些水库淤积后失效，要想再找一个替代它，从自然条件上看，是十分困难的。南方河道也存在问题，由于其支流上的开发程度还较低，因而显得没有北方那么严重，在北方海河、辽河、淮河，几乎所有支流上都修有控制工程，今后怎么办？是不惜一切代价改建、扩建？当然这也是在所难免的，但带来的经济上的问题也是非常棘手的。这也是需要解决的问题。

我讲的这些问题还有像防洪标准、超标准洪水处理，岸线整治等问题都是极为复杂和难以合理解决的，我自己也不知如何解决，在座各位，今后也可能会遇到。

最后一点是对这几个问题的认识。首先江河治理应该说是整个水利涉及水灾防治、水资源综合利用、水环境保护等各方面的一个重要问题，也是其核心问题。一般来讲，一条水系作为研究对象，是除害与兴利相结合，但江河治理与侧重水资源开发又有一定的区别。现在本应是结合得很好的，往往将其割裂开来。比如搞水电开发、航运开发与水资源的综合利用之间往往不协调。这些年来，就工程开发来讲，单项工程容易上马，比如修个水电站或灌溉工程，但综合利用的工程往往不容易上马。这里面就涉及到社会经济和国家体制的问题。从这些情况来看，我觉得我们水利界的老前辈谢家泽同志的一些观点很正确，他反复强调水利是自然科学、社会科学和技术科学相结合的学科。从实践的结果来看，水利工程的失败，由于技术原因失败的不多，也还是可以做到安全可靠的，但往往达不到应有的效益，或者说会造成一系列的不良影响，往往都是在社会经济方面。因此，在研究水资源的战略性问题时，不仅要在自然科学和技术科学方面，而且要在社会科学方面下工夫，找出一条出路。社会进入一个稳定的阶段，它的各种行为都有法律依据，都有完整的一套规范系统。现在在西方国家，往往是根据现在已形成的这一套法规、规范来研究这些问题，还可以行得通。但我们考虑到的一些问题如上面提到的，他们也是解决不了，同样很困难。因为社会规范行为还没有达到这一步，但这是一种途径，即社会规范化能够解决一些矛盾，但解决不了所有矛盾。因此我们的社会经济活动需要有进一步完善的法律、法规。而且所制定的法律法规应及时根据客观存在问题进行修改补充。

其次，我认为，研究江河治理需要重新考虑江河湖泊的功能。一般来讲，它的功能有以下几点：①汇集输送地表径流，包括洪水。②汇集和补给地下水。③侵蚀、溶解和输送固体物质到海洋或内陆的湖泊，这里主要是土壤的侵蚀、水土的流失、泥沙的输送、矿物质的溶解、沉淀输送等。④形成地表的一个湿润带和一个自然景观（自然景观与河流是有密切关系的）。⑤形成海岸与淡水的交互带，成为水生资源的一个特殊生长环境。⑥冲积平原形成的主要物质来源的动力。⑦水循环的一个重要通道。⑧河流两岸是形成人类生存发展的一个集中活动带，同时也是人类活动从内陆通向海洋的一个途径。⑨调节土壤水分的状况，形成一个一定范围的生态系统。⑩集中或分散释放河道水流能量。湖泊主要起到对河流各种功能的调节作用。我之所以在此讲这几个问题，是想搞清楚今后对河道整治到底要达到一个什么样的目的？不知道各位有没有看过最近的《科技导报》？有篇文章赞成关于黄河治理的一句名言："吃尽喝光"，所谓"吃尽喝光"就是将泥沙等都吃尽，水都用光。这就出现一个问题，将来黄河要不要保留着它的一些基本功能？河道是不是就只是这些问题？季节性河道也是这个问题，虽然季节性河道在发展中是不可避免的，我们应不应该这样？所以我觉得对河流功能这个问题需要研究。究竟要保留哪些功能，哪些可以改造？从大的自然环境来看，是不是有问题？

第三，关于"根治"问题，江河治理和水旱灾的防范总是在一定时期内只能达到一定的标准，减少水旱灾害发生的机会，不大可能作到根治和消灭水旱灾害。我们过去一直强调在各地要消灭水旱灾害或根治河道，这个概念不搞清楚，很容易引起误解。因为河道特性在不断发生变化，包括自然的因素和社会的因素；另外，它的功能也在不断发生变化。因此江河治理要根据环境变化、社会经济变化来不断提出新的任务，找出新的方向。若过分强调根治或消除水旱灾害，往往给人造成一种感觉，消除水旱灾害到了一定阶段可以停顿下来，实际上是难以停下来的。对这个问题，我建议在座的各位从理论上和从各个方面来做些阐述，建立一个正确的观念。

第四，江河治理或者说整个水利行业，如水力学、工程力学、结构力学以及与工程有关的学科，这方面的理论基础都较好。因此在规划、设计时，根据这些理论，使其达到一定的水平。但研究更广泛的一些问题，往往感到基本理论知识不够，特别是研究水利法规、政策的理论不够，不是那么完善，有时有各种各样的说法，应用起来比较困难，因此，我认为从事江河治理或水利事业，应该善于总结经验，积极开展实际调查，只有总结经验，深入调查研究，才能使认识得到真正的证实和提高。

现在由于计算工具的改进（当然在计算方法方面还有许多难题需要研究），但还需与实际调查研究结合起来，否则，有的计算分析可以做出无数种结果。但追根溯源，有很多问题都是由于理论不确切所致，不能实际解决问题。

另外，江河治理是改造自然的一项重大措施，涉及大范围的社会问题，同时又受到水文、气象等随机因素的影响。修建一项工程，既有很多正面的效益，也会产生许多不利影响，而且一项工程往往不是立竿见影的，需要通过相当时期内的观测研究，最后经过慎重的决策，才能避免失误。因此，对一些影响范围大、影响全局的问题，一定要防止仓促决策，特别要防止急功近利，这样才能防止大的失误。

今天，关于江河治理这个问题，我就讲这些。由于很多问题都带有主观成分，而且有些问题对于一些基本资料和基本情况都缺乏深入细致的分析。这个问题涉及的方面很多，我在此提出供大家研究、思考。其中错误的地方必定很多，请各位随时指正。

新中国成立以来主要江河防洪减灾的规划、实践、评价和展望

（报告大纲及提要）

一、引言

1. 防洪减灾是困扰人类生存发展的一个千古难题

史前的神话传说，有史以来的文献记载以及防洪减灾实践遗迹的考证，都可说明此问题。

2. 中国洪涝灾害的特点

三大阶梯地形，三大气候带，形成东西两大部分国土的不同灾情。

东部：季风区，频繁严重，灾害区域大。三种主要类型：主要江河冲积平原的河道洪水；广大山地丘陵山洪及其引发的地质灾害；沿海台风暴潮灾害。

西部：干旱和高寒地区，出现几率小，灾害范围小，以局部暴雨及冰雪洪水为主。

3. 治国安邦的重要国策

全国70％左右的国土面积，都受洪涝灾害的威胁。自古以来，历代稳定发展时期，都将治河防洪减灾作为治国安邦的重要国策。

二、历史背景

1. 中国史可分为三个时期

鸦片战争（1840年）前的古代历史；鸦片战争至新中国成立（1840—1949年）的近代史；新中国成立后的现代史。

2. 主要说明近代史江河剧变，洪水、洪灾治理实践的简要情况

3. 近代史洪水、洪涝灾害、江河治理的主要特点

（1）18世纪50—70年代黄河、长江发生江河剧变：黄河改道和京航大运河中断，结束长达千年的黄河对淮河、海河流域的干扰，黄河选择了最低流路，溯源冲刷，失去了最佳治河时期。长江形成四口分流入洞庭，形成新的江湖关系。洞庭湖取代了江汉平

原文系作者于2006年5月在国家防办举办的各省市领导培训班上所作的报告的提纲。

原，洞庭湖大进大出，淤积，湖面缩小，北面灾情缓解，南面灾情加重。其他主要江河入海流路也有重大调整。

（2）洪灾的主要分布：黄河下游、长江中下游、沿海主要河流三角洲。

（3）东部主要江河都发生过历史最大或接近历史最大的洪水：黄河 1761 年、1843 年、1933 年，长江 1788 年、1860 年、1870 年、1931 年、1935 年，淮河 1920 年、1931 年，海河 1801 年、1917 年、1939 年，珠江 1915 年，辽河 1860 年、1930 年，松花江 1932 年等。都造成了严重决口泛滥的灾情和江河水系的破坏，是中国历史上洪涝灾害最为严重的时期之一。

（4）防洪治河陷于停顿状态，管理维修无力，已有工程 4.2 万 km 堤防，局部河道整治和少量的防洪水库，分蓄洪区、分洪道失修、破坏，防洪功能降至最低水平，如黄河下游 $6000 \sim 10000 m^3/s$ 洪水必然决口泛滥，长江中下游安全泄洪不足 $50000 m^3/s$，淮河大水大灾，小水小灾，无雨旱灾。河流水系紊乱（淮河、海河尤甚），河道洪水来量与河道泄洪能力的矛盾更加尖锐。

（5）西方科学技术的引进，水文气象测验，地形测量，钢筋混凝土结构，水力学，结构力学，水工试验等。现代水利科技人才的培养（如河海水利专科学校[1]），改变了传统以直观和经验为主的治河防洪方法，向利用近代科学技术材料、新型水工建筑为主的治河防洪理论和措施转变，新中国成立之前已初步提出几个主要江河防洪减灾治理的简单方略。

三、近代史期间（1840—1949 年）洪涝灾害简述

1. 黄河下游

1761 年、1843 年发过两次特大洪水。花园口流量超过 $30000 m^3/s$，下游普遍决口；1842—1850 年连续发生特大洪水，13 年中 7 年决口，连续 5 年黄河下游来沙达 150 亿 t，下游普遍决口。

1933 年，上大，陕县 $22000 m^3/s$，下游决口 50 多处，陕、豫、冀、鲁、苏 65 个县受灾，灾民 36 万人，死 12700 人，毁房 169 万间，淹地 85.3 万 km^2（1280 万亩），损失财产 2.07 亿银元。

1938 年，花园口人为决堤。

2. 长江

1153—1870 年，宜昌曾超过 $80000 m^3/s$，其中 1788—1870 年，不到 100 年发生 3 次大于百年一遇的洪水；1788 年为全江大水，类似 1954 年，荆州城被淹。

1931 年大水，受灾 15 万 km^2，淹耕地 5000 多万亩，死亡 14.5 万人（其中汉江 8 万人），受灾 2855 万人，直接经济损失 13.84 亿元；1935 年大水。

3. 淮河

1921 年大水：4 省淹耕地 32 万 km^2（5000 万亩），死 2.49 万人，灾民 766 万，毁房 88 万间，损失银元 2.15 亿，苏皖两省灾情最重，开归海坝 3 处。

---

[1] 1915 年全国水利局总裁张謇在江苏高邮设立"江苏河海工程养成所"，同年在南京开办"河海工程专门学校"，李仪祉任教务主任和教授。

1931年大水，蚌埠上下游100多km堤防全溃，沂沭河也大水，开归海坝3处。里运河东堤溃口80多处，淹耕地7700万亩，死亡75000人，灾民2100万，损失5.64亿银元。1881—1949年开放归海坝8次。

1945—1949年沂沭河连续大水，其中1949年沂沭河大水，江苏淮北各河决口150多处，受灾927万亩，损失粮食6亿斤，灾情严重。

4. 海河

1917年大水，7月两次台风，五大水系和滦河中上游普遍大雨，以大清河、子牙河最大，河北省103县受灾，受淹3.7万km²，人口620万人。

1939年，北系大水，五大水系决口79处，扒口分洪7处，淹地49400km²，受灾耕地5200万亩，灾民886万人，冲毁铁路160km，淹天津市，损失11.69亿元（当年价格）。

四、新中国成立以来至20世纪末防洪减灾工作的简要回顾

四个不同时期。

1. 1949—1957年

（1）灾害形势——战争、支前、水灾、饥民……

1950年淮河大水，6月26日至7月19日三场大暴雨，7月18日正阳关水位24.91m，流量2770m³/s，7月24日蚌埠水位21.15m，流量8900 m³/s，8月2日浮山流量7520 m³/s。淮南、淮北、苏北均淹没大部分，统计受灾4687万亩，受灾1300多万人，倒房89万间，灾情十分严重（苏北1949年亲历记）。这是急于导淮的主要原因。

1949年，全国大水，20个省市，354个县，灾民达4450万人。珠江出现仅次于1915年的特大洪水；长江中下游沙市、湖口出现历史最高水位，江河圩垸多数决口，受淹农田2700万亩，受灾人口810万，死亡数万人；辽河特大洪水，松花江大水，淮河、黄河（花园口12300 m³/s）大水，上海强台风，死亡1600人，部分市区进水。

解放战争仍在进行，支前任务依然繁重，大量灾民流离失所，稳定社会，恢复生产，极为紧迫，治河防洪为当务之急。

（2）复堤堵口，加固堤防是首要任务，重点开始治理淮河（包括沂沭河）……

（3）1952年农业生产基本恢复到抗日战争前的水平。防洪减灾，逐步从恢复巩固向治本，从局部工程向流域考虑。治淮，导沭整沂，导沂整沭，官厅水库，大伙房水库，荆江分洪，杜家台分洪区，黄河大堤第一次大修，南方圩区联圩并垸……

（4）在这一时期，中央领导十分关注大江大河的治本问题，毛主席、周总理亲自查勘过问，催生第一轮大江大河流域综合规划。

这一时期，充分利用了过去研究成果，虽然缺乏经验，但工作认真，重视工程质量，施工循序进行，成绩是肯定的。在此期间，加强了防洪减灾基础工作，使全国农业生产在1952年就恢复到抗日战争前的水平，同时收集整编水文资料，加强水文、泥沙、河道的观测试验，历史洪水的调查分析，水利文献的收集整理，并积极建立科学机构，开展基础研究，在很短的时间里取得了重大成果。

自1955年以来，中央主要领导都十分关心水利工作，毛主席、刘少奇、周总理等都不断提出大江大河治理的相关问题。

2. 1958—1962 年

全国进入"大跃进"时期，"水利建设"和"大炼钢铁"是主要行动标志。对于水利工作提出了"蓄小群"的"三主"方针。在贯彻过程中将其"绝对化"。错误批判了过去行之有效的方针政策。

1957 年 11 月谭震林传达刘少奇同志指示：淮河以北冀、鲁、豫、皖、苏地区，是否变为水网地区，以种水稻为主，请各省研究。……治淮方针应该以蓄为主，以小型为主（必要时修一些大型工程），以依靠合作社为主。

大江大河修建了大量水库，大型水库基本上是大江大河第一期综合规划中提出的，布局选址上失误不大，中小水库遍地开花，急躁冒进，忽视质量。

部分省市区还提出"一块天对一块地"，普遍挖河、修塘、河网化、堵断河流。

"大跃进"造成的主要遗留的问题有：

（1）大量病险水库既不能发挥作用，又成为度汛的重大安全问题；

（2）大量"半拉子"工程；

（3）已建工程不配套，不能发挥应有作用；

（4）打乱了河流水系，严重影响防洪排涝，增加了上下游水利矛盾，平原地区边界水利纠纷达到极其严重的地步；

（5）据交通部调查，修建 800 多座碍航闸坎，使得河道航运大大萎缩，航运员工大量失业，运输能力下降；

（6）大量移民、占地、强制居民搬迁。多数移民没有得到起码的生活生产条件，成为新增加的贫困人口群体（大约有 1000 万人）；

（7）形成"重建轻管"、重数量轻质量，各类工程都存在严重的安全隐患；

（8）大量砍伐林木，林草受到破坏，加重了水土流失和洪水灾害。

3. 1963—1987 年

从整个水利来说，北方打机井治碱，南方发展机电排水、加强治涝。东北发展水田种稻等措施，初步扭转了南粮北调。到 1984 年，粮食产量超过 8000 亿斤，解决了粮食自给问题。

1963—1979 年，从 1960 年后半年至 1962 年，集中力量处理"大跃进"后期突然全面停工遗留下来的大量需要紧急处理的遗留问题，停工后现场的处理，1961 年、1962 年度汛安全问题。1963 年起继续处理遗留问题，如尾工、安全移民、边界水利纠纷、度汛等。由于 1963 年 8 月海河特大洪水，1975 年 8 月淮河上游特大洪水，造成极其严重的水灾，大量淹没，溃坝，人口死亡。在"文革"严重干扰下，海河、淮河防洪规划进行了重要修改补充，取得了重大进展（如海河水系分流入海，扩大入海河道泄洪能力；淮河进一步安排排水出路。沂沭泗东调南下方案，调整水系，扩大入海能力，解决苏鲁治水矛盾等）。从 1965 年起海河流域全面整治工程开始，取得了成功；在 1966—1972 年 6 年间，每年冬季治理 7 条大支流，依次对子牙河水系、大清河水系、北四河、漳卫南运河水系进行了整治，共完成土石方 11 亿 m^3，下游泄量达到 4000～26000 m^3/s。淮河上游支流水库续建，下游加固洪泽湖大堤，扩大入海水道，相机分淮入沂等措施取得进展。各地对"大跃进"遗留问题的处理，也取得了一定进展，并恢复续建了一批大中型水库。冬春水利群众运动，继续开展，对巩固维修堤防、水库等起到了一定作用。

据统计：1949—1979 年，全国江河堤防从 4.2 万 km 增加到 16.8 万 km，修建大型水库 319 座，总库容 4051 亿 m³，中型水库 2252 座，总库容 593 亿 m³，大、中、小水库共计 8.6 万座，水保治理面积 40 万 km²。

4. 20 世纪 80 年代初至 2000 年

在此期间，开始实行改革开放政策，由于中央地方"分灶吃饭"，水利投资由中央集中掌握改为地方为主，中央的基建投资（30 亿～40 亿元/年）80% 划归地方，农田水利专项事业费（20 亿～60 亿元/年）全部划归地方，当时地方财政特别困难，划下去的钱，大部分给其他部门使用。当时我管水利计划，"七五"期间（1981—1985 年），水利基建投资（中央）5 亿元/年左右，除了中央掌握的两个重点项目：黄河大堤分三次加固，潘家口水库和引滦济津两项投资重点安排外，所余无几，只能维持紧急维修和病险库度汛，地方投入更为有限，因此防洪减灾和其他水利工程都陷于停顿。在此期间，黄土高原修建了大量沟坝工程，起到了显著的减沙效果，以及农田基本建设，对水土保持起到推动作用。批判"大跃进"的失误，与此同时，人民公社解体，反对对农民的"平调"，冬春农田水利的群众运动，虽未完全停止，但规模大大缩小，对中小工程的维修管理陷于瘫痪，大大削弱，乱占乱用湖河洲滩，分蓄洪区受到严重破坏。因此，防洪减灾工作受到极大影响，防洪减灾能力下降，特别是涝灾有新的发展。这种情况到 20 世纪 80 年代末期，逐步有所改善。到 20 世纪 90 年代，继续上述三个流域的治理外，集中力量建设长江三峡和黄河小浪底两大工程。

据统计，2000 年：水库 85 万座，总库量 5183 亿 m³，其中：大型 420 座，3842 亿 m³，中型 2704 座，746 亿 m³，小型 8.199 万座，594 亿 m³，堤防 27 万 km，保护人口 4.68 亿，耕地 274.6 万 km²，水保治理 80 万 km²，比 1979 年数量有所增加，质量有所提高，防洪减灾能力有所加强。

五、新中国成立以来，防洪减灾工作的启动和规划工作

1. 概况

1949 年，全国大雨。1950 年淮河大水，6 月 26 日至 7 月 19 日三场大暴雨，7 月 18 日正阳关水位 24.91m，流量 12700m³/s，7 月 24 日蚌埠水位 21.15m，流量 8900m³/s，8 月 2 日浮山流量 7520m³/s。淮南淮北大片淹没，统计受灾 4687 万亩，灾民 1300 万人，死 489 人，倒房 89 万间，这是急于治淮的主要原因。1950 年毛主席批示，一年完成导淮。防洪减灾工作的启动，解放区一直重视水利建设，……，防洪减灾成为新中国成立初期稳定社会和恢复生产的最急迫任务，全面整修恢复已有设施，重点治理。

2. 三次以防洪减灾为核心内容的大江大河流域综合规划

（1）新中国成立之初，为了稳定社会，恢复生产，动员广大群众修整已有防洪设施，重点建设过去研究过的较成熟的水库和度汛措施。与此同时组织开展第一次大江综合流域规划（1953—1958 年）。这次规划下大力气收集整理分析基础资料，研究已有历史治河方略和规划。全面研究治河防洪对策和长治久安的防洪减灾措施。在防洪减灾方面，贯彻了"蓄泄兼筹"的方针，提出了多种方案，如淮河干流就有了56个方案，提出了较高的防洪标准。主要缺点是水文资料不足，有些重点河段和水库水文账偏小，导致标准偏低，河道下游泄洪能力安排不足，如海河、淮河。

在1958年前后，毛主席对于治理淮河、黄河、长江，以及南水北调、三峡工程都有很多指示和要求，在这次规划中都有所反映。

三种规划指导思想：传统、欧美、苏联。

除黄河规划经审批外，其余的未审批。

这次规划虽然不完备，质量有缺陷，但在"大跃进"时期起到了一定作用，在以后规划补充修订中发挥了重要作用。

（2）经过"大跃进"的失误教训（在后面专门说明）和20世纪60—70年代海河淮河大洪水，以及1981年长江上游大洪水的教训，防洪规划不断进行了修改补充。重要的有"海河防洪规划"，"沂沭泗东调南下"，"淮河中游防洪除涝规划修正"，"长江中下游防洪方案修订"（三峡修建前），以及开展可能最大洪水的研究等。在这些工作的基础上，1984年启动了第二轮大江大河综合规划，防洪减灾仍是重点，于20世纪90年代中期基本完成。这次防洪减灾规划的特点：①总结了新中国成立以来30多年防洪减灾实践经验。②进一步明确了"蓄泄兼筹，以泄为主，综合治理"的方针。③调整了主要江河防洪标准，提高了水库安全标准。④完善了主要江河的防洪设施总体布局和防洪体系安排，加大了海河、淮河下游泄洪能力。⑤开始注意非工程防洪设施和分蓄洪区的建设，以及重视超标洪水出路的安排。这一期的大江大河综合规划基本上都得到批准。

（3）经过20世纪90年代后期南方和东北地区的大水防汛实践，同时利用增加内需促进经济快速增长的有利时机，为适应经济快速增长，提高江河防洪能力的需要，自1998—2005年开展了新一轮全国防洪规划编制工作。

六、1998—2005年新一轮防洪规划的基本特点

（1）基础资料的补充和更新有明显的进展。水文资料延长了大约20年，设计洪水作了新的分析校核；江河湖泊等重要水域地形进行了补充测绘；增加了生态与环境和社会经济状况的分析和发展趋势的研究。

（2）对过去历次防洪减灾规划作了系统的总结，吸取了主要经验教训。

（3）新的防洪减灾规划指导思想，人与洪水和谐共处为核心的思想逐步形成和完善。

（4）继承第二次防洪规划的目标，对防洪标准作了调整，并提高了部分河段和支流的防洪标准；主要江河以近200～300年内曾经发生过的特大洪水（主要根据历史洪水调查分析考证得到），作为超标准洪水处理的目标，（个别河流如澧水1935年大水，石门33000m³/s，沂河1730年临沂30000m³/s，和嘉陵江北碚1870年57300m³/s等），由于洪峰流量过大，发生几率较小，措施困难，有待进一步研究。总体上说，标准较高，偏于安全。

（5）在第二次防洪减灾规划防洪措施总体布局的基础上，进一步完善。海河五大水系分别直流入海；淮河中游扩大排洪水路，内外水分流，扩大下游排洪出路入海、入江，相机分淮入沂；沂沭泗水系扩大新沂河入海能力，安排洪水东调南下解决苏鲁排洪矛盾；辽河干流与浑太支流分别入海等措施都有开拓创新的思路。调整恢复了被黄河、运河打乱的河流水系，使防洪总体布局更趋科学合理。长江以南主要河流河势相对稳定，调整改变相对较少。

（6）进一步贯彻了"蓄泄兼筹，以泄为主"的方针；实施点、线、面兼治的综合防洪措施；推动了江河洪水风险管理和科学防汛调度的软硬件设施建设；提高了防洪减灾的整体能力和效益。

（7）对防洪减灾规划中长期存在的难题，如分蓄洪区的调整建设，非工程措施的加强和完善，洪涝关系的处理，山地丘陵区山洪灾害的防治，以及洪水资源化问题，进行了初步分析研究，提出了处理原则或处理方向，这些都是过去防洪减灾规划中被忽视的问题。

七、从新中国成立到 20 世纪末防洪减灾工作的评价

主要经验和教训。

1. 基本经验和作用

（1）半个多世纪，我国防洪减灾工作取得重大的成绩，并对社会经济发展发挥了重要作用。在 2000 年前，基本控制了常遇洪涝灾害。就全国而论，除了 1954 年、1963 年、1975 年发生特大洪涝灾害，对国民经济发展造成重大影响外，其余年份虽然局部地区遭受一定经济损失和人口伤亡，但对全国而言没造成重大影响。证明是：①在发生较大洪涝灾害的年份，农业特别是粮食仍然增产，如 1991 年、1998 年等著名大水年，粮食仍然增产，说明洪灾是局部的，在涝灾后很快恢复了生产；大水年一般平原地区大堤不决口，水库不垮坝，汛后尽快排水，农业仍保持增产，东部粮食自给率都有提高。黄河下游 1960 年伏秋大汛未决口。②黄淮海平原是灾害最突出的地区，但粮食增产迅速，很快扭转了南粮北调的局面。③基本保证了大中城市的防洪安全，除 1998 年九江被淹外，大中城市洪涝灾害损失较小。④基本保证了社会稳定。

（2）除"大跃进"期间外，提出并保持了正确的"蓄泄兼筹，以泄为主，综合治理"的防洪减灾方针，符合我国防洪减灾的基本形式（来水与泄洪能力和人口密集与土地紧缺的矛盾）。

（3）调整了防洪总体布局，恢复了被黄河、运河打乱的流域水系，逐步解决了历史遗留的重大问题（淮河下游，海河水系等）。

（4）充分利用了历史调查洪水，补充了水文站点不足，观测时间较短的缺陷，对选择大江大河防洪标准起了重要作用（基本上考虑了近 300～500 年内曾经发生过的大洪水）。

（5）对于超标准洪水，都作了规划安排，缓解和提高了防汛的主动能力（20 世纪 80 年代如黄河、长江、淮河、海河对付特大洪水处理方案）。

（6）减少了大量直接经济损失，1950—1987 年，减少损失 32 亿元，减淹耕地 9.47 亿亩，投入 262.5 亿元，投劳折资 182.92 亿元，效益投入比 7.08（含投劳，当年价格和工资水平）。

2. 主要失误和教训

（1）方针政策的失误，"三主方针"、"河流根治"、"高标准"、"大跃进"以来丢掉

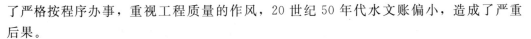

了严格按程序办事，重视工程质量的作风，20 世纪 50 年代水文账偏小，造成了严重后果。

（2）"大跃进"的遗留问题。

（3）急于求成，粗放建设，粗放管理，尾工、配套、遗留问题，长期难以解决。

（4）"五重五轻"、"大灾大治"、"无灾不治"的痼疾长期难以解决。

（5）两个 1700 万人口生存发展方向措施一直不明确，进展缓慢。

（6）重洪、轻涝；重平原轻山地丘陵区；重干轻支；重工程措施，轻非工程措施未得到及时纠正。

（7）重社会经济发展，轻生态与环境保护，特别是"大跃进"中"大炼钢铁"对森林植被产生了毁灭性的破坏，加重了水土流失；同时由于江河闸坝水库的修建，河道演变规律变化，河道萎缩，泄洪排沙能力下降，黄河下游特别显著。

（8）黄河三门峡水利枢纽的经验教训和补救措施值得深入研究。

八、当前防洪形势和主要江河存在的问题

当前主要江河大体上都完成了以工程措施为主体的防洪减灾体系，都存在着许多薄弱环节，多数还不能形成完整的体系，发挥整体防洪作用，即使在紧张的防汛抢险和采取临时分蓄洪措施的情况下，也难以达到防洪规划的目标。按防洪规划分析，七大江河遭遇历史洪水，曾经淹没的防洪保护总面积达 50.15 万 km^2，在现状防洪工程设施条件下，历史洪水重演，仍可能受淹 28.5 万 km^2，只能减淹 43.2%（这只是考虑工程设施在正常运用下，不发生意外溃决和不采取紧急抢险和利用临时性防洪措施的情况）。据分析，大江河在常遇洪水情况下尚有易受洪灾的面积 12.42 万 km^2，其中耕地约 9700 万亩，包括：江河湖泊洲滩自然泛滥区 2.8 万 km^2，经常启用的蓄滞洪区 14200km^2，低标准防洪保护区 8.2 万 km^2（其中 6500 万亩耕地）。这些易受洪涝的面积，是我们每年经常防汛的主要地区，也是经常媒体报道的主要灾区。

大江大河当前存在的主要问题：

大江大河防洪工程体系，尚存在薄弱环节，有不少河段和沿江城市未完成标准协调，干支流衔接的完整系统，难以发挥防洪整体作用；超标准洪水（包括超强台风）的对策欠明确，目标不明确，措施不落实；非工程措施水平低，不完善；受洪水威胁区的风险管理工作滞后；历史遗留问题有待进一步研究解决；山洪灾害的防治起步晚需加强；水利建设中带来的新问题：水沙变化、河道冲淤变化、河湖关系、洪水风险的转移。

1. 长江

三峡工程段投入运行，坝下游河道普遍发生冲刷，滩岸坍塌，险工失稳，主流冲深，或河势变动，造成新防洪风险，荆江河段尤为突出，增加了防汛的困难，急待及时加固改造；

江湖关系发生了变化（主要是洞庭湖、鄱阳湖区），河湖调蓄能力产生了变化，防汛方案需在原有规划基础上，及时调整修改；

在出现大洪水和特大洪水时，干支流水库的联合调度，分蓄洪区的启用程序，须尽早制定具体方案。

2. 黄河

由于上中游来水、来沙的变化和水库调蓄后洪水、泥沙过程的变化，河道冲淤特征变化，黄河下游河道和宁蒙河段，平槽泄量和河道输沙能力下降，主槽淤积加重，水位迅速抬高，产生了防汛的新问题；

下游滩区 180 万居民的安全和生产条件难以改善，处理方案长期不明确；

滩区"2级悬河"发展迅速，"生产堤"的存废举棋不定，增加斜河、横河、滚河的出现几率，对临黄大堤的安全造成不利影响，下游河道宽滩窄槽，缩窄河床，改变布局的方案，以及宁蒙河段的淤积等都须进一步研究。

3. 淮河

下游泄洪出路尚不完善（入江水道、入海二期、分淮入沂等），难以对付特大洪水。

中游因洪致涝严重，虽然干流防洪能力提高，但灾害损失仍无明显下降；分蓄洪区的调整和建设滞后，超标准洪水的处理方案仍不落实。（集中反映在中、下游排洪除涝与洪泽湖的关系中，现正在组织研究。）

4. 海河

行洪河道宽滩窄槽的维护与河口淤积的治理方案不落实。

行蓄洪区的调整（如分区运用）治理建设滞后。

超标准洪水对策不明确（1801 年北系，1794 年南系，1886 年滦河洪水）。

5. 松花江

干支流控制水库的建设与调整。

分蓄洪区与湿地保护的结合与运用方式。

城市防洪体系不完善。

边境河流（黑龙江、乌苏里河，图们江的护岸与治涝问题，国土保护问题）。

6. 辽河

辽河干流下游的淤积防治。

干支流水库的联合调度。

边境河流、入海中小河流的治理。

7. 珠江

干流控制水库修建滞后。

珠江三角洲防洪标准及自身解决能力以及三角洲地区河道挖沙引起的许多问题的研究。

背山、面河沿江城市防洪与市政建设的结合问题。

上中游修建堤防与洪水风险的转移。

8. 太湖

平原河网区，城乡界限消失后，如何提高防洪能力，河网淤积，防洪除涝与航运矛盾，防洪设施与城乡建设的结合问题。

九、远景防洪减灾形势预估

人类受洪水威胁和防洪减灾的问题可能是社会经济发展中的一个永恒课题，特别像中国这样一个幅员辽阔，人口众多的国家，每年"东方不亮西方亮"，都可能发生不同程度的洪涝灾害。人们永远要警惕洪水风险，要采取各种防洪措施，减少灾害损失。

新一轮的全国主要江河防洪规划，如果今年批准，估计 2020 年前后可以基本完成。按规划在保证工程设施和管理软件的质量前提下完成以后，中国防洪减灾的前景如何？这是一个令人十分关注的问题，初步估计预测可能达到以下情景：

（1）主要江河的河道流路、河势基本稳定，不致发生重大变化（黄河下游今后 100～200 年内不会改道），包括大江大河防洪总体布局将会长期稳定存在，不会发生重大改变；防洪总体形势不会发生突变，如黄河改道、荆江河段发生毁灭性灾害等。

（2）在各主要江河中下游平原盆地发生常遇洪水（10～20 年一遇）时，可在正常防汛下（不需动员大量人员上堤抢险）可安全度汛；在发生重大洪水（20～50 年一遇）时，在紧张防汛和动用少量分蓄洪区的情况下，仍能安全度汛，对社会经济的可持续发展和生态环境的总体安全不致产生明显影响；在遭遇 50～100 年一遇的大洪水和历史上曾经发生过的特大洪水时，除充分利用常规防洪工程措施（主要包括江河堤防和常规水库）蓄泄洪水外，尚须启用规划安排的分蓄洪区和临时启用的分洪、滞蓄场所，付出一定范围的临时淹没损失，在精心防汛、抢险、调度的前提下，不应发生意外的洪水泛滥和毁灭性的灾害，可将洪水灾害控制在社会经济可承受的范围内。但在这种洪水情境下，局部河段超标准行洪、部分水库超标准蓄洪是完全可能出现的，紧张防汛和临时抢险加固堤坝在所难免。防汛安全风险加大，洪水也可对局部地区生态环境造成一定影响。

（3）主要江河中下游平原易受洪水灾害的地区（估计 12 万 km^2，大约 1 亿亩耕地），每年将有部分遭受不同程度的洪水灾害，这是难以避免的。

（4）山地、丘陵区受暴雨山洪及其引发的山地灾害，是难以控制的，仍将成为主要洪灾类型，在积极采取监测、预防和部分移民避灾的措施下，可以大量减少人员伤亡和财产损失，但仍是防汛救灾的主要对象。

（5）东南沿海受风暴潮灾害区（大约 2.3 万 km^2），人口最为稠密，在一般强热带风暴登陆的情况下，仍将发生局部地区的洪涝灾害，在比较牢靠的防潮堤保护地区，采取临时性的防灾措施，仍可大量减少人员伤亡和财产损失；但在台风和更强大的风暴登陆时，仍将发生一定程度的财产损失和相当数量的人员伤亡，仍将是防汛救灾的主要对象。

（6）在江河行洪通道上，虽然可以严格控制人与洪水争地，但河道行洪能力的逐渐萎缩仍是大势所趋；同时江河阻水建筑物，主要是桥梁、码头，航道局部整治，城市近郊的绿化休闲地等所增加的阻水作用，仍会不断发生。加上河床泥沙冲淤变化等因素，河道行洪能力的日趋减少，在所难免。这是江河防洪安全的新挑战，应给予特别的关注。

（7）江河超标准的局部整治，河湖洲滩的开发利用，河床采沙等将产生防洪风险的转移。

以上种种情景，可能日新月异，给防洪减灾工作不断提出新问题、新要求。因此防洪减灾这个大课题，必须坚持不懈地开展研究，进行治理，通过技术的开拓创新，约束人类社会经济中助长灾害发展不良行为的法规政策的不断完善，真正达到人与洪水的和谐共处。保证人民生命安全，尽量减少财产损失，确保可持续发展。

（8）由于自然环境的变化和人类活动的加剧，江河水沙变化将是越来越快，波动幅面度越来越大。及时跟踪江河水沙变化的观测，及时进行分析研究，将是防洪减灾的重要基础工作。

（9）由于水情预报水平的提高，管理工作的加强，突发性的毁灭性灾害的几率将会明显减少，但仍有三种情况可能发生：第一，汛期特强暴雨（如63·8、75·8洪水）不能做到定时、定点、定量预报；第二，汛期高强度地震造成溃坝；第三，特强台风，造成难以防御的破坏，对于这三种情况仍需特别警惕。

十、结束语

在未来，防洪减灾思想将会更加明确普及防洪减灾体系更加完善防洪减灾管理工作更加到位防汛工作更加主动。但防汛工作应永远需要坚持不懈，才能保证社会的安全和稳定。

关于武汉市防洪工程、河道清障检查情况的报告

遵照部长指示，由防汛总指挥部办公室、水规院和水科院组成工作小组，于5月19—29日，对武汉市防洪工程和河道清障工作进行了检查，湖北省和武汉市防汛指挥部、水利厅、局和有关领导，对这项工作都十分重视，亲自组织了情况介绍，并共同进行了现场查勘。工作组着重对3个问题进行了调查研究，即：①武汉市江河设障情况，清障工作部署和进展。②武汉市江河堤防建设和管理。③江道整治研究工作与堤防建设和河道清障的关系。此外，对武汉市附近部分分蓄洪区的情况也进行了初步了解。在调查过程中，于5月24日参加了市防汛会议的总结大会。在检查结束时，向湖北省王利滨和韩南鹏两位副省长、武汉市赵宝江副市长和水利厅童文辉厅长等作了汇报，并提出了我们的意见。现将有关情况汇报如下。

1. 武汉市江河设障情况

武汉市在1954年大水以后，防洪大堤外的江河滩地，除建有驳岸码头外，没有行洪障碍。但随着城市发展，江河滩地被生产建设部门逐步占用，由临时堆场到永久建筑不断发展。特别是60年代后期至今，由于管理不严，规章制度废弛，政出多门，滩地不断设障，影响行洪，严重威胁城市防洪安全。突出的问题是：不顾江河防洪安全，不遵守城市规划总体布局原则，在江河洲滩上填滩扩滩，随意修驳岸、建厂房、仓库、堆场，修建阻水码头，在行洪滩地上围垸垦殖，显著地减小了江河行洪能力，此外，在堤防堤脚安全范围内修建防空洞、打井、埋坟等造成隐患。具体情况是：

（1）市区滩地，据不完全调查统计，共占用 208 万 m^2，为设防水位（武汉关 24.5m）以上滩地总面积的 70%，其中货场占用 135.9 万 m^2，各种建筑物占用 72.2 万 m^2。部分江段，情况十分严重，如：汉口江岸区武汉关至麻阳街堤段，长 3570m，以 1962 年与 1980 年对比，外滩宽度由 30～40m，扩宽到 180～200m（个别段宽 250m），高程（吴淞标高）由 23～24m 增加到 26～27m，面积由 12.5 万 m^2，增加到 67.83 万 m^2。这一段有 44 个单位，占用滩地达 53.9 万 m^2，占滩地总面积的 79.5%，其中货场、仓库、车间、办公室、垃圾、堆场等占用 40.7 万 m^2。有 11 个单位远离老驳岸修

原文系作者受水利部派遣于1986年5月检查武汉市防洪与河道清障工程时的调查报告。

建新驳岸长达 1840m，占堤线长度的 51.5%。市交通局码头管理所对 20 个单位（长航系统、市轮渡和园林部门除外）征收滩地费，年金额达 24.57 万元，收费的面积达 18.7 万 m²，所收费用从来不用于维护堤岸和滩地整治。又如：汉江入长江的出口段，江堤为混凝土防洪墙，历来堤岸合一，没有外滩，由于装卸作业单位在护岸工程上逐年填土倒渣形成货场，环卫部门倾倒垃圾和下水道淤泥，沿岸已形成人造高滩，宽达 16～30m，堆积物约 3.5 万 m³。汉江此段河宽一般 300m 左右，这些堆积体形成矶头，缩窄了过水断面。武昌一侧江岸，占用滩地最严重的是武钢自七号码头至工业港附近，共长 11000m，在外滩已形成一段特殊的作业区，建有货场、仓库和部分公用楼房，最近又在工业港附近将 300 多 m 的江滩填高 3m 左右，建成 8 号和 9 号外运码头，缩小了河床排洪断面。此外，也还有几处煤场堆渣和造船厂滩地建房，直接影响排洪。

（2）市郊区县，围滩垦殖，共有大、小圩垸 49 处，总面积 7.35 万亩，一般滩地高程 23.5～25.5m，圩垸堤顶高程为 26～29m，堤顶宽 1～4.5m，大部分是 70 年代以来逐步形成的，绝大多数圩垸内尚无定居群众。问题比较突出的有三处：一是在杜家台分洪区的汉阳县境内，有大、小圩垸 16 处，面积 225.8km²，占该县所属面积的 60%，对分蓄洪不利；二是长江北岸支流举水下游河床有圩垸 13 处，将一千余米宽的行洪河床，许多河段缩窄至 130～470m，使排洪能力从 5000 多 m³/s 下降到 3000m³/s 左右；三是东荆河口，交通部门修建跨越行洪河滩高达 2m 左右的公路，已完成 900m，发觉后，已停工，这段河滩已由大队成片造林，对行洪均极不利。

此外，市区堤防两侧安全范围内，60 年代后期以来修建防空洞、打井、埋坟比较普遍，这几年已分别作了处理，经 1983 年洪水考验，险情已显著减少，汛期仍应加强观测防守。

江河设障，给防洪带来了明显的影响：首先是降低了江河排洪能力，据长办分析，武汉市长江河段的安全泄量已由 1954 年的 76100m³/s，降至 70000m³/s 左右；据武汉市防汛指挥部分析，如果再出现 1954 年的 76100m³/s 洪峰时，武汉关水位将达 30.32m，比当年最高水位 29.73m 高出 0.59m。河段泄洪能力下降，水位升高，原因很多，但人为设障是重要原因之一。其次是加速了河势变化，促使险工险段的不稳定。汉口江岸 60 年代以来，河势变化，汉口一侧边滩不断淤涨，但人为填滩占滩，促进了边滩淤积速度，由于边滩不断外延，又为占用滩地提供了条件；由于加速了左岸（汉口侧）淤积，同时也就加剧了右岸冲刷，长江主流深泓线逼近武昌堤岸，险段冲刷加剧，武昌一些老的驳岸基础崩坍，出现新的险情；武钢新建码头，也将引起天兴洲尾的不稳。

江河洲滩人为设障，不断增加，造成了相当严重的后果，原因很多，除文革期间管理规章制度废弛，无政府主义泛滥严重外，当前最主要的问题有：①管理体制混乱，多头管理，政令不一，责任不明。有四家在管理江河滩地，除防汛部门管理堤防外，城市规划部门划红线，市交通局码头管理所划滩地征收滩地费，交通部航政处批水域，武汉市河道整治办公室也审批江岸使用申请，各有各的法令，各有各的办法，互不统属。1984 年底，省人大通过《武汉市市区河道堤防管理条例》，明确了防洪部门的权利和责任，但至今尚未得到全面贯彻执行，多头管理问题也未完全解决。②管理工作松弛，很不得力，也缺乏必要的强化手段，致使有法不依，执行不严，长期乱占滩地的现象未能得到有效控制。

2. 清障工作的进展

（1）最近几年来，省市领导和防汛部门不断抓了清障工作，收到了一定效果，（如1981年清除汉江干堤罗家墩的挑流阻水码头，1982年刨毁张公堤外府环河阻水圩垸，1981年比较彻底地处理了大堤附近的防空洞、废井和迁走了大量坟墓，1985年拆除占地30亩的违章船厂一处），但多数人为设障没有清除，新的不断设障也未得到有效控制。

（2）去年底，国务院批转水电部关于清障的文件和全国清障会议以后，湖北省和武汉市行动快，抓得紧，省委、省府专门发了关于做好1986年防汛抗灾工作的指示，强调指出："采取断然措施，坚决清除行洪障碍，处理违章建筑"。市防汛指挥部专门召开了河道清障工作会议，主管防汛的副市长会同省水利厅的领导同志，亲自检查了河道设障情况，部署了第一批清障项目，建立了清障工作的专门班子，5月份以来，又请新闻单位积极配合，搞好舆论宣传，报纸、电台、电视台连续现场采访播放情况，并邀请有关人员座谈河道清障的重大意义，舆论宣传的帮助，对河道清障起到积极推动的作用。目前沿江一些在江滩正在修建的新的违章建筑，已开始拆除，严重影响行洪的垃圾堆、煤渣堆正在清除，今年清障的第一仗已经取得明显进展，对刹住任意占滩设障的歪风有一定作用。

（3）最近市召开了防汛会议，对清障工作做了新的部署。提出河道设障处理原则是：根据城市规划布局和防洪安全的原则，区分情况，分批限期处理。对确属不应在外滩作业的单位，限期拆除；对虽符合规划布局但影响泄洪的建筑物，必须按行洪要求进行拆除或改建；对江滩围垸垦殖，确属影响行洪的必须坚决拆除，其他圩垸按规定水位扒口行洪，圩堤不得继续加高。今年的清障工作，以1980年8月19日市政府对江滩管理的布告公布后的违章单位为对象，首先清除1983年汛后出现的违章建筑。按照"谁设障、谁清除"的原则，落实清障的岗位责任制，市、区、县各级领导都要抓一批重点清障项目，分头负责，一抓到底。根据以上精神，安排各区县今年的清障项目，要求积极行动，清一处，验收一处，消号一处，登记一处，记录存案。

3. 武汉市堤防加固整修情况和存在问题

武汉市长江和汉江堤防总长度489.59km，主要支堤330.25km。其中市区确保干堤178.5km，自1974年以来，逐年进行加高加固，1982年经水电部审查、国家计委正式批准按1954年武汉关最高洪水位29.73m加超高2m作为加高加固的标准，国家计委每年安排投资700万元，作为对地方项目的补助。最近几年，武汉市防汛指挥部对此项工程抓得比较紧，截至1985年底，累计完成土方1252万m^3，抛石3.5万m^3，砌石护坡22万m^2，新建驳岸3300m，涵闸38座，道路20万m^2，累计完成投资6895万元，占总投资11500万元的60%，市区确保干堤已经达到设计标准的（即超高达到2m的）有91.4km，占总长的51.2%，超高达到1.5m的有51.2km，占28%，其余堤防超高尚小于1m。堤防管理养护，一般较好，少数堤段堤脚尚未划定管护范围，或被占用，缺少防浪林带，极少数堤段，如汉南区所管部分堤防，堤坡冲沟未及时维修。

当前存在的主要问题是市区确保干堤尚有 35.7km 超高小于 1m。其中汉口市区武汉关以下 11.2km（其中混凝土防洪墙 7.8km，土堤 3.4km），汉江铁路桥以下 3.5km 最为重要，人口密集，堤内地形低洼，防汛抢险十分困难，是武汉堤防工程中最薄弱的环带，急待加高加固。汉阳长江、汉江堤防尚有 5.6km 超高不足 1m，已安排计划。武汉大桥上、下也有 7.7km，超高不足 1m，但堤内地面高程较高，风险不如汉口堤段，现在正在落实加高加固技术方案。

4. 堤防建设、江河清障与江道整治规划研究关系

在调查研究武汉市防洪清障问题的过程中，汉口市区武汉关以下堤防推迟加高加固和边滩不断人为填高难以制止，据说与武汉江段今后整治方案有关。此事，有关部门如武汉市防汛指挥部、湖北水利厅和长办等单位，均未正式提出，只是部分同志在会后有所反映。我们感到问题比较复杂，而且国务院曾明确规定，此事由湖北省人民政府负责提出方案，报国家计委审批。因此，我们只作了一般了解，对与当前武汉市防洪清障有直接关系的问题，我们提出了意见。

武汉江段整治问题，自 1984 年国务院批准成立技术委员会以后，在武汉市政府下设立了一个"武汉河道整治办公室"，由它组织进行河道整治方案的研究，1985 年 6 月召开了技术委员会第一次会议，对办公室提出的单一河道整治方案进行审议。由于意见未取得一致，会议纪要至今没发出。从各方了解，对武汉河段河势演变分析结论，整治原则、具体技术方案和技术可靠性的验证等方面，都有不同的意见，对于整治工段经费可由填滩造地售出的设想，多数人认为靠不住。武汉江段的整治有其必要性，但已提出的方案，技术上是不成熟的，经济上也缺乏必要的论证，今后尚须做大量的前期工作，即使方案成熟了，从开始整治到基本完成也需要相当长的时期。从现在起到按新的河道整治方案基本完成，这一很长时期内，要靠现有堤防防洪，现有河滩行洪。因此，我们提出：武汉江段整治方案的研究工作应与当前市区堤防加高加固工程和河道清障工作完全分开，不要互相干扰。即整治方案的研究编制应按 1984 年 11 月 3 日国务院（84）国函字 2 号文"关于湖北省成立长江河段河道整治工程技术委员会的批复"精神，抓紧进行前期工作，提出成熟的可供选择的方案，按基建程序，由省人民政府报国家计委审批。在整治方案未批准前，汉口江段的堤防应按已批准的计划完成，汉口和其他地段的江滩，要严禁违章占用和任意填高。以上意见，我们在向省市领导汇报时已明确提出。关于长江武汉河段的"单槽治理方案"，我们请水科院尹学良同志作了比较具体的了解，他整理了一份报告，我们基本同意他的观点，报上请审阅。

除以上情况外，我们看了几处分蓄洪区。武汉市管辖范围内的分洪区共有 4 处（东西湖、杜家台分洪区的大部分、张渡湖、武湖）总计 1530km²，现有人口 64.5 万，耕地 132.3 万亩，有效分洪量 62.35 亿 m³。我们看了东西湖，杜家台分洪区和张渡湖的部分地区，这些地区近二三十年来，开发性建设搞得很多，排水灌溉设施不少，但防洪建设很差，如东西湖堤防现在只能防御 28.28m 的洪水位，达不到计划分洪的目的，张渡湖缺乏分洪的起码准备，分洪口门未定，沿江村庄密集，分洪区内道路和安全设施均较缺乏，内部建设没有考虑分洪的要求，盲目发展。各地要求中央防总考虑他们的实际情况，支持他们搞非工程措施的建设。

根据以上情况，我们在 5 月 29 日下午给省、市领导汇报时，提出以下意见：

（1）肯定了今春以来省、市对防汛清障工作的作法和部署，要求利用当前有利时机，认真抓紧落实，坚持抓下去，在大汛到来之前，清障工作应取得显著进展，要害部位的障碍，如东荆河河口的高路基，必须在汛前完成。

（2）加强河道堤防的管理，要重视经常性的养护维修，对于未被占用的滩地和清障后的滩地要严格管理，防止新的设障，未被占用的滩地可结合城市规划中道路、绿化的需要，在不影响行洪的原则下，加以利用，河道堤防管理部门对破坏堤防、河滩设障、不制止不报告，听之任之，今后应追查责任。

（3）建议武汉市政府尽快对 1984 年 12 月 21 日省人大常委第 12 次会议通过的《武汉市区河道堤防管理条例》制订颁布实施细则，使该条例得以贯彻落实。同时建议省水利厅提请省人大常委会制定一项适用于全省的河道堤防管理条例。

（4）建议武汉市抓紧加高加固汉口地区超高小于 1m 的堤段，尽快达到设计标准，汉口外滩严格禁止任意填高扩滩。

（5）要进一步对防洪工程设施进行检查，按期完成各项防洪工程加固整修任务，注意工程质量。

（6）做好防特大洪水的准备，分蓄洪区必须立足于分蓄洪，要严格控制进入分蓄洪区的人口和与分蓄洪区本身生产发展无直接关系的工厂企业的建设，各种建设必须适应分蓄洪的要求。汛前要做好分洪口门的选择、制定群众撤退疏散的方案。同时要对分蓄洪区群众进行宣传，使群众了解分蓄洪的要求。

以上意见，省政府王立滨副省长和赵宝江副市长都表示同意，并要求市防汛部门研究落实，并提出以下几点意见：①武汉河道整治关系很大，希望防总有个明确的态度，对大的方案研究，学术性的问题，不要和当前防洪工作搅在一起；②武汉市中央大单位很多，省里工作有困难，希望防总能制定几条规定发下去；③水利要赶快立法，分洪区分洪为全局，各部门和上级都要负担，分洪区 30 多年还是老样子，有问题要解决时老是向人乞求，这不行；④希望汉江遥堤加固列入计划；⑤杜家台分洪区不要搞成第二个东西湖。

通过这次对武汉市防洪工程和河道清障工作的检查，有几个问题值得提出和研究：

（1）由于社会经济的迅速发展，河道堤防管理问题很多，单纯禁止使用行洪河滩是行不通的，放任自流更不行，需要尽快制订"防洪法"，对保护滩地和如何利用滩地要做出明确规定。如果"防洪法"一时难以通过施行，可否由中央防总先拟订若干比较简单的原则性规定，先下发使用。

（2）现在滩地造林很普遍，在"森林法"中也提倡利用荒山荒滩造林，后果是十分严重的。建议政策研究室能与林业部商量，并在"防洪法"中对行洪滩不许造林作出明确规定。

（3）长江武汉江段河势不稳，汉口边滩淤涨，武昌江岸崩坍，天兴洲南北两叉北衰南兴的趋势继续发展，这些现象直接影响防洪安全和航运的发展，很不适应武汉经济发展的要求，因此积极研究江道整治是必要的。但是，这一问题关系重大情况复杂，需要进行大量前期工作，弄清上下游、左右岸、工农业的各种关系，而且也不能只研究"单一河道"一种方案，应当对可供选择的各种方案，进行必要的试验论证，充分发扬技术民主、广泛征求各方意见，选出最优方案，然后按基建程序，由湖北省人民政府报国家计委审批，以便争取早日实施。现在这种由一个行政性的"整治办公室"进行研究，在方案不成熟的情况下，就大肆宣传，要求江岸开发利用均按"单一河道整治方案"安排，把当前防洪问题与将来的河道整治搅在一起，是不妥当的，也不利于河道整治方案的研究。建议请湖北省人民政府按 1984 年国务院关于成立河道整治技术委员会的批示精神，认真抓一下这项工作，河道整治技术委员会可作为甲方，把这个项目交给一个受行政干预较小而有相当试验研究能力的科研或设计部门，作为乙方进行方案论证。这样有利于工作的开展。

（4）根据赵总理指示精神，要尽快研究分蓄洪区安全设施建设和管理运用政策。此事湖北省很关心，但着眼于中央给钱修楼房，而对存在问题和发展方向缺乏调查研究，提出的要求一般过高过急，不切实际。建议组织一个专门的班子进行全面调查研究，总结经验，编制规划方案。

（5）武钢在修建 8 号和 9 号码头，事前没有征求长办和防总意见，而由省领导和冶金部批准实施（但未见正式批文），已经影响行洪。据了解，现在长航又要在 9 号码头下游侧，填高江滩，修建 12 万 m^2 的外贸仓库，此项目已在设计中，长办和防总均未预闻。关于此事，在我们向省、市领导汇报时，曾提出像这样影响很大的项目，希望研究方案时与防总通气。看来，防总是否需要根据这次了解情况正式提出：在武汉河段整治方案未经国家计委批准前，有关单位必须在这段河道内或江滩上（沌口—杨逻）修建、扩建各种建筑物时，须报告湖北省防汛指挥部会同长办和武汉市防汛指挥部审批。重大项目报中央防总、国家计委备案，否则以违章论处。请考虑。

以上意见，请阅示。

作者注：参加本次检查工作的有徐乾清、张英、尹学良、陈清濂、梁志勇、李坤刚、李尔丰。

长江荆江河段江湖关系的演变和洞庭湖区防洪问题的探讨

洞庭湖和江汉平原地区，圩垸平原面积 2.5 万 km^2，是商品性粮食和棉麻油料等经济作物的重要生产基地，在湘、鄂两省以及全国农业生产中都占有重要地位，也是武汉、沙市、宜昌、岳阳、长沙等大、中城市工业发展所依赖的基础。荆江河段防洪安全与这一地区的经济发展息息相关，是长江流域防洪的关键所在。解决荆江河段的防洪问题，不仅要着眼于荆江大堤的安危，而且必须看到与洞庭湖区发展前途的重大关系，防洪建设必须江湖两利、南北兼顾。仅就江湖关系的变迁、洞庭湖区的发展前途，对荆江河段防洪措施影响，作一点初步探讨。

1. 江湖关系的历史变迁对荆江河段防洪的影响

（1）长江自枝城至城陵矶为荆江河段，全长 337km，藕池口以上 167km 为上荆江，藕池口以下 170km 为下荆江。荆江两岸史称云梦泽，原为连绵不断的大小湖泊和沼泽，河湖不分，洪水自然消长。根据历史地理方面的研究，自春秋战国以来，逐步垦殖开发，从先秦时代方九百里的云梦泽到魏晋南北朝时期仅余三四百里范围（见《中国自然地理·历史自然地理》），东晋永和年间（345 年）江北始筑堤防，至宋代堤防渐形成荆江大堤的雏形，但南北两岸均留有穴口分泄江流。《湖北通志》记载："荆州九穴十三口分泄江流，宋以前诸穴皆通，故江患差少。……"，至明中叶嘉靖年间（约 1524 前后），北岸通江穴口全部堵塞，北岸初步形成连续的荆江大堤，南岸仅留虎渡、调弦两口与洞庭湖相通。洞庭湖原来湖面较小，唐初（约 600 年）以前，历史文献尚无水利水患的记载。随着沿江堤防逐渐发展，江湖逐步分开，洞庭湖也逐渐扩大，至宋庆历年间（1041年）始有修堤记载，以后洪水灾害屡有记叙。自明中叶通江穴口大部堵塞，南北易势，灾情频繁，江湖关系发生显著变化。其变化情况，大体可分两个阶段：自明中叶至清末叶大约 350 年间（1524—1873 年），即四口（松滋、虎渡、藕池和调弦等四口）分流入

原文系作者在长江三峡工程可行性认证期间（1986 年 10 月）对洞庭湖区进行实地考察后所寄汇报材料，后印发认证小组参考。发表于《湖南水利》1988 年增刊。

洞庭湖的局面形成之前为第一阶段。在此期间，荆江河道顺直微弯，整个下荆江只有两处大弯道，上下荆江泄洪能力大体平衡：洞庭湖出口受荆江来水顶托，湖区地势低洼，逐渐形成浩瀚水域，1644—1825 年间湖水面积达 6000km²，湖区大洪水时容积估计在400 亿 m³ 以上；由于荆江南岸地势较高，虽有漫溃，但未形成新的较大分流口门，湖区分水分沙较少，淤积速度较慢，同时洞庭湖区人口较少（湖南全省明末人口约 200万，清末增至 2000 万，估计湖区分别为 20 万和 150 万人左右），湖区水灾虽然增多，南北矛盾有所发展，但并非十分尖锐；荆江北岸，由于通江口门减少，江汉平原淤积变缓，地形与南岸比较，愈来愈低，沿江防洪负担愈来愈大，大洪水时往往"舍南救北"（"舍南救北"，有具体记载的始于宋代）。第二阶段，自 1852 年藕池溃口始，经 1860 年特大洪水形成藕池河，1870 年特大洪水松滋溃口，至 1873 年堵而复溃，逐形成松滋河，至此四口分流入洞庭湖的局面形成，大量泥沙进入洞庭湖，南北矛盾急剧尖锐，两湖水利纠纷不断发生。湖广总督张之洞 1890 年奏折中对四口分流局面形成后的江湖形势曾作如下概括："荆江北岸堤防之患稍舒，而江水入湖挟泥沙以南趋，……淤洲日宽，湖面日狭，内水阻隔不消，滨湖州县胥受其灾"。与此同时，下荆江由于分流，日渐弯曲淤浅，泄洪能力大减；洞庭湖区迅速淤积，湖面逐步缩小，新的洲滩不断淤高扩大，由于人口剧增，自清末至 1949 年前，围湖垦殖屡禁屡增，湖泊调蓄能力急速下降，1949 年前夕湖面已缩小至 4350km²，高水容积 293 亿 m³。至此，洞庭湖明显趋于萎缩，荆江两岸洪水威胁与日俱增。

（2）1949 年以来，江湖关系依旧，但发展形势有所不同：一方面水利建设大大加强了江潮防洪能力，实际水灾明显下降；另一方面，人口增多，经济发展，人类活动大大加速了自然湖泊洼地的萎缩速度，湖面急速缩小（包括江南江北），洞庭湖区淤积加剧，江道泄洪能力下降，洪水潜在威胁不断增加。根据长江水利委员会 1955—1981 年的统计，四口（调弦口已于 1959 年建闸控制）年平均分流入湖水量 1105 亿 m³，占枝城来量的 24.7%，占洞庭湖入湖总水量的 36.7%；四口年平均分沙入湖量为 1.582 亿 t占枝城来量的 28.5%，占入湖总沙量的 82.3%（入湖总沙量的 75% 淤于湖内约 9800万 m³）。四口分水分沙量的 90% 以上集中于汛期。1949 年以来，江湖关系的变化，也可分为两个阶段：1967—1972 年下荆江系统裁弯之前，沿江与两岸湖泊连通的口门大多数逐步建闸控制；洞庭湖区结合洪道整治、堵支并流和兴建蓄洪垦殖工程，天然湖泊面积缩小了约 1500km²，江湖自然调洪能力大为下降。

下荆江系统裁弯以后，江湖关系发生了新的变化：

1）三口（松滋、太平和藕池等三口）分流分沙逐年减少：裁弯前（1955—1967年）四口分流量占枝城来量的 29.7%，分沙量占枝城来沙量的 35.5%；裁弯后（1968—1981 年）三口分流量占枝城来量 20.0%，分沙量 22.8%；分水分沙大约都减少了 1/3 左右。三口中以藕池口减少比例最大，裁弯前藕池口分水分沙量分别占三口分流分沙总量的 47.5% 和 59.6%，裁弯后分别占 31.4% 和 43.5%。松滋口跃居三口分流分沙的首位。由于分流分沙的变化，藕池河急速淤积，其西支安乡河每年断流 200 多天，松滋河泄量，变化较小，西洞庭湖区各排洪河道淤积加重。整个洞庭湖区裁弯后比裁弯前每年少淤积约 5000 万 t 泥沙（减少 30% 左右，约 3000 多万 m³）。

2）下荆江系统裁弯后，上下荆江水面比降增大，主河槽断面扩大，泄流能力明显增加，汛期石首以上水位显著下降。下荆江系统裁弯对荆江河段的防洪和下荆江河势发展都是有利的。

3）城陵矶至汉口河段，由于洞庭湖淤积减少和荆江河段的冲刷，本河段有淤积现象，河道泄洪能力下降，螺山站水位抬高。（从历史资料分析，在相同高水位的情况下，如城陵矶水位 32～33m，汉口水位 26.2～27.3m 时，1937 年与 1983 年实测水文资料对比，城陵矶以下泄量从 75000m³/s，减少到 50000m³/s 左右，裁弯以后，这种趋势仍在继续发展）。

4）由于下荆江泄量的增加和螺山站泄量的减少，对洞庭洞出流加大了顶托作用，洞庭湖有泄量减少水位抬高的趋势。因此下荆江系统裁弯对洞庭湖区而言，既有减少淤积的有利一面，又有出流不畅的不利一面。（湖南省水利界对下荆江继续裁弯就有主张和反对两种不同的看法。）

（3）根据历史演变，荆江河段江湖关系具有以下特点：

1）江湖分开，促使了荆江南北两岸湖泊的相互消长和逐渐萎缩。北岸湖泊沼泽面积的缩小，江道水流的集中，加上江湖不断淤积，江水位不断抬高，加重了对洞庭湖口出流的顶托，促使了南岸洞庭湖面积的扩大。根据考古部门和长江水利委员会的研究，荆江洪水位在近 5000 年以来，已经产生了较大幅度的上升，其变幅达 13.6m。上升过程可划分为三个阶段：即新石器时代至汉代为相对稳定阶段；汉至宋为上升阶段；宋末以来为急剧上升阶段。三个阶段的平均上升率分别约为 0.0087cm/年；0.16cm/年；0.39cm/年。自明代至 20 世纪 50 年代初期，洪水位抬高约 5m。在近百年来，在大体相同的洪水情况下，汉口水位抬升约 2m。

2）两岸（特别是南岸）分流量占荆江总来量比重的大小，对荆江河势发展有密切关系。分流量小，上下荆江泄流能力趋于平衡，荆江河段，特别是下荆江河段，河道较顺直，泄洪能力加大；反之，分流量大，下荆江淤积弯曲，泄洪能力下降。

3）南岸分流量增加，加速了洞庭湖区的淤积，西洞庭湖区的排洪河道首遭其害，湖面向东向南压缩，容蓄能力减小，湖区洪水位不断抬高，被迫增加出湖泄量，反过来又顶托荆江水量下泄。

4）荆江和洞庭湖的洪水下泄均受城陵矶至汉口江段泄洪能力的制约。下荆江来量小，则洞庭湖出流大；下荆江来量大，则洞庭湖出流小。从全局看，保持和改善城陵矶至汉口江段的泄洪能力至关重要。

总括上述分析，荆江河段的防洪问题，在于支流上游洪水没有得到有效控制前，荆江河段防洪形势只能处于被动状态，南北矛盾很难解决，洞庭湖区不可能找到长治久安的出路。从长远发展看，必须将宜昌至汉口河段作为整体考虑，要把控制长江上游和四水上游洪水、加高加固荆江大堤、控制四口向南分流、下荆江河道整治、城陵矶至汉口段河道整治和分蓄洪区的运用密切结合起来统一研究，配套安排，制订合理的联合调度法规，才能做到江湖两利南北兼顾，并取得防洪的较长远效益。

2. 洞庭湖区当前防洪存在的主要问题和洞庭湖区的发展前途

洞庭湖区泛指荆江河段南岸海拔高程 50m 以下的湖区盆地，总面积 18780km²，其

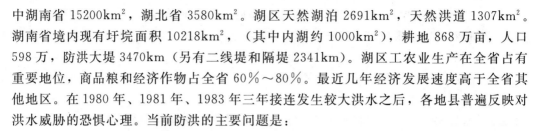

中湖南省 15200km²，湖北省 3580km²。湖区天然湖泊 2691km²，天然洪道 1307km²。湖南省境内现有圩垸面积 10218km²，（其中内湖约 1000km²），耕地 868 万亩，人口 598 万，防洪大堤 3470km（另有二线堤和隔堤 2341km）。湖区工农业生产在全省占有重要地位，商品粮和经济作物占全省 60%～80%。最近几年经济发展速度高于全省其他地区。在 1980 年、1981 年、1983 年三年接连发生较大洪水之后，各地县普遍反映对洪水威胁的恐惧心理。当前防洪的主要问题是：

（1）湖区淤积速度很快，洪道行洪不畅，湖面缩小，容蓄能力下降，蓄泄严重失调。根据湖南省设计院分析，洞庭湖区多年平均入湖泥沙 13350 万 m³，出湖 3510 万 m³，湖内淤积 9840 万 m³，湖底河床平均抬高约 1m。目平湖、南洞庭湖 1952—1976 年湖底平均淤高 2m，已逐渐成为沙洲；东洞庭湖入湖各河三角洲迅速向湖心延伸如藕池河东支滋口河三角洲 24 年间向东洞庭湖推进了 13.5km，淤宽 15km，淤高 2.5～5m，现在东洞庭湖东西宽不过十余 km。天然湖泊面积已从 19 世纪初的 6000km² 缩小到解放初期的 4350km²（容积 293 亿 m³），现在仅剩 2691km²（容积 174 亿 m³）。现在湖泊中，芦苇、草滩、白泥滩（未长草的枯水滩地）和枯水湖面各占 1/4；行洪河道中大部分为苇洲草滩。据有关资料分析，芦苇草滩平均淤积速度比白泥滩和水下湖底淤积速度高出 1～2 倍。沙洲的发展（现在每年新出洲滩约 6 万亩）促使芦苇的扩大，芦苇的扩大又加速了淤积的速度。近年来虽然不再围垦，但各种形式的利用洲滩，形成各种行洪障碍，加剧蓄泄矛盾。当前岳阳水位 33.5m 时相应天然湖泊容积 174 亿 m³，1983 年汛期底水较高，调洪容积仅 55.4 亿 m³；在特大洪水年份洪水主峰到来之前，底水可能占用大部容积，对主峰的调洪容积更小。由于整个湖区行洪和蓄洪能力的逐年下降，只能靠不断加高加固堤防，承担更大防汛风险来维持现状。

（2）洞庭湖区西部，为荆江三口分洪分沙入湖的主要通道，平行并列的排洪河道有 7 条之多，各河道行洪能力高达数千秒立米；据常德地区材料，全地区防洪大堤长达 1080km（约为荆江大堤长的 5 倍），保护人口 230 万，耕地 320 万亩，河湖每年淤积约 3000 万 m³，平均每年淤高 7.4cm（与黄河下游相当），1949 年以来平均加高堤身 2.52m，而河湖平均淤高 2.7m。80 年代以来，部分圩垸最高洪水位多次超过 1954 年最高洪水位，如沅江常德超过 1.52m，澧水津市超过 2.24m。现有堤防高度一般 5～8m，相当长的堤段高达 10m 以上，不少堤段外无滩地，内连坑塘，堤坡与主泓河床边坡合一，堤防稳定性很差，经常出现塌堤滑坡现象，加高加固难度很大。数十年来，虽然堤防坚固程度大为改善，但防洪标准提高有限，防洪风险反而增大。这种加堤与河湖淤积相竞争、洪水威胁不断加剧的局面，其严重程度与黄河下游极为相似，而堤防修守的困难又超过黄河下游。

（3）整个湖区防洪战线长、洪水历时长、水位高、标准低，群众修堤防汛任务艰巨，负担很重。全湖区现有防洪大堤 3470km，加上隔堤间堤共达 5812km，其中 1691km 尚未达到 20 年一遇的标准，还有险段 1291km，大水年份超出警戒水位的时间比鄱阳湖区长达一倍。一般年份群众修防负担占生产用工的 30% 左右，修防费用占生产开支的 20% 上下。负担最重的湖西地区，如安乡县，1949 年以来平均每年修堤投工 210 万个，防汛投工 60.5 万个，每年冬修和防汛投入全县 1/3 以上的劳动力（约 6 万人），干 70 天以上。最近几年除出劳动力外，平均每户还要负担现金 70 元左右。由于负担过重，自 1983 年大水以后，全县共迁走约 3 万人，年末人口逐年减少。

（4）洞庭湖口泄洪能力有逐年下降的趋势，在遭遇大水时进多出少，必须牺牲部分圩垸分蓄洪水，但均缺乏安全设施，分洪损失很大。

从江湖关系的特点和湖区存在的问题看，在荆江河段防洪格局维持现状的情况下，即使不再围垦湖河，洞庭湖区自然湖泊必将继续走向萎缩，湖区洪水位越来越高，出湖泄流条件很难改善，大洪水时牺牲大片农田分蓄洪水是不可避免的。但是湖区居民为了生存和发展，必将不惜代价拼命修守堤防，决不轻易分洪，一旦防守不住，圩垸漫溃分洪，人民生命财产的损失将十分巨大，部分地区会形成毁灭性灾害，数十年建设成就会毁于一旦，而多年难以恢复。这种局面对江湖都是十分不利的。

历史上研究洞庭湖区的治理，均着眼于调整江湖关系。1860 年以前，曾有重开九穴十三口与堵塞九穴十三口之争，1860 年以后则有塞口还江与废田还湖之争。这些争论都因无法改变荆江河段防洪的基本矛盾——洪水来量远远超过河道泄洪能力，而无法得到解决。现在，江道已经固定，江汉平原和洞庭湖区人口和经济发展水平彼此相当，舍一方保另一方的措施，既行不通，也不合理，江汉平原不允许重开通江口门，洞庭湖区也绝难废田还湖。任何一方堤防漫溃都可能造成巨大损失和大量人口伤亡。解决荆江防洪问题已迫不及待。就整个荆江河段而论，在尽力加高加固堤防，保持和适当增加泄洪能力的前提下，力争尽快修建干支流水库（包括三峡工程）控制洪水和泥沙来量，控制四口分流分沙入湖，延缓洞庭湖淤积，整治宜汉河段，可能是解决荆江洪水问题主要的出路。从现在的技术经济条件来看，也是可以做到的。

就洞庭湖区局部而言，以下战略性的措施是值得考虑的：

（1）必须釜底抽薪，控制四口，减少入湖水沙。在目前情况下，四口建闸在汛期减少入湖水沙，可能加重荆江防汛负担和增加局部江道淤积，如果三峡工程早日兴建，这个矛盾就可解决。三峡工程运用的初期，水库拦沙较多，下泄泥沙减少，有利于宜汉江段的调整和整治。四口中首先应当考虑松滋口建闸，除直接减少湖西区排洪河道的淤积外，大洪水时可以使松滋河来水与澧水洪峰错开，大大减轻松澧洪道的负担，其作用可能不小于澧水的一座大型水库。

（2）进一步整治行洪河道，合理堵支并流，缩短防汛战线，集中水流有赖于保持行洪河道的行洪能力。现在所以难以进行，主要是四口分流入湖河道，上下游矛盾较多，上游对下游堵支并流顾虑很大。如果三峡工程尽早建成，为解决这种矛盾创造了有利条件。

（3）严格禁止围垦湖河和行洪河道设障，制订合理利用沙洲河滩的规划和政策，并严格控制管理，使洞庭湖区不再人为缩小自然河湖面积，长远保持河湖的行洪能力。长江干流河滩沙洲也应严格管制，力争江道泄洪能力不再减小。这对江湖都是极为重要的。

（4）从洞庭湖区长远发展战略考虑，湖区圩垸都要从特大洪水时堤防可能漫溃分洪出发，在生产布局（特别是修工厂）和生活设施建设方面要考虑安全问题和搞好安全设施。要根据溃堤分洪的几率，采取不同的措施，政府部门应从规划和政策方面给予引

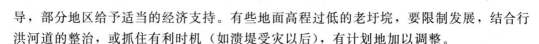

导，部分地区给予适当的经济支持。有些地面高程过低的老圩垸，要限制发展，结合行洪河道的整治，或抓住有利时机（如溃堤受灾以后），有计划地加以调整。

　　总之，洞庭湖区要真正找到出路，还须认真探索，这是一个漫长的过程。当前，必须加速实现近期防洪蓄洪计划，提高重点圩区的防洪能力，整治行洪河道，对分蓄洪机会较多的圩垸逐步增加安全设施，力争大洪水时尽量减少损失。

关于长江中游防洪中的几个问题

1. 荆江河道的历史演变

长江出三峡开始形成分汊河道，但自先秦两汉至唐宋时期，江陵以西的荆江分汊河道，受两岸地形控制，最终均在江陵附近汇合成单一水道，然后再以分流形式流经江汉平原，形成云梦泽，而长江主泓，始终沿现在的荆江流路至城陵矶合洞庭湖的水东流。

荆江河床的形成有一个漫长的过程，大体可分为三个阶段，即：①荆江漫流阶段，根据江汉平原的沉积分布，（冲积层以下 3～4m 深处，普遍存在湖沼相沉积），可以判定有史记载以前，长江出江陵进入江汉平原形成广阔的云梦泽，荆江河槽淹没于湖沼中，河床形态不甚明显，大量水体以漫流形式向东南汇注，湖沼相沉积与河流相沉积交替重叠，由于该地区现代构造运动具有向南倾斜的特性，江陵以东的荆江漫流，有逐渐向南推移、汇集的趋势。②荆江三角洲分流阶段，自周秦至两汉时期，以江陵为顶点的荆江三角洲早已在云梦泽西部形成，荆江主泓偏在三角洲西南缘，下荆江地区处于高度湖沼阶段。③荆江统一河床塑造阶段，魏晋至唐宋时期，下荆江统一河床塑造完成。魏晋时期，监利境内荆江河段依旧通过云梦泽区，尚无独立河床。唐宋时期，云梦泽已完全解体，监利境内云梦泽消失，荆江统一河床形成。南宋瑞丰年间监利县才从夏湮水自然堤上迁至下荆江自然堤上的现在县城。

荆江南岸，唐宋以前今松滋、公安一带地势西南高东北低，主要水道都自西南往东北流入长江，如泯水至今自公安县以北注入长江。从东晋江陵荆江河段始筑全堤，长江泛滥泥沙逐渐沉积在荆南地区，以后江北内口渐堵，水沙大量涌向南岸，致使荆南地区地势逐渐变成北高南低（特别是公安县境）。自北向南流的虎渡河终于形成，从此泯水改注虎渡河南流入澧不再入江。1860 年以后，两次大水，冲决藕池、松滋两口，未及时堵复，逐渐形成四口分流的局面。

以上是荆江流势的自然演变过程。

2. 关于"舍南救北"的问题

（1）如上所述唐宋以前，荆江河段南岸西南高东北低，主要水道自西南往东北流注

原文撰写于 1987 年 5 月，系当时笔记。

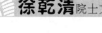

入长江，江水与洞庭湖水是不相通的，南岸堤防甚少，大水时沿江漫流，不存在"舍南救北"的问题。

（2）自唐宋以后，荆江北岸云梦泽已逐步淤积、缩小和下移，同时由于荆江北岸大堤逐步形成，长江泛滥泥沙逐渐泛滥于南岸，荆江南岸地区逐渐变为北高南低，公安境内地形变化尤为突出，泯水改道入虎渡河南流入澧，不再入江，也就形成了江水由虎渡河分流入洞庭湖的局面。这时大洪水时，即有"舍南救北"的问题。

（3）自隋唐以后，荆州地区经济逐步发达，人口大增，荆江北岸修堤防洪已成为保障江汉平原经济发展的重要手段。大洪水时，由于南岸地势相对较高，经济地位不如北岸，淹没损失相对较少，"舍南救北"实际上是保护重点，舍小救大的一种措施，类似现在的分蓄洪区。直至 19 世纪六七十年代四口分流入洞庭湖的局面形成以前（1860年），两岸虽有矛盾，但对大局影响不大。

（4）1860 年、1870 年先后两次大水，冲开松滋、藕池两口，连同原有的太平、调弦两口，形成四口分流入洞庭湖的局面，每当大水，大量泥沙分流入洞庭湖区，湖区洪水灾害日趋严重，累议堵复均未实现，逐步形成"舍南救北"的实际局面。随着洞庭湖区的经济发展和人口增多，荆江两岸矛盾日趋尖锐，塞口还江与废田还湖争论不休，中心问题，在改变"舍南救北"的局面。但由于江湖自然条件改变，长江上游水沙未及时得到控制，上述问题始终得不到合理解决的途径。

（5）新中国成立以来，江汉平原和洞庭湖区人口急剧增加，经济迅速发展，都成为我国商品粮和经济作物（如棉、麻）的重要基地，收成丰歉不仅影响两省社会经济的发展与安全，而且对全国也产生重要影响，荆江南北两岸口，耕地基本相同，同时由于荆江河段洪水位高，荆江大堤和洞庭湖区主要圩垸很高，防汛负担很大，一旦失事都可能造成巨大经济损失和大量人口伤亡。因此，继续保持目前这种局面，是维持不下去的，江湖防洪矛盾也越来越尖锐，防汛失事的可能性越来越大。出路只有一条，就是要控制上游洪水泥沙，保证荆江河段行洪安全。

3. 关于"蓄洪垦殖"问题

新中国成立初期，长江中下游通江的天然湖泊约 20 处，总面积 1.7 万 km^2 容积 1156 亿 m^3，（不包括太湖）；到 80 年代，入江口门没有控制的通江天然湖泊仅剩洞庭湖，鄱阳湖两处，总面积约 $7000km^2$，不通江的内湖，大部围垦，所留水面有限。建国以来蓄洪垦殖工程和自发围湖造田增加耕地面积 800 万～1000 万亩，安置人口 500余万。

由于人口不断增加，湖泊自然淤积，部分湖泊洼地圈垦为耕地是一个不可避免的历史现象。对蓄洪垦殖如何评价，有两种不同的观点：①主张退田还湖单纯看到围湖造田，减少了江水自然调蓄的能力，增加了洪水威胁，而没有注意到社会经济发展的需要和防洪工程的最终目的；只看到保持自然湖泊通江对一般中小洪水的有利情况，没有看到大洪水或特大洪时增加淹没面积不利因素；只看到蓄洪垦殖工程在蓄洪时运用的困难，而没有看到总的社会经济效益。②坚持"蓄洪垦殖"，主要看到防特大洪水时的计算经济效益，对于到时候不能使用而造成的严重后果估计不足。现在看来，退田还湖不现实，继续兴办蓄洪垦殖工程也不合理。因此停止围湖造田，扩大湖面积是需要的。

"蓄洪垦殖"历史悠久，远自两汉三国时期，盛行于唐宋以后，历来争论很多，屡禁屡垦，从未停止过。这是人口不断增加，经济水平长期落后的必然结果。（根本的出路在合理地利用水土资源，在严格的宏观控制下，对河湖滩地湖荡水草进行有效管理和利用，使土地利用与调节洪涝协调进行。对这些地区的土地，要真的做到公有化，要严格限制人口机械增加。）搞"蓄洪控制"工程，是想把这种历史必然情况，加以人为的计划管理，既提高其土地利用的效果，又能更有效地调蓄超过河道泄洪能力的大洪水。但在没有严格法律管理和必要的防洪工程安全设施的情况下，是难以做到的。现在的出路在于：严格禁止继续围垦，不断完善现有分蓄洪区的防洪工程和安全设施建设。

4. 关于洪涝灾害的关系

有人说，大洪水年，内涝也很严重，堤不破，土地还是淹了，因此提高防洪标准没有实际意义。对此问题有两点情况值得注意：

（1）在新中国成立初期，长江中下游平原，洪涝不分，单纯控制洪水，对减轻灾害作用不大。但经过30多年的水利建设，沿江湖泊平原绝大部分已洪涝分治，分设防洪排涝两套工程系统。同时，分蓄洪区都有了规划安排，大洪水时只淹没规划的范围，其他部分洪涝灾害，不会重叠。由于一般年份，汛期江河水位都高于湖区平原地面，都需抽排，只要江河堤防不溃，涝灾是有出路的。涝灾一般由局部短期暴雨造成，灾情范围也比较有限。

（2）洪灾与涝灾性质不同，灾害程度差异很大。洪灾（特别是分蓄洪），淹没深，历时长，居民需转移，财产损毁严重；涝灾，淹没浅，历时短，居民不需转移，大多数房屋不会倒塌，主要是农作物损失，而固定财产（如房屋）损毁轻微。

以上情况在1980年、1981年、1983年的水灾和1931年、1935年、1954年历史水灾相比，可以清楚地看到。

长江流域规划及治理开发情况

　　长江是我国最大的河流，东西横跨西南、华中、华东三大经济区，流域面积 180 万 km²，其中：山地 118 万 km²，占全流域面积 65%；丘陵 39 万 km²，占 22%；平原及湖泊 23 万 km²，占 13%。流域内气候温和湿润，年平均降雨量 1100mm，年平均入海水量 9760 亿 m³，占全国水资源量的 35%；流域地势西高东低，上游干支流落差大，水能总蕴藏量 2.68 亿 kW，可能开发的有 1.97 亿 kW，占全国可开发量的 53.4%；流域内可通航河道 7 万余 km，占全国通航河道里程的 65%。流域内现在人口 3.58 亿人，耕地 3.68 亿亩，地下矿产资源丰富，品种多，且分布广，是我国工农业生产的重要基地，经过长期发展，已形成一个农、轻、重产业结构比较协调，经济发展水平居于全国前列的经济区。1985 年流域内工农业总产值占全国 40%，沿江重庆、武汉、南京、上海等重要城市经济基础雄厚，科学技术水平高，在我国工业发展中具有举足轻重的地位；四川盆地、江汉平原、洞庭湖区、鄱阳湖区和太湖流域又是我国商品粮、棉、油及多种重要经济作物的主要产区。由于长江流域自然条件优越，生产力发展水平较高，又处于全国心腹地带，因此成为我国工农业生产总布局"以东部沿海地带和横贯东西的长江沿岸相结合的 T 型结构"的主轴线，也是本世纪或更长时期内，经济发展逐步由东向西推进、进行重点开发的关键地区。但是由于气象变化大，特别是降雨时空分布不均，地形地质复杂，流域内洪、涝、旱灾、水土流失等自然灾害普遍存在，遍及全流域的特大水旱灾害，历史上和当代时有发生，流域内水资源的开发利用程度很低，远远不适应工农业生产需要，这种情况对社会经济发展起到了一定的制约作用。

　　治理长江水旱灾害，综合开发利用长江水资源，是我国社会经济发展中一项长期而艰巨的任务。新中国成立初期，流域内水利设施基础十分薄弱，加之破坏损毁严重，水旱灾害连年不断，1954 年又遭遇本世纪以来最大的洪涝灾害，使流域内的工农业生产受到严重损失，影响到全国的经济发展和社会安定。在此期间，在国家大力支持下，动员广大群众，整修加固已有工程设施，进行重修河道和区域治理，修建控制性工程，加强薄弱环节，使流域内抗御洪涝旱灾的能力得到迅速的恢复和提高，对发展生产、安定社会起到了重要作用。与此同时，党中央决定开展长江流域规划的工作，在全国各有关

原文系于 1988 年 8 月在三峡工程可行性认证期间，向全国政协部分委员介绍有关三峡问题的材料。

部门的共同努力下，于 1957 年基本完成，1958 年 2 月，周恩来总理，李富春、李先念副总理等党和国家领导人视察了武汉至重庆河段，同年 3 月在党中央政治局成都工作会议上通过了《关于三峡水利枢纽和长江流域规划的意见》（后经政治局会议批准）。按照上述决定的精神，长办❶对流域规划进行补充修改，于 1959 年正式提出《长江流域综合利用规划要点报告》。此后，按照中央制定的"统一规划，全面发展，适当分工，分期进行"的流域规划工作的基本原则，对重要支流水系和重点治理区域分别进行了规划，并对重点枢纽工程进行可行性研究。1972 年和 1980 年，又对长江中下游防洪问题作了专门的研究规划，并于 1980 年确定了长江中下游近十年防洪部署。这些规划工作成果，对建国以来长江流域的江河湖泊整治和水资源开发利用都起到了重要的指导作用。根据国家经济发展形势的需要和流域自然环境变化情况，1983 年国家计委正式下达长江流域规划的修订补充工作任务，自 1984 年起长办会同各有关部门和地方共同努力，进行了大量工作，长办在基本完成了各种专项规划的基础上，于 1988 年 3 月提出了《长江流域综合利用规划要点修订补充报告纲要（讨论稿）》，1988 年 5 月水利部、能源部共同主持，邀请国家计委和国务院其他有关部门进行座谈讨论，大家原则一致同意纲要的内容，并提出了补充修订的意见，决定由长办会同有关单位进一步补充修订，要求在 1988 年底前提出正式报告，经有关部门讨论审查后报请国务院审查。

长江流域规划是一个巨大的系统工程，中心目标是防止水灾，充分合理开发利用水资源，为流域社会经济发展建立良好的生态环境，满足工农业对水资源的需求。现在仅就几个重大问题，结合建国以来的治理开发情况，向各位委员作一个简略的汇报。主要讲 5 个方面的问题：①长江中下游平原地区的防洪问题；②长江上游的洪水问题；③水能水运的发展规划和干流及主要支流的开发利用问题；④关于长江的水资源问题；⑤关于长江上游水土保持问题。❷

一、关于长江中下游平原地区防洪问题

长江流域洪水灾害基本上均由暴雨形成，除青藏高原外，到处都可能发生暴雨洪水。在正常年份，下游洪水早于上游，南岸支流洪水早于北岸，干流洪峰先后可以错开，不致酿成大灾。如果各地洪水出现的时间比正常情况提前或推后，上下游、南北岸、各支流洪水会在干流遭遇重叠，或某一地区暴雨洪水特别集中，都可能形成范围广、历时长的全流域性的特大洪水（如 1954 年洪水）或局部地区特大洪水（如 1981 年四川洪水）。长江流域洪水灾害分布很广，干支流的上游受到山洪、泥石流灾害，比较开阔的干支流中下游平原、盆地、湖区地面高程一般低于河道较大的洪水位，洪水灾害最为频繁严重。

宜昌以下的长江中下游平原地区，总面积 12.6 万 km²，人口约 8000 万，农田 9000 余万亩，沿江大中城市密集，是全国经济发展水平较高的地区，它的稳定发展对

---

❶ 长办为长江流域规划办公室的简称，系 1956 年 4 月国务院决定撤销水利部长江水利委员会后成立的流域管理机构。1988 年 6 月，水利部长江水利委员会恢复，长办撤销。

❷ 本文所用资料数据均为三峡工程可行性论证阶段所收集到的，与 20 世纪末的数据有所不同，为了保持历史状况，未作修改。

全国具有重大影响。但这些地区地面高度普遍低于洪水位 5~6m，有些河段达 10 余 m，主要依靠堤防保护。一旦遭遇较大洪水，堤防溃决，或人为分洪，大片农田和众多的城镇均将受淹，且时间可长达数月，人口伤亡，财产损失都很惨重。据历史文献记载，从汉代至清末 2000 多年间，曾发生较大洪水 200 余次；1860 年和 1870 年发生的两次历史特大洪水，不仅四川盆地灾情十分严重，江汉平原、洞庭湖区一片汪洋，受淹面积达 3 万多 km²，损失极为惨重，同时在荆江南岸先后冲开藕池口、松滋口河堤，形成长江干流向洞庭湖区大量分流的形势；1931 年发生全流域性的大洪水，淹没耕地 5090 万亩，死亡人口达 14.5 万人，汉口受淹达 3 个月之久，干流沿江水位达到建国前最高纪录；1935 年发生在汉水、澧水的特大洪水，淹没农田 2264 万亩，死亡 14.2 万人；1949 年新中国以后，1954 年发生了本世纪中最大的全江性洪水，虽然通过临时加高加固堤防和紧张的防汛抢险，保住了荆江大堤和武汉市的主要市区，但洪水来量超过河道泄洪能力且超额洪水太大，在溃口分洪达 1023 亿 m³ 的情况下，最高洪水位普遍突破 1931 年最高水位 0.19~1.95m（汉口超过 1.45m），仅中下游沿江五省淹没农田 4755 万亩，受灾人口 1888 万，京广铁路不能正常通车达 100 天，使整个国家经济发展受到严重影响。洪水灾害严重的关键问题在于上游洪水来量大，中下游河道泄洪能力严重不足，干支流缺乏有效的洪水调节控制工程。按照中下游河道泄洪能力的规划，荆江河段（包括松滋、太平和藕池诸口的分流）安全泄量为 60000~68000m³/s（相应城陵矶水位 30.5~34.4m），城陵矶螺山河段泄洪能力不足 60000m³/s，汉口、湖口和大通的泄洪能力分别为 70000m³/s、80000m³/s、90000m³/s。荆江河段不能通过历史上多次出现的 80000m³/s 以上的洪水（自 1153 年以来曾出现过 8 次，其中 1870 年达 110000m³/s），城陵矶、螺山段更不能通过本世纪内曾多次出现的合成流量 100000m³/s 以上的洪水（如 1931 年、1935 年、1954 年洪水），在遭遇大洪水时，湖口以上各地及其附近地区都还要承担大量超额洪水的分蓄任务。缓解长江中下游的洪水威胁已经成为全国水利建设和长江流域规划的艰巨任务。

1949 年以来，面对国民党政府遗留下来极为薄弱而又残缺不全的长江防洪设施，党和国家给予积极支持，并动员广大群众，不同阶段按不同目标进行了规模巨大的防洪工程建设，截止到 1984 年的统计：加高加固江河圩垸堤防 3 万余 km，完成土石方 30 亿 m³（其中石方 6500 万 m³）；兴建了荆江分洪工程、汉江杜家台分洪工程、洪湖隔堤工程等，并规划安排了 500 余亿 m³ 分洪容量的分蓄洪区；进行了下荆江系统裁弯；洞庭湖、鄱阳湖、太湖等水系和圩垸都进行了初步治理；结合灌溉、发电等兴利要求修建了有一定防洪作用的汉江丹江口、资水柘溪、修水柘林、青弋江陈村、沮漳河漳河、唐白河鸭河口等大型水库。在此条件下，再遇 1954 年洪水，分洪溃口水量将由原来的 1023 亿 m³，减少到约 700 亿 m³。目前长江中下游主要堤防能防御 1954 年实际最高洪水位，其中荆江地区防洪标准接近 10 年一遇，其他地区约为 10~20 年一遇的标准。为了进一步提高长江中下游的防洪能力，在 1972 年和 1980 年先后召开的两次长江中下游防洪座谈会上，研究了在长江干流上游洪水未得到有效控制前，加大河道泄洪能力和减少分蓄洪损失的各种措施方案，并与沿江各省反复磋商，最后向国务院提出了《关于长江中下游近十年防洪部署的报告》，决定进一步加高加固堤防，达到沙市 45m、城陵矶

34.4m、汉口 29.73m、湖口 22.5m 的防御水位，在理想分洪运用情况下，按规划安排的 500 亿 m³ 分洪容量大体能满足 1954 年实际洪水的分洪需要。为此，近期安排了荆江大堤加固、洞庭湖区治理、洪湖分洪区、武汉市堤防等 18 项重点工程，中央安排投资 15 亿元。从 1981 年起到 1988 年已安排投资 5 亿多元，有 12 项工程已陆续开工，力争 1995 年能基本完成。

当前长江中下游防洪的突出问题是：防洪标准普遍较低，遇大洪水时没有可靠的对策，防汛战线长，堤防质量差，被迫采取分蓄洪措施，意外事故的风险很大，直接经济损失和造成的社会影响都十分巨大。如遭遇 1870 年那样的历史特大洪水，有 50000m³/s 的超额洪峰流量无法安全下泄，势必在荆江南岸漫溃或北岸溃决。向南直趋洞庭湖区，现有圩垸堤防无法抵挡；向北将淹没江汉平原，威胁武汉市安全。目前荆江南岸松滋老城至杨家脑的江堤薄弱，上游洪水来量大于 75000m³/s 时，水位将高出现有堤顶，遭遇 1870 年洪水，堤防势必漫溃；南溃后由于南岸地面高，圩垸林立，洪道延长，泄量不足，在洪水来势猛、上涨快，扒口分洪很难适时适量的情况下，北岸荆江大堤上段仍有溃决可能，无论向南漫溃或向北溃决，都将淹没大片农田和村镇，造成大量人口伤亡，出现毁灭性灾害，对社会安定和经济发展，将产生难以估量的严重后果。如再遭遇 1931 年、1935 年和 1954 年洪水，按理想情况行洪、分洪，汉口以上（不包括武汉市附近地区）将分别分蓄超额洪水 121.7 亿、97.8 亿、374 亿 m³，分别淹没耕地 416 万、442 万、634 万亩耕地，涉及人口 300 万以上，直接经济损失估计 90 亿～140 亿元。规划安排的分蓄洪区都是人口稠密经济发达的区域，分蓄洪要做出很大的牺牲。现在多数分蓄洪区，靠临时扒口分洪，分洪难以做到适时适量，运用失控的危险性很大，实际淹没损失可能大大超过理想运用情况。各分蓄洪区安全设施很差，一旦分洪，大量人口在很短的时间内转移安置是一个很难解决的问题，安排不好，会造成大量人口伤亡，带来影响深远的社会问题。

洞庭湖区长江中下游平原地区的防洪规划经过数十年的反复研究，根据本地区社会经济发展水平和全国经济发展布局要求，确定的防洪目标是：①荆江河段的防洪标准应不低于百年一遇，并能在遭遇 1870 年历史特大洪水时，配合分蓄洪措施，保证荆江河段行洪安全，防止南北两岸堤防漫溃发生毁灭性灾害。②长江中下游（荆江河段以下，包括洞庭湖）以防御 1954 年型洪水为目标，在各类防洪工程设施配合运用下，确保武汉等大中城市和重要平原圩区的安全。③随着干支流水库和堤防的建设，逐步减少分蓄洪区的使用机会。

长江中下游防洪规划将继续贯彻"蓄泄兼筹，以泄为主"的方针。防洪建设要配合各地区社会经济的发展需要，按照江湖两利，南北兼顾，上中下游协调的原则进行。防洪措施的总体安排是：①加高加固江河圩垸堤防，整治河道，充分利用河道泄洪能力，尽量减少分蓄洪量，保证重点地区和重点城市安全。②在充分利用通江湖泊调蓄洪水的基础上，加强分蓄洪区的建设，在大洪水时实行有计划的分蓄洪水。③结合水资源的综合利用和防洪需要，兴建干流和支流水库，调蓄控制上中游洪水，保证荆江河段行洪安全，减少平原地区分蓄洪量和分蓄洪区使用几率。④进行平原湖区水系河道的整治和堤防圩垸加固，确保重点圩垸安全。⑤大力开展水土保持，坚持河道清障，严禁围垦占用湖泊河滩，防止人为加重洪水灾害。按照上述防洪总体安排，长江中下游防洪方案经过多次规划和结合三峡工程的可行性论证研究，大体上明确了以下一些问题：①中下游干流河道堤防按 1980 年规划的行洪控制水位进行加高加固，已经充分发挥了河道泄洪能力，现在河道堤防局部已经形成适应沿岸工农业生产和城镇分布的完整体系，继续大规模加高堤防或开辟分洪道等措施，社会经济各种因素考虑都是难以实现的。②分蓄洪区除已规划安排的荆江分洪区、洞庭湖部分圩垸、洪湖分洪区、武汉市附近分洪区、鄱阳湖部分圩垸和华阳河分蓄洪区等五处外，不宜进一步扩大。③三峡工程，位于荆江河段上口，能有效控制上游洪水，解除荆江河段洪水威胁，应尽早使荆江 100 年一遇洪水不分洪，1000 年一遇洪水（包括 1870 年洪水）有效控制枝城流量不超过 80000m³/s，配合分洪区仍可保证荆江河段行洪安全；再遇 1931 年、1935 年洪水除支流尾闾适当分洪外，干流可不再分洪；再遇 1954 年洪水，不再使用荆江分洪区、洞庭湖和洪湖分洪区，按照不同运用方式，分洪量将由 320 亿 m³ 减少到 154 亿～280 亿 m³，提高了分洪可靠性和减少了分洪损失；由于长江干流洪水的有效控制，将对武汉市防洪起到保障作用。④结合发电、灌溉、航运、支流防洪需要，逐步兴建上游干支流和中游支流水库，将进一步提高中下游平原地区的防洪标准，减少分蓄洪损失。上游干支流水库一般都具有较好的水资源综合利用效益，无论从解决四川盆地的洪水灾害，还是开发水电、发展灌溉、航运的角度考虑，都应该逐步修建。如能与三峡工程配合运用，将补充三峡工程防洪库容的不足，减少三峡工程的淤积，更好地解决中下游洪水灾害问题。但如不修三峡工程仅修这些支流水库工程，经反复分析研究，对长江中下游防洪作用是有限的，不能解决最迫切的荆江河段行洪安全问题。⑤继续进行洞庭湖、鄱阳湖、太湖的治理，提高经济发达地区的安全保障。⑥坚持不懈地进行河道清障，推行水土保持，加强河道管理，防止河道行洪能力下降。总之，长江中下游洪水来源、灾害成因、防洪条件各地差异很大，必须采取综合措施，各种工程互相配合，才能较好地控制洪水。

以上是长江中下游平原地区防洪的一些基本情况。下面对几个许多社会人士关注的问题再做一些说明。

1. 关于荆江大堤

长江中游自枝城至城陵矶 337km 长的河段称荆江。荆江北岸上起湖北省枣林岗下至监利城南的堤防称荆江大堤，全长 182.35km，为 800 万人口和 1100 万亩耕地的江汉平原的防洪屏障。荆江河段两岸，南高北低，南岸地面比北岸高 5～7m，相应南岸堤身高 7m 左右，而北岸荆江大堤一般高 12m，最高达 16m，大洪水时洪水位一般高出堤内地面 10m 左右。按照荆江河段水文特点，河道安全泄量约为 60000m³/s，但自 1877 年宜昌站有实测资料以来，上游来量大于 60000m³/s 的洪水有 22 次，明清两代（1368—1911 年 534 年间）决口 46 次，现在荆江大堤仍然存在溃堤决口的潜在危险。一旦决口，则江汉平原可能全部淹没，将造成巨大的经济损失和大量的人口伤亡，对武汉市也将造成威胁。为了充分发挥荆江河道的泄洪能力，规划确定沙市防洪控制水位为 45m，相应枝城流量为 60000～68000m³/s（对应于城陵矶水位 34.4m 和 30.5m），为了充分发挥河道的泄洪能力，无论是否修建三峡工程和上游干支流水库，水位都难以降低，因此，荆江大堤都将是长期保护江汉平原的最重要的工程设施，必须保证安全行洪。

荆江大堤是一千余年来逐步扩展、不断加高加固、多次堵口复堤形成的，堤基大都坐落在渗水较强的砂卵石层上，堤身质量差隐患多，背河临堤建国初期还遗留 47 处长达 30.2km 的溃口渊塘，加之历年修堤就近取土，破坏地表覆盖，因此汛期高水行洪时（当沙市水位超过 43m 时）经常发生漏水、冒沙、堤坡滑坍等险情，因此，加固堤防，消除隐患是一项急迫的任务。1949 年以来，至 80 年代初对荆江大堤先后进行过 4 次大规模的加高培厚、清除隐患、填塘固基、抛石护岸等工作。截止到 1986 年国家投资 2.76 亿元，完成人工填筑土方 646.5 万 m^3，处理隐患 10 万多处，对大部分堤脚渊塘进行吹填，形成数十米至百余米的堤脚平台，堤顶高程普遍高 1.5～2.0m，堤顶增宽 3m 左右，达到 8～12m，防洪能力得到显著提高。如 1954 年沙市最高水位达到 44.67m，大堤先后出险 2367 处，1981 年沙市最高水位达到 44.46m，仅出险 74 处，解放 39 年来未发生过溃口。但是消除隐患，提高大堤质量，保证高水位行洪不决口，仍是一项十分艰巨的任务，如何查清隐患，采取何种措施最为有效，都还有待于探索研究。

当前荆江大堤正在按照 1980 年所定防洪标准进行加高加固，大堤进行全面勘探，按堤坝工程进行设计，要求尽可能做到消除隐患，达到高质量，保证行洪安全。此项工程已列为专项重点工程，正在实施中。

有些委员提出，荆江大堤应充分利用挖泥船进行机械化施工。目前在荆江大堤施工的有挖泥船 5 条，年生产能力达 1000 万 m^3，自 1981 年以来，工程投资除安排必须的抛石护岸和挖泥船不能作业的大堤加高、堤坡培厚和加前后平台等必须人工填筑的土方外，主要投资（约占 47%）均安排给挖泥船施工。当然，今后仍将不断提高大坝机械化施工水平。

2. 关于武汉市的防洪问题

武汉市是长江中游最大的城市，其政治经济文化地位和交通枢纽的作用都是十分重要的，是长江中游防洪确保的重点城市。武汉市受到长江上游、洞庭湖水系和汉江洪水的直接威胁，又受汉口以下干支流的洪水顶托影响。一般洪水主要依靠市区堤防保护，在大洪水时依赖于牺牲上游及附近地区农田村镇分蓄超量洪水，提高防洪标准。武汉市区堤防总长 179km，1954 年大水以后，虽然已进行了全面整修加固，但堤防超高不足，堤身单薄，隐患较多，存在很多薄弱环节，难于保证行洪安全。"六五"期间，按照 1980 年规划要求，以 1954 年最高洪水位 29.73m 为防洪保证水位加超高 2m 进行全面改造加固，目前已有大约 100km 堤段已按标准完成，其余堤段正在抓紧实施。根据分析，本世纪内曾经发生过的 1931 年、1935 年和 1954 年大洪水，上游城陵矶、螺山河段合成洪峰流量均超过 100000m^3/s，而汉口的安全泄量仅约 70000m^3/s，如果汉口以上洪水来量得不到有效控制，则武汉市的防洪安全就没有保证。三峡工程建成后，在遭遇类似上述的大洪水时，行洪保证水位不能降低，这是为了要充分发挥河道的行洪能力，尽量减少分蓄洪的损失。但是三峡工程可以有效控制干流洪水来量，提高城陵矶附近地区的分蓄洪安全程度，减轻武汉市的防洪负担，对武汉市的防洪将起到保障作用。在常遇洪水情况下，将减少高水位持续时间，减轻防汛负担。

3. 关于洞庭湖治理问题

洞庭湖区包括荆江两岸，分属于湖南、湖北两省的湖区平原，承纳湘、资、沅、澧四水和荆江分流的水沙。总面积 18780km²，其中湖南省 15200km²。目前天然湖泊面积 2691km²，绝大部分在湖南省境内。洞庭湖区是湖南省主要商品粮、棉、麻生产基地，工业生产也居全省领先地位。洞庭湖区的安全发展对湘、鄂两省和全国都有重大意义。

汉代以前，长江中游只有云梦泽，而无洞庭湖，当时的云梦泽承担长江、汉水的分流调蓄职能。汉代末（公元 148 年左右）江汉三角洲虽在扩展，但洞庭湖区仍属河网切割的平原，尚未形成大面积的水域。荆江以北则湖泊众多，多处穴口分泄江流，河湖水网交织，当时土地利用不多，江患甚少。后由于泥沙淤积，开垦日繁，通江穴口逐渐堵塞，水灾日益增多。至明嘉靖年间（公元 1524 年）江北穴口基本全部堵塞，荆江大堤形成整体。南岸留有虎渡、调弦两口分泄江流入洞庭湖区，荆江洪水位不断抬高，迫使洞庭湖水位不断上升，湖面不断扩大，据 1825 年资料，洞庭湖天然湖泊面积达 6000km²。1860 年和 1870 年两次大水，藕池和松滋两口溃决，逐渐形成荆江河段四口（即松滋、太平、藕池、调弦等四口）分流分沙入洞庭湖的新局面，由于大量泥沙流入，河湖迅速淤积，加上人为垦殖，天然湖泊面缩小到现在的 2961km²。同时下荆江也不断淤塞萎缩，造成上下荆江泄量不平衡的局面。

从 1524 年以来，洞庭湖区逐步继承了云梦泽的职能，承担了长江的巨大分洪分沙任务和洪水调蓄作用。当前荆江河段安全泄洪能力约 60000m³/s（不足 10 年一遇），其中分流入洞庭湖的约占 1/3。大于 60000m³/s 的洪水，也需在荆江南岸分洪，四水和四口的超额洪水均由洞庭湖区负担。目前洞庭湖调蓄荆江河段一般洪水的功能，对长江中游防洪具有十分重要的意义。但是由于泥沙淤积（平均每年淤积约 1 亿 m³）和人类生产活动，洞庭湖天然湖泊容积不断减少，现在已成为一个洪道型的湖泊，行洪河道中大部分为苇洲草滩，水流宣泄不畅，蓄洪能力下降。1967 年下荆江系统裁弯以后，减少了荆江分流分沙数量，增大了荆江河段泄量，从总体看对洞庭湖防洪是有利的，但是洞庭湖出流受荆江泄流顶托影响增加，洞庭湖出口泄洪能力有下降的趋势。

洞庭湖区既是长江中游调蓄洪水的重要场所，又是我国优越的工农业生产基地，两者之间是有矛盾的。从防洪来讲，要求它遇较大洪水时牺牲部分农田来调蓄洪水；从生产来讲，则希确保圩垸安全。当前在长江干支流水库兴建之前，洪水未能有效控制，在大洪水时只能采取临时分洪措施，牺牲局部保全大局。在入湖泥沙不断淤积，天然湖泊容蓄能力不断减小的情况下，临时分洪的机会和范围将不断扩大，防洪与生产的矛盾将日益尖锐。另一方面，从 1870 年四口分流入湖的局面形成以后，两湖在防洪问题上矛盾越来越尖锐，主要集中在荆江南岸各分流口内和通道上，上游怕下游河道淤堵和人为设障妨碍分洪，下游怕上游人为增加分流水量，增加下游防洪负担，这种矛盾影响了荆江河段的防洪安全的部署调度，增加了两岸社会不安定因素，对两湖都是不利的。今后的出路只有尽快兴建干支流水库，有效地控制上游水沙，减少湖泊和洪道的淤积，为合理调整江湖关系和洞庭湖区的治理创造条件。

洞庭湖区内部，由于泥沙迅速淤积，湖泊调蓄能力日减，堤防不断加高，排洪出路不畅，防洪战线很长，堤防圩垸防洪能力低，而又很难提高。当地群众和政府每年防汛任务之大，担负之重是全国少有的。这种局面如果得不到有效的治理，将影响整个洞庭湖区的社会经济发展。

三峡工程修建后，将有效控制长江上游洪水，减少分洪分沙入湖，同时为四口建闸控制和湖区洪道整治创造了有利条件；同时由于荆江河段的行洪安全问题得到较好的解决，湘鄂两省历史上长期存在的水利矛盾有望得到妥善解决，对湘鄂两省团结治水，共同协调发展将会起到重要的促进作用。

二、长江上游的洪水问题

长江上游（干流宜昌以上）河长 4500 多 km，流域面积约 100 万 km²，除金沙江、雅砻江上游约 30 万 km² 的地区无暴雨（平均日最大降雨量小于 50mm）外，都可产生暴雨洪水，四川盆地西部与川东的大巴山区是上游的主要暴雨区，因此岷江、嘉陵江及宜昌至重庆区间常发生大面积的暴雨，当相互遭遇时，即形成峰高量大的川江洪水。由于地形、地质和气象条件，上游洪水灾害主要集中于四川省境内，特别是四川东部地区（包括川西平原）洪水灾害最为严重。据四川省水利部门研究分析：50 年代平均受洪灾的耕地面积约 110 余万亩，60 年代约 250 余亩，70 年代约 230 余万亩，80 年代达 1400 余万亩；1981 年 7 月发生大洪水，使 119 个县市区受灾，609 个城镇被淹，大量破坏水利、交通、邮电、输变电设施，3115 个工厂停产，1131 万亩农田受灾，粮食减产 26.7 亿斤，经济损失达 25 亿元以上；根据调查历史洪水，1870 年洪水比 1981 年洪水大得很多，合江、重庆北碚洪水位高出 1981 年最高洪水位 5m 以上，受灾范围比 1981 年还要大。洪水灾害对四川省的经济建设和社会安定都有很大的影响。

根据水文气象地形地质和社会经济分布的特点，四川洪灾有三种类型：

（1）江河洪涝。有两种不同情况。第一种是川西平原，人口众多，城镇工业密布，大片高产良田 1000 余万亩，岷江、沱江干支流出山后，虽然河槽骤然开阔，但河道比降很大，洪水冲击力强，形成岔道纷乱，主流游荡，河床淤积严重。每遇较大洪水河道漫溢或堤防溃决，造成大片农田淹没冲毁，沿江河的城镇受洪水威胁很大，如成都市、新津县、金堂县经常遭受水灾。第二种是除川西平原以外的整个四川东部盆地丘陵区各大江河中、下游河段，主要特点是沿江高产农田受灾面积大，受灾城镇多，据统计东部盆地沿河县级以上城镇共有 133 个，其中 112 个均曾受到洪灾。江河洪涝波及地区都是全省不同地区政治经济文化中心，人口稠密，洪灾损失和影响都十分巨大。

（2）山溪洪灾。主要发生在盆地边缘山区和丘陵区的一些小支流溪沟内，其特点是分布面广、点多，山洪陡涨陡落，冲击破坏力强，累计损失巨大。据统计分析，山溪洪灾连同其诱发的滑坡泥石流等灾害损失约占全省洪灾总损失的一半左右。

（3）滑坡、泥石流灾害。由于岩石、地质构造的特点和暴雨地震的频繁，盆地边缘山地和四川西部山区经常发生滑坡和泥石流，其灾害特点是成灾迅速，灾情剧烈，伤亡严重，损失巨大，灾后恢复治理困难艰巨，全省受滑坡泥石流威胁的县有 100 多个，城镇 200 多个。

长江上游洪水基本的特点是产流快、汇流快、涨落快、涨幅大、涨率大、流速大，洪水的破坏性很大，分布点多面广，集中治理困难很大。近年来一个突出的特点是：随着城乡建设的迅速发展，围垦河滩、沿河建筑和人口增多，河道人为设障骤增，降低了河道行洪能力，影响了防洪安全，同等量级的洪水，造成的洪灾损失与日俱增。同时由于陡坡开垦增加，森林砍伐过量，水土流失加剧，加重了山区洪水灾害。80年代洪水灾害迅速增加，与上述情况有直接关系。

1949年以来，四川省在主要江河上修建浆砌块石堤防870km，保护200余万亩耕地和200余万人。同时结合兴利修建大、中、小型水库1.5万座，对控制洪水减轻洪灾起到了一定作用。但是水土流失普遍严重，水土保持工作进展不快，主要江河未进行系统整治，洪水灾害集中的河流缺乏有效的调节控制工程，河道管理工作还没有普遍被重视，今后防洪任务仍然是十分艰巨的。

长办对上游防洪问题作了专门研究，对干流和重要支流防洪骨干工程提出了方案。1988年4月中旬，水利部和四川省人民政府邀请中央和省有关部门召开了一次"四川省防洪座谈会"，经过共同分析研究，对四川省防洪问题得到了比较统一的认识。大家认为：四川省工农业的持续稳定发展对全国有重大的意义。虽然从总体上讲，旱灾仍然是影响农业稳产的主要因素，但随着经济发展、人口增加，洪水灾害对社会经济发展的破坏作用越来越严重，必须把防洪工作摆在经济建设的重要地位。鉴于四川省洪水、自然条件和经济分布的特点，解决洪水灾害问题必须因地制宜，防治结合，工程措施与非工程措施并重。如果措施不当，还可能加重洪水灾害。防洪的基本措施主要是：①大力推行水土保持，控制水土流失，减少山地灾害。②结合发电、灌溉等水资源综合利用修建干支流水库工程，调蓄控制洪水，考虑到主要河流洪水来量大、一般可能修建的水库库容有限、库区人口土地淹没损失巨大等条件的限制，单纯为防洪修建水库不是经济合理的措施。③在统一规划下，进行河道整治，在整治时必须因势利导，重视泥沙的研究和处理，要防止盲目修建堤防。④坚持不懈地进行河道清障，加强河道管理，规定河道管理范围，严格控制河道管理范围内的土地利用和修建新的行洪障碍物。⑤把沿江城镇防洪作为重点，城镇防洪必须工程措施与非工程措施相结合，对修建防洪工程困难的城镇，必须研究城镇建设适应洪水的措施，尽量减少洪水淹没损失，当前尽快研究解决成都市的防洪问题。⑥对于山地丘陵区的滑坡和泥石流灾害，必须加强调查研究和宣传工作，以预防为主采取措施。以上措施将在流域规划中进一步研究落实。

三、水能水运的开发规划和干流及主要支流的开发利用问题

（1）1949年以来，电力工业发展较快，但自1970年后，设备增长速度下降，长期缺电，据1986年分析，全年缺电达700亿kW·h，约1500万kW，长期缺电给国民经济和人民生活带来严重的影响。按照国家长远计划，到2000年，全国农业总产值比1980年翻两番，据测算，到2000年如适应经济发展需要，解决缺电问题，全国发电装机容量至少须达2.9亿kW；2000年以后，按15年翻一番考虑，到2015年，全国发电装机容量应达5.8亿kW。从全国一次能源平衡越来越紧和煤炭运输的困难来看，电力发展必须水电、火电、核电一齐上，并应充分开发水电，早上水电，特别是在运输困难而又有水力资源的地区，更应如此。按照电力规划，1986—2015年的30年内，全国发电装机容量需新增5亿kW，其中拟增水电1.38亿kW（占27%），煤电3.4亿kW（占67%），核电3000万kW（占6%）。

长江流域所在的西南、华中、华东三大电网，工农业发达地区用电最多。据统计，

1985 年三大电网总装机容量已达 3500 万 kW，年发电量 1752 亿 kW·h，而缺电现象仍十分严重。近年来，围绕重庆、武汉、上海为中心的三大经济区的建设，流域内正逐渐形成长江干流贯通东西和沿各大支流南北扩展的产业密集带，而电力需求也在增长。根据西南、华中、华东三大区的经济发展规划，预测到 2000 年共需电量约 6000 亿 kW·h，到 2015 年共需电量可能达到 12000 亿 kW·h。

长江流域煤炭、石油资源贫乏，但水能资源丰富。据调查，流域水能理论蕴藏量 2.68 亿 kW，可能开发的水能资源 1.97 亿 kW，年发电量 1.03 亿 kW·h。1980 年全流域已建 10000kW 以上的水电站 97 座，总装机容量 1550 万 kW，年发电量 705 亿 kW·h，加上 10000kW 以下的小电站全流域已开发的水能资源仅占可开发的 8％ 左右。大力优先开发长江水电资源，充分利用这一清洁的再生能源，以节约煤炭、石油、减轻运输压力，减少环境污染，是综合利用长江水资源的一项十分重要和紧迫的任务。按照国民经济用电要求和可能开发的水能资源条件，长江流域水电开发的目标为 2000 年累计开发 4934 万 kW（投产 3202 万 kW），2015 年累计开发 8774 万 kW（投产 7520 万 kW）。在长江干支流规划中，初步选择了分批待建项目。我们建议首先安排其中接近负荷中心，用电要求较迫切，水库调节能力较大，建坝条件较好，综合效益较高，前期工作比较充分的项目。

（2）长江水系是我国水运资源最为丰富、内河航运最为发达的地区。全流域通航里程 70000 余 km，占全国 65％，1985 年货运量 2.79 亿 t，占全国 80％；规划 2000 年货运量将增加到 6 亿 t。长江水系水运资源长期未能充分开发利用，与国民经济发展需要很不适应，今后在我国运输事业发展中，将具有十分重要的地位。根据交通部门研究，航道规划的总体设想是：充分利用水系天然航道，结合水资源综合利用，在干支流上兴建水利枢纽、渠化河流、整治滩险、扩大水域尺度；中下游通过疏导整治、稳定河势、改造支叉、固定岸线，以及开凿新的运河等，改善水运条件，使整个长江水系干支流相通，河、湖、海相连。逐步形成统一标准四通八达的航道网。

长江干流，上游近期重点整治宜宾至重庆江段，达到通航 1000t 驳船船队的三级航道，远期结合三峡工程和干流梯级枢纽的兴建，拟通航至攀枝花市以上，并使重庆至宜昌间能通航万吨级船队；中下游进行河道整治疏浚工程，提高通航保证率，使 5000t 级船泊直达汉口，南京以下乘潮通航万吨级海轮。

长江支流，上游地区近期对关河、岷江、赤水河、綦江、嘉陵江、渠江和乌江等主要河流进行疏浚整治或渠化，提高通航能力，中游重点疏浚整治汉江、湘江及洞庭湖区航线，远期结合水利枢纽建设，开通湘桂运河、两沙运河，形成南北贯通、结连东西的水运网；下游以鄱阳湖、巢湖、太湖水系的主要通航河道为重点，延伸扩大京杭运河、建设江淮运河、芜申运河等骨干工程，形成一个贯通东西南北，通航 1000t 级船舶的骨干航道网。

（3）长江干流及主要支流的开发利用。长江流域幅员广阔，水资源丰富，但需要按水资源综合利用的原则，开发利用，干流各河段，各级支流的开发条件和开发任务都不同，通过多年研究规划，大体有以下情况：

1）长江干流的特点是：上游石鼓至宜宾和重庆至宜昌河段为典型峡谷型河道，水能资源最为丰富；宜宾至重庆河段为丘陵低山河道，宽谷与峡谷相间，两岸地形较低，人口密集，工农业发达；宜昌以下干流中下游平原河道，两岸地势低平，都受洪水威胁，筑有堤防保护，沿江平原湖区是我国经济发达地区，也是全国最重要的内河航道。根据自然和经济特点，长江干流治理和开发的任务是防洪、发电、航运、工农业供水、岸线利用与水源保护。宜宾以上河段主要是发电为主，兼顾防洪和航运；宜宾到宜昌河段主要是防洪、发电与航运并重；宜昌以下河段主要是防洪、航运、灌溉和城市工农业供水、岸线利用和水源保护。

长江上游金沙江水能资源最为丰富、集中，石鼓到宜宾，规划九个梯级，总库容814亿 m^3，调节库容 336 亿 m^3，其中 80％可用作汛期调洪，水电站装机 5000 万 kW，年发电量 2755 亿 kW·h，是西南水电"西电东送"的主要基地。但多数梯级前期工作深度较浅，资料不足，而且地震地质和交通条件复杂，工程规模巨大，对其开发建设的可行性现在尚难予评价。其下段近宜宾的溪洛渡、向家坝两梯级坝址做了较多的勘探工作，1988 年 6 月三峡工程论证的几个专家组进行的联合调查认为：这两处工程前期工作已接近选坝前的深度，对外交通方便，施工场地较好，水库淹没损失少，经济指标优良，是难得的巨型水电源点。这两处工程大约可装机 1500 万 kW，年发电量 800 亿 kW·h，与三峡工程的发电规模接近，在三峡工程论证中作为比较方案，正在进行研究。宜宾至宜昌河段，经过多年研究比较，绝大多数专家认为：重庆以上河段，两岸地势较低，人口密集，只适宜建低水头枢纽工程，以航道为主结合发电；重庆以下，以三峡河段一级开发，可取得较大库容，对防洪、发电、航运都为有利，但淹没损失巨大，工程难度高，当前三峡论证工作正在紧张进行。中下游河道以防洪、航运为主，已如前面所讲，不再重复。

2）长江主要支流情况各异，开发的任务和重点各不相同，大体来说，上游各支流大部分以发电为主，结合本支流的防洪、灌溉、供水和航运梯级需要而兴建水库枢纽，对干流的防洪作用影响不大；中下游干流，一般在其上中游发电为主，中下游则对本支流的防洪（特别是洞庭湖、鄱阳湖水系各河流尾闾和湖区的防洪）有重要作用，一般水库枢纽都发挥防洪、发电、航运、供水等综合利用多目标开发的任务。上游支流：雅砻江水能资源丰富，应首先开发中下游锦屏至渡口河段 5 个梯级近 1100 万 kW，该河段二滩水电站 330 万 kW 已列项建设；岷江干流紫坪铺水库枢纽，有防洪、灌溉、供水、发电等综合效益，对川西平原的工农生产和防洪安全有重要作用，已在进行可行性研究，宜提早兴建；大渡河水能资源丰富，中游独松以下，规划 16 个梯级，装机 1760 万 kW，年发电量 1000 亿 kW·h，近期除已兴建龚嘴、铜街子两级外，应尽早修建有较大调节库容的瀑布沟工程；嘉陵江有 16 万 km^2，但河道坡度平缓，沿江农田、城镇密集，又受铁路限制，现已建成碧口水电站和正在兴建的宝珠寺水电站外，亭子口水利枢纽对下游防洪和发电灌溉有较大作用，宜争取早建，其余河段只宜结合灌溉、航运，修建低水头开发工程；乌江干流以发电为主，兼顾航运、防洪、规划 9 级开发，装机约 800 万 kW，年发电 421 亿 kW·h，技术经济指标均较好，除已建成乌江渡、东风两级外，下游梯级均可连续开发，乌江全部开发后，除满足附近地区用电外，在一定时间内可向华中送出部分电力。中游支流：清江以发电为主，拟分三级开发，大约装机 290 万

kW，年发电量约 85 亿 kW·h，隔河岩梯级已经开工，其下游高坝洲梯级作为隔河岩反调节工程宜接着修建；洞庭湖四水 26.3 万 km²，水量丰富，湘江干流只能结合航运进行低水头开发，对防洪无作用；资水规划 12 个梯级，除已建柘溪、马迹塘两个梯级外，其他技术经济指标不好，难于兴建；沅水规划 14 个梯级，最主要的五强溪梯级正在修建，其下游凌津渡系配套工程，应连续开发，其余梯级尚待研究；澧水规划多为低水头梯级，支流江垭水库对澧水尾间防洪有一定作用，经济指标较好，宜近期兴建；汉江 16.2 万 km²，规划分 11 级开发，除已兴建和在建的石泉、安康、丹江口三个梯级外，其他梯级水头较低，技术指标较差，只宜结合航运低水头发电，逐步兴建；赣江干流除正在修建的万安水电站外，其他梯级主要结合航运逐步开发。下游支流，一般流域面积较小，主要结合本支流的需要逐步开发。

长江干支流规划的大型水库枢纽工程数量很大，按其兴建情况和作用在三峡工程论证中进行了分类研究：

第一类水库枢纽工程属已建和正在兴建的，计有上游毛家村、狮子滩、跳鱼坑、红枫、百花、乌江、碧口、珠宝寺、龚嘴、铜街子、二滩等 12 座，总库容 143 亿 m³，有效库容 89 亿 m³；中游有石泉、安康、丹江口、柘溪、东江、凤滩、五强溪、隔河岩、葛洲坝、黄龙滩、浠水、陆水、富水、上猛江、洪山、江口、柘林、万安等 18 座，总库容 541 亿 m³，有效库容 324 亿 m³。

第二类水库枢纽属于根据本地区本支流的需要应列为近期（或与三峡工程同期）新建的项目，计有上游紫坪铺、瀑布沟、亭子口、洪家渡等 4 座，中游的高坝洲、凌津滩和江垭等 3 座，以上 7 座共计总库容 182 亿 m³，有效库容 114 亿 m³。

第三类水库枢纽属于可能列为三峡替代比较的项目，计有上游金沙江的溪洛渡、向家坝和乌江的构皮滩、思林、沙沱、彭水；中游的酉水石堤、清江的水布垭及堵河的潘口等项目。

上述三类工程，一、二类工程不论三峡工程是否修建，都是存在的，在三峡工程建成投产前，都应兴建，在三峡工程论证中需要考虑它们分别在防洪、发电、航运、运沙以及调节径流等方面的作用。对于第三类工程，正在与三峡工程在技术经济方面进行认真的比较论证，再作出结论。

四、关于长江的水资源问题

长江流域总面积 180 万 km²，年平均降雨量 1100mm，年平均河川径流量 9760 亿 m³，占全国 36％，平原地下水资源 260 亿 m³。长江流域丰富的水资源，不仅可满足本流域长期社会经济发展的需要，而且有足够的水量在远景补充我国北方地区水资源严重不足的缺陷。

长江流域人口 3.5 亿人，其中城市人口达 6600 万人，耕地 3.68 亿亩，其中灌溉面积 2.28 亿亩，工农业总产值约占全国总产值的 40％。工农业及人民生活用水数量很大，按照 80 年代初期用水情况和供水设施的能力进行供需分析，全流域总需水量为 1755 亿 m³，其中：农田灌溉用水 1440 亿 m³，占总用水量的 82％，工业和城市用水 236 亿 m³。在供水保证率 75％的情况下，各种工程设施可供水量 1660 亿 m³（其中地表水 1069 亿 m³，地下水 51 亿 m³），缺水 95 亿 m³，这是由于部分灌区水源和城市供水系统能力有限，不能满足正常需要。预测，2000年全国人口12.5亿，长江流域达4.2亿人，其中城市人口1.36亿人，灌溉面积2.6亿亩，工农业总产值比1980年翻两番，在节约用水的前提下，按充分合理供水的原则，预计2000年总需水量将达2517亿 m^3，其中：农田灌溉用水1690亿 m^3，占67%；农业人畜及其他用水149亿 m^3，占5.9%；工业供水578亿 m^3，占23%；城镇生活用水99.4亿 m^3，占3.9%。如按现有工程供水能力计算，缺水857亿 m^3，占3.9%；如按照规划水利工程建成投产，可供水量2438亿 m^3，其中河川径流2362亿 m^3，地下水76亿 m^3，尚缺79亿 m^3。按照当前供水工程投入的能力和进度，有相当多的工程是难以建成投产的，因此2000年可能农田灌溉规划扩大的面积难以达到要求，老灌区的缺水状况仍然难以解决，部分城市特别是中、小城市供水仍然紧张。长江流域水资源总量很大，从总体上看，满足本流域用水是不成问题的，但是由于地区分布不均，年内季节性变化很大，水源调节和配水工程仍然是十分艰巨的，不少地区工程设施与需水要求不相适应，缺水仍然十分严重。今后农业发展的潜力在丘陵地区，但丘陵地区缺水最为严重，如四川盆地、湖南衡邵丘陵区，当地水资源不足，需长距离引水补充。城市和工业供水，在长江流域一般水源问题不大，需大力发展供水工程设施，才能缓解供水不足的问题。长江中下游干流，除直接供给沿岸城镇用水外，两岸农田灌溉季节须从干流引水或抽水补充灌溉水源，初步估计沿江抽引江水的能力在 $2000\sim3000 m^3/s$ 之间，在枯水年的枯水季节天然流量不足，抽引困难，对农田灌溉影响很大，三峡工程兴建后可增加枯水年的枯水流量 $2000 m^3/s$ 左右，对于工农业供水和通航都有明显的效果。总的来看，长江流域水资源虽然丰富，但仍须长期坚持采取节水措施。

我国水资源分布东南多、西北少，长江流域及其以南河川径流占全国总量的80%以上，耕地占全国不足40%，黄淮海流域河川径流量占全国不到6.5%，耕地却占全国40%。西北、华北水资源不足，已成为社会经济发展的重要制约因素，跨流域引水，南水北调是解决这一问题的根本措施。长江流域与缺水地区相邻，有足够水量可供北调，是长江水资源综合利用的一个重要组成部分。规划的调水方案分为西线、中线和东线：西线从长江上游通天河、雅砻江、大渡河引水到黄河上游，以救济西北地区；中线，近期从汉江丹江口水库引水、远期从长江中游引水，可向黄淮海平原西部和北京供水；东线从长江下游抽水沿京杭大运河为黄淮海平原东部和天津、北京供水，此外还可通过巢湖抽水过江淮分水岭引江济淮。这三条引水线路，初步规划年引量可达700亿 m^3。鉴于西线引水，工程十分艰巨，近期难以实现；中线引水，目前水量有限，与汉江流域灌溉、航运有一定矛盾；比较现实可行的是东线引水工程，拟分期实施，现正在进行可行性论证的补充研究工作。南水北调西线引水实现后，可能每年引走200亿 m^3 的水量，对长江干支流发电有一定影响，但这些水量引到黄河以后，可以增加黄河上游各梯级的发电能力，得失相当。中线远景引水，曾研究从三峡水库自流引水至丹江口，但线路很长，通过高山峻岭地区，工程十分艰巨，而且要求三峡工程具有较高的死水位（如170m以上），技术经济条件均较差，初步规划比较，中线远景引水，可能通过沙市至沙洋的引水工程，沿汉口抽水至丹江口大坝下游较为经济，而且可以结合解决丹江口水库引水后引起的与汉江下游航运灌溉的矛盾。南水北调，是整个国民经济长期发展中一项战略性措施，应当积极研究，早下决心，促其早日实现。

五、关于长江上游水土保持问题

长江上游总面积 100 万 km²，据 1985 年各省分析统计，上游水土流失面积 35.2 万 km²，占总面积的 35%；水土流失区的年侵蚀量 14.05 亿 t，占上游地面总侵蚀量 15.68 亿 t 的 89.6%。其中强度侵蚀的水土流失面积约 10.8 万 km²，占流失面积的 30.7%，但土壤侵蚀量达 8.68 亿 t，占侵蚀量的 62%。造成水土流失的原因主要是：坡耕地面积量增加；森林植被面积不断减少；由于地质地貌和气象特点本来就容易产生滑坡和泥石流，植被的破坏增加了滑坡和泥石流爆发机会；近年来修路、开矿和各种基本建设没有相应的水土保持措施，也加剧了水土流失。1949 年以来，长江流域水土流失经历了一个断续加剧和近年来开始有所缓解的局面，但水土保持工作长期比较薄弱，总的结果是破坏大于治理，水土流失面积和流失量均有所增加。

长江上游水土流失的特点与黄河不同。长江上游地区侵蚀总量约为 15.6 亿 t，虽与黄河流域接近，但因流失固体物质较粗，滑坡、泥石流所形成侵蚀物质中的绝大部分难于随水远送，主要堆积于山前、支沟，支流河床中，部分较细泥沙也被塘堰水库拦蓄，直接进入干流的泥沙只是总侵蚀量中较小部分。正因为如此，长期以来，长江的水土流失危害不像黄河那样引人注意。但长江上游广大山丘区，坡度陡、土层薄、暴雨大、土层抗侵蚀的年限短，水土流失使土地在很短的时间内造成基岩母质裸露失去农业利用的价值，金沙江两岸、贵州高原、三峡库区，有些县一年就有成百上千亩土地变成光石板。水土流失是山丘区人民贫困的重要根源，同时泥沙淤积对水库航道也带来了极为不利的影响。推行水土保持，控制水土流失，关系到整个流域的社会经济发展，是绝对不容忽视的。

对长江上游水土流失问题，许多政协委员和社会知名人士都十分关心，在三峡工程论证期间，提出很多好的建议。三峡工程论证领导小组对此做了专门研究，并请全国水土保持协调小组办公室于 1987 年 7 月下旬召开了有长江上游各省、国务院有关部委、科研单位、大专院校和长办等单位的专家和负责同志参加的"长江上游水土保持座谈会"。听取了有关情况的汇报，分析研究了水土流失的严重性及其严重后果，对防治工作和主要措施提出了重要意见。会后，全国水土保持协调小组给国务院写了专门报告，提出今后要：加强法制，严格禁止新的破坏；以防为主，加强监督管理；有步骤有阵地地推进重点流失区的治理；各部门相互配合，协同作战。为了贯彻落实这些措施，要求成立"长江上游水土保持委员会"，请四川省长任主任委员，国务院有关部委和有关省的领导同志担任副主任和委员；水电部在长办组建长江水土保持局，在委员会领导下具体推行长江流域水土保持工作。今年 6 月已与四川省商妥即将正式成立水土保持委员会，长办水保局已初步组建就绪，正在抓紧时间制订重点地区水土保持规划。希望全国政协和各界人士，继续对长江流域水土保持工作给予关心支持和指导。

关于洞庭湖的治理问题

··

　　这次跟随钱正英副主席来湖南考察，研究洞庭湖的治理问题。洞庭湖区在全国经济发展水平是比较高的地区，是全国粮食和经济作物的重要生产基地。水土资源都非常优越，人的素质也很好，具有很大的发展潜力。湖区能否稳定持续地发展，不仅对湖南省是很重要的，对全国经济的发展形势也有很重要的影响。洞庭湖区发展的关键是如何处理好洪涝灾害问题，保证湖区工农业的正常生产和广大人民生命财产安全。根据实地考察和了解，深刻认识到建国以来洞庭湖区的治理取得了巨大的成绩，战胜了多次洪涝灾害，特别是战胜了今年的水灾，对洞庭湖区的工农业稳定发展起到了决定性的作用，省和湖区的各级领导与广大群众都作出了艰苦的努力，付出了巨大的代价，这是来之不易的。但洞庭湖区确实具有一些特殊的自然地理环境，洪涝问题非常复杂，已经取得的成绩还不是很稳定，灾害仍然是很严重的，有许多重大的问题有待研究解决。湖区各级领导迫切要求稳住已有的成就，进一步改善和提高抗洪除涝的能力。这种愿望是完全可以理解，也是应该同情和支持的。

　　对于洞庭湖的治理问题，在过去水利电力部研究批准了洞庭湖的近期防洪工程计划以后，新成立的水利部还没有来得及系统地研究。因此这一次主要是来了解情况，听取意见。下面谈几点个人的体会，主要讲 3 个问题：第一，关于今年洪涝形势；第二，对江湖关系的一点认识；第三，关于近期洞庭湖治理的一些对策问题。

一、关于今年的洪涝形势

　　根据水利厅和长江水利委员会的分析，今年除了湘江和澧水的暴雨洪水比较小，入湖的最大流量不超过三年一遇，资水和沅水洪水比较大，入湖控制站的洪峰流量一般大概是五到十年一遇。湖区短历时的暴雨，一天到七天的暴雨，绝大多数地区不到十年一遇，但是长历时暴雨，十五天到三十天的暴雨达到五十年一遇。因此形成了严重的外洪和内涝的局面，造成了重大的洪涝灾害。经过艰苦的防汛抢险，取得了巨大的胜利，证明过去洞庭湖区的治理是有效的，是成功的。同时也暴露了各方面存在的严重问题，为今后进一步治理的方向和任务提出了新的要求。在防洪方面，防御外洪的大堤没有出现

原文系作者于 1988 年 10 月 27 日在长沙洞庭湖治理座谈会上的发言。

溃口，险情也比过去有显著的减少，这说明现在的堤防还是具备了一定的抗洪能力，过去坚持整修和加固堤防的措施是完全正确的，但是仍然出现了不少的险情隐患，大堤的高度也没有按计划加足，给防汛抢险带来了很多困难。这说明今后加高加固的任务还是非常艰巨的。在除涝方面也取得了重大的成绩，按照省里提供的资料，全湖区870多万亩耕地，346万亩耕地免受涝灾，有322万亩受涝的耕地能够及时排水，还是保住了一定的收成，但是仍然有200余万亩受灾失收。同时暴露出来了各方面的问题。如果按照一般的除涝设计，按一到七天的短历时暴雨来看，除少数暴雨中心地区超出了设计标准外，大部分地区没有超过设计标准。如果设计是正确的，各方面的措施，像内湖的调蓄、机电排灌等等，能够合理而完善，看起来是不应该有今年这么大的灾情的。但是今年的灾情这样重，原因还是复杂的，每个圩垸都不相同，有的是由于内湖减少，有的主要是由于机电排灌设备总的容量不够或者是配套不齐，有的因为供电不足，等等，今年这样的水情值得我们进行全面的总结，一个一个的垸子来进行分析研究，制定出改进完善除涝措施的计划。总之，今年的水情对洞庭湖区的治理具有特殊的意义。一方面证明防洪措施是有效的，一方面证明除涝问题还很大，还很不完善，值得进一步总结研究。

二、对江湖关系的一点认识

江湖关系是非常复杂的问题，但是要治理洞庭湖，正确认识和处理江湖关系是一个前提问题。江湖关系的现状，是长期历史环境的变化和社会经济发展的结果，是一个客观存在的现实。这个问题很多专家教授和防洪第一线的同志都作过分析研究。这是一个长时期历史演变，有自然的因素，最后形成当前的客观现实，而我们治理洞庭湖就要面对这样一个客观现实来考虑问题。我初步认为现在的江湖关系有五个特点：

第一个特点是长江上游的洪水，出宜昌以后，中小洪水可以利用江道把它排泄下去。当遇到大洪水的时候，除利用江道直接排泄外，必须有一个重要分流通道和调蓄场所。洞庭湖区就是当代长江中游的一个重要分流通道和调蓄场所。在一定意义上讲。洞庭湖区替代了历史上的云梦泽的作用，这个作用在大江干支流洪水来源没有得到必要控制以前是难以改变的。而且将要维持一个相当长的时期。

第二个特点是由于长江分水分沙入湖，造成了湖区大量的淤积，湖区的防洪水位不断抬高。圩垸堤防被迫不断加高，一方面日益加重湖区的洪涝灾害，另一方面也使得湖区的调蓄分流功能逐步地萎缩减小，这对长江中游的干流安全泄洪越来越不利。

第三个特点是荆江河段，特别是下荆江河段的变化，对洞庭湖区的影响是非常敏感的。下荆江畅通，即上下荆江的泄量处于平衡的时候，就减少长江分水分沙进入洞庭湖区，但是对洞庭湖区的出口泄流的顶托作用也就要增加；相反，下荆江如果萎缩，泄流不畅，就增加了长江分水分沙进入洞庭湖区，但可能减少对湖口泄流的顶托影响。这种情况，在近百年来，特别是四口形成的前后，反映十分明显；下荆江裁弯以后也反映了这种情况，下荆江的分沙分水减少了；湖口受到顶托加重了，泄流不畅。但是从历史发展的趋势来看，对洞庭湖地区还是利大于弊。城陵矶以下长江干流泄量有一定规模，从荆江下来得多，洞庭湖出的就少；洞庭湖出的多，荆江就出的少。荆江的水下不来，就必然分到洞庭湖，绕道洞庭湖再泄出。所以如果要减少进洞庭湖区的水沙，就应该增加直接通过荆江的下泄量，这个作用应该比入湖以后影响要小。总的来说下荆江系统裁弯对洞庭湖区利大于弊，当然荆江系统裁弯以后整个河系的发展还有一个过程。在这个发展过程中，局部河段产生一些冲淤变化对洞庭湖区产生短暂的影响也是可能的。但是总的趋势对洞庭湖区是有利的。

第四个特点是从江湖和洪水关系的特点来看，无论是从四水还是长江的调蓄需要出发，洞庭湖区都需要保持一个很大的库容，而且在特大洪水时还需要利用一部分圩垸来容蓄。客观现实是在特大洪水时进湖水量总是大于出湖水量，现有的天然河湖容蓄有一定限度，超过一定标准的洪水时，牺牲一部分圩垸，保住另一部分圩垸，这种形势是不可避免的。即使在将来长江的洪水得到控制，也还是需要洞庭湖保持一定的容量来蓄洪，比如像今年洞庭湖的洪水，从 30 天的洪量来讲还需要一定的库容。如果没有洞庭湖一百几十亿的调蓄能力就不堪设想，所以维持洞庭湖一定的容量蓄水看来是非常必要的。

第五个特点是根据工农业发展的需要，采取了蓄洪垦殖的方针。在一般的洪水下，保证圩垸的正常生产，尽量减少洪涝损失，在大洪水时，充分有效地发挥分蓄洪区的作用。因此在常遇洪水时，充分利用江河泄洪能力和天然湖泊调蓄作用，江湖保持高水位行蓄洪，看来是十分必要和正确的。在过去，特别是 50 年代，沿江两岸的通江湖泊比现在要大得多，所以江湖水位低；现在沿江通江湖泊绝大部分口门都建闸控制，一般的中小洪水不能自然滞蓄，所以在中小洪水时也出现高水位，这种状态与 50 年代有很大的不同。洞庭湖口的上下游，一直到江西，安徽，情况都是如此，这也是根据我们生产发展的需要和加高加固堤防的结果，当然这其中也有一部分是由于不合理地开发利用洲滩土地，河道本身的淤积以及人为的一些障碍等，多种因素，形成规划安排以外的水位抬高，这个影响也是不可低估的。因此今年这种防汛抢险的紧张局面，看来是不可避免的。对这种情况应该在湖区的群众和各级干部中都要讲清楚并有所准备，不能期望将来有一天洞庭湖的治理结果，防汛抢险可以平平安安，这是不现实的。在长江干支流洪水来源没有得到有效控制以前，大的格局是难以改变的。在将来长江干支流洪水得到有效控制以后，特别是三峡工程修建以后，对江湖关系有着非常重大的影响，可能改变当前存在的江湖关系。它的作用主要是两方面，一方面三峡 200 多亿 m³ 的防洪库容，有 100 多亿 m³ 的拦沙库容，它对于洪水、泥沙的调节，使整个荆江河段的泄洪状况和分洪入湖的水沙都要起很大的变化，肯定是要大量减少；第二方面，三峡工程在运用的初期阶段，就是建成后五六十年这个阶段。库下游的河段一定会发生冲刷，而且冲刷程度相当可观。在初期阶段，拦粗排细的作用非常显著，下游一定要冲刷，有的专家们估计，根据不同河流大概水库里面拦蓄 1m³ 泥沙下游总要冲 0.3～0.6m³，如果按冲 0.5m³ 来考虑，三峡水库下游可能要冲刷四五十亿 m³，整个的河床可能发生普遍冲刷。据初步分析要冲刷到汉口以下，当然这个冲刷有一个比较长的过程。如果这样一种情况出现的话，分流分沙入湖的数量肯定会要大幅度地减少，而且湖口的出流条件也会有所改善。在后期，初步分析在五六十年以后就要开始回淤，但是回淤不会回淤到现在的状况，还是要保留相当冲刷量。洞庭湖可能会有相当长的时期可以保持一个较好的状况。

三、关于近期洞庭湖治理的对策

概括起来，洞庭湖区有两大问题：一个问题是影响工农业持续发展和正常生产的圩垸除涝。除涝的好坏是影响工农业正常生产和持续发展的一个关键因素。再一个问题就是可能造成重大的破坏性损失，影响全局社会经济发展的超标准特大洪水，造成一般圩垸分洪和重点圩垸溃决。根据这种情况，治理洞庭湖的对策应考虑以下几个方面：

第一，洞庭湖区应该作为一个整体进行规划治理，应该按照自然条件和江湖关系的特点，区别不同情况，确定不同圩垸的防洪标准和防洪措施。在一般常遇洪水时，力争保证整个湖区的安全；在大洪水时，要确保重点圩垸和大中城市的安全。一般圩垸和重点圩垸的防洪标准、防洪设施应该有所区别，在必要的时候能够有计划地分蓄洪水。防洪标准应该根据整个的社会经济发展水平和国家、群众的承受能力来逐步地解决。规划需要在江湖两利的前提下，把分蓄范围适当缩小。

第二，洞庭湖区治理中，控制洪水和适应洪水相结合，工程措施与非工程措施相结合。利用工程措施来控制洪水，当前看来主要还是加高加固堤防，整治行洪河道，保持并充分利用河湖的蓄泄能力，提高常遇洪水的抗洪能力。堤防的加高加固，重点放在提高堤防质量上。我们现在的堤防真正漫决的机会很少，问题还是在堤防质量本身。因此我们要千方百计消除隐患提高堤防质量。需要树立一个观念，就是要把堤防工程作为一个正规工程来考虑，进行比较完善的规划设计与施工。过去总认为修坝是比较简单的，轻而易举的事，不做前期工作，不重视质量，这样的观念应该逐步地改变。河道的整治，当前在于保护现有的河道和清障，在适应洪水和非工程措施方面，除了加强河道的管理健全预报，预警系统以外，最重要的是逐步建立完善圩垸区内的安全设施。安全设施除了交通道路和临时居民疏散，撤退设施以外，重点是搞好圩垸分洪设施，保护居民的财产。对居民已有的财产，制定出特定措施保护临时逃洪的安全。大家都认为修建安全楼是一个很好的出路，但是这个工作还是一个长期艰苦的任务，要靠国家的政策给予支持并在技术上给予指导。楼房本身的标准要灵活一些，不能要求太高，比如说有的要求三层都是框架，你不妨只修一层框架，其他两层可以不修。有的可以把基础尽量加固一些，如果淹水不深也可以用砌得比较好的承重墙。在法规方面，在湖区应该制定一些法规政策来促进防洪建设的工作。比如说湖区修建公用设备，像学校、办公楼、仓库这些设施，必须考虑防洪保护安全，要做到在必要时可以作为特定的避洪场所。如果是能够保住乡村城镇的大部分房屋不倒，不仅对防汛分洪有利，在灾后救济恢复工作也要简单多了。

第三，从长远考虑，搞好圩垸的排涝设施，控制洪灾，保证灌溉。这是保证工农业持续稳定发展的必要条件。保证圩垸区的除涝能力，有三个基础条件：第一，应该保持必要的内湖面积。从现在来看不能再盲目地利用，围垦内湖，如果有条件的地方也应该适当地退田还湖。如果连续受灾几年的话，群众还是会把湖边的一些地退出来，要抓住有利时机来进行退田还湖。第二，从长远考虑圩垸应该向河网化发展。河网化有三种作用：一是可以蓄泄涝洪，如果河网有一定的密度，一定的容量，也可以补充内湖的不足；二是引水灌溉，蓄水灌田也需要；三是圩内短途运输，发展内河小船，搞活圩内的短途运输。在江南一些圩网地区，比如说太湖区，80%到90%的农村运输就是靠小船，有了这些河网，到了汛期船也变成保命逃生的设备了。我们有很多的分洪区搞船，搞了以后没有河，结果摆在那里几年就坏了，因此要保护现有的水面、河网，有计划地逐步地发展河网、水面。在河边上修房子，紧靠河边把河面也占了一部分，这样河网也就慢慢地消失了，当地的同志就讲这些河网已经没有作用了。从长远看应该要保护，而且要发展，要让它沟通。第三，防渍堤不能过高。防渍堤修得过高，将来就变成了防外洪一样的作用，一旦溃决灾情非常严重。如果防渍堤矮一些，到一定的时候它就漫了，就没有那么大的损失。除涝的问题应该在上面讲的三个基础条件上来完善增强机电排灌能力。通过综合措施来达到一定的除涝标准。

第四，入湖泥沙和如何处理的问题。入湖泥沙近年来虽然有所减少，但是仍然来量很大，河湖淤积仍然比较严重，妥善地处理泥沙是湖区治理的一个关键问题。在当前泥沙来量不能得到有效控制的情况下，排洪河道的治理是主要的。比较理想的情况是尽量将泥沙送往东洞庭湖区的深水区。过去在黄河上采取的"强干弱支、束水攻沙"的原则，在河道治理中还是可以发挥一定作用的。能够使得排洪河道形成一个稳定的中心河槽，使中小洪水的泥沙尽量地东送。按照这种想法，应该着重研究以下几个问题：一个问题是扩大草尾河，使南嘴来的洪水尽量走草尾河下泄。藕池口来的洪水尽量地走松滋口河入湖，将来藕池口的洪水能够单独地由注入湖口下泄。第二个问题是扩大和稳定松滋洪道。这条河有泥沙洪水特性的影响，也有地理位置，情况非常复杂，研究工作应该继续搞下去。第三个问题就是黄土包河和南洞庭湖形成深水排洪河道，如果能够形成深水河床，将来有可能在中小洪水时浑水和清水基本分流，南嘴来的深水基本上走草尾河，或者一部分走黄土包河泄下，南洞庭湖主要承泄沅水和资水的清水，南洞庭湖的深水排道就有可能长期保持。第四个问题就是创造条件堵支并流。在目前情况下应该先整治骨干排洪河道，扩大排泄能力，为堵支并创造条件。堵支并流的一个前提是考虑对上下游间、左右岸间的安全，不能缩小现在的行洪和分蓄洪能力。第五个问题，应该完善法规政策，加强河道保护和管理，保护现在河湖洲滩，坚决禁止乱占滥用河湖洲滩，设置新的行洪障碍。在当前看来防洪任务最艰巨担负最沉重的还是湖区，几乎跟黄河的情况类似，但是它人口少战线长，这一点比黄河还要严重，要真正减轻这种负担只有缩短防洪战线。第六个问题就是结合发电和供水修建四水控制性的水库工程，减少圩区的防洪压力。在当前首先研究澧水的规划，争取先建一座或者两座控制性的水库。第七个问题，就是加强湖区水资源的全面保护。具体的办法就是认真贯彻《水法》、《河道管理条例》和《水污染防治法》，全面地管好、用好、保护好湖区的水土资源。第八个问题，就是要加强宣传工作，提高全社会防范洪灾的意识。要通过宣传，使湖区各级、各行业的干部，树立持续全面的防洪和除涝的观念，社会经济的活动应该尽量地减少对防洪除涝的影响。

以上这些认识和想法可能是很片面的。甚至于有些是错误的，因此，请各位领导批评纠正。

长江流域的洪水和三峡工程的防洪作用

长江流域东西横跨西南、华中、华东三大经济区。流域内气候温和湿润，土地肥沃，矿产资源丰富，人口密集，是我国工农业生产的重要基地。经过长时期的发展，已经形成一个农、轻、重产业结构比较协调，经济发展水平居于全国前列的经济区，其经济发展的稳定程度对全国具有重大影响。流域内各种洪水灾害普遍存在，作为全国精华地带的长江中下游平原湖区，一般地面高程低于江河洪水位，洪水灾害十分严重，对经济的稳定发展有一定的制约作用。因此，长江流域的防洪问题历来是全国江河治理和水资源开发中的重大课题。

1. 长江流域的洪水及洪水灾害的特点

长江流域总面积 180 万 km²，其中：山地 118 万 km²，占总面积的 65％；平原及湖区 23 万 km²，占 13％。流域洪水主要由暴雨形成，除金沙江、雅砻江上游约 30 万 km² 的地区一般无暴雨（日降雨量小于 50mm）外，都可产生暴雨洪水。由于受西南太平洋副热带高压进退、孟加拉湾暖湿气流北进强弱变化，以及各地区局部气候和地形的差异，洪水的地区分布和发生时机差别很大。在正常年份，下游洪水早于上游，南岸支流洪水早于北岸支流，干流洪峰可以先后错开，不致酿成较大范围的水灾。如果各地洪水出现的时间比正常情况提前或退后，上下游南北岸各支流的洪水在干流遭遇重叠，或某一地区暴雨特别集中，都可能形成范围广、历时长的全流域性特大洪水（如 1931 年、1954 年洪水），或局部地区特大洪水（如 1870 年、1981 年洪水）。由于长江干流洪水历时长、基流大，局部地区的特大洪水也会影响范围很大，对其下游地区造成重大的洪水灾害。

长江上游总面积 100 万 km²，洪水灾害主要集中在四川盆地，四川盆地西部边缘、川东大巴山和三峡地区是长江上游的主要暴雨区，岷江、嘉陵江及长江干流宜昌——重庆区间经常发生大面积、高强度的大暴雨，往往形成四川盆地部分地区的严重洪水灾害，当上述地区暴雨洪水相互遭遇即形成峰高量大的川江洪水，对长江中游的荆江河段造成严重威胁。四川盆地的洪水灾害有二种类型：一种是山地丘陵区的洪水，以山洪、

原文撰写于 1989 年 3 月。

泥石流、岩崩、滑坡为主，主要发生在盆地边缘山区和丘陵区的一些小支流溪沟内，受灾的点多、面广、分散，冲击破坏力强，累计损失巨大，受灾后难以恢复治理，据统计，这类洪灾每年平均损失占洪灾总损失的 50% 以上，在大洪水年比重还要大。另一类是沿河川地盆地的洪水，这是四川盆地的精华地区，城镇沿河分布，人口非常密集，由于河流坡降大，产流快、汇流快、涨落快、涨幅大、流速大，受灾面积虽不大，但损失巨大，特别是密布于沿江的城镇往往遭到严重破坏。1981 年 7 月洪水，受灾农田 1300 多万亩，其中约 1000 多万亩在山地丘陵区，200 多万亩在河川盆地区，但损失的大部分在河川盆地区。据四川省水利部门分析，建国以来洪水灾害在逐步加重，50 年代年平均受灾面积约 110 万亩，60 年代约 250 万亩，70 年代约 230 万亩，80 年代达 1140 万亩。这是由于陡坡开垦逐年增加，林木砍伐过量，水土流失加剧，河道淤塞严重，同时随着城乡建设的迅速发展，农村围垦河滩，城镇侵占河道人为设障剧增，降低了河道行洪能力，同等量的洪水，行洪水位不断抬高，洪灾损失与日俱增。

长江中下游总面积 80 万 km²，洪水灾害集中在总面积 12.6 万 km² 的平原湖区，这个地区人口 7500 多万，耕地 9000 余万亩，沿江大中城市密集，经济发展水平很高，是全国商品粮和重要经济作物的重要产区。这些地区大部分地面高程低于长江干流洪水位 5~6m，有些河段（如荆江）达 10 余 m，主要依靠堤防保护。一旦遭遇较大洪水，堤防溃决或人为分洪，大片农田和众多的城镇均将受淹，受淹时间可长达数月，人口伤亡和财产损失都很惨重。据历史文献记载，从汉代到清末 2000 年间，曾发生较大洪水 200 余次；1860 年和 1870 年上中游发生两次特大洪水，不仅四川盆地灾情严重，江汉平原、洞庭湖区一片汪洋，受淹面积达 30000 多 km²，损失极为惨重，同时在荆江南岸先后冲开藕池口、松滋口，形成长江干流向洞庭湖区大量分流分沙的形势；1931 年发生全流域性大洪水，淹没耕地 5090 万亩，死亡人口达 14.5 万人，汉口受淹达 3 个月之久，长江干流沿江水位达到建国前最高纪录；1935 年汉水，澧水发生特大洪水，淹没农田 2264 万亩，死亡 14.2 万人；建国以后，1954 年发生了本世纪中最大的全流域性洪水。虽然通过临时加高加固堤防和紧张的防汛抢险，保住了荆江大堤和武汉等大中城市的主要市区，但在溃口分洪达 1023 亿 m³ 的情况下，最高洪水位普遍突破 1931 年最高洪水位，（汉口水位达到 29.73m，超过 1931 年最高洪水位 1.45m），淹没农田 4755 万亩，受灾人口 1888 万，京广铁路不能正常通车达 100 天，使整个国家经济发展受到严重影响，洪水灾害所以严重，关键问题是上游洪水来量大，中下游河道泄洪能力严重不足，干支流缺乏有效的洪水调节控制工程。按照中下游河道泄洪能力的规划研究，荆江河段（包括松滋、太平和藕池口的分流）安全流量为 60000~68000m³/s（相应城陵矶水位 34.4~30.5m）。城陵矶螺山河段泄量不足 60000m³/s，汉口、湖口和大通的泄洪能力分别为 70000m³/s、80000m³/s、90000m³/s。但长江上游洪水来量，宜昌站自 1877 年有实测资料以来超过 60000m³/s 的有 23 次；自 1153 年以来的 800 多年间，查证到的大于 80000m³/s 的有 8 次，其中大于 90000m³/s 的有 5 次，其中 1870 年和 1860 年分别达到 92500m³/s 和 105000m³/s，荆江河段的控制站枝江均过 110000m³/s，大大超过河道安全泄量，使荆江两岸遭受惨重损失；在本世纪内，先后发生 1931 年、1935 年和 1954 年大洪水，城陵矶、汉口的合成洪峰流量均超过 100000m³/s，堤防溃决，人工分洪造成巨大损失是不可避免的。上述分析可以看出，长江流域洪水灾害主要集中在中下游平原地区，受洪水威胁更为严重的是荆江河段。

2. 长江流域的防洪形势

建国以来，长江上游四川省主要江河已修建堤防 1930 余 km，其中浆砌石堤防约 870km，保护耕地为 360 万亩和沿江的主要城镇；结合水资源的综合利用开发修建了大、中、小型水库 1.5 万座，总库容 160 亿 m³，对所在支流的洪水起到了部分控制作用。当前水土流失普遍严重，水土保持工作进展不快，主要江河未进行系统整治，洪水灾害集中的河流如岷江，嘉陵江缺乏有效的调节控制工程，河道管理工作还未普遍被重视，今后防洪任务是十分艰巨的。

长江中下游平原地区，建国以来加高加固江河堤防圩垸 3 万余 km（其中长江干流堤防 3600 余 km），完成土石方 30 余亿 m³（其中石方 6500 多万 m³）；兴建了荆江分洪工程，汉江杜家台分洪工程、洪湖分洪区部分工程，总共安排了分蓄洪量 500 余亿 m³ 的分蓄洪区；进行了下荆江系统裁弯；洞庭湖、鄱阳湖、巢湖和太湖等水系和圩垸都进行了初步治理；结合灌溉、发电等水资源的综合利用，修建约 3.3 万座大、中、小、型水库，总库容约 1062 亿 m³，其中汉江丹江口、资水柘溪、修水柘林、青弋江陈村，沮漳河，唐白河鸭河口等大型水库对本支流的防洪都起到显著作用。在这些工程的作用下，再遇 1954 年洪水分洪水量将由原来的 1023 亿 m³，减少到约 700 亿 m³，长江中下游主要堤防能防御 1954 年实测最高洪水位，防洪标准荆江地区接近 10 年一遇，其余地区约为 10～20 年一遇。在 1972 年和 1981 年先后两次集中研究了在长江上游洪水未得到有效控制前，加大河道泄洪能力和减少分蓄洪损失的各种措施方案，并与沿江各省反复磋商，最后向国务院提出了《关于长江中下游近十年防洪部署的报告》，以防御 1954 年实际洪水为目标决定进一步加高加固堤防，沿江主要控制站规划行洪水位达到沙市 45m，城陵矶 34.4m，汉口 29.73m，湖口 22.5m，在理想分洪运用情况下，规划安排 500 亿 m³ 分洪容量的分蓄洪区。为此，近期安排了荆江大堤加固、洞庭湖区治理、鄱阳湖区治理、洪湖分洪区、武汉市堤防等 18 项重点工程，中央安排投资 15 亿元。1981 年到 1998 年已安排投资 5 亿多元，已有 12 项工程陆续开工，力争 1995 年前后基本完成。

当前长江中下游防洪的突出问题是：防洪标准普遍较低，遇特大洪水没有可靠的对策，防汛战线长，堤防质量保证差，被迫采取分蓄洪措施，意外事故的风险很大，可能造成的直接经济损失和社会影响都十分巨大。如再遭遇 1870 年那样的历史特大洪水，有 50000m³/s 的超额洪峰流量无法安全下泄，势必在荆江口南岸漫溃或在北岸溃决。向南溃，洪水直趋洞庭湖区；向北溃决，洪水将淹没江汉平原，并威胁武汉市的安全。目前荆江南岸松滋老城至杨家脑的江堤比较薄弱，上游洪水来量大于 75000m³/s 时，水位可能与堤顶齐平，再遭遇 1870 年那样特大洪水，堤防势必漫溃；南溃后出于南岸地面高，圩垸林立，洪道延长泄量不足，洪水来势猛上涨快，扒口分洪很难适应洪水上涨速度，在此情况下，北岸荆江大堤溃决的可能性仍然很大。无论南溃北溃都将淹没大片农田村镇，造成大量人口伤亡，出现毁灭性灾害，对社会安全和经济发展，都将产生难以估量的严重后果。如再遇 1931 年、1935 年和 1954 年洪水，即使能按理想情况行洪、分洪，汉口以上（不包括武汉市附近地区）将分别分蓄超额洪水 121.7 亿 m³、97.8 亿 m³ 和 374 亿 m³，分别淹没耕地 416 万亩、442 万亩和 634 万亩，涉及人口 300 多万，直接经济损失 90 亿～140 亿元左右。规划安排的分蓄洪区都是人口稠密经济发达的区域，分蓄洪要做出很大牺牲。现在多数分蓄洪区，靠临时扒口分洪泄洪，难以做到适时适量，运用失控的危险性大，实际淹没损失可能大大超过理想运用情况。各分蓄洪区安全设施很差，一旦分洪，大量人口在很短的时间内转移安置是一个很难解决的问题，安排不好会造成大量人口伤亡，带来深远的社会问题。洞庭湖区是长江中游重要的行洪、蓄洪场所，由于泥沙淤积，河道行洪能力下降，湖泊调蓄洪水的能力日减，排泄出路不畅，圩垸防洪能力很难提高，支流尾闾灾情严重，一旦洞庭湖区失去蓄泄能力，解决长江中游防洪问题将更难找到出路。

3. 长江流域防洪的目标和基本对策

长江上游，主要是四川盆地，从总体上看，旱灾是影响农业稳产的主要因素，但随着经济发展、人口增加，洪水灾害对社会经济的破坏作用越来越严重，必须把防洪摆在经济建设的重要地位。鉴于四川省洪水的特点，防洪标准除少数重点地区可以较高外，大部分地区主要防御常遇洪水，采取工程措施与非工程措施相结合达到尽量减少洪水灾害损失的目的。防洪的基本对策主要是：①大力推行水土保持，控制水土流失，减少山地灾害。②结合发电、灌溉等水资源综合利用修建干支流水库工程，调蓄控制洪水，近期可以考虑先修建岷江紫坪铺和嘉陵江亭子口等工程。③在统一规划下，进行河道整治，部分河段修建堤防。④把沿江城镇防洪作为重点，城镇防洪必须工程措施与非工程措施密切结合，对修建防洪工程困难的城镇，应在城镇建设时充分考虑适应洪水的措施，应允许大洪水临时淹没而避免造成重大损失。⑤对于山地丘陵区的泥石流、岩崩和滑坡等灾害，应加强调查研究和宣传工作，采取以预防为主的措施。⑥坚持不懈地进行河道清障，加强河道管理，划定河道管理范围，严格控制河道管理范围内的土地利用和修建新的行洪障碍物。

长江中下游平原地区的防洪规划，曾反复研究数十年，根据本地区经济发展水平和全国经济发展布局的要求，确定的防洪目标是：①荆江河段的防洪标准应不低于 100 年一遇，在遭遇类似 1870 年历史特大洪水时，配合分蓄洪措施，保证荆江河段行洪安全，防止南北两岸堤防漫溃发生毁灭性灾害。②长江中下游（荆江河段以下，包括洞庭湖区）以防御 1954 年型洪水为目标，在各类防洪工程设施配合运用下，确保武汉等大中城市和重要平原圩区的安全。③随着干支流水库的修建和堤防的加强，逐步减少分高洪区的使用机会。

长江中下游平原地区的防洪措施必须"蓄泄兼筹，以泄为主"，按照江湖两利，南北兼顾，上下游协调建设的原则，有计划进行。防洪措施的总体安排是：①加高加固江河圩垸堤防，整治河道，充分利用河道泄洪能力，尽量减少分蓄洪量，保证重点地区和重要城市的安全。②在充分利用通江湖泊调蓄洪水的基础上，加强分蓄洪区的建设，在大洪水时实行有计划的分蓄洪水。③结合水资源的综合利用和防洪需要，兴建干流和支流水库，调蓄控制干支流洪水，保证荆江河段行洪安全，减少平原地区分蓄洪量和分蓄洪区使用几率。④进行平原湖区水系河道整治和堤防圩垸的加固，确保重点圩垸安全。

⑤大力开展水土保持，坚持河道清障，严禁围垦占用湖泊河滩，防止人为加重洪水灾害。

经过长江流域规划的补充研究和三峡工程可行性的论证工作，对于长江中下游平原地区的防洪规划，已经明确了以下一些重大问题：①长江中下游河道堤防，按1980年规划的行洪控制水位进行加高加固，已经充分发挥了河道泄洪能力，现在河道堤防布局已经形成适应沿岸工农业生产和城镇分布的完整体系，继续大规模加高堤防或开辟分洪道等措施，从社会经济各种因素考虑都是难以实现的。②分蓄洪区除已规划安排的荆江分洪区、洞庭湖区部分圩垸、洪湖分洪区、武汉市附近分洪区、鄱阳湖部分圩垸和华阳河分洪区等处外，不宜进一步扩大。③上游干支流水库一般具有较好的水资源综合利用效益，无论从解决四川盆地的洪水灾害，开发水电，发展灌溉，航运的角度考虑，都应该有计划地逐步修建，但对长江中下游的防洪作用是有限的，特别是不能有效控制各水库下游与宜昌之间大约30万 km² 地区的集中暴雨洪水，不能解决最迫切的荆江河段行洪安全问题。④中下游各主要支流的控制性水库，一般库容较小，主要提高本支流尾闾的防洪能力，对长江干流防洪的作用有限。⑤三峡工程，地理位置优越，具有较大的防洪库容，是解决荆江段安全行洪和明显减少平原地区分蓄洪损失的关键工程，是无可代替的。总之，长江中下游洪水来源、灾害成因、防洪条件各地差异很大，必须采取综合措施，各种工程措施互相配合，才能有效地控制洪水和减轻洪水灾害。

4. 三峡工程的防洪作用和防洪效益

三峡工程位于湖北省宜昌县三斗坪镇，坝址控制流域面积100万 km²，年平均径流量4510亿 m³，每年平均输沙量5.3亿 t。据统计分析，大洪水年荆江河段洪水的95%来自宜昌以上，宜昌站最大30天的洪水总量占汉口站的60%～80%，宜昌最大洪峰流量基本上与汉口站最大30天洪水量相重叠。因此，利用三峡工程的库容，对长江上游的洪水进行控制调节，是解决长江中游洪水威胁，提高荆江河段防洪标准，防止特大洪水时荆江河段发生毁灭性灾害最有效的措施。

通过三峡工程的可行性论证，对防洪、发电、航运要求以及水库淹没移民和泥沙问题的综合研究，最后选定工程规模为：坝顶高程185m，正常蓄水位175m，汛期防洪限制水位145m，有防洪库容221.5亿 m³。大坝一次建成，水库分期蓄水，连续移民。三峡工程的防洪调度运用，采取两种方式：一种是以上游洪水为主要来源的大洪水，三峡工程对枝江流量进行补偿调节，控制沙市水位不超过45m；另一种是全流域性大洪水或中游为主要来源的大洪水，三峡工程对城陵矶流量进行补偿调节，控制城陵矶水位不超过34.4m。

根据三峡工程的规模和调度运用方式，三峡工程正常蓄水位达到175m时的防洪作用是：①荆江河段在遭遇小于百年一遇洪水时，可使沙市水位不超44.5m，不启用荆江分洪区，并可减少洲滩民垸洪水淹没的机会；在遭遇千年一遇洪水或类似1870年历史特大洪水时，配合荆江分洪区的使用，可使沙市水位不超过45m，枝江最大流量不超过71700～77000m³/s，从而保证荆江两岸的行洪安全。②再遭遇类似1931年，1935年和1954年的大洪水，可使沙市水位不超过45m，不启用荆江分洪区，荆江和城陵矶地区（包括洞庭湖区和洪湖区）可减少淹没耕地约300余万亩。根据分析计算，修建三峡工程后，每年平均可减少淹没耕地 30 万～40 万亩，加上减少的城镇淹没损失，按 1986 年经济发展水平和价格计算，防洪平均年经济效益为 9.7 亿元。如再遭遇 1870 年洪水，可减少淹没损失 354 亿元（不包括武汉市可能遭受的损失）。三峡工程除以上可计算的经济效益外，还可避免荆江大堤和洞庭湖区大量圩垸的溃决而造成大量人口伤亡；避免南北交通中断，生态环境恶化、疫病流行，以及洪灾带来的饥荒，救灾等一系列社会问题。这是难以用经济指标来表示的。

有人说修建三峡工程后，武汉市的防洪保证水位并没有降低，三峡工程对武汉市的防洪不起作用。这是对防洪问题简单化的看法。三峡工程建成后，在大洪水时防洪保证水位不降低，这是为了要充分发挥河道的行洪能力，尽量减少平原地区分蓄洪损失这一目的，如果降低防洪保证水位，势必减少河道泄洪量增加平原区分蓄洪损失。但是，三峡工程可以有效地控制干流洪水来量，提高城陵矶附近地区分蓄洪安全程度，减轻武汉市防洪负担，减少武汉市过高水位出现的机会，增加了武汉市防洪调度的灵活性，对武汉市的防洪将起到保障作用。

有人提出，修建三峡工程是否将长江中游洪水灾害转移到四川盆地？四川盆地的洪水灾害特点和防洪措施，已在前面有所论述。修建三峡工程，主要是对库区的影响，不会涉及整个四川盆地。三峡工程水库蓄水后，由于汛期限制水位很低，在涪陵以下各种洪水位（包括 1870 年洪水）都在移民线以下，在遭遇大洪水时，不会再发生那种在建库前沿江大量居民临时淹没撤退的局面；在涪陵以上，按水库防洪运用方式，长期处于建库前的自然状态，与建库前无甚差别。只有在水库长期运用后，由于库尾淤积，洪水位有所抬高，在大洪水时可能比建库前临时淹没有所增加，但在上游干支流修建水库后，这种影响将大为减少，按照库尾地形特点，临时采取措施比较容易。

从长江中游防洪形势的历史演变来看，大量洪水出三峡以后，总要找一个洪水泥沙调蓄的场所才能安全通过荆江河段。古代是靠江汉平原的古云梦泽，近代靠洞庭湖区，由于大量泥沙的淤积，洞庭湖区的调蓄作用迅速衰减，洞庭湖一旦失去作用，不仅荆江河段洪水失去分流的重要通道，荆江河段的行洪安全更无保障，而湘、资、沅、澧等四水的洪水将失去调蓄场所，洞庭湖区的洪涝灾害更为严重，洞庭湖区的社会经济发展将受到严重影响。两湖的防洪矛盾更难有缓解的途径。修建三峡工程从某种意义上讲，在远景可以起到替代洞庭湖的作用，可以为调整江湖关系和缓解两湖的防洪矛盾创造条件。这一点对于长江中下游防洪具有战略性的重大意义。

长江防洪与三峡工程建设

　　长江流域 180 万 km²，除流经青藏高原的金沙江上中游，雅砻江和岷江上游大约 30 万 km² 的地区，一般年份 24h 最大降水量小于 50mm，基本无暴雨外，其余约 150 万 km² 的广大流域均频繁发生暴雨洪水。在这 150 万 km² 的流域内，洪水灾害主要有两种不同地区类型：一种是大约 120 多万 km² 的山地丘陵区，存在着暴雨山洪及其引发的滑坡、岩崩、泥石流、地面坍陷等山地灾害；流经山地丘陵区较大河流沿岸洪水漫淹河谷阶地和水冲沙土地造成的灾害。另一种类型则是大约 23 万 km² 的平原地区洪水灾害。这两种不同类型地区的洪水灾害成因、性质不同，因此防洪对策也不同。

　　洪水灾害的成因和严重程度，一方面取决于洪水特性、地形地质和江河湖泊对洪水的蓄泄能力等自然条件；另一方面也取决于社会经济发展水平和防洪建设等人为因素。山地丘陵区的山洪及其引发的山地灾害，绝大部分是伴随暴雨洪水同时发生的，由于流域内暴雨集中、强度大，山溪河流坡陡流急，来势猛，破坏力很大，经常造成人民生活和经济设施的严重破坏。这种灾害分布面极广，灾害分散，但造成的社会总体损失却十分巨大。防治的措施除修建一些中小型水库对洪水进行一些调节外，最主要的是全面推行水土保持，控制水土流失，缓和洪水径流的产生和汇集。最近几年各地采取小流域综合治理的措施，许多典型试验取得明显效果，这是今后防治山地丘陵区洪水灾害的一个发展方向。由于山地丘陵区面积大，防治措施困难，社会经济发展水平相对较低，因此这些地区洪水灾害的治理将是一个长期、分散的任务。长江流域洪水灾害集中在 23 万 km² 的平原地区，其中约 10.4 万 km² 分布在丘陵平原交错互间的地带，主要是沿河平川和大小不等的盆地。这些地区都是人口密集、高产农田和城市集镇集中分布的地区，是一条河流或一个地区的政治、经济、文化中心，是防洪保护的重点地区，如四川的川西平原、陕西的汉中盆地、河南的南阳盆地等。这类地区，一般地面比降较大，河川洪水影响范围有限，修建支流水库配合局部河段的堤防一般可以收到防灾减灾的明显效果。长江流域洪水灾害最突出、影响最严重、防治最困难的是中下游广大冲积平原水网地带，这一地区的防洪问题是长江流域也是关系到全国经济发展的重大课题。

原文发表于《中国水利》1992 年第 4 期。

长江中下游平原，总面积 12.6 万 km²，现有人口 8000 多万，耕地约 9000 万亩，是全国人口密度最大和财富最集中的地区，工农业生产在全国占有举足轻重的地位。长江中下游平原承受了全流域 93% 以上流域面积的巨大洪水来量，虽然有比较宽、深的河道宣泄洪水，有 10000 多 km² 的天然湖泊蓄滞洪水，但安全蓄泄洪水的能力仍远小于巨大的洪水来量。而广大平原地区地面高程又普遍低于汛期洪水位几米及十几米，因而形成长江流域洪水灾害最严重、最集中、最频繁的地区。据历史记载，从西汉初期至清朝末年的 2000 多年间，发生较大洪水灾害约 200 多次，平均 10 年一次；1949 年前的 500 年间长江干流及支流尾闾决口频繁，平均 2～3 年即发生一次；19 世纪中叶以后连续发生特大洪水，1860 年（清咸丰十年）和 1870 年（清同治九年）上游发生了历史罕见的洪水，中游枝城的洪峰流量均达到约 110000m³/s，先后冲开南岸堤防，形成了藕池河、松滋河，两湖平原汪洋一片，损失惨重。本世纪之内，先后又发生了 1931 年、1935 年和 1954 年大洪水，每次都有数百亿至上千亿立方米的洪水泛滥于广大平原，造成数千万亩农田受淹和几万至十几万人口的死亡，给全社会带来一系列惨重灾难，对整个国民经济的发展造成了巨大的破坏和影响。建国初期分析，多年平均的长江洪水灾害，仅农田淹没就达 500 万亩以上，一般年份渍涝农田也有 1000 万亩左右，洪涝灾害成为社会经济发展的重要制约因素。

新中国成立以后，党中央和人民政府就把治理长江、控制水灾作为稳定社会和恢复生产的重大措施。以长江流域中下游平原地区为重点进行了大规模的防洪建设，40 年来完成土石方约 40 亿 m³，形成了以堤防为基础，包括分蓄洪区和支流水库在内的比较完整的防洪工程体系，逐步建立了防洪的非工程措施，防洪形势发生了显著改变，取得了巨大的经济效益。40 多年来进行了堤防体系的整修改造和加高培厚，形成了总长 30000km 的堤防体系，其中长江干堤约 3600km；通过河道整治，下荆江系统裁弯取直，扩大了河道的下泄量；有计划地修建和安排了平原分蓄洪区约 30 多处，总蓄洪容量 500 亿～700 亿 m³；结合兴利修建具有较大防洪作用的支流水库，如汉江丹江口、资水柘溪、修水柘林、青弋江陈村等水库；同时开展了水土保持、河道清障和平原湖区的治理，并加强了河湖水域管理、完善洪水预警预报设施等防洪的非工程措施。通过大规模的防洪建设，当前长江中下游的安全泄量达到：荆江河段枝城站 60000～68000m³/s，城陵矶附近约 60000m³/s，汉口约 70000m³/s，湖口以下约 80000m³/s，常遇的 10～20 年一遇洪水基本可以安全行洪，但是还没有明显改善河湖蓄泄能力小、不能适应巨大洪水来量的根本矛盾。自 1877 年长江干流有实测水文资料以来的 100 多年间，宜昌洪峰流量超过 60000m³/s 的有 24 次；根据历史调查和分析计算，自 1153 年以来约 800 年间，宜昌洪峰流量大于 80000m³/s 的有 8 次，其中大于 90000m³/s 的有 5 次，最大的 1870 年洪水，宜昌洪峰流量达 105000m³/s（相应枝城流量 110000m³/s）。由此可见，上游洪水来量超过荆江河段安全泄量的机会是很多的。本世纪发生的几次大洪水如 1931 年、1935 年和 1954 年，如果没有江河分洪溃口、湖泊调蓄，城陵矶、汉口、湖口等处的洪水合成流量都大于 100000m³/s，远远超过河道安全泄量，造成大量洪水决口泛滥。从上述情况可以看出长江中下游。大平原的洪水威胁依然十分严重，如果再遭遇历史上曾经发生过的洪水，势必利用分蓄洪区分蓄超过河道宣泄能力的洪水，而分蓄区一般没有进洪退水的控制工程，又缺乏安全设施，分洪失控和造成大量人口伤亡的事故是很难避免的，不仅遭受巨大的经济损失，而且将会造成严重的社会问题。特别是荆江河段，南岸是洞庭湖区，北岸是江汉平原，共有 1500 万人和 2300 万亩耕地，是我国重要的粮食和经济作物生产基地，城市、工矿企业集中，如果再发生 1860 年和 1870 年那样的特大洪水，即使充分利用现有分蓄洪区，仍有大约 30000m³/s 的洪水无法处理，南北两岸均有可能溃决，不仅直接经济损失达数百亿元，而且可能造成大量人口伤亡的毁灭性灾害。随着社会经济的持续发展，如果没有可靠的防御措施，其损失和影响将比现在更为严重。治理长江，控制洪水，将洪水灾害减低到社会能够承受的程度，使洪水威胁和灾害不致成为流域社会经济持续稳定发展的重大制约因素，是我们当前一项迫切的任务。

要解决长江中下游平原地区的防洪问题，必须贯彻"蓄泄兼筹，以泄为主"的方针，还必须考虑江湖两利、左右岸兼顾、上中下游协调建设的原则，采取综合措施，达到下述目标：①荆江河段，防洪标准不低于 100 年一遇，遭遇类似 1870 年的历史特大洪水时，配合分蓄洪区的运用，保证荆江河段的行洪安全，防止南北两岸堤防漫溃而发生毁灭性灾害。②城陵矶以下河段，以 1954 年洪水作为防御的总体目标，在各种防洪措施相互配合运用下，确保武汉市等大中城市和重要平原，重点圩区的安全。③随着堤防的继续加高加固、干支流水库的陆续兴建，逐步减少分蓄洪区的使用机会，减少分蓄洪损失。按照上述防洪方针和目标，通过反复研究，在长江防洪规划中明确了长江中下游防洪总体措施安排是：①加高加固江河圩垸堤防，整治河道，充分利用河道的泄洪能力。②建设分蓄洪区，蓄纳超标准洪水，保证分蓄洪区以外广大平原圩区和城市的安全。③结合水资源综合利用兴修干支流水库，调蓄控制洪水，尽量减少平原分蓄洪区的使用。④积极开展水土保持，坚持河道清障，严禁盲目围垦河湖洲滩，尽量减少人为加重洪水灾害的因素。⑤加强管理，完善防洪的非工程措施，尽量减少洪灾损失。总体安排中的各项措施是互相关联的，河道堤防是防洪的基础，水库是控制洪水减少灾害的关键，分蓄洪区是对付超标准洪水不可缺少的措施，加强管理和完善防洪非工程措施是各种工程措施能发挥正常防洪作用的保证。这些措施必须相互配合，科学地调度运用，才能充分发挥作用，达到防灾减灾的目的。

经过长期研究和防洪建设的实践，长江中下游的堤防体系和分蓄洪区规划部署已经由有关地方协商同意并经国务院批准，在积极实施之中．按照规划的工程完成后，即可充分发挥河道的行洪能力和在超标准洪水时有计划地临时分洪，使常遇洪水的行洪安全得到保证，并且使再遇类似本世纪内曾经发生的大洪水时，得到一定程度的控制，缩小洪水灾害范围。当前迫切的任务是提高荆江河段的防洪标准，防止特大洪水时造成毁灭性灾害，同时进一步减少大洪水时临时分洪所造成的巨大损失。因此，修建干支流水库，控制调节洪水，减轻平原地区的洪水压力，是最有效的措施。经过干支流水库多种组合方案的研究，三峡水利枢纽工程的修建是解决当前中下游平原防洪迫切问题的关键所在。

三峡工程位于长江干流宜昌以上约 40km 西陵峡中段的三斗坪，水库能控制长江上游流域面积约 100 万 km²，紧邻长江防洪形势最为严峻的荆江河段，地理位置十分优

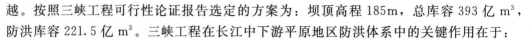

越。按照三峡工程可行性论证报告选定的方案为：坝顶高程185m，总库容393亿m³，防洪库容221.5亿m³。三峡工程在长江中下游平原地区防洪体系中的关键作用在于：

（1）由于三峡工程的有利位置和巨大的防洪库容，可以有效地控制上游洪水，使荆江河段从现在大约10年一遇的防洪标准，提高到规划要求的100年一遇的防洪标准（大约相当于1788年洪水）；在上游发生特大洪水时，如1000年一遇或1860年、1870年洪水，经三峡水库控制调蓄后，将枝城站的110000m³/s的巨大洪峰流量减少到80000m³/s以下，在荆江分洪区的配合运用下，使荆江河段安全行洪，避免荆江河段堤防溃决造成大量人口伤亡的毁灭性灾害。三峡工程的这一重要作用是修建上游支流水库或扩大中下游河道行洪能力都难以达到的，是其他措施不可替代的。

（2）长江中下游平原地区洪水主要来自宜昌以上的上游地区，如本世纪内发生的几次大洪水，汛期7、8两月，宜昌洪水量占城陵矶洪水量的61.4%～79.5%，占武汉洪水量的55%～76%，占大通洪水量的45.5%～68%。按照长江洪水发生的一般规律，即上游发生大洪水时与中下游大洪水在多数情况下不互相碰头，因此可以利用三峡水库的巨大防洪库容，控制上游洪水，减少下泄流量，腾出河道泄洪能力，增加洞庭湖水系或沿江其他支流洪水下泄量，从而减少中游平原湖区分蓄洪量100亿～200亿m³，大大减少分蓄洪损失。

（3）由于三峡工程对上游洪水的有效控制，显著减轻了洞庭湖区洪水威胁和泥沙淤积，为洞庭湖区的治理和开发创造了有利条件；同时减轻了洪水对武汉市的威胁，提高了武汉市防洪设施的可靠性和调度运用的灵活性，有利于应付各种意外情况。

三峡工程的防洪效益是十分巨大的，平均每年可减少直接经济损失约10亿元（按1986年水平），如再遭遇类似1870年的历史特大洪水，则减少的损失可达350多亿元。同时所产生的社会和环境效益是非常显著的。修建三峡工程需要巨大的投资，单纯为防洪修建十分困难，但它有一个十分有利的条件，即具有巨大发电能力，可以取得巨大的直接经济效益，这样修三峡工程就具有现实可行性。有的人士担心修建三峡工程会不会给上游四川盆地带来洪涝灾害？会不会使下游河道发生剧烈冲淤变化，影响行洪安全？三峡工程的淹没范围位于四川盆地的最低位置，都在200m高程以下，在库区移民妥善安置的情况下，不会增加四川盆地的洪涝灾害。根据分析计算，三峡工程建成后，在水库淤积达到平衡以前，宜昌至汉口河段将普遍发生冲刷，荆江河段冲刷深度较大，护岸工程可能受到影响，但这种影响是在数十年内逐步发展的，只要及时采取措施，不致影响行洪安全。

在新中国成立40多年来长江防洪建设的基础上，尽快建成三峡水利枢纽工程，将使长江中下游江湖关系和河道演变发生巨大变化，使防洪形势进入一个新的时期。这个新时期的主要标志是：①上游进入中游的洪水得到有效控制，不仅提离了荆江河道的防洪标准，减少了中游分蓄洪区的使用机会和损失，而且在遭遇超标准的特大洪水时防止了中游河道行洪失控，避免造成毁灭性灾难。②在洞庭湖不断淤积而萎缩的情况下，在一定意义上，三峡水库替代了洞庭湖的作用，延长了洞庭湖的寿命，缓解了荆江南北两岸防洪矛盾，解开了数百年来的重大社会难题。③三峡工程运用初期的40～50年间，水库以下河道由于泥沙来量减少而普遍发生冲刷，行洪水位将明显降低，这对减少洞庭湖区的淤积、河道行洪安全和两岸的排涝治渍都有利，这种有利局面可能保持百年以上。长江三峡工程建成后，长江防洪进入一个新时期，广大平原湖区将获得一个长期稳定的社会经济发展环境，长江两岸人民将使"黄金水道"的作用得到充分发挥，对我国经济发展战略目标的实现将起到积极的促进作用。

当然三峡工程的建成并不等于长江防洪问题得到根本解决，不可能万事大吉。数万公里堤防圩垸体系的完善、改造和管理养护任务仍然十分艰巨；绝大多数分蓄洪区的安全建设才刚刚起步；广大支流的防洪标准和平原圩区的除涝能力都很低，需要继续提高；广大山地丘陵区的山洪及其引发的山地灾害需要积极防治；防洪的非工程措施远未完善。因此，随着社会经济的发展，对防治水灾的要求不断提高，长江防洪任务仍然任重道远，需要坚持不懈的努力。

三峡工程对重庆市的影响和对策的几点认识和建议

修建三峡工程对重庆市的影响是三峡工程决策中的重大问题。在可行性论证阶段，进行了大量研究论证工作，得到了必要的结论。但是这个问题十分复杂，有许多不确定因素，不断深入研究是必要的。这次座谈会重庆市和长江水利委员会都做了大量工作，对有关问题的研究取得了新的进展，对完成三峡工程初步设计将起到重要作用。就此机会，我想谈两点体会和建议。

1. 关于重庆市的防洪问题

当前全国防洪有两类重点：一是主要江河中下游广阔平原；二是大、中城市。重庆市是全国重点城市之一，抓紧解决防洪问题，对重庆市及整个长江经济带的发展都有重要意义。

重庆市是一个著名的山城，有两种洪水灾害：一种是溪沟、小河的山洪；一种是长江、嘉陵江洪水对沿江河滩地、阶地的淹没。山洪是局部暴雨造成的，涨落快，一般对局部地区有影响，主要靠水土保持和局部防护来解决。大江、大河沿岸的滩地、阶地的洪水淹没，问题比较复杂，由于涨落幅度大，在常遇洪水（如5年一遇）时即达20多m，在特大洪水时可达40多m，淹没范围呈狭窄的条带状，而人的社会经济活动又不能距江河水面过远，因此防洪将是一个十分复杂和困难的问题，应当认真研究，提出符合客观实际情况的措施。

按照重庆市的重要地位和发展需要，重庆市总体规划要求防洪标准达到100年一遇是正确的和必要的。但市区范围很大，情况复杂，因此仍应分清主次，因地制宜，区别对待。从总体上讲，在遭遇百年一遇洪水时，应保证城市社会经济活动能正常运转，避免造成巨大损失和影响。对局部地区，从自然条件和社会经济两方面考虑，在大洪水时，短时期内，仍然可能遭受一些损失和影响是难以避免的。因此，在保证基本市区和有关重要基础设施安全的基础上，对沿江河滩地，阶地采取不同防洪要求和不同防洪措施，区别对待仍然是必要的。这种办法可能是符合客观实际和易于实现的。这也是当前许多大、中城市防洪的实践经验。

原文系作者于1992年9月24日在三峡工程对重庆市的影响和对策座谈会上的发言提纲。

重庆市的防洪与三峡工程淹没区移民安置，是既有联系又有区别的两个问题。从范围上讲，城市防洪包括的范围很广，包括整个市区，三峡工程淹没区移民安置只涉及城市防洪的一个部分；从时间上讲，三峡工程水库形成并按设计正常高水位运行时才对重庆市防洪产生直接影响，从现在起估计在 20 年以后，而重庆市不大可能等待 20 年以后才来考虑防洪问题。因此，首先应分别进行规划，然后结合考虑相互之间的协调和实施步骤。建议重庆市抓紧研究提出一个按城市总体规划要求的城市防洪规划，一方面适应重庆市发展的需要，另一方面也使三峡工程移民安置规划能与重庆市防洪总体规划安排密切结合，相互衔接，协调实施。

在城市防洪规划中希望工程措施与非工程措施密切结合，对山地丘陵区这些年的实践经验说明应更重视非工程措施的完善。解决洪水淹没问题，主要是两种方式：一种是把人搬走；一种是人不搬走。人不搬走也有两种方式：一种是防护；一种是采取各种非工程措施，允许在大洪水时临时淹没，尽量减少经济损失和社会影响。在山地丘陵区较开阔的河谷阶地的防洪，比较成功的经验是根据自然条件，按经济原则修建工程设施解决较低标准的洪水；完善非工程措施，在四川有很多成功的经验。一般有几个方面：①加强河道管理，洪水淹没的地区区别对待，划定不同地区的不同使用方式。②对洪水淹没区的土地，既要利用，又要便于行洪，建筑物要能适应行洪和减少损失的需要。③控制在行洪河滩上修建阻水建筑物和倾倒废渣垃圾，并要及时清障。

鉴于三峡工程水库末端都在重庆市范围之内，情况特别复杂，建议在编制库区移民安置规划时要充分考虑重庆市的防洪问题。要相互结合，互相促进。一些在城市防洪规划中已经明确的必要项目，与库区移民安置规划能密切结合的，应尽早安排实施。

2. 关于进一步开展研究工作，解决重庆河段淤积和水位抬高问题

修建三峡工程，对重庆市的影响涉及的问题很复杂，影响的程度和措施的选择都涉及很多不确定因素，限于水科学发展水平，很多问题的解决是采取半理论半经验的办法。对一些还不能从理论上加以分析计算得出确切结论的问题，实践经验更为重要。因此，对重庆市的影响问题，除了继续开展必要的试验研究工作，取得更接近客观实际的成果外，如工程条件允许，应在运用过程中，分阶段抬高运用水位，通过运用中的实际观测分析研究来验证设计，选择继续抬高运用水位的幅度和时机。这样可避免重大的失误或巨大浪费。

对重庆影响诸因素中最关键和敏感的问题是泥沙淤积和水位抬高。对此问题的处理原则可能有两种考虑：一种是"釜底抽薪"；一种是"扬汤止沸"。所谓"釜底抽薪"，就是尽可能采用减淤措施或改变水库运用方式，尽量减少库区特别是库尾的淤积，延缓淤积速度，尽量减少对现有河道功能的影响。所谓"扬汤止沸，"就是对一些不可避免的淤积和水位抬高影响，采取必要的补救措施，包括工程措施和非工程措施。不管采取什么样的措施，都有必要继续进行研究工作。鉴于重庆市地位的重要性，三峡工程对重庆市影响的复杂性和解决这些问题措施的艰巨性，尽量减少河道淤积，减少水位抬高，尽量避免或减少淤积后再治理的困难是特别值得重视的。减少淤积使水位降低的措施包括：①加速上游及库区的水土保持工作，控制水土流失和减少入库泥沙。从现在起到重庆市受到水库回水明显影响还有 20 年以上的时间，应当充分利用这段宝贵的时间，做

好水土保持工作，使其收到明显效果是完全有可能的。②根据国民经济发展需要，积极兴建干支流水库，特别是一些控制严重水土流失区的控制性水库，如金沙江的水库和嘉陵江的水库，将会收到巨大效果。③加强河道水域的管理，严格控制人为设障，防止不合理的社会经济活动造成人为降低河道行洪能力，从而避免抬高行洪水位的不利影响。④进一步研究减少库尾淤积和减缓库尾水位抬高的水库运用方式。三峡工程有巨大效益，工程正常蓄水位从150m到180m的方案，效益都是巨大的。因此，逐步抬高水位，摸着石头过河是具备条件的。通过逐步抬高水位，加紧实际运行中的观测研究，使进一步采取措施更有可靠的依据，措施也可分期分批地进行，符合国家的实际情况，可以避免重大失误和浪费。三峡工程对重庆影响问题是兴建三峡工程的关键问题之一，必须解决好，现在也有条件和时间解决好。希望今后各方面能共同协作，互相支持，逐步完成。错误之处，请批评指正。

372

长江口考察报告

1993年4月下旬，我们在部计划司、规划设计院的组织下，对长江口进行了考察，并对长江口综合开发治理规划工作进行了讨论。当前长江口两岸在改革开放大潮的推动下，经济发展势头强劲，各有关地区都有宏伟的设想和各自的打算，都对长江口的整治寄予巨大希望。特别是对制约经济发展的港口、航道、供水、滩涂利用以及陆上交通动脉的建设等，迫切要求能尽快确定总体规划，迅速采取行动。

1983年国务院成立长江口治理领导小组，明确由原水利水电部负责组织开展长江口整治试验研究和综合开发治理规划，为此，原水利水电部成立了上海勘测设计院，集中力量在上海市和交通部有关部门的大力配合下，迅速开展了工作，取得了多项专题研究成果，提出了"长江口综合开发整治规划要点报告"。这些成果虽然没有通过正式审定，但已发挥了重要作用。实践证明，1983年国务院的决策是完全正确的，前些年的工作也是很有成效的。但自1988年领导小组撤销以来，试验研究和规划工作都停滞不前，治理工作迄今未起步，丧失了有利时机。当前，长江口的治理规划急待完成，治理工程也应尽快起步。否则，长江三角洲的经济发展，特别是上海浦东地区的开发，都将受到很大影响。主要的问题是：

（1）在上海和整个长江三角洲经济高速发展情况下，需要尽快形成一条与长江干流连接的通海深水航道。现在长江口拦门沙顶部一般水深仅6m，依靠每年疏控1000多 m^3 泥沙，才能维持7m航深，趁潮使2.5万吨级轮船进港。由于航道水深不足，每年大量进出口物资，只能利用小吨位船泊或大吨位船泊在长江口外减载出进。与大吨位船泊直接到港比较，运费成倍增长，仅宝钢原料进口，每年就多花运费1亿多元。今后进出口规模日益扩大，如能尽早实现第三代、第四代集装箱运输船全天候直达港口，运费的节约将是十分巨大的。长江口上海港长期以来主要靠疏浚航槽维持航运，而利用长江口有利条件，整治河道，解决河口拦门沙问题，从根本上改善航运条件等项工作则迟迟未采取有力措施。这对国家经济发展战略部署是十分不利的。

（2）长江口河段暗沙及洲滩冲刷移动对长江主航道影响极大。1983年前后"三沙"

原文系作者于1993年4月考察长江口时所写的考察报告。

的发展趋势曾严重威胁宝钢码头。经规划研究，1987年曾提出了稳定南、北港分流口，防止南支下段形势继续恶化的一期工程，由于建设业主难以确定，拖延至今没有下文。虽然近几年水情正常，河势比较稳定，但如发生异常水情，河势仍会急剧变化，再次威胁宝钢码头是完全可能的。因此，加强水情河势观测，尽快理顺工程归属关系，抓紧实施一期工程，仍是当前的紧迫任务。

（3）北支整治南北两岸都有迫切要求，但规划方案难以确定。其原因有二：①南北两岸发展缺乏总体部署，要求不同，互不衔接，对重大基础设施的建设十分不利。崇明岛要求尽快控制北支，修建闸坝结合建造通往苏北的大桥，并形成蓄淡水库解决供水困难；南通地区则有一套独立的宏伟设想，拟将长江口北支建成一条能使巨轮直接通海的深水航道，并在吕四和启东最东端建立更大的深水巨港（10万吨级以上的港口），并与北支相沟通。从近期可能和远景需要，以及地区之间的相互关系的考虑，急需进行协调，确定一个地区发展的总体规划和发展步骤，否则将造成极大浪费，北支的治理也将遥遥无期。②北支整治后，新围出的土地归属问题不解决，规划方案就难以确定。1983年国务院曾发出一个会议纪要，决定堵闭北支，围出的土地全部归上海市所有。这一决定，从长远看似不尽妥善，保持北支一定的通航能力和排水功能值得认真考虑，江苏对土地归属问题极为重视。因此，解决土地归属问题的原则应尽快研究确定，以利于规划方案的选择。

（4）在经济高速发展的情况下，沿江沿海岸线已被各部门、各行业分割占领殆尽，许多岸线的利用很不合理，也未给地区远景发展留有余地。土地资源不是高速经济发展的重要制约因素，结合河口整治，合理进行滩涂围垦，以新围垦的土地补偿建设占地也是沿海城市发展的一条重要出路。因此，需要尽快规划确定河口段治导线和提出岸线利用规划，控制越界围垦和乱占乱用岸线滩地。

长江口的整治，形成一条直接通外海的深水航道，充分利用河口及浅海滩涂资源，妥善解决沿海城市防洪安全和供水排水问题，对今后经济发展具有战略意义。而整治工作又是涉及面很广，综合性很强，耗资巨大，工期很长的建设开发项目。任何一个专业部门都难单独完成这项任务。前一阶段工作能够取得较快进展，一个强有力的领导小组起了重要作用。当前规划虽然有了初步成果，但要完善规划尚有大量观测研究工作和复杂艰巨的协调任务。原有领导小组1988年取消后，新的协调机构迄今未建立，规划工作开展困难，很有可能贻误有利时机，造成巨大损失。根据国内外经验，河口整治的研究、规划是与实际的整治工程实践密切结合、互相促进、不断提高的。在目前部门分治，地区分割的情况下，长江口的治理将很难付诸实施，深入的整治研究和规划也将很难开展。鉴于长江口整治对长江流域，特别是对长江三角洲的经济建设具有长远的战略意义，而且又是一项比三峡工程更为长期和复杂的建设开发项目，为了使此项工作顺利进行，我们建议：第一步尽快成立长江口协调领导小组，并安排必要的前期工作费用，继续完成已确定的规划任务。第二步建议国务院考虑成立长江口整治专门机构，将研究、规划、治理融为一体，尽快开展治理工作。

大江东去　水利辉煌

　　长江是中国第一大河，土肥、水美，资源极为丰富，它同黄河一样，是中华民族的摇篮，古代孕育了璀璨的楚文化和巴蜀文化，当代又成为中国经济文化的中心地带。同时洪涝灾害十分严重，严重影响了社会经济的发展。

　　距今 2500 年前后，长江流域水利事业就相当发达，大规模开凿了人工运河，修建众多灌溉工程，古代的江南和江淮之间的人工运河、四川都江堰，都是闻名中外的人类杰作。隋唐以来，长江流域成为我国经济中心地带，水利事业有长足的发展。及至近代，长江又是帝国主义入侵中国时从沿海向内地延伸的主要通道，沿江最先开辟商埠。由于社会动荡、经济停滞，水利事业不但没有发展，原有工程也多遭破坏，灌溉、航运工程有限，水力发电近乎空白。直至新中国成立，长江流域再次走进繁荣，水利事业快速发展。近百年来长江水利事业从衰败中走向辉煌，值得我们深思。

　　20 世纪初，伟大的革命先行者孙中山，在第一次世界大战刚刚结束时，就提出了《建国方略》、《实业计划》，提出了整治长江航道和开发三峡水力资源的治理长江的设想。在他的《民生主义》讲演中明确说明开发三峡巨大水力资源中国一定可以变贫为富。40 年代美国大坝专家萨凡奇应中国政府的邀请来中国考察研究三峡工程，并提出了方案，但未能进一步研究，孙中山的伟大设想在新中国成立以前毕竟只能成为梦想。20 世纪以来，长江流域不断发生严重水灾，1921—1949 年的 28 年间就发生了 37 次较大洪灾。如 1931 年全流域特大洪水淹没农田 5000 多万亩，死亡 14.5 万人，武汉市淹没达 3 个月之久；1935 年长江中游又遭受特大洪水，荆江大堤和汉江遥堤决口，受淹农田 2200 余万亩，死亡 14.2 万人；1949 年又是一次全流域的大洪水，损失惨重。长江流域水田面积很大，但工程设施很少，灌溉供水保证很低；长江通航能力也较低，特别是三峡江段只能通航小吨位的船只，而且很不安全。水灾的防治和水资源的开发利用，都迫切呼唤人民治理长江。

　　新中国成立后不久，就成立了"长江水利委员会"，负责治理长江水害、开发长江水利。在积极加高加固江河堤防、恢复农田水利和迫切需要的分洪蓄洪工程的同

原文刊登于《科学时报》1999 年 6 月 14 日第 5 版。

时，从 50 年代初即着手编制以防洪、除涝和开发利用水资源为核心的长江流域综合利用规划。1959 年 7 月提出了以三峡水利枢纽为主体的《长江流域综合利用规划要点报告》，明确了：以防洪发电为主的水利枢纽开发计划；以灌溉、水土保持为主的水利化计划，以防洪除涝为主的平原湖区综合利用计划；以航运为主的干流航运整治与南北运河计划；同相邻流域的引水计划。这个《规划要点》勾划出我国第一幅治理长江的宏伟蓝图，总体思路和规划布局是有很高参考价值的，后来根据实践经验和社会发展变化情况，不断补充修改，在 90 年代初又形成了新的流域规划，成为长江流域发展水利的重要依据。

50 年来，长江水利建设取得了重大成就，初步建成了"蓄泄兼筹，以泄为主"的防洪工程体系，长江中下游平原地区防洪标准达到 10～30 年一遇，有效控制了常遇洪水；规划安排了数百亿立方米容量的分蓄洪区，在三峡工程建成后，配合运用，可以控制特大洪水，防止洪水失控造成重大灾害；发展了 2 亿多亩的灌溉面积，使长江流域成为我国最重要的农业生产基地；开发水电约 2000 万 kW，年发电量近 1000 亿 kW·h，为国家提供数量巨大的廉价清洁能源；长江航运取得了巨大发展，占全国内河航运运输量的 70％以上；此外，在城市工业供水，水产养殖业的发展和水土保持等工作中都发挥了巨大效益。

1998 年夏，长江再次经受了特大洪水的考验，全国人民凝聚起来保卫家园。这次洪涝灾害是自 1954 年以来的又一次全流域性大洪水，在抗洪抢险的伟大斗争中折射出的中国人民的自信心和凝聚力告诉人们，我们有足够的能力应付一切人世遭逢的灾难，也有足够的力量创造出现代化建设的一个又一个奇迹。

长江三峡水利枢纽工程的建设，工程规划和技术水平都达到了世界一流水平，在防洪、发电、航运等方面的作用和效益都是十分巨大的。三峡工程有 221.5 亿 m^3 的防洪库容，可以高标准地解决长江荆江河段的防洪问题，保证荆江大堤安全，配合其他工程措施，可以显著提高整个长江中游的防洪能力，减少沿江大中城市的安全风险；发电装机容量 1820 万 kW，年发电量 846 亿 kW·h，可代替 5000 万 t 燃煤的清洁能源；可使万吨级船队直航重庆，从 1500 多万 t 的年货运能力提高到 5000 万 t。21 世纪初三峡水利枢纽全部建成，将使孙中山、毛泽东等几代人的理想成为现实。

纵观 20 世纪，我国水利技术也经历了从经验为主到现代水利学的发展过程。50 年代以前，主要学习吸收西方自然科学和工程技术，50 年代以学习前苏联的科学技术为主。60 年代以后，自力更生地独立发展科学技术，取得了显著成绩，但由于闭关自守，与当代先进科技水平拉大了差距。80 年代以后改革开放，学习吸收先进技术成绩很大，我国修坝技术，水利基础科学逐步达到国际先进水平。事实证明，科学求实的态度是水利工程的立身之本。新型材料不断出现，计算机和高效能大容量施工机械的发展，使水利工程建设速度加快；当代流体力学、岩土力学理论、基础处理技术和现代探测技术等相关学科的发展也为水利工程的发展提供了良好的理论基础条件。近十多年来，兴建了如二滩、葛洲坝、丹江口、五强溪、柘溪、隔河岩等一大批高坝、大库、大水电站，充分反映了我国水利水电科学技术水平。同时大规模的农田水利建设和水土保持工作，显著改善了长江流域农业生产和生态环境面貌。

　　长江流域水量巨大、水力资源和水运资源都十分丰富。展望 21 世纪，解决北方缺水的南水北调工程、具有最丰富水力资源的金沙江水电基地的建设和长江口深水通海航道的开通，将使长江水资源的开发利用达到新的水平，对我国社会经济可持续发展战略的实现，将发挥不可估量的作用。

三峡工程是长江防洪最有效的措施

防洪是三峡工程的主要效益，作为水利部原副总工程师、三峡工程可行性论证防洪专家组组长徐乾清主持了 20 世纪 80 年代末的三峡工程防洪论证。

10 多年后再回首，记忆中当年的论证是怎样的情形？关于三峡工程的防洪论证，主要的意见分歧是什么？如何评价论证的深度？三峡工程的防洪论证能否经得起历史的检验……

"五一"前夕，徐乾清在北京木樨地的家中抱病接受了本报记者的采访，回忆了 10 多年前三峡工程防洪论证情况。

他说，从孙中山提出三峡问题，一直到 20 世纪 90 年代三峡工程才决定兴建，这个过程十分曲折。参与论证各方面意见都有，最终通过论证并付诸实施，很不容易。刚于 4 月下旬对三峡库区和工地进行了考察，看到工程进展如此顺利，明年就要发挥效益，徐老的心情非常高兴和激动。他说，这也说明，当年的可行性论证工作是见了成效的，论证结论是正确的。

回忆当年论证情形，徐乾清说不是记者想象的争争吵吵，而是很理智、很科学，每个专题都请持不同意见的人参加，发言、辩论，论证小组每次接到不同意见都印发给小组成员。党中央、国务院领导亲自来指导工作，要求在民主、科学的精神原则下论证。论证合理就建设，不合理就不建设，这个精神一直得到贯彻。而且，三峡工程建否没有单纯由政府做决定，全国人大和政协对此进行了认真的讨论，最后由全国人民代表大会进行表决通过。

徐乾清说，论证时对三峡工程防洪效益持不同意见者主要有 3 种类型：一种是对整个情况不完全了解，听到一些不同意见便人云亦云；另一种是对问题有研究，有不同观点；还有少数人不是很严肃认真，有些意见很荒谬。

但他认为，这样大的工程发表不同意见是正常的。埃及的阿斯旺大坝 20 世纪 70 年代就建成，直到现在还在争吵。任何一个工程有正面效益，也有负面效益，关键是要对

原文系作者作为三峡工程可行性论证防洪专家组组长针对三峡工程的论证，于 2002 年 5 月接受《中国三峡工程报》记者白冰采访的谈话记录，刊于同年 10 月《中国三峡工程报》。

这个工程的建设对整个国家经济、社会影响进行综合评价，不能就一点而否定全部，比如说局部地区的生态环境遭到一些破坏，不能就认为整个库区的生态环境都遭到了破坏。"解决长江中下游洪水是上个世纪中国人民孜孜以求的梦想。"作为水利专家，徐乾清对此比常人有更深的感受。他说，长江其他河段没有像长江中游荆江河段那样，两边是如此大面积的平原，一边是洞庭湖平原，一边是江汉平原，1500多万亩的耕地，上千万人口。这里是中国的重要农业基地，同时也是经济发达的地区。但历史上荆江河段重大水患不断。荆江河段的行洪安全流量约为 $60000\text{m}^3/\text{s}$，有水文记载以来宜昌以下荆江河段曾发生超过 $60000\text{m}^3/\text{s}$ 的洪水 25 次。南宋以来曾发生大于 $80000\text{m}^3/\text{s}$ 的洪水 8次。最大的两次一次出现在 1860 年，一次出现在 1870 年。1870 年宜昌出现了$105000\text{m}^3/\text{s}$ 的特大洪峰，30 天流量达到 1650 亿 m^3。这两次大洪水在荆江南岸冲开了藕池口、松滋口，形成藕池口、松滋口、太平口、调弦口分流入洞庭湖的局面，损失惨重。同时，人与水不断争地，防洪越来越困难，现有的堤防难以预防这样的大洪水。保护这两大平原的安全，是长江中下游防洪的首要任务，具有特殊的意义。

徐乾清介绍，解决洪水的办法主要是依靠河道堤防排泄洪水，在干支流修建水库调节洪水，在遭遇超标准洪水时牺牲部分农村、耕地进行临时分蓄洪。有的专家主张再加高堤防，解决防洪问题。但荆江大堤坝顶离地面一般在 12m 以上，要让洪水驯服在大堤内，还要加高 $3\sim5\text{m}$。堤越高，堤本身的安全性越低，溃口的可能性越大，现有的堤防已经达到了安全的极限。不仅是干流，支流大堤也要加高加固，工程非常浩大。也有人提出在乌江、金沙江、嘉陵江、岷江等支流建水库，但这些支流上的水库远远不能对洪水进行有效控制，调度也非常困难，难以代替三峡工程的防洪作用。

经过各方面比较论证认为，防治长江中游的洪水，修建三峡工程是最经济合理的控制性工程措施，对长江下游的防洪也能起到一定作用。

徐乾清个人认为，从 1996 年、1998 年、1999 年等近几年发生的几次大洪水看，三峡工程的防洪论证是基本正确的，还没有出现跑出论证考虑范畴之外的重大问题。三峡工程对长江中下游的防洪是能够发挥作用的。建了三峡工程以后荆江河段防洪标准可从现在的 $10\sim40$ 年一遇提高到 100 年一遇。如果发生像 1870 年那样的特大洪水，通过三峡水库的调蓄，可以减少向两岸平原的分洪，配合分蓄洪区的运用可以保证荆江大堤安全。三峡工程将大大降低长江中下游洪水造成的损失和抢险的艰难程度。

但他指出，论证报告中也已明确写道：长江洪患并非修了三峡工程就可以彻底解决，堤防加高加固的任务仍然很大。

徐乾清说，三峡工程论证时关注的焦点问题主要是移民、投资、库区的生态保护等，三峡工程在技术上已没有什么重大障碍，投资不会影响国家经济的发展，移民工作虽然非常艰难，库区的生态保护任务很繁重，但这些困难一定会得到很好的解决。

祝贺与希望
· ·
——三峡工程开始发挥效益时的感想

2003 年 8 月长江三峡水利枢纽工程完成二期施工任务，开始发挥蓄水、发电、通航的效益，全部工程建成已胜券在握。20 世纪初孙中山开发三峡水力资源的梦想，新中国成立后毛泽东、周恩来、邓小平控制长江洪水，综合利用水资源，兴利除害设想，终于都成了现实。这项当代世界最大的水利枢纽工程的初步建成发挥效益，不仅举世惊奇，也使全国欢腾，中国水利水电事业走向了一个新的时代，同时也是中国科技振兴、综合国力增强的一个标志。长江三峡工程初步建成，发挥效益，说明：

中国水利电力科学技术水平进入了世界先进行列。在三峡工程的可行性研究、具体工程规划设计和施工的过程中，中国科技工作者发扬了艰苦奋斗、不断创新的精神，采用了一系列先进技术，克服了种种困难，提出了科学完善的规划设计；创造了高速、优质地进行大坝、通航设施和水电站施工的世界纪录。实践证明，中国人有能力修建世界上最大、最难的水利枢纽工程。这为中国进一步大规模兴建水利工程，综合开发利用水资源开辟了新的发展道路。

社会主义制度具有集中力量办大事的优越性。三峡工程移民百万，许多中国人和外国人认为是不可逾越的难关。在举国动员、同心协力、不畏艰难的传统精神引导下，60多万移民安置和十余座县城搬迁重建的艰巨任务顺利完成了。这充分说明了中国人民同心协力办大事的能力将永续长存。库区原有居民，绝大多数处于生产落后，生活贫困的地区，经济发展受到环境条件和资金来源的制约，长期以来生产生活面貌难以改变。近几年借修建三峡工程、移民搬迁之机，国家投入巨额资金，新建了城市集镇，改善了农民居住条件，发展了交通、能源、通信事业，加强了基础设施建设，使这些贫困区，迅速改变了生存发展条件，改变了生产、生活面貌，并为今后长远发展奠定了基础。凡是到库区考察、参观的各界人士，都不得不承认这种客观现实。总结二期工程移民安置的成功经验，顺利完成全部工程的移民任务，可以说是不成问题的。重大建设结合贫困地区脱贫的成功经验是值得认真总结推广的。三峡工程成功地解决了巨大的移民问题，说

原文刊登于 2003 年 9 月 26 日《中国三峡工程报》。

明中国人可以办到外国人认为不可能办到的事，说明具有中国特色的社会主义制度和社会经济发展道路是完全正确的。

三峡工程的成功建设。说明中国经济要高速度、高水平地发展，必须抓住影响全局的重大基础设施，利用有利时机，集中财力、物力和先进技术打歼灭战，建成一项发挥一项的作用，促进一个地区的发展。三峡工程的建成，将有效控制长江上游洪水，较好地解决长江中游的防洪难题；将为缓解能源紧缺，进一步开发西南地区丰富的水力资源，加强"西电东送"能力，提供有利条件。这将为横贯东、中、西三大经济区的长江流域发展成我国经济发展的核心地区带来强大的动力和生机。

三峡工程不会给生态环境造成灾难。不少中外社会人士担心修建三峡工程，会给生态环境带来灾难。但据现实情况和对未来的展望，这种担心将不会成为事实。世界各国发展实践证明，贫困是生态环境不断恶化最主要的根源，如果不能消灭贫困，生态环境的保护和建设，将是一句空话。对一个发展中国家而言，充分利用资源发展经济是首要任务。在发展中要讲科学、重视生态环境保护，对已经退化和破坏的生态环境要安排必要的恢复和重建措施。但是不合理地、过分强调生态环境保护，要求保持原始状态，什么都不能动，影响了经济的必要发展，将会得不偿失。贫困的时间越持久，贫困的程度越严重，对生态环境的破坏越是无法抑制的。

三峡水利枢纽工程取得了初步成功，今后将会不断扩大工程效益。但未完工程任务，仍然十分艰巨，也可能出现许多意料不到的问题，反对修建三峡工程的浪潮也不会因工程的初步成功而息止。因此，建设和管理部门必须兢兢业业，以更高的要求和更好的质量完成未完工程。继续加强观测试验和科学研究，对可能发生的问题深入研究，使科学研究走在问题发生之前。特别值得注意的是对水库区生态环境保护和建设要作为一项长期的任务，坚持不懈。要下大力气治理库区周边的污染源，要对城市集镇的污水、垃圾、废渣、废料进行有效处理和彻底清除，要十分重视航运对水体和水面的污染；从根本上说，要根治库区污染，对库区周边地区的经济结构和产业政策要进行科学的分析、界定和调整，一定要从有利于生态环境保护出发，在产业发展上有所为、有所不为，决不可急功近利，拘于近期小利而牺牲长远发展目标。三峡工程对长江的整治、水资源的开发利用和沿长江经济带的发展都是至关重要的，要对枢纽本身进行科学的高度运用、强有力的管理，充分发挥预期的工程效益，对水库下游可能产生的不利影响要及时采取措施进行控制，将三峡库区建成一个环境优美、经济发达、居民生活水平不断提高的地区，这将是全国人民的共同愿望，坚信我们有能力实现，也一定要实现。

关于长江流域治理开发战略的一些思考

（1）进一步认识和明确长江流域的战略地位。长江流域资源丰富，气候优良，土地肥沃。全流域 80％以上的土地面积适宜于人类的生活、生产和各种社会经济活动，在全球百万平方公里以上流域面积的大江大河中是举世无双的。长江东西横跨东、中、西三大经济区域，东通太平洋，西控大西南，区位优势无与伦比。

（2）长江上游水能资源的开发、下游深水航道与太平洋的沟通、三峡水利枢纽和南水北调工程是长期影响全国社会经济发展的重大战略措施。长江流域的治理开发必须打破行业的局限性，全面统筹，综合规划，统一安排战略性工程项目的实施步骤，力争实现社会、经济和环境的最优效果。

（3）与时俱进，持续深入研究长江流域水情、沙情、水质和河势的变化，正确确定不同时期的江道整治、防洪减灾、水资源开发利用和保护的重点，把握有利时机，及时采取措施。

（4）建议重视以下问题的研究和规划：

1）水土保持和水利（水电）工程对长江流域和主要支流中下游水沙变化的影响，修正典型大洪水年洪水过程，制定以三峡水利枢纽工程为中心，联系上中游重要水利枢纽工程的调度运用，研究制定长江中下游防洪的联合调度运用方案。

2）继续研究三峡工程大坝下游分期分段河势变化，分析江湖关系的新发展趋势，及时调整长江中下游防洪方案。三峡工程投入运用后，荆江河段冲刷最为剧烈，对荆江大堤安全产生新的威胁，必须及早研究对策，及时采取措施。洞庭湖防洪形势，值得特别关注，须研究新的对策和措施；三峡工程投入运用后，对鄱阳湖的影响也不可掉以轻心。

3）分蓄洪区对长江防洪是不可缺少的长期非常规工程措施，其调度运用是防汛的焦点和难点。对分蓄洪区的建设和管理，须与大堤同等重视。分蓄洪区的建设和管理必须按照既是防洪设施又是广大居民生存发展基地的双重作用，同时要对分蓄洪区内居民与防洪保护区内居民的安全和发展前途一视同仁，给予生存发展的同等权利。按照这两

原文系作者于 2003 年 1 月在某会议上的发言提纲，会议名称不详。

个基本要求,打破传统观念,采取特殊措施,进行分蓄洪区建设规划和建立新的管理体制。尽快研究解决分蓄洪区存在的问题。

4)进一步制定河道整治和岸线利用规划,从防洪、取水、航运、城市建设、环境保护的全方位出发,联合有关部门,综合研究规划确定控导岸线和治导工程,并制定岸线利用和滩地利用的准则。力求具有法律功能,尽量避免岸线利用的失控和防洪的被动局面。

5)将长江河口段的整治和水土资源开发利用规划放在重要位置,并抓紧进行。

6)对南水北调进行远景全面规划,着重分析研究调水对本流域水资源开发利用和生态环境的影响。

7)积极促进进行长江上游和重要支流上中游的水土保持和河道整治工作。

(5)根据新"水法",尽快制定长江流域水资源统一管理的具体配套法规;要特别重视保护水质功能和防治污染等方面与环保部门法规的协调和补充。

浅议太湖流域河湖水系的治理改造

1. 太湖流域水系的形成及其演变

第四纪最后一期冰期的末期（距今 2 万～1 万年），世界海平面下降，大致低于现在海平面 100～130m（一说 100～150m），太湖平原及其以东大陆架都属陆地，是古老的长江三角洲。冰期以后气象变暖，至全新世中期（距今大约 6000 年），气温年平均达到高于近代的 2～3℃，海平面基本接近现在的状态，海水覆盖了大部分古老的长江三角洲，一部分成为浅海、泻湖、沼泽和海滨湿地，长江下游为溺谷，河口在镇江、扬州一带。由于长江挟带大量泥沙输送至三角洲，太湖平原得到迅速发展。在整个历史时期内，大体沿着三江→湖泊→水网化的方向，不断变化。

自远古至 10 世纪，太湖西部山地丘陵来水潴蓄于现在太湖的西部，湖面积比现在的太湖大约小 1/3（据《越绝书》记载推算），在古太湖的东南形成"三江"，即吴淞江、娄江、东江分流入海。当时"三江"江阔水深，泄流能力很大，加上湖沼、湿地的滞蓄，地广人稀，基本上不存在防洪问题。由于长江来沙和海潮倒灌，"三江"逐渐淤塞，公元 8 世纪以后娄江、东江相继湮废，海岸线迅速东扩，至公元 10 世纪，洪涝排泄已部分依靠人工整治河道、疏浚塘浦。除公元前 500 多年形成的江南运河屡有整治外，先后改变了吴淞江入海出路，开通了入江的元和塘等，同时流域西部山丘地区也修建塘埝、运河导水入江、入湖。自公元 10 世纪初（五代吴越时期）流域普遍修治河渠，"或五里七里为一纵浦，或七里十里为一横塘"，初步形成了水网系统。水网化形成过程中，逐步修建堤防水闸，加速了人与水争地的力度，大量土地得到开发利用，促进了农业快速发展。此后，水利发展不断加强，主要排水河道不断疏浚整治，海塘不断延伸加固，15 世纪初（明永乐年间）吴淞江由浏河入长江，1458 年（明天顺 2 年）又另辟新河道由现在的苏州河入黄浦江，黄浦江也大体在此期间引淀泖之水入海，形成了太湖流域入海的主要通道。太湖自身逐步扩大变深，而流域北部、东部湖泊逐渐缩小，多被围垦。

近代及当代太湖流域开展了大规模的水利建设，流域水系发生了重大变化。自清朝

原文系作者于 2004 年 12 月在上海"太湖高级论坛"上的发言。

后期至 20 世纪中，新中国成立之前，国弱民贫，除上海及其附近，为了满足西方殖民统治的需要，开辟商埠，修建港口码头，整治黄浦江外，整个太湖流域很少治理，水网系统总体格局未变，很大部分河网长期处于萎缩退化之中，排水不畅，系统更趋混乱。新中国成立以后，鉴于太湖流域经济地位的重要，洪涝灾害的频繁，决心进行全面规划综合治理。至 20 世纪末，形成了现在太湖流域防洪、排涝、农田灌溉、内河航运体系。修建了环湖大堤，提高了太湖的调蓄能力，开辟扩大了入江、入海的排洪通道，结合圩区改造，形成了新的水网系统。这些工程在流域社会经济发展中发挥了巨大作用，但与现代工业化文明所产生的新问题不能适应。

2. 太湖流域社会经济的历史演变概述

根据考古研究，早在一万年以前太湖流域已有人类活动，六七千年以前已出现定居农业生产和手工业的发展，至 4000 年前农业和手工业更加普及，养蚕织丝、花生芝麻榨油以及金属冶炼、陶器制作在多数地区出现。在商周时期已出现较大的城邑、村落，主要出现在沿江、沿海较高的岗地区，逐步向中部低浅沼泽地区发展。到春秋时期（公元前 770—前 476 年），吴、越争霸，促进了太湖流域社会经济的进一步发展，青铜、铁制工具和兵器大量出现。战国初期，楚灭吴越，太湖流域为楚春申君封地，兴修水利，开垦土地，发展手工业，颇有建树。秦统一中国（公元前 221 年）在太湖流域设置郡县，共置 11 县，经两汉三国人口不断增加，农业、手工业继续发展，太湖平原已是"沃野万里"，号称"乐土"，西汉元始 2 年（公元 2 年）人口达 48.37 万，至东汉永和 5 年（公元 140 年）人口已达 72.57 万，农业、手工业，特别是丝绸、冶铁、海盐、茶叶、陶瓷各业达到了很高的水平。至南北朝时期，中原战火不断，人口大量南迁，促进了太湖流域进一步发展，太湖流域逐步成为经济发达地区，是国家粮食生产、财赋贡献的重要地区之一。唐天宝元年（公元 742 年）人口已达 306 万，土地得到大量开垦，粮食生产、赋税收入已成为唐朝中央的重要支柱。至宋室南迁（1127 年），太湖流域更成为政治、经济、文化中心，是当时世界有名的富庶之区。由于唐、宋时期的积极发展，人与水争地达到了很高的程度，流域中较高的平原土地已开发殆尽，于是大量开垦河湖洲滩、沼泽湿地，促进了河网进一步发展。初期的圩田以塘浦为界，面积较大，由于小农经济的生产方式和力争土地的充分利用，大圩逐渐瓦解，普遍形成小圩，塘浦失修，洪涝灾害加重。至元、明、清三代（1279—1911 年），建都北京，京师衣食均仰仗江南，一般年份也从江南调运粮食 400 万～500 万石，干旱荒年多达 700 多万石，京师的丝绸、布匹、盐茶、工艺品及军饷也多取自江南，这固然促进了社会经济的发展，也极大地加重了百姓的负担，致使贫富悬殊，社会不安，生产力增长缓慢，至清中叶嘉庆 20 年（1820 年），流域人口达到 2289 万人，密度达 627 人/km²，成为全国人口最密集的地区。

3. 社会生产方式改变引起的太湖流域水系功能的变化

（1）定居农业产生之前，人少地广，以渔猎采摘为生活生产方式，水系的功能和演变纯属自然状态，气象地质因素的突变是自然灾害的根源。

（2）原始农业，定居农业开始至铁质农具使用以前，种植、养殖、渔猎相结合，人口稀少，无力改变自然，水系功能和演变仍属自然状态，灾害也纯属自然灾害。这一阶段在太湖流域大体延续了 4000 多年，直至战国时期（公元前 500—前 220 年）。

（3）传统农业时期，以使用铁器农具为标志，至化肥农药使用为主以前，在太湖流域大体延续了 2000 多年（至 20 世纪 50 年代）。在此期间：农业、农民、农村仍为社会的主体，种植业与养殖结合，生产规模小而分散，农田肥料主要依靠绿肥、人畜粪便、河泥及其他有机肥；城市化水平低，除少数政治经济中心城市规模较大外，均属中小城市，人口有限，农村集镇也以农业、手工业为主；村镇排出的污水、垃圾基本得到利用和"消化"，城市排出的污水和垃圾数量较少，大部分被郊区和农村利用，排入河湖的部分，依靠天然水域净化降解，除局部地区污染较为严重外，绝大部分地区保持了较好的生态环境，河湖水质良好，大部分河湖保持了Ⅰ、Ⅱ类水质。此时流域西部山地，丘陵区河湖基本保持天然状态，部分河流水系开发利用，主要为农田灌溉和城镇、农村生活用水；平原圩区河网的功能主要是农田灌溉、排水、航运、城镇乡村居民生活供水，河道塘浦和湖泊是主要供水水源，同时也是洪涝排泄通道，河网还有一项重要功能就是接纳居民生活污水、污物，由于数量有限，可由海网水系自净和水量的周期置换得到净化，长期以来农民结合农田施肥，罱泥清淤也发挥了重要作用。这种生产方式结合一定时期的河道河网治理，使太湖流域水系合理发挥了功能，除了分散的少数城镇郊区还有一定短时污染外，绝大部分地区基本保持生态环境的较好质量。

（4）近代农业，以使用化肥农药和机械化耕作为标志，结合城市化、工业化的进展，20 世纪 70 年代以前水系河网的基本功能与传统农业后期基本相同，但由于人口剧增，城市和乡镇企业急剧发展，要求大量增产粮食，农田大量使用化肥农药，城乡供水量和排污量大幅度增加，河湖水域污染程度日趋严重，污染源以农药化肥和生活污水等有机污染物为主，仍靠河湖自净保持水质，大多数地区的水质仍能基本适应生活、生产用水的要求。

（5）20 世纪 80 年代以来，流域城市化、工业化迅速发展，生活、生产大量排放污水、污物，而河湖水系特别是平原河网，功能未变，集供水、排水、纳污、排污于一身，已很难适应经济发展带来的变化。由于水域日趋缩小，河道排洪、排污能力不足，纳污量急剧增加，水质严重恶化，对流域居民生活、生产和生态环境造成极其严重的影响，制约了社会经济的快速发展和生活水平的不断提高。为了贯彻可持续发展的国策，遵照科学发展观发展，改造河网，调整河湖水域的功能，加强管理和保护已是当前急迫的任务。

4. 当代太湖流域河湖水系应发挥的主要功能

太湖流域 36895km²，其中山地丘陵区占 20%，平原地区占 80%，高程一般低于 5m 的中西部平原占流域总面积的 52%，是主要的河网地区。流域 2000 年人口 3887 万，平均密度超过 1000 人/km²，2/3 的人口已城镇化，流域内生产总值（GDP）9716 亿元，人均 2.5 万元，已是全国的最高水平。现有耕地 2439 万亩，曾经是全国重要的粮食生产基地，现在虽然已不再是重要的商品粮基地，但农业已快速向现代化方向发展。按照流域区位、资深和经济基础的优势条件，今后将仍是我国经济高速发展的精华地带。面对当前和未来流域发展形势，流域河湖水系应发挥的基本功能主要有：

（1）保护人民生命财产安全和为社会经济可持续发展提供安全保证，防洪减灾仍是重要任务。流域受长江洪水、海洋风暴潮和本流域强暴雨洪水三重威胁，占流域总面积80％的平原地区，洪涝潮渍灾害严重。流域河道水系，特别是太湖本身和骨干河道首先必须承担排洪、排涝的任务。必须看到当代防洪减灾要求和防洪形势的变化，过去城乡界限基本清楚，防洪的任务主要是保护城市、重要集镇和交通干线的安全，城乡防洪标准可以有较大的差别；现在和今后城乡界限逐渐消失，防洪标准普遍要求提高，防洪设施要从过去保点向保面演变。

（2）农业结构有了重大调整。过去农业以种植业粮食生产为主，现在粮食生产已退居次要地位，已主要向为城市集镇居民和二、三产业服务的现代化农业发展转变，种植业与养殖业密切结合，产值高、洪涝灾害损失大，对供水量的保证程度和水质要求高。当前供水保证率低、水质严重污染已不能适应发展需要，必须提高供水安全可靠的程度。

（3）当前城乡供水急剧增加，特别是大中城市生活、生产、环境用水大量增加，并不断要求提高供水水质标准，这是迫切需要解决的问题。现在流域内西部山地、丘陵区主要靠水库供水，部分沿长江的城市直接取用江水，水量水质较好；分布在流域平原地区的众多城市依靠河网、湖泊供水，水质恶化，不能保证供水的安全。提高河网水质，使之达到合理的标准是必须解决的问题。

（4）城乡居民生活水平不断提高，对生活环境质量的要求也不断提高。现代化的生活水平必须要有清洁、优美、健康的现代化生活环境相适应。现在城乡生态环境状况与物质生活水平极不适应，一些大中城市郊区的反差尤为突出。改善河湖水系的水环境质量，是解决这一问题的根本途径。

5. 太湖流域河湖水系治理改造的设想

根据以上分析，按照以人为本、人与自然和谐共处的总体要求，在节水优先、治污为本的原则下，积极进行太湖流域的河湖水系改造，特别是河网改造，适应现代化发展的需要，是未来治理太湖的关键所在。

（1）改造的目标是否可以设想为：

1）防洪减灾标准：涉及流域性的排洪骨干河道和超重要调蓄作用的太湖设防标准应不低于100年一遇，对历史上曾经发生过的特大洪水，如1999年洪水、1954年洪水和1991年洪水都能有效地控制，做到安全排洪和调蓄；防风暴潮的海塘工程能抗御不低于在长江口和钱塘江口之间登陆的12级台风；通江、通海较大塘浦河港的堤防防洪标准应达到50年一遇；圩区排涝标准不低于10年一遇。

2）形成清水廊道，为大中城市和集镇提供饮用水原水的较高水质标准，如达到Ⅱ、Ⅲ类水；一般水网区的水质应不低于Ⅲ、Ⅳ类水的水质，能达到分散自来水厂、城乡环境、鱼类生存和农田灌溉的用水要求。

3）逐步形成污水排放的专用通道。在积极防污治污的基础上，对仍未达标的污水应有专门的排污专用的排污河道，使其直接入江入海。

4）确保山地丘陵区水库的水质安全和水库下游河道的最小生态环境用水。

5）枯水季、高潮期海水不内侵，保证入江、入海河口段水质达到允许含盐量的标准。

（2）可能采取的措施：

1）在继续巩固提高太湖调蓄洪水能力的基础上，进一步扩大、增加入江、入海的排洪、排涝出路，提高防洪除涝能力，达到设想的防洪、除涝标准。

2）合并小圩区，利用骨干塘浦，加强堤防，疏浚河道，形成大圩区；进一步完善大圩区内灌溉排水系统，以适应城乡界限逐步消失后的区域防洪要求和促进现代化农业的发展。

3）按防治风暴潮的标准加固海塘，治理并适当控制长江和众多入江、入海的河口段，减少咸潮内侵。

4）防污、治污是解决供水水质安全和改善生活、生态环境的根本途径。要积极推行节约用水、清洁生产，加强污染源头的治理，同时切实安排污染排放末端污水、污物的处理，有效控制水质和环境污染。由于治污措施发展的不平衡，治污标准与供水原水水质标准的差异，即使做到严格防治污染，仍然会有污水排放，因此仍需考虑排污专用通道。在积极治理城市污染的同时，必须认真研究面源污染的控制和治理，要研究减少化肥、农药使用量和充分利用农村有机肥的技术措施和推行政策。

5）充分利用长江干流充沛的优质江水，加大引江济太的力度，加速湖泊、河网水的置换速度；利用排洪排涝骨干河道形成清水走廊，形成城乡供水的原水通道。为此，建议扩大望虞河并在其西部增辟新的引江通道。

6）建议研究从芜湖附近引水经过东坝进入太湖的引水通道，增加引江能力的可行性，改善太湖西岸水质。

7）江南运河贯穿太湖流域的中部，对太湖流域水系湖泊的治理改造影响巨大，同时污染十分突出，建议组织有关部门，从太湖流域长远全局发展需要，研究江南运河的改造问题，使其减少对水资源的污染和防洪、排水的影响，并发挥多种综合功能，如排污通道的作用等。

8）流域水系淤积相当严重，应下决心有计划地对河系水网进行清淤，将清出的土料填高低田或用于堤防、道路的修筑。

9）促进中小城市和农村在修建住房和公共用房时，考虑底层承受临时淹水的措施，以适应超标准洪涝，减少损失。

10）完善流域水土资源的统一管理，对防洪除涝、水资源配置调配和生态环境保护等统一管起来。

太湖流域湖泊水系的治理和改造是支持流域可持续发展的重大措施，涉及到社会经济的各个部门、各个地区、各个层面，必须在统一领导多部门参加下开展工作，也必须打破部门和地方的局限性，通力协作，才能逐步完成。太湖流域是全国人口密度最大、社会经济发展最快水平最高的地区，人力、财力、物力资源充沛，又具有优良的区位优势和丰富的水土资源，应充分利用这些有利条件，抓紧时机，对流域水系进行科学的改造，以适应现代化和可持续发展的需要，为经济发达地区树立榜样。

关于修订黄河治理开发规划的几点意见

同志们：

修订黄河治理开发规划第一次工作会议现在就开始了。这次会议请黄河流域各省（区）和国务院有关部委的负责同志来，共同商议落实国务院批准的《任务书》中规定的各项任务，以利及早开展规划工作。现在，各方面的领导同志工作都很忙，会议准备尽可能开得短一些，主要研究讨论规划任务、分工、进度等问题，把各部门承担的任务落实下来，并交换一下有关开展规划工作的意见；同时，建议成立一个规划工作协调小组，使规划工作的联系和协调有一定的组织保证。我们对会议日程，作了初步安排，已经送给各位代表，对会议安排有什么意见，还应该增加哪些讨论内容，也请及时提出来，根据大家的意见再对会议日程作适当的调整。

黄河是我国的第二条大河，流域幅员广阔，资源丰富，历来是我国政治、经济、文化的中心地带，同时由于黄河多沙的特点，水患给广大人民造成了深重的灾难。因此，黄河的安危是关系到广大地区社会能否安定、经济能否顺利发展的一件大事，建国以来，成为我国社会主义建设的一个重要组成部分。黄河流域在解放以后，在党中央的正确领导、全流域广大干部群众的艰苦奋斗和各有关部门的大力支持下，黄河的治理与开发工作，取得了一定的成绩。30多年来黄河下游保持安澜的局面，灌溉面积发展到7000多万亩，水电开发达到250多万 kW；为沿黄城市工业提供了水源；水土保持取得一定的进展和经验。这些对黄河流域以及两岸广大地区的社会经济发展发挥了重要作用。但是由于黄河水沙资源的特点，进一步解除黄河水患的威胁，水资源的开发利用，还远远不能适应党中央所确定的经济建设战略目标的要求。当前突出的问题是：①下游河道，防洪标准较低，河道淤积有增无减，两岸经济迅速发展，特别是金堤河滞洪区的使用不仅影响100多万人口的生命财产安全，而且直接威胁中原油田的生产建设，一旦发生特大洪水，将造成不可估量的损失和影响。②黄河中游水土流失仍然没有得到必要控制，大量水土流失不仅极大地影响了当地生产发展，也不断加重下游洪水的威胁和影响了全流域水资源的开发利用。③黄河流域大部分地区处于半干旱地带，工农业发展对

原文系作者于1984年8月在修订黄河治理开发规划第一次工作会议上的讲话。

水资源的供需要求不断增加，而黄河水资源有限，既要保证工农业（包括交通运输）必需的供水，又要满足下游排沙减淤的要求，供需矛盾日趋尖锐。④黄河流域水利资源丰富，是我国能源开发的重要基地之一，当前急待进一步开发利用，以缓和我国电力供应的紧缺局面。⑤水资源的多目标综合利用、水源保护和改善生态环境等一系列问题，都随着社会经济的发展矛盾增多，问题突出。以上这些问题的妥善解决，对保证工农业发展战略目标的实现具有重大意义。

黄河的治理和开发工作，一直受到党中央和国务院的高度重视。1954年，在国务院直接领导下，编制了《黄河综合利用规划技术经济报告》，1955年经全国人大审议通过了《关于根治黄河水害和开发黄河水利的综合规划的决议》，在这个规划和决议的指导下，进行了一系列治理和开发的工作，取得了一定成绩，同时通过实践，不断暴露了新的问题和取得新的经验，加深了对黄河特性的认识，使黄河的治理和开发进入一个新的历史时期。今年上半年，耀邦同志和紫阳同志先后到河南视察，都听取了有关治黄工作的汇报，并作了重要的指示。6月底至7月初，万里、胡启立、李鹏等同志专门对黄河进行了考察，对治黄工作进行了研究，提出了重要指示。他们指出：1949年以来，对黄河的兴利除弊做了大量工作，无论是防洪、灌溉，还是三门峡、青铜峡、刘家峡、龙羊峡等水利电力工程的建设，都取得了很大成绩，收到了很好的效益，这点必须充分肯定。35年来黄河没有出大乱子，这是很了不起的事。现在黄河两岸（包括过去的黄泛区）的庄稼郁郁葱葱，一片繁荣景象，令人振奋！他们又指出，今后黄河的治理规划和管理使用，必须贯彻以防洪灌溉为主，发电为辅的方针，在保证防洪、有利灌溉的条件下进行发电。黄河流域雨量较小，下游又是人口密集地区，农业的稳产高产和林牧业的发展是这个地区人民生活的基础，而灌溉又是农业发展的重要条件，同时这个地区的城市多是用黄河水，人民生活和工业生产用水也较其他地区困难。因此，如果不坚持以防洪和灌溉为主的方针，就会使我们脱离群众，甚至会造成大患，出大乱子。因此，今后从龙羊峡到小浪底都必须根据灌溉需要和保证防洪的原则来用水。即使如此，黄河上游的水力发电仍然可以发挥很大效益。考虑到黄河水量有限，必须统一规划，统筹兼顾，合理分配。黄河水量的分配应由水电部及所属的黄河水利委员会统一管起来，不能各自为政，各行其是。引黄灌溉的面积，现有的要保证，今后扩大灌溉面积要适当控制，尤其要严格控制水稻种植面积。黄河要搞一个全面的治理规划。规划中必须强调一点，就是黄土高原的水土保持问题。在这些地方必须大力种草种树，搞好流域综合治理，一些山区要退耕还草造林。现在有些地区口粮已经够了，应大力发展林业和牧业；有些地区口粮还有困难的，可以免除征购任务。陕甘宁地区要认真贯彻耀邦和紫阳同志提出的大力发展种草种树的方针。这是控制黄河流域水土流失的根本措施。它不仅是经济效益问题，而且是黄河流域环境效益的重大问题。他们还指出：相信经过若干年的努力，一定能够使多少世纪以来一直没有解决的黄河防洪问题，到本世纪末基本上得到控制。就是在没有特殊原因的情况下，黄河洪水不再为患，不再不安宁，成为为人民造福的河流。中央领导同志的指示，给我们提出了任务，指明了方向，我们在修订黄河规划的过程中，必须认真对待，积极落实。

全面综合规划是宏观决策的重要手段，宏观决策的正确与否又是黄河治理开发成败和效益大小的关键。为了防止宏观决策的失误，我们一定要遵照中央领导同志的指示和国家计委的要求认真搞好这一工作。为此，提出以下意见：

第一，必须进行充分的调查研究，认真总结历史上和1949年以来的治黄经验，并吸取国内外的先进科学技术，把黄河治理开发工作提高到一个新水平。50年代作规划时，防洪措施的选择，回旋余地较大；水资源的开发利用程度较低，各个经济部门之间的矛盾也较少。现在情况完全不同了，出现了极其复杂的新情况、新问题和新矛盾，在工程建设上也存在巩固、改造和发展的复杂关系。因此，必须认真搞清真实情况，执著调整、解决各种矛盾，然后才能有新的发现，才可能出现新局面。50年代，我们缺乏经验，特别是对黄河两岸多泥沙河流的特点和规律认识不清，为此曾出现过一些挫折和教训，经过30多年的努力，对黄河特点和规律的认识有了很大的提高，各地区对多泥沙河流的开发利用都积累了丰富经验，我们必须吸取各部门在建设中的宝贵经验和国外的先进科学技术来为治黄服务。只要我们认真对待，我们一定能提出一个具有高度科学技术水平的新黄河规划。

第二，黄河规划是涉及广大地区、亿万人民和各个生产建设部门的重要工作，我们必须要有高度全面综合观点和经济观点来开展工作。要认真贯彻"除害兴利，综合利用，使黄河水沙资源在上中下游都有利于生产，更好地为社会主义现代化建设服务"和"加强经营管理，讲究经济效益"的方针。我们水利部门的同志，必须打破行业的局限性，从全社会的最优经济效益出发，充分考虑各行各业对水资源开发利用的要求，要认真听取他们的意见，学习他们的经验，真正使黄河治理开发工作为全社会的合理发展服务。在工程建设上要认真研究需要和可能，稳妥可靠地择优进行建设。过去的规划从需要考虑得多，对实现的可能条件分析不够，往往造成规划建设项目难以实现，这次修订规划应补充这方面的不足。我们希望整个规划，要力求做到：资源上平衡；经济上现实合理；同时又有利于生态环境的改善。

第三，规划工作必须适应经济体制改革的发展要求，同时通过规划探索水利事业改革的途径。当前各条战线都在进行改革，水利事业从建设到管理都在不断出现新的方法和研究新的途径，我们在规划中一定要考虑这些新因素，同时对过去一些做法，也要认真分析研究，对不符合改革精神的要寻找新的办法。

以上意见仅供大家参考。

黄河流域各省（区）的领导和有关部委对这次修订黄河治理开发规划都很重视，国家计委"关于黄河治理开发规划修订任务书的批复"下达后，不少部门已积极行动，着手建立组织，落实工作部署，交通部6月底成立了"黄河水系航运规划小组"，不久前又召开了预备会，目前正在着手编制工作大纲；林业部也明确了规划工作的具体负责部门，现在正在召开一次工作会议。其他单位和省区也做了一些研究和准备工作。这次规划与过去不同，过去主要是集中进行，这次主要是分成很多专项规划，由各部门和省区分担进行，遵照国家计委的安排，由我部负责组织和汇总综合。因此搞好协作配合，是工作顺利开展的关键。现在各有关部门和省区都积极支持这一工作，我们受到极大的鼓舞。为了进一步落实协作工作我们提出成立规划工作协作小组的建议，请大家研究。我们相信，经过大家的共同努力，一定能顺利地完成这项艰巨的任务。

按照国家计委的要求，全部规划任务要在 1986 年上半年完成，时间是十分紧迫的，我们水电部作为这项任务的组织负责部门，但是我们工作没有抓紧，没有尽早召开这次工作会议，影响了工作的开展，今后我们要努力改进，也希望各有关部门和省区对我们的工作进行监督和批评，使我们的工作做得更好一些。

　　最后，预祝这次会议成功。

关于黄河中游水沙变化情况讨论会的情况汇报

遵照部长指示，6月下旬黄委会和泥沙专业委员会在郑州对近期黄河中游水沙变化情况进行了讨论，现将有关情况和意见报告如下。

（1）黄河流域干流龙门、泾渭河华县、北洛河洑头和汾河河津四个控制站以上1970—1984年15年间比1950—1969年20年间实测平均径流量减少66.3亿 m³，减少14.8%；平均年输沙量减少5.84亿 t（后15年平均11.48亿 t，前20年平均17.32亿 t），减少33.7%。分区情况是：

河口镇以上年减水10亿 m³，减少3.9%；减沙0.49亿 t，减少29.5%。

河口镇至龙门区间年减水26.4亿 m³，减少36%；减沙3.86亿 t，减少38.8%。吴堡以下各支流减水减沙显著，而吴堡以上的皇甫川不仅未减而略有增加。

渭河华县以上年减水18.2亿 m³，减少20%；减沙1.07亿 t，减少23%。

北洛河洑头以上年减水0.08亿 m³，减少0.9%；减沙0.276亿 t，减少28.2%。

汾河河津以上年减水8.9亿 m³，减少50%；减沙0.451亿 t，减少76%。

面上的年平均降雨量后15年与前20年相比，兰州以上、华县以上，和河津以上大体相等或略有增加；而兰州河口镇区间减少14%左右，河龙区间减少14.5%，洑头以上减少16%。

（2）黄河中游近期水沙显著减少的原因，大家一致认为：一是1970年以后，水库和水土保持措施的拦沙起了明显作用，特别是水坠坝技术的广泛推广应用，中小水库和淤地坝建设速度快、数量大；二是1981年以后，雨区偏上、偏南，侵蚀模数低的地区雨量大，径流增加，输沙量减少；而主要产沙区的河龙区间雨量减少，径流、泥沙也明显减少。各分区的影响因素不同，减少的数量也不同。

河口镇以上，流域水多沙少的兰州以上雨量增加，水少沙多的兰州至托克托区间降雨减少，结果来水增加，来沙减少；干流水库拦沙和灌区引水引沙的增加，使河口镇实测水沙均有所减少。

原文系作者1986年6月下旬在中国水利学会泥沙专业委员会于郑州召开的"黄河中游水沙变化讨论会"上的发言，后以简报形式上报国务院。

河龙区间，近期除 1977 年外，各项降雨指标如暴雨频次、日最大暴雨量、最大 30 日降雨量、汛期降雨量均有所减少，这种特点除产水产沙减少外，对现有水保措施破坏较小而拦蓄作用较大。在此期间河龙区间淤地坝大量发展，拦沙减水都起了显著作用。

华县以上，面上年平均降雨未减少，但多沙粗沙的马连河、葫芦河上游雨量减少，而少沙细沙的泾渭河中游雨量增加，因而减少了来沙量，同时水库拦沙和引水灌溉对减水起到了显著作用（淤地坝在泾渭河流域较少）。

河津以上，雨量未减少，水库拦沙占河津总减沙量的 80%。北洛河情况还有待分析。

根据黄科所分析成果，龙、华、河、洑四站以上，1974—1984 年 11 年间水土保持与水利工程共拦减泥沙 34.75 亿 t，平均每年减沙 3.16 亿 t，其中水土保持（包括水平梯田和淤地坝）年平均减沙 0.72 亿 t，占 23%；干支流水库年平均拦沙 1.8 亿 t（已扣除渡口堂至头道拐河道泥沙恢复量），占 57%；引黄灌溉年减沙 0.63 亿 t，占 20%。各家分析成果虽有不同，但大体都在 3 亿 t 左右。出入较大的是对淤地坝的作用估计不同，一般认为要比黄科所分析成果大。各家分析，都认为林草作用在当前不显著，均略而未计。

（3）根据会议了解情况，提出以下几点看法和意见：

1）近期黄河中游水沙减少，虽有降雨减少的因素，但主要是水利工程和水土保持措施的作用和用水用沙增加的结果。即使遇到 1977 年那样的大雨，减沙作用仍然是存在的。（1977 年汛期延安、榆林、晋西等地区共冲毁坝地 3.3 万亩，约占当时坝地面积的 4% 左右，估计增加泥沙 1 亿 t 左右。）

2）近期水沙减少，坝库拦蓄起了主要作用，当前估计水库库容已损失 30% 以上，淤地坝容积也损失 50% 左右。防洪安全标准下降，不少坝库运用方式由"拦"转"排"，拦蓄作用逐年减小，每年自然损坏坝库又未全部修复，新建坝库逐年减少。应当及时采取措施，使坝库拦蓄作用不继续下降，并有所增长。黄委中游水保局所编"水土保持治理骨干工程规划"应尽快研究审定并逐步实施。

3）根据许多研究成果说明，黄河流域黄土侵蚀量处于一个长期不断增加的过程。3000 年前，以自然加速侵蚀为主，使年产沙量增加到 10 亿 t 左右；最近 3000 年以来（特别是近百年），除自然加速侵蚀外，人类活动引起了更快的加速侵蚀，1949 年前夕达到了年产沙 16 亿 t 的水平。1949 年以后，开始大规模水土保持和水利工程建设，水土流失才从加速流失转向人为控制逐步减少的过程。从龙、华、河、洑几个控制站的实测资料和分析研究表明，近期入黄泥沙确有减少趋势；但分析面上产沙情况，则大有不同。出于人口剧增，1949 年后毁林、开荒面积巨大，大量增加了水土流失量；近年修路、挖窑、开矿、城镇垃圾和弃渣都增加了水土流失量。据对无定河的调查，1960—1984 年开荒 240 万亩，加上挖窑、修路等共增加水土流失量 4.8 亿 t，平均每年增加 2000 万 t，占全流域产沙量的 7%～10%。据 1949 年后人口增加需要维持生活的耕地水平估计，水土严重流失区 15.6 万 km² 面积中，现有人口 1340 万，大体上比 1949 年初期增加一倍，统计耕地 7600 万亩，而实际可能达到 1.5 亿亩左右。如无定河流域 1982 年统计耕地面积仅 330 万亩，而实际达到 850 万亩。仅就增加开荒 1 亿亩耕地估计，每年水土流失增加达 4 亿～5 亿 t。因此，不少同志估计，如果不考虑水保水利措施，流域坡面侵蚀量不是 16 亿或 17 亿 t，而是 20 亿 t 以上。许多搞水土保持工作的同志提出，从试验点和调查中，水土保持搞得好的地方，林、草"三田"的作用是十分显著的，但许多分析计算中反映不出来，主要是被人为增加的水土流失量所抵消。弄清这个问题，对进一步开展面上的水土保持工作可能有帮助。当然弄清这个问题是十分困难的，但不能不去做。因此，建议今后加强水土保持的观测试验工作和定期的多类型、多点的调查工作。不仅要对搞好措施的，观测其效益，而且要选择人为加大流失地区，观测不同破坏程度所增加的流失量。过去试验站对水保措施（包括林草）的减沙作用观测较多，对减水作用观测甚少，今后应当并重。

4）黄河中游水沙变化存在着丰枯相间的周期性规律，自 1970 年以来，除个别年份外，河龙区间已连枯十余年，水沙组合对下游河道防洪的有利形势，为数十年来所少见。今后有可能转入丰水大沙的周期，下游防洪安全仍应不断加强，决不能掉以轻心。从许多北方河流水沙变化的规律来看，河龙区间今后水沙变化更趋于两极化。即一般年份水沙进一步减少，如遇特大暴雨，洪水泥沙有可能激增。这样下游河道可能在几年甚至十几年平安无事的情况下，突然有一两年淤积极快，水位急剧抬高，这在沿河防汛工作中应有思想准备和相应的措施。

5）黄河泥沙研究工作，特别是对全河水沙变化的研究，近几年来有所削弱，主要是缺乏有组织、有计划地进行，力量分散，资金缺乏。很多同志建议，建立一个协调组织（由黄委和泥沙专业委员会牵头），建立一笔研究基金，对黄河泥沙问题进行系统的基础性的研究。根据过去经验，每年大约有 50 万～100 万元，就可以开展不少工作，也可以进一步发挥现有科研院所和大专院校有关水文泥沙专家的作用。

对黄河下游河道发展前景的几点看法

　　黄河是一条水少沙多的大河，洪水泥沙既是下游两岸广大平原塑造、扩展、改造的动力，又是众多人民群众生产生活安全的严重威胁。2000 多年以来，控制黄河、改造黄河、利用黄河的努力延续不断，当前下游洪水已得到初步控制，水沙资源已经为人们生产生活服务。但河道不断淤高，悬河的危险程度有增无减，保证河道行洪安全，减少非常洪水的巨大威胁，仍然是当前迫切需要解决的问题。

　　黄河下游河道安全的核心问题是上中游来沙量超过河道输沙能力，河道不断淤积抬高，行洪能力难以保持稳定，防汛风险越来越大，防洪的社会投入不断上涨，成为国家和当地居民的巨大负担。如何改变这种被动局面和沉重负担是历来治黄的关键问题，特别是河道能否长期使用？要不要改道？何时改道？为社会所关心。对黄河下游河道的发展前景做出科学的预测和提出可行的对策就是回答这些问题的前提。影响下游河道发展前景的关键因素是：上中游来水来沙的变化趋势；下游河道在人工改造的前提下，防洪输沙能力的变化；河口发展的趋势。上述因素又都受社会经济和科学技术发展水平的制约。下面作一点概括的分析。

　　1. 上中游泥沙变化的趋势

　　黄河下游泥沙主要来自黄土高原侵蚀模数大于 $1000t/km^2$ 的 43 万 km^2 的水土流失区，全年平均进入河道泥沙总量 16 亿 t。其中：侵蚀模数大于 $5000t/km^2$ 的严重侵蚀区 15.6 万 km^2，年入河泥沙 14 亿 t，占入河总量的 88％；严重侵蚀区中，分布于河口镇龙门区向支流和泾洛渭汾各河上游的剧烈侵蚀区，年侵蚀模数在 $10000t/km^2$ 的地区 7.7 万 km^2，年入河泥沙达 10 亿 t，占入河总沙量的 62.5％，这又是粗沙的集中产地，是黄河下游河床淤积的主要组成部分。因此，控制水土流失，特别是控制粗沙的剧烈侵蚀，减少入河泥沙是下游治理黄河的根本措施。能否有效控制水土流失，历来有不同看法，不少专家从黄土高原区的土质暴雨特性出发，认为水土保持难以控制水土流失，特别是对沟壑区的重力侵蚀是无能为力的，认为水土保持不能解决下游问题。实践证明，水土保持措施配合必要的拦蓄泥沙的骨干工程对于减少入河泥沙是可以起到明显

　　原文成稿于 1990 年前后，何处发表不详。

效果的。按照黄委会和有关科研部门的分析：黄河干流龙门、渭河华县、北洛河洑头和汾河河津四个控制站，1970—1984 年 15 年间比 1950—1969 年 20 年间实测年径流量减少 66.3 亿 m³，减少 14.8%；平均年输沙量减少 5.64 亿 t，减少 33.7%。分析除去气象水文方面的影响外，水土保持措施、骨干拦泥工程和其他水利设施的作用平均每年拦减入河泥沙约 3 亿 t，特别是河龙区间由于大量拦泥工程的兴建，效果特别显著。根据一些小流域综合治理试验成果来看，约 10～20 年坚持不懈的治理，减水减沙的作用非常显著，一般减水可达 20%～50%，减沙 40%～90%。以上情况说明，水土保持措施和水利工程是能够控制水土流失，减少入河泥沙的。但是必须看到控制水土流失，减少入河泥沙，需要付出巨大代价。一方面开展水土保持措施和修建拦泥骨干工程，必须不断投入大量人力物力财力；另一方面，水土保持措施和水利工程都不能一劳永逸，对已经治理见效的地区，还需不断地进行巩固、维修、改造、提高和更新，这都需要增加新的投入。按照我国人多地少的特点，改变黄土高原的生产生态面貌是重大国策，减少入河泥沙，为黄河下游治理创造有利条件，又是解除广大平原地区洪水泥沙为害的重要措施。因此，长期付出必要代价，无论从改善当地人民生活还是整个治黄的战略需要考虑都是值得的。而且从具体水土保持和水利工程的实际经济效益分析，也是经济、合理的。

据地理和地质部门的研究，黄土高原侵蚀量长期处于不断增加的过程。3000 年前，以自然加速侵蚀为主，使年产沙量达到 10 亿 t 左右；最近 3000 年以来（特别是近百年来），除自然侵蚀外，人类活动更快地加速了侵蚀，1949 年前夕达到年入河沙量 16 亿 t 的水平。建国以后，开始大规模水土保持和水利建设，水土流失已经开始从加速侵蚀流失转向人为控制逐步减少的过程，在一部分地区已经见到显著效果。但是，控制水土流失减少入河泥沙能达到何种程度必须作出充分的估计。从黄土高原侵蚀的发展规律来看，要完全控制水土流失是难以做到的，即使在很长时期以后，随着人的认识水平的提高和经济发展，人为加速侵蚀，可能基本得到控制，但自然加速侵蚀只可能局部得到控制而大部分难以控制。因此设想在长远的将来，将入河泥沙减到建国初期的 50%，是有可能实现的。从今后社会经济和科学技术发展的趋势来看，实现上述设想有有利条件和不利条件。有利条件是：①当地群众为了改变生产面貌，提高生活水平，不从水土保持入手，是没有出路的，因此有很高搞好水土保持的积极性。②在技术上没有难以克服的问题，如植树种草、修造梯田、打坝淤地等都已积累了比较系统的经验，如行之有效的水坠坝技术，已普遍为群众所掌握。③农村有足够的劳动力。④典型试验成果表明，综合效益大，收效快，投入偿还年限短。⑤随着国民经济的发展，财力的增强，群众增加投入和国家给予较大的资助是可能做到的。不利的因素是：①不少地区地广人稀，还有一些具有特殊地质地貌条件的地区，自然加速侵蚀难以有效控制。②人口稠密地区，人类活动加重水土流失的现象，短时期难以有效禁止。③大部分水土流失区生产水平较低，生活贫困，对水土保持的投入有限。④水土保持措施不能一劳永逸，必须边发展边巩固，越到后期，巩固的任务越大，发展的速度越慢。⑤整个地区人口增长较快，环境的负荷不断增加，治理与破坏的矛盾将长期存在。总的看来，没有不可克服的困难，但任务十分艰巨，速度不可能过快。黄委会有关部门进行黄河中游水土保持规划，提出本世纪内将入河泥沙减少 30％，今后 50 年左右减少 50％，这个估计，是有可能实现的，但后期在速度上可能过于乐观。从黄河下游河道的治理来看，首先，要立足于有大量泥沙进入黄河下游将是长期的，减少泥沙入河的速度不可能过快；其次，要积极推动水土保持和拦沙骨干工程的建设，争取较快地减沙入河的效果。

2. 进入黄河下游水量的可能变化

据水资源的分析平衡计算，黄河花园口站多年平均径流量 560 亿 m^3，建国初期上中游用水约 90 亿 m^3，下泄 470 亿 m^3，平均下泄水量 388 亿 m^3，真正携沙入海的水量大约 300 多亿 m^3。据预测，2000 年花园口以上工农业用水将达 248.6 亿 m^3，平均下泄水量 311.4 亿 m^3，真正携沙入海的水量约 200 亿 m^3。从季节分配上看，由于上游梯级水库的调节，特别是龙羊峡水库的蓄水调节，汛期来水量减少，非汛期来水量增加；对于洪水，也由于作为洪水基流的上游来量减少，洪峰流量下降。黄河小浪底水利枢纽论证中考虑上中游水土保持和拦沙工程的作用，龙华河湫四个控制站进入下游河道的泥沙已从 16 亿 t 减为 13.7 t，此即代表 80 年代入河泥沙的水平，大约泥沙减少 14.4％。从 80 年代到本世纪末，由于水土保持措施和拦泥工程的进一步发展，入河泥沙相应减少，减少速度如按建国以来平均减沙 0.3％～0.5％计算，从 1986 年计算至 2000 年当可减少 7.5％，平均减沙 0.72 亿～1.2 亿 t/年；由于工农业引水增加，相应减少河道通过的输沙量，引水的平均含沙量估计花园口以上约 5kg/m^3，花园口以下在 10kg/m^3 左右，花园口以上增加引水量 76 亿 m^3，引沙 0.38 亿 t，花园口以下增加引水约 110 亿 m^3，引沙 1.1 亿 t，以上合计 2000 年时有可能再减沙约 2.2 亿～2.7 亿 t。如果，80 年代已达到的减沙作用继续保持，则 2000 年时进入河道的泥沙可能减少到 11.0～11.5t，与建国初期相比减少 28％～31％。但下游入海水量将减少 50％以上，减水的速度将大于减沙的速度。

综合以上情况，到本世纪末，进入下游河道的总水量下降幅度可能超过减沙的速度，同时汛期水量减少洪峰流量下降，这对下游河道的输沙能力影响很大，加重河道的淤积是完全可能的。解决的办法不外整治河道加大输沙能力和利用中游水库调水调沙，提高水流的挟沙能力。这两种措施，能否抵偿水沙变化产生的不利影响，是值得深入研究的。

2000 年以后，随着流域工农业和生活用水的增加，下游来水量进一步减少是肯定无疑的。但影响变化速度的因素很多：城市工矿和人民生活用水的增加有一定限度，在尽量节约用水的前提下是可以预测的；关键因素还是农业用水。农业用水取决于上中游的农业发展方向和国家支援农业发展的政策。上中游农田灌溉有发展潜力的主要是宁蒙河套地区和甘陕晋黄土旱源，估计最大限度 3000 万亩左右，需要用水 100 亿～150 亿 m^3，加上中游水土保持减水减沙同步发展，则上中游一般年份基本无水下泄，只有在汛期较大洪峰携高含沙量的水流才能到达下游，这可能是一种极端情况，一般说来是不可能出现的。因为上述灌溉发展代价都很高，大多数是高扬程加长渠道引水，是否经济合理是个大问题，即使发展速度也将是很慢的。但是由于我国人口增长快，数量大，耕地有限，这种可能性是存在的。因此，认真研究黄河上中游农业发展的方向和政策是非常必要的。应当对上中游用水发展速度提出一定限度。在下游河道来水继续减少的趋势下，对中游水土保持和拦沙骨干工程的进展，应该提出更高的要求。要力争中游水保减沙速度与上中游减水速度相适应，否则下游河道的淤积将是不堪设想的。

关于增水冲沙问题，只有靠南水北调。东线南水北调工程现实性最大，但引水规模有限，抽水成本很高，小流量冲沙效果也有限，山东河段非到山穷水尽走投无路的情况下，是不可抽水冲沙的。（可能冲沙比挖沙还不经济）。中线南水北调，有其有利的条件，但三五十年内实现的可能性也不大。其主要问题是：①近期引水量（约 100 亿 m^3）有限，沿途工农业用水后，可能入黄水量甚少，入黄水量如不能通过水库调节形成人造洪峰，冲沙的作用也很小；远景虽然可引水 200 多亿 m^3，但需大量移民（30 万以上），实现的可能性很小。②根据电力发展预测，在今后相当长的时期内，供电紧张状况难以缓和，取代丹江口发电的措施也不易寻找。③汉江下游航运依靠丹江口水库调节水量维持通航，北调后汉江下游全部渠化，工程颇为艰巨。④现在依靠丹江口水库供水的农网大约数百万亩，北调后需另辟水源，改建灌溉系统，增加农民生产负担，也不易解决。⑤中线南水北调工程本身的投资很大，对沿途河流水系的防洪排涝影响十分复杂。因此，利用中线南水北调工程增水冲沙的可行性是值得研究的。西线南水北调，调水 100 亿～200 亿 m^3 是可能的，综合利用的效益比较显著，但工程艰巨，造价很高，工作基础薄弱。从远景发展需要看，确有需要的，应及早开展前期工作，进行可行性研究。

3. 关于现行河道使用寿命问题

现行河道使用寿命的长短主要取决于河道淤积的速度和堤防加高的限度。

河道淤积的速度又取决于进入下游河道的水沙数量；来水来沙相互适应的状况；整治河道提高输沙能力的有效程度；河口段发展趋势。根据上述水沙变化的分析，在水沙逐步减少的情况下，堤防加高的限度取决于：临背悬殊的程度，滩槽稳定的程度，大堤的工程质量，国家经济负担的能力。

水沙不相适应，河口摆动受到限制，河道淤积有加重的趋势，如果通过中游粗沙区水土流失的控制、河道整治和水库调洪调沙，有可能将河道淤积速度于 2000 年前控制在现有河道淤积量与来沙量的比例水平上（如淤积 1/4，入海 3/4），但出现不利情况的可能性必须充分考虑。此外，由于水沙来量两极化发展，汛期小水小沙出现的机会增多，对高村以下河道极为不利，如 1986 年情况，因此山东河道有可能加速淤积。

河道堤防加高的限度，从国内现有经验来看，加高到 12～15m 左右是可能的。须配合河道整治使滩槽稳定，工程质量采取革命性措施。

对风险最大的堤段如郑州—东坝头段，武陟原阳段应作特殊处理。

一些专家根据历史经验，将现行河道与历史故道相比，推断现有河道还可继续使用60～100 年（现行河道比咸丰故道其不利方面是：①没有淮水冲刷。②决口排沙的机会减少。③河口段相对固定……）。

立足全局和长远的社会经济发展谈黄河研究的几个问题

黄河，由于它特殊的自然环境、河流特性和悠久的历史文化社会背景，已经成为地理科学和水利技术科学的一个独立学科。黄河不仅是中国人民长期以来的忧患，也是当代中国人民的宝贵财富。对黄河的研究既具有科学价值，又具有现实的社会经济意义。

黄河的治理开发有三个基本目标：黄河下游防洪安全得到长期有效的保证；水资源（包括水力资源）的合理开发利用；环境恶化得到有效控制，并能逐步有所改善。为了达到这三个方面的目标，必须处理好五种关系：①上中游水土资源的开发利用与下游河道防洪安全的关系。②上中游水土保持与改善当地环境和延长下游河道寿命的关系。③水资源开发利用中发电与供水的关系。④干支流控制性水库枢纽工程兴建条件、兴建时机与治黄长期目标的关系。⑤南水北调（包括东、中、西三条路线）与黄河水资源开发利用和下游河道治理的关系。治黄的基本目标和治理中的相互关系，与自然科学、技术科学和社会科学密切相关。过去黄委和很多部门已经做过大量工作，取得了重要成果，但存在的问题还很多，还不能适应治黄工作和全流域社会经济发展的需要，仍需要在今后有计划地安排科学研究，为治黄事业奠定更科学更现实更有效的基础。

在近期有几个问题值得深入研究：

（1）保持黄河下游河道行洪输沙能力，提高河道行洪的安全可靠性，延长河道使用寿命，仍是黄河防洪的重要任务。

新中国建立以来，充分利用 1855 年铜瓦厢决口改道后出现的有利因素，如东坝头以上改道后溯源冲刷和东坝头以下河床相对较低，大力进行防洪工程建设，逐步形成了比较完整的防洪工程体系，河道行洪安全程度有了明显提高，取得 40 多年黄河下游安全度汛举世瞩目的成就。但是由于河床淤积加快，"悬河"的危险程度加剧；滩区内人口增多，生产与治理脱节，生产堤的存废举棋不定；上中游水沙变化情况不清；堤防加固和控导工程缺乏全面安排。因而河道出现了许多不利于安全行洪和泥沙处理的复杂情况，如加速了二级悬河的形成，出现"斜河"、"横河"、"滚河"的危险性增加，艾山以下窄河段河床淤积抬高加快等，这些情况对于保持河道行洪安全、延长河道寿命都是非

原文系作者于 1991 年 5 月在郑州"黄河研究会"第一次会议上的发言稿。后刊登于 1992 年《人民黄河》第 1 期。

常不利的。从整个黄河下游防洪工程体系看，堤防的安全和河道对泥沙的调节输送能力，是最根本最有效的防洪设施。如果河道恶化，堤防安全没有保障，分洪区，水库枢纽都难发挥作用，在遭遇超标准洪水时挖掘河道行洪潜力，抗洪抢险，缩小灾害损失，也就失去基础。针对出现的新问题，把黄河下游作为一个整体，从长期有效的保持河道行洪安全和尽量延长河道使用寿命这个总目标出发，应开展全面观测和试验研究，及时提出有效的对策。对于黄河下游河道的前途和命运，社会上有不同看法，黄河要不要改道？何时改道？这个问题影响国家对河道治理的决心，还需要做更深入的研究，及时对此问题加以澄清。从历史的角度看，黄河改道从来都是在战乱不止的时期或国家政治经济十分混乱的情况下发生的，只要国家有一定能力，都尽量维持原有河道，即使发生决口改道，也尽力挽河归故。其所以如此，是因为黄河改道所造成的社会经济影响是国家每一个时代都难以承受的，只有在无可奈何的情况下才任其形成黄河的大改道。在当前的河道情况、科学技术水平和国家的经济实力下，尽量延长现有河道的使用寿命，是完全有条件的。当然这种感性的看问题是极为肤浅的，需要做深入研究工作来回答这个问题。

（2）以小浪底水利枢纽为中心，积极研究干流水库枢纽和重要支流的控制性水库运用对下游河道安全行洪和河道淤积的影响，寻求最有效而且切实可行的联合调度运用的方式。

现在三门峡水库对下游河道防洪的作用和影响研究较多，积累了丰富的经验，刘家峡和龙羊峡水库对下游的影响逐步显露，小浪底水利枢纽已正式开工兴建，大约在 5 年以后即可能对下游产生影响，今后还可能陆续兴建黑山峡、碛口、龙门等大型水库枢纽工程，对径流和泥沙的调节作用都很大。因此，现在应积极着手研究这些水库枢纽工程对下游河道的影响，寻找对下游河道安全行洪和减少淤积，特别是不使艾山以下河道继续恶化的调度运行方式。当然，上中游已建水库枢纽各有各的重点任务，不能完全服从下游河道的需要，但小浪底枢纽工程以防洪减淤为主的任务是十分明确的，也是客观需要的，因此需要根据研究的成果来修正改进小浪底枢纽发挥的作用和合理调度运用方式。对今后拟建的关键性水库枢纽工程，也需要尽早明确它们的作用、运用方式，特别是与小浪底工程联合运用对全局和长远利益发挥最优作用的调度运用方式，以便选择最有利的时机兴建。小浪底水利枢纽是黄河进入下游黄淮海平原最后一级控制性能良好的工程，对于下游防洪安全和减淤的关系极大，必须认真研究它的运用条件和方式，它的防洪减淤的作用不能与其他作用本末倒置，应当与整个中下游梯级枢纽有机地联系起来研究。

（3）对于黄河水资源的开发利用从全局和长远的社会经济发展形势进行分析研究。

黄河现有水资源十分有限，与当前工农业生产需要和开发黄河流域的土地资源很不适应，同时与流域的防洪和泥沙处理又有一定的矛盾。从流域水资源特点和地区经济发展形势看，兰州以上充分开发水电，兼顾供水，矛盾可能不大，但对下游河道输沙的不利影响是难以避免的；兰州以下，以解决农田灌溉、能源开发和城市工业发展的需水要求为主，应以供水为主，同时必须解决用水与输沙的矛盾。以供水的地区发展形势考虑：上中游干旱少雨，现在农田生产能力很低，潜在的可开垦利用的土地资源很多，又是全国煤炭、石油、天然气的重要基地，各种资源的开发利用和生产能力的提高都是国家发展所必需的，都需要解决供水问题，除黄河外，又没有其他水源，因此从远景看，黄河的水资源应当尽量用在中上游。但中上游地区，一般都是水低地高，地形复杂，开发利用条件困难，需要大量投入，短期内不可能大量开发利用。近期下游供水的数量和效益都很大，同时河道输沙水量已显不足，在没有实现南水北调以前是难以大量减少的。供水问题中：上中游与下游的矛盾，用水与输沙的矛盾，既尖锐又复杂，需要从多方面进行综合研究，提出解决办法。这种研究应当是多因素的动态研究，要把解决问题的方案作为一个长期的过程和上中下游相互关联、有机结合的措施来解决。譬如，在研究增加上游供水的方案时，不仅要研究上游开发利用条件，而且还需要研究对下游的影响和应采取的措施，每种方案都应当分阶段地实施，并进行分阶段的调整。一劳永逸，一气呵成的庞大计划，一般都是难以实现的。在当前有三个问题亟待得到回答：①从全流域用水发展形势考虑，从黄河下游向华北送水的前景如何？不同阶段的引水规模和黄河来水减少情况下的应变措施？②黄河下游引黄灌溉对河道输沙的影响究竟有多大？下游引黄灌溉的前途和出路如何？③下游河道输沙用水量有无减少的可能？这几个问题是很多人所关心的，需要及早弄清。

（4）要把水土保持作为国土整治和改变环境的重大建设项目来进行研究。

黄河上中游水土保持工作，对改善当地人民生活生产环境，为能源基地的建设开发和减少入黄泥沙都是至关重要的。这几年来水土保持工作取得很显著的进展，但水土保持工作仍没有摆在一个应有的地位上，国家的投入也远远不够，还没有从根本上扭转破坏与治理并存或破坏大于治理的局面。特别是能源基地建设已在整个黄土高原和风沙地带铺开，这些地区生态系统非常脆弱，生活和生产条件都很差，如果不在能源基地建设的同时积极进行水土保持、防风防沙，将来能源基地的存在和发展都会成问题，或者到问题严重时再采取补救措施，则将造成严重浪费。粗沙区的治理是减少下游河道淤积，延长河道使用寿命的关键措施。60年代这个问题的结论已经明确，但时至今日，我们还没有一个完整的规划方案和实施计划。长城一线造林种草防沙固沙措施虽然成绩很大，但仍十分脆弱，沙漠南侵的形势依然严峻。在全面推行水土保持的同时，对上述问题应当进行专门研究，提出切实可行的实施计划。

（5）三门峡库区和分洪区的治理仍需要继续研究。

三门峡库区的治理关键是渭河下游。渭河下游在三门峡水库修建前，长期处于冲淤大体平衡，并存在累积性微淤，这种平衡处于临界状态。三门峡水库建成后，潼关河床淤高，打破了这种临界状态，加上这些年来渭河下游两岸工农业发展，占用河滩，筑堤行洪，改变了原来河道演变的规律，现在渭河下游已经形成一条地上河，今后仍将向"悬河"方向发展。如果遭遇特大洪水，潼关以上滞蓄洪水，渭河下游将大量增加累积性淤积，河道情况恶化更快。渭河下游地处我国中部和西部连接的咽喉部位，政治经济地位都很重要，同时在大洪水时又是一个不可缺少的滞洪区。因此，对渭河下游河道演变的趋势和改善三门峡水库的调度运用方式的研究也是需要持续不断研究的重要课题。如果不能有效延缓渭河下游河道恶化趋势，三门峡水库的作用将会受到严重影响。

黄河下游分洪区，在现状下，不能不考虑使用，又都认为到时候难以使用。这种状态，长期下去是很危险的，很有可能在特大洪水时，左右为难，下不了决心，而贻误时机，造成意外损失。现在需要对下游分洪区进行全面分析，研究在充分利用河道行洪潜力的情况下，各分洪区究竟在什么情况下必须开启使用，对分蓄洪区按使用机会多少，采取必要措施，真正做到使用机会多的分洪区在需要时能及时灵活适用，使用机会稀少的需要冒一点风险就冒一点风险，做到心中有数。从这几年的水沙条件和河道淤积的情况看，下游窄河段行洪安全的风险越变越大，下游高水行洪的机会又多，因此在近期把东平湖分洪区和南展、北展的遗留问题，尽快研究提出解决办法，是否更为迫切？

这些问题有一个共同基础，就是弄清黄河水沙变化的趋势。这是绝对不能忽视的。以上几个方面问题是大家都熟知的，我对它的了解又不太确切，冒昧提出，供讨论参考。

对黄河河口及滨州至位山段引黄灌区和堤防的考察

4月19—24日，趁参加"八五"有关黄河科研攻关项目中间检查之机，对黄河河口及滨州至位山段引黄灌区和堤防进行了粗略的考察，现将有关防汛的情况和建议报告如下：

（1）近年来黄河下游山东河段普遍淤积严重，主槽泄洪能力下降，小流量漫滩机会增多，河口段防洪形势不容乐观。

据山东河务局资料，利津站1986—1992年7年平均径流量为175亿 m^3，来沙4.1亿t，分别是多年平均的44.9%和42.2%。这7年汛期来水平均只有99.7亿 m^3，仅为多年平均的41.7%，水沙情况发生明显不利变化。1980年10月至1985年10月的5年间，由于水沙条件较好，山东河段（高村至河口清8断面）普遍冲刷，总冲刷量为2.423亿 m^3，1985年10月至1992年5月的7年间，水沙条件很差，河道普遍淤积，总淤积量4.662亿 m^3，1992年5月至1993年5月又增加淤积量1.032亿 m^3。其中利津至河口清8断面，1986年10月至1993年5月共淤积1.242亿 m^3。由于山东河段的普遍淤积，沿河主要水文站3000 m^3/s同流量水位逐年上升，1986年至1992年升高1.2m（年均0.17m）。1986年自高村至西河口平槽水位泄洪能力一般都在6000 m^3/s以上，1992年利津以上保持在4000 m^3/s左右，西河口以下仅2600～3000 m^3/s。

黄河河口段，清水沟流路自1976年行河以来的17年，已淤积延长38km，改道点以下河道总长度达65km，为历次改道最长的流路。由于近几年河道不断淤积，水面比降减缓，排洪能力明显下降；由于主槽淤积，洪水漫滩机会增多，加剧槽高、滩低、堤根洼的"二级悬河"的不利形势。今年若发生3000～5000 m^3/s洪水，河槽有可能冲刷，但洪峰水位将表现较高，河势亦将发生明显变化。若发生5000 m^3/s以上洪水，河口地区将普遍漫滩，若在左岸滩地行洪，可能直冲北大堤和6号公路，威胁主要油田生产安全，孤东以下河道可能改走东北汊河。河口防洪形势不容乐观，需要引起高度重视，并积极采取相应的治理措施。

（2）黄河河口段（西河口以下），堤防及控导工程虽然不断加强，防洪能力有所提

原文系作者于1994年在黄河口及常州至位山段引黄灌区和堤防观察后，致何璟副部长及国家防办有关领导的信。

高，但比之西河口以上，堤防仍然单薄，多处高度不足，如6号公路比临黄堤低1.9m，南岸21户以下距堤顶高程尚差1~1.5m，南展临黄堤高程也不够；险工仍不稳固，控导工程明显不足；防汛备料与要求仍有较大差距。据河口局袁崇仁局长反映，要求备料13万m³，现仅有9万m³，急需补充2万m³。1993年汛期以来，北岸西河口附近崔家河滩坍岸严重，河道已向北滚1500m，上游险工脱流，附近向北引水工程也脱流。此段坍岸如不及时稳住，汛期将增加主流北滚，直接威胁6号公路。市政府已计划在此河段布设28道坝，今年先做7道。此项工程必须于汛前完成。现在河滩有2万亩林地，据讲已开辟为国家公园。此事，这次未能调查，曾与东营市李殿魁书记提出应限制发展并逐步清除，但看法不一，李书记认为并不影响行洪。希防办继续研究。

（3）黄河北岸自滨州至位山，大堤淤背工程成绩巨大，济阳段已达较高标准，但仍留有不少薄弱环节，如沿堤市、镇、村庄和部分引水闸两侧。济南至位山段是防洪重要部位，淤背进展较为缓慢。今后拟应有计划地解决薄弱环节，使其形成总体防洪能力。济南至位山段，拟应加快进度。

（4）南水北调位山穿黄试验洞已打通近10年，迄今未衬砌保护。这次进洞一看，漏水比较严重，出口段也很破碎，一旦发生坍洞或严重漏水，不仅试验洞可能完全报废，而且严重危及防洪安全。如果在大洪水时，河心洞身坍塌或北岸洞口附近坍陷，其后果之严重不堪设想。建议应向国务院专题报告，即时进行处理。如果发生上述严重事故，水利部和国家计委则有不可推卸之责任。

（5）几点建议：

1）黄河河口段虽然当前防洪形势严峻，但清水沟流路行河仍具有相当潜力。不少专家估计，在维持西河口水位不超过12m，尾闾摆动点限制在清7段面以下，可使清水沟流路行河30年，或更长。若能做到，对油田和河口地区的开发建设和河口防洪安全都有重大意义。要做到这一点，须抓紧实施已批准河口规划中各项工程。建议水利部对其前期工作和实施计划应有所安排，并积极促其实现。

2）鉴于黄河河口段自利津至入海口已长达110km，该河段沿岸引水分沙较多，入海水沙量仅靠利津水文站，已难以掌握，为了满足防洪、防凌和科研等前期工作的需要，建议尽快在河口清7段面附近设立常年水文站，并加强河口地区的观测工作。

3）对今年汛前应完成的堤防维修、险工加固增建（如西河口崔家护滩控导工程）和引水闸新改建工程（如惠民小开河引水闸）等应及时掌握情况。对位山穿黄试验洞的处理问题，应当机立断，不能再久拖不决。

4）据东营市反映，汛期大洪水时，新闻报道往往在洪峰过利津后，即报黄河大洪水已平安入海。此事，经常引起防办忽视油田安全的误解，似应注意报道的准确性。洪峰安全入海与洪峰通过利津站应区别对待。

以上意见，供参考。

关于黄河下游断流的几点看法

1. 断流及其影响

黄河水资源紧缺，随着社会经济的发展，用水量迅速增加，供需矛盾日益突出，致使黄河下游河道断流现象频繁发生。1972—1996 年的 25 年间，就有 19 年发生断流，其中 1991—1996 年连年断流，累计断流达 490 天，特别是 1995 年和 1996 年，分别断流达 122 天和 136 天，断流河段长度向上游延伸到河南省夹河滩水文站，距河口约 700km，为历史所罕见。黄河断流给豫、鲁两省广大地区带来严重影响，主要是：

（1）黄河断流一般发生在 3—4 月份，正是夏粮生长季节，严重影响豫、鲁两省近 200 万 hm^2 的引黄灌溉；同时也给依靠黄河供水的城市集镇，特别是河口地区的东营市和胜利油田的供水，造成巨大的经济损失。

（2）断流期间，河道下泄泥沙淤积在主河槽之中，进一步降低了河道排洪输沙能力，使下游防洪形势更加恶化。

（3）河床及河道两侧生态系统和环境进一步恶化。河流污染物全部沉积于河床；泥沙危害加重；由于河口淡水减少，河口地区水生物繁衍和水产品养殖受到直接影响；其他如减少地下水补给和阻断海陆物质交换等影响，也是不可忽视的。

2. 断流的发展势态

黄河断流已给社会经济带来严重影响，而且其发展趋势也是令人十分担忧的。黄河断流的根本原因是，黄河水资源有限、开发利用程度较高及缺少必要的工程调控措施，所以断流是发展的必然趋势。上下游用水浪费和水资源缺乏统一有效的管理，以及近几年流域气候偏旱，形成了黄河断流愈演愈烈的局面，断流所造成的损失也越来越大。根据客观条件和发展趋势，在当前没有十分有效措施的情况下，黄河断流将会长期存在，这是因为：

（1）黄河流域的需水量将继续增加。在目前情况下，黄河供水地区引用黄河河川径流量 395 亿 m^3. 耗水量 307 亿 m^3，河川径流利用率已达 53%。按黄河水利委员会规划，到 2010 年黄河供水地区工业、城乡生活及农田灌溉总需水量达 707 亿 m^3，在积极

原文发表于《人民黄河》1997 年第 10 期。

推行节约用水、充分利用地下水和减少河道输沙用水的情况下，黄河可供水量达 523 亿 m³（包括回归水的重复利用），尚缺水 31 亿 m³；黄河河川径流总耗用量将达 408 亿 m³，利用率达 70%，这是国内外史无前例的。在这种高利用率的情况下，由于黄河径流量年际变化、季节变化的差异和上游集中引水的特点，黄河下游河道季节性断流显然是不可避免的。

（2）节约用水难以在短期内生效，近期在小浪底水利枢纽工程蓄水调节以前，将继续发生断流现象。影响黄河下游断流的主要因素是宁蒙河段集中引水。据黄委会勘测规划设计研究院的研究分析，1990 年引黄、扬黄灌区有效灌溉面积 103.8 万 hm²，直接引黄、扬黄能力 1500m³/s 左右；各部门总引水量达 161 亿 m³，其中宁夏 81.2 亿 m³，内蒙古 79.8 亿 m³，农田灌溉引水量达 154 亿 m²，占总量的 95.7%；按引水量计，灌溉定额达 14800m³/hm²，其中宁夏灌区达 22500～33000m³/hm²；这些引水量集中在 4—7 月，兰州以上汛前来水的 80%～90% 都被引走，几乎断绝了黄河下游汛前水量的主要来源。宁、蒙灌区用水量之所以如此巨大，主要原因是：灌区规模大，管理落后，缺乏节水意识。特别突出的是灌溉渠系不完善、缺乏必要的建筑物，渠系利用系数仅在 0.4 左右，加上田块大、大水漫灌，使得灌溉定额难以降低；另外，宁、蒙灌区属于干旱地带，土地盐碱化的威胁普遍存在，而灌区多数缺乏完整的排水系统，地形条件又造成排水出路的困难，从某种意义上讲，大量引水、大水漫灌可起到洗碱、压盐的作用，故受此影响，灌溉定额也一直居高不下。要改变这种状况，必须完善灌排系统，科学管水用水。这就需要大量的投入，估计没有 50 亿～100 亿元的投入是完不成的，同时还需增加农业生产的投入，逐步改变粗放经营的习惯。按照客观形势，要取得明显的节水效果绝非短期内可以实现的；而且节水见效后，当地继续扩大灌溉面积从而增加灌水用量也是在所难免的。因此要积极推行节水措施，但仅靠节水解决黄河下游断流和增加下游供水能力，在相当长的时期内是难以实现的。

（3）统一管理，合理调度运用，可以缓解下游断流，但也难以立竿见影。要统一管理、合理调度运用围绕节约用水对灌区进行彻底改造是前提条件；而且必须利用市场规律，采用经济杠杆，较大幅度提高水价，促进节约用水，建立完善的法规政策，采用强有力的行政手段调整地区之间的利益关系，才有可能实现。这些条件都非短期内所能具备，只能逐步实现，时间可能相当长。

根据以上分析，黄河下游河道断流，除个别丰水年外，将会长期存在，而且日趋严重，在遇到连续干旱年时，断流河段达到郑州以上是完全有可能的。即使在黄河小浪底水利枢纽建成后，黄河下游断流也只是得到一定程度的缓解，很难得到根本性的解决。

3. 对策

维持黄河不断流既是人民生活和工农业供水的需要，又是保持河道自然功能和保护环境所必须。解决黄河下游河道断流的对策，最主要的还是开源、节流和加强管理。

（1）充分利用本流域的水资源，特别重视合理开发利用流域内及下游流域供水范围内的灌区地下水。流域内可供分配的河川径流，虽然随着黄土高原的大规模水土保持和人类经济活动中直接利用天然降水的增加，而逐渐有所减少，但其速度是缓慢的，河川径流减少的绝对量不大，不能充分地利用非汛期弃水则是很大的损失。今后需继续修建干流控制性工程，增加调蓄能力，这将是缓解下游断流的重要措施；当前应抓紧进行小浪底水利枢纽的建设，充分利用其有效库容调蓄非汛期入海水量，集中用于汛前严重缺水时期；河口地区应进一步扩大平原水库的蓄水能力。

黄河下游两岸及上中游灌区可开采利用的地下水潜力很大。下游灌区应逐步以地下水灌溉为主，引黄补源为辅，以减少引黄水量。许多科学试验研究证明，打井利用浅层地下水，不仅可大量减少引用地表水，还可以降低汛前地下水位，为汛期蓄纳雨水、减少涝水、减少水资源流失与无用蒸发损耗提供条件，可以起到增加水资源、变害为利、旱涝碱综合治理的效果。现在引黄灌区一般地下水位较高、有充分的地下水可供利用，因此，进一步实行井渠结合，在黄河断流时充分利用地下水，黄河可供水时，引黄灌溉，并补充地下水，从而不因黄河断流而影响生产是可以做到的。从长远考虑，将来农田灌溉应以科学利用地下水为主，合理控制地下水位，减少土壤无效蒸发，增加雨水补给地下水的数量，使当地降水量得到充分利用。一些试验研究说明：黄河两岸两年三熟的旱作农业，作物需水量约 650～700mm；当地天然降水量，多年平均为 600～700mm，在科学利用地下水的情况下，天然降水能为作物利用的水量可达 550～600mm，只要补充 100～150mm 的水量，即可保证高产稳产；需补充的水量只相当于现在引黄水量的 1/3 左右，可以大大减少引黄水量。当然要做到这一点，需要大量的投入进行灌区的技术改造，并且要有高水平的科学管理，非短期能办到，但它将是一个必然的发展方向。

当前，黄河下游每年用于输沙的水量约 200 亿 m^3，在上中游大力推行水土保持、减少泥沙来量、下游进行河道整治、提高河道输沙能力的情况下，进一步减少输沙入海用水，增加可用水量，也是有一定潜力的。

（2）跨流域引水是增加黄河下游水源的重要措施之一。在当前黄河下游连续断流的情况下，尽快将南水北调东线工程向北延伸至黄河边，为鲁西、胶东提供城市工业供水水源是唯一可行的措施。据有关部门估计，在对已有调水工程设施进行挖潜改造和适当扩建的基础上，续建山东境内的引水工程，投资 30 亿元左右，即可给山东增加引水约 20 亿 m^3，这是一项费省效宏的工程措施，值得认真考虑。

（3）节约用水是解决黄河水资源紧缺的根本出路之一。现在黄河流域每年耗水约 400 亿 m^3（包括地下水），灌溉约 670 万 m^2 耕地。其中上游地区耗用黄河水量 130 多亿 m^3，利用地下水约 23 亿 m^3，灌溉面积约 130 万 hm^2。按耗水量计算，每公顷用水高达 11000 多 m^3。按照许多地区的试验研究，只要工程配套，采用渠道防渗和土壤保墒技术，进行科学灌水，合理安排种植结构，将现有灌溉定额减少一半是完全可能的。在流域中下游灌区，工程不配套、大水漫灌的现象也不少见。可见，节水的潜力是十分巨大的。节约用水，不仅可以缓解水资源紧缺，而且对提高生产水平、防止土地恶化和改善生态环境也是必不可少的措施。

（4）加强全流域水资源管理，逐步实现统一调度是缓解黄河下游断流不可缺少的手段。当前黄河水资源管理中，缺乏具体的切合实际的可控制的配水方案，缺乏监督实施的具体办法，也没有相应的具有一定权威的管理机构。现在需要加强这方面的工作，同时需要加速灌区的改造，使工程状况基本符合设计要求，为科学管理和统一调度创造条件。

4. 结语

黄河下游河道断流是黄河水资源特性和黄河流域（包括下游黄河供水区）社会经济发展的必然结果。维持黄河下游河道不断流，对社会经济发展和环境保护都具有重要意义。在外流域水源大量引入本流域前，只有采取开源、节流和管理的综合措施，才有可能减少下游河道断流的发生频次、缩短断流河道的长度。这些措施的落实，需要大量的投入、完善的法规政策和较长的时间。因此，黄河下游两岸经济发展、生产安排都必须有两手准备，即必须有对付断流和不断流的两种措施准备。科学合理地开发利用灌区地下水，是今后一项长期有效的措施，希望水主管部门从现在起给予高度重视。

黄河断流的初步认识和对策的探讨

黄河断流是当前国内外公众所关注的重大问题。正确分析原因，客观评估危害，科学预测趋势，提出可行措施，尽快缓解断流，是当前的迫切任务。中国科学院地学部今年重点研究这个问题是及时的，必要的。在此谈一点粗浅的认识和几点不成熟的建议。

1. 黄河下游河道断流，的确给两岸工农业生产和人民生活造成了巨大损失，同时对防洪安全和生态环境带来深远影响

70 年代以后黄河断流连续出现，至 90 年代更加严重。1991—1997 年，累计断流 717 天，平均每年断流 102 天。(均指利津站，下同)。1997 年，全年断流 226 天，从河口达开封以上 704km。1997 年花园口站，实测水量 143.5 亿 m^3，输沙量 3.458 亿 t；利津站实测水量 18.4 亿 m^3，输沙量 0.115 亿 t；这说明 1997 年黄河水沙基本上已喝干吃净。

黄河断流给两岸工农业生产和人民生活带来了巨大损失。据统计黄河下游 1972—1996 年因断流累计经济损失达 268 亿元，绝大部分发生在 90 年代，因断流两岸部分居民饮水困难，工业产量、质量下降。

黄河断流除直接经济损失外，还产生了三种不容忽视的严重影响：

(1) 河道淤积加重，加速萎缩，行洪能力迅速下降，增加防汛困难，可能如大洪灾损失。1986—1995 年的 10 年间，黄河下游泥沙共淤积 20.8 亿 t，其中大约 90% 淤积在主槽内，河道行洪能力显著下降。这就是 1996 年汛期洪水来量仅 7800m^3/s 时，全河出现历史最高水位，滩区造成空前水灾。1997 年花园口来沙除两岸引水时引沙 1.3 亿 t 外，几乎全部淤积在河槽内，淤积更为严重。突出的问题是黄河冲沙水量减少，甚至完全消失。

(2) 增加了水资源浪费的新因素。黄河流域工农业用水本已浪费严重，效率很低，断流又增加了新的浪费。断流不明显的年代农业用水大体上是按作物生长需水要求引水灌溉，断流严重的这几年，群众怕需要灌溉时无水可引，只好冬蓄春灌，或预先储存，沿岸沟河往往沟满濠平，或有水时多引多灌，或提前灌溉，这样就增加无效蒸发和深层

原文系作者于 1998 年 5 月 16 日在中科院地学部讨论会议上的发言。

渗漏,造成了巨大浪费,进一步降低水分有效利用率。

(3)断流使河道两侧及河床部分,特别是河口一带生态环境严重恶化,生态系统遭到破坏。土地沙化、地下水补给减少、河口盐水上溯均有所发展,水产养殖、湿地保护均受到严重影响。

黄河断流给下游带来巨大经济损失和严重的环境影响。但从总体上看,黄河水资源还是基本满足了社会经济需要。据统计分析,断流最严重的90年代,黄河流域工农业引用黄河水的平均耗水量为 300 亿 m^3,其中花园口以上约 200 亿 m^3。1997 年特枯年份全流域耗水量仍达 300 亿 m^3,其中花园口以下用水约 100 多亿 m^3,基本保证了农业丰收。但断流造成的损失和影响是绝对不容忽视的。

2. 黄河下游断流的原因

既有气象水文周期波动的影响,也有社会经济发展引起水资源供需矛盾尖锐化的结果。关键问题是:用水浪费严重,水资源没有得到充分合理的利用和水资源管理失控。

最近两年来,许多部门和专家对黄河断流的原因作了分析研究,一般认为黄河断流是多种因素综合形成的,主要是:黄河水资源贫乏,不能满足日益增长的用水需要;近期(80 年代后期以来)降雨减少,径流量下降;干流调蓄能力不足;用水浪费;水资源缺乏统一管理调度等,这些原因都是客观存在的。面对现实,最关键的原因还是:用水浪费,水资源没有得到充分合理的利用和水资源管理失控。

(1)黄河全流域 1988—1992 年代平均引用河水约 395 亿 m^3,耗水约 300 亿 m^3,其中灌溉引水耗水约占 90%以上。按引水量计平均灌溉定额 550m^3/亩。按耗水量计平均灌溉定额 370m^3/亩,高出同样气候条件下先进灌溉定额的 50%～100%,说明灌溉用水浪费是十分惊人的。上、中、下游灌溉用水量差别很大,如宁夏、内蒙古引黄灌区,年平均降雨量约 200mm,按引水量灌溉定额高达 1000～1500m^3/亩,按耗水量计也达 650m^3/亩,大体相当于全流域平均数的两倍。黄河下游河南、山东灌区年平均降雨量约 600mm,引水量与耗水量基本相同,灌溉定额也达 390～440m^3/亩,几乎相当于中游平均灌溉的两倍。这说明用水量占 80%的上游和下游灌区用水浪费是十分惊人的。根据分析,50 年代至 90 年代,流域灌溉面积,灌溉耗水、粮食产量的年平均增长率分别为 3.57%,3.46%和 3.5%,几乎是同步增长,这说明 40 多年来水的利用效率没有提高,离节约高效用水的要求还很远。城市工业用水也同样存在浪费,用水定额高,重复利用率低,浪费也很大。用水浪费大,效率低,主要原因是由于:①灌溉工程粗放建设、粗放管理,工程不配套,老化失修相当严重,大水漫灌也较普遍,因此灌区输水损失和田间深层渗漏、无效蒸发都十分巨大。②水价过低,不能起到用水的制约作用,广大农民缺乏节水意识,节水措施投入高、产出低,农民、工厂都缺乏积极性。

(2)黄河水资源的供需长期以来缺乏有效管理。80 年代以前没有任何流域性的管理法规,虽然干流枢纽工程和大型灌区设立了专门管理机构,但都分别属于不同部门和地方,未能形成统一管理体制。至 80 年代初,上下游用水矛盾逐渐突出,下游用水已出现紧张局面,流域各省区又纷纷要求修建新的引水工程。水利部门对黄河流域水资源需求进行了预测,汇总各省区要求供水量为 747 亿 m^3,远远超出黄河天然径流量多年平均值 580 亿 m^3。经过分析研究,考虑到汛期预留必需的输沙水量约 200 亿 m^3 后,可供分配的水量只能达到 370 亿 m^3。据此水利部提出了各省区水量分配方案，后经国务院审定颁布。这个方案的缺点是：①没有考虑河道环境用水，当出现小于平均流量的年份在非汛期必将喝干吃尽，出现断流。②由于径流量的年际和季节性变化很大，没有制定不同水情时的具体分配调度办法，在较枯年份的灌溉季节上游尽量引水后，下游水量大减，不能满足引水要求。③分配方案中没有考虑地下水的分配。④在国务院颁布分水方案时，未采取组织措施，无法执行计划。进入 90 年代，由于气候变化和人类活动的影响，可供水量减少，而工农业用水却大量增加，上下游用水矛盾日益尖锐，原有统一规划、分段或分省区调度的体制和协调机构已远远不能适应当前的形势需要，很难做到全流域统筹兼顾和有效控制监督。因此，在遭遇枯水年份或用水高峰季节，沿河都争水抢水，既增加了水资源的浪费，又加剧了供水的紧张局面，形成下游河道断流是难以避免的。

（3）黄河水资源没有得到合理充分利用。由于黄河上游调蓄能力较强，每年可将汛期水量 50 亿～60 亿 m^3 调节到非汛期下放，而中游调节能力不足，使非汛期水量难以充分利用。如 1996 年在黄河长期断流后，11—12 月尚有 25.7 亿 m^3 水量从利津下泄。黄河下游两岸和上中游灌区可开采利用的地下水仍有很大潜力。许多科学实验研究证明，打井利用浅层地下水，合理控制地下水位，不仅可大量减少引用河水，而且可多蓄纳雨水，减少涝水，增加可利用的地下水资源。在黄河下游两岸，一些实验研究说明：两年三熟的旱作农业，作物需水量约为 650～700mm；当地多年平均降水量 600～700mm，在科学调控利用地下水的情况下，一般年份农作物有效利用雨水可达 550～600mm，只需补充 100～150mm 水量即可保持稳产高产，需补充的水量只相当于现在引黄水量的 1/3 到 1/2。因此，开发利用雨水和地下水的潜力十分巨大。

据以上分析，在供需矛盾继续扩大，地表径流减少趋势继续发展，节水措施和管理体制改革不能很快见效的情况下，黄河下游断流，除个别丰水年外，将会长期存在，在遇到连续枯水年份时，断流现象将十分严重。

3. 缓解黄河断流对策的思考

缓解黄河断流是一个长期艰巨的任务，必须作长期打算，全面安排；同时要根据客观条件，分清轻重缓急，妥善研究分期实施的措施和步骤。

（1）正确评价黄河水资源特性，缓解黄河断流要立足于流域内水资源的充分合理利用的基础上。黄河流域多年平均降水量 466mm，水资源总量 728 亿 m^3（河川径流 580 亿 m^3 加不重复计算的地下水），约占降水总量 3500 亿 m^3 的 20%。流域内人均占有水资源量 730m^3，（按供水区计算人均占有 512m^3），虽然仍属于水资源短缺地带，但就全世界大陆而言水资源紧缺程度属于中等偏下。黄河上游水多、人少，下游人多、水少，但降雨量较大，这种相互补充调剂的作用，对充分利用本流域水资源是有利的。一些气候和水资源类似地区，立足于当地水资源满足社会经济发展的需要不乏先例。因此，缓解黄河断流，满足流域社会经济发展需水要求，建立在充分合理利用本流域水资源的基础上，是有条件可以做到的。应该建立信心。

（2）黄河是一个水资源相对紧缺的地区，要合理满足社会经济发展需水要求，缓解黄河下游断流现象，必须有一个长远总体的目标。这个目标就是在全流域建立一种节约高效利用水资源的节水型社会，重点是建立全流域的节水高效农业。

（3）建立节水型社会的核心是节水，彻底改变当前水资源开发利用中的严重浪费现象。节水的措施主要包括：工程技术措施，经济调控措施，行政管理措施。工程技术措施就是：完善、配套、改造供水工程设施，减少输水损失；配合农业节水措施，提高水的有效利用率。根据先进地区的成熟经验，将现在黄河流域的耗水量减少 1/3～1/2 是完全可能的。经济调控措施，即合理提高水价，制约用水浪费，促进地表水和地下水的合理配置并联合调度运用（如改变地下水丰富的地区不愿用地下水而用便宜的地表水的现象）。行政管理措施，即根据不同地区自然条件、水情变化制订全流域的统一供水调度计划，采用行政手段严格执行，使有限的水资源得到比较公平合理的分配。这种措施必将减少用水浪费严重地区的分配水量，将有利于促进节水工程技术措施的加速进行。这三种措施是互相联系，互相补充和互相促进的，缺一不可。由于现实的用水状况与节水的理想要求距离甚远，因此必须制订分期实施的具体办法，增加投入，积极推进。

（4）为了长期稳定地解决黄河流域水资源供需矛盾，彻底缓解下游河道断流问题，必须全面修正流域综合规划。流域水资源的开发利用应以供水为核心，建立节水型社会为目标，采取开源、节流、保护和管理密切结合的综合措施，统筹安排。在开源方面除进一步提高地表水的调节能力外，要特别重视降水—地表水—土壤水—地下水的相互转化，提高降水和地下水的有效利用。在节流方面，要对各地区工农业生产和生活用水提出明确不同阶段的节水要求和相应的措施安排。在保护方面要加速水源污染的治理，同时在用水分配时要为水土保持耗水作出科学估计，并为下游河道内生态环境需水作出必要的安排。在管理方面既要健全管理法规、明确政策，又要制订统一管理调度具体办法。提出管理体制改革的方案。

（5）近期建议采取以下措施：

1）明确要求暂停扩大引黄灌区，中央和地方都应集中部分资金，投入以节水为中心的灌区改造工程，重点是输水渠道的改造和衬砌。

2）要求各省区加强灌区管理，省区内首先实行水源统一分配，控制涵闸非灌溉季节的引水，同时提高灌溉农业的集约化生产水平。

3）尽快出台近期水价调整方案，迅速付诸实施。

4）制订小浪底水利枢纽调度运用方案，该方案在不削弱防洪减淤作用的前提下，应以缓解黄河下游断流增加黄河供水为目标，并以此为契机，研究制订黄河下游水资源统一分配调度的具体方案。

5）支持发展井灌，推广井渠结合，扩大"以井保丰，以河补源"的面积。同时在下游适当兴建平原水库，充分调蓄非汛期水量。

6）城市工业也要订出节水计划，要求加速污水处理，提高水的重复利用率，防止水资源的污染破坏。

总之，解决黄河流域水资源供需矛盾，缓解黄河下游断流是一项长期艰巨的任务，但是只要措施得当，坚持不懈地开展工作，最终是可以解决的。

三门峡库区和渭河下游治理

汪部长：

　　今年3月中旬，工程院、中科院和全国政协组织考察组对重庆、陕西、甘肃三省市进行考察。在陕西期间，省领导提出渭河下游防洪和三门峡库区治理问题。现将有关情况转告。

　　（1）三门峡库区自1960年9月蓄水运用以来，库区总淤积量55.66亿t（1960—1995年），其中潼关以上45.45亿t，渭河淤积13.19亿t（1997年10月前），河道泄洪能力大幅度下降，渭河12条支流河口淤塞不畅，洪水灾害日趋严重，两岸防护区环境恶化，内涝加剧，近百万亩农田碱化问题十分突出。1990年陕西省曾编报了三门峡库区渭洛河下游治理工程规划报告，1996年批复了近期治理项目，逐步得到实施。但工程项目多为应急性质，未从根本上解决问题。因此，陕西省拟全面提高库区防洪能力，进一步完善防洪工程，加强干支流河道整治，稳定渭河主槽，改善二华（华阴、华县）排水工程，使库区防洪能力达到50年一遇，估计总投资5.21亿元。要求国家尽快安排立项建设。

　　（2）三门峡库区移民安置是一个长期未能解决的问题。1995年中央决定从库区部队和地方国营农场所占用土地中划出30万亩，安置返库特困移民。截至1999年底，返库移民已达10万余人，建立了9个乡镇和66个行政村，修建了一些公用基础设施。但安置移民的30万亩土地，80％是低洼盐碱地和沙荒地，土质瘠薄，其中6个乡镇的17万亩土地靠近黄河渭河河道，经常遭受洪水威胁，水旱灾害和塌岸经常发生，且愈演愈烈。一些移民人均耕地已不足一亩，多年来生活如同灾民，不断上访闹事，已成为影响陕西社会安全的突出问题。为了保障移民防洪安全，改善生产生活条件，稳定库区社会，陕西省于1993年编报"三门峡库区移民防洪保安工程规划"，总投资2.03亿元，水利部于1993年6月批了一些单项计划，已逐步实施，但收效不大。1999年陕西省按照水利部指示，又委托西北水电勘测设计院重新编制了《陕西省三门峡库区移民防洪保安工程可行性研究报告》，拟重点解决335m高程以下库区内渭河及华阴南山支流堤防

　　原文系作者和钱正英院士于2000年3月考察重庆、陕西、甘肃后，就三门峡库区和渭河下游治理致时任水利部部长汪恕诚的信。

工程，黄渭河道护岸工程，库区防汛撤退道路，以及防洪避水楼案，估算总投资 5.99 亿元。他们希望尽快审批付诸实施。

以上两项都是历史遗留问题，长期未能妥善解决，对关中东部社会稳定和经济发展产生了很大影响。在西部大开发之际，亟须清理"旧账"，安定社会。建议水利部、黄委会抓紧研究处理。又据陕西水利厅反映，黄委会不同意将库区陇海铁路以南流入库区的支流治理列入渭河下游及库区规划之中。这些支流均位于秦岭北坡，源短流急，是渭河南岸二华夹槽地带洪涝灾害的主要来源，在渭河下游大量淤积后，入渭口门出流不畅，更加重了这一地区的洪涝灾害。六七十年代，对八大支流的治理曾进行规划，上游修建水库，下游整修堤防，同时解决二华夹槽排涝问题，但长期以来未能完全落实，进展缓慢。为了较彻底地进行库区治理，似应将这些支流的入库区治理规划，妥善安排。

（3）渭河下游的治理和库区安全防护都受潼关河底高程的影响。70 年代，三门峡水库改建以后，潼关河底高程一度下降，90 年代以来又持续抬高，1996 年达 328.6m，又恢复到改建前的水平。潼关河底高程持续抬高，对渭河下游洪涝灾害有直接影响，今后能否下降？能否保持在一个适当的水平上？是渭河下游河道能否抑制继续恶化和修建泾河东庄水库的前提条件。黄河小浪底水利枢纽即将建成投入正式运行，建议水利部、黄委会结合小浪底的合理调度运行，对三门峡水库的调度运用方式进一步研究，寻求降低潼关河底高程的有效途径。

以上意见供考虑。此致
敬礼！

对黄河黑山峡水库枢纽工程作用问题的几点看法

（1）黑山峡水库枢纽是黄河上游具有较大调节性能的最后一个枢纽工程，对黄河上游现有水量和将来南水北调西线工程增加水量的调节分配，黑山峡水库具有战略性不可替代的作用，同时它还具有发电、防洪、防凌和拦沙的效益。因此，必须联系黄河上游水土资源进一步合理开发利用，以及南水北调西线工程增加水量的合理分配利用等问题进行综合研究，明确水库枢纽的任务和开发时机。

（2）原有规划，水库枢纽的主要任务是扩大宁蒙河套平原及其周边地区的灌溉面积。近期 600 万亩，远景约 2000 万亩，估计须增加用水 30 亿 m^3 和 100 亿 m^3。当前宁夏、内蒙古粮食问题已基本解决，没有增加粮食生产的迫切需要，同时国家分配给宁、蒙两区的黄河水量，已全部用完或超量引用，增加引水量扩大灌溉面积必将加剧上下游的用水矛盾。因此，在南水北调西线工程发挥作用以前，不宜再扩大灌溉面积。远景这一地区是否需要扩大灌溉面积至 2000 万亩？这一问题，首先应明确这一地区在西北地区农业发展中的地位，有无必要再建一个农业（以种植业为主的）基地？第二，应考虑黄河现有水量及南水北调西线增加水量远景应怎样科学合理的分配和利用？第三，黄河上游及周边地区生态环境保护和建设对水库枢纽工程有什么期待和要求？我认为这里是进一步规划的核心问题。

（3）从长远边境安全和国家粮食储备方面考虑，同时为了库区移民安置，在此地区适当扩大灌溉面积，譬如近期的 600 万亩，似乎还是需要的。在远景扩大 600 万亩灌区，应从搞单一种植业的传统作法中解脱出来，充分考虑农林牧结合，建设农业综合基地为目标，使种植业、养殖业和林草业各占 1/3。同时结合水资源的合理配置，如从大柳树送水至河西走廊，至陕北和鄂尔多斯能源基地等，沿输水渠道适当扩大灌溉面积，建设林灌草结合的绿色通道，对生态环境建设、防止沙漠南侵有重要意义。

（4）黑山峡水库修建后，可以解除黄河上游各梯级，特别是刘家峡水库对宁蒙灌区水量调节、黄河宁蒙河段的防洪、防凌所承担的任务，上游各梯级可完全按照发电需要充分发挥作用。但黑山峡水电站必须结合大柳树向外送水的高扬程泵站以及沿黄河干流

原文撰写于 2002 年 4 月 24 日。

高扬程扬水灌区的用电需要，应以发电成本廉价供电，这是黄河干流水资源合理利用的必要条件和应有的政策。

（5）利用黑山峡水库枢纽调节水量对河套平原防洪、防凌有一定作用，但对枢纽以下减沙防淤的作用，问题较多，须深入研究。过去有的水利专家提出可利用多余水量人造洪峰冲刷河道。我认为无论从水量、调度运用方式、冲沙效果和对河口镇以下河道及万家寨水库运用的影响等问题都十分复杂有待研究。主观估计，前途并不乐观，也非迫切需要。

（6）黑山峡水库枢纽具有重要的战略地位，要使黄河上游水资源和南水北调西线增加水量得到充分合理的利用，修建黑山峡水库枢纽势在必行。从工程安全角度考虑，小观音确比大柳树可靠；从引水方便和调节作用考虑，大柳树确有突出优点。现在立即修建大柳树枢纽，对其安全性我仍有点担心；但修建小观音枢纽而牺牲大柳树的优越地位，也非明智。因此，我建议：①要加速对黄河上游水资源（包括南水北调西线一二期工程增加水量）和土地资源的开发利用的规划进行全面深入的研究。②对黑山峡水库坝址选择问题，在国际咨询公司做出结论以后，仍应对坝区地质问题进行进一步的勘探试验研究，特别是大柳树坝址，一定要使工程安全可靠，毕竟这个河段位于中国少有的强地震中心附近。③水库枢纽工程的实施，可考虑略迟于南水北调西线一期工程，但前期工作仍应抓紧进行。

关于《小浪底水利枢纽拦沙初期调度规程编制大纲》的几点建议

（1）小浪底水库是黄河流域上中游进入下游河道具有较大调节库容的最后一级，在防洪减淤保障下游行洪安全方面有不可替代的作用。因此在规划、立项阶段明确以防洪、减淤为主，在编制调度规程时，这是最重要的原则，必须进一步明确。建议"编制原则"的第一条修改如下："……在确保枢纽工程安全的前提下，充分发挥水库防洪、减淤作用，合理发挥水库综合利用效益。在研究内容中也应始终贯彻这一原则。"

（2）第5页第9条，"水库调度多目标关系的协调"很重要，建议在研究中分清主次，明确在"水库防洪、防凌、调水调沙与供水、灌溉、发电发生矛盾时，应优先放虑防洪、防凌和调水调沙的需要。"

（3）在研究编制规程时，除依据正式批准的设计文件外，建议研究延长小浪底水库使用寿命的有关运用方式。

原文撰写于 2003 年 5 月 23 日。

关于黄河下游河道整治方向和对策的探讨

黄河水利委员会提供了一个很好的研讨会背景材料,这为黄河下游治理方略研讨会提供一个很好的基础。下面谈一点个人的认识和看法。

(1)回顾历史、了解现状、展望未来是探讨黄河下游河道整治方向、目标和寻求合理整治措施的基础。1855年黄河下游铜瓦厢的改道,形成现在的河道,对这150年来现行河道的形成、塑造、演变的历史研究应该是研究的起点。

1855年(清咸丰五年),黄河下游故道已经严重淤积萎缩(见徐福龄《黄河下游河道和现行河道的对比研究》)。在洪水不大的情况下决口改道,夺大清河经艾山、泺口、利津入海。东坝头以下选择了一条地势最低、比降最大的流路,东坝头以上发生了剧烈的溯源冲刷,直达沁河口以上,沁河口至东坝头所留河床老滩,百余年间洪水很少上滩;1938年黄河花园口决口改道以后,花园口以上又发生溯源冲刷,下游河道行洪输沙能力明显提高。这本是治黄难得的机遇,因种种原因,丧失了良好的治黄时机。现行河道自改道至今150年,实际行水141年,从水沙特性、河道演变和防洪形势,可分两个不同阶段:

1)1855—1960年,这105年中,实际行水96年,河道来水、来沙,特别是洪水特征基本属于自然状态,从有水文记录的1919年起至20世纪50年代中为三门峡水利枢纽修建而进行的水文分析成果,基本可以代表这一时期的水沙情况。河道整治,以修堤固堤为中心,形成了现行河道堤防和分滞洪区的防洪工程体系。河道安全行洪能力,从新中国成立前花园口6000~10000m^3/s即决口或漫溢的局面,提高到在紧张防汛情况下,花园口22000m^3/s洪峰流量时还能顺利入海的能力(按1958年实际行洪状况)。自1947年以来,河道堤防坝垛不断加固改造,创造出了伏秋大汛安澜的局面;河道输沙特性保持了大水冲、小水淤,淤滩刷槽,主槽平滩量保持在4000~8000m^3/s,使黄河下游年平均输沙量16亿t中大约1/4淤积于利津以上的河道内,1/2淤积于利津以下的河口三角洲及滨海区,其余1/4输往深海,河道平均每年淤高了3~5cm。

2)1960年至今,从修建三门峡水利枢纽以来的40多年间,河道水沙情况、演变

原文系作者于2004年在郑州举行的"黄河下游治理方略专家论坛"上的讲话,后收编于《黄河下游治理方略专家论坛》(黄河水利出版社,2004)。

规律、下游防洪形势发生了显著变化，其特点是：

河道来水来沙逐年减少。据分析，进入三门峡库区的实测水沙量（以龙门、河津、张家山、洑头、咸阳5站实测量之和为代表），1919—1960年年水量为410.64亿 m^3，年沙量16.28亿 t；1960—1979年年水量398.0亿 m^3，年沙量15.23亿 t；1980—1989年年水量352.56亿 m^3；年沙量7.89亿 t；1990—1996年年水量256.16亿 m^3，年沙量10.0亿 t。水沙减少除气候波动外，水土保持和水利工程的拦沙、减沙作用，发挥了明显作用。汛期和非汛期来水量发生变化，1960年以前汛期年水量占60%，非汛期占40%；1960年以后，上中游水库枢纽逐步增多，汛期来水量逐步减少，20世纪90年代以来汛期来水量只占全年水量的40%左右，而非汛期水量明显增加，达到全年水量的60%左右。

下游洪水减少，呈两极分化，中小水年，干支流洪峰、洪量和泥沙均有明显减少；多水年，干支流洪峰、洪量减小幅度较小，而沙量减少幅度仍然较大。

形成了蓄泄兼筹较完善的防洪工程体系。一方面干流洪水得到有效控制，按小浪底水利枢纽的规划设计，花园口站100年一遇洪水洪峰流量已从29200m^3/s降至15700m^3/s，1000年一遇洪水洪峰流量已从42100m^3/s降至22600m^3/s，下游防洪标准已有明显提高，达到防洪规划目标（这一计算结果，据有些专家估计，尚未充分考虑上中游水土保持和水利工程对洪水减小的作用）。

在水沙变化、水库调洪、拦沙作用的影响下，小浪底以下河道严重萎缩：①河道主槽严重淤积（1960年前滩槽淤积量比为8：2，20世纪80年代以后改为2：8），平滩流量从6000～8000m^3/s以下降到2000～3000m^3/s，排洪输沙能力大大下降；②二级悬河发展迅速，横河、滚河、斜河发生的形势更为严峻，2002年和2003年，调水调沙期间，在2000m^3/s左右，即冲决生产堤，造成大面积滩区居民受灾；③小洪水、高水位行洪，如1996年洪水，洪水下泄缓慢，高水位历时长，加大了滩区灾害，提高了防汛风险。

黄河滩区总面积约4000km^2，新中国成立初期滩区居民不到100万，现在已达180万，虽然洪水减少，居住安全设施有所加强，但安全风险更大，生产条件改善不多，依然属于贫困群体，今后的生产和发展问题亟待解决。

黄河滩区生产堤历史悠久，但大范围修建始于"大跃进"期间，当时认为：洪水已得到控制，下游兴修梯级枢纽，发展引黄灌溉，河滩可以修建生产堤，下游河滩逐步形成连续生产堤，后因引黄灌溉发生挫折，三门峡水库改变运用方式，自20世纪60年代后期，又命令拆除生产堤，留下缺口，汛期决口不许堵复，从未彻底铲除生产堤的存在，加快了二级悬河的发展，2003年东明生产堤决口之后，地方政府迅速组织堵口复堤，说明今后生产堤的存废成为最敏感的问题。

河口形势的发展，不利于下游河道的防洪减淤。20世纪70年代以前，河口地区允许入海流路周期性的摆动，大量泥沙淤于三角洲及滨海地区，流路延伸慢，三角洲顶点升高也慢，有利于河道行洪和输沙。70年代以后，流路固定，延伸加速，西河口水位明显抬高，不利于行洪输沙。

1960年以来，上中游水沙减少，下游河道萎缩，二级悬河发展加剧，滩区居民生存发展空间环境恶化，说明下游河道已很难适应新形势下的防洪安全需要，进一步探讨黄河下游长治久安的方略和治理新措施，已是当前的迫切任务。

（2）自1947年人民政府接管黄河以来，上中游水土保持取得显著成绩，干支流水库枢纽调节洪水、拦沙减淤的作用不断提高，使得黄河下游洪水得到有效控制，下游河道堤防和控导工程不断加高加固，以及河道管理工作不断向标准化、现代化迈进。治黄工作取得的巨大成就，不仅使下游防洪标准达到了规划的目标，防洪安全有了更高的保证，而且为深入研究黄河、重新认识黄河、提出新的治黄方略，积累了丰富的资料和宝贵的经验，这是必须全面加以肯定的。

（3）黄河下游治理方向的探讨和对策设想：

1）防洪形势的预测。除对气候全球变化的影响暂不做考虑外，根据黄河干支流主要控制站不同时段的水沙变化趋势，上中游水土保持（包括退耕还林还草）的现行力度和今后的规划目标，以及上中游水利水电工程建设的安排，黄河上中游来水来沙继续减少的趋势将继续存在，水库枢纽对洪水调蓄的影响，使黄河下游中小洪水出现机会和自然河道造床流量进一步减少的现象，都会继续存在。河口段力争保持固定流路的局面，不会在近期内改变。在河道维持现状的情况下，这些因素都将使主槽加速淤积，二级悬河进一步发展，河道萎缩的现象将进一步加重，河道安全行洪的风险会继续提高，滩区居民的生存发展空间的环境会继续恶化。

2）关于黄河下游整治和防洪安全的目标。李国英主任在2004年黄河工作会议上提出治黄的一个终极目标（即维持黄河健康生命）和四个主要标志（堤防不决口、河道不断流、污染不超标、河床不抬高），很有新意，可能是治理黄河的明确目标，这里需要讨论的是：

要维持黄河健康生命的黄河是怎样的一条黄河？是现存的整个河床，还是按照不同时期客观条件和演变规律形成的新黄河？四"不"的目标也同样存在这个问题。同时，一个终极目标和四"不"还应有其具体的目标和标准。我认为还必须看到，黄河上中游所处的自然环境决定了它是一条长期的多沙河流，黄河下游流经的地区是一个人口十分稠密、土地十分紧缺的经济发达地区，因此尽量减少河道淤积，使现行河道尽可能长期利用，是治黄的核心目标。

3）黄河治理的基本对策。深刻了解和认识黄河所处的自然环境的特点和变化规律，以及流域社会经济、历史发展的背景，是制定黄河治理方略的基本依据，今后治理黄河下游的方略主要是减沙、治河、增水和调水调沙。"减沙"就是通过水土保持、生态环境的修复和水利工程的拦沙，尽量减少进入河道的泥沙。"治河"就是按照水沙变化的现状和趋势，遵照有科学依据的河道演变规律，进行河道整治，形成一条高效行洪和高效输沙的稳定河道。"增水"就是改变黄河水少沙多的局面，从外流域调水，就现实条件而言，从外流域调水冲沙的技术、经济条件均不具备，效果也极其有限，是难以指望的，因此在近期不应对增水存有奢望。"调水调沙"就是根据黄河水少沙多、水沙异源、水沙过程匹配程度的差异和水库削减洪峰的影响，进一步利用水库改变洪水下泄的过程，使之用有限的水量发挥最大的冲沙效果，这是实践证明有效的措施。在明确治河对策时，应以"减沙"、"治河"为核心，结合水库蓄水拦沙，进行"调水调沙"，并建立

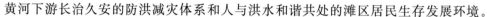

黄河下游长治久安的防洪减灾体系和人与洪水和谐共处的滩区居民生存发展环境。

（4）黄河治理主要措施的建议：①踏踏实实地开展水土保持，扩大治理面积与保护已治理面积并重；水土保持与退耕还林还草密切结合，工程措施（打坝拦泥和修建基本农田为主）与生物措施有机配合；坚持小流域综合治理；科学规划水土流失区土地利用，合理进行产业结构调整；水土保持治理工作的开展，应与水土保持科学实验研究工作同时进行。②根据上中游水沙变化的现状与预测，在总结历史经验的基础上，全面研究制定下游河道的整治方案，以提高河道行洪输沙能力和消除二级悬河为目标，尽快实施下游游荡性河段的整治。报告中提出的固定中小洪水流路、尽快恢复下游河道平滩流量的整治方案，形成窄槽宽滩的河道，结合水库调水调沙，较为合理，应进一步完善方案，选择一定长度的河段进行试验。③关于生产堤的存废是一个关键问题，应结合行洪安全和为解决滩区居民生存发展空间问题，统筹考虑。在当前洪水、泥沙有所减小，洪水得到比较有效的控制，洪水漫滩分洪机会的显著减少，滩区居民生存发展环境亟待改善的情况下，保存生产堤较为合理。局部调整归顺生产堤，使生产堤之间（包括河道主槽）能安全通过常遇洪水。将生产堤与现有临黄堤之间的黄河滩区，根据地形条件，结合二级悬河治理，划分为若干区，有计划地进行分洪放淤，改造提高滩地生产能力，为进一步安置滩区居民创造条件。生产堤之间的嫩滩应严禁植树造林、种植高秆作物和修建阻水建筑物，在洪水漫滩时即可选择适当时机和地点进行分洪淤滩。现有临黄大堤，仍可发挥行洪安全最后防线安全保障的重要作用，应继续完善。④选择适当时机，继续修建干支流水库，如干流的古贤水库、泾河东庄水库、沁河河口村水库等，可考虑近期修建，以增加拦沙调洪作用，完善下游防洪工程体系。⑤进一步加强河口段治理，合理安排调整入海流路，使之有利于行洪安全和尽量输沙入海。⑥结合堤防建设（包括生产堤的整修）和滩区的放淤改造，充分利用滩区和近河土地，全面规划滩区居民的生活生产，做好人与洪水和谐共处。既能安全有效地行洪滞洪，又能为稳定居民的生活生产和奔向小康创造条件。⑦建设现代化的管理和非工程体系，包括工程管理、滩区居民区管理和防汛调度管理。

（5）要认真积极持续不断地开展科学研究工作。黄河治理的复杂和艰巨都是举世无双的，同时又是一个对人类社会经济活动影响反应十分敏感的河流，与时俱进地观测研究客观环境的变化，及时采取针对各种新问题的治理措施，又必须及时发现反馈研究各种新问题。因此，对黄河来讲，需要同时存在两部规划。一是治理和开发利用规划，一是科学研究发展规划，这几年，黄委在这方面做了大量工作，是十分可喜的，希望今后对这两种规划更加完善，并与时俱进地进行及时补充修改。对今后科研提出以下建议：①持续不断地进行黄河水沙变化的实验研究。②重视生态环境变化的调查和研究。③加强河道和重点水库的观测研究，系统总结不同阶段治河的经验教训。④研究小浪底及其他重要干支流水库的科学调度运用方式，真正贯彻水库以防洪减淤为主的规划思想。⑤深入研究黄河流域水土保持的作用，终极目标和巩固改造技术和管理办法。⑥进一步研究河口整治方向和可能措施。⑦加速进行三门峡水库运用方式、降低潼关河床高程和渭河下游治理有关问题的研究。⑧进一步研究西线南水北调与黄河下游河道治理的关系。⑨综合研究黄河现行河道的使用寿命和延长使用期的有效措施。⑩建立完善治理黄河、管理黄河的法规政策。

　　人们研究黄河、认识黄河、治理黄河，已经数千年，研究成果、认识水平和治理程度都达到了顶峰，按照当前的科学技术和人才能力，我们应该跳出部门的局限性，对黄河未来自然环境和社会经济发展的前景做更全面、更客观的探索，从远景可能出现的情景来检查我们现行的措施，可能对问题的本质看得更清晰、更明确，也才有可能使黄河的所有资源达到可持续利用。

淮河特点与治淮战略

··

我对淮河甚少研究，也没有直接参与治淮工作，是缺乏参加这种重大问题讨论的条件的。但作为一名水利工作者，对这样一件大事，也很关心。下面我谈谈根据淮河流域的特点，如何安排治淮战略的一些想法。

1. 治淮的三个基本出发点

（1）淮河流域处于中国气候的过渡带，非涝即旱，旱、涝、碱、渍、潮等各种灾害频繁而严重，又互相交错，相互影响。要想农业生产持续、稳定发展，适应日益增长的人口、生产和安全需要，不大搞水利是没有出路的。

（2）淮河流域山地丘陵区少，平原大，受地质特性和黄河的影响，干流偏向南侧山地丘陵的边缘，洪水集中快，来量大，危害北部广大平原；北部平原辽阔，河流源远流长，缺乏控制调蓄的良好条件。排涝排洪都十分困难。由于历史的原因，淮河北岸支流（包括沂沭泗）和干流下游严重淤积，阻塞了洪水出路，并打乱了水系。洪泽湖对下游来说是个"悬湖"，对中游来说它抬高了入湖水位，加重了入湖河口段的淤积，使已经十分困难的排洪、排涝条件更加困难。特别是多次黄河泛滥，广大平原形成了极其复杂的微地形，进一步加重了洪涝灾害。这个情况现在虽然已经得到改变，但影响仍然深远。因此，平原地区的治理是治淮的基本任务和最长期的任务，也是治淮的难点所在。

（3）淮河流域处于中国腹地，人口密集，土地开发利用的程度很高：解放初期流域人口大约 7000 万人，平均密度达每平方公里 250 人，耕地比现在统计数字还大。80 年代以来，人口达到 1.4 亿，平均密度高达每平方公里 520 人，今后仍将继续增长。耕地按统计有 2 亿亩，耕地占总面积 51%；但实际耕地可能比统计耕地多 30% 左右，实际耕地占总面积的 65%。这种人口密集、土地利用率极高的情况，说明三个问题：①土地利用率的提高是人与水争地的结果，洪涝蓄泄能力下降是必然的趋势；②由于耕地增长、农业高产，地表产流减少，作物耗水量增加，非灌溉耕地抗旱能力下降，受旱面积扩大，同时涝灾可能性也相应增大；③随着工农业的发展，社会经济活动既要求更多更好的水供应，又在不断污染破坏有限的水资源，行洪排涝设障情况越来越严重。

原文系作者于 1990 年 10 月在"治淮 40 周年战略讨论会"上的发言。后刊登于《中国水利》1991 年第 2 期。

治淮的基本情况是我们进行治淮战略安排的出发点。根据这种基本情况，考虑不同时期治淮的战略目标。

2. 治淮的战略目标必须与整个国家社会经济发展的战略目标相适应

根据我国社会经济发展战略的部署，全国人民 2000 年要达到"小康"水平，淮河如何达到"小康"局面？我的体会是：①进一步巩固并提高对常遇洪水的控制能力，在此基础上使重点保护地区如里下河地区、淮北平原和重要工矿城市能防御本世纪里曾经发生过的特大洪水。②继续扩大平原河道的排洪排涝能力，完善排洪排涝系统，基本达到 3～5 年一遇的除涝标准。③以旱涝碱渍综合防治为中心，进行全面农田水利建设，力争全流域粮食总产量达到 800 亿 kg，经济作物得到相应发展，继续保持超过全国平均生产水平的局面。④继续开发水资源、保护水资源，改善生态环境。也可以说，完成了近期规划的治理项目，淮河流域也就达到了"小康"水平。

为此，必须做好以下几方面工作：

（1）必须继续贯彻"蓄泄兼筹"的方针。为了正确贯彻这个方针，必须坚持统一规划、统一计划、统一管理和统一政策。具有现实意义的是统一规划问题，在新的规划未正式批准前，要继续贯彻落实 80 年代两次治淮会议的决定，要积极安排实施。

（2）淮河干流的防洪，要妥善处理常遇洪水与非常洪水的关系。解决好常遇洪水，既是当前的迫切需要，也是解决非常洪水的基础。淮河干流上中游应按第二次治淮会议的决定，尽快恢复到 50 年代后期的行洪能力，使 5～10 年一遇的洪水灾害尽量缩小。在此基础上，力争尽早续建淮洪新河，整治下游入江水道，整修加固重点江河堤防，使再遭遇 1954 年那样大的洪水时，在行蓄洪区和湖泊水库配合运用下，安全行洪，确保重点地区安全；再进一步兴建中游控制工程和下游入海水道，达到规划的防洪能力。沂沭水系，当前迫切的问题是如何尽快续建完成"东调南下"工程，使洪水得到可靠的出路。"东调南下"工程无论是按原规划完成，还是缩小规模分期完成，都是效益巨大的。如果这项工程迟迟不能建成生效，一旦发生较大洪水，对山东江苏都可能造成巨大的灾害，如果在一些具体和局部问题上争论不休，贻误时机，我们将要犯历史性错误。

分蓄洪区和行洪区是长期要发挥作用的防洪设施，要坚持不懈地进行行蓄洪区的建设，解决好行蓄洪与群众生活生产的矛盾。只有做好行蓄洪区的安全运用，才谈得上被保护区的防洪标准。因此要动员全社会来解决蓄洪区的问题。淮河河道演变和整治是一个重要的研究课题。黄河、长江在河道整治方面做的工作较多，问题比较清楚，整治方向比较明确，淮河这方面的工作还比较薄弱。淮河上中下游河道特性差别很大，河湖关系十分复杂，虽然泥沙来量较小，但人类活动的影响很大，特别是一些新河道，还处于发展变化的过程中。因此需要对河道进行系统的观测和研究，力求保持河道稳定，弄清河湖变化关系，保持河湖行洪、蓄洪、排涝、通航能力，进一步促进河道向好的方向发展，发挥河道的综合功能，这是一个需要加强的工作。否则到了一定时期，河道严重恶化，就难以收拾了。重大工程，特别是涉及边界的工程，必须做好前期工作，而且要有超前意识。

（3）充分利用已有水源，积极发展灌溉，进行农田的旱涝碱渍综合治理，改造低产田，使农业登上一个新台阶，是对国家达到"小康"水平的直接贡献。淮河水资源虽然并不丰富，但当前除了特殊旱年外，水资源并没有充分利用，改善和扩大灌溉面积是具有条件的。首先需要巩固改造现有的排灌设施，提高管理水平，示范推广先进经验，努力提高实灌水平，发挥工程作用；其次，对已有水库和骨干工程进行配套，发挥潜力。这方面的潜力仍是不小的，要认真总结多年来配套进展缓慢的原因，找出经验，加以解决；第三，调整作物结构，增加高产品种如水稻、玉米的种植面积，一定要认真考虑具体条件，如水源条件，不可盲目进行；第四，要开展科学研究，推广新技术，推行节水灌溉，推广旱涝碱渍综合治理的成功经验。

（4）积极做好水质监测和水资源保护工作。现在水资源污染已十分严重，但由于资金缺乏和管理体制上的矛盾，治理工作十分落后，水质进一步恶化看来是不可避免的。在此情况下，我们必须坚持水质监测，不断加强宣传，不断给各级领导提供水质信息和反映问题，促进全社会来关心这个问题。我想我们总有一天会感动上帝的。

（5）继续把工作的重点放在管理工作上。现在工程老化失修，损毁严重，管理工作跟不上仍是重要原因。管理运用要按科学规律办事，要使当前利益与长远利益相结合，不能不顾长远利益和全局利益，而过分强调当前利益。如引黄灌溉淤积河道值得全面总结经验，是灌溉时多付出一点代价做好沉沙，少淤河道好，还是为了眼前灌溉方便不顾河道淤积，到时候一次还账好，的确值得研究。河道清障更是如此，只顾眼前，心存侥幸，当地群众和基层干部不愿清，其后果是十分严重的。管理工作必须逐步完善分级管理，分级负责，受益者必须负担管理费用的体制。只受益，不负担管理费用是不行的。要把管理与建设挂起钩来，对已有工程管理不好的，各级政府都不应再支持他搞新的工程。

（6）抓紧当前有利时机，做好前期工作，发扬团结治水的优良传统，有计划地兴建治淮骨干工程，完善治淮骨干工程的大格局。按照流域，做好各级支流的规划，做好各项中小工程的设计，依靠群众，逐步实现面上的配套和大量中小型工程，这样才能避免一哄而上的群众运动浪费民力。

（7）要发挥"治淮研究会"的作用。利用这个学术组织，超脱行政约束，加强横向联系，推进治淮科学技术的发展和实践经验的科学总结。

关于当前太湖、淮河治理工作的意见

今年太湖、淮河大水后，上下左右要求和支持加快江河治理的呼声很高，水利部工作十分繁重，而时间又十分紧迫，如何动作？需要在慎重研究的基础上，当机立断，决不可议而不决，决而不明，决而不行。我坦率地提几点意见供党组参考。

1. 要清醒估计今年的水情和灾情

截至目前为止，太湖和淮河自 5 月中至 6 月中的降雨，从流域面雨量看，都比 1954 年小，而部分地区最大 30 天集中暴雨，可能超过 1954 年，灾情覆盖范围比 1954 年小，局部灾情比 1954 年大。今年太湖洪水出路比 1954 年差，淮河中游河道行洪能力下降，加上经济发展，直接经济损失，这两个流域可能是 1949 年以来最大的。今年绝大部分是涝灾，而江河堤防和围堤很少溃决，排水工程设施较强，因此一时受淹虽重，但农田脱水较快，估计最终的涝灾损失不是很大。对这个问题，需要搞清楚，得有所交代。建议：

（1）由水调中心牵头，会同淮委和太湖局，抓紧进行水情分析。要认真对比 1954 年实际发生的情况。因为 1954 年洪水是淮河和太湖流域规划的标准依据，对比今年与 1954 年水情，进一步研究规划是必要的。

（2）以两个流域机构为主，组织灾情调查核实，分清各地灾情性质、受灾程度、水利工程的作用（退水排水速度）和经验教训。这是今后研究治水方针所需要的，也是全社会关注的问题，应该采取科学的方法系统地进行。

2. 关于太湖治理

（1）太湖规划骨干工程的设计任务书，国家计委曾于 1987 年审批过。初步对照今年的水情，原定 10 项骨干工程是正确的，某些具体实施问题可能须做某些调整，但总体布局，工程规模是可以定下来的。有几个问题，提出一点看法：

1）关于太浦河是否两岸封闭搞"直达列车"？我认为搞"直达列车"的设想是好的，对太湖排洪和为上海市供水有好处，过去搞规划时也研究过，之所以未采用主要是因为：①杭嘉湖平原运河以西部涝水要在平望附近排入太浦河。②嘉兴地区圩子小、圩

原文系作者于 1991 年 7 月 25 日致水利部党组的一封信。

堤低矮，抗洪能力很低，在未很好改造前，太浦河水位太高，对这个地区造成较严重的影响。③航运部门要求尽量少修闸。太浦河方案，如改变已经协调一致的方案，重新协商，必然旷日持久，贻误时机，因此，建议：先按原规划方案实施，积极促进杭嘉湖圩区改造，封闭太浦河南岸可作为第二步计划。

2）关于望虞河穿运问题，过去作过反复研究，平交对运河航运的严重影响和地区间的矛盾很难解决。因此维持立交方案，地涵穿越运河是现实可行的方案，不宜改变。

3）关于自瓜泾口经吴淞江利用浏河排洪的问题。按照"高水高排，低水低排，分区治理"的太湖规划原则，上述这条排水通道是淀泖、阳澄等低洼地带排涝的主要通道，如果作为主要排洪河道，则洪涝矛盾加重，影响面相当大，江苏可能难以接受。建议我们主要强调：必须保持这条排水通道畅通，不许设障，在特大洪水时作为紧急排洪措施。

（2）关于太湖骨干工程的实施问题。太湖规划的十项骨干工程都需要，但也应分清轻重缓急，根据国家财力，逐步安排。从防洪考虑：首先应建太浦河、望虞河。钱多，可以按规划一气呵成，钱少，也可先通后畅。太浦河先挖通浙江、上海段，望虞河可先挖通沙墩口至张桥段，然后再拓宽浚深配套。不论采用哪个方案，尽快把环湖大堤搞起来，使太湖水位得到控制是非常必要的。在不改变原规划的情况下，在特大洪水时临时抬高太湖 0.5m 水位，即可多蓄 10 多亿 m³ 洪水，其作用相当开一条大河。浙江南排工程必须抓紧进行，可先建闸后挖河。

在抓紧太湖骨干排水工程的同时，必须同时抓两个问题：①要求地方对太湖流域大、中城市和工厂企业集中的市镇要尽快研究防洪措施方案（包括工程措施和非工程措施），列入地方计划逐步实施。②对杭嘉湖圩区改造和青浦地区承泄太浦河、红旗塘来水的尾闾河道整治，要列入计划。

3. 关于治淮问题

当前治淮的核心问题是积极贯彻执行 1985 年第二次治淮会议的有关决定。在实施程序方面建议：

（1）加速完成已经列入计划的项目，特别是打通王家坝至正阳关之间行洪通道和行蓄洪区建设的有关项目。这要下决心，督促安徽加速完成。

（2）今冬明春集中力量完成洪泽湖入江水道 12000m³/s 方案和淮沭河护坡尾工。

（3）尽快复建沂沭泗"东调南下"工程。

（4）争取淮洪新河早日开工。

（5）加快淮北平原排涝骨干河道的开挖。

（6）积极做好临淮岗枢纽工程和入海水道的前期工作，开工可以稍缓。

4. 当前须抓紧落实的几件事

（1）对太湖、淮河治理方案部领导应当有一个明确态度，最好党组做出决定。不要今天一个意见，明天又一个意见，使具体工作单位无所适从，同时也贻误战机。

（2）要抓紧立项工作，计划司要与计委一项一项地研究，根据不同项目的性质（新建、续建、复工、收尾等），明确具体立项手续，该批的批，该报的报，不要久拖不决。有些项目要打破常规，采取变通措施。

（3）落实前期工作，一般规定，有了工程初步设计才能开工，但今年的项目多，每一项及时拿出完整的初步设计，相当困难，因此要逐项研究开工前能拿出哪些部分的设计，同时要与计委、银行商议好审批办法，搞出文字依据，否则到时候开不了工。

（4）落实资金，首先要对今年计划资金完成情况做出估计，如有必要及时进行调整。要提出不同的资金需求和投资分摊方案，供高层次会议抉择。

关于淮河治理的一点新思考

∷∷∷∷∷∷∷∷∷∷∷∷∷∷∷∷∷∷∷∷∷∷∷

20 世纪 50 年的治淮取得了辉煌的成绩，初步控制了常遇洪涝灾害，为社会经济发展提供了发展所需的安全支撑条件；积极开发利用了水资源，50 年人口增加 1.5 倍，显著提高了人民生活水平；生态环境总体上得到改善，使广大人民基本摆脱了各种自然灾害（人为灾害另当别论）。这些成绩得来不易，非常值得庆贺。但是我们必须看到淮河流域自然和社会环境的严峻，未来治淮工作仍然任重道远。

淮河流域 27 万 km^2，1.6 亿人口，约 2 亿亩耕地。预计 2030—2050 年全国人口达到 16 亿时，流域人口将达到 2 亿左右，相当于 1999 年美国人口的 73.3%，或日本的 1.58 倍。在这 27 万 km^2 的土地上，如何使这 2 亿人达到中等发达国家的经济收入水平和生活质量是未来治理淮河的出发点。届时须考虑达到 5 个基本目标：

（1）防洪安全得到必要保证，保障流域社会经济得到可持续发展；

（2）2 亿人得到合乎卫生标准的饮水；

（3）基本保证 2 亿人口的吃饭问题（保证粮食和副食品的生产和供给）；

（4）在全流域达到山川秀美的基础上，人居地区（城镇和村庄）得到比较清洁优美的生活环境；

（5）达到人均 GDP 5000～6000 美元所需的经济发展需水要求。

淮河流域有三个基本特点：气候的过渡性，变化大、不稳定，洪涝旱灾频繁；山丘地区面积小，平原面积大，土地狭小，水资源短缺，土地开发利用程度高，洪水和水资源调节都很困难；人口多、密度大，生活空间回旋余地小。在这里做一点对比：淮河流域人口密度 600 人/km^2，美国 30 人/km^2，日本 300 人/km^2，分别是淮河流域的 1/20、1/2（全球只有孟加拉大于淮河流域）；而西北内陆区 8 万 km^2 人工绿洲上大约居住 2000 万人，250 人/km^2，因此说淮河流域人民生活空间回旋余地很小。上述三个特点，说明淮河流域要达到中等发达国家水平，任务十分艰巨。根据流域基本特点和上述 5 个目标，对淮河治理、水资源开发利用和环境保护的规划须作全面修订。

（1）防洪除涝减灾，要在继续完善和加强防洪工程措施的基础上加强非工程措施的

原文系作者于 2000 年 10 月在蚌埠召开的"治淮 50 周年"治淮学术讨论会上的发言。

建设，提高防洪减灾的综合能力。鉴于城市化水平的提高，城乡界限逐步消失，防洪减灾要以城市为中心，研究城市的合理布局，调整防洪工程体系，考虑城市集群化的对策和防洪工程与城市建设的结合。城市建设，必须加强排水能力，增加市区蓄水能力，考虑市区建筑物适应地面短暂淹没的问题，要建设不怕淹没的城市。平原除涝，在继续加强排水系统能力的基础上，要充分利用湖泊洼地的调蓄作用，要控制湖泊洼地的开垦滥用。要把防洪减灾作为可持续发展的重要支撑条件。

（2）要把城乡供水放在极其重要的地位。城市供水不仅要合理满足居民生活和经济发展用水，而且要重视城市生活环境用水。农业用水，必须考虑多种水源的利用和联合调度；要结合农业产业结构的调整安排适宜的作物品种，如耐淹耐旱的作物；不宜追求过高的灌溉保证率，要利用市场机制调节粮食丰歉，提高粮食安全保证。供水工程系统要多种水源互相联通，形成网络，发挥时空不均的调节补偿作用，江苏为我们提供了样板。

（3）要十分重视生态环境建设和水土保持工作。结合国土整治力求山川秀美，提高平原绿化水平，有效控制水土流失。在生态环境整体得到保护和改善的前提下，要积极搞好城市和乡村居民点的环境，提高人民生活质量。

（4）要把节约用水和防治污染作为水资源进一步开发利用的前提条件。农业必须高效用水，城市工业必须通过节约用水尽量减少污废水的排放量，要实行清洁生产，从源头上防污治污，要把治污保护水土资源作为能否实现可持续发展的关键所在。必须保证人民饮用水符合卫生条件，要严防污水对食品生产的污染。

（5）根据流域水资源特点和按社会经济对水资源需求的合理顺序，在满足城乡居民供水和生态环境需水的情况下，充分综合利用水资源，发挥水资源的多种功能，在淮河流域要特别重视水运的发展。

为了今后的水利发展，必须对现在水利工程设施、流域综合规划，以及涉及水问题的各行业专门规划，进行全面调查研究和科学估计，总结经验教训，按照新情况、新资料、新观点、新方法对水利规划进行全面修订补充，提出发展战略部署。在规划时，既要从近及远，从当前的实际问题和近期迫切需要解决的问题出发；又要从远及近，认清远景目标（主要是难以回避的目标），寻求解决途径。这样才能既解决当前问题，又能指导长远发展。

淮河流域水利事业的发展，任重而道远，十分艰巨。要完成上述任务，必须具备三个条件：①十分珍惜水资源。②辛勤，奉献，坚忍不拔的精神。③依靠科学，实事求是的态度。有了这三条，才有可能从小康达到富裕。今后工作要求越来越高，越来越细，必须开展全面的科学研究，加强跨部门之间的了解和交流，扩大视野，提高水平，把整个治淮工作推向一个新的阶段。

淮河中下游河湖（主要指洪泽湖）关系的演变及其治理方向的研究大纲

一、问题的提出

淮河水系在 10 世纪以前独流入海，洪涝出路通畅，1128 年（或 1194 年）黄河夺泗入淮，黄淮合流入海，淮阴以下入海河道迅速淤塞，逐步形成地上河，淮阴以上，逐步形成洪泽湖，湖也迅速淤高，遂影响淮河中游河道排水不畅，同时在治黄保运的国策下，打乱了淮北平原东部（包括沂沭泗水系）的水系和排水出路，使淮河中下游洪涝灾害加重。1855 年黄河改道夺大清河入海，淮河中下游虽然摆脱了黄河、运河的干扰，但由于未及时治理，灾害继续加重，至新中国成立前，淮河流域遂成为"大雨大灾、小雨小灾、无雨旱灾"的全国水旱灾害最为严重的流域。

从 1948 年开始，新中国各级政府持续 50 多年投入大量人力、物力进行淮河治理，虽然在水旱灾害防治，水资源综合利用，水环境的修复和改善等各个方面取得显著效果，在流域社会经济发展中发挥了重要作用，但由于淮河流域自然环境和人类社会活动的特殊性，以及防洪除涝与水资源利用方面的关系十分复杂，至今淮河中游涝灾仍然严重，行蓄洪区作用萎缩、大量居民生存发展问题未能妥善解决，不能及时发挥应有防洪作用，淮河中下游洪涝出路仍不完善，灾害频繁发生。

在此情况下，广大社会公众对洪涝灾害的根源，治淮方针和治淮的得失十分关注，存在各种不同见解，并提出各种治理方略，集中起来看，对于淮河与洪泽湖的关系，存在两种不同意见：一是，在已有治淮工程措施的基础上，增加新措施，全面完善配套，充分发挥作用，解决遗留问题；二是，主张"河湖分离"，使淮河流域河湖水系"恢复"到"黄河侵淮"以前的面貌，是治淮的根本出路。为了澄清是非，寻求更科学合理的治淮方针和关键措施，提出本研究课题。

二、研究的途径

从淮河水系的形成、演变历史入手，弄清不同历史时期，淮河流域水系湖泊的基本

原文系作者于 2006 年 7 月为推动治淮科研而拟定的研究大纲。

形态特性和防御洪涝旱灾的功能，明确新中国成立以来遇到各种问题的来龙去脉，各种灾害产生的根源；客观、全面、科学地评价新中国成立以来淮河治理的功过是非，经验教训，明确当前存在问题的实质、特点和解决问题的可能出路；据此，提出今后治淮的方向、关键措施和重大政策的建议。

三、研究的主要内容

（1）史前时期（大约距今 4000 年以前）淮河流域水系、湖泊、淮河在下游平原的形成、演变及其水文特性。（企望明确淮河水系及主要湖泊的形成地质背景、黄河上中下游贯通入海后黄淮海冲积平原形成过程与淮北平原演变的关系；淮河海岸线变化与黄海涨消的关系；淮河原始水系湖泊水文特征的估计等。）

（2）淮河水系独立入海的历史时期，（大约公前 2000 年至公元 1000 年），河湖水系的演变，重点研究春秋初至北宋末年（公元前 770 年至公元 1128 或 1194 年）江、淮、河、海航运沟通后的淮河干流及淮北平原湖泊沼泽变化情况。淮河干流主要控制站，如正阳吴（或秦县）、蚌埠（或临淮关）、泗阳（或盱眙）、涟水（或入海口）、水位、断面和纵比的变化；淮北平原湖泊洼地（包括现洪泽湖地区）的变化；南北大运河的形成及其对淮河下游平原演变的影响等；不同时期社会距离状况的分析估计。

（3）黄河夺泗入淮（公元 1128 年或 1194 年）黄淮合流入海至黄海铜瓦厢决口（公元 1855 年）夺大清河入海的 700 年间，淮河中下游干流，主要支流和洪泽湖的演变和河道主要控制站纵横断面和行洪水位变化的分析估计，洪涝灾害情况的分析和社会经济发展变化的趋势分析。

（4）黄河改道（1855 年）至新中国成立（1949 年）淮河流域河道水系的变化，洪涝灾害状况，治淮方略的争议，弄清新中国成立后治淮的历史背景。

（5）新中国建立后治淮事业的概述，河湖水系的变化，主要是洪涝出路的安排，提防系统的形成，行蓄洪区的形成和治淮效果的评价，经验教训及存在问题。

（6）结合历史与现实，全面分析研究当前治淮工作中存在的主要问题，即排洪出路与行蓄洪区的关系，行蓄洪区生存与发展的出路，中游因洪致涝，以及流域水资源的合理开发利用等产生的原因，解决问题的关键因素。

（7）处理中下游河道与洪泽湖关系的几种设想的合理性，现实性的分析提出建议方案。包括：

1）不考虑洪泽湖的存在，中下游河道恢复 11 世纪前（即黄河侵淮前）的河道状态和行洪、排涝能力；

2）考虑河湖分家，流域南侧现行河道，以排洪为主，高水位行洪，下游入江入海，流域北侧以排涝为主，中游淮北平原建立新的排水体系，以入湖入海为主；

3）河湖不分，在已有工程设施的基础上，增加设施，改造完善，降低洪泽湖中小水年份防洪运用水位。

对以上三种设想方案研究时，都应对淮河中下游防洪、除涝可能达到的标准；行蓄洪区运用标准和居民生存发展的措施；淮河水资源的合理开发利用和与南水北调的关系等问题进行分析研究，提出相应措施。

（8）结论和建议。

四、研究工作的组织措施和时间安排

建议建立人数较少的以淮委为主的专门研究小组和咨询专家组。两组及时交流，配合推动研究工作。希望在今后一年内提出研究初步结果。

对珠江流域防洪减灾形势的浅识与审视

一、概述

珠江流域水资源丰足，山川秀美，人民勤劳，历来是中华文明的重要组成部分。新中国成立以来，社会经济发展水平不断提高，水旱灾害逐步得到控制，自20世纪80年代以来，在改革开放政策的引导下，经济得到空前的高速发展，成为中国重要的现代工业基地，人民生活水平迅速提高，基础设施不断完善，为中国和平崛起作出了巨大贡献。珠江流域已从"温饱型社会"过渡到"小康型社会"，正在逐步向"现代化工业型社会"发展。随着经济全球化的推进，从"传统文化"向"生态文化"过渡已是大势所趋不可逆转的形势。

珠江流域地处亚热带，北回归线横贯整个流域的南部，是我国每年最早接受东南季风和热带气旋影响的洪涝灾害最为频繁严重的地区。由于地形复杂，气候多变，主要河流中游河谷盆地、下游冲积平原河流洪水泛滥灾害、广大山地丘陵区暴雨山洪及其引发的地质灾害和沿海风暴潮灾害都十分突出。防治洪涝灾害成为保障流域内人民生命财产安全、社会稳定和经济健康发展的关键问题。珠江流域经过50多年的大规模水利建设，部分河流已形成蓄泄兼筹、堤防水库结合的防洪工程体系，同时形成自流和机电技术相结合的灌溉、排涝系统，使流域防洪、除涝、抗旱能力有很大提高。在此期间不断开展有关流域治理、开发、保护的各类问题研究，并完成了防洪、抗旱、水资源利用、水环境保护等方面的专项规划和流域综合规划，逐步明确了治水的指导思想、治理目标和治理战略部署，为继续开展江河治理、水资源开发利用保护和生态与环境的修复改善提出了前进的方向。

当前珠江流域防洪减灾体系中存在许多薄弱环节，需要加强和完善。主要问题是：从总体上看，流域防洪减灾能力尚不能适应当前社会经济发展的形势和今后可持续发展的需要，主要表现在防洪战线很长、标准较低、防洪工程体系未全面形成，非工程措施不完善，生态系统和环境质量的恶化在相当大的地区未得到有效控制，流域管理工作尚未到位。因此，每当洪涝灾害发生时，往往由于缺乏明确有效的快速反应，造成人民生

原文刊登于《人民珠江》2006年第5期。

命财产损失巨大，管理调度工作陷于紧张被动状态。当此珠江流域防汛抗旱总指挥部成立之际，建议认真总结历史经验教训，按照科学发展观，进一步明确治水思路、相关方针政策和新的战略部署，团结全流域人民，开创珠江流域防洪减灾的新局面。对此，不揣冒昧提出几点想法供研究珠江流域防洪减灾问题参考，概括而言就是：一个治水理念的转变，两项防洪减灾措施并重，三个防洪减灾工作的重点和四项值得关注的问题。

二、一个治水理念的转变

全面贯彻科学发展观，将传统的全面控制洪水、战胜洪水的治河防洪观念转变成以人为本、与洪水和谐共处的防洪减灾理念。自从人类进入定居、农业文明时期以来，人类生存发展与江河演变和功能的变化一直处于竞争矛盾之中。随着人口增加、社会经济发展和科学技术进步，人类为了不断扩展和保护生存空间，不断开发和利用河流两侧的冲积平原，不断延伸并加强堤防、围垦河湖滩地，阻断河湖洼地与河流的连通，与河争地愈演愈烈。河流的自然宣泄滞蓄场所越来越多地遭到破坏，而人类生存空间遭受洪水风险的程度不断提高，一旦遭遇超过江河防洪设施能力的大洪火，即可发生毁灭性灾害。这种竞争生存空间的恶性循环，不断向人类社会提出警示，终于使人类社会认识到：这种不顾河流存在发展的必需条件，总想制服洪水，无序压缩河流蓄泄空间的治河防洪观念必须改变，必须建立人与洪水和谐共处的新理念。人与洪水和谐共处，既不可能完全恢复河流自然面貌，又不能只考虑人类生存发展的需要，关键在于寻求一个开发利用土地与保留河流蓄泄场所的科学合理限度，也就是：既要对人类生存发展空间的开拓范围和保护程度加以限制，又要为各类可能发生的洪水留有足够的蓄泄场所。

防洪减灾规划建设就是寻求一个人与洪水和谐共处的科学、合理的结合点和限制人类活动的限度。人与洪水和谐共处，须考虑以下条件：

（1）为常遇洪水（一般认为小于 10～20 年一遇洪水）安排安全宣泄通道和可灵活运用、有质量保证的泄洪、调蓄工程设施，保持河道一定标准的泄洪、输沙能力；

（2）严格控制流域内有洪水风险土地的开发利用程度；

（3）为超过河道宣泄和常规水库调蓄能力的超标准洪水安排临时分流、滞蓄的场所；

（4）建立河流上下游、左右岸共同承担对付超标准洪水临时设施运用的损失补偿机制；

（5）保护河道的重要自然景观和基本功能。

希望考虑以上要求，认真总结历次防洪减灾规划的经验，使科学发展观、人与洪水和谐共处的理念在今后的规划建设中有所体现和落实，并不断加强人与洪水和谐共处的宣传，形成社会公众中人与洪水和谐共处的共识和团结治水的协作思想，发展全社会共同对付洪水灾害的新局面。

三、两类防洪减灾措施必须结合、并重，同时并进

按照当前珠江流域防洪减灾设施的建设情况和防洪能力，防洪工程措施和非工程措施均不完善，必须并重并同时加强建设。东江和北江两大水系已初步形成堤防、水库结合的防洪工程体系；珠江三角洲河网地区，围堤、海堤建设比较完整，具一定的防洪能力。但上述地区防洪工程设施都存在一些薄弱环节，部分地区防洪标准较低，还不能充

分发挥防洪工程设施的整体作用。西江流域是全流域的主体，是三角洲河网地区洪水的主要来源，主要河道的河川盆地和三角洲地区都是人口密集、工农业发达的政治经济文化中心，已有防洪工程设施标准低、质量差，未形成完整的防洪工程体系，河道安全泄洪能力和水库调洪作用，均有待进一步提高，在今后 10～20 年内应集中人力、财力，积极推进建设，使尽快形成堤库结合、蓄泄兼导，以泄为主的防洪工程体系。注意城乡结合部和干支流汇合处的接合与协调，消除薄弱环节，形成整体防洪能力，达到规划防洪标准。

防洪工程与非工程两类措施，相对而言，非工程防洪措施可能更不完善，建设完善的防洪非工程设施，更为迫切。健全和提高洪水预报、预警水平，延长预报的预见期和预报精度，填补预警空白仍是重要任务；完善水情、工情、灾情监测系统和评价体系；加强防汛计划、调度和指挥工作；全面实现洪水风险管理，建立风险损失的科学补偿机制；完善与防洪减灾有关的政策、法规。这些工作与设施都是当前的迫切任务。应与修建防洪工程并重，同时并进，要克服一手轻、一手重的传统欠妥做法。

四、三项防洪减灾的重点任务

（1）平原围区。珠江流域平原围区占流域总面积 5% 左右，但近 1/3 的人口、1/4 的耕地、2/3 的国内生产总值（GDP）都集中在这些可能遭受洪水灾害和风暴潮袭击的地区。近半个世纪珠江流域防洪减灾工作几乎全部集中在这一地区，虽然常遇洪水得到初步控制，但远远不能适应发展需要，在今后相当长的时期仍将是防洪减灾工作的重点，特别是珠江三角洲地区。在继续完善全流域防洪减灾设施建设的基础上，这一地区要十分注意提高防风暴潮的能力，力争能抗御超强台风。要进一步加强海堤建设，提高质量，希望在遭遇强台风时，风暴潮可以越堤入侵，但力争不溃堤决口；有海滩的海岸要积极建造防风、防潮林带，缓解海浪冲击；要进步提高风暴潮预报水平，提前做好居民撤退躲避风险的工作。要十分重视河口的整治规划，从长远发展考虑河口岸线的科学合理开发利用。平原围区要进一步提高自身的防洪标准和围区内的排涝能力，应严格控制影响河道行洪能力的各类建筑，并彻底消除河道内的行洪障碍，力保河道行洪、排水能力不降低。

（2）沿主要江河的大中城市是今后防洪保安全的突出重点。近 10 多年来，城市防洪减灾建设发展迅速，防洪形势有很大变化。现代城市都是空中和地下双向发展，地表高层建筑林立，地表、地下交通、通信、排水、输电管线设施日益增多，城市的中心作用日趋加强，一旦遭受洪水浸淹，其损失和影响十分巨大。城市防洪减灾安全问题必须根据洪水特性、地形条件和城市发展特点以及功能变化，及时对城市防洪规划进行滚动研究和部署调整。

今后，首先要认真总结近 10 多年来城市防洪建设的经验教训，如为保护沿江河狭窄市区修建高大防洪堤的利害得失，城市内部排水能力，以及城市遭遇特大洪水或市区特强暴雨的对应措施等。其次，要根据城市不同区域的功能和发展特点确定不同的要求和措施，城市防洪排涝按不同地区要有"保"、有"舍"，即部分市区必须确保不受洪涝浸淹，而有的市区在进行各类建设时采取必要措施、允许临时短暂淹没，灾后给予救济补偿。完全拒洪水于城市之外，保证市区防洪的绝对安全是做不到的，必须考虑建设

"不怕淹"的城市。第三，沿江城市密集，市区范围不断扩大，防洪范围必须从点向线面扩展，防洪的对策必须与城市建设密切结合，城市应尽量避免在洪涝灾害高风险区发展；防洪措施与城市基础设施建设紧密结合，充分发挥工程设施的综合功能。

（3）暴雨山洪与地质灾害。山地丘陵区暴雨山洪及其引发的地质灾害（主要是滑坡、岩崩和泥石流），占全国洪涝灾害损失和人口伤亡的比重很高。加强暴雨洪水预防和治理绝对不容忽视。珠江流域 80% 以上是山地、丘陵地区，都存在暴雨山洪及其引发地质灾害的威胁。一般山洪灾害分布面广、突发性强、破坏性大、灾害范围不确定性非常突出，造成山洪的暴雨时空分布规律极其复杂，只能识其大略，很难具体掌握，同时由于地形多变、地质条件复杂，因此防治山洪及其引发的地质灾害极其困难。须采取"以防为主，防治结合"，"以非工程措施为主，非工程措施与工程措施相结合"的治理原则，根据各地具体情况，制定对策，严格执行，才能减少经济损失和居民伤亡。

初步研究可采取以下措施：

（1）对可能发生暴雨山洪的地区，进行实地调查研究，明确其地质灾害分布状况和暴雨山洪发生的风险程度，划分不同地区，拟定可能采取的措施；

（2）建立全面预报、预警系统，及时向居民通报可能面临的灾害风险，并告知可能采取的防灾行动；

（3）在山地丘陵区全面推行水土保持措施，减少水土流失是减缓暴雨山洪灾害的基本措施；

（4）在可能发生山洪及山地灾害的地区发展城镇、建设民居和各种公共设施，必须仔细查勘，避开山洪的流路和地质灾害可能发生的部位，要在居民区疏通排水出路；

（5）通过宣传、教育提高居民的防灾意识；

（6）结合新农村建设和生态与环境保护要求，对分散居住于深山、沟壑地区的居民，实行移民避险，易地安置，虽然一次性投入较大，但从长远考虑，可大大减少为分散居民修路、通电、通邮等基础设施建设的投入费用，而有利于生态系统的恢复和环境的改善。总之，这些措施必须因地制宜，有计划地逐步开展。

五、四个值得关注的问题

（1）流域主干上的控制性水利工程。西江上的两座控制性水利枢纽工程，龙滩水电站和大藤峡水利枢纽，综合效益很大，在防洪规划中都有明确要求，是防洪工程不可或缺的项目。在实施进程中发生了变化，龙滩水电站设计正常水位 400m 高程，安排防洪库容为 70 亿 m^3，但近期是按正常水位 375m 运用，设置防洪库容为 50 亿 m^3；大藤峡水利枢纽规划较优，防洪库容为 20 亿 m^3 左右，但移民多、淹没大，可能难以尽快建成。在龙滩水电站近期少留防洪库容，大藤峡水利枢纽近期难以建成的情况下，对西江中下游和三角洲防洪标准都将产生明显影响，建议进一步深入研究：一方面力争两个重大工程尽早按规划设计要求建成运用；另一方面考虑近期适当调整有关地区防洪标准，或采取必要措施，如三角洲地区提高堤防抗洪能力，或安排部分临时分蓄洪区，对可能发生的超标准洪水有所安排，避免防汛时被动。

（2）大力加强河道整治治理。对近年来河道（特别是三角洲河网地区）大量挖沙造成的河道行洪能力受影响的状况，要进行实际勘测调查，摸清实际情况和存在问题，开展必要的新的河道整治规划，考虑必要的局部河道疏浚、岸线整治，提高河道行洪能力，调整控制水位，改善航运状况，有控制地科学合理开发利用岸线，并结合城乡发展建设，提高河道生态和环境水平。

（3）对堤防建设要科学论证，慎重决策。近 10 多年来河道大量修建堤防，据统计 1990 年流域堤防总长 4696km，2004 年已达 13559km（见《中国水利年鉴》），15 年间新增 8863km，为 1990 年的两倍。这些新增堤防绝大部分集中在西江流域的支流。支流堤防建设的结果：首先是减少了河道天然滞洪能力，加速了洪水的汇流，增加了干流洪峰流量，改变了下游各河段的设计防洪标准；第二，由于支流大部分处于山地、丘陵区，堤防保护河谷川地，保护区狭长，地面坡度大、保护面积小、在没有堤防时洪水涨落迅速，地面受淹时间短暂，修建堤防后，河道两侧形成新的涝水滞蓄场所，排水困难，形成了新的涝灾区；第三，增加沿河居民生活、生产跨越堤防的困难。因此，对在这样短的时间内大量修建堤防，应从科学发展观、人与洪水和谐共处和全面利害得失方面总结经验教训。建议今后在支流修建堤防应从长远、总体利害得失考虑，进行必要的科学论证，慎重决策。

（4）关于"全面洪水管理"问题。近几年来，国内外都提出：防洪减灾工作要从过去建设防洪工程设施为主向全面洪水管理转移。这一观念至今尚缺乏确切、全面、系统的论述，是一个值得深入研究探讨的问题。"全面洪水管理"主要是在全面管好、维护好、运用好各类防洪设施的基础上，主要采取非工程措施，对可能遭受洪涝灾害的区域开展科学的风险管理，在遭遇各种可能出现的洪涝灾害时，将损失、影响和人口伤亡减少到最低限度，保持社会、经济和生态与环境可持续发展的基本态势，所受洪水灾害的影响能尽快恢复。"洪水管理"的主要措施是：在社会公众树立洪水风险意识；明确流域可能遭受洪水泛滥地区在遭受不同等级洪水时的风险程度（即编制流域风险图）；研究提出保护居民生命财产安全的可能途径；明确居民一旦遭受风险损失的分担方式（如救济、恢复、重建、损失补偿等由居民私人、社会公众和政府分担的办法）；建立全流域统一的管理机构和运行机制。建议在珠江流域尽快选择适当流域或区域开展"全流域（或区域）洪水管理"工作的试点。

由于本人长期不在防洪减灾工作第一线，只能就个人的粗浅认识提出一些看法和意见，若有词不达意或表述错误，请予纠正。适值珠江流域防汛抗旱总指挥部建立，对防汛抗旱工作是一个新的良好开端，将会创造流域防汛抗旱工作的新局面，使全流域团结治水达到新水平。借此机会敬向珠江流域防洪减灾抗旱第一线的工作同志们致以崇高的敬意。

地 方 水 利

陕西水利事业发展和存在的问题

1985 年二月中旬至三月初，在陕西部分地区做了水利调查工作，先后到了三个地市（汉中、渭南、咸阳），看了五大灌区（石门水库灌区、交口扬水灌区、洛惠渠、宝鸡峡灌区、羊毛湾水库灌区）；6 座有不同程度安全问题的大中型水库（汉中石门水库、洋县党河水库、城固南沙河水库、乾县羊毛湾水库、长安石砭峪水库、渭南沈河水库）；两处防洪工程（汉江汉中盆地段和三门峡库区）；一个比较贫困的山区县镇巴。沿路与地县水利部门和灌区管理单位就当前水利发展中存在问题、管理和资金使用情况交换了意见。现将有关情况和值得注意的问题汇报如下。

一、基本概况

根据实地了解和情况介绍，汉中和关中水利骨干工程一般质量较好，管理机构和规章制度较健全，过去的农田基本建设工作也比较扎实，因此水利工程基本上是完好的，发挥了应有的作用。但近几年，水利资金大量减少，基层管理工作没能跟上，特别是管理责任制没能完全落实，因此骨干工程的老化、损毁严重，未能及时更新改造，水库安全和渠系病害问题尚未解决；田间配套工程失修和人为破坏（主要在关中地区）均较严重。去年下半年以来，全省上下组织有关部门，采取联合行动，打击人为的偷盗破坏，并动员群众进行全面整修，都取得了较好的效果，扭转了连续几年的灌溉面积下降局面。1980—1984 年净减少 140 万亩，（总减少 280 万亩，新增约 140 万亩），1985 年净增 10 万多亩。去冬今春 130 多天未下较大雨雪，旱情比较严重，冬灌达 931 万亩，突破历史最高水平。

二、汉中、关中地区农田水利面貌和问题

（1）汉中地区 2.7 万 km^2，山区占 83%，丘陵占 11%，平川占 6%，农田灌溉都集中在平川区，汉中盆地的平川耕地 100 余万亩，99% 以上均有灌溉设施，以种植水稻和经济作物为主，万亩以上灌溉区骨干工程多数已经相互连接，互相补充调节水源，田间配套和管理体制已较完备，灌溉效益显著而稳定，24% 的粮田面积，产粮 51%，单产一般在 1000 斤以上。当前存在的主要问题是：①骨干渠道病害比较严重，环山开渠，

原文系作者在 1986 年春对汉中、关中地区的水利调查报告，反映了 20 世纪 80 年代初全国水利工作中存在的一些普遍性问题。

交叉工程多，地质情况复杂，设计施工都存在一定问题，通水后冲刷、滑塌比较普遍，其中部分渠段须改线或须将环山渠道改为隧洞，但短期内均难以实现，当前只能勉强维持通水。②部分灌溉区水源不足，不能保证插秧季节及时供水。③田间配套工程管理维修很差，老工程冲刷损坏相当普遍，未能及时进行正常的维修养护。此外，基建占地很多，灌区面积逐年缩小。汉中地区今后灌溉发展的潜力在丘陵区，但面积有限（大约20万亩左右），工程艰巨，投资很大（估计每亩国家须投资400～500元，群众配套投资包括劳力约100～200元），因此发展速度不可能很快。

（2）汉中地区突出的问题是水土流失。陕南汉江流域年平均悬移质流失模数为1054t/km²，为长江流域宜昌以上的2倍，为淮南和江南各河的3～5倍。据典型调查，河道推移质的数量约为悬移质的1.2～1.8倍，各级河床淤积很快，不少河段河床高于堤外耕地（如汉江的城固段），建国初期通航的镇巴泾洋河，已不成河形，根本不可能再通航。水土流失严重主要是毁林开荒没有得到有效控制。坡地退耕短期难以实现，如镇巴县，建国初期，耕地占总面积的7%～8%，森林覆盖率约60%～70%，人口密度38人/km²；1981年耕地占总面积的15.4%，森林覆盖率下降到49%，人口密度达80人/km²。现有耕地78万亩，25°以上的占46.6%，加上备耕轮歇地，实际粮食生产用地约占总土地面积30%～40%，有些山坡地开荒种植不过3～5年，即岩石裸露，很难再加利用。当前全县水田（河川地和水平梯田）共计6.28万亩；占耕地的8%，继续扩大的可能性甚小。如果不尽快找到新的生产出路。这样县的群众生活会越来越困难。汉中其他各县的山区，也有类似情况，但不如镇巴严重。总之，陕南的水土流失问题应该给予足够的重视，否则山区赖以生存的表土将丧失殆尽，河道水库的淤积将十分严重，城镇防洪问题，愈难解决。

（3）关中地区，渭河两岸地形呈阶梯状，大体可分为平原、台原和高原三种类型：沿渭河两岸的平原有耕地850万亩，灌溉水地790万亩，占93%；台原有耕地1200万亩，有灌溉水地574万亩，占47.8%；渭北高原有耕地600万亩，有灌溉水地70万亩，占12%。全区已利用地表水28.2亿m³，占当地地表径流的33.1%。全区有效灌溉面积1430万亩，占全省灌溉面积的77%，其中16个10万亩以上的灌区，面积达1000万亩，占总灌溉面积的70%。灌溉效益是显著的，全区种粮水地1000万亩，占种粮耕地的45%，但水地粮食总产量占全区粮食总产量的65%；1983年和1984年两年水地粮食平均亩产788斤和737斤，比旱地的376斤和412斤高出一倍（这两年雨水较好，旱地产量较高），水地亩产千斤以上的有250万亩。

（4）关中地区水利发展的问题和潜力。关中地区，从长远发展来看，有三个先天性的不足，即水源贫乏，分布与需要不协调（全区地表水58亿m³，人均337m³，相当于全国人均的1/8），现有设施的供水能力约49亿t，其中工业供水能力仅8.6亿t，预估2000年用水102亿t，其中工业用水25亿t；河流泥沙多，蓄水难（泾、洛、渭三河年总水量约50亿m³、年输沙量约6亿t）；塬高沟深，水低地高，今后发展靠提灌，发展的潜力在塬区。当前的主要问题是：

1）工程设施老化，险工病害严重。据全省106处万亩以上灌区调查（多数在关中地区），建成运用25年以上的已占40%，有10%的灌区和20%的5000亩以上的扬水站急需更新工程设施或机电设备。交口灌区（提水，124 万亩），渠道和二级站，部分机电设备严重锈蚀老化，有的系淘汰产品，修配困难，都处于不安全的运行状况；宝鸡峡灌区的渭高抽水工程，机电设备也急待更换；洛惠渠曲里渡槽，已建成近 50 年，最近经多方面检查、测验、研究，其上部钢筋混凝土结构强度不够，已经处于危险状态。有些修建较晚的工程，由于受修建时的具体条件限制，工程质量差、标准低，特别是一些盘山和高填方渠道，出现了不少滑坡、坍塌，有的渠身已显示不够稳定，但仍冒险运行。宝鸡峡总干渠的高边坡和泾惠渠总干渠的深挖方，仍未达到安全稳定程度。

2）灌区的排水问题急待解决。关中宝鸡峡、冯家山、泾惠渠、洛惠渠和交口抽渭五大灌区，近几年由于地下水位迅速上升，出现大片明水，形成严重的渍涝灾害，并存在着土地盐碱化的潜在威胁。大致有三种情况：一是解放前修建的泾、洛、渭灌区，地形平坦，灌溉后地下水位迅速上升，在 50 年代初期曾经成灾，经过治理，收到一定效果。但由于设计标准低，控制范围小，多雨年仍然成灾，如洛惠渠近几年地下水埋深小于 3m 的达 45%，不少村庄房倒屋塌，不得不迁移。20 世纪 70 年代初修建的宝鸡峡、冯家山灌区，灌溉前地下水埋深一般大于 30m，设计时没有考虑排水系统，灌溉后地下水上升很快，年均在 1m 以上，部分低洼地区超过 3m，10 年内累计上升 10～30m，部分低洼地区已出现明水，一度灾情十分严重，不少村庄搬迁，最近两年已开挖了一些排水沟和修建了部分扬水站，但问题尚未解决。三是交口抽渭灌区，开灌前地下水位高、矿化度高，有些就是盐碱滩，工程设计时灌排系统都有考虑，但排水工程没有同步实施，灌后三五年内，地下水位迅速上升，大面积成灾，1978 年以后对排水系统进行扩建改建和配套，目前第一期排水主体工程已竣工，控制范围达 80 万亩，已经发挥显著效果，目前尚有 40 万亩面积的第二期工程，急待进行。据统计关中地区渍涝面积已发展到 176 万亩，其中明水面积约 50 万亩，是灌溉面积缩小的重要因素。对此问题，省人大常委会已作出决议，要求尽快解决，省水利厅也作了相应安排，但投资不足，进度较慢。

3）部分灌区水源不足，灌溉保证率低，还不能做到适时灌溉稳产高产，年际之间粮食产量最大变幅约达 30%，还有 1/3 的灌区亩产在 500 斤以下。

（5）汉中和关中地区的灌区管理工作需要继续调整和加强，水费和多种经营收入不能维持正常的养护维修。

当前灌区管理机构、规章制度和人员配备，基本上都解决了，关键是水利管理责任制（主要是斗渠以下或乡以下的）没有解决好，群管组织不健全或没有建立，工作没有落实，国家管理机构主要管骨干工程，对面上的工作缺乏指导和检查，缺乏具体的要求。分散在山沟里的小灌区，尚有不少没有建立管理组织。

陕西水费收得比较好，地方政府也未扣留，但对管理费一般没有财政补贴。汉中地区以灌水稻为主，按亩收费，国家管理部分（支渠以上）收 3.2 元/亩；斗口以下群众再按亩负担斗管费 0.1～0.5 元/亩，放水员费 0.5～1.0 元/亩，加上养护维修义务工 1～2 工日/亩，2～3 元/亩。这样实际农民灌水负担大约为 5～6 元/亩，（有些地方还要高），大约占农业生产成本的 5%～10%。关中地区，国家管理部分（支渠以上），一般按亩收基本水费 0.6 元，再按方收费，由于每年灌水次数不同，收费变动很大，但按亩次计一般都在 1～2 元；斗口以下，群众负担大体与汉中相似。

当前存在的问题是：

1）现在国家管理部分收费标准，只相当于计算成本的 50％左右，按当前农业生产水平继续提高，确有困难。

2）实灌面积与收费面积不符，灌的多收的少，有的灌区（如西乡马鞍堰），大约 1/3 的实灌面积收不上费。

3）现在所收水费，大部分是人员工资福利支出，渠系维修费用所占比重较好的灌区只占收入的 20％～25％，如石门灌区，湑惠渠等，较差的不足 10％，部分灌区已提取大修折旧资金，约占水费的 3％～5％。因此，多数灌区不能保证正常的养护维修，仍有"欠账"。除了收费标准较低外，管理机构庞大，人员过多，也是重要原因。如何完善水费征收办法和合理安排使用水费尚需做大量工作。各个灌区综合经营刚刚起步，收入比重很小。

综合以上情况，当前陕西灌溉工程存在的问题，集中起来是两个"欠账"：一是建设中的"欠账"，设计质量、施工质量和尾工配套都存在问题（设计中的地质、水文、工程标准、渠道选线灌排关系的处理等，施工中的因陋就简、不重视质量等）；二是管理维修中的"欠账"，小破坏未及时维修，变成大破坏。这两种"欠账"，特别是建设中的"欠账"如何解决是个重大问题，集中力量短期内还掉"欠账"是不现实的，但长期拖延不还，将会出现效益不断下降的问题。因此"七·五"期间应当有计划有重点地解决这个问题。

三、两个政策性问题

1. 水利资金问题

实行分级财政体制以后，陕西水利资金急剧下降。全省各项水利经费总计："五·五"期间，11.17 亿元，其中基建投资 5.13 亿元，水利事业费 6.05 亿元（事业费中小型水利费 2.31 亿元，水保费 0.38 亿元，机井补助 1.48 亿元，抗旱补助费 0.95 亿元）；"六五"期间，总计 5.74 亿元，其中基建投资 2.0 亿元（水利 1.89 亿元，水电 0.11 亿元），水利事业费 3.73 亿元（其中小型水利费 1.59 亿元，水保费 0.605 亿元，人畜饮水费 0.34 亿元，防汛费 0.63 亿元，抗旱费 0.198 亿元）。"六五"期间的 5.74 亿元中，中央补助 1.14 亿元，省财政安排 2.98 亿元，市县财政安排 1.61 亿元。1979 年全省水利经费包干基数为 2.9 亿元，其中基建 1.2 亿元，事业费 1.7 亿元。包干的事业费中，省直属 0.41 亿元，市县 1.29 亿元，均已切块下达。从 1980 年起水利经费逐年减少，市县减少特别显著。1985 年全省安排的水利资金总计 8800 万元，为包干数 2.9 亿元的 30.6％；省直事业费 3536 万元，为包干数的 86.2％；地县安排 1566 万元，为包干数的 12.1％。汉中地区，1979 年基数为 1093 万元，1985 年下降为 180 万元，占包干数的 16.5％，财政收支情况较好的县尚保持包干数的 30％左右，财政状况差的不足 10％，有的县干脆完全没有了。下降的主要原因是：①地方财政确实困难，全省 80％县需要省级财政补贴。②对当前水利基础状况，特别是巩固改造任务的艰巨性和迫切性，认识不足。分给水利部门的费用，使用情况还是比较好的，大多数按项目安排投资。当前需要解决的问题主要是：①水利经费的管理体制要解决，市、县包干经费应集

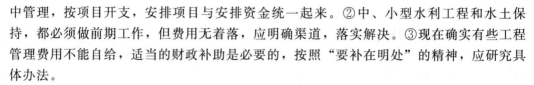

中管理，按项目开支，安排项目与安排资金统一起来。②中、小型水利工程和水土保持，都必须做前期工作，但费用无着落，应明确渠道，落实解决。③现在确实有些工程管理费用不能自给，适当的财政补助是必要的，按照"要补在明处"的精神，应研究具体办法。

2. 基层队伍问题

在调查中，提出的主要问题是：①乡级政府多数没有专职水利干部或水利工作站。②水利基层队伍不稳定，特别是技术干部外流很多。③要求进行定期培训，但缺乏具体办法和经费。④长期临时工待遇问题长期未能合理解决。初步研究，看来乡级是需要有专职水利干部或水利站，其主要任务是：负责协调或帮助专业管理人员管好现有工程；通过行政渠道动员群众集资、集劳进行工程的维修养护和修建小型工程；宣传和组织进行水土保持工作。现在有些乡有水利专职人员，但不是国家干部，工作不好开展，待遇不好解决，应当争取在乡级政府在编制内设专职水利干部。

基层队伍不稳定，向别的部门流动，主要是：①工资待遇比有些部门低。②有许多工作需要开展，但缺乏资金，开展不了，工作不饱满。③有些地方水利部门，人才有积压，不能充分发挥作用。现在防止外流，除了利用行政手段卡以外，尚无好办法，关键在我们工作的开展和改进。

长期临时工的待遇问逮，反映最多，情绪最强烈。关中和汉中的长期临时工，有相当一部分，虽无学历，但通过实践，已经掌握了一定技术，是基层的工作骨干，现在一般基本工资 32～38 元。由于是非正式职工，不仅经济收入很低，没有职称，社会地位低，子女就业难，有些单位多种经营搞得好，经济收入有改善，但其他问题仍未解决。因此，不少人，特别是年纪较大的老临时工，情绪愤懑，怨言很多。这个问题如何解决？十分棘手。看来单纯解决经济问题还不行，需要在政治上和精神鼓励方面找一些出路。这是一个有待深入研究的问题。

此外，关于多种经营，这次没有具体了解，但从总的方面看，陕西开展得还较差，普遍反映缺乏资金和不会经营。个别单位反映，上级硬性规定多种经营收入限额，本单位又不考虑具体条件，平均分配给下级单位，有些单位感到很难完成，耽误了工程正常管理业务，看来国务院所批有关综合经营的文件，如何贯彻落实，尚须搞些具体办法。

四、几个具体工程问题和地方的一些要求

1. 水库安全

全省百万立方米以上水库 311 座，有 160 座存在病险问题，当前急需处理的有 21 座，需投资 6100 万元，其中位置重要、影响很大的大、中型水库 6 座，要求专项补助 2850 万元。这次调查，实际看了 6 座水库中的两座：一是羊毛湾水库，坝高 46m，总库容 1.07 亿 m^3，设计灌溉面积 36 万亩，已实灌 24 万亩。现在坝体单薄，上下游坝坡 1∶(1.75～2)，黄土均质坝，右坝端有深 25m 的纵向裂缝，泄洪洞闸门破坏：溢洪道未全部完工，对下游威胁较大。今年已安排泄洪洞闸门改造，坝体处理尚在研究方案。二是石砭峪水库，当前正在进行 715m 以下上游右岸坝坡与山岩接触部位沥青混凝土防渗斜墙与山体拉裂漏水问题，汛前可完工；715m 以上漏裂和泄洪洞衬砌汛前不能处理，只能控制汛前水位度汛。这两座水库省市已作了安排，但投资不足，今年度汛仍要

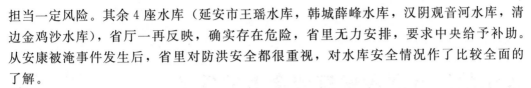

担当一定风险。其余 4 座水库（延安市王瑶水库，韩城薛峰水库，汉阴观音河水库，清边金鸡沙水库），省厅一再反映，确实存在危险，省里无力安排，要求中央给予补助。从安康被淹事件发生后，省里对防洪安全都很重视，对水库安全情况作了比较全面的了解。

2. 汉江防洪问题

1981 年大水，汉水流域损失很重，据调查直接损失达 8 亿元，汉江堤防工程几乎全部冲毁。汛后，汉中盆地又重新恢复了堤防。过去，曾有意见提出，汉江不宜修建堤防。经实地了解，由于盆地人口过分稠密，沿江工厂城镇密集，洪水泛滥损失很大，而且汉江泥沙既多且粗，河床几乎与耕地同样高，洪水淹过的土地，粗沙压地，多年不能恢复使用。因此，汉中盆地修建必要堤防和河道整治工程是必要的，但只能就原有河势，因势利导，在已有工程基础上，整修加固。过去那种缩窄河床，河滩造地的办法是行不通的。省里要求，我部对汉江防洪规划给予审查批复。

3. 三门峡库区防洪问题

三门峡库区遗留问题很多，这次主要看了华县、华阴的防洪、排水工程。现在看来只有在现有工程设施的基础上，进行加固、改造和配套，逐步提高标准；并支持加速进行避水房工程，稳定群众生产情绪。三门峡库区管理局要求对避水房的修建指标，今年能给适当增加，华县、华阴排水工程也希望能增加投资。

根据三门峡库区管理局反映：潼关高程，由于冬季蓄水过高，仍有继续上升的趋势，渭河河床淤积还在发展，淤积末端继续向上游延伸，因此影响了库区周边的防洪排水和库区的开发利用。同时认为这种情况，已不可改变，但要求从下游防洪、防凌、发电、灌溉收益中，给库区适当补偿，或由中央给予实际的照顾。

4. 安康的防洪问题

省水利厅提出，安康城墙加固工程 1986 年全部完成后，可安全通过汉江洪峰流量 $29000 m^3/s$（相当于自然情况下的百年一遇洪水），安康电站技术设计规定在大于百年一遇洪水以上，全部泄洪闸门敞泄，这样安康县城在超过百年洪水时，安全仍无保证，迁移又十分困难。因此要求大坝坝顶高程加高 5m，抬高至 343m，超过百年洪水，控制下泄，安康城市防洪可由百年提高到 5000 年一遇的标准。要求水电部重新审定安康大坝坝顶高程。

5. 移民遗留问题

西乡县提出石泉水电站库区移民安置遗留问题未妥善解决，移民生产生活尚有困难，要求给予支持补助。

汉中地区水利考察座谈会上的发言

这次来汉中时间比较短，对全区总的印象是水利建设成绩很大。有效灌溉面积比解放初增加一倍，灌溉面积占全区耕地面积的44%，粮食产量占全区总产的68%。小水电发展也大，装机容量由解放初的200kW发展到6.7万多kW。汉江防洪堤防也有一个初步规模。可以说，已有的水利工程，是为2000年翻两番服务的重要手段。从现在看，水利工程一般状况比较良好，"六五"期间健全恢复了一些管理机构，机构和人员比较稳定，多种经营开始起步。水利事业的发展为农业生产持续稳定协调发展打下较好的基础。但是总的看，汉中地区水利工作巩固、改造和发展任务还很大。现在对一些问题谈些看法。

1. 工程方面

河川平原地区已经实现水利化，根本问题是巩固改造。一是与农业有关部门配合，严格管理耕地，防止耕地继续大量减少。再占用灌溉面积可以考虑征收灌溉设施补偿费，山区也应占一亩修两亩，地区、省上可搞个单行规定或办法。二是该区水源不足问题。突出的是引酉和马鞍堰灌区。看了引酉工程让人很兴奋，但水源不落实，一般情况下酉水河流量才三几个水怎么能灌十五万多亩？不修水库，由于水源不足，无法保证设计灌溉面积。因此，水账要算清，要研究投资方向和投资效益。能否考虑多种方式解决水源问题。三是渠系工程病害问题。首先抓紧抓好经常性维修，尽量减少工程维修中的"欠账"。马鞍堰滚水坝上有些裂缝、坝面砌石有的冲落。今年冲一块石头不补，明年就是个大洞。"七五"期间投资方向应该是在巩固、改造中求发展。原来各方面对水利工作有些不同的看法。水利事业成绩不可否认。我们有的同志总怕否定自己的成绩，因此掩盖了一些问题。大中型工程适当提取大修折旧费，可以安排些巩固工程。对渠系的管理应加强技术管理，尤其是斗渠以下，管理部门应和区乡紧密结合。山区小型灌区的管理不大落实，还应有个管理机构，适当收点费。西乡县王子岭抽水站应该有简要的技术要求，有些问题不是钱的问题，如厂内许多地面要平整，机泵要上油除尘养护。要建立一个正常的工作秩序。不能满足机器能转水能通，这个标准太低。

原文系作者于1986年2月在"汉中水利考察座谈会"上的发言。

河川平原江河防洪问题。汉江平川段20年一遇洪水要淹26万亩，所淹的都是好田好地，沿江城镇损失也大。由于这段河道泥沙颗粒粗，沙压后难恢复改造，因此，江河适当搞些堤防工程是必要的。总的说我们对江河的认识还很不够，汉江堤防只能在原有河势基础上因势利导，与种树、种竹结合起来。标准不能过高。汉江上游平川段防洪整治规划据说已报到水电部，回去研究审批。已有的堤防也要管起来，每年要进行岁修、维修。牧马河县上应该研究制订个管退办法。江河堤防要有人管，也要建立岁修制度。

2．丘陵地区的开发问题

汉中地区水利发展潜力在丘陵区，但开发丘陵区代价是相当大的。单解决水源的工程每亩没有500元是不行的。丘陵区的开发付出的代价高，要有个比较长远的规划，在土地利用上不一定都发展成稻田，在灌溉果园、经济作物上想些办法。灌溉方式上不一定都是一个模式，可以搞多样化。如修蓄水池，抽水入池再用胶管灌果园等。

3．发展小水电问题

发展小水电很必要，但要注意经济效果。城固县罗家营电站装机500kW，只用五六十千瓦。小河、双溪两个区共两万人，居住分散，如何发挥电站效益。建水电站输配电投资要统一算。再是小水电由于受水量的限制装机不宜过大。

4．水土保持问题

这是一项长期而艰巨的任务。现在汉江的侵蚀模数是$1050t/(km^2 \cdot a)$，比宜昌以上长江流域还高一倍。看了镇巴县的一些情况，田越来越少，城市防洪越来越重，有的还有开荒的，这样下去将失去人类最需要的生存条件。我的意见，一是加强对水保宣传工作，各县可以建议和组织政协、人大负责同志参观些典型地方，引起各方面重视。二是对农田基本建设还要强调，不搞就没有出路，水平梯田、梯地还要搞。镇巴县共8万个劳力，一个劳力一年搞一分是可以的，问题是组织工作要跟上去，干部作风要转变，放任自流是不行的。三是有利于保持水土的水平等高耕作方法要提倡，要改变顺坡耕作的老习惯，各县可以搞点示范。水库管理单位对本水库积水面积内的水土保持应进行指导和检查，要交代这个任务。四是由于修路、开矿破坏水利水保工程的，要谁破坏谁修复。

5．水库安全问题

共看了大中小五座水库，都发挥了重要作用。从当前看有两个问题：一是安全问题要重视，党河水库滑坡已发生两次，设计部门要拿出彻底解决办法。放水、泄水要加强观测。其他水库在汛前都要检查，发现问题尽快处理。二是管理问题，看过的水库包括石门水库，管理形象都不太好。没有技术管理要求。各个工程部位都显不出特点，轮廓不清，线条不明。石门水库右坝上堆积的树木不清除，经常性维修跟不上。

6．有关政策方面的几个问题

（1）水费的征收和使用。农田灌溉工程，斗口以上每亩征收水费3.2元，斗口以下建筑物维修和基层水利干部补助费每亩0.5～1.0元，加起来相当于农业生产成本的5％～10％，这还维持不了水利工程的更新改造费用。当前紧要的是对已收水费要管好用好。一是把实灌面积与征费面积尽可能相一致，马鞍堰设计面积7.68万亩，实灌6.5万亩，征费面积3.7万亩，其他灌区都有类似情况，要改变这种状况。二是工程养

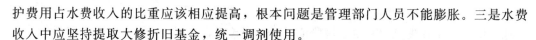

护费用占水费收入的比重应该相应提高，根本问题是管理部门人员不能膨胀。三是水费收入中应坚持提取大修折旧基金，统一调剂使用。

（2）各个工程都要建立健全各项责任制。现在的问题是缺少具体的工作制度和细则。水利责任制要实行目标管理，要有明确的指标和要求。工作责任不落实到人，责任制是一句空话。

（3）多种经营问题，目前刚刚起步，反映困难很多，但是还要坚持搞下去，不然就没有出路。要多开门路，发挥自己的优势。要有个长远的发展方向，管理部门要培养多面手，既能搞管理，又能搞多种经营。

（4）队伍问题。包括组织机构、人员素质、福利待遇。组织机构突出的是区、乡，区乡很需要水利管理机构。人员素质要提高，这方面问题多，当地培训要年年抓。福利待遇涉及面大，各地反映强烈，回去进一步研究。

（5）水利资金问题。各省情况不一样，有的由省掌握，有的切块包干到县。都有减少；减少的程度不一样。需要进一步研究。投资方向，过去强调搞新工程，今后更新改造将占很大比重。水利灌溉工程投资拨改贷似乎各省反映都不行，反映的一些意见带回去。水利资金不足短期有大的改变不容易，主要应该是管好、用好现有资金。

当前工作，对水利工程的春修、防汛准备、制止水利工程的人为破坏要抓好。

陕西省三门峡库区发展趋势和治理方向的初步探讨

这次三门峡库区水文泥沙及治理学术讨论会，开得很好很成功，它全面分析研究了三门峡水库建库以来库区变化情况、发展趋势和存在问题，在总结经验的基础上探讨了治理方向和治理措施，这对推进库区问题的研究和治理都起到推动和促进作用。这次会议贯彻了对重大建设问题要充分发扬科学民主、广泛听取不同意见的精神。我自己对三门峡库区的问题，知之甚少，通过会议，学到了不少新知识，得到了新启示。在这里我谈一点个人的体会和粗浅认识。

黄河三门峡水库于 60 年代初期建成，虽未发挥修建前预期的效果，但经过两次改造，对黄河下游防洪、防凌、减淤、灌溉、发电、供水等方面都起到了重要作用，收到了很大的经济效益。这些作用和效益是以库区淹没损失和库区人民经济发展做出重大牺牲为代价的，而且库区存在的一系列问题尚待进一步解决。因此，进一步分析库区水变化和社会经济发展的趋势，研究治理方向，制订治理方案是一项迫切的任务。

自 1958 年底，三门峡水库截流以后，截止到 1985 年库区累计淤积泥沙 45.9 亿 t，其中潼关以上 32.37 亿 t，在潼关以上淤积量中，渭河下游淤积 9.6 亿 t，占 21%。在此期间潼关 1000m³/s 的水位抬高 5m 左右，经过两次改建扩建大坝泄洪设施，水位一度下降到 326m（1975 年 10 月），此后又逐渐抬高，保持在 327～328m 之间。由于库区淤积，潼关水位抬高，陕西库区发生一系列问题，主要是：①渭河下游大量淤积，河滩不断抬高，排洪能力大幅度下降，堤防不断加高，新的险工不断产生，防汛任务越来越重。②渭河下游支流排洪、水土流失没有得到控制，排水入渭日趋困难，洪水灾害日趋严重。③库区两侧排水出路恶化，排水不畅，土地盐渍化、沼泽化面积逐步扩大。④北干流河势不稳，缺乏在统一规划下的治理，最近黄河干流西倒，使渭河入黄口门上提3km 多，进一步恶化了渭河入黄口。⑤库区移民尚未妥善安置，影响社会经济的稳步发展。经过多年来对库区的治理和不断探求水库移民生产生活出路，上述问题得到一定程度的解决，矛盾得到初步缓解。但要使上述问题得到比较好的解决，尚须做出积极努力，和付出巨大代价。关中平原是陕西工农业集中发展的重要基地，又是我国东部和西部交通运输和经济联系的重要通道，这一地区的发展，不仅对陕西举足轻重，而且对

原文系作者于 1990 年在"三门峡库区水文泥沙及治理学术讨论会"上的发言。

西北地区和全国也有重要作用。三门峡水库库区是这一重要通道的咽喉，搞好库区的治理具有重大的政治和经济意义。过去说库区的治理目标，主要是达到"两个确保"（即上保西安，下保下游防洪安全），现在看起来还应该保渭河下游地区社会的正常发展，即合理地利用库区土地，消除由于库区泥沙淤积造成的不利影响，形成水库滞洪、蓄水和渭河下游地区发展的两利局面。要达到上述目标，需要对水库的长期作用和任务、库区及其影响范围内的自然和经济变化趋势进行分析和预测，以便制订长远的治理和发展规划。

根据许多专家们的研究，对今后可能出现的情况分析估计如下：

（1）根据库区地质构造特点和河流泥沙特性可以认为渭河中下游在历史上属于冲淤基本平衡而有缓慢地微淤的河道，现在，潼关以上受黄河干流洪水顶托倒灌影响的加剧和三门峡大坝泄流能力和运用条件的限制，即使不发生大洪水，库区潼关以上河道仍有可能缓慢淤高。今后水沙特性日趋两极化发展，在水沙组合有利的时期，会相对稳定，在不利的水沙组合情况下，还会发生间歇性的急剧上升。

（2）三门峡水库还将长期发挥防洪、防凌、发电、灌溉、供水的作用。水库滞洪蓄水，库区将进一步增加累积性淤积。按照小浪底水利枢纽的可行性研究：为了保障下游防洪安全，如再遇 1933 年洪水，45 天入库泥沙量 36.7 亿 t，水库敞泄排洪，坝前最高水位将达 322m，库区淤积泥沙约 15.6 亿 t，其中滩地淤积将使库容减少 8 亿 m³；如遇百年一遇洪水，水库须滞洪 16.4 亿 m³，坝前水位将达 325.1m，库区淤积量将超过 1933 年洪水可能形成的淤积量；如遇千年一遇洪水，即与历史上曾经发生过的 1843 年洪水相似，坝前水位将达 330.5m，库区滞洪量将达 33.4 亿 m³，相应潼关水位可能接近或超过 33.5m，库区淤积量将大大增加。由于水库的滞洪作用，在遭遇特大的洪水时，特别是连续大水大沙年，渭河下游河道持续抬高，泄洪能力进一步下降的可能性是完全存在的。在小浪底水利枢纽建成后，三门峡水库虽然可以减轻防洪负担，但冬季仍然需要承担防凌、供水、蓄水的部分任务，对潼关河床的冲刷仍有不利影响。从历史洪水调查发现，三门峡以上发生大洪水的次数很多，特别像 1841—1845 年连续出现特大洪水，三门峡水库滞洪和淤积都会是十分严重的。特大洪水出现的机会虽然很少，但影响严重，因此，对三门峡水库滞洪作用和淤积可能形成的后果都应该进行具体分析和有充分的估计。

（3）由于渭河河床特别是滩面有可能进一步抬高，堤防将继续加高加固，滩地临背高差也会进一步加大，两岸排涝排地下水越来越困难，洪涝矛盾越来越尖锐。

（4）渭河下游南山支流水土流失依然严重。短期内难以显著减少，支流河道淤积将进一步增加，防洪负担进一步加重；已建水库淤积严重，防洪安全标准下降，对渭河南岸工农业布局的威胁进一步加重。

（5）渭河下游两侧农业将多样化、综合化和集约化发展，沿陇海路将形成连绵不断的工业城镇，因此，人口密度将进一步提高，对防洪、排涝和土地的有效利用将提出更高的要求，供水需要量将急剧增长。

根据上述情况的分析和估计，可以看出三门峡水库对黄河下游防洪、防凌和水资源综合利用具有十分重大的作用，成为治黄不可取代的重要工程设施，同时也为潼关以上库区带来了长期不易消除的不良后果，这与渭河下游社会经济发展是有矛盾的。为了充分发挥三门峡水库的作用，必须抓紧库区治理，合理调度运用，尽量减缓淤积，改善渭河下游防洪、排水条件，为渭河下游社会经济的顺利发展创造必要的环境。库区的治理必须立足于治黄的全局，立足于长远发展的形势和需要，要有两手准备（可能出现的最坏形势和可以争取的最好局面），研究战略方向，制订长期规划，分期分步骤地实施。避免由于对发展形势的估计不足而造成被动、困难和浪费。对于治理方向，初步的认识是：

（1）明确库区长期的基本任务，结合库区泥沙淤积状况发展的长期预测，确定库区治理要求和部署。从现实出发，在黄河干流龙门以上洪水没有得到有效控制之前，为了保证下游防洪安全，三门峡水库仍然是一个重要的调洪水库，潼关以上是大洪水的有效滞洪区，库区内的生产结构、布局、移民安置和经济建设既要考虑一般年份生产发展的需要，又要考虑滞洪时库区人民生命安全，尽量减少财产损失和撤退转移的需要，库区应实行与滞洪区相适应的特殊政策和管理体制，限制库区人口盲目增长，生产建设要适应滞洪的特点和需要。

（2）根据渭河下游河床淤积的发展趋势，应将防洪工程体系和排水（排地表水和地下水）工程体系相对分开，逐步加以完善。近期，防洪工程应重点加固堤防，整治河道，加强非工程措施，结合防洪需要逐步改造居民住房，使常遇洪水能确保安全，特大洪水时力争减少损失和人的伤亡，不宜继续加高堤防；排水工程，应整修配套现有排水系统，适当增加抽排能力，力争洪涝分开，逐步提高标准。远期，结合黄河中下游和渭河干支流的治理，进一步提高防洪标准；华县、华阴夹槽地带的排水干沟应研究形成一条上下贯通自流排水的骨干河道的可行性；两侧背河局部洼地要有计划地进行放淤加高，以利防止土地碱化和排涝。

（3）加速三门峡水库泄水设施的改建，首先争取达到二期改建的泄洪能力，研究进一步扩大泄量的可能，研究制订更为合理的调度运用办法，适当降低非汛期蓄水水位，以减少潼关以下不利部位的淤积。严格进行河道的管理，严禁滩地人为设障，如建桥缩窄河床、滩地修高渠高路和生产堤等，以避免行洪不畅和河床加速淤积。

（4）在统一规划下继续稳定北干流河势，力争尽快确定黄河北干流整治规划方案，尽快控制干流西倒发展趋势，减少对渭河入黄口门的影响；积极研究改善北洛河入黄口门的可行方案，减少干流倒灌和渭河拦门沙形成的机会。

（5）抓紧开展黄河中游地区水土保持工作，进一步减少入河泥沙；渭河南岸支流除加强面上水土保持措施外，要积极治理沟道河床，采取措施调整上游河床比降，减少推移质泥沙的下泄，这对减轻支流下游河床淤积和提高已建水库的安全都有现实意义。

（6）力促尽早兴建小浪底水利枢纽，为减轻三门峡水库防洪、防凌负担和合理调度运用创造条件。抓紧进行龙门水库的前期工作，力争尽早列入兴建计划，使黄河干流洪水得到有效控制，从根本上减少三门峡库区的淤积。

（7）加强工程管理，提高设施质量，及时维修养护，保持工程设施的正常有效运用。

在不断分析研究和明确库区治理方向的前提下，积极研究编制全面长期的综合治理规划，制订必要的法规政策，有计划地逐步实施。规划必须要有充分的科学依据，必须具有强大的适应能力，从长远目标出发，结合现实可能条件，制定各种可能实施的方案，明确划分实施步骤，抓住有利时机，争取加速实现。当前应加强观测和基础研究，如水沙长期变化趋势，各种不同的水文情况下库区淤积发展的可能情况，适应于库区治理的各种有效技术措施、库区的合理生产结构、布局和管理体制法规等。鉴于三门峡水库的基本任务和库区泥沙发展趋势及其影响，应当把库区治理作为一项长期持久的任务，治理库区要与当地发展生产密切结合。随着生产的发展和财力的增长，当地政府和群众也应增加库区治理的投入，国家和黄河下游受益地区部门也必须给予库区治理以积极的支持和必要的经济补偿。

以上所谈系个人的一点体会和认识，错误之处，请批评指正。

北方缺水问题的特点和对策

我国北方水资源短缺制约国民经济发展的作用，对社会生活稳定的影响越来越明显，如果全社会和各级决策部门对此缺乏清醒的认识，不及时采取有效对策，将会给整个社会经济发展造成巨大的损失和深远的影响。

所谓北方，一般指长江流域以北包括西部内陆河流在内的广大地区。这一地区总面积占全国 63.5%，人口占全国 45.6%，而水资源仅占全国 19%。从总体上看，本地区水资源与人口和自然资源的分布不相适应，水资源不足将成为制约社会经济发展的重大因素。在这一广大地区之中，不同地区在不同时期缺水情况差别也很大。如西北内陆流域，总面积占全国 35.3%，人口仅占全国 2.1%，人均占有水资源量达到全国人均量 2.3 倍，在近期只要合理开发，是可以满足需要的，但从远景开发土地和矿产资源的需求来看，可开发利用的水资源仍然不足。又如黑龙江水系（包括松花江流域）水资源比较丰富，人均水资源占有量接近全国均值，土地虽然较多，但复种指数低，种植季节与雨季基本一致，灌溉水量有限，只要合理开发利用水资源，也可以满足需要。北方水资源严重短缺的地区集中在辽河、海滦河、黄河、淮河诸流域及其下游滨海地区。这一地区人口稠密，土地利用率很高，城市工业人口比重大，水资源短缺，供水紧张，污染严重，水危机成为一个重大的社会经济问题。

1. 特点和问题

（1）水资源总量不足，供需难以平衡。按水利部门的长期分析研究，北方水资源严重短缺地区总面积 178.7 万 km^2，占全国总面积的 18.7%，人口占全国总人口的 38.4%，统计耕地面积占全国 45.2%，水资源总量为 2700 亿 m^3，占全国 9.6%，人均占有水资源量 660m^3/人，亩均水资源量约 400m^3/亩。由于本地区水资源的年际和年内变化都很大，地表径流集中于汛期，可供调蓄的河湖水库容量有限，特别是广大平原地区的地表径流很难调节利用，粗略估计河水径流量 2178 亿 m^3 中，大约有 1/3 最终难以利用，可利用的地下水主要在浅层，地下水平均资源量扣除河水径流重复部分约有 500 多亿 m^3，由于地区分布不完全适应开采需要、开采利用条件的限制以及部分地区

原文系作者为 1989 年 1 月中国科学院地学部召开的"华北地区水资源合理开发利用讨论会"所撰写，后被收入由中国科学院地学部编、中国水利电力出版社 1990 年出版的《华北地区水资源合理开发利用》一书。

咸水混杂的影响，实际可能长期开采利用的部分不会超过 80%。从远景看，地区本身的水资源，在采取各种工程措施以前，大约只有 1700 亿～1800 亿 m³ 的水资源可供利用。随着人口的增加，人均占有水量将在 400m³ 以下，远远不能满足社会经济的发展需要。根据海河水利委员会最近研究，预测 2000 年华北地区工农业总产值较 1980 年翻两番，农业用水少量增加或不增加，尽可能采取节水措施，并考虑了现有水源的合理调整和增建新的水源工程，在此情况下缺水仍然十分严重。以京津唐地区为例，2000 年遇中等偏枯年份（保证率 75%），年缺水量 22.5 亿～37.6 亿 m³，遇到较枯年份（保证率 95%），年缺水量 45.7 亿～61.8 亿 m³。为了解决这一难题，除了尽早从长江引水外，只能采取临时紧急措施，限制供水。从以上粗略分析来看，本地区水资源总量不足，可利用的水资源有限，是一个根本性的问题。一切社会经济发展的计划安排，各类生产活动，都要与这个根本性问题相联系，要把解决水源短缺问题放在战略性的地位加以考虑。

（2）水资源的质量较差，给水资源开发利用带来很大的困难。影响水资源开发利用的几个突出问题是：

1）水资源的年际变化很大，供水能力不稳定。北方地区年径流量的变化幅度大，变差系数 C_v 值除黄河干流较小外，均在 0.4～0.7 之间，最大年径流量与最小年径流量的比值一般为 3～5 倍，最大可超过 10 倍；同时许多河流出现连续丰水年和连续枯水年，一般连续 3～6 年，部分地区长达 10 年以上。绝大多数的河流可兴建水库的库容有限，不能进行长周期的径流调节，平原地区调节能力更差，在出现连续枯水年时，长期供水不足，对社会经济造成很大的冲击，严重影响广大人民的正常生活和生产。如果供水能力与需水要求之间没有留有足够的余地，供水管理缺乏弹性措施，不能适应这种冲击，社会经济发展将会受到重大挫折。

2）水资源年内分布不均，汛期集中了全年总水量的 70%～80%，汛期水量又集中在几次大暴雨洪水，水库工程防洪与兴利蓄水有明显的矛盾，平原河道的排涝与蓄水矛盾也很突出。由于受地形和人口的限制，各河流很难找到足够大的库容，既满足防洪需要，又能充分调节径流，如何协调本地区防洪与蓄水兴利的矛盾，是一个重大的研究课题。

3）缺水地区的河流普遍多沙，河流上中游的水土流失都很严重，辽河、海滦河、黄河支流水流含沙量都很高，河道、水库的淤积十分严重，导致许多水库的正常运行寿命只有二三十年，黄河干流年输沙量达 16 亿 t，必须留有足够水量携沙入海。这些问题都给水资源的开发利用带来很大的困难，在修建工程时必须考虑泥沙的妥善处理和工程的使用寿命。

4）可利用的地下水与地表水有密切的联系，地表水开发利用程度和使用的方式对地下水可利用量有直接的影响，农业生产的多茬高产和土地利用率过高，提高了对降雨量的直接利用程度，减少了地表径流的产生和对地下水的补给，采取节水灌溉措施同样也减少地下水的补给。地下咸水的分布、土地盐渍化的程度、滨海咸水入侵等对地下水的利用均产生很大的影响。这些现象说明，水资源的开发利用不仅要研究雨水、地表水和地下水的相互转化关系，而且要深入研究人的生产活动对水资源变化和开发利用的影响。

5）工农业生产的发展造成了水资源的严重污染，不仅减少了可利用的水资源量，而且增加了水资源开发利用的难度。本地区主要河流的污径比普遍高于全国其他河流，海滦河高达0.128，即平均每$7.9m^3$的水中就有$1m^3$的污水，在枯水季节不少地区污水远远超过清水。这种现象，不仅直接影响人民的生活环境和健康，也加重了水资源短缺的严重程度，积极进行污水处理成为水资源开发利用的一个重要组成部分。

（3）本地区水资源开发利用的程度已经很高，进一步增加供水，需付出很高的代价。本地区主要河流的地表径流利用率都在40％以上，其中海滦河流域已达60％以上；可开采利用的浅层地下水，海滦河流域已达到90％以上，黄河辽河平原区也达到50％以上，具有良好条件的水库和引水工程，大多数已开发兴建，进一步修建调蓄当地水量或跨流域引水，都要付出很高的代价。据一些工程设计的分析，每增加$1m^3$的年供水量，基本建设投资在1～5元，每$1m^3$的水量供水成本在0.1～0.5元之间。采取节约用水的措施，每节约$1m^3$水也需要很大的投入，如天津市的污水处理，单方水处理投资为$1.37元/m^3 \cdot$年，污水处理运行成本$0.15～0.17元/m^3 \cdot$年。太原市节水措施每m^3水的投资与成本分别达到2.5元和0.23元。采取节水的灌溉技术（如喷灌、地下管道灌溉等）进行灌溉区改造，同样需要大量投资。因此，无论是开源还是节流，都需大量投入，付出巨大代价，那种不下决心，不想付出代价，想轻而易举地解决北方水资源短缺问题只能是一种空想。必须把解决水资源问题与整个社会经济发展的综合效益和国家的长远发展战略布局结合起来考虑，才能看清问题的严重性和艰巨性，才能下决心着手解决。

（4）本地区是我国人口稠密，历史上农业发展水平较高的地区，特别是黄淮河平原。不管将来经济布局如何调整，必须使这一地区的农业生产不断得到提高和发展，要使生活在这个地区农村和中小城镇的居民从本地区农业生产中得到必需的粮食和其他生活资料。据北京、天津、河北、山西四省市的统计，1981—1985年5年内，平均每年调进粮食65亿kg，约为本地区内1984年粮食总产量的16％，这些粮食主要解决大中城市的缺粮，耗费了大量的资金，而且粮源也十分紧张。设想在今后调进大量粮食来满足巨大数量农村和中小城镇居民的生活需要，或疏散人口减轻农业生产的负担都是极不现实的。农业发展的关键在增加农业的供水，农业用水量只能增加不能减少，那种只考虑城市工业供水发展需要，不考虑农业用水的增加是不可取的，城市工业供水也不能再像过去那样挤占农业用水。

（5）由于水资源短缺，平原地区生态环境在不断恶化。主要表现是：①河川径流经上游山地丘陵区修建水库进行调蓄以后，平原多数河道长期断流，沿河土地水分状态改变很大，地下水补给减少，减弱了土地本身的抗旱能力。②河道本身的功能退化，水生物的繁衍受到破坏，河道防洪排涝的能力下降。③地下水位不断下降，表层土壤水分减少，影响非灌溉作物的生长，局部地区引起地面沉降，增加排涝困难。④海滨地区缺乏必需的淡水补充，部分地区土地盐渍化加重，大片荒地难以开垦利用，浅海渔业受到影响。⑤水污染继续加重，地表水、地下水和土壤都受到不同程度的污染，成为生态环境恶化的突出因素。解决水资源短缺问题，不仅应考虑满足人民生活和工农业生产的用水需要，而且必须注意保持和改善生态环境的要求。

2. 对策

（1）要对缺水严重的这一地区在国家长远发展中所处的地位和主要发展方向有一个

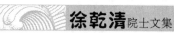

深入的研究和安排，按照水资源不同时期实际可开发利用的数量和质量，制定社会经济发展的长远宏观规划，要扬长避短，妥善调整产业结构和生产布局，把有限的水资源用于必需的农业发展、优势资源（如能源）的开发利用和维持生态环境最低的需水要求方面，要限制高耗水和非必需在本地区发展的工业生产。

（2）解决本地区水源短缺，必须开源、节流和保护三者并重，不可偏废。

（3）由于水资源的总量不足，不增加水源是无法满足最低限度的需要。开源的途径首先是充分开发利用当地水资源，除增建一批新的蓄水引水工程外，要充分研究挖掘现有工程的潜在能力，适当调整水库的调度运用方式，提高洪水的调蓄利用程度，进一步解决防洪与蓄水兴利的矛盾；要增加平原蓄水能力（如修建必要的平原水库和坑塘），加强地下水的人工补给，尽量提高平原地区地表径流的利用率；适当调整地表水与地下水使用的范围，合理利用地下水。第二，尽快实现南水北调和其他跨流域引水的战略措施，本地区水资源的潜力已经十分有限，南水北调和其他跨流域引水势在必行，从长远看是难以找到替代的办法的。南北丰枯机遇不同，南水北调工程控制范围较大，可以发挥大范围的空间调剂作用，对于连续枯水年和特殊干旱年的稳定供水具有重大意义。近期应充分利用黄河非汛期多余水量，同时要积极兴建南水北调东线工程。由于南水北调和跨流域引水工程规模大、工期长，必须先行，临渴掘井是不行的。第三，从长远看，要尽早研究利用海水和陆地微咸水的途径。

（4）节约用水是本地区长期的战略措施。首先要加强水资源的严格管理，完善各种供水设施，严防跑、冒、滴、漏，制定各种用水定额，实行计划供水；第二，有步骤有计划地进行工矿业生产的节约用水，先提高水的循环使用水平，再来用节水型的装备和生产工艺改造老厂建设新厂，在工矿业发展的产业政策中应将节水型工业作为一条重要政策；第三，要加速城市工业废水污水的处理和利用，这是解决北方大城市供水不足的一条重要途径；第四，农田灌溉要围绕节水进行技术改造，农田灌溉以总体经济效益最优为原则，不单纯追求局部地区的高产稳产；第五，要加强节约用水的社会宣传和教育，要不断向社会各阶层说明现代化与水的关系，水源短缺的严重程度、增加供水的艰巨和困难，以及缺水造成的经济损失和社会影响，要在全社会逐步树立节水的观念，逐步形成一个节水型的社会。

（5）防止污染，保护水源，是开源、节流各种措施能充分发挥作用的最终保证。

（6）采取立法手段和经济手段促进水资源的开发、节约和保护。要强化和完善已有的各种水法规，逐步做到严格按照法规管理水资源，保护水工程；国家要把水资源的开发利用与能源交通一样看作是社会经济发展的基础建设，要有计划地增加投入；要全面贯彻有偿使用水资源的政策，要按供水成本收取水费，要采取不同的水费标准促进水资源分配的地区合理化（如地表水和地下水都较丰富的地区，采取不同水费标准促进当地多用地下水，少用地表水），对浪费水的现象要采取严厉制裁的办法。

北方水资源短缺，供水不足，将是长期的。如果及时下决心解决，虽然代价很大，但直接经济效益和社会影响是十分巨大的。必须早下决心，明确解决水资源问题的战略目标和战略步骤，抓紧时机，逐步实施，不可举棋不定，贻误时机，造成无可挽回的损失。

关于浙江省部分地区水利考察的报告

今年 6 月，应水利学会和浙江省科协特邀去舟山群岛、岱山县对海涂围垦和海岛建港问题进行考察讨论。考察结束后，浙江省水利厅又邀请考察了浙东沿海、钱塘江南岸部分围垦工程和钱塘江海塘及嘉兴地区排水工程。现将有关情况和几个值得注意的问题，报告如下：

一、关于东南沿海围垦海涂的问题

浙江省现有人口 4200 万，耕地 2100 万亩，人均耕地 0.5 亩，有些地区人均耕地更少，如定海市（即舟山群岛各县）仅 0.35 亩，有些岛不足 0.2 亩。在人口不断增加，工业城镇发展和广大农村扩大宅基用地急剧增加，社会经济发展与土地矛盾十分突出，日趋严重。在尽量控制用地的前提下，扩大可利用土地面积势在必行。全省除大力开发丘陵岗坡地外，围垦海涂是重要出路。浙江全省有海涂资源 432.9 万亩，截止到 1990 年，已经围垦 212.7 万亩，其中钱塘江河口两岸 87.1 万亩，杭州湾两岸 25.1 万亩。已围成的 212.7 万亩土地中，已垦成耕地 92.8 万亩，园地 16.1 万亩，用于盐田、水产、公交、城镇、水利等建设用地 53.6 万亩，合计净利用面积 162.5 万亩，占围垦总面积的 76%。围垦土地共创直接经济效益 54.04 亿元（按 1980 年不变价计），相当于同期投入净值（含劳力折价）11.74 亿元的 4.6 倍（不包括开垦区兴办工副业的投入产出），效益是十分显著的。同时为该地区社会经济发展争取了发展空间，社会效益更为突出。

浙江省沿海浅水海域广阔，沿海泥沙资源丰富，淡水较易解决，又积累了丰富的海涂围垦经验（包括工程技术和土地开发利用），因此围垦海涂具有优越的条件和良好的前景。但围垦海涂投入较大（目前海湾围垦一般 3000 元/亩，钱塘江两岸约 1000～2000 元/亩），社会关系比较复杂（围垦与航道码头、水产、盐业等均有一定矛盾）。但通过全面规划和围垦土地的综合利用（不单纯发展种植业，适当安排水产养殖、盐田以及公共设施用地），提高单位土地面积的经济效益，是可以得到解决的。投入采取集资开发，效益共享，有偿使用土地等办法，也是有效的。当前存在的主要问题是：缺乏全面综合规划和有效的宏观管理。致使开发时矛盾较多，开发后土地不能迅速有效利用。

原文系作者于 1991 年 6 月向水利部部长提供的书面汇报材料。

鉴于当前沿海发达国家，无不以向海洋扩大生存空间为重要国策。我国东部沿海的经济发展是全国经济发展的龙头，人多地少的矛盾又特别突出，东南沿海围垦海涂的条件又很好（江苏省及其以南各省市尚有未开发海涂 1400 余万亩），积极开发海涂是促进东南沿海社会经济发展全局的大事。因此，建议：①水利部应指定有关职能部门管理海涂围垦事务，加强宏观指导和控制。②希望部领导有机会向国家计委和高层领导提出把东南沿海围垦海涂纳入国土整治的重点规划，把扶持围垦海涂作为一项重要国策。

二、关于钱塘江海塘和整治问题

钱塘江海塘北岸自杭州闸口至平湖金缘娘桥与上海海塘相接，全长 159km，南岸老海塘自萧山临浦茅山闸至上虞蒿坝计长 135km，曹娥江右岸与浙东海塘相接还有海塘 40km，两岸海塘全长 334km。解放后，结合围垦，新建临江临海大堤 224km，其中北岸 60km，南岸 184km。钱塘江海塘保护了杭州市和杭嘉湖、萧绍、姚北三大平原耕地约 1000 万亩。解放以来，国家为整修加固老海塘共投入约 2 亿元（临江新大堤大都是结合围垦兴建的），大大提高了海塘抗潮防洪的能力。自 1953 年整治北岸翁家埠严重坍岸以后，历经 1955 年特大洪水，1956 年与 1974 年强台风袭击时高潮大浪的考验，均未发生重大问题，保障了浙江北部精华地带社会经济的稳定发展。同时结合围垦进行了江道整治，海宁八堡以上 70km 的江道已得到初步整治，将原来 10～20km 宽的江道，缩窄至 2.5～4.5km，形成了一条比较顺直稳定的河道，现在 300～500t 的船只已可通航，为杭州对外海通航千吨级船只创造了条件。这一情况，从地区经济发展战略考虑，意义十分重大。

钱塘江海塘存在的主要问题是：①北岸老海塘是近千年的历史产物，石塘塘基普遍较高，部分重力式海塘，桩基外露，坦水经常冲毁，稳定性很差，在特殊高潮大浪时，坍塌的可能性仍然较大。近年经过江道整治，主流靠近北岸海宁一线，河床刷深，涌潮凶猛之势未减，坦水丁坝护塘工程屡遭破坏，塘身的安全尚无保证。②结合围垦新建的临江海塘（主要在南岸），目前成为老海塘前哨防线，将来势必成为主要海塘，但工程标准较低，基础较浅，很难经受强潮大浪的袭击，有待分期分批进行加固。③部分海塘，如杭州市区段，标准较低，仅达 20～30 年一遇，与保护对象的重要性不相适应。④钱塘江海塘加固和江道整治是一项极为复杂的科技问题，目前试验研究工作较差。

鉴于钱塘江涌潮的巨大破坏力和海塘保护的重要性，钱塘江海塘在全国堤防中应属于最重要的一级，应当加强研究，采取积极措施，进行加固，不可掉以轻心。钱塘江通过整治，有可能成为杭州通向外海的重要航道，如果实现，对浙江省的发展将起重大影响。这一问题交通部门已认识其重要性，但不愿在治理问题上增加投入进行研究。由水利部门进行研究，费用较大，又涉及到部门的关系，尚难解决，这个问题有待于进一步研究。

三、关于嘉兴地区的排水问题

我在解放初期，曾参加过对太湖流域的全面勘察，以后断续有所接触，但缺乏系统深入的了解。这次在太湖高水期间到嘉兴看了嘉北低洼地带的洪涝情况。总的印象是：①这一带的排水出路恶化比较严重，高水位出现的机会增多，据太湖局和浙江省介绍，80 年代降雨并不特殊，但太湖水位超过 4m 的已经有 4 次，今年 6 月 16 日至 18 日，降水平均约 250～150mm，相当于 3～4 年一遇，但水位高达 4.2m，相当于 8～10 年一遇，这说明排水出路确在恶化。②嘉兴地区圩堤十分单薄，标准很低，比起长江中下游其他地区差距很大，由于本身的抗御洪涝力很低，因此在太湖水位较高和出路恶化的情况下，灾情较重，因此来水压力很大，直接经济损失和社会影响都较严重。③长山头闸的排水作用，十分显著，每天可排 1200 万～1500 万 m³ 的积水，对海宁、海盐和嘉兴南部都有明显作用。说明杭嘉湖地区南排工程在规划中是正确的。当前太湖流域经济发展水平较高，对国家有重要的贡献，一旦遭受严重水灾，影响很大，因此建议：①汛后积极促进太湖流域规划中骨干工程的尽快实施，先易后难，对没有争议的南排工程应加快进度；②积极促进杭嘉湖低洼圩区的改造工作，提高其本身的抗洪排涝能力；③加强水系的管理，对于不符合规则要求的河道排水障碍应坚决清除。

此外，浙江沿海的供水问题，从长远发展看，仍然是一个难题，须尽早做出全面规划。

以上情况，可能不确切，有错误，请批示指正。

对贵州水利、电力和农村扶贫情况的考察报告

1996 年 4 月中旬应贵州省人民政府和政协的邀请，我们水利部对贵州省水利、电力和农村扶贫情况进行了考察，并与有关地区的领导和部门着重讨论研究了农村扶贫问题。我们认为，贵州是全国最贫困的省份之一，农村贫困面大，贫困程度深，如不采取果断有力措施，在本世纪末至下世纪初，很难达到国家拟定的"八七扶贫计划"，而且会影响贵州省社会经济的全面发展。对此问题我们报告如下：

贵州省地处我国西南与华南和中西部地区的结合部位，土地总面积 17.4 万 km²，1995 年末人口 3508 万人，耕地 2780 万亩，全省共有 48 个少数民族，人口 1200 万人，占全省总人口的 34.7％。全省自然资源丰富。80 年代以来，全省经济发展很快，社会经济得到全面发展，1995 年完成国内生产总值 639 亿元，比 1994 年增长 9％，农业总产值 330 亿元，增长 2.8％，粮食生产抗灾夺丰收，再创历史最好水平，总产量达948.85 万 t（189.7 亿斤）工业发展形成了一批优势产业和优良产品。当前广大人民生活和生产水平有很大提高，形成社会安定，民族团结，一片欣欣向荣的景象。

贵州省虽然自然资源丰富，气候温和湿润。近几年来社会经济得到迅速发展，但耕地少质量差，农业基础十分薄弱，交通不便，生产发展相对迟缓，至今仍为全国少数几个贫困的省区之一。根据近几年统计资料反映：贵州省土地面积和人口均居全国第 17位；人口出生率居全国第四位，自然增长率居全国第六位；社会总产值、国民收入总值、社会固定资产投资等均居于全国 30 个省、自治区、直辖市中最后 5 位之中。按人均指标计算：国民生产总值、国民收入、农民消费水平均居全国各省的最末位。农业总产值占农村社会总产值的 70.9％（1992 年），农村工业仅占农村社会总产值的 18.1％（1992 年），是全国乡镇企业最不发达的几个省区之一。多年来，农村生产发展速度和粮食的年增长率不少年份均低于人口和劳动力的增长。1949 年贵州省人口约 1400 万人，耕地 2751 万亩，粮食总产量 59 亿斤，人均粮食 421.9 斤，人均耕地 1.96 亩，（全国人均粮食为 506 斤，贵州省为全国的 83％）；1957 年贵州省人口 1681 万人，耕地 3136 万亩，粮食总产量 107.2 亿斤，人均耕地 1.86 亩，人均粮食 636 斤，达到历史最

原文系作者于 1996 年 5 月在贵州省进行扶贫情况考察时所写的考察报告。

高水平（全国人均粮食 720 斤，贵州省为全国的 88％），此后则不断下降，70 年代人均产粮已接近解放初期；1988 年因灾粮食大幅度减产，总产量为 127.2 亿斤，人均 408 斤，比 1949 年要低；1995 年贵州省人口 3500 万，耕地 2850 万亩，粮食总产量 189.6 亿斤，人均耕地 0.8 亩，人均生产粮食 541.7 斤，为 1949 年的 1.28 倍，为 1957 年的 0.85 倍（全国人均 770 斤，为 1949 年的 1.52 倍，为 1957 年的 1.06 倍）。从上述统计数字可以看出，农业发展缓慢对全省经济发展起了严重制约作用。影响贵州省发展的突出问题是农村贫困面大，而且贫困程度很深，脱贫的任务非常艰巨。全省现有人口 3500 万，有 86 个县（市、区、特区）级行政区，按 1992 年农民人均收入 400 元的标准，全省贫困县有 48 个，其中少数民族贫困县有 34 个，全省农村贫困人口达 1000 万，占全国 8000 万贫困人口的 1/8；经过近两年的扶贫攻坚，解决了约 200 万贫困人口的温饱问题，目前还有约 800 万贫困人口，占全国待脱贫的 6500 万人口的 12.3％。在已越过温饱线的人口中，每年还有 15％～20％人口返贫，到本世纪末按照全国要解决贫困问题的战略目标，贵州省的任务将是十分艰巨的。按 1992 年标准，在全省 1000 万贫困人口中，人均纯收入在 200 元以下的极贫人口，1993 年初有 392 万人，占贫困人口总数的 39.2％，他们居住在高寒区、石山区、少数民族聚居区，缺乏基本生存条件，需要移民搬迁才能脱贫的大约有 30 万人。这些极贫人口脱贫任务更加艰巨，1994 年和 1995 年两年只解决了约 20 万人，占极贫人口的 5％。在 48 个贫困县中，还有 343 万人（全省 412 万人）饮水困难，16 周岁劳动力中文盲、半文盲达 380 万人，占同龄组人口的 38.1％，高出全国平均水平 14％，高出全国 1.39 倍。由于农民的文化素质低，科学技术推广、商品经济发展、对外开放、招商引资都很困难。在贵州长顺县考察中，我们看到一部分贫困农户，大都房屋破损，四面通风，衣被破旧不堪，家无存粮，不少学龄儿童不能上学，生活的艰难令人心酸。同行中一些长期接触农村工作的同志，都认为如此贫困的农村在全国也是少见的，但当地干部介绍，这类极贫困的农户在贵州极为普遍。根据以上情况，从全国实现《八七扶贫攻坚计划》和为贵州经济发展创造有利条件，采取有效措施，加大扶贫力度，应是国家的紧迫任务。

贵州长期经济发展迟缓，贫困人口多、范围广、程度深，其根本原因是自然环境严峻和社会经济活动不断使环境恶化的结果。

全省 17.6 万 km^2 的土地面积中，山地占 87％，丘陵占 10％，平地仅占 3％。全省总面积中，碳酸岩（即石灰岩）出露面积达 73％。这种石灰岩山区，地面起伏大、坡度陡、土层浅薄，岩溶发育，漏水严重，土地抗旱能力很差，一般地高水低，耕地分散，利用十分困难。全省 2780 万亩耕地中，水田 1183 万亩，占 41.6％，经长期经营修整，土地平整，但有很大一部分没有灌溉工程设施；旱地 1657 万亩，其中 15°以下比较平整的只有 200 多万亩。15°～25°的约 500 万亩，25°～35°的约 600 万亩，35°以上不宜农耕的有 300 多万亩。全省坡耕地占耕地面积 70％，由于山高坡陡、地形破碎、岩溶发育、土层浅薄、降雨集中，表土冲刷极为严重。当前水土流失面积已达 7.6 万 km^2，占总面积的 43.5％，流失的泥土除大量淤积于河谷洼地河道外，每年通过江河水系流出省境的泥沙约 7000 万 t，流失的沃土相当于 40 万亩农田的耕作层。大量水土流失，不断降低土地的拦蓄水分的能力和肥力，不少地方地表土壤几乎冲光，岩石全部裸露，植被稀少，呈荒漠状，一般称为石漠化，据有的专家调查估计在贵州这种石漠化面积已达 5 万 km^2。

随着人口的急剧增加和社会经济的发展，大量平坦集中连片的耕地多随城市集镇的发展扩大、水库淹没、农村建房和道路修筑而大量减少。农民为了糊口，不得不毁林开荒，向山坡进军，越垦越高，越垦越陡，地表植被越来越稀少。这种被人为翻松的土地，在风雨侵蚀下，水土大量流失，土地肥力不断下降，抗旱能力越来越差。贵州省这种耕地数量少、质量差和人口过速增长对粮食和资源需求的巨大压力，造成生态环境恶性循环。广大山区农民则深深陷入"越垦越穷，越穷越垦"的怪圈之中。在人口继续增加，粮食产量不足的情况下，制止坡地开垦，或退耕还林，根本无法实施。

解放以来，国家在农田基本建设方面的投入不足，也是形成上述生态环境恶性循环的重要因素之一。从 1949 年起，由于贵州省自然环境的特殊性，农田基本建设始终由地方自办，以中小型工程为主。除专为发电兴建的水库水电站外，没有列入国家计划的大、中型工程项目。至今贵州省以水利为中心的农田基础设施十分薄弱。截止到 1995 年，全省有效灌溉面积仅占耕地面积的 1/3，人均稳产高产农田仅 0.25 亩，在全国各省市区中属于水平最低的几个省区之一。据有关部门研究，1949—1988 年，全省水利投入共计 23.56 亿元，其中 1975 年以前仅占 22.6%，3/4 以上是 1975 年以后至 1988 年投入的。在全国各省、自治区、直辖市同期投入资金总数中，除多于青海、宁夏、西藏外是最少的，比起人口相近的陕西、甘肃只有两省的 1/4 和 1/3，若按人均投入排序，则位于全国最后。90 年代以来，中央和地方在贵州省的水利投入虽然都有较大幅度的增长，但仍属于最少的几个省之一。从贫困地区教育、交通道路、邮电通信等方面的实际情况分析，投入很少也是显而易见的。

根据上述情况，我们认为，为了贵州省社会经济全面稳定、持续快速的发展，尽快解决广大山区贫困人口的温饱问题，则是当务之急。在贵州省长期受到人口、粮食、环境恶化的严重困扰下，抓住改善环境与增产粮食协调发展的关键环节，加大山区以坡地改梯田和解决人畜饮水困难为中心的农田基本建设，将会走出困境，找到出路。

旱灾是贵州省最突出的自然灾害。贵州年降雨量在 1100~1400mm 之间，应该不算少，旱灾所以严重，水土严重流失是重要原因之一。土地坡改梯田以后，能更好地涵养水分、养分，能形成并保持良好的土壤结构，能明显增强抗旱能力，并为改变作物结构和方便耕作创造有利条件，成为山区改善农业生态环境，农民实现增产增收的根本性措施。90 年代以来，贵州省在以坡改梯为中心的农田水利基本建设方面，下了大工夫，增加投入，取得了巨大成绩，积累了丰富经验。近几年来，到 1995 年底，国家累计投入贵州省的以工代赈资金 18.7 亿元，省地县配套资金 9.84 亿元，全省共计投入了以工代赈资金 28.56 亿元，除改善贫困山区交通、通信条件和发展林果养殖业外，集中力量完成坡改梯及中低产田改造 313 万亩，使原来跑土、跑水、跑肥的"三跑地"变成保土、保水、保肥的"三保地"，平均每亩增产粮食 100 多斤，全省每年增产粮食 3.1 亿斤，同时还增加和改善了灌溉面积，解决了 220 万人口和 130 万头牲畜的饮水困难，扩大了水土保持面积和农村用电范围。在扩大规模积极推行坡改梯的实践中，形成了许多好的典型，据介绍：兴义市则戎乡原来生产条件十分恶劣，从 1975 年起他们开山劈石，平整土地，10多年来共坡改梯4640亩，新造地1700多亩，现在人均已有基本农田0.5亩，全乡产粮由1974年的130万kg增加到230万kg，温饱问题基本解决。镇宁县从1988年开始大搞以坡改梯为中心的农田基本建设，到1990年改坡地为梯地8200多亩，修梯田1100多亩，1990年尽管大旱，已改造的耕地仍比上年增产45%。类似上述典型，贵州山区还很多。这些经验都有力地说明以坡改梯为中心的农田基本建设是山区脱贫并达到稳定温饱的一条根本途径。

当前贵州省农村人口约3000万人，劳动力约1400万人。按劳动较为宽松的情况考虑，从事农业生产实际需要的劳动力约800万人，大约还有600多万人急需安排就业出路。当前农民科学文化素质较低，发展乡镇企业和多种经营受到各种条件制约，难以迅速发展。因此，利用当前有利时机，国家出钱以工代赈，有组织、有领导地全面推动以坡改梯为中心的农田基本建设，使广大农村剩余劳动力发挥有效的作用，既可通过劳动得到一定的补偿，解决眼前的困难，又可从根本上得到农业生产的基础条件，为农业持续发展、增加粮食产量、解决温饱问题奠定基础。

根据以上情况分析，我们建议：在中央支持贵州省已有条件不变的情况下，每年增加以工代赈3亿～5亿元，作为贵州省开展以坡地改梯田和解决人畜饮水为中心的农田基本建设专用资金。类似80年代中央支持西北"三西"地区每年2亿元作为扶贫资金一样，由中央、地方共同组成领导小组，对贵州贫困山区进行全面规划，综合治理，制定必要的政策和管理办法，每年安排明确的计划，坚持不懈地干10年甚至更长，从根本上改变贵州农业生产环境，使现有800万贫困人口迅速脱贫，达到稳定温饱，并为走向小康奠定基础。

开展这一工作的关键，除了必须解决的资金外，干部深入基层，组织群众，领导群众，发扬50年代与群众同甘共苦的精神是至关重要的。通过这一工作，可以从根本上改善干群关系，培养新一代有社会主义觉悟的基层干部，从根本上改变当前不良的社会风气。在这方面贵州省已经有很多好的经验，应当继续发扬光大。

根据贵州省的实践经验，"八五"以工代赈每年3亿斤粮，在重点贫困地区，建成一亩坡改梯，需投工150个，按每工补贴3斤粮计算，每亩补贴以工代赈粮食450斤，并匹配一定的钢钎、炸药费（每年300元）。有些地方，只给钢钎、炸药费用和少量生活补贴（每亩约100元），也能积极开展。

在坡改梯的基础上，平整土地，改良土壤，修建小水窖，植树造林修路，为解决人畜饮水和多种经营创造条件。

建议对贵州省实行以工代赈、水保扶贫的特殊政策

应贵州省政府和省政协的邀请，我们于 4 月 17—27 日，对水利、电力特别是农村贫困地区进行考察，现将情况和建议报告如下：

贵州是我国多民族聚居的西南腹地，位于拥资源优势的西南与占区位优势的华南两大区域之交。铁路东连湘桂，西接川滇，河流北入长江，南下珠江。煤为江南第一，有北晋南黔之称。矿产遍布全省，居全国首位的有 28 种。水能可开发近 1700 万 kW，相当于长江三峡。起始于 60 年代三线建设的军工企业，拥有航空、航天、电子三大基地，并已形成汽车及备件的后续产业。生物资源种类繁多，旅游资源得天独厚。改革开放以来，经济迅速发展，人民生活改善，社会稳定，民族团结，总的形势是好的。

但在前进中遇到一个严重的障碍和制约因素，就是大面积的贫困农村以及极度严峻的生态环境，不但对目前经济造成巨大压力，而且对今后的发展形成极为严重的威胁。当前，有两种可能的发展趋势摆在我们的面前：或者因循延误，让这种状态继续下去，不但整个经济将日陷困境，与其他地区的差距日益扩大，而且生态环境更趋恶化，给将来贵州的发展以至生存都将造成极大困难；或者采取重大措施，加快步伐改善生态环境，通过改变农业生产条件，使广大农村早日脱贫，这样，贵州完全可以建成我国的大型能源和工业基地，为全国的现代化建设作出贡献。形势逼人，在"九五"和"2010年规划"开始实施的历史时机，亟须抓紧时机，做出抉择。

贵州农村贫困面积大、程度深，为全国之最。全省 86 个县级行政区中，有经国家确定的贫困县 48 个，占 56%。贫困县中少数民族县有 36 个，占 75%。全省贫困人口 1993 年为 1000 万人，占全国贫困人口 1/8；经过近两年努力，减少到 800 万人，仍占全国 1/8。刚跨过温饱线的农民，由于生产不稳定，每年都有 15%～20% 的人返贫。特别值得注意的是，在贵州省，极贫人口所占比重很大，其脱贫难度更大。1993 年，在人均年收入 400 元贫困线以下的 1000 万人中，人均年收入在 200 元以下的有 392 万人，占 39%。近两年来，贫困人口减少 20%，而极贫人口只减少 5%。

原文系作者陪同钱正英院士 1996 年 5 月考察贵州省扶贫情况后，于 6 月写出的"以工代赈、水保扶贫"的政策建议。

今贫困县中还有 210 万人饮水困难，30 万人缺乏基本生存条件，急待搬迁。有些贫困人口生活之艰难，达到极点。我们所到的黔南长顺县麻山地区，有些贫困户四壁通风、罐无存粮、破衣败絮、形神枯槁，不少学龄儿童不能入学，有的老少偎依呆坐，凄惶之状令人酸鼻。

贫困问题集中表现在最基本的生活资料粮食的匮乏上。1949 年全省 1400 万人、2751 万亩耕地，粮食总产量 59 亿斤，人均占有粮食 421 斤。经过恢复发展生产，1957 年人口达到 1681 万，耕地增至 3136 万亩，粮食总产量 107 亿斤，人均占有粮 636 斤，是建国至今的最高点。此后人口迅速增加、耕地不断减少，粮食总产量、特别是人均占有量不断下降。70 年代已降至 1949 年解放初期的水平，1988 年受灾减产，人均占有粮食仅 408 斤，竟降至 1949 年水平以下。1995 年人口增至 3508 万，耕地回减到接近 1949 年 2700 多万亩的水平，虽然当年获得丰收，总产量达到 190 亿斤，但人均仅有 541 斤，比 1957 年仍低 15％。

粮食生产增长缓慢、低而不稳，一方面直接造成农民生活困难，影响了农村经济的发展；另一方面又迫使国家为供应城市和工矿用粮，每年不得不向本来就自给不足的农民定购 10 亿斤，还要筹措资金，从省外购进 20 亿斤。这种情况，既增加了农民负担，又加重了地方财政的压力，对贵州这样的穷省和贫困农民，无异于雪上加霜。

贵州省贫困的一个极为重要的根源是：土地资源缺少加上不合理的开发利用，形成"越穷越垦，越垦越穷"的恶性循环。贵州全境 17.6 万 km²，87％是山地，10％是丘陵，大小河谷平川仅占 3％，是全国唯一没有平原或较大平坝支撑的山区省。全省 2780 万亩耕地中：1183 万亩水田虽然土地平整，但能保证灌溉的只有 700 万亩，其余的不能保灌溉甚至根本没有灌溉设施；还有 1657 万亩旱地，都是坡耕地，主要分布在山高坡陡、地形破碎、岩溶发育、土层瘠薄的石灰岩群山之中，水土流失十分严重，每年流失的土壤相当于 40 万亩地的耕作层。不少地方，从遍布山坡的"小字报田"，演变到"见缝插针"种庄稼，最后表土完全冲光，剩下一无所有的石山，称为石化。据有的专家调查估计，贵州省的石化面积已达 5 万 km²。我们沿路见到那些寸草不剩的光光石山，真是触目惊心，深为后代的生存条件担忧。

在长期陷于贫困、环境不断恶化的地方，引发了一系列的社会问题：群众信心不足，基层组织软弱，集体经济基本没有，社会风气不好，敌对势力、非法宗教等乘虚而入，影响和威胁社会的稳定和民族团结。对这方面的情况如果缺乏足够的认识和警惕，将是十分危险的。

贵州农村的贫困问题所以长期没有得到很好解决，首先是由于自然条件确实非常困难，但也需反思过去工作中的某些失误。历史上在错误思想指导下的农村工作几次大挫折，贵州都是重灾区。同时，对贵州农业生产条件的严峻性缺乏必要的认识，国家在这方面的支持很少，也是农业生产条件长期没有根本改变的重要原因。从对农田基本建设的投入来看，1949 年起，贵州省的水利主要是地方自办，除专为发电兴建的电站水库外，没有一个列入国家计划的大中型水利工程项目。截至 1995 年，全省有效灌溉面积仅占耕地的 1/3，是全国最低的几个省之一。1949—1988 年，全省水利投资同人口相近的陕西和甘肃相比，分别为 1/4 和 1/3。90 年代以来，中央和地方对农田水利基本建设的投入都有较大增长，但贵州仍属投入最少的几个省区之一。这种状况，同贵州环境条件恶劣、改造工作量大的实际，显然是很不相称的。如按现在的农业投入和扶贫力度，贵州省的脱贫任务很难完成，生态环境更难根本好转。

值得高兴的是，贵州的领导同志，总结群众的经验创造，已经开始找出一条改变生产条件、根本解决贫困问题的路子。1990 年，贵州省委和省政府总结了兴义县则戎乡等一大批坚持"坡改梯"、20 年不松劲、终于改天换地、由穷变富的成功经验，作出《实行以工代赈建设基本农田的决定》。运用这些榜样的示范作用，在贫困地区开展以"坡改梯"为中心、结合水土保持、人畜饮水、改造中低产田，实行山水林田路综合治理的农田水利基本建设。在统一领导、全面部署下，每年以 50 万亩的速度持续进行，6 年来改造了 300 万亩坡耕地。"三跑田"变成了"三保田"，粮油增产，农民增收，受到各族人民的热烈欢迎。在领导农民组织起来、脱贫致富的过程中，密切了干群关系，增强了民族团结，形成了脱贫基本建设、精神文明建设、基层组织建设，三大建设融为一体、相互促进的生动局面。最近，贵州省委和省政府在总结经验的基础上，提出进一步的部署，并希望国家加大以工代赈的扶贫力度（附件）。我们认为，这些部署是必要的，也是可行的。首先，抓紧时机，在贵州全面开展以"坡改梯"为中心的水土保持工作，把现在还挂在山坡上的破碎地块，及时地建成梯田，保护起来，不但非常必要，而且非常迫切。如果再丧失时机，将来在贵州将无可用之土，这已不是危言耸听之辞了。同时，这也是可行的，因为现在的贵州农村，乡镇企业还很不发达，富余劳力没有出路，农民对以工代赈为自己改变生产条件，虽然所得不多，仍很欢迎。与其他有些地区相比，"坡改梯"的代价是相对低的。为此建议党中央、国务院予以支持，并作如下处置。

（1）责成贵州省委和省政府，动员和教育各级党政干部和全省人民，充分认识贵州生态环境的严峻性、改造环境的必要性和迫切性以及我们这一代人的历史责任，对以"坡改梯"为中心的水土保持工作，作出长远、全局的安排，将其作为毕生事业，一届接一届，一代接一代，坚持不懈地进行下去。一定要建成优美的生态环境，使贵州各族人民彻底摆脱贫困，共享富裕文明，并为国家的现代化建设作出巨大贡献。

（2）中央对贵州采取"以工代赈、水保扶贫"的特殊政策，批准贵州省人民政府关于加大国家对贵州以工代赈扶持力度的请求，从今年起，每年新增以工代赈资金 6.6 亿元，以"九五"作为第一期，用于以"坡改梯"为中心的水土保持、人畜饮水、中低产田改造和相应的扶贫工程。建设仿照 80 年代中央支持甘肃、宁夏两省区的"三西工程"的领导体制，由中央和省共同组织领导小组，对贵州省贫困山区进行全面规划，同时制定必要的政策和管理办法，每年安排明确的计划并且进行监督检查。

（3）要求贵州省各级党组织把领导群众进行脱贫基建工程，同深入广泛地进行爱国主义、集体主义、社会主义教育切实结合起来；同稳定家庭联产承包为主的责任制、完善和健全双层经营的合作经济体制密切结合起来；同加强党支部的战斗堡垒作用和各种基层组织的建设密切结合起来。由领导干部带头并组织各个部门的大批干部到工地上去，到群众中去，在执行脱贫工程任务的光荣历史使命中，同农民建立起患难与共的血

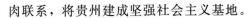

肉联系，将贵州建成坚强社会主义基地。

以上建议是否妥当，请审议。

附：《贵州省人民政府关于请求国务院对我省加大以工代赈扶持力度的报告》❶

---

❶　本文集未附。

制订开发建设西北地区的战略方针和产业政策的几点看法

西北地区，总面积占全国1/3，人口占全国1/15，"八五"末期生产总值占全国不足1/20。西北地区具有丰富的资源，辽阔的土地，地广人稀，资源开发和经济发展潜力巨大，是我国21世纪开发建设的重点地区。中央制定的"九五"计划和2010年发展规划，都提出要加速开发建设西北地区，国家投资重点要向西北倾斜，这无疑是一项英明的政策，得到全国特别是西北人民的衷心拥护。但西北地区具有独特的自然环境、资源条件和社会经济发展背景。因此从宏观角度全面研究西北地区的特殊性，明确开发建设西北的总体战略方针和产业政策，避免发生中东部地区发展中出现的某些错误，这是一项迫切任务。对此，提出一些粗浅的认识和建议。

一、西北地区经济发展的有利和不利条件

西北地区地广人稀资源丰富是开发建设的最有利条件：

（1）未开发的土地资源潜力巨大。我国人口多、耕地少，中东部地区可开垦的土地后备资源非常有限，扩大耕地和基本建设用地都受到很大限制；而西北地区，经调查具有开垦条件的土地约2亿亩，如果有充分水源供给，可开垦的土地不下10亿亩。这样丰富的土地资源，无论发展农业、建设城市、进行基本建设，都有很大的回旋余地，是其他地区无法比拟的。

（2）西北地区拥有极为丰富的能源和有色金属资源，石油、天然气、煤、水能、铜、镍、金等资源蕴藏均很丰富，积极开发这些矿藏，对我国21世纪全面发展是不可缺少的。

（3）具有特殊有利的气候条件。虽然干旱少雨，但日照长，夏季热量充足与水量补给相适应，昼夜温差大，发展独具特色农产品的条件，是其他地区所不能代替的；同时绿洲气候适于人类生存和社会经济活动。

（4）西北地区处于我国东部与中亚、西亚和欧洲陆上交通的要点，在当代陆上和空

原文系作者在1997年3月全国政协第八届第五次会议上的书面发言。后刊登于《水利规划》1997年第4期。

中交通迅速发展的时期，已形成连接欧洲大陆最便捷的铁路干线将发挥巨大作用，航空事业方兴未艾。这种有利的地理位置，对西北地区的开发极为有利。

（5）西北地区是我国多民族聚居区，人民勤劳坚韧，吃苦耐劳，民族团结，政治稳定，形成良好发展的社会环境。

同时，我们还必须看到开发西北的许多不利因素：

（1）西北地区的东部属黄河上中游半干旱地区，水资源开发潜力不大，同时，水低土高进一步开发工程十分艰巨；西北地区西部绝大部分属于干旱地区，年降水量在200mm以下，水资源短缺，与广阔的土地和丰富的矿产资源很不匹配，这也是历史上形成地广人稀，经济发展滞后的根本原因。如西北内陆流域水资源总量达 900 亿 m^3，人均占有水资源量高于全国人均平均占有量（2400m^3/人），但单位面积产水量仅相当于全国平均单位面积产水量的1/8或长江流域的1/14。现在西北多数地区水资源开发利用程度已经相当高，虽然在推行节约用水的前提下，水资源的开发利用尚有一定潜力，但与人口增长、自然资源和经济发展需要相比，水资源的短缺将是制约整个社会经济发展的决定性因素。

（2）由于西北地区干旱缺水，生态环境十分脆弱，一旦遭到破坏，则影响深远，难以恢复。即使在自然状态下，土地沙化、植被退化等现象也难以避免。近代由于水土资源的开发利用，绿洲面积扩大，而很多河流下游干涸断流，生态系统遭到破坏，如塔里木河下游大片胡杨林的死亡，河西走廊黑河下游居延海的消亡，石羊河下游大面积草原的退化，都造成了很大的经济损失和社会影响。发展灌溉引起大面积土地盐碱化，城市工业发展污水废渣未能及时处理，都造成水土资源破坏和环境恶化。这些现代公害进一步加重了生态环境的脆弱性，并给经济发展增加了不稳定因素。

（3）由于地域辽阔，地形复杂，气候多变，人口分布分散，变通发展困难，修路和运输成本都很高，限制了经济发展，影响了市场经济的发展。

二、要注意的几个问题

全面深入研究分析发展的有利和不利因素，制订正确的发展战略和方针政策时，要充分发挥有利因素的作用，正确对待不利因素，采取积极措施，转化、改造和限制不利因素，为西北地区全面、高速、持续发展创造条件。建议在制订西北地区开发建设总体规划时，考虑以下问题：

（1）以合理开发利用水资源为核心，确定社会经济发展的总体规模和环境保护的合理水平。

西北干旱地区没有灌溉就没有农业，半干旱的黄河上中游地区没有灌溉中低产田就无法改造；工矿业和城市的发展在很大程度上也受制于供水条件；广大地区的森林、草原的维持和发展也取决于水分供给状况。因此，社会经济发展的总体规模，必须以水资源的合理开发为核心，以水定地，以水定产。一条河流水资源的开发必须上、中、下游统一考虑，合理分配；一个地区用水分配必须农业、工业、城市和环境用水统筹兼顾。在一般情况下，城乡居民生活用水和工农业用水考虑得比较多，最容易忽视的是环境用水。关键问题是控制土地开垦的规模和水资源保护的程度。不宜盲目垦荒扩大耕地，过多的开垦土地，扩大人工绿洲，必将在总体上恶化环境，对长远发展不利。必须严格实

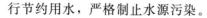

行节约用水，严格制止水源污染。

（2）以资源优势和东西部经济互补为依据，扬长避短，确定产业政策和发展重点。

在农业方面：由于水资源的限制和农牧业的矛盾，不能过大规模地开垦荒地，应充分开发利用现有绿洲的水土资源，充分利用气候资源的有利条件，发展中东部不具备发展条件的独特优质高产农业，如棉花、瓜果、蔬菜、药用植物等。特别是在西部地区建立稳定的棉花高产生产基地，对全国经济发展具有战略意义；建立棉花生产基地时，应注意棉、粮和经济作物的合理配置，并为保护种棉的优良环境创造条件。粮食生产以自给有余为原则，适当在西北范围内进行省区余缺调剂，多余的粮食可作为国家战略储备；不应依靠西部开荒扩大耕地增产粮食来解决中东部地区缺粮问题，依靠西粮东调既不经济，又非扬长避短之举。西部地区发展农业，必须农牧结合，充分利用西部优质草原和少数民族发展牧业的经验，积极发展牧业，逐步从游牧向定居放牧过渡。农业区要种植业与养殖业并举，充分综合利用种植业的副产品。

在工业方面：要充分发挥西部地区与中东部地区资源互补的优势，积极开发油、气、煤和有色金属资源，部分产品就地深加工。要尽量避免与中东部低水平重复或全国生产能力过剩的开发项目建设。要重视多民族地区和邻近外国商品需求的特点，组织高水平的规模生产，满足日益提高的具有地区特色的生活和出口需要。

在城市建设方面：要利用西北地区土地辽阔的优势，城市发展要适当分散，充分考虑水源和环境条件，多发展中小城市。

（3）充分重视环境保护，以水环境容量和环境保护水平作为可持续发展衡量标准和制约条件。

西北地区的环境保护，集中在两大问题上：一是推行水土保持，控制黄土高原的水土流失；二是西北内陆地区绿洲以外的大片山地林草和草原的保护。黄土高原推行小流域治理，控制水土流失，成效显著，应长期坚持不懈地做下去；同时严禁陡坡开荒；基建造成的人为水土流失必须由基建部门负责水土保持，并纳入基建计划。内陆地区建国以来绿洲面积急剧扩大，如新疆建国初期绿洲面积大约 1.3 万 km^2（1700 万亩耕地，400 万人口），90 年代中期绿洲面积已达 6 万多 km^2（5000 多万亩耕地，1660 万人口），河西走廊绿洲面积也成倍增长。绿洲面积扩大，对社会经济发展起到极其重要的作用，满足了当地人口急剧增长的生存和发展需要；但是由于绿洲用水过多，绿洲下游河道断流，草原迅速退化，沙漠化土地不断扩大。山区由于林木滥伐，水土流失加剧，调节水分的功能下降。因此，西北内陆地区在开发利用水资源时必须处理好绿洲与非绿洲地区的土地水分状态关系，适当控制绿洲的发展，保证必须保护地带必要的土地水分状况。对于重要交通要道，河谷湿地、主要湖泊、优质草场和大片森林要采取有效措施，保护其生态系统和环境，使其不再继续恶化，必要的环境保护工程措施应纳入社会经济发展计划之中。积极发展和保护城市、农田的防护林带；绿洲应发展优良的生态农业。要自始至终坚持贯彻国家环保政策，经济发展必须与环境保护同步进行。

（4）大力发展交通事业。以铁路和中短途航空业为中心，建立完善的交通体系。以发展交通运输促进市场经济的完善和产品效益的提高。

西北地区的开发建设是中国 21 世纪的希望，具有重要的政治经济意义。同时又是极其艰巨又需慎重行事的工作。关键在于处理好资源开发与环境保护的关系。如果在这一问题上发生失误，虽然可能取得短期经济效益，但将会造成长远效益衰减，甚至总体环境破坏的严重后果。开发建设西北，必须科学研究先行，把当代先进科学思想，先进技术措施，系统用于西北地区，使西北地区的发展稳步健康，迎头赶上东部地区。

21 世纪西藏自治区水资源问题探讨

一、自然环境和社会经济现况

1. 自然环境

面对南亚，地处西南边疆的西藏自治区是青藏高原的主体部分，总面积 121.3 万 km²，其中平地 28 万 km²，丘陵 31 万 km²，山地 62.3 万 km²。地势由西向东倾斜，海拔高程从平均 5000m 以上，渐次降至 4000m 左右，按地貌大致可分为 4 个不同地区，即：喜马拉雅高山区，藏南山原湖盆谷地区，藏东高山峡谷区，藏北高原湖盆区。按水系分，可分为：藏北羌塘高原内陆区，总面积 62.2 万 km²；南部及东部江河外流区，总面积 58.9km²，包括雅鲁藏布江、东部怒江、澜沧江和金沙江等三江流域，藏南诸河和藏西诸河。气候高寒干旱，昼夜温差大，日照充足，降水少，干湿季节分明。藏北羌塘内陆区，年平均温度在 0℃ 左右，年降水量在 300mm 以下；雅鲁藏布江中游高程 4100m 左右，以下的谷地年平均温度在 5～8℃，最暖月均温度在 15℃ 左右。≥10℃ 的积温约 2000℃，全年无霜期可达 120～150 天，为西藏主要农业区和人口聚居区。

2. 社会经济概况

全自治区人口 240 万（1995 年）自然增长率达 1.6%，其中农牧业人口约 200 万，非农业人口 35 万，藏族人口占 95%。人口密度平均 2 人/km²，人口主要集中在雅鲁藏布江中游、年楚河、拉萨河、尼羊河及东部三江河谷地带，人口密度可达 12 人/km²。西藏自治区经济以农牧业为主体，工业基础十分薄弱。全区统计耕地面积 22.21 万 hm²（330.15 万亩），实际调查耕地面积 36 万 hm²（540 万亩），统计灌溉面积 16.2 万 hm²（243 万亩），其中水田 1.2 万亩。农业集中于雅鲁藏布江中游、年楚河、拉萨河及东部三江中游河谷地区：种植业以粮食为主，占播种面积的 85% 以上，以青稞（占播种 55%），小麦（占播种 20%）为主并有油菜豆类等作物，1995 年粮食总产量 70 万 t，（人均粮食 292kg/人），油料 3.4 万 t。全区共有牧草地 6500 万 km²（9.7 亿亩），为我国五大草原之一，主要分布于北部内陆流域和东部、南部山区，牧业与种植业占有同等重要的地位，1995 年产肉类 11.6 万 t；奶类 17.7 万 t。东部横断山脉和南山区，林业资源丰富，林地面积 1265.2 万

原文于 1999 年 10 月完成。

hm² (1.9 亿亩)，其中森林面积 811 万 hm² (1.2 亿亩)，林木蓄积量 14.4 亿 m³，居全国第二位，但林业产值不高，仅占农业总产值的 1.74%。

非农业人口主要集中于上述农业区，中心城市有拉萨（市区人口 13 万），日喀则，昌都等。建国前工业以手工业为主，建国后特别是改革开放以来，工业发展迅速，水电、交通、电信、森工、冶金、纺织、皮革、食品、造纸、机修和建筑等行业都有所发展。西藏自治区矿产资源丰富，已发现 94 种，探明 46 种，其中铬、锶、工艺水晶和刚玉等名列全国各省市区之首，铜、硼居全国前列。最新发现的扎布耶盐湖（隆格尔县境）为超大型矿床，锂、钾、硼盐类极为丰富，具有极大开发潜力。当前除铬矿开采外，均未大规模开采。

1995 年全自治区国内生产总值 56 亿元，其中农林牧渔总产值 35.9 亿元（其中：农业 17.79 亿元，牧业 17.38 亿元），工业产值 9 亿元。财政收入 2.15 亿元，财政支出 34.87 亿元。

二、水资源特点及开发利用状况

1. 降水

孟加拉湾的暖湿气流是青藏高原水气的主要来源。由于地面高度和山川走势的影响，降水量在地区和季节分配上极不均衡。喜马拉雅山脉南侧迎风面，年降水量在 1000 或 4000mm 以上，雅鲁藏布江下游巴昔卡年降水量达 4495mm，为我国年降水量最多的中心之一。喜马拉雅山北麓"雨影"区，年降水不足 300mm。雅鲁藏布江中游与藏东三江流域内，由于水气溯江而上，年降水量从下游谷地的 1000 多 mm 减至中上游拉萨、日喀则、嘉黎一带的 400～600mm，西藏北部（阿里北部），年降量不足 30mm，为西藏最干旱地区；藏北内陆河流区大部分年降水量在 200mm 以下。西藏各地雨季降水量占全年降水量的 80%～90%，从藏东南区 4、5 月开始，至 7 月全藏进入雨季，9 月以后降水迅速减少，自西向东相继结束雨季。藏北那曲、嘉黎等地年降雪量达 100～200mm，藏北高原东南部申扎、那曲一带冰雹频繁，年雹日达 28～35 天。

2. 水资源量及开发利用情况

全自治区分内陆区和外流区。内陆区 62 万 km²，年降水总量 1054 亿 m³，（平均降水深 170mm），地表径流 210 亿 m³，地下水 104 亿 m³ 全部与地表水重复，多年平均水资源总量 210 亿 m³，产水模数 3.4 万 m³/km²。

外流区总面积 58.9 万 km²，包括：雅鲁藏布江，藏南诸河、藏西诸河和藏东怒江、澜沧江、金沙江等三江流域，据有关部门全国水资源评价，本地区水资源量如下表：

流　域	流域面积 /万 km²	年降水总量 /亿 m³	地表水 /亿 m³	地下水 /亿 m³	水资源总量 /亿 m³
雅鲁藏布江	24.05	2283	1654	342.5	1654
藏南诸河	15.58	2631	1952	459.4	1952
藏西诸河	5.73	74	20.1	10.0	20.1
藏东三江	13.54	1090	650.0		650.0
总计	58.9	6078	4276.1		4276.1

注 藏南诸河包括察隅曲、丹巴曲、西巴霞曲、卡门河、朋曲等河流。藏西诸河包括朗钦藏布、森格藏布等印度河上支流。

全区大小湖泊 1500 个，总面积 2.4 万 km²，其中 98%分布于内陆区。

3. 水资源特点及有关问题

（1）西藏水资源主要由降水补给，由于受地形地质条件的制约，地下水几乎全部回归于河川径流。全区有冰川 3.5 万 km²，夏季可补给部分河川径流。

（2）水资源年内分布极不均匀，80%～90%的水量集中于雨季（4—10 月），雨热同期，有利于农牧业生产。

（3）水资源地区分布也极不均衡。藏北羌塘内陆区，水资源缺乏，降水稀少，对草原牧草生长、牧业发展十分不利。河川径流的 60%左右产生于喜马拉雅山南麓多雨区，绝大部分难以利用。气候、土地适于农牧林业生产的雅鲁藏布江中土游（奴下站以上）、帕隆藏布江（包括易贡藏布江）和藏东三江流域，水资源总量约 1500～1600 亿 m³，可利用量是有限的。

（4）全区人均水资源量达 18.3 万 m³/人，按耕地计算，亩均水资源约 8 万 m³/亩。但由于地区分布不均，人口 95%以上的聚居区，雅鲁藏布江上中游、帕隆藏布江和藏东三江流域人均水资源约 6 万 m³/人，亩均水资源约 3 万 m³/亩。

（5）除藏北内陆区部分地区水质含盐量高影响人畜饮水外，主要江河水质良好，符合饮用水标准，适宜灌溉用水。

（6）全区水力资源极为丰富，理论蕴藏量达 2 亿 kW，初步分析可开发利用的约 5600 万 km。雅鲁藏布江大拐弯地段是中国水能蕴藏量最集中，最丰富的地带，达 6880 万 kW，占全国 10%。西藏自治区虽然水力资源丰富，但地形、地质条件复杂，远离用电地区，多属于国际河流，开发利用有一定难度和限制。本区地热资源丰富，已逐步开发利用。

（7）江河中下游一般河谷宽广，洪水灾害较轻，但由于沿河滩地逐步开垦利用，沿河城镇和少数农田每年仍有一定的灾情。

（8）由于地形地质和降雨特点，南部和东部山地灾害（山洪、滑坡、岩崩、泥石流灾害）普遍存在，水土流失有所发展。

4. 水资源开发利用现状

西藏地区缺乏连续完整统计资料，水资源开发利用情况缺乏确切了解。1995年前后，全区灌溉面积 243 万亩，占统计耕地的 70%左右。由于工程设施配套不全，管理粗放，不少工程未发挥作用。全藏水电站装机 11.87 万 kW，占全区可开发水能的 0.21%。

1997 年和 1998 年西藏用水情况如下表：

年　份	农业用水 /亿 m³	工业用水 /亿 m³	生活用水 /亿 m³	总用水量 /亿 m³	其中地下水 /亿 m³
1997	15.03	0.47	1.66	17.16	0.15
1998	14.19	0.58	1.64	16.40	0.80

注　1998 年生活用水中城镇用水为 0.16 亿 m³，农村用水为 1.48 亿 m³。

1997 年和 1998 年西藏用水定额如下表：

年份	人均用水 / （m³·人⁻¹）	单位 GDP 用水 / （m³·万元⁻¹）	亩均用水 / （m³·亩⁻¹）	人均生活用水/ （L·d⁻¹）	
				城镇	农村
1997	707		410	100	205
1998	651	1798	412	99	201

西藏自治区水利发展以小型为主，在近年来兴建了年楚河满拉水利枢纽工程和羊卓雍湖抽水蓄能电站，对雅鲁藏布江中游地区的发展将发挥重要作用。

三、土地的人口承载力

西藏自治区地处高寒多山干旱地带，生态环境脆弱，对外交通困难，当地的土地对人口的承载能力是社会经济发展的决定性因素。土地人口承载力是以一定区域为对象，在一定的生产力水平和一定人口需要水平的基础上，通过对土地生产潜力的分析和可利用土地资源数量的估计，以及人口对粮食需求的预测，分析这一地区受综合环境条件制约的生产能力可以供养多少人口，使其达到自给自足的程度。这是地区可持续发展的先决条件。

参考西藏自治区农业区划委员会 90 年代初的研究，结合近期情况的分析，主要结论如下：

1. 人口的增长

西藏 1952—1990 年期间人口年平均增长 2.1％，90 年代人口增长率有所下降，1995 年仍高达 1.61％。考虑到西藏的特殊情况，2020 年前人口增长率按 1.5％，2020—2030 年按 1.0％，2030—2050 年按 0.5％计算，西藏人口发展如下表：

单位：万人

2000 年	2010 年	2020 年	2030 年	2050 年
255	296	344	380	420

设想 2050 年西藏人口达到 420 万即保持稳定。

2. 土地生产能力

按照《西藏自治区土地资源评价》的分析，西藏全区宜农土地总面积 49.3 万 hm²（739.73 万亩）占全区总面积 0.41％，其中 90％以上已经耕垦，大部分地区仅种一季作物，耕作方式随地力而异，地力优良地带可以连年使用，地力较差地区则须轮作或在一定期间休闲养地，因此每年播种使用面积变化很大。分析光热水土各种因素的生产潜力，西藏境内光热水土综合生产力差异很大，从 100 余 kg/亩到 1300 余 kg/亩，（各县光热水土潜力可被视为能够达到的产量水平，其产量水平比当地已有最高产量纪录略高或接近）。西藏宜农土地光热水土潜力的高值区在拉萨河和年楚河中下游及其附近的雅鲁藏布江中游区，其中拉萨城关区和曲水县的土地生产潜力高达 1300kg/亩，说明西藏"一江两河"地区在种植业生产发展的优势地位。拉萨、日喀则和山南三地区宜农土地总计 34.3 万 hm²（514.38 万亩），占全区宜农地 70％。考虑调查耕地净面积与毛面积的关系和 15％农地休闲需要，实际每年土地有效利用面积为 30 万 hm²（450 万亩），按各地加权平均土地生产潜力为 670kg/亩，粮食生产用地占耕地 80％。土地实际生产能力与投入和管理水平密切相关，考虑中等投入和高投入（包括基础设施、科技含量和管理水平诸方面）；中等投入水平时，实际生产能力达到土地生产潜力的70%；高投入水平时，实际生产能力达到土地生产潜力的90%。基础设施中等投入为保证灌溉面积占耕地面积50%左右，高投入为占耕地面积80%左右。按以上条件计算，西藏宜农土地粮食种植面积占耕地面积为80%和85%时的粮食生产能力见下表：

投入水平	粮食生产占耕地80%	粮食生产占耕地85%
中等投入/亿 kg	16.87	17.92
高投入/亿 kg	21.69	23.00

3. 平均人口对粮食的需求和土地承载能力

参照世界银行及有关研究的标准；人均消耗粮食300kg/年，为低消费水平；400kg/年为中等消费水平或温饱型标准；500kg/年为高标准消费水平或富裕型标准（均包括20%种子，饲料和其他用粮）。考虑到西藏牧业比重大，饲料粮需求多，藏族人民生活习惯，需要较多的青稞酿酒，因此人均粮食消费指标应更高一些，应按高出5%～10%计算，即低水平人均315～330kg/年计算，中等水平420～440kg/年，高水平525～550kg/年计算，土地承载人口的能力见下表：

投入水平	粮食种植占耕地面积比例/%	粮食产量/亿 kg	承载人口/万人		
			低消费水平	中等消费水平	高消费水平
中等投入	80	16.87	511～536	383～402	307～321
	85	17.92	543～569	407～427	326～341
高投入	80	21.69	657～689	493～516	394～413
	85	23.05	698～732	524～549	419～439

根据以上计算，如果2030年土地生产力达到土地生产潜力的90%，按中等消费水平，土地承载力可达到493万～549万人，按高消费水平也可达到394万～439万人，接近或超过人口预测数量。由于土地生产力的增长是一个缓慢艰难的过程，不稳定因素很多，人口的增长仍须适当控制，比较理想的是最高人口数量以不超过400万为宜。

四、经济发展方向和发展指标设想

1. 经济发展的方向

西藏地区自然环境和社会经济历史背景，都十分特殊，适合西藏地区经济发展的模式尚不清楚，现在只能根据资源状况和一般现代经济的要求提出一些看法。

（1）充分利用全区宜农、宜林、宜牧的丰富土地资源，积极发展农林牧业，满足不断提高的居民生活水平的基本需要，并提高商品率（注：全区宜林面积2.01亿亩，占全区总面积11.6%；宜牧面积9.24亿亩，占全区总面积51%）。

（2）以资源为基础，市场为导向，效益为动力，扬长避短，积极发展优势产业，较大幅度的提高二、三产业的比重，增强地区经济实力和市场竞争能力。

（3）城市工矿企业要合理布局，不宜过分集中，以发展中小城镇为主。自始至终坚持不懈地减少污染，及时进行污水和其他污染物的治理。

（4）充分利用西藏自然、文物和民俗特点，加大开放力度，积极发展旅游事业。

（5）防止土地滥垦，森林过伐，草原过牧，并积极在农区营造防护林带，保护和建设生态环境，防止生态系统的恶化。

2. 经济发展指标的设想

（1）以 1995 年为基础，参照西南地区发展速度，不同时期国内生产总值（GDP）的增长速度为：2000 年前 10％，2001—2010 年 8％，2010—2030 年 6％，2030—2050 年 4％，据此推算西藏自治区不同时期国内生产总值为：2000 年 90 亿元；2010 年 190 亿元；2030 年 600 亿元；2050 年 1300 亿元，人均达到 3.25 万元。

（2）根据西藏的特殊情况，设想 2050 年城市化率达到人口的 50％，二、三产业产值达到总产值的 60％。

（3）农业（指种植业）以粮食生产为主，达到自给自足，最高产量达到 21 亿～24 亿 kg/年；大力发展蔬菜等农副产品，满足城市需要。为此，全区灌溉面积应达到 500 万亩，每年实际灌溉面积达到 400 万亩。

（4）林牧业在提高产量的同时，发展林牧产品加工业，提高资源综合利用程度。

五、水资源的供需平衡

1. 需水量

考虑到西藏自治区的特殊情况，参照 1997、1998 年用水情况和西南发展用水情况，不同水平年用水定额拟定见下表：

用水定额	2000 年	2010 年	2030 年	2050 年
城镇生活/［L·（人·日）$^{-1}$］	120	150	200	250
农村生活/［L·（人·日）$^{-1}$］	200	250	250	250
农田灌溉/（m³·亩$^{-1}$）	400	400	400	300
工业/（m³·万元$^{-1}$）	200	150	100	80

注　工业用水为二、三产业用水。

不同水平年不同部门需水量和需水总量见下表：

水平年	城镇生活		农村生活		工业		农田灌溉		总需水量/亿 m³
	人口/万人	需水量/亿 m³	人口/万人	需水量/亿 m³	产值/亿元	需水量/亿 m³	面积/万亩	需水量/亿 m³	
2000	45	0.2	210	1.5	40	0.8	200	8.0	10.5
2010	96	0.5	200	1.8	100	1.5	300	12.0	15.8
2030	180	1.3	200	1.8	400	4.0	400	16.0	23.1
2050	210	1.9	210	2.0	800	6.4	500	20.0	30.3

此外，1998 年林牧业用水量 5.51 亿 m³，今后林牧业用水肯定需要增加，估计 2000 年约需 6 亿 m³，以后每年在 10 亿 m³ 左右。鉴于西藏干旱地区人口稀少，人口集

中地区大部分年降水量 400～600mm，在控制人为破坏的情况下，生态用水暂不考虑。

概括以上情况：2000 年总需水量约为 16 亿 m³，2010—2050 年总需水量从 25 亿 m³ 左右逐步增加到 40 亿 m³。

2. 供水量和供需平衡

西藏地区水资源总量极为丰富，在有一定资金投入的情况下，蓄、引、提并举，因地制宜开发利用地表水和合理开采地下水，供需可以平衡。水资源对西藏地区社会经济发展不是制约因素。

六、对策和建议

（1）迅速进行基础设施建设。

1）以"一江两河"（即雅鲁藏布江中游，拉萨河和年楚河中下游）为重点，治理江河，开发水资源，主要包括：发展农田、林草灌溉，进行水资源综合开发利用，整治局部河段，提高防洪能力。工程以中小型为主，近期重点建设年楚河中游满拉水利枢纽。

2）结合本地区经济发展对电力的需求，积极开发水能资源。近期以小水电为主，以"一江两河"为重点地区，开发拉萨河中游旁多—直孔河段和沃卡河梯级电站。近期，综合工矿企业发展，区域电网的形成和负荷的增长，有计划地开发建设大、中型水电站。雅鲁藏布江大拐弯集中巨大水力资源，在今后相当长的时期内尚无开发条件，但应开展必要的前期研究工作。

3）加速进行公路、铁路、电信建设，改善运输条件，满足经济发展、旅游和国防安全的需要。近期可加速修建青藏或滇藏铁路。

（2）积极发展农林牧业，在适度提高产量的同时，认真研究提高加工深度和资源综合利用水平，提高其经济价值，增加农民收入。

（3）二、三产业的发展，应以满足居民生活水平不断提高当地居民所需用品为基础，积极开发优势互补的工业生产体系。

（4）利用西藏独特的地理环境和品种丰富的生物资源，发展独特的生物制品和医药产品。

（5）西藏地区虽然水资源丰富，但开发利用条件复杂，投入较大，同时为了减少污染，保护环境，节约高效用水必须作为基本政策。

（6）积极推行水土保持、防治山地灾害。沿江河开发利用土地和进行基本建设时，要防止滥占、滥用行洪河滩，为江河洪水留足必要的泄洪通道。

（7）加强高原湖泊的保护。

（8）充分开发利用中小水电和太阳能，解决广大群众生活燃料问题，促进生态环境的改善。

（9）认真加强教育，积极培养人才，研究并推广科学技术，普遍提高劳动者的素质，是社会经济发展的根本出路。

水土保持是西部大开发的基础

保护水土资源、建设生态环境，是实施西部大开发战略必须先行的基础性工作，也是西部大开发成败的关键。

为了健康有效地在西部地区开展水土保持和生态环境建设工作，应遵循如下原则：

（1）总结经验，防治并重，搞好规划，防止盲目行动或一哄而起。西部地区生态环境脆弱，不同地区自然条件和社会经济发展水平地区差异很大，治理保护的重点和方法应因地制宜，不要简单地推广异地经验，不能生搬硬套某种治理模式，必须认真总结经验教训，以能保护生态环境、改善当地生产面貌，并使当地群众获得实际效益为目标，制定一条河流或一个地区的全面规划和实施步骤，具体指导群众的行动。

（2）重视工程质量，加强工程管理。开展水土保持和生态环境建设，要自始至终将工程质量放在首要地位，宁愿少些，但要好些，不要盲目追求进度、追求规模，必须搞一项成一项、受益一项；要自始至终注意工程的养护维修和人工造林种草的抚育保护，要尽快建立并完善管理工作体系。要吸取过去水土保持措施边修建、边破坏，种草不见草、造林不见林的历史教训。

（3）加强监督管理，防止人为破坏造成水土流失加剧、水资源污染和生态环境恶化。近几年来，大规模进行基础设施建设，修路、开矿、架设管线等，大多数工程项目没有按有关法规同时进行水土保持、恢复地表植被，因而增加了人为的水土流失和对生态环境的破坏。如四川省1995年以来新开工大中型项目共计214项，编报水土保持方案的仅23项，其中公路项目54项，编报水土保持方案的仅2项，其他地区类似情况也相当普遍。这种现象值得注意，应采取有效措施，按照有关法规尽快纠正。

（4）坚持不懈地开展水土保持和生态环境保护的科学实验，推广适用技术，提高各种措施的科学技术含量，使各种措施技术先进、效益可靠。

水土保持和生态环境建设，应继续贯彻以小流域为单元的综合治理，工程措施与非工程措施相结合，水利、林业和农牧业相结合。在具体措施的安排方面，提出以下五点建议：

原文系作者于2000年2月26日在水利部召开的"水土保持座谈会"上的发言，经整理发表于《中国水土保持》2000年第5期。

（1）要继续抓好坡地改梯田。水土流失的主要来源是坡耕地和毁林开荒，在国家普遍推行退耕还林的政策下，要加大改造坡地成梯田的力度。这不仅是改善生态环境的需要，也是山地丘陵区扩大可利用土地的重要途径。

（2）水土保持措施必须与兴修小型、微型水利工程相结合，充分调蓄利用降雨和各种分散的小水源，发展灌溉，建设基本农田，提高粮食产量，解决人畜饮水；退耕还林要适当发展薪炭林，同时开发小水电、利用太阳能、建设人工沼气池等，解决群众烧柴问题。这样使山丘地区群众吃饭、喝水、烧柴问题得以解决，为退耕还林和建设生态环境的顺利实施和巩固稳定创造必要的条件。

（3）要充分重视山地灾害（或地质灾害），特别是西南地区滑坡、岩崩、泥石流和山洪的防治，加强监测，重点治理，防止局部地区发生毁灭性灾害。

（4）对广大山地丘陵区背山面河的城市、集镇，要首先加强水土保持工作，特别是山地灾害的防治，这是这类城市防洪减灾的基础。

（5）要继续健全水土保持和生态环境建设的有关法规政策，加大执法力度，真正把水土保持生态环境建设工作纳入法制化轨道。

保护水土资源、建设良好的生态环境是一项长期艰巨的任务，必须坚持不懈地按照客观规律开展工作，经过几代人的努力，逐步达到山川秀美的宏伟目标。

对北方地区水资源总体规划（第一阶段）及近期解决北方地区缺水问题方案研究的几点意见

一、水量预测问题

水量预测问题，缺了环境用水，几个流域都没有对这个问题做必要的工作，这是个难题。但是将来都会喊：因为水少环境恶化。但是环境保护，究竟应该保护什么？靠什么来保护？应该有一个保护的准则。比如像黄淮海平原，一般农田以外的自然生态环境，基本上是靠天然降雨就可以维持一定水平的。虽然年际之间有变化，但是总体上可以保持在一定的水平上。这一区域的环境用水，一是城市用水，各个城市之间差别很大。比如太行山地区，原来在山前地区水是很多的，像邢台就有好多湖和泉。特别是邯郸，附近泉水很多，这都是环境用水的一部分。现在邢台的那些湖泉都没了，邯郸好多泉也枯竭了，这在华北算不算问题？二是河道用水，究竟要不要维持一定季节的一定水量（还不能讲全年都维持，这在华北是很难做到的），有没有这个必要？应该有所交代。分析以后如果说，根本没这个必要，不伤大局，断（流）就断了，包括黄河在内，能下这个结论也是个交代。三是河口用水也应有个估计，包括鱼类生长、湿地保护以及减少河口淤积等，用水究竟需要维持在怎样的程度？

再者，要否给河道留一定的稀释污水的水量？这会影响到治污的目标，河道多留点水即可稀释部分污水，减少处理负担，若没有这部分水，就要从源头上治理污水。这样，在整个环境用水上差别很大。类似这样的问题，是否应该分流域分析一下，如果说我们分析不了，再请教搞环境、搞生态的人去研究。整个黄淮海缺水地区的环境用水应该有个数量。这项工作相当难做，但绕过这个问题不行。说远一点，到2020年或2030年以后，国家经济发展水平和人民生活水平大幅度提高了，环境用水要求就要高得多，环境用水上有哪些需要考虑，是个大问题。

从远景来讲，经济水平提高了，生活水平也高了。搞现代化的水利有三大条件：第

原文系作者在"北方水资源总体规划工作会议"上的发言，经本人整理，发表于《水利规划设计》2000年第3期。

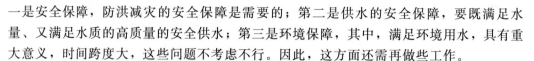

一是安全保障，防洪减灾的安全保障是需要的；第二是供水的安全保障，要既满足水量、又满足水质的高质量的安全供水；第三是环境保障，其中，满足环境用水，具有重大意义，时间跨度大，这些问题不考虑不行。因此，这方面还需再做些工作。

另一个问题，华北地区是否缺水？哪里缺水？缺什么样的水？我觉得现在各流域的分析结果都满足不了要求。暂时先把山区撇开，平原地区总有一些地区是不缺水的？有些是缺水的，这两大类地区应该划分开，这两大类地区随着年代的推演会有变化，不同年代本流域内哪些地方缺水？哪些地方不缺水？不能笼统地讲缺水。另外，要看缺水的性质，一个，从当前局面来看，黄淮海地区农业生产没有受到大的波动，总趋势是在增长，工业生产发展速度也较高，因此从总体上来讲，水基本上满足了需要。当然满足需要有很多条件，要付出很大代价，这个代价就是缺水的焦点。华北的代价就是大量超采地下水。一方面超采严重，一方面还要求大量打井。这两者并不是完全矛盾的，超采和地下水没用完都是客观存在的。因此，既要遏制超采，又需要进一步发展井灌，不同地区区别对待。对不同时期地下水的变化情况，应该有个能够简单明了的说法。如60年代后期，地下水的采补关系接近正常，到了90年代，地下水大量超采，选择60年代和90年代的典型年份分析不同季节地下水位的分布状态，进行对比，做比例尺大点的图，可看出究竟哪些地方地下水超采严重，哪些地方没超采，甚至于还有发展余地。这是基本工作，是大家关注的问题。将来南水北调来了水如何用？有一个目标就是如何回补地下水，使其恢复正常。没这部分资料，怎么考虑这个问题？

地表水也同样需要选择几种典型年来看整个流域，当然是指平原地区，哪儿缺水。对山区来说，将来南水北调的水来了也不一定用得上，这些地区就可以在南水北调里不考虑。最典型的应该是黄河流域，黄土高原六十几万 km^2，9000多万人口，占整个黄河流域的 $80\% \sim 90\%$，有相当大的一部分面积，就是南水北调到了山根儿底下，也用不上。这些地区将来的出路只有两条，一条是利用包括降水在内的当地水，能用多少用多少。另一条就是，实在不行将人搬出来。这一块不小的面积在区域水量平衡中就要作出特殊考虑。淮河流域本身二十来万 km^2，总不会都缺水，估计大约有1/3地区缺水。海河同样是这样，所以要分清究竟哪些地方缺水？哪些地方不缺水？划太细了不容易，大体上分清楚是必要的，也是可能的。

二、跨流域调水

天津院所作跨流域调水工程的经济调查材料非常好，这确实是应该认真做的一次经验总结。这些年来搞了那么多的跨流域调水，究竟存在些什么问题，现在实际已经实现的跨流域引水工程、在运行中发现的问题才是真正我们应该关心的问题。已经做了不少工作，深度还不够，有些还需要再具体一些。

现在都谈风险问题不外乎几种：一种是建设期间的风险，资金不到位等问题影响工程的正常实施，合理规模等。更重要的看来是运行期间的风险问题。建设期间如果花钱很多、资金不到位，工程可能20年也修不起来。所以当时中线南水北调论证时，我们最担心的问题就是：估计的造价够不够、筹措资金的方法行不行。如果都不行，最后南水北调可能成为开国以来最大的"胡子"工程、半拉子工程。这个问题在当时的论证中没交代清楚。第二个问题就是运行期间的风险，从开始卖水到达到设计要求是个什么过程，水费能收多少，能否维持正常运行，如果不能维持正常运行，要么是工程任其破坏，要么财政部给予巨额补贴，背上一个大包袱。我想，财政部背个包袱也许是应该的，因为这是影响全局性的工程，有巨大的社会效益。但你要交代清楚，究竟背多大的包袱？背多久？因此，针对这两种情况需要深入研究，进行补充论证。

另外，天津院对跨流域调水工程的调查研究已经分了很多类型，还可以再归纳一下，如何分类，如供水对象不同、收费标准不同、收费方式不同等分别研究。我建议不妨把江苏的南水北调做一个典型，因为这个典型是很有代表性的。现在总讲江苏灌溉排水不收费或收费很低，我看这也可能是一种类型、也可能是一种出路，在这种特殊情况下，灌溉收费、排水收费各方面都有困难，省里每年拿出很多钱维持这个工程的运行和维修，未尝不是一种办法，可以分析一下利弊得失，全面总结一下，很有必要。所以，我觉得这个报告还应该再深入做一些工作。

三、总体规划

本次考虑两个问题，一个是四个流域的相互关系问题，一个是市场经济问题，都很重要。请计委宏观研究院、建设部城市水资源中心和农科院做工业、城市和农业发展及其用水这三个方面的专题研究，很有必要。从所做内容来看，非常好，考虑全面，若能按要求完成，会使将来的工作大大提高一步。

有两个问题希望注意：一个是现在就城市化水平而言，北方地区和全国差不多，但是从一般概念上来看，城市化水平与经济发展综合水平密切相关，中、东、西三个地带，城市化水平应该有差别。这方面能否再研究一下。二是不同地区特大城市、大城市、中小城市的相互配合可能不一样；西北地区由于水资源分布特点，不宜发展大城市，应该以发展中小城市为主，对有些地区的城市化水平，大、中、小城市结构上的差别等能有所说明。

现在讲北方缺水不外乎是两个问题：一方面是人口、工农业生产布局和产业结构、规模方面不适当，造成的缺水；另一个是供水、工程本身造成的问题，供水能力不足和工程维修、管理不善等等。希望在这三个专题中能够找出现状情况下工业、农业、城市的产业结构、发展速度、生产规模存在的问题，对水资源合理配置的影响。

关于总体规划的阶段划分问题，我觉得分三阶段还是可以的。因为我体会，第一、第二阶段完成了就等于有了方案，第三阶段是检验、进一步评估方案是否可行，这个程序还是必要的。第三阶段非常重要，而第三阶段也是最难的一个阶段。

调水总的年限和目标要考虑得远一点，因为这次全国动员这么多人来研究北方水资源，总是应给人一个大体的极限量。不管到什么时候，大概总是得有这么一个数，最终这个地区需要多少水，只能给多少水。

四、关于近期方案

曾与张光斗老先生交换意见，他认为沿太行山一带，解决城市缺水的首选方案应该是充分利用沿太行山已建的水库，将这些水库转为城市供水。影响到的农业供水部分，有两种解决途径：一种是城市用水后，污水资源化补充农业用水；另一种是当地解决不了，再从外流域引水补充。我认为，他的考虑很值得研究。现在沿京广线城市的缺水性质，有点与北京相似，为了便宜，拼命开采地下水，水库的水因为修供水管网工程投入大，成本高，不想用。但最后如果总体上都缺水，能避免这个问题吗？外面引水来了也同样有这个问题。这样的方案对将来跨流域引水的调节利用问题、水质保护问题可能都有些好处。希望对这个方案进一步分析研究。

还有一个问题，北方引水来后，外来水与当地水如何结合，如何合理调配、利用。这个问题可能是影响整个调水规模的决定性的因素之一。过去搞的中线南水北调方案，那套办法是先用外来水，再用当地水，等于把整个系统连接成像供电网的形式，完全统一调配行不行？要回答这个问题。

受水地区需要有必要的调节能力，中线南水北调致命的问题就是黄河北岸没有可供调节的地方，这是个大问题。由于用水的方式不一样，对调节的要求差别很大，这个问题将来能否早一点研究，使整个方案更切实可行。

方案很多，将来整个方案恐怕要有轻有重，有些方案做一些工作把问题说清楚，数字也不一定要搞得那么准。比如换水方案的第一方案中，引拒济京，可调水量非常有限。它在解决北京用水的最终方案中作用不大，对这种方案，把问题说清楚也就行了。万家寨引黄济京应该是解决水文周期波动中的一种措施，从总水量来讲，它并不解决比较稳定的供水问题，只是当北京实在旱得不行了，连人吃水都成问题时，费多大的代价也要从那弄点水过来，研究有没有这种可能。类似这一类的问题，有些方案不一定要下很大工夫，有些大家认为希望比较大的，而且好像舍此而外别无出路的方案，多下点工夫，工作要有所取舍。

引黄入淀这条引水线路，研究的深度不够，还应该深入研究。因为，对引黄入淀这条线路来说，无论是水的替代方案、还是水的直供方案，都有考虑的价值。中线南水北调方案过黄河后将来究竟是一条线送水还是两条线送水，这个问题很值得研究。如果是两条线送水，高线就是供沿线的城市，高线的规模可以大为缩小，保证率也可大大提高，值得很好研究。如果引汉水量较大，保证率就不可能很高，保证率较低的不稳定的部分就用低线送到白洋淀，沿线河北都可以取水，同时也是补充地下水的一个重要通道。这样就把原来我们最担心的丹江口供水不稳定性，用引黄入淀这条线路缓解了，而且也可作为补充地下水的一个重要水源。从长远来讲，先把经济问题撇开，是否有这种可能，甚至于将来遇到水情特殊的时候，有没有可能从白洋淀给海口附近放点水？特别是从改善华北地区的环境来看，这条线有它很重要的作用。因此我觉得这条线是应该要很好地研究一下的。另外，即使将来黄河的水不替代汉水，把白坡（即西霞院）与引汉的干渠沟通，现在黄河有 200 亿～300 亿 m³ 水下来，这些水与华北的水在水文波动周期间有一种调剂互补作用也是不可忽视的。特别是考虑到多种风险因素，我觉得把这两条线沟通也是必要的，但是不一定在一开始就做，可以分步骤在将来一定时期再去做。过去我们总希望东线的穿黄隧洞尽快打通，除了有直接供水的任务外，一个很重要的因素就是救急，对天津、河北救急，到时候可以不惜代价地把水送过去，如果没有这条线，别无办法。在水这个问题上，因素太复杂，各种关系，用定性、定量都说得符合计委本本上规定的那些指标是很难的。但是我们从用水的角度，要考虑的更多一些。所以这方面能否与整个海河平原互相联系，工作再做深一点。你们研究一下东京的供水系统，东京的城市供水是多水源的，有好多水源都可以解决东京的供水。绝不是单水源就能解决一个地区的供水。

研究北方水资源，无论如何不要忽视水文的周期波动和地区之间的同丰、同枯问题，特别是不要忽视连续枯水年，大账不能算那么细，但有些时段必须做一些分析，如90年代丹江口来水与北方需水情况，因为到时候得有个办法，所以应该做工作。

西部大开发与水有关的十大关系必须慎重处理

　　西部大开发中央提出了五项重大任务：基础设施建设，生态环境建设，生产结构调整，深化改革开放和加强人才培养。这五项中有三项与水利有密切关系。水利先行是西北大开发的首要任务。在水资源开发利用过程中，必须慎重处理以下各种关系：

　　（1）人民生活用水和各种社会经济活动用水与生态环境用水的关系。长期以来在水利规划和建设中很多地区对环境用水根本不予考虑，或考虑极少。这已经造成十分严重的后果。西部地区生态系统十分脆弱，环境严重恶化，社会经济发展与环境保护有尖锐矛盾，关键在于水资源的分配，因此，环境用水必须认真考虑。从远景考虑，缺水地区应在保证合理限度环境用水的条件下，再安排生活和社会经济用水。

　　（2）水资源开发与土地开发的关系。在西部内陆地区土地资源丰富而水资源短缺，农业需水占需水量绝大部分。因此，土地开发规模是需水量的决定性因素，必须以水定地，不可盲目开荒。西南地区必须严格控制陡坡开荒毁林，防止水土流失。

　　（3）西部粮食生产与解决中东部缺粮的关系。西北虽然有一定的土地潜力，但受水资源的制约，不可能大量扩大耕地，而且生产成本和运费很高，西粮东运，在经济上是不合理的。西南地区水多地少，生产潜力有限，保证本地区不断增长的需要是其根本任务。因此，不能将解决中东部的粮食问题寄希望于西部。

　　（4）种植业与牧业的关系。西部草原过度放牧，"白灾"、"黑灾"经常发生，鼠灾猖獗，草原退化，土地开垦又挤占优良草原，天然放牧已走入困境。必须采取措施使牧业走向现代化，种植业与养殖业结合，限制开荒。在发展新的人工绿洲时，必须考虑农牧结合，并为牧业现代化、为定居放牧创造条件。

　　（5）水资源开发与扶贫的关系。贫困地区一般都是干旱缺水、土地瘠薄、地形复杂地区，推行水土保持、大力推行坡地改梯田、发展水窖水柜等集雨微型灌溉，合理开发利用水土资源，是解决稳定扶贫的主要方向。

　　（6）水资源开发中开源与节流和保护的关系，当前水资源浪费和污染都十分严重。必须节约先行，保护为本，把节水放在真正的战略地位。

原文撰写于 2000 年 5 月 5 日。

（7）生态建设与水利建设的关系。天然林保护和退耕还林都须解决当地部分居民的生产生活问题，建设基本农田发展小型水利是根本出路。

（8）水利建设中发展与巩固的关系。续建配套、改造、清理"旧账"、除险加固等项工作应放在首位。不要使"旧账"干扰新的开发。新建项目应使骨干工程与配套工程全面安排，尽快发挥效益。

（9）高扬程灌溉与能源政策的关系。西部都存在水低土高的问题，都有发展提水灌溉的问题，高扬程灌溉应与当地水电开发相联系，电价应予特别优惠，实行发电灌溉统一经营、统一核算。

（10）城市建设与水资源特点的关系。西北地区水资源短缺，河流较小，不宜发展大城市，应以小型为主。西南地区，平地很少，傍河发展城市集镇，应严格控制占用行洪河滩和修建阻水桥梁。

以上各种关系得到妥善处理，社会经济可持续发展的国策就有可能实现。为此，提出以下建议：

（1）全面规划西部大开发，明确目标，明确总体布局，明确实施步骤，明确西部与中东部关系。

（2）制定必要的法规政策，约束社会经济发展过程中盲目行动和违反基本国策和规划的行为。

（3）建立水资源的统一管理体制，将水资源开发利用、分配管理、供水、排水、污废水处理等纳入一个统一的系统，实行统一管理。

（4）建立生态环境严格监管制度，明确必需的环境用水得到切实保证。

（5）国家社会给具有社会公益效益的水利建设和环境保护设施必要的投入，保证按规划逐步实施。

西北内陆区水资源问题的一些思考

西部内陆地区总面积 350 万 km²，土地辽阔，人口稀少，情况复杂。其中新疆、河西走廊和柴达木盆地人口稠密，资源丰富，经济发达，仅对这三个地区的水资源问题作一些粗浅的探讨。

一、地区基本情况

这三个地区总面积约 220 万 m²；平均气温低，年内变化大，日温差较显著；年平均降水约 150mm，分布极不均匀，盆地中心年降水量不足 50mm，而山区降水平均在 300mm 左右，个别地区年降水可达 600～1000mm。全地区山区总面积约 90 万 km²，其中：新疆 71 万 km²，河西约 9 万 km²，柴达木盆地约 10 万 km²，占总面积 41.0%，而降雨总量占全区 79%（总降水量 3150 亿 m³，山区约 2500 亿 m³）。全区水资源总量 987 亿 m³（其中：新疆 857 亿 m³，河西走廊 78 亿 m³，柴达木盆地 52 亿 m³），单位面积水资源量 4.48 万 m³/km²。全区水资源绝大部分来源于山区河川径流，出山后地表水与地下水转化频繁。本区属干旱区，水资源贫乏，生态环境脆弱，没有灌溉就没有农业，对社会经济的承载能力有一定限度，保护生态环境与社会经济发展永远存在着矛盾，随着人口的增加和经济的发展，这种矛盾日趋尖锐。这是西北内陆区的一个基本规律，西北内陆地区的开发，处处时时都要考虑这个基本规律，力求社会经济发展与生态环境保护保持必要的平衡。

二、水资源开发利用的历史、现状和当前存在的问题

这一地区历史上是以畜牧业为主，兼有少量绿洲农业。西汉、盛唐和清代得到较多的开发利用。如河西地区，东汉中期人口达 28 万，开垦百余万亩；新疆在汉代人口大约 20 余万，人工绿洲规模较小，清代末年南疆各州府共有耕地 903 万亩，塔里木河盆地周边人工绿洲轮廓大体形成。1949 年新中国成立之初，本地区人口达到 600 多万（其中新疆 433 万，河西 170 万，柴达木 1.95 万）；耕地约 2500 万亩（其中：新疆 1814.7 万亩，河西 675 万亩，柴达木约 3 万亩），灌溉面积大约 2000 万亩，估计用水量 200 亿 m³。1949 年以前人口少，耕地有限，农业生产水平低下，灌溉粗放，生态环

原文系作者在"天津大学学术讨论会"上所作的专题报告。

境保持了良好水平，山区（天山、阿尔泰山、祁连山区）森林茂密，平原地区天然绿洲广阔，草原丰美，人工绿洲不到 3 万 km^2。

新中国成立后，对西北内陆地区，进行了积极开发，到 1995 年，全区人口达 2135 万（其中：新疆 1661.4 万，河西 433.3 万，柴达木 40 万），达到 1949 年的 3.55 倍；耕地达 5600 万亩，包括人工绿洲的林带灌溉面积约达 7000 万亩，为 1949 年的 3.8 倍；粮食总产量达 1100 多万 t，人均粮食 480kg/人，高于全国水平；水资源开发利用总量 540 亿 m^3（其中：新疆 460 亿 m^3，河西 75 亿 m^3，柴达木 5 亿 m^3），约为 1949 年的 2.7 倍。人工绿洲面积 1949 年不到 3 万 km^2，到 90 年代已扩大到 8 万 km^2，这些占总面积不到 4% 的人工绿洲，养育了 90% 以上的人口和大、小城市集镇。50 年来，水资源的开发利用对西北地区的社会经济发展起到了决定性的作用，成绩是十分巨大的。但也可以看出，50 年的发展基本是外延扩张式的发展，随着人口的增加，不断开垦土地，扩大灌溉面积，增加水资源的引用和消耗。

经过 50 多年来外延扩张式的发展，西北内陆地区，虽然社会经济发展的成绩很大，但也产生了一系列影响继续发展的严重问题，特别是生态环境的恶化。

（1）部分地区水资源紧缺，开发利用程度已超过当地水资源的合理承载能力。草原超载放牧，造成草原退化，加重土地沙化。从全地区而言，人均水资源 $4600m^3$/人，按耕地计算亩均 $1740m^3$/亩，水资源是丰富的，但分布不均与人口分布不相匹配，如新疆北麓经济带、吐哈盆地、河西走廊的石羊河、黑河流域，供水十分紧张，上下游之间、城乡之间、工农业间用水矛盾十分尖锐。

（2）社会经济发展用水挤占了生态系统用水，造成天然绿洲的退化。根据卫星照片对比分析，90 年代与 70 年代相比，整个西北地区林草地减少了 30 多万 km^2，荒漠化土地增加了 30 多万 km^2。林地减少主要是森林过量砍伐造成的，草地萎缩和荒漠化的迅速发展主要是人工绿洲扩大、用水量过多和过度放牧造成的。如河西走廊原有草场 870 万 km^2，一些地区典型调查草场退化面积达 40%～70%，产草量大幅度下降。部分地区由于上游用水过多，下游水量减少，加上地下水的大量超采，造成了大面积的地下水位下降，也是造成平原草原退化和荒漠化迅速发展的重要原因。如石羊河中下游盆地地下水位一般下降 1～4m，部分地区达到 10m 以上，造成地表植被大量死亡；又如塔里木河下游，河道多年断流，中游洪水泛滥大大减少，天然胡杨林从 50 年代 300 多万亩，减少到 90 年代不足 100 万亩。

（3）河流下游断流，湖泊明显萎缩。塔里木河 50 年代末端形成台特马湖，最近 20 年大西海子以下 300 多 km，已完全断流，台特马湖干涸；黑河下游 50 年代常年有水，最近 20 年除汛期短期有水外，几乎常年无水。许多天然湖泊自然消失，如罗布泊、台特马湖、玛拉斯湖、居延海等；部分湖泊明显缩小，如新疆艾比湖 1950 年湖水面积 $1070km^2$，80 年代末期只剩下 $500km^2$，博斯腾湖也明显缩小。

（4）水质严重恶化。城市污水大量增加，处理滞后，农田农药化肥污染和土地盐碱化等，造成河湖水质严重恶化。许多河流的中下游水质已不适宜饮用和农田灌溉，对人民健康造成极大危害。

（5）土地盐碱化仍在继续发展。新疆现有盐碱化耕地 1300 多万亩，河西走廊受盐碱化危害的耕地有 100 多万亩，柴达木盆地的耕地几乎都存在着不同程度的盐碱化。耕地盐碱化至今未得到有效遏制，成为灌溉农业的痼疾。

部分地区缺水和生态环境恶化的主要原因是：①用水浪费。灌溉用水占地区总用水量的 80％～90％，灌溉水有效利用率仅占 40％～50％，如新疆全区平均灌溉定额达 704m³/亩，先进的北疆昌吉地区仅 443m³/亩；而用水粗放的南疆和田地区高达 925m³/亩；河西地区 80 年代灌区引水定额大都在 1000m³/亩左右。而分析计算作物综合净灌溉定额在 500m³/亩左右，由于灌溉用水浪费，不仅造成供水紧张，形成上下游的用水矛盾，而且形成土地盐碱化的不断发展。②水资源的开发利用缺乏合理规划，只顾社会经济发展的需水要求，不考虑生态环境的恶化。往往上游大量引水，不断扩大灌溉面积，而下游水源减少，水质恶化，造成河湖干涸，虽然人工绿洲不断扩大，但天然绿洲在急剧缩小退化。③城市化不断扩大，污水大量增加，而污水处理利用严重滞后，不仅恶化环境，而且破坏水资源，减少了可利用水资源。

三、在西部大开发中，对水资源问题的三点基本认识

（1）必须认识在干旱地区，水资源有一定的承载能力，必须按水资源可以承受的限度进行开发建设，发展社会经济。一个地区的生态系统的保持平衡取决于这个地区的水资源状况和气候条件。在西北内陆地区，除少部分高寒山区外，绝大部分地区都是气候温和，阳光充足，适于生物繁衍，最主要的限制条件是水资源状况。原始状态的生态系统充分反映了对自然环境的适应性。西北内陆地区 220 万 km²，除山区 90 万 km² 外，平原面积 130 万 km²，其中沙漠、戈壁等无植被面积近 90 万 km²，达 70％，不同程度植被覆盖的面积仅 30％，这说明本地区生态系统的脆弱性。任何人类活动，包括人工绿洲的建设、城市工业的发展、放牧牲畜的增加等都在破坏原始生态系统。但是人口的增加，生产力的提高，开发可利用的土地，增加人类生活生产用水，减少自然生态系统的用水，是不可避免的。因此，这一地区人类从原始走向文朗，社会经济发展与生态环境恶化的矛盾是始终存在的。时至今日，生态环境恶化已经到了十分严重的地步，继续恶化下去，将直接影响人类的生存和发展。因此今后社会经济的发展必须受到限制，不能进一步挤占生态环境用水。今后人口继续增加，经济继续增长，除少数水资源尚有潜力的地区，可适当增加开发利用规模外，其他大部分地区要靠节约用水和保护水资源来促进社会经济的发展。因此，西部大开发，绝对不能搞成"大移民"和"大开荒"。

（2）西北内陆地区究竟缺水不缺水？缺什么水？用什么途径来解决缺水问题？

西北内陆地区按降水量和产水量，从总体上看是干旱缺水地区，但从人口分布和开发利用状况来看，水资源还是相当丰富的，人均水资源 4600 亿 m³/人，亩均水资源 1700m³/亩，均高于全国平均水平，也高于联合国提出的人均水资源少于 1700m³ 为用水紧张国家的指标。在考虑到生态环境合理保护（以不直接威胁社会经济可持续发展为限制条件）用水的情况下，在人口达到零增长时（估计本地区人口可能达到 3000 万～4000 万，全国人口将比 1995 年增加 4 亿人，增加 27％，本地区增加 870 万～1870 万，增加 40.8％～88％），耕地面积控制在 8000 万亩左右，在总体上水资源仍然是可以维持继续发展的，但是由于水资源时空分布与人口和资源分布的不协调，部分地区的水资源短缺仍然是存在的。从现状出发，未来缺水严重的地区主要有：河西的石羊河、黑河

流域，天山北麓的乌鲁木齐河流域，东疆吐哈盆地，南疆塔里木河下游。石羊河土地开发程度远远超过水资源的负担能力，已引起农田外围大面积的草原荒漠严重退化，农区地下水超采非常严重；黑河流域由于中游不断扩大灌溉面积，过量用水，下游额济纳旗草原和荒漠植被明显退化，古代名声显赫的居延—黑城绿洲接近消失，这对历史边防要地和现代航天中心都造成重大影响；乌鲁木齐河流域是新疆政治、经济、文化中心所在地，水资源已经不能满足发展需要；东疆水资源极为有限，近年来发现大量天然油气，开采利用已有一定规模，原本缺水的吐哈盆地，现在工农业之间、城乡之间的用水矛盾更加突出；整个内陆地区季节性缺水普遍存在。

如何解决缺水问题？不外有四种途径：①继续开发利用当地水资源（包括地下水）。在本区内有些地方，如额尔齐斯河、伊犁河等水资源还是有一定潜力，但可引用的水量有限，特别是要照顾国际关系和流域生态环境用水，必须慎之又慎，不能竭泽而渔，走过去的老路；不少河流可以修建山区水库，提高径流调节作用，但必须与改造平原水库相结合，必须控制水库下游用水量的增加和盲目开荒，一定要为下游河道留有必要的生态用水。②对石羊河、黑河、东疆等严重缺水地区很难用继续开发当地水资源的办法解决根本问题，只能在合理分配当地水资源、厉行节约用水和认真保护水资源的前提下，从全局利益出发合理调整产业结构，限制无序的土地开发利用，优化水资源的配置，提高水的利用率和效益。③对整个地区来讲，本地区用水浪费明显，无论从农田灌溉定额、工业万元产值用水量或单位GDP用水量在国内外都是很高的，因此节水潜为很大，厉行节约用水、提高用水效益是缓解用水紧张和后继发展的根本出路，要在技术、经济、行政管理等三个方面采取措施，促进节水。近几年，有不少人提出所谓"大西线调水方案"，对此必须慎重对待，千万不可寄予不切实际的希望。各种"大西线调水方案"不仅在技术上困难重重，经济上极不合理，而且工程都只提出了一半，即引水最后只到黄河，从黄河如何送到内陆地区，尚未见到一种可能的设想，从地形、地貌的常识判断，即使引水进入黄河，也很难将水引到内陆地区，如果坚决要引，其工程的艰巨和代价的巨大，不会比从雅鲁藏布江引水到黄河的小。因此，西北内陆地区水资源开发利用，只能立足于当地水资源和少量邻近地区的调水，严防信息误导，不可对"大西线"寄托不切实际的希望，否则将贻误大事。

（3）节水、治污是解决西北内陆缺水问题的关键所在，必须坚持不懈地进行到底。

节约高效利用水资源是一项十分复杂和艰巨的工作，必须长期坚持和付出巨大代价。节水既要考虑农田的节水效果，又要关注绿洲内部林草和城市绿化需水的谐调，不宜单纯追求农田灌溉定额的降低。

节水必须采取综合措施坚持不懈。要通过下列措施达到节水目的：

1）技术措施：提高水源的调节能力，进行灌区节水改造，减少渠道输水损失，改进田间灌水技术，提高灌溉水的利用率。

2）经济手段：调整产业结构，限制高耗水、高污染产业的发展，调整水价促进节水。

3）社会教育：加强宣传，建立对水资源的正确认识，改进传统用水习惯，提高全民节水意识。

　　4）行政措施：加强管理健全法制，地区合理分配水资源，制定水资源的具体调度方案，加强执法力度。

　　通过上述办法可以达到节水目的。

　　四、西北内陆地区的社会经济发展必须慎重处理与水有关的几种关系

　　（1）人民生活用水和各种社会经济活动用水与生态环境用水的关系。长期以来在水利规划和建设中很多地区对环境用水根本不予考虑，或考虑极少，这已经造成十分严重的后果。从全局和远景考虑，缺水地区在保证合理限度环境用水的条件下，再安排生活和社会经济用水。

　　（2）水资源开发与土地开发的关系。在西部内陆地区土地资源丰富而水资源短缺，农业需水占需水量绝大部分。因此，土地开发规模，需水量是决定性因素，必须以水定地，不可盲目开荒。

　　（3）西北内陆地区粮食生产与解决中东部缺粮的关系。西北虽然有一定的土地潜力，但受水资源的制约，不可能大量扩大耕地，而且生产成本和运费很高，西粮东运，在经济上是不合理的。不能将解决中东部的粮食问题寄希望于西部。

　　（4）种植业与牧业的关系。西部草原过度放牧，"白灾"、"黑灾"经常发生，鼠灾猖獗，草原退化，土地开垦又挤占优良草原，天然放牧已走入困境。必须采取措施使牧业走向现代化，种植业与养殖业结合，限制开荒。在发展新的人工绿洲时，必须考虑农牧结合，并为牧业现代化、为定居放牧创造条件。

　　（5）水资源开发中开源与节流和保护的关系。当前水资源浪费和污染都十分严重，必须节约先行，保护为本，把节水放在真正的战略优先地位。

　　（6）水利建设中发展与巩固的关系。续建配套、改造、清理"旧账"、除险加固应放在首位。不要使"旧账"干扰新的开发。新建项目的骨干工程和配套工程必须同时全面安排，尽快发挥效益。

　　（7）城市建设与水资源特点的关系。西北内陆地区水资源短缺，河流较小，不宜发展大城市，应以小型为主。

　　（8）山区必须严格保护原始森林，停止采伐，人工绿洲节约用水，必须考虑生态环境的需水要求，不宜只注意农田灌溉定额的减少。

　　以上各种关系得到妥善处理，社会经济可持续发展的国策就有可能实现。

关于西北地区开发建设中几个问题的学习和思考

一、西北地区范围界定

西北地区范围有两种不同含义：①以行政区划分，包括陕西、甘肃、青海、宁夏和新疆 5 省区，总面积 296.6 万 km^2，人口 9172 万，（按 2002 年民政部编《行政区划图册》统计），分别占全国 30% 和 7.2%。②按自然地理区域划分，两北地区属干旱、半干旱地区，中国科学院地理研究所一些研究报告提出的年降水量小于 200mm，干燥度大于 3.5 作为干旱地区划分标准，以年降水量 200~500mm，干燥度界于 1.5~3.49 作为半干旱地区，干旱地区总面积约 280 km^2，半干旱区总面积约 175 万 km^2，总计 455 万 km^2，分别占全国总面积的 29%、18% 和 47%（参见赵松乔等编著《中国的干旱区》），其中包括：沙漠化土地 17 万 km^2，沙质荒漠 60 万 km^2，戈壁 56 万 km^2，沙漠 15 万 km^2，裸岩山地 46 万 km^2，永久冰川积雪 5 万 km^2，即难于改造利用的土地约 200 万 km^2。一般对西北地区研究的范围包括：西北行政区划和内蒙古地区内的内陆河流域 277.9 万 km^2，主要有新疆维吾尔自治区全部、甘肃河西走廊地区、青海柴达木盆地和内蒙古自治区的内陆河流域；同时还包括黄河流域上中游晋、陕两省黄河干流以西部分，总面积 63.49 万 km^2，上述地区总计 336.4 万 km^2。

这一地区在地形上属于中国三大阶梯中第一阶梯青藏高原的北部边缘和第二阶梯北纬 35°以北的绝大部分，以高原盆地为地形的主要特征，又是沙漠、戈壁、沙质荒漠和水土流失的集中分布地带；在社会经济文化方面，是中国少数民族集中分布与汉族长期交流融合的地区，也是农耕文化与游牧文化互相对峙、交流和融合的场所。这一地区在中华民族的形成、发展过程中具有极其重要的地位。

二、西北地区的自然环境和水资源的特点及水资源概况

1. 自然环境特点

自然环境是人类生存发展的基础。太阳光热在地球表面的分布、地热从地心到地表的传输和地球的自转是决定地球表层环境的主要因素，是特定地区、气候、地形、地质和水资源状况形成和演变的能源动力。

由于太阳光热在地球不同地带分布不同，由此引起的热力差异产生了全球气候纬向

原文撰写于 2002 年 8 月。

地带分布；同时由于地球自转、海陆分布、地形高低以及洋流特性等因素，不同程度地破坏了气候纬向的地带性规律，在同一纬度的不同地区又产生了气候的显著差异。就全球而言，存在着一条纬向环球的干旱地带，即在赤道多雨带和温带多雨带之间存在的一条副热带高压笼罩下的少雨带，这个少雨带集中分布在南北纬15°～35°之间，形成了北非撒哈拉、西亚阿拉伯、南非卡拉哈里和澳大利亚中西部等著名的大沙漠。这个地带由于副热带高压的影响，高空热气流不断下沉，气温不断升高，云散雨消，很难形成持续较长的降水，常年晴空万里，日照强烈，蒸发旺盛，形成了突出的炎热和干旱特征，年降水量绝大部分小于200mm。这个干旱带经过南亚地区，大约自3000万年前由于青藏高原的持续隆起，形成平均海拔4000～5000m的广阔高原，高原南侧和西侧又形成很多海拔6000～8000m的高峰。这一特殊地形，打乱了这个环球炎热干旱地带的分布规律，将这条炎热干旱带在亚洲南部阿拉伯沙漠以东地区向北推移了大约10个纬度，形成了里海以东、大兴安岭以西、青藏高原北侧和蒙古高原南部广阔的干旱地带，包括中国、中亚各国和蒙古国在内，总面积达600多万km^2，其中在中国降水量小200mm的干旱地带面积约280万km^2。

这些地区，从总体上看干旱少雨，但是由于地形的影响，降水分布极度不均匀，山区在一定高度以上形成集中的多雨区，如中国的西北内陆地区中，80%以上的年降水量集中在约占总面积大约30%的山区；在山区形成河川径流。进入平原后形成天然绿洲，成为人类发展农牧业赖以生存和发展的基地。广大平原（包括高原盆地）降水稀少，形成荒漠草原、沙漠、戈壁，在特殊的气候条件下，成为土地沙化、沙漠化和水土流失的主要分布地带。西北地区降水稀少的原因主要是它深居内陆，太平洋的水汽西进鞭长莫及，最远影响到河西走廊的中部，印度洋南上的水汽受到高大广阔的青藏高原的阻隔，影响十分有限；从大西洋、北冰洋东进的水汽，经过千里行进，受沿途高山阻拦，所剩有限，但仍是新疆地区降水的主要来源。新疆西部山区和天山山脉降水和冰雪都是大西洋和北冰洋水汽所作的贡献，但愈向东发展降水量愈少，到吐哈盆地周边山区。降水量明显减少。因此，可以发现中国西北内陆地区内新疆东部吐哈盆地和河西走廊西部疏勒河流域是西北最干旱的地区。

这些干旱地带对流层常年盛行西风，西风的强度随高度迅速增大，最大风速出现在纬度30°～45°上空的200hPa附近，正在中国西北内陆地区的上空（见《大百》大气科学）。在地形和热力条件的影响下，又形成了局部特强风力地带或风口，如山谷风、山顶大风、隘口大风；特别是大陆温带气旋，对沙尘暴的形成和加强起到极其重要的作用。温带气旋一般系由来自热带的暖空气和来自极地的冷空气组成的旋涡，冷暖空气温差越大，温带气旋的能量和风速也越大。温带气旋与台风一样都呈逆时针方向旋转，边旋转边前进，其旋转规模可以比台风更大，直径可以大到几百公里甚至上千公里以上。干旱地区冷空气经常刮起地面的沙土，有时形成几百米高峰沙尘墙不断向前推进，即强沙尘暴，在遭遇强温带气旋时，这种沙尘暴即可造成极为严重的灾害。1993年5月4日夜至早晨，从新疆经甘肃、内蒙古西部到宁夏的大沙尘暴，造成85人死亡，31人失踪，264人受伤，560万亩农田受灾，12万头牲畜死亡，直接经济损失达5亿元，这就是一次强温带风暴造成的。美国在西部开发过程中，在南部大规模开荒时，也多次出现类似的强大沙尘暴，即所谓"黑风暴"，造成了很大的损失。

黄河流域的上中游地区，除河源和宁蒙河套地区和长城以北部分地区降水量小于200mm属干旱地区外，绝大部分地区是降水量大于400mm的半干旱地区。由于青藏高原的隆起，东亚和南亚季风的加强，使原属于环球干旱带的中国东部从南到北逐步形成湿润和半干旱地区；同时也使青藏高原的西北侧常年西风带的加强，到第四纪以来的200多万年间，在中国中北部形成了64万km²深厚的黄土高原，成为黄河上中游地区自然环境的决定性因素。在特殊的气候和地质条件下，使黄河上中游成为水土流失极为严重的地区，形成广大的黄土沟壑区，使黄河干支流水流含沙量特别高，造成河床的严重淤积，又是沙尘暴沙尘的主要来源。黄土高原的水土流失，一方面不断破坏着当地的生态环境和生产条件；另一方面又在黄河及其主要支流的中下游形成了广阔肥沃的汾渭盆地和黄淮海平原，成为华夏文明的主要发祥地。

属于干旱气候的内陆地区绝大部分土地由于干旱，水分不足，限制了热量发挥作用，天然绿洲只能发展牧业，没有水资源的开发利用，就没有种植业，没有真正意义的农业和城市经济；属于半干旱气候的黄河上中游地区，天然降水也只能维持低水平的农业生产，土地的生产潜力难以充分发挥。就整个西北地区而言，水资源的多少及其开发利用的程度是当地人类生存发展和维持一定水平生态环境的关键所在。

2. 西北地区水资源概况

（1）西北内陆地区的水资源。总面积278万km²，多年平均降水量178mm，年总降水量4948亿m³。降水量在地区分布上极不均匀，总面积中山区面积123.4万km²，占44.4％，而山区降水总量占总降水量的80％以上，主要集中在西部，北部的天山、阿尔泰山和祁连山一带，大部分高山地带年平均降水量在300mm以上，天山西段部分地区和阿尔泰山北部年平均降水在600mm以上；而各盆地中心降水量急剧减少，如新疆准格尔盆地年降水量仅100mm左右，塔里木盆地和河西走廊北部普遍不足50mm；贺兰山以东地区随着地面的抬升，降水量从100mm左右向东逐步增大到大兴安岭西侧一带的400mm以上，西北内陆地区多年平均水面蒸发在900～2800mm之间，以天山山区中西部最低，在1000mm左右，河西走廊北部、内蒙古西部、柴达木盆地最高，不少地区超过2000mm。水资源总量1095.88亿m³，其中地表水961.92亿m³，地下水743.89亿m³，地下水与地表水的重复量609.93亿m³。水资源总量中新疆维吾尔自治区859.15亿m³，河西内陆区86.76亿m³，柴达木盆地55.99亿m³。西北内陆地区水资源的基本特征是：①干旱少雨，广大地区生态系统脆弱，一旦水资源开发利用，必然打破原始状态的生态平衡，人工绿洲的发展，必然引起自然绿洲的缩小。为了保持一定水平的生态系统平衡，可供社会经济活动的生活生产用水数量是有限的，因此要贯彻可持续发展的国策，必须以水资源的合理配置和以供定需的开发利用为基础。②水热同步，集中降水的5—8月，一般可占全年降水量的50％以上，降水量集中的山区可占70％以上。山区冰川积雪也在夏季高温期溶化补给河流，这样使雨热同期更为突出。雨热同期，有利农作物生长，是农业发展的基础条件。但适于农业垦殖的土地集中于盆地边缘接近山麓的平原地带，这些地带雨量稀少，蒸发量很大，没有灌溉就没有农业。③水资源空间分布极度不均衡，如新疆的西北部占全疆总面积50％的地区，而水资源总量占全疆的 93%，其东南部占总面积 50% 的土地，水资源仅为 7%，增加了水资源空间调配的困难；同时绝大部分的水资源集中于山区，而山区除冰雪的天然调节能力外，人工调蓄代价很大。但水资源的时序分配过程和地区分布与农作物的需水、城市生活、工业用水过程及其地区分布相匹配，因此水资源的开发利用必须付出高昂的代价，如进行人工调节和区域内的跨流域长距离调水。④产水区集中于山区，耗水区集中于平原绿洲，地表水、地下水转化频繁，有利于水资源的开发利用；同时由于水资源开发利用规模的不断扩大，用水方式的不断变化，导致水资源分布及特性的变化，引起一系列生态环境的新问题，必须给予足够的重视。⑤西北内陆地区，受到地理位置和地形、地质条件的限制，要想从多水的东南方河流大量调水补给西北内陆地区十分困难，代价极其高昂，因此开发西北内陆地区，必须立足于科学合理开发利用当地水资源，重视节约用水和保护水资源的工作。

截止到 2000 年，西北内陆地区总用水量达 577 亿 m^3，用水总量占水资源总量的 52.6%。用水总量中，新疆用水 480 亿 m^3，占水资源量的 55.9%；河西走廊用水 81.5 亿 m^3，占水资源量的 93.9%。这些水资源的开发利用，支持 2821 万人的生存和发展，全地区耕地 9571 万亩，其中有效灌溉面积 6077 万亩，生产粮食 1193 万 t，牲畜达 7466 万头，国内生产总值（GDP）1960 亿元。未被开发利用的水资源（除去流出国境的部分）和未开采的浅层地下水全部消耗于当地生态系统。

（2）黄河流域的水资源。在西北地区的黄河流域总面积 63.49 万 km^2，年平均降雨量 460mm，地区分布很不均匀，东南多、西北少，山区多、平原少，以秦岭山地最大，可达 600mm 以上，宁蒙河套平原西部最小，在 200mm 以下，年降水总量 2921.8 亿 m^3；年平均水面蒸发量在 800～1500mm 之间，关中平原最低，河套平原最高。流域内水资源总量 534.6 亿 m^3，其中地表水 475.74 亿 m^3，地下水 327.15 亿 m^3，地表水与地下水重复量 268.3 亿 m^3。西北黄河流域水资源的基本特征是：①水资源时空分布不均，70% 的水量来自汛期 6～9 月，同时存在不同长度的枯水段和丰水段，如 1958—1967 年长达 10 年的丰水期和 1973—1981 年长达 9 年的枯水期，旱灾与洪涝灾害反复发生。在地域之间，黑山峡以上水资源总量达 320 亿 m^3，占水资源总量的 57%，但水多地少，（耕地约 2000 万亩，占流域总耕地 15%）而且水低地高，难以利用；龙门至三门峡，占流域水资源总量的 21.4%，水少地多，耕地达 8257 万亩，占流域总耕地 47%，水资源短缺。②水沙异源，黄河上游水多沙少，中游水少沙多，形成河道淤积，水资源开发利用困难，洪水应主要用于河道输沙，减少淤积，遏制下游地上河的快速发展，因此可为社会经济发展利用的水资源较少。③西北地区黄河流域共有水资源 534.6 亿 m^3，其中地表水 475 亿 m^3，由于输沙和黄淮海平原引黄用水数量巨大，分配给西北地区流域内用水的地表径流仅约 180 亿 m^3，人均不足 300m^3，低于黄淮海三大流域的平均数，也低于海滦河流域的人均水量，增加西北地区黄河水量的分配或增加流域外调水是势在必行的。

截止到 2000 年，西北黄河流域总引用水量 292 亿 m^3（包括地表水和地下水），耗水量 158.7 亿 m^3，引用水量占流域水资源总量的 54%，耗水量占分配给西北地区河川径流量的 88%，这些水资源的引用和消耗，支持了流域内 6357 万人的生存和发展，按

2000 年统计，流域内耕地 1.75 亿亩，有效灌溉面积 4600 万亩，生产粮食 1976 万 t，牲畜 5900 万头，流域内国内生产总值 3048 亿元。流域内生态环境用水，主要依靠天然降水和浅层地下水。

三、西北地区社会经济发展历史的回顾

自然地理环境是社会经济发展的基础。在中国大陆东部温带季风影响地区，大体以年降水 400mm 等值线为界限，年降水量大于 400mm 的地区以农耕种植业为主，形成农耕文化；年降水量小于 400mm 的地区，以游牧业为主，形成游牧文化；在年降水量 400mm 等值线两侧的附近则形成农牧交错带。长期以来，农耕文化与游牧文化大体以长城为界，形成农耕民族统治区与游牧民族统治区的分立、对峙和融合。

农耕区与游牧区在中华民族未形成统一国家之前，以农耕文化为主的汉族和以游牧文化为主的少数民族形成了许多长期分离的互不统属的统治区域，但在经济上却始终相互依存，双方都需要从对方取得一些产品作为发展经济的补充条件，在正常情况下，游牧民族通过官方设立的互市从农业区取得农产品（主要是粮食和茶叶）、手工业品（主要是布匹，丝绸和金属生产生活用品），同时引进一些生产技术；农业民族则从游牧区获得了牛马等牲畜和畜产品。这种互市贸易相互促进了生产发展和生活水平的提高。当和平发生阻碍，或一方扩张统治范围受到抵触时，便发生战争，而战争的实质正是汉族和少数民族或少数民族之间交流、融合逐渐走向统一民族的重要过程。农牧区分局面形成后，农牧区界线在不同时期互有进退，但总的趋势则是农业区与农耕文化的扩展，原有游牧区和农业区逐步走向农牧结合的种植业与养殖业互相促进的局面。

中国历史上西北地区的开发，影响深远的有三个重要时期。

1. 秦汉时期

秦汉时期，在这长达 400 多年期间是农耕种植业向游牧区扩展的重要时期，主要采取移民边疆和驻军屯垦的办法，兴修水利开垦耕种。秦灭六国统一中原以后，在黄河河套平原移民设郡，汉武帝时战胜匈奴和其他少数民族，统治了河套和河西走廊，建立了朔方、五原、武威、张掖、酒泉和敦煌等 7 个郡，大规模进行实边屯田，移民超过百万。形成了广大的半农半牧交错地带，在汉族和少数民族交流、融合的过程中，发挥了重要作用。公元前 138 年汉武帝建元 3 年派张骞出使西域（当时主要指塔里木河流域）至公元前 60 年，汉宣帝神爵 2 年，经过 70 多年的经营，终于在乌垒（今轮台、库车一带）建立了西域都护府，统帅了分布在塔里木河流域的西域 36 国，打通了勾通欧亚贸易的丝绸之路，促进了塔里木河流域的农耕种植业的大发展，东西文化频繁交流。大约 100 年以后，东汉明帝永平 16 年（公元 73 年），班超再次出使西域，经过无数次外交活动，历时 10 年的奋斗，西域再一次统一于汉朝，使中断数十年的丝绸之路重新畅通，直至东汉中期，东西方贸易和文化交流，均达到一个新的高潮期。西域的社会、经济、文化得到了明显的进步（以上参考：《农百·农业历史》和王嵘著《塔里木河传》）。时至魏晋南北朝时期，中原与西域的交流、贸易不断，农业经济发展较快，原来与西域的许多小国相互兼并，形成鄯善、于阗、焉耆、龟兹、疏勒、车师等几个较大政权，代表了当时西域绿洲农业的地理分布。但在河西走廊和黄河上中游地区，自东汉末年到魏晋

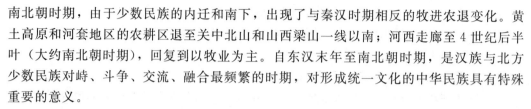

南北朝时期，由于少数民族的内迁和南下，出现了与秦汉时期相反的牧进农退变化。黄土高原和河套地区的农耕区退至关中北山和山西梁山一线以南；河西走廊至4世纪后半叶（大约南北朝时期），回复到以牧业为主。自东汉末年至南北朝时期，是汉族与北方少数民族对峙、斗争、交流、融合最频繁的时期，对形成统一文化的中华民族具有特殊重要的意义。

2. 隋唐时期

隋文帝统一中国后，积极准备对西北地区的开拓和发展，唐朝对西北疆域的恢复和发展做出过巨大的贡献。南北朝后期，突厥汗国从蒙古草原向外扩张，控制了新疆和河西部分地区。经隋代和唐代初年的中原与边疆少数民族的对峙斗争，至唐太宗年间（627－649年）基本上恢复了两汉时期的西北疆域，河西走廊和西域地区的农牧业都得到大规模的恢复和发展，解除了西北少数民族对中原政治经济的威胁。唐朝在开发西北时，特别关注陆上丝绸之路的畅通与管理，大力促进东西方贸易和文化交流。同时采取了正确的民族政策，以强大政治、经济、军事实力为后盾，制定了尊重少数民族风俗习惯、语言文字、宗教文化和传统生产的治理方式，积极任用少数民族的首领和精英为行政长官，发放优厚的俸禄，使西北边疆长治久安和少数民族扎根于边疆地区。在这一时期，唐朝的丝绸、瓷器和许多手工艺品沿丝绸之路远销亚欧各地；文化上出现了百花齐放，百家争鸣的局面，各种宗教并存于境内，哲学、史学、文学、艺术都有领先性的发展。少数民族在中原定居和迁移与日俱增，与唐王朝通使交好的国家达70多个，隋唐时代对西北地区的开拓，增加了中华民族的凝聚力。对形成统一文化和多民族的中国起到了重要作用（参见：马曼丽主编《中国西北边疆发展史研究》和华立著《清代新疆农业开发史》）。

3. 清朝时期

在中华民族发展史上，国家的统一，民族经济和文化的全面融合，特别在中国的北方，元清两个朝代起到了重要作用。清朝在形成多元一体化的中华民族格局和建立统一国家的过程中，发挥了不可替代的作用。自唐代末年至元朝统一中国之前，中国长期处于南北对峙的局面，虽然不断发生战争，但经济、文化的交流从未中断。至元朝统一中国，在经济发展中，农牧业的分布大格局基本没有变化。北方统治阶层，如蒙古贵族，一度想把汉人的农田改为牧地，但很快认识到这是行不通的，才又制定各种政策法规，兴修水利，恢复和促进农业发展。在北方辽、金和蒙古族统治地区，农耕文化也加速向草原伸展，兴修水利发展农业，单纯游牧文化面貌，也发生了一定变化。

元朝统一中国，以开平（今内蒙古正蓝旗东）为上都，以燕京（今北京）为大都，统治中心偏于北方。为了加强对南方的政治、军事控制和与北方各地的联系，并保证上都、大都的物资供应，积极建立驿站，构成以大都为中心稠密畅通的交通线，并扩建和改善南北大运河，从中国南方以及海外，将大批粮食和其他物资运至北方。大规模的发展交通运输，促进了经济发展文化交流和民族融合。

清代满族自1644年入关以后，至康熙三十年（1691年）已初步奠定了清代统一的多民族国家的格局，但西北地区仍处在与准噶尔蒙古的对峙局面。全盛时期的准噶尔汗国势力强大，其汗庭设在伊犁，统治着巴尔喀什湖以西的中亚，北至额尔齐斯河和鄂毕河上游，东南占领了青海、南疆，一度攻占漠北喀尔喀蒙古各部，威胁着漠南蒙古，并控制和操纵着西藏政局，其势力足可与清朝中央分庭抗礼。康熙二十九年（1690年）准噶尔汗噶尔丹深入漠南，达到距北京仅700km的乌兰布通，清开始反击，自康熙二十九年（1690年）至乾隆二十四年（1759年），前后经过70年的不断战争，统一了新疆，安定了青海、西藏（参见华立著《清代新疆农业开发史》）。至1840年鸦片战争帝国主义入中国以前，终于形成了最明确、最完整的中国历史疆域，几乎包容了我国历代王朝，中国地方政权控制经营的基本地域。在全国统一过程和统一以后，逐步结束游牧民族与农耕民族长期军事对峙的局面，不但原半农半牧区农业优势得到巩固，农耕文化也以空前未有的规模和速度向传统的游牧民族活动范围和统治地区扩展。新疆、河西走廊以有组织的屯田形式进行，北疆以乌鲁木齐、伊犁为中心，南疆以吐鲁番为中心，汉族和其他民族人民大量进新疆，随着兴修水利，耕地面积增加很快，天山北麓很多传统牧场开垦为农田，屯垦取得很大成功。蒙古和东北地区则以内地农民自发出塞垦殖为主，19世纪后半叶清朝庭放垦以后，出塞商人与蒙古王公贵族结合，用永久租地或短期租地方式开发阴山山脉与长城之间的草原，使原来分散的农田连成一片，使内蒙古河套和张家口地区成为以农耕为主的农牧区。（参见《农百、农业历史》）。在屯田开荒发展农业的同时，大力发展国内外贸易，牲畜皮货、食品、布匹丝绸、茶叶、药材、香料、日用铁器、瓷器和其他小商品的贸易额迅速增加；交通驿路的建设延伸，促进了贸易发展；天山南北在清朝中期，形成了很多大小城镇，其中，乌鲁木齐、伊犁是这一时期最重要的城市（乌鲁木齐于乾隆二十六年，即1761年，始筑城于乌鲁木齐红山之南，城名迪化，伊犁也始建于1761年），长期为新疆军事、政治、经济中心。以这两个城市为中心，很快在周围发展了众多的中小城镇，以后遂成为县市的治所；在南疆地区，清军进驻后，在原有村镇的基础上，迅速发展，形成了喀什噶尔、英吉沙尔、叶尔羌、和阗、阿克苏、乌什、库车、喀拉沙尔等"回疆八城"统御各区的格局。（参见马汝珩、成崇德编《清代边疆开发》）。

清政府在统一西北地区后，设官置守管理边疆，借军事力量，开拓边疆，以灵活多样的经济手段，开发边疆，在中国历史上取得了重大成就。与此同时，不断制订和完善边疆政策，按各民族经济、文化的差异，制定不同的管理体制，增强各民族的交流、融合，并将其内容以法律的形式确定下来，清代在《理藩院则例》的基础上，又制定了《回疆则例》等专门的治理法规，明确了清政府管理新疆、西藏的政策和制度，牢固地团结强大的游牧民族，在中国第一次实现了汉、满、蒙、回、藏五族大统一的局面。（参见马曼丽主编《中国西北边疆发展史研究》）。

以上所述系1840年鸦片战争帝国主义入侵中国前的西北地区开拓开发的概况。1840年以后，帝国主义不断通过侵略战争，与中国签订不平等条约，侵占分割中国领土，并在边疆地区不断制造事端，获得非法利益，截至1949年新中国成立之时，国土面积被强占和分割达300余万km²，都在西北地区。在这100多年间，中国处于受侵略、凌辱的时期，西北地区的开发建设完全陷入停顿状态。1949年新中国成立以后，迅速建立了全国统一的政权，实行民族自治政策，各族人民团结协作，迅速投入西北地区开发建设之中，到20世纪末，取得了巨大成绩，为新世纪西部大开发奠定了基础。

西北内陆地区，1949年新中国成立之初，全地区人口仅约700万，主要集中在新疆和河西走廊（其中：新疆约430万，河西走廊约170万），耕地约2800万亩（其中：新疆1800万亩，河西670万亩），其中灌溉面积大约2000万亩，估计用水量在200亿m^3左右。当时人口少，耕地有限，农业生产水平不高，灌溉粗放，生态环境保持了良好水平，山区（天山、阿尔泰山、祁连山区）森林茂密，平原地区天然绿洲广阔，草原丰美，人口密集的人工绿洲约2万km^2。到20世纪末，全区人口达2821万，耕地达9571万亩，其中灌溉面积6077万亩，分别是1949年的4倍、3.7倍和3倍。粮食总产量1193万t，人均粮食在400kg以上，人口密集的人工绿洲扩大到7.5万km^2以上。区内兴建了大量工矿企业，建成了兰新、包兰、兰青等铁路干线和四通八达的公路网，以及以西安、乌鲁木齐和兰州为中心的航空网，社会经济得到巨大的发展。黄河流域内，1949年人口大约2500万，耕地约1.5亿亩，其中灌溉面积约1000万亩，粮食总产约120亿斤（以上根据1980年4月水利部编《建国三十年水利统计资料》估算）。除西安、宝鸡、兰州等中心城市有少量纺织厂和手工业作坊外，工业基础十分薄弱。经过新中国成立50多年来，到2000年，西北地区黄河流域人口达6357万，耕地达1.75亿亩，其中灌溉面积4600万亩，粮食总产达1976万t（即395.2亿斤），分别相当于1949年的2.1、1.2、4.6和3.3倍；西安、兰州、银川、西宁、宝鸡、呼和浩特、包头已成为工业门类齐全的地区性经济中心，同时建成以黄河上游水电基地和蒙陕宁边界地区为中心的煤、油、气能源基地，2000年GDP总值达5013亿元。西北地区的社会经济发展取得了历史上空前的巨大成就。新中国成立以后，在西部地区实行民族区域自治的政治体制，制定了《民族区域自治法》，充分尊重少数民族的历史传统和经济、文化特点，给予当家做主的权力。这种政治体制保证了西北地区社会经济、文化的迅速发展。

1949年以来，西北地区发展有以下特点：①由于西北地区人口稀少，经济基础薄弱，虽然社会经济得到巨大发展，但与全国发展水平特别是与东部发达地区水平相比差距仍然很大，全国贫困人口在西北占有很大比重。②经济发展以外延型为主，主要是扩大土地和水资源的利用，农业粗放经营广种薄收，水土资源浪费严重；工业生产中加工制造业落后，未能充分发挥矿产、能源资源和特色农产品的优势，劳动效率较低，生产效益不高。③生态系统脆弱，由于森林过伐、草原过牧、土地过垦和水资源开发利用不尽科学合理，造成了生态环境的退化和水土流失的加重。同时，由于城市、工业的污染源未能有效控制和治理，加重了生态环境的恶化。

综上所述，可以认识中国是一个多民族的国家，在历史上中东部是以汉族为中心农耕文化为主体的核心地区；西北广大地区集中分布着众多的少数民族，是以游牧文化为代表的边疆地区。自秦汉中国形成统一国家（公元前3世纪后期）以来到20世纪末的2200多年间，各民族之间经过长期的相互对峙、斗争、交流、融合，特别是经过汉唐盛世在经济文化诸方面的发展提高和元、清两代多民族大一统政权的建立，最终形成多元一体的中华民族和多民族的统一国家。1949年中华人民共和国的建立，在社会主义思想指引下，实现了各民族大团结的统一国家，进行了空前规模的社会主义建设，到20世纪末，现代化的社会经济建设取得巨大成就，中国已在当代国际社会中得到普遍的尊重，取得应有的地位。在整个中华民族发展过程中，西北地区的历史经验值得认真学习，吸取有益的经验教训。初步学习和研究，有以下几点体会：

（1）西北地区的安定和发展是中华民族振兴的重要条件。在中国历史上各民族之间对峙、战争、分裂、交流、共处与统一交互出现。从总的形势分析，和平共处和统一的时期比对峙分裂的时间更长，和平共处、交流融合是主导趋势。凡是民族团结，边疆安定，国家统一的时期，社会经济文化就得到发展和提高；凡是处于对峙分裂的局面，社会经济文化全面倒退，甚至遭到毁灭性的破坏。西北安、则中国兴；西北乱，则中国衰。因此，要十分珍视西北地区的安定，加快大西北的开发和建设，形成西北地区长治久安，各族共同繁荣的新局面。

（2）正确处理西北地区的民族关系，执行民族平等、民族自治、互相依存的正确民族政策，是西北地区开发建设顺利前进的保证。西北地区少数民族辛勤劳动，创造财富，对边疆的开发建设和保卫祖国疆土，维护祖国统一做出了巨大的贡献，开发建设西北地区必须依靠各民族的团结和相互支持的民族精神。同时，应该认识，西北边疆少数民族与境外各民族有着千丝万缕的联系，关系十分复杂，如果处理不当，会产生矛盾和混乱，会给帝国主义侵略者以可乘之机。大力发展西北地区民族经济，执行对内、对外开放政策，加强西北地区与国内外的经济联系，走富民保土之路，为国家的统一奠定坚实基础。江泽民同志曾经指出："加快少数民族地区的经济发展和社会进步，提高少数民族人民群众的生活水平，加强民族团结，维护祖国统一和社会稳定"。具有深刻的指导意义。

（3）根据自然地理环境，在我国北方形成了以长城和青藏高原东缘为界线的以少数民族为主体的游牧文化和以汉族为主体农耕文化两个不同区域，历史发展过程证明，农、牧区分界线不是固定不变的，在不同时期互有进退，但总的趋势则是农耕区与农耕文化在不断向北向西扩展，原有草原牧区不断被开垦成耕地，形成新的农业区，或半农半牧区，河西走廊、黄河宁蒙河套地区和辽河上游是这种变化的典型地区。这种变化趋势前后延续2000多年，在人口急剧增加，粮食问题长期困扰中国的情况下，到20世纪末，西北地区土地肥沃又有水资源可资灌溉的土地，几乎开垦殆尽：草原面积大大缩小，草原超载放牧，草原退化，土地沙化，牧业发展缓慢，效益下降，形成牧民的贫困化。这一现实问题，在西北大开发过程中必须给予足够的重视。在粮食生产基本过关和工业化不断高速发展的情况下，产业结构，特别是农业结构的调整已到非调整不可的地步。停止农田继续向草原推进，加强草原建设，提高牧业在大农业中的比重和生产价值已是迫不及待的重大任务，也是生态环境保护的迫切要求。

（4）西北地区属于干旱和半干旱地区。干旱区的西北内陆地区，从总体上看，绝大部分土地属荒漠草原，可供放牧农耕的草原绿洲也干旱缺水，没有灌溉就没有农业。由于人工绿洲的扩大，灌溉用水大量增加，造成了天然绿洲的萎缩，扩大了荒漠化面积，河流下游枯竭断流，湖泊水面缩小，生态环境退化。西北地区的黄河流域，属于半干旱地区，大约有一半的流域面积位于年降水量 200～400mm 的地区，其余一半年降水量在 500mm 左右，旱灾是农业生产的主要威胁，种植业产量的 2/3 来自占耕地总面积27％的灌溉农田。城市工矿企业的供水，虽然比重较小，但要求具有很高的保证率，经常占用农业用水。生态系统主要依靠天然降水和未被利用的河川径流满足需要，只有灌区可以得到部分人工补给水量，生态环境需水长期与社会经济发展用水处于相互矛盾之中。因此，水资源的合理配置和开发利用是西北地区可持续发展的关键所在。在西北地区开发的历史过程中，水利先行是前提条件。在当前西北地区水资源开发利用程度已经很高，经济发展与生态环境保护用水之间的矛盾日益尖锐的情况下，西北地区一切社会经济活动都必须以水资源的承载能力为出发点，安排社会经济发展计划和生态环境保护要求。

（5）西北地区地域辽阔，人口分布和经济布局分散，为社会经济发展造成了困难。因此西北地区大开发，必须加强交通运输系统的建设，特别是在边远山区，扶贫解困的首要任务是发展交通运输事业。

四、西北地区开发的主要任务，基本思路和总体布局

1. 主要任务

根据西北地区的自然条件和开发建设的历史背景，在 2000 年前，开发西北地区的主要任务是：扶贫、致富、环保和安边。

扶贫：我国贫困人口，大约有 1/3 集中在西北地区，革命老区、少数民族集中地区、边远山区和生存环境极差的干旱地区是贫困人口的主要分布地带。20 世纪 50、60 年代草原退化不太严重，超载放牧程度较低，牧民收入高于一般农民，20 世纪 90 年代，草原严重退化，草原放牧超载数量很大，加上干旱灾害的加重，牲畜质量下降，不少牧民陷于极端贫困的境地。如像宁夏的南部山区、甘肃定西地区、黄土高原水土流失严重地区、内蒙古西部草原牧区和青海三江源头地区，都是贫困群众集中地带。这些地区：一部分群众仍然缺乏口粮；大部分地区人民生活和草场牲畜供水不足，绝大部分的居民饮水不符合卫生条件；一部分群众居住条件和生活环境极差；绝大部分贫困地区，居民分散，交通不便，与外界缺乏联系，思想观念相当保守。西北地区的贫困人口是对社会经济发展的一个重要制约因素，扶贫的任务十分迫切和艰巨。

致富：由于客观条件的制约，西部地区与中东部的经济发展水平有很大的差距，根据 2000 年统计，东部地区的山东省，人口 9079 万，国内生产总值 8542.44 亿元，人均 9409 元；中部湖北省，人口 6028 万，国内生产总值 4276.32 亿元，人均 7077 元；西部地区，人口 9178 万，国内生产总值 5013 亿元，人均 5462 元（其中：西北内陆河流域 6962 元/人，黄河流域 4950 元/人）。2000 年全国人均 GDP 7078 元，其中西北内陆地区与全国持平，黄河流域仅为全国平均值的 71%。与山东、湖北比较，西北地区平均人均 GDP 只相当于山东省的 58%，湖北省的 77%，西北地区的黄河流域则差距更大。西北地区内部发展也很不平衡，贫富差距更为悬殊。西北 5 省、区的 304 个县的统计：人均 GDP 低于 2000 元的有 88 个县，占总县数的 28.9%；大于 5000 元的 66 个县（其中新疆占 50%）。这种发展水平的差异，贫富的悬殊，加大了社会经济发展的困难，成为社会不稳定、边境不安全的重要因素。因此，全面提高经济发展水平，改善人民生活，是西北大开发的基本任务。

环保：西北内陆地区干旱缺水，生态系统脆弱，长期以来水资源的开发利用缺乏从发展经济与保护环境相互协调的角度全面考虑，部分地区呈现河道断流，湖泊干涸，地

下水急剧下降，植被退化，沙化严重的局面；黄河流域黄土高原水土流失长期未得到有效控制，河道泥沙淤积，干支流河道断流，河口缺乏淡水来源，河湖水域最小环境需水量难以维持，环境功能衰退，环境质量恶化。近十多年来，城市化和工业都快速发展，污水及其他污染物急剧增加，而污染治理严重滞后，加速了生态环境系统的恶化。西北地区的环境问题将是影响地区可持续发展的关键因素。西北地区必须合理配置水资源，保证生态环境的必需用水，遏制生态系统的进一步退化，有重点地进行生态环境建设，恢复和改善部分地区的生态环境。同时大力防治城乡环境污染，通过保护和改善环境，支持全地区的可持续发展。

2. 基本思路

扶贫：依靠当地资源（包括必要的远距离引水）和国家扶贫，以发展农牧业为主，以求温饱；达到温饱后，逐步积累资本（自然资源的利用，人力资源的提高），改善投资环境，引进资金，在政府支援和指导下，发展工商业，以求达到小康；达到小康后，逐步融入地区经济大环境，发展劳动密集型的二三产业，加速农业结构的调整，使之迅速适应城市、工业发展的需要，逐步达到相对富裕的水平。扶贫工作必须实事求是，充分考虑当地自然资源条件、人力资源素质，按照自然规律和社会经济规律，从长远发展需要考虑，采取适应当地群众生产水平的措施。在环境条件极端恶劣的地区（缺乏起码的生存条件的地区），或居住极为分散的山区，应考虑迁移集中贫困群众，政府加大基础设施建设力度，易地扶贫。

致富：全面发展经济，走可持续发展的道路，从研究水资源承载能力出发，认真进行产业结构的调整，首要任务还是加强农业基础；发挥资源优势，发展能源工业，有色金属、稀土元素和特色农业产品加工工业；西北地区具有丰厚的旅游资源，独特的自然景观，旅游产业有条件发展成为支柱产业；利用区位优势，欧亚大陆桥的便利和中东部加工工业的优势，积极拓宽渠道，发展第三产业。加强农业基础，最重要的是调整产业结构，从传统以种植业为主向农牧结合，提高牧业水平转变。"衡量一个国家农业现代化的重要标志之一是畜牧业在农业中的地位。发达国家畜牧业在农业总产值中的比重都在50％以上，而新疆是畜牧大区只达到20％，生产兵团还不到10％"，"发展畜牧业是生态平衡的需要，也是化解单一种植业风险的需要"（见2002年工程院大会学术报告集刘宇仁院士论文）。这种调整可以进一步发挥西北草地资源的优势，也是解决牧民贫困的重要途径。农业调整的第二个因素是要认真研究粮食生产对地区发展的保证情况，以及增产粮食对中、东部地区的作用和经济合理性。从水资源状况和交通运输费用考虑，西北地区以粮食基本自给略有储备为发展目标，不宜以建立大规模粮食基地为目标。第三个因素是继续扩大耕地面积对牧业和民族关系的影响，从农业结构的总体目标考虑，西北地区不宜再扩大耕地面积，以提高现有耕地生产能力为农业主攻方向。特别重要的是工农业和城市用水与保护环境的矛盾，不能再重复牺牲环境单纯发展经济的老路。

环保：积极进行生态系统的保护和现代污染的防治。生态系统是自然环境演变的产物，在人类干预自然能力很弱的原始社会以前，一个地区的生态系统也在不断发展和变化之中，是在平衡——不平衡——再平衡反复循环之中，也不是永远保持平衡和良好的状态。因此，生态环境的保护应以人为中心，以自然演变规律为依据。以人为中心，就是要从人类生存和发展的长远需要为目标，有重点、有选择地进行保护和建设，不能盲目要求不改变现有生态系统或不顾客观条件，特别是水资源状况，盲目改造沙漠或植树造林。自然演变规律是生态系统存在和演替的基本条件，保护生态系统必须遵循自然演变规律，如西北地区的西部，年降水量100mm以下的地区，沙漠、戈壁、极干旱的荒漠是经过很多地质年代形成的，在当代发展很慢，对社会经济的直接危害相对较轻，人为地改造沙漠、戈壁是力所不及的事，强免去做代价极大，收效甚微；西北地区的东部（以贺兰山为界），长城以北和黄河上游的西部地区，大部分地区年降水量在200～400mm之间，依靠天然降水和其他气候条件，可以保持一定水平的天然植被，只要不过度放牧和其他人为破坏，则可以依靠天然条件恢复已经破坏的植被，并可供给长期适度利用。山区森林，草地是产生径流和水源涵养保护的重要地带，平原河流是生态系统水分供给的主要渠道，西北内陆平原河道是绿洲之间联系的通道，河谷内的绿化带又是畜牧业的重要基地和越冬场所。山区林草和平原河谷绿地是生态环境保护的重点和基础，一些重要河流的中下游，由于上中游过多用水，造成干旱断流。要采取措施恢复河流的功能，维持必要的河道内用水。黄土高原的水土保持，应是一项长期坚持不懈的重要任务，生物措施与工程措施密切结合，生物措施必须选用适生树种，结合种草，工程措施坚持以小流域综合治理为目标，沟坡兼治，打淤地坝，建设基本农田，结合农业措施，建成高产优质生产基地，为坡耕地退耕还林创造条件。

安边：是中国和国际的需要，以正确的民族政策为导向，民族团结，发展经济，富民安边。在海上交通未发达之前，中国的安全在于北方的社会稳定和民族和谐。民族之间既有斗争，又有交流、互补和融合。只有改革开放，扩大交流，发展经济，互利互信，才能使斗争转化为和谐。在当代中国，虽然有来自海洋的威胁，但安全的重心仍在西部的稳定和民族团结。只有积极发展经济、改善环境，提高各族人民物质生活和精神文明水平，才能使社会稳定和民族团结得到有力的保证。

3. 总体布局

根据对西北地区开发建设的主要任务和基本思路，开发建设的总体布局可以设想：依托欧亚大陆桥和黄河上中游的干流河道，发挥中心城市和基础好的工农业生产基地的集聚功能和辐射作用，以线串点，以点带面，开拓发展西部大陆桥经济带，带动两侧地区全面发展，同时采取有力措施支持贫困地区的脱贫致富。以发展经济为动力，以大型灌区，人工绿洲、天然河流、山地林区和三北防护林带为依托，积极保护和重点建设生态环境；同时迅速改变城市工业污染防治的滞后状况。

（1）经济发展的重点。黄河上中游地区：以关中平原、黄河河套宁蒙平原为基地，以西安、兰州、银川、包头、呼和浩特、西宁为中心，建设黄河中上游经济带；加速开发陕甘宁沿长城一线的能源基地，重点是陕蒙边界地区的煤、油、气资源和黄河上游的水电基地，包头周围的稀土元素和秦岭地区有色金属的开发利用；积极增强中心城市综合经济实力，支持工矿企业和农业生产的现代化。

西北内陆地区：以兰新铁路为轴线，以河西走廊、天山南北人工绿洲为基地，以乌鲁木齐、酒泉、格尔木、喀什、库尔勒为中心，建成沿兰新铁路的新经济带，带动准格尔盆地，塔里木盆地，河西走廊和柴达木盆地周边地区工农业的发展，重点发展盆地油气、工矿资源，黑色有色金属、棉花果品等具有特色农产品的生产加工工业和提高牧业及牲畜产品的质量和效益。

（2）生态环境保护和建设布局的设想。黄河上中游地区：以黄土高原的水土保持为重点，以小流域综合治理为手段，积极推行退耕还林还草，控制水土流失，减少泥沙进入河道，改变当地生产面貌。同时对长城沿线及其以北地区，鄂尔多斯高原及陕甘宁干旱牧区，实行禁牧、限牧，使草原依赖天然降雨逐步恢复，使牧业由传统放牧为主改变为牧民定居舍饲与放牧相结合的方式，使草原保持可持续利用。结合宁蒙河套灌区农田防护林带的建设，形成连续的绿色走廊。结合黄河上中游水资源的进一步开发利用，沿长城一线，从陕北榆林地区经宁夏中部，向西与甘肃景泰扬水灌区及河西走廊的灌区相连接，形成沿长城的绿色走廊，为防止沙漠南移设置防线。黄河上中游南部要积极保护秦岭、陇山、子午岭、黄龙等原有森林，并在已经过伐地区退耕还林，迹地更新，扩大林区范围。

内陆河流域：以祁连山、天山、阿尔泰山和喀喇昆仑山森林，冰雪资源保护为基础，以河流绿色廊道为骨干，重点保护人工绿洲的稳定，防止天然湖泊水域和沼泽湿地的继续萎缩。保护南疆塔里木河主要支流叶尔羌河、和田河和塔里木河干流的绿色河道网络；通过塔里木河水系各人工绿洲的节约用水和水资源的合理调配，增加塔里木河下游供水，保持河道不干涸断流，恢复台特玛湖部分水域；这些河道绿色廊道结合天山南麓和喀喇昆仑山东麓人工绿洲，形成环塔里木盆地周边的环形绿化带。这些绿化可以保护重要铁路和公路干线的畅通和安全，又可遏制流动沙漠的变化。河西走廊，以保护已开发的人工绿洲为基础，维持河道流路的植被，合理分配主要河道中下游的用水，重点保护黑河下游的绿色廊道和维持额济纳旗绿洲的稳定，保证重要通道和基地的安全；采取调整农业结构，适当增加外来水源，严格控制地下水超采等措施，抢救石羊河下游的生态环境。

4. 实现西北开发的一些对策性设想

（1）进一步明确开发大西北的目标和方针。

（2）制定以调整农业结构、开发优势资源、发展与中东部互补的加工业为重点的产业政策。

（3）按照可持续发展的战略原则，充分考虑水资源的承载能力，突出生态环境保护，编制水资源开发利用综合规划，科学安排生活、生产、生态用水，以水资源的可持续利用，支持西北地区的可持续发展。

（4）以节水、治污为核心进行水利工程的改造，同时重点开发建设水源工程，包括污水资源化，合理开采地下水和跨流域引水等。

（5）按照水资源的合理分配，科学、有计划、有重点地推进生态环境的修复重建措施。

（6）在实施基础设施（主要包括：水利、能源、交通、城市等）建设时，必须与生态环境修复重建相结合，统筹安排，协同进展。

（7）严格控制和管理土地、森林、自然资源的开发利用和人口的增长。

（8）实行水资源的统一管理，建立权威性的管理机构和科学的管理机制。

（9）制定或修订有关的法规政策，增加强制性执行的条款（如地区水资源分配、污染防治、节约用水、地下水开采等方面的限制条款），同时建立严格的执法体系。

（10）落实社会公益和基础设施建设的资金，要将管理运行费用的落实与建设投资的落实放在同等重要的位置。

东北地区的自然环境特征和社会经济发展的历史背景以及对未来水土资源开发利用的几点认识

一、东北地区范围的界定

东北地区的范围，可以有三种划分：①从行政区划考虑，包括黑龙江、吉林、辽宁三省和内蒙古东部的呼伦贝尔、通辽、赤峰三市及兴安盟，总面积 126.35 万 km²，总人口 11715 万（2003 年），这是一般研究东北地区问题的基础范围。②从水资源区划考虑，包括北部国界、东部国界以内的黑龙江水系、辽河水系、绥芬河水系、图们江水系、鸭绿江水系和山海关以北、鸭绿江口以南独流入海的中小河流，总面积 124.89 万 km²，水资源总量 1990.1 亿 m³（2004 年水资源评价）。③从自然地理区划考虑，包括东北地区的全部、华北地区的北部和内蒙古地区的东部，这里所指的东北地区界线是：北方，东方以国界为界；西自大兴安岭西侧的根河口开始，沿大兴安岭西麓的丘陵台地边缘，向南延伸至阿尔山附近，向东沿洮儿河谷地跨越大兴安岭至乌兰浩特以东，再沿大兴安岭东麓经通辽至彰武附近，这条界线与中国自然区划委员会所拟半湿润区与半干旱区的界线基本一致；南界即与华北地区的北界，大致自彰武经康平、铁岭、抚顺、宽甸至鸭绿江边。自然地理上的东北地区，与一般所指的东北地区不同，它的特点是温带冷湿性的森林、森林草原景观，农作制为一年一熟，克服低温、疏干沼泽是开发利用土地资源的主要方向。其以南的辽河中游平原，辽东岛和辽西沿海丘陵、平原属于温带半湿润、半干旱夏绿林、森林草原景观，农作制以二年三熟为主。其以西的内蒙古呼伦贝尔草原、科尔沁草原和西辽河上游地区，属干旱草原、荒漠地带。一般研究为了便于取得资料，研究范围均以水系特征结合行政区划加以确定，本文以行政区划为基本范围。

二、东北地区自然环境的演变和特点

1. 东北地区地形、水系的形成

中国大陆夹持于西伯利亚地台与印度地台两大稳定地质单元之间，在两大稳定地台

原文系作者于 2004 年 9～10 月间撰写的东北地区考察学习笔记。

之间存在着东西向延伸的相对活动地带，中国大陆的北部，在古生代前（距今大约 5 亿年前）是一片汪洋大海经过历次较大规模和持续时间较长的地质构造运动，如加里东运动（发生在距今 8 亿~4.1 亿年）、海西印支运动（发生在距今 4.1 亿~2.25 亿年），和燕山运动（发生在距今 2.25 亿~0.65 亿年），存在于中国北方的广大浅海，逐步变为陆地。在东北地区大兴安岭一带渐渐隆起，在其两侧逐步形成了不断沉降的海拉尔、松辽和三江平原等三个盆地。到新生代（距今 65 万年至今）古印度板块与古欧亚大陆衔接，并不断向北推移，产生了喜马拉雅运动，青藏高原不断隆起上升，逐步形成了中国现代地貌格局。在全国形成明显的高、中、低三级阶梯地形；在东北地区形成了西、北、东三面环山，中、南部以及西部为广阔平原的大格局。东北地区西部为白垩纪（距今 1.35 亿~0.65 亿年）形成的大兴安岭和东部古长白山地，均大体呈南北走向：北部为较晚的早更新世，（大约距今 200 万年）形成的小兴安岭，大体呈东西走向。现在这一系列一般海拔在 1000~1500m 的山系围成中央广大平原。大兴安岭东侧是一个巨大的沉降带，出现了古松辽盆地，四周的河流如现代的嫩江、洮儿河、霍林河、新开河、西辽河、东辽河、第二松花江都流入盆地之中，形成古松辽大湖。古代松花江和辽河的流向正好与现代的两大水系流向相反。古松辽大湖一直存在到中更新世，其湖心在现在的吉林西部长岭至乾安一带；到早更新世末期或中更新世初期（大约距今 100 万年）在北北东大断裂带的影响下，古松辽湖的中部出现了地壳隆起，并不断抬升，形成了一道大体与小兴安岭平行的松花江与辽河的分水岭，海拔仅 200m 左右，整个松辽平原开始分异，大湖也随之分解退缩，出现沼泽化、咸水化。在松辽分水岭的北部形成了松花江水系，接纳了嫩江、洮儿河、霍林河和第二松花江，干流东流切开了依兰一带低山丘陵，注入黑龙江，现在松花江干流依兰以上的三姓浅滩正是当年切开的部位；在松辽分水岭的南部，东西辽河汇合后，夺南辽河南流，注入渤海。松花江、辽河水系的形成和松辽古湖的化解，逐渐形成了现代的松嫩平原、辽河中下游平原和嫩江、西辽河之间的广大沼泽湿地和古松辽平原西部科尔沁大草原。黑龙江下游、松花江与乌苏里江之间的三江平原，本是华力西运动（距今约 2.25 亿年）形成的凹陷，中生带初有所发展，至第四纪全新世黑龙江、松花江、乌苏里江江流冲积而形成的沼泽平原，高程一般在50m 左右。在第三纪末（大约距今 248 万年）黑龙江已经形成贯通我国北部的大江。黑龙江上游大兴安岭西侧，为古海拉尔盆地，进入第四纪大兴安岭迅速抬升，海拉尔盆地东部随之升高，盆地沉降中心西移到呼伦湖、贝尔湖一带；到更新世末期、全新世初期（距今 2 万~1 万年），由于气温快速上升，大量冰雪融化，海拉尔盆地变成了一个大湖，其范围与呼伦贝尔草原大体一致，现在的海拉尔河、辉、乌尔逊河、克鲁伦河下游、额尔古纳河上游都注入这个大湖之中；由于湖水越来越多，难以容纳，遂在大湖的西北部冲出一个豁口外流形成了额尔古纳河，成为黑龙江上游的组成部分，豁口在今根河口附近。由于湖水外流和气候日趋干旱，大湖逐步变成许多小湖、沼泽、湿地，沉积了大量泥沙，为后来形成呼伦贝尔草原和沙地提供了物质基础。松花江水系直到第四纪晚更世才汇入黑龙江。至此，一个巨大的黑龙江水系遂最终形成。

2. 东北地区自然环境特点

东北地区属于温带大陆性季风气候，大部分地区降水量在 400~700mm，长白山东南侧可以达到 1000mm，西部部分地区如呼伦贝尔草原西部、科尔沁草原大部和赤峰市一带降雨量在 400mm 以下；大部分地区年平均气温在 -10～10℃ 之间，北部大小兴安岭地区年平均温度在 0℃ 以下。在北部大于 0℃ 的积温在 2500℃ 以下；南部滨海地区则在 3500～4000℃ 之间，一般地区冬季长达 6 个月之久，除南部种植业可二年三熟外，绝大部分地区自然条件只适于一年一熟。东北地区自然环境的主要特点是：

（1）由于地理位置的特殊，使气候具有冷湿的特征。这是由于东北地区的北部与北半球的"寒级"——维尔霍扬斯克——奥伊米亚康所在的东西伯利亚紧紧为邻，从北冰洋来的寒潮，常常侵入东北，使气温骤降；西伯利亚极地大陆气团也常以高屋建瓴之势袭击东北地区，致使东北地区冬季气温比同纬度大陆要低 10℃ 以上。此外，其东北面与素称"太平洋"冰窖的鄂霍次克海相距不远，春夏季节从这里发源的东北季风常沿黑龙江下游谷地进入东北，使东北地区夏温也较同纬度地区偏低，北部高山地区甚至没有真正的夏季。东北地区位置显著地向海洋突出，面向渤海、黄海，紧邻鄂霍次克海、日本海，从小笠原群岛一带发育，向西北伸展的一支东南季风，可直接进入东北地区；由南方来的热带海洋气团，包括热带风暴和台风，也可途经东海、黄海、渤海补充湿气流进入东北地区，从而给东北地区带来较多的雨量和较长的降雨季节；同时由于气温较低，蒸发能力较弱，降水量虽不十分丰富，但湿度较高，比邻近的华北地区湿润得多，因此东北地区气候具有冷湿的特征，这为东北的农业生产和自然景观设定了特殊的自然条件。

（2）广泛存在着季节性冻土和常年冻土，对土壤水分状况、沼泽湿地分布和自然景观有着重要作用。在冷湿温带季风气候条件下，东北地区普遍存在着季风性冻土，以冻结厚度 0～10cm 为标准，开始结冻日期从 10 月下旬至 12 月上旬从大兴安岭东北逐渐向东南发展，融冻时期从次年 3 月中旬至 5 月下旬从东南逐步向西北解冻；冻土层的厚度大小兴安岭地区在 2m 以上，东南一隅在 1m 以下；连续多年冻土主要分布在大小兴安岭年平均温度小于 -5℃ 的地区，南界可达北纬 47° 附近，一般厚度可达 50～70m；岛状多年冻土大致分布在年平均温度 -11℃ 之间。季节性冻土，在结冻期间，利用热毛细管作用，可将土壤下层水分聚集于冻层之内，形成冻层裂隙的冰层，在解冰时，逐步供给表层土壤蒸发，当地农民利用这种特点，在解冻层达 5～10cm 时即进行"顶凌播种"，利用逐渐解冻的水分保证作物出苗生长，只要结冻前土壤水分较多，次年春种保苗是有保证的，这是吉林、黑龙江抗春旱的一个重要条件。但是冻土也引起耕作层过湿，低温影响春播或种子发芽。冻土层的存在，地表水不易下渗，地表土层经常处于过湿状态，引起土地沼泽化，特别是林区的沼泽化，树木根系不能自由地向纵深处生长，易被大风吹倒，或东倒西歪形成"醉林"，由于多年冻土的存在，河谷底部下蚀作用受到抑制，河流迂回曲折，侧蚀作用加强，河床加宽，形成不对称河谷。由于冻土层的存在，春季融雪水迅速流入河道，"春汛"比较明显。总之，冻土的存在，使东北的自然条件更加复杂，并有独特的景观特征。

（3）森林植被丰富，土壤肥沃。据林业部门的研究，清代初 17 世纪中后期，东北地区林草面积占总面积 90% 以上，至 20 世纪 90 年代，林草面积仍占约 60%，集中分布于山区，（见《中国农业地理》14、15 章），以耐寒针阔叶混交林为主。但 20

世纪 50 年代以后，森林过伐，草地退化十分严重。东北地区分布较广的地带性土壤有寒温带漂灰土、温带暗棕壤、黑土和黑钙土，隐性土壤有白浆土、草甸土和沼泽土等，一般有机质、腐殖质丰富，比较肥沃。黑土、黑钙土、草甸土有机质或腐殖质层特别厚，含量高，土壤极为肥沃，这些土壤主要分布在山麓丘陵台地和平原地带，是东北地区大豆、玉米的集中生产带。但近代黑土地区水土流失严重，土壤肥力迅速减退。

（4）沼泽、湿地面积大，广泛分布。多年冻土和季节性冻土带的存在是沼泽形成、发展的一个重要因素。一般冻土层存在半年之久，表层土壤长期处于冻结状态，水分以固体形态保存下来，在暖季融解过程中，除上部融解外，下部未融解部分，构成了不透水层，阻止地表水下渗，形成上层滞水，使土壤中，部分矿物质发生潜育化，雨季土壤常被水分饱和，因此形成常年性的沼泽地。东北地区沼泽、湿地面积占全国 1/4，主要分布在松嫩平原、三江平原和山地林区的河谷盆地。松嫩平原和三江平原广泛分布着第四纪湖相沉积物，厚度一般达 7～12m，这种土层黏粒含量较高，且含有大量胶体矿物，浸水时膨胀，增加了土壤的持水性和不透水性，阻止了地表水下渗。同时，占 70%～80% 全年降水量的汛期，大水经常泛滥于山间盆地和河谷地带，都是形成沼泽湿地的有利条件。

三、东北地区疆域的历史演变

东北是一个多民族聚居的地区，自舜禹之时至明清之际，有三个族系一直在东北地区发展演变：一是分布于长白山系以北至黑龙江中下游的肃慎族系；二是分布于大兴安岭两侧、吉林西北部和辽宁西部的东胡族系；三是分布于长白山区、辽宁南部和朝鲜北部的秽貊族系，这三个族系，在长期历史演变过程中，逐步形成我国北方强大少数民族匈奴、鲜卑、抉余、契丹、女真、蒙古和满族，长期统治着中国北方广大地区，到元代和清代还在全国建立了统一的强大帝国。东北地区还是这些民族的发祥和发展基地，其范围包括了贝加尔湖以东整个黑龙江流域及其以北地区和库页岛，对中国和东亚历史产生了重大影响，经过 5000 年的演变，发生了巨大变化。

1. 先秦·秦汉时期（公元 220 年之前）

随着中国考古工作的不断深入和扩大，在东北地区先后发现了远古的人类化石和新旧石器时代的多处遗址。20 世纪 80 年代，在辽宁阜新发现的新石器时期的查海文化遗址，距今约 8000 年，是中国最早农业文化的典型；20 世纪 50 年代在内蒙古赤峰发现的红山文化遗址，全面反映并代表了新石器文化特征和内涵，说明 5000 年前这里存在着一个具有国家雏形的原始文明社会。考古发现证明了东北地区是中华文明的重要发源地之一。

先秦、秦汉时期是古代中国统一多民族国家发展和开拓边疆的第一个重要时期。在秦统一中国之前，中国的统治已进入辽宁南部的辽河流域，相传商周之际，箕子入朝鲜传国 40 余世，战国时燕国在东北地区置幽州于辽宁西部；秦统一中国后，在东北地区达到辽东半岛、朝鲜半岛的西北部和蒙古高原的一部分；汉承秦制，两汉时期继续统治着东北地区南部，同时中国边疆的少数民族匈奴、抉余、鲜卑等族在东北地区的北部和西伯利亚东部过着游牧生活，逐步发展成强大的部落或地方政权，并不断向南扩大，与汉族统治的北部进行争夺土地、商品贸易和文化交流。

2. 三国至隋唐时期（公元220—907年）

曹魏和西晋继续设郡统治东北地区南部，居住于东北地区北部的少数民族，由于相互争斗和自然灾害，逐步大规模的向南迁移，趁西晋的内乱和国势的削弱，在中国北方建立了十多个割据政权，匈奴人先后建立前赵等三个政权，鲜卑人先后建立了前燕、后燕、西燕等7个政权，形成南北对峙的局面，各民族进行了空前规模的交流与融合。隋唐统一中国以来，不仅重新统治秦汉时期的疆域，进而在东北地区的统治扩大到日本海西岸，库页岛和朝鲜的北部，西边达到贝加湖和叶尼塞河上游（属安北都护府）；先后兴起的有靺鞨、室韦、契丹等民族，占领了当时东北地区的绝大部分。渤海国是以靺鞨族为主体的，唐朝中央政权管辖下的一个高度自治的地方民族政权，其疆域东到日本海，西到吉林的松原、辽宁昌图一带，北达乌苏里江下游，南接龙兴江（朝鲜西北部），包括黑龙江省东部及乌苏里江以东地区、吉林绝大部分、辽宁东部和朝鲜半岛北部。渤海国大约从698年至925年，统治东北部地区达228年之久，在经济文化方面有很大发展，盛唐的中原文化在渤海国得到广泛的传播，同时渤海国与日本有密切的交往，也成为日本学习中国文化的一个重要渠道。

3. 五代、宋、元时期（公元907—1368年）

五代至宋末，北方少数民族在政治上已经成熟，并能入主中原与汉民族争夺中央政权，形成长期的对峙和复杂的斗争局面。契丹族（鲜卑族的延续）首领耶律阿保机于公元907年建立契丹国，后改国号为辽，极盛时疆域包括了现在的全部东北地区，东部达到今鄂霍次克海、日本海和渤海，北部达到外兴安岭以北、叶尼塞河上游及其支流安加拉河流域和勒拉河上游地区，西达阿尔泰山以西的沙漠地区，南接现在山西，河北的中部。1115年东北地区的女真族完颜部领袖阿骨达创建金政权，1125年灭辽、1126年灭北宋、从更北的地方兴起，发展到更南的地方，1234年亡于蒙古族和南宋的联合进攻。1206年蒙古族领袖铁木真统一蒙古诸部连续灭了金、宋、西夏、西辽和大理，于1279年完成了中国历史上空前的大统一，一个古代中国统一多民族国家及其边疆开拓进入成熟和鼎盛时期。

4. 明清时期（1368—1840年）

1368年朱元璋建立大明帝国，东北地区基本承袭了元代末期的疆域，统治了漠河以下整个黑龙江流域，并以图们江、鸭绿江与朝鲜为界（见《中国历史地图集·元明清时期》）西南部退至辽河中下游地区保持了山海关以北的辽西走廊。黑龙江干流左岸直达外兴安岭以北地区为北山女真部放牧活动地带，黑龙江干流以南为海西女真部活动地带，明中央政府分设卫所分区管理，辽河下游沈阳以南地区仍有明朝大量驻兵戍卫。明后期，建州女真族在东北崛起，1583年任明建州左卫指挥使的爱新觉罗·努尔哈赤起兵，1616年即汗位，建国号金，史称后金。1626年皇太极嗣位，1635年改女真族为满族，1636年即皇帝位，改国号为清。清朝入关以前已统一了明代管辖的东北全部，并与蒙古、朝鲜结盟，形成强大的势力。清朝包括早期统一东北地区各部的阶段，统一全国的行动历史长176年（从1583年起兵至1759年平定西域结束）最终完成了中国疆域奠定的历史使命。清朝入关初期，通过与帝俄的雅克萨（现黑龙江省北部额木尔与黑龙江干流汇口之北的俄国境内）之战和外交谈判，确定中俄东段、中段边界。1689 年，签订《中俄尼布楚条约》规定中俄以额尔古纳河、格尔必齐河（漠河的西北方）为界，再由格尔必齐河源顺外兴安岭往东至海，岭北属俄国，岭南属中国，乌弟河与外兴安岭之间为待议区。1727 年签订《中俄布斯奇条约》划定了中俄北部边界，之后签订的《中俄恰克图界约》，再次重申了以上两个界约的规定。此外，1712 年定盛京与朝鲜之间的鸭绿江、图们江为界，并于长白山天池南分水岭上立碑为界。东北地区为满清的发祥和发展壮大的基地，清政府十分重视东北地区的安全和稳定。顺治元年（1644 年），清入关定鼎北京，以盛京（今沈阳市）为陪都，分东北地区为奉天、吉林、黑龙江三个省级行政区，分别设盛京将军为奉天（大体相当于现在朝阳地区以外的辽宁省）地区军政总管；设吉林将军管辖哈尔滨以下松花江流域、同江以下黑龙江干流两岸（包括乌苏里江两岸和库页岛）地区，西南直达哲里木盟；设黑龙江将军管辖哈尔滨以上松花江流域、同江以上黑龙江干流两岸地区和呼伦贝尔草原。在将军之下，再分小区设副都统管辖。为了加强边防并与俄国斗争，吉林和黑龙江均有重兵设防，并迁徙关内流人充实边疆。不属于上述三将军管辖的东北地区则分别由内蒙古设盟旗和直隶省设承德府管辖。在东北居住的除汉、满、蒙等主要民族外，尚有索伦族（鄂温克族）、达斡尔族、鄂伦春族、赫哲族、费雅克族、奇勒尔族、库页人、恰客拉人和锡伯人等少数民族，大部分散居于北部和东部的河流两岸，以游牧、渔猎为主。

5. 近代时期（1840—1949 年）

中国的积弱和政治的腐败，通过鸦片战争充分暴露，中国成为帝国主义争夺瓜分的对象，东北地区是近邻俄国和日本争夺的主要对象，俄国通过强迫清政府签订的 1858 年《中俄瑷珲条约》和 1860 年签订的《中、俄北京条约》强占了黑龙江干流以北和乌苏里江以东大约 100 万 km² 的国土。1894 年中日甲午之战中国失败后，失去了对朝鲜的控制，并将台湾割让给日本；此后，俄国强租了旅顺和大连湾，1905 年日俄战争，俄国失败，又由日本占领，民国初年外蒙古地方在俄国导演的"独立"、"自治"事件后，实际上占领了外蒙古（1921 年宣告独立，1924 年建立蒙古人民共和国）。1931 年发生日本侵华的"九·一八"事件，完全占领了东北地区直至 1945 年 9 月抗日战争胜利后才收回了日本占领的土地。1949 年 10 月 1 日中华人民共和国成立标志着中国统一多民族国家发展进入一个新的历史时期。

四、东北地区经济发展的历史概况（自新石器时代至新中国成立之前）

从新石器时代（距今约 8000 年）开始出现了以定居耕种和养殖为特征的农业文明。在东北地区经济发展具有鲜明的民族特色，居住于东北的远古三大族系，发展特点和历程各有特点：①多样性：肃慎族系虽然定居农牧业出现较早，但始终保存了较多的渔猎经济成分；东胡族系诸族长期以游牧为主，定居农牧业发展较晚；秽貊族系较早形成颇为发达的定居农业经济。②发展的不平衡性：各族系中不断分化，并与其他族系融合，在局部地区形成较为发达的农业经济，在此基础上建立政权，并向中原发展壮大，以至在中国北方建广大地域和统治达百年以上的封建王朝，但始终存在一些以渔猎游牧为主的后进部分，其社会发展也停滞在比较原始的阶段。③发展的曲折性突出：往往一个地区的农牧业生产蓬蓬勃勃地发展起来了，但由于战争的频繁破坏，外族入侵，或统治的主体民族西迁、南下，这一地区又呈现残破荒凉，渔猎游牧经济重新起步，但总的趋势仍是渔猎游牧经济范围日益缩小，定居农业地盘日益扩大。

　　传统农业的兴起大体开始于战国中期的东北南部地区，当时燕国在东北南部设置了北平、辽西和辽东等郡，中原农业生产技术迅速传入赤峰至抚顺一线以南地区。汉代曾在东北地区实行戍边屯田，铁制农具在南北普遍使用，而且逐步推广至北部夫余、秽貊、肃慎、鲜卑等以游牧为主的少数民族地区，局部地区发展了农业生产。三国时期，辽东农业在战乱中遭到了极大破坏；西晋时鲜卑族慕容氏崛起于辽西，从游牧生活转向定居农业，慕容氏衰落，又由于战争频繁，民族流动剧烈，农业陷于发展与破坏的相互交叠之中，农业发展基本停滞。唐代渤海国兴起后，长白山地区的河谷平原农牧业迅速繁荣，主要作物有粟、麦、豆、稻等，水稻种植的北线已达到上京（今黑龙江省宁安县）一带。辽金时代曾在东北建立 50 余城，城郭农业逐渐发展，沿边诸州各有籴仓，"虽累兵兴，未尝乏用"，在今克鲁伦河（蒙古国东部）和呼伦贝尔地区大兴屯田，促进了西部草原的农业发展。金代东北农业空前繁荣，猛安谋克（女真族中的贵族地主）屯田遍布东北地区南北各地，农垦区域迅速扩大，仅上京诸路（相当于今黑龙江省）就有耕地约 200 万垧，粮食产量可达 500 万石，农业技术也得到迅速提高。元灭金时，农业遭到巨大破坏，又一次陷入衰退。明代统治东北，推动了农业开发，明初曾在辽东大兴屯田，嘉靖（1522—1566 年）年间辽东屯田面积达 384 万多亩，粮食可达自给有余，逐停海运粮食。明清之际战争频发，清兵进入关内，辽东农业遭严重破坏，大片垦区变为荒原。清初顺治（1644—1661 年）年间曾在辽东颁布"招垦令"，鼓励关内农民出关开荒，在吉林、黑龙江地区先后设立"官庄"，将大批罪犯流放到此，同时派旗兵进驻，开辟大片"旗田"。后来，清政府从"首崇满洲"，维护"龙兴之地"出发，康熙中期以后对东北地区厉行"封禁"政策，将大片土地作为"围场"、"牧厂"、"禁山"、"蒙地"等，禁止流民进入私垦，限制了东北地区土地的开发利用，但仍有大批流民不顾禁令，先后进入辽西、伊通河、拉林河、呼兰河流域开垦荒地。乾隆中期，清政府为了解决八旗生计问题，遂有计划地组织京旗出关移屯，为流民开辟垦区提供了有利契机，政府并将垦地升科纳税，东北地区耕地数量迅速扩大，嘉庆二十五年（1820 年）辽、吉两省共有民田 510 余万亩，而盛京官庄旗地已达 1807 万亩，自康熙末年辽东已基本上实现了粮食自给，雍正以后辽东开始有余粮外运，辽东大豆更是远销江南各地。乾隆四十五年（1780 年）辽东运出的大豆、豆饼达 120 余万石。在清朝后期，至民国期间，由于人口激增，进入东北地区的汉族农民不断增加，在各民族的共同努力下，东北地区农业经济取得了巨大进展。居住于东北部的少数民族，保留了较多的渔猎经济成分，经济虽有发展，但相对比较落后，而且人口也日趋减少。从 19 世纪前半叶起，朝鲜族人民陆续迁到鸭绿江右岸和图们江左岸的中国境内居住，在寒冷沼泽地带推广水稻种植，为东北边疆的开发作出了贡献。

　　东北地区土地肥沃，矿产资源丰富，自 1840 年鸦片战争以后，成为帝国主义列强争夺的重要对象，工商交通事业也逐步得到发展。清咸丰八年（1858 年），中英《天津条约》规定开辟辽河下游的牛庄为商埠，列强从此打开了东北南部的大门，后来逐步发展到营口，英、法、美、俄等国，先后在营口设立领事馆，享有领事裁判权。清政府为了巩固对东北地区的统治，进一步开禁放垦，移民实边，开荒济饷。光绪五年清政府与俄国签订《交收伊犁条约》允许俄国人进入松花江至伯都纳（扶余）行船贸易。中日甲午战争（1894—1895年）之后，俄国加紧对东北地区的侵略渗透。光绪二十二年（1896年）中俄签订《中俄密约》和《中俄御敌相互援助条约》，俄国取得修筑中东铁路权，之后又迫使清政府租借旅顺大连25年。光绪三十年（1904年），日俄战争爆发，东北地区受到战火的严重破坏，同时也打破了俄国独占东北地区的阴谋，之后俄国联合法、德迫使日本归还了辽东半岛。清政府面对外敌入侵的严峻局面和国内舆论要加快移民实边的压力，明确取消"封禁令"，开放东北全部土地，招民领垦。取得了重大效果，同时发展了以粮食为主的国内外贸易，据有关记载（见《清代边疆开发》）宣统三年（1911年）吉林、黑龙江粮食总产量为2.97亿普特（约合1.08亿市石，160亿斤），有余粮3657万普特外销，小麦和面粉传统出口俄国远东地区，也有部分经海参崴运往欧洲，大豆在宣统元年（1909年）运往国外，价值8000万美元（见前列宁格勒东方学研究所所藏档案，引自马汝珩编《清代边疆开发》）东北地区近代机器制造业的兴起始于军火制造，1882年吉林设立机器制造局，是东北地区第一个军事工业。1883年金州骆马由煤矿、19世纪90年代官督商办的漠河金矿、本溪、抚顺、鞍山等地的矿产开发逐步兴起，榨油业、缫丝业、织布业等也都有可观的发展。在俄国修建中东铁路的推动下，大量侵占开采铁路沿线的煤矿，发展沿铁路的中小城市，逐步形成旱路交通和内河航运的网络，像哈尔滨、宽城子（长春）、伯都纳（扶余）、宾州、齐齐哈尔、吉林都是在晚清时期才发展扩大的，特别是哈尔滨市经日俄战争促成商业和面粉业急剧发展，形成东北地区的商贸中心城市和交通枢纽。截至1911年清朝覆灭，东北地区人口已达到2000万左右。

1911年辛亥革命，民国政府成立，中央对东北地区的控制能力削弱，军阀割据，土匪横行，外部受日本帝国主义的不断干涉，东北地方陷于混乱和经济发展停滞的局面。第一次世界大战期间，地方工业有一定发展，关内贫民大量出关垦殖，农业也有一定扩大。由于水灾对铁路沿线和沿主要河流的城镇、农田的威胁不断加重，防洪、灌溉事业也逐渐发展，1917年辽河大水后，东西辽河开始修堤，松花江流域也于1915年开始在肇州、肇东等地修堤，同时对哈尔滨、齐齐哈尔等沿江城市局部修堤设防；同时在松花江、辽河干流修建码头，发展航运，在一些支流上引水灌溉，但规模很小，作用有限。1931年日本侵占东北全境。东北地区完全沦为日本的殖民地。日本为了继续扩大对华侵略和称霸东亚，积极开发东北，掠夺资源，将东北地区建成侵略的后防基地。1931年以后直至1945年日本投降，东北地区殖民地型的经济有所发展，在工业方面积极开发掠夺煤炭铁矿和各种有色金属，建设以抚顺、鞍山、本溪为中心的煤炭、钢铁企业，对第二松花江、鸭绿江进行水电开发，发展了以军工为中心的机械制造业，修建灌区推进水稻种植。东北地区的工农业对日本的侵华战争和二战期间侵略东南亚战争的支持起到了重要作用，东北3000万居民付出惨重的代价。东北地区经济发展的基础设施，在抗日战争后期和解放战争期间遭到了严重破坏。据不确切的统计，新中国成立初期，东北地区人口大约3000万左右，耕地2.5亿亩左右，年产粮食约280亿斤（以上均不包内蒙古东四盟）。

五、新中国建立以来东北地区发展概况和对未来水土资源开发利用和保护的几点认识

1948 年底，东北全境解放。社会经济发展进入一个全新的时期。为了充分利用东北地区丰富的矿产资源、森林资源和水土资源，国家优先考虑东北地区建设成重工业和粮食生产基地。20 世纪 50 年代，前苏联援建的 156 项重大建设项目，大约 1/3 分布在东北地区，大大促进了钢铁、煤炭、电力和重型机械工业的发展；60 年代发现了松嫩平原的大庆油田，从此成为全国石油开发的重点；东北地区森林资源极为丰富，长期成为全国木材的主要来源和森林工业的主要基地；东北地区，相对而言地广人稀，气候适宜农业生产，土地开发潜力巨大，生产相当稳定，长期以来是全国重要的商品粮基地。新中国成立 50 多年来，东北地区对全国的社会经济发展作出了巨大贡献，特别是在煤炭、钢铁、石油、木材、粮食和重型机械等在经济发展中具有战略性产品的贡献是十分巨大的。据 2000 年国家统计资料：当年生产粮食 5944.5 万 t（内蒙古按全自治区产量的 1/2 计算），占全国总产量的 12%；其中水稻 1824.2 万 t，占全国 36%。石油 7056.3 万 t，占全国 43%；钢 1801.3 万 t（不包括内蒙古），占全国 14%；木材 1782.7 万 m³，占全国 37%。2000 年以后东北钢铁生产虽然已非全国主要产区，木材砍伐在东北地区已受到限制，但这两项在全国仍占很大的比重。

从以上情况可以看出，东北地区工农业生产，长期以来对全国的社会经济发展做出了重大贡献，但是广大的东北地区人民也付出了极大的代价，主要表现为：部分资源的过度开发，如煤炭、木材的生产已使部分煤矿和广大林区资源枯竭，使大量职工下岗，面临企业转型，职工从新选择生存发展途径的困境；农业生产粗放，土地利用失衡，产业结构不合理，农业高产而农民收入增加缓慢；自然环境恶化，水土流失严重，耕地、草原生产力下降，污染严重，治污缓慢，恶化了广大人民的生活环境，破坏了水土资源；地区水资源虽然相对丰富，但时空分布不均，洪涝旱灾频繁，水资源的配置不能适应生活、生产、生态的需水要求，江河治理和水资源开发利用保护的力度不够，至今仍然存在着城乡供水安全和旱涝灾害损失巨大的问题。以上这些问题，对社会经济的可持续发展，已经产生制约作用。

科学地开发利用和保护水土资源，满足社会经济和生态环境对水资源的需求，建设现代化大农业，是东北地区可持续发展和振兴老工业基地的基础。按照科学发展观，根据东北地区自然环境特点和国家提出东北地区的发展要求，对东北地区水土资源的开发利用，合理配置和管理保护等问题提出以下一些初步认识：

（1）东北地区可利用的土地面积大，气候良好，水资源相对丰富，在科学合理地开发利用和保护的情况下，可支持东北地区可持续发展的需要，具有建立现代化大农业的有利条件。

（2）按照国家的需要和东北地区特殊的区位优势，充分发挥水、土、气候资源的有利条件，将东北地区建设成为国家重点粮食生产、储备基地；同时面对东北亚日本、朝鲜半岛和俄国远东地区对食品的需求，将东北地区建设成为具有国际竞争力的优良食品基地，为东北亚地区提供物美价廉的食品。这种定位对国家食品安全和综合实力的增强，都具有重要意义。

517

（3）从全面、长远考虑，土地利用应进行全面规划，明确各种土地利用的合理范围。整个东北地区 126 万 km² 的土地，除 5％左右难于开发利用的土地外，90％以上的土地均可为居民生活、生产和生态系统所利用。应按自然规律和客观条件，合理确定耕地规模和林地、草地、湿地的保护范围。现在耕地、林地、草地、湿地各占总土地面积的 20％、25％、25％和 5％。保持现有耕地、林地、草地和湿地的面积基本合理；在进一步提高开发利用水平的过程中，适当调整是必要的，不宜大量退耕还林、还草、还湿，关键在于提高耕地、林地、草地的生产能力和湿地恢复保护的力度，使其更好地发挥生产和环境的功能。

（4）东北地区，除极少数地区年降雨水量低于 400mm 外，大部分地区在 500mm 以上，东部山区高达 1000mm 左右，基本可以满足自然生态系统（森林、草地和湿地）的水分消耗需要，这为利用自然条件恢复和重建沙化土地、退化草原创造了有利条件。在西部水资源较好的地区适当发展牧区水利，作为补充条件，不宜过多地发展灌溉用于治理沙漠、恢复退化草原。

（5）湿地保护应在已经确定自然保护区的基础上，明确保护范围。在保护范围内的核心保护区可考虑人工补水，保护较稳定的生态状况，其余地区以天然降水情况维持其生存，丰水年份使其长势好一些，枯水年份允许其部分区域萎缩或长势较差，这是符合客观规律的，将生态系统还给自然，尽量减少人工干预。

（6）东北地区根据新的评价水资源总量 1990 亿 m³，人均占有水资源 1700m³/人，水资源量相对丰富，但北多、南少、东多、西少，降雨 70％集中在汛期，时空分布不能完全适应人民生活、生产和生态环境的需水要求，而且洪涝旱灾频繁。因此，应对水资源进行科学的评价和全面的综合利用规划，通过水利工程的调节调配，适应全地区可持续发展对水资源的需求。要充分利用北部东部丰富的地表水资源，发展高耗水的农业（如水稻、水产养殖）和高耗水的工业（如电力），同时考虑适当的跨流域调水，如长白山西侧的东水西调和黑龙江（包括松花江）流域的北水南调，促进水资源的合理配置，使水资源的配置与人口分布、生产、生态需水相匹配。

（7）水资源的开发利用，必须兴利与除害密切结合。以大江大河防洪规划为基础，继续完善主要江河、大中城市的防洪减灾体系，充分发挥防洪减灾体系的整体作用，提高江河、城市的防灾能力。积极解决城乡供水的安全，不断提高城乡供水质量标准。在水资源分配中，要合理安排生态环境用水，如湿地核心区的水源补充，保护河道正常功能的河道内用水；滨海地区要严格控制地下水开采，防止海水倒灌，要给盐碱地改造和滨海湿地保护留有一定的地表水资源。

（8）污染防治是保证水土资源可持续利用的关键所在。在不断加强城市集镇污染防治的同时，要重视广大农村面源污染的防治，引导农民充分考虑污染物的利用，加强畜禽养殖场粪便、垃圾的管理和加工处理利用，建立种植业与养殖业循环生产的新模式。在继续加强城市资源污染物处理的同时，必须重视污染的源头防治，积极推行清洁生产，从当前末端处理为主，尽快转向源头防治为主，要十分重视水源地的保护，特别要对城市洪水的重点水库水质的保护，加大水库上游地区的水土保持和污染防治的力度；对已经污染水库的上游，要从改变产业结构和生产方式入手，并加强入库河流污水处理的力度，使水库水质尽快恢复到必要的标准。

（9）坚持不懈地推行节约、高效用水，城市工业用水应当先行；有效控制地区地下水开采，严格限制超采，对自然保护区周边地区的地下水开采要以不影响自然保护区生态系统的生存为限度，要全面开展水土保持工作，要特别注意黑土带水土流失的防治。

（10）要下大力气调整农业产业结构。国家应明确东北地区不同时期商品粮的品种、数量和质量。在满足国家需要的同时，要积极推行农牧业结合提高牧业比重的措施；城市郊区要围绕城市的需要，结合东北地区气候特点发展设施农业，减少蔬菜、瓜果、花卉等的外地调入数量。要充分利用西部草原的生产优势，适当限制种植业的发展，建立肉类生产基地。要大力发展农产品加工工业，提高农产品附加值，增加农民收入，提高农村经济水平。继续提高农业生产的机械化水平，扩大规模经营。要积极改变当前农牧业粗放生产、粗放经营管理的经济模式。

（11）打破地区、部门对水土资源管理的局限性，建立健全大江大河流域综合管理体系和管理机制，对水土资源的开发利用保护和生态环境进行全面管理。

（12）大力支持农村教育事业的发展，提高农民科学技术水平和就业能力。

本文只是最近考察东北地区后，查阅了一些东北地区的历史地理文献，作了一点简要的分析整理，既不全面又不系统，只能作为研究东北地区水土资源问题时的一点参考。

参 考 文 献

［1］《中国自然地理》编写组. 中国自然地理［M］. 北京：高等教育出版社，1984.
［2］中国大百科全书·地质卷［M］. 北京：中国大百科全书出版社，1993.
［3］中国古地理图集［M］. 北京：中国地图出版社，1985.
［4］景爱著. 沙漠考古通论［M］. 北京：紫禁城出版社，1999.
［5］周立三. 中国农业地理［M］. 北京：科学出版社，2000.
［6］中国农业百科全书·农业历史卷［M］. 北京：农业出版社，1995.
［7］李治亭. 东北通史［M］. 中州古籍出版社，2003.
［8］马汝珩，成崇德. 清代边疆开发［M］. 太原：山西人民出版社，1998.
［9］张芝联，刘学荣. 世界历史地图集［M］. 北京：中国地图出版社，2002.
［10］农业区划委员会. 中国农业资源与区划要览［M］. 北京：测绘出版社，1987.

黑龙江省水土资源的开发和利用

在黑龙江考察了 10 天，深感黑龙江省资源丰富，经济基础雄厚，发展潜力巨大。新中国成立以来，在粮食、石油、煤炭和木材等战略性资源方面，为国家经济发展作出了巨大贡献，社会经济发展获得了全面进展。同时水土资源的开发利用方面，也存在一些薄弱环节，抗御洪涝、旱灾害能力较弱，影响了社会经济的发展速度和效益，这些薄弱环节急待加强。通过考察学习，谈几点体会，提几点建议。

（1）按照国家的需要和黑龙江区位的优势，应充分发挥黑龙江省水、土、气候资源的优势，将黑龙江建设成为国家粮食生产和储备的基地；同时面向东北亚日本、朝鲜半岛和俄国远东地区对食品的需求，将黑龙江省建设成具有国际竞争力的优良食品出口的重要基地，为这些国家提供物美价廉的食品，这对国家食品安全和国家综合实力的增强都具有极其重要的意义，国家应该给予大力支持。

（2）黑龙江省土地辽阔，大部分地区土壤肥沃，地表植被状况良好，保持了较好生态环境。保持现有耕地、林地、草地、湿地的土地占有比重基本上是合理的。在保护好天然林、湿地和科学的利用养护草地的同时，积极发展灌溉，扩大水稻田，改造低产田，旱地按照拜泉的治理经验提高保土保水的能力，将使黑龙江省土地利用更加合理，土地生产力会大幅度提高，生态环境质量将得到显著提高。随着土地单产的提高，进行土地开发利用方式的调整，减少耕地，增加非农业和生态环境用地。

（3）黑龙江省的水资源总量相对丰富。全省水资源总量 772 亿 m³，人均 2025m³（全东北地区水资源总量 1919 亿 m³，人均 1600m³），是我国长江流域以北各省水土资源最丰富的省区。只要工程措施跟上，水资源保护的力度（主要是城市污水处理和平原地下水超采的控制）不断加强，立足于本省区的水资源，进行水资源的科学配置，是可以做到水资源的可持续利用，支持社会经济的可持续发展。要深入开展节水措施，对水资源丰富的地区，如山区和靠近大江大河的工矿城市要不断提高节水意识，采取有效措施，这不仅可节约水资源的开发成本，而且也有利治污和保护生态环境。

（4）水利工程建设是防治洪、涝、旱灾，实现水资源科学配置，充分合理利用水资

原文系作者在 2004 年 7 月 6—15 日考察黑龙江省水土资源开发利用汇报会上的发言。

源的基本手段。

黑龙江省水利建设取得了很大成绩，水旱灾害得到缓解，但存在一些问题。主要是：防洪治涝等减灾体系尚不健全，城乡供水问题未很好解决，生态环境需水尚未很好安排，特别是水质污染问题日趋严重，水资源的开发、利用和保护任务仍十分艰巨。在今后水利建设中，建议注意以下几个方面：

（1）继续加强主要江河和重点城市的防洪能力，加强薄弱环节，形成整体的防洪能力；已批准的近期防洪若干意见中提出的防洪标准是符合发展需要和可行的，应加大力度逐步实现。在城市防洪的同时，要完善城市排水系统，利用城市河湖提高滞蓄能力，减少突发大暴雨造成的灾害。

（2）平原治涝，特别是三江平原，要按规划继续加强完善，部分地区要适当提高除涝标准，但不宜过高，在治涝中应蓄排结合，利用泡沼、草地、林地滞蓄涝水，结合部分地区的退耕还湿，提高滞蓄能力，在新扩大的灌溉面积中，不宜过分强调连片集中，要留有滞蓄涝水的空间，这样有利于用土壤水分的调节和地下水的补充，减轻河道排涝压力。

（3）充分利用周边河流水资源，发展灌溉，发展水稻是一项战略性措施，应做好前期工作，争取有利时机，积极进行。

（4）松嫩平原的北中南三线引嫩工程，充分利用自然泡沼，增加必要的工程措施，滞蓄洪涝，进一步提高河道排洪，排涝的能力，形成蓄排的有机整体，十分必要。

（5）解决城市供水是一项重要任务，考察各地提出的一些以城市供水为主结合综合利用的水库规划都可以深入研究，分清轻重缓急做好前期工作，逐步实施。

（6）从全东北地区长远发展的需要考虑，要积极研究北水南调（包括从呼玛河调水）工程。

（7）干旱岗地水土流失严重的地区，要积极推广拜泉水土保持和生态环境治理经验；不断提高对地下水开采利用的控制力度和利用地表水代替超采的地下水，是保持生态环境良好状态的重要措施。

（8）在进行工程建设时要十分重视实际效益，要分析研究投入产出，绝不能盲目投入不讲效益。

（9）要加强水利的前期工作，提高综合研究的水平，将水利工作摆在社会经济可持续发展的全局之中。

以上意见仅供参考，错误之处请指正。

人水和谐共处　支持新疆可持续发展

一、引言

新疆地域广阔，深处欧亚大陆的中心地带，远离海洋，干旱缺水，年平均降水仅150mm左右，在当代，除依靠灌溉的人工绿洲外，绝大部分地区生态系统极为脆弱，人类生存发展和生态系统的维持均受干旱缺水的制约。地区人口承载能力、经济发展水平和生态环境的保护程度必须控制在水和自然环境可承受能力的范围之内。

二、新疆地区同时也具备承受一定人口生存和发展的许多优势条件

（1）气候特点是雨热同期，热量充足，有利于农作物和林草生长。大部分地区没有酷暑、严寒，有水的地方就适于人的生活、农牧业生产具有良好的生态与环境。

（2）可利用的水、土资源相对丰富，（2004年人口1963万，有耕地、园地大约6000万亩，有可垦荒地1.3亿亩和广阔的可利用草原，狭义的水资源总量约880亿m³，人均占有4460m³），虽然地处干旱地带，只要科学地配置水资源，合理安排生活、生产和生态与环境的消耗水量，厉行节约、高效用水，及时防污、治污，仍然可以作到以人为本、人与自然（特别是人与水）的和谐共处，实现可持续发展的战略目标。

（3）特色农业发展潜力巨大，能源、矿产资源丰富，为发展工农业创造了有利条件。

（4）具有优越的区位优势，古有"丝绸之路"，今有连接欧亚大陆的"大陆桥"，将在东西经济、文化交流、发展贸易、区域合作中发挥重要作用。

（5）人民勤劳，民族团结，共同的文化发展悠久，为创建和谐稳定的社会环境奠定了基础。

三、当代社会经济发展过程中出现的主要问题

（1）水资源时空分布与人口、资源的分布不相适应。水资源分布西北多、东南少，虽有冰川积雪对水资源进行自然调控，但受地形条件的限制，人工调节和再分配的能力较低，难以适应生活、生产和生态的需水要求。

（2）部分地区水土资源开发过度，分配不合理，引起河道断流、湖泊萎缩、自然绿

原文系作者在2005年8月19日于乌鲁木齐召开的中国科协学术年会水利分会上所作的报告。后被刊登于《水利水电技术》2006年第1期。

洲缩小，土地沙化和耕地次生盐碱化，均未得到有效遏制；城市污染源不断增加，农村水源污染日趋严重，防污、治污措施滞后。总体上生态与环境的恶化仍在继续。

（3）工农业生产方式相对粗放，生活生产用水浪费，各种资源的消耗过大，有效利用水平较低。资源保护（特别是水资源保护）和建立循环经济模式的任务十分艰巨。

四、坚持科学发展观，实现人水和谐共处的具体要求

根据上述发展形式的分析，全面贯彻以人为本，全面、协调、可持续发展，体现科学发展观的战略目标，在新疆地区尤为重要和艰巨，但也是惟一正确的发展方向，别无选择。

（1）建立节约高效用水和严格防污治污型社会，以水资源的可持续利用支持可持续发展。

（2）建立农牧结合、具有地区特色的现代化大农业。

（3）建设以循环经济为目标的现代化工业和城市。

（4）以总体上保持现有水平，并局部有所改善为目标，保护、修复生态系统，保护生态和环境。

五、达到上述发展目标的主要对策

（1）切实保护好山区森林植被，防止污染破坏，是维持水资源可持续利用的基本措施。新疆山区约 70 万 km^2，约占总面积的 44%；新疆多年平均降水量 2546 亿 m^3（折合年平均降水 153mm），其中山区降水量 2120 亿 m^3（折合年平均降水 300mm），占全新疆总降水量的 88%，产生了水资源总量 880 亿 m^3，同时也利用冬季冰雪积存，春夏冰雪消融，对水资源进行有效调节，成为有效利用水资源的重要途径，这是人工水利措施无法替代的。山区所产生的水资源是支持新疆地区社会经济发展和平原生态系统相对平衡的基本条件。管好山区森林植被，主要是严禁对森林植被的滥采滥伐和坡地开荒，做好山洪及其引发的山地灾害监测防治，禁止草地超载和无序放牧。

（2）合理安排土地的利用和保护。严格控制耕地、牧地、湿地、林地的利用、保护范围，明确界限使其达到稳定的利用和保护目标；严格禁止随意开荒、放牧、占用湿地、林地。新疆地区 160 多万 km^2，除 70 万 km^2 的山区外，其余 90 多万 km^2 均为平原，平原内绿洲面积约 14 万多 km^2，其中人工绿洲 6 万多 km^2，居住了全疆 90% 以上的人口，消耗了绝大部分水资源。长期以来，耕地不断增长，人工绿洲不断扩大，用水不断增加，挤占了自然生态系统和环境用水，这是生态系统恶化的根本原因；同时草原的超载无序放牧，造成土地沙化、绿洲荒漠化，河道水量减少，天然生态系统退化，可利用程度下降。这种状况必须得到根本扭转，否则可持续发展的战略目标是无法实现的。

（3）大力改变工农业生产方式，从粗放型、浪费资源型向集约型、节约资源型的循环经济转变。为此，要根据水资源和生态环境的可承载能力调整产业结构，确定生产规模。在农业方面：首先必须处理好农牧关系，在保持粮食自给并略有储备的前提下，在农业种植区农畜结合，大力发展养畜业；迅速将牧业与农业（种植业）的比值从 2004 年 2.75：1 提高到 1：1（新疆地区 2004 年农林牧渔总产值 750.7 亿元，其中农业 515 亿元，牧业 187.5 亿元，见《2005 中国统计摘要》）。其次，充分利用气候、土地资源的特点发展产品价值高的特色种植业，如棉瓜果药等，并不断提高这些产品的精加工水平，提高产品价值和农民收入。第三，在城市工矿区近郊，积极发展设施农业，提高城市对种植业、畜禽产品（如蔬菜、花卉及肉食品等）需要的自给水平。第四，将农牧业产品深加工作为工业发展的重点产业。在二三产业方面：第一，充分利用地区优势资源，发展具有特色的加工工业，避免与中、东部地区一般民用工业的雷同。第二，充分利用区位优势，面向中亚、西亚和北非，生产适于这些地区民族特殊需要的产品。第三，高起点建设减少污染、资源循环利用的新型产业，第三产业在 2004 年总产值中占 33.9％，大体与全国平均值相当，仍有很大发展潜力，应当在健全门类、提高质量方面下下工夫。

（4）科学地开展水资源综合规划，按照不同地区合理分配城乡居民生活、生产和区域生态环境的引用和消耗水量。根据过去的研究，新疆地区社会经济和生态环境年均总耗水量各占水资源总量的 50％（生态环境耗水除直接利用降水、河川径流外，还包括社会经济引用水后的回归水）是比较科学可信的估计。在水资源开发利用中，应优先考虑不侵占生态环境耗水总量的原则；保护应以人工绿洲和现存天然绿洲、湖泊、河道为主要对象，对荒漠化土地应以限制利用、回归自然为目标，依靠自然能力使其不继续退化。生活、生产用水，要以水资源的供给能力确定供水标准和生产规模，必须改变以需定供的传统模式；要尽量节约用水，采用节水型生活、生产设施，推行定额管理；地区之间应明确水权，总量控制，严格控制高耗水产业的发展项目和高耗水景观的建设。要充分考虑污水和其他劣质水处理后的再生水利用。

（5）不失时机地进行污染防治。新疆地区总体上污水排放量和环境污染程度不算太高，但城市及其郊区、部分河流污染还是相当严重的，因此对污染防治绝不能轻视，必须早动手尽早取得成效，发展才能取得主动。国内外很多地区的实践证明，江河污染，环境恶化，不仅对人民生命造成严重危害，而且对水土资源产生严重破坏，大量江河湖库水源不能有效利用，地下水和土壤污染毒化，饮水和食物对居民健康造成严重威胁。防污治污要减污（从生产的源头治污，推行清洁生产，节约高效用水，减少污水污物排放量）、治污（及时有效处理污水、污物，达标排放）、排污（对处理后的污水、污物尽量回用，对不能利用的污水、污物安排好对人无害的排放场所）三种措施密切结合，要特别重视减污措施；对点源污染防治和面源污染的控制要同时并重。国内外有一种说法，即：认为人均 GDP 在达到 3000 美元时，才具备防治污染的条件，才能扭转严重的污染局面。这种说法可能产生误导，使领导层产生等待思想，坐失治污的有利时机，只考虑眼前的经济发展，忽视了长远的总体利益，对干旱缺水、生态环境脆弱的新疆来说影响特别严重。

（6）全面监测气候和生态系统的变化，适时调整生活、生产和生态引用水和耗水的计划。不间断地观测分析研究气候的变化和生态系统的变化，发现变化的规律及其对自然环境和社会经济的影响，作出长期、中期和短期预报，可以考虑调整社会经济和生态与环境保护的部署。这种调整应十分慎重，因为这种变化的不确定因素很多，可能是周期性的波动，也可能是趋势性的变化。如中国科学院权威人士最近发布的西北大部分地区从暖干向暖湿型气候转化，气温上升，冰川加速融化，降水和水资源增加。如果这种变化是较长期的趋势性变化，就需要研究这种趋势对今后生活、生产、生态耗水的影响，调整发展和保护方向及其重点；如果是周期性的波动，就要慎重对待增水、增温有利影响，不宜盲目增加水土资源的开发利用，应当利用有利时机增加生态与环境的供水，使已经恶化的生态与环境得到恢复，增强它的抗旱能力，对地区的总体长远发展将是十分有益的。

（7）要使上述对策能够实施，必须做好两方面的工作：第一，加速有关法规政策的制订，及时编制社会经济发展和生态与环境保护的综合规划，以及各种专项规划，使社会经济管理各个层面的领导和广大社会公众的行为有所依据，遵循法规政策和规划要求行事，避免领导层的主观片面决策和社会公众的盲动。第二，加强全社会的教育宣传工作，提高社会公众和广大干部对科学发展观的认识水平；树立人与自然和谐共处，保护生态与环境和节约资源，特别是节约水资源的观念；认识它在可持续发展和走向现代化过程中的重要作用；提高在社会经济活动中走向人与自然和谐共处的自觉性和主动性。

六、结语

新疆地区的发展既受干旱缺水和生态与环境脆弱的制约，又具有很多有利、优势条件。

要按科学发展观，实现可持续发展的战略目标，必须坚持走向人与自然和谐相处的道路。水是人类生存发展和生态环境维持较好状态的核心自然资源，人与自然都对水有不可或缺的需求，又都处于竞争和相互矛盾的状态之中，这种竞争与矛盾，人始终处于主导地位。人与水的和谐共处是人与自然和谐共处的关键所在。要达到这一目标，提高人对自然环境演变规律的认识，约束人类活动中违反客观规律的各种不良行为又是首先需要解决的问题。从"三个代表"的基本理念出发，迅速提高全社会科学技术和公共道德水平；树立爱护自然环境、爱护水的观念；健全约束人类活动的各种法规政策；提高人与自然、人与水和谐共处的自觉性和主动性。新疆地区的自然环境和社会经济发展必须打破行业界限，实行全面管理，要管天、管地、管人，把人管好是实现全面管理的基础。新疆地区地位重要，发展历史悠久，在中华民族的形成和壮大过程中，发挥了极其重要的作用；今后团结各族人民，坚持科学发展观，利用有利时机，必将实现社会经济与自然环境协调发展的伟大目标，为中华民族的振兴做出更加突出的贡献。

关于滇中调水工程的一点意见

从滇中地区的地形、气候、水资源特点和社会经济发展在全省的重要地位考虑，滇中调水工程是必要的和迫切的，同时又是一项十分复杂和艰巨的工程。滇中调水工程的建设具有巨大的社会经济和环境效益，但对主要水源地的自然和人文环境系统会造成重大影响；又处于强地震频发区，地质构造十分复杂，技术经济问题尚须深入研究。因此应当积极稳妥、全面深入分析各种问题的利弊得失，提出相应的措施对策，从多层次综合分析比较，选出较优方案，在有利时机，立项实施。几点意见如下：

（1）滇中地区处于大江大河上游支流的源头高原地带，气候比较干旱，由于严重侵蚀，土高水低，河源源短流急，当地水资源调蓄利用困难；但土地资源丰富，具有区位优势，已经形成全省和西部地区的重要经济、文化发展地区，水资源的供需矛盾突出，自然环境恶化难以遏制。根据规划的分析评价，缺水形势严峻，在节约高效用水的原则下，在充分利用当地水资源的基础上，从金沙江调水是合理的设想，是缓解水资源供需矛盾的重要出路。

（2）在水资源供需平衡中，灌溉用水所占比例甚高，建议从产业结构调整和节约高效用水方面，进一步全面分析研究挖掘当地水资源潜力和合理利用水资源的重点。

（3）调水工程能否成立的前提条件是金沙江虎跳峡水库的修建和选择适合于调水的正常高水位。虎跳峡建高坝大库尚存在许多不确定因素，方案尚未确定。因此，应积极推动虎跳峡水库的前期工作和立项准备，应将虎跳峡水库方案的有关工作纳入调水工程之中，应与有关部门（最好是虎跳峡水库建设的业主）建立协作关系，共同进行前期工作。

（4）虎跳峡水库的前期工作，需要进一步深入研究三大问题：①水库修建对自然环境、历史文化遗产和当地社会经济发展的影响究竟有哪些敏感问题，影响程度和补救措施，要站在较高层次，广泛征求社会公众意见，进行综合评价，得出明确结论；②与上述问题有密切联系的水库淹没补偿和移民安置问题，鉴于水库淹没区是少数民族聚居地区，有许多涉及民族文化、风俗习惯、特殊的自然景观和今后社会经济发展方向等新问

原文撰写于 2005 年 8 月 8 日。

题，都需要深入研究提出明确的处理方案，并对处理结果作出客观的评价；③大坝和库区处于高强度地震区，地质构造极为复杂，建高坝大库有许多技术经济问题，须深入研究，得到明确结论，落实措施。

（5）调水工程复杂艰巨，由于同样处于高强度地震和复杂地质构造区，修建长大深埋隧洞和架设跨越百米以上深峡谷的巨大渡槽，抗震要求极高，在全国其他地区是少有的，必须进行深入分析和试验研究，做到确保行水安全；对建成使用期间出现事故，造成断水的影响和事故处理的难度应有充分考虑，并制定具体对策措施。

（6）水库和调水受水区污染防治是调水工程成败的关键。对城市居民生活、工矿企业的点源污染和农村的面源污染要同样的重视，防污治污要从源头做起，尽快采取节约高效用水和清洁生产技术，尽量减少污水污物的排放量；对排放的污水和已经造成污染的水域，要下决心还清"四账"；如果不能使污水达标排放和水域保持必要的水质标准，调水的作用将大打折扣甚至化为乌有。

（7）调水工程投资是否包括虎跳峡水库建设投资或分摊投资，应在论证中加以明确。

（8）调水工程与南水北调西线工程和金沙江水电开发关系密切，应在前期工作和后期施工建设中与之建立协调机制，研究工程的实施方案。

总之，滇中调水工程，对地区发展至关重要，从长远考虑必须修建。但又是一项涉及社会、经济、环境和安全的多层次巨大系统工程，必须建立超越省区的有效工作机制，积极慎重地开展工作，才可能早日实现。

诗 文 选 录

选录了徐乾清院士20多篇诗文，其中既有人生感悟，也有对江河山川的感怀，更有对水利事业的执着与激情。

诗选

伤 别

1958 年 2 月 23 日晨

2 月 20 日，慧贤下放，赴怀来劳动。久聚乍别，倍感凄然，作此以志情怀。

别后倍觉事可哀，
日日迎风对怀来。
梦魂夜过长城去，
清影何处话离怀。

见 信

1958 年 3 月 2 日晨

昨夜尺素得好音，
遥闻山林已安身。
官厅湖边冰未解，
八达岭头雪尚深。
朔风寒冽警壮志，
稼穑艰难认苦辛。
劳动艰辛今方始，
餐风宿露应自珍。

夜 梦

1958 年 5 月

昨夜梦中春正浓，

我随春风过长城。

千顷绿波浪微纵，

万里晴空月独明。

闻三门峡大坝截流成功

1958 年 11 月中

1958 年冬，机关举办"诗歌满墙"，征稿于余，苦思不得。翌日清晨偶得两首。

（一）

黄水奔腾波浪长，

鬼斧神功妄赞扬。

河决千里人烟少，

道改万姓随波往。

两岸多少伤心事，

千载唯留残堤长。

历代高贤望河清，

河清犹待圣人生。

（二）

革命春雷处处闻，

人祸天灾尽为尘。

高峡犹拟出平湖，

黄水定容任狂奔。

坝锁咽喉蛟龙制，

水流人门鬼神服。

龙君若问今后事，

昼溉良田夜推船。

江 淮 酷 旱

1962 年 5 月 21 日晨

1962 年 5 月初随澜波同志赴沪。5 月 22 日自上海赴徐州，25 日晚乘车返沪，26 日晨太阳初升，轮渡长江，回思数日所见所闻，江淮酷旱，夏收减产已成定局，思之令人焦虑。

（一）

徐淮千里一平原，斯土生民数万年。

淮泗流经成沃土，黄水泛滥尽荒田。

（二）

昊天三月天透雨，风起天地皆尘烟。
黍麦五月不盈尺，洪泽水枯见湖底。

（三）

三年歉收衣食艰，此岁不登更辛酸。
力耕还须天相助，何日主宰大自然。

（四）

自古人力可胜天，导河引水溉田园。
安得尽汲长江水，滋润徐淮万顷田。

有　感

1964 年秋（香山疗养）

枫林村里望香山，
清风细雨独登攀。
时短难以登峰顶，
独在玉华忆旧年。

忆昔偕君此地游，
对坐玉华望香炉。
道路曲折风景好，
信步便可到山头。

而今鬓发快成霜，
壮志难酬力已僵。
终然前途风波少，
细雨愁云路茫茫。
愿君再登香炉峰，
极目原野桑路穹。

寒　宵

1968 年冬

清茶一杯对寒窗，痴儿娇女入梦遥。
联翩浮想书何处？常思宁朔尺素书。

忆 慧 贤

1968 年 7 月 4 日

闻君南行话豫章，鄱阳早稻喜登场。
艰辛定能获硕果，归途应闻橘子香。

秋 末 夜 雨

1968 年 10 月

窗外淅沥秋雨声，犹似细雨别离情。
魂追燕塞应有泪，梦断朔漠恨天穹。

乌 江 书 怀

1972 年秋

四壁悬岩似囚笼，际天峯云鸟难通。
三年乌江悲故土，一线川黔接荒城。
破碎山河谁怜望，消宕浩气苦飘逢。
已无壮怀心难死，不见河清我心痛。

再 游 天 池

1976 年 10 月 12 日

　　1954 年 7 月中，陪同苏联专家赴天池考察，乘汽车至三屯河口，改骑马登天池，两夜宿天池西侧小屋，骑马至博格达峰山麓雪线处，林茂藤密，难见天日。返回途中，骑马技术欠佳，跌入小溪中。1976 年 10 月再度考察新疆，汽车可直达天池，有感成诗。

（一）

忆昔骑马上瑶池，昂首挥鞭步天梯。
初晴积雪连池水，微岚林啸响溪谷。
狂歌浪游周天子，宕顶放踵大禹迹。
碧池为砚林作笔，彩绘天地学画师。

（二）

今日乘兴上瑶池，飞车直至雪岭西。
博峰雪映碧池水，云林气暖高山立。
地大土沃天作美，丰收高产赖人力。
他日引走天山水，化作甘霖普天喜。

偶 感 无 题
1976 年 10 月 12 日　在乌鲁木齐市延安宾馆

（一）

浮夸何日了？空谈几时休？
若无苦干劲，理想付东流。

（二）

壮岁曾思一技长，半生蹉跎空白忙。
今日技艺有似无，岂有闲情读古书。

（三）

1976 年 11 月 2 日，自哈密赴鄯善，沿天山南麓戈壁、浅丘西行。

自临西疆后，始觉天地宽。
飞车数百里，不见有人烟。
岗峦参差列，盆地大小连。
荒原红似火，戈壁青如炭。
大风石乱走，烈日地飞烟。
高鸟飞不到，走兽踪迹玄。
忆昔真猛士，西征道路艰。
徒步涉荒原，不畏远征难。

酷 热 骤 雨
1979 年 5 月 25 日　通州

狂风骤雨霎时至，蒸热烦闷顷刻消。
天公总怜我辈苦，送来清凉慰寂寥。

传 闻 有 感
1979 年 7 月

而今众议非特权，衮衮当朝不自怜。
何世雄才出世袭？为牛做马也枉然。

忆矛矛
1979 年 7 月

一月未见小矛矛，不知尚有胆气豪？
难题岂应锁眉梢，须将考试全忘掉。

自西安赴城固
1985 年 2 月 18 日晨过钙县

车轮滚滚向东行，汽笛声声唤乡情。
虽是老马识旧路，不识景物更换频。

田　园
1985 年 2 月 19 日阴历除夕

长离故乡四十年，风波变幻未忍旋。
一抔黄土悲老父，三载梦里慰慈颜。
依闾白发终寂寞，漂泊少小亦可怜。
盛世太平尚有望，且喜今朝庆团圆。

钓鱼城怀古
1988 年 6 月 10—21 日　在四川参加防洪座谈会

钓鱼城头望中原，
狼烟残照汉江山。
铁骑南下王气尽，
钓城犹支半边天。

天骄铁流下西洋，
沟通欧亚势辉煌。
蒙哥不死钓城下，
天天史书篇新章。

参加引黄济青竣工典礼后至青岛

1989 年

七年三来八大关，引来黄龙入海湾。
咸淡中和鱼虾喜，甜水沏茶万姓欢。
引水长渠五百里，滋润沃土万顷田。
自古齐鲁多豪士，当代愚公谱新篇。

登 五 丈 塬

1991 年 4 月 8 日

雍梁自古一线通，为复中原出关陇。
时势不为英雄便，空使遗恨五丈塬。

反 思

1992 年 6 月 8 日

吾生天狱中，乱世似转蓬。
秦岭凌霄汉，巴山浮云中。
栈道连南北，汉水贯西东。
远行路途难，人少离家园。
渭汉平野阔，阡陌连村廓。
山丘土瘠薄，荒村颇零落。
长年久闭塞，信息尽隔绝。
民风太纯古，衣食历辛苦。
抗日风雷起，世风起波澜。
汉中成圣地，天狱门自开。
东风急西进，茅塞渐启开。
有幸入名校，师友尽英才。
见闻渐增多，思绪扬长波。
二十入巴蜀，思成工程师。
抗日虽胜利，内战又延续。
百姓水火中，安能死读书。
有幸闻马列，革命渐坚决。

小威四十岁生日赠言

年过四十已不惑，
风云变幻应识别。
辩证唯物是根本，
实事求是勿忘却。
处处冷静戒急躁，
事事客观防好恶。
前途漫长且坎坷，
奋力前进勿蹉跎。

（父亲赠书于 1999 年 9 月 19 日）

闻恶瘤医疗后

2001 年 8 月 17 日

忽然秋满地，
愁是度良辰。
凉风虽入户，
恶病竟未除。
有酒谁同醉，
无聊只读书。
若无老妻在，
如今竟何如？

八十述怀

2004 年 11 月 13 日晨偶得

平生苦乐我自知，即将悠悠过八十。
踏遍神州十万里，探索变化无尽期。
荣辱与我何有哉！得失何必记心怀。
此生不恨桑榆晚，余年息心忘机时。

生 日 有 感（一）

2005 年 12 月 16 日

多病未先死，
悠然过八十。
老从今朝始，
朽已成定局。
当世多奇变，
振兴已有期。
延寿争一纪，
再死不叹息。

生 日 有 感（二）

2008 年 12 月 16 日

老朽今日八十三，
日出日没三万天。
信奉马毛六十载，
夹着尾巴三十年。
虽拟读书过万卷，
一理未穿也徒然。
衰朽疾病难离身，
顺应自然过残年。

临别给孙女方可留几句话

2009 年 8 月 16 日

处事理智，对人谦虚；
发挥优点，反省缺点；
研究积极，工作认真；
不计名利，不计得失；
荣辱不惊，无悔过去；
受惠不忘，施善不记；
勿忘祖国，勿忘父母；
不急不躁，心态平和。

深 切 怀 念

选录了徐乾清院士生前好友、同事和家人的怀念文章,从另一个角度展现了徐乾清的科研成果和人文风范。

追忆徐乾清学长

陈志恺

　　徐乾清是我的学长，我们都是上海交通大学毕业的，他比我高一年级，在学校时我们并不认识。1950 年我分配到上海华东水利部工作后才彼此相识。华东水利部撤销后，他分到部里，我分到北京设计院工作。1986 年在三峡论证阶段，我们第一次合作，我担任水文专家组副组长，他任防洪组组长，因防洪和水文关系密切，经常一起开会讨论问题。后来又在中国工程院的咨询项目——中国水资源可持续发展战略研究以及西北、东北、新疆等地区的水资源咨询项目中合作。他搬到水科院家属楼后，我们经常碰面，交往密切。

　　在与徐老的接触中，我觉得他知识渊博，对全国的水利情况熟悉，考察过许多地方，对水利问题有自己独特的见解。在三峡论证期间，很多人对是否要修建三峡存在不同意见，其中，对三峡工程的防洪作用有不同的看法。在这个问题上，徐老翔实地分析了三峡工程防洪的必要性和不可替代性，对统一认识起到了一定作用。前不久，三峡工程进行中期评估，证明了他当时的论点是正确的。由此可见，徐老对长江流域防洪的规律掌握得很清楚。在工程院里，大家都认为他是防洪领域的权威专家。

　　通过几十年工作的积累，徐老对我国七大江河的水利问题了如指掌，凡是研究我国各大江河防洪问题的年轻人都喜欢向他请教。每当此时，他总是不吝赐教，不厌其烦地为他们答疑解惑。可以说，徐老对年轻人的成长和帮助付出了很多心血。

　　在生活中，徐老艰苦朴素，性格耿直，不计较个人得失，为我国水利事业的发展贡献着自己的力量。

　　徐老的离去，无疑是水利界的重大损失。

原文载于《中国水利报》2010 年 1 月 28 日，作者系中国工程院院士。

历历在目　恍若昨日

王浩

　　2010 年 1 月 9 日，一个灰色、悲伤的日子。这一天，徐乾清院士离我们远去了。他的离去，让我们永远失去了一位尊敬的师长。追忆徐总对我和我们大家的指导与关心，历历在目，恍若昨日。

　　初识徐总是在 1992 年"八五"科技攻关项目立项会上，徐总是立项专家组组长。当时项目拟定的研究区是黄河流域，徐总根据国家水资源规划与管理的需要，建议将"华北地区宏观经济水资源规划管理的研究"作为重点专题。该建议一经提出，与会的多数专家或直接或委婉地表示，华北不属于黄河流域，纳入这一项目不太合适。徐总在认真听取了大家的意见后说，国家攻关项目内容的确定和衡量的标准，一是看是不是符合国家当前迫切的实践需求，二是看其中的关键技术问题有没有得到解决。如果符合这两点，就应当跳出某些条条框框，认真开展这项工作。在徐总的坚持下，专题得以设立。正是这一专题的设立，突破了传统"以水论水"的研究思路，首次将水资源研究与宏观经济紧密结合起来，从而把我国水资源研究推向了一个新的高度。"八五"攻关即将结束时，徐总又敏锐地将视野投向了水资源短缺、生态脆弱的西北地区，提出要尽快开展西北地区生态需水研究。正是在徐总的积极倡导下，"西北水资源合理利用及生态保护研究"被列为国家"九五"科技攻关重点项目。该项目的及时设立和成果产出，为20 世纪末我国西部大开发战略的实施提供了重要的科技支撑。徐总的远见卓识，不仅为国家不同时期经济社会发展的水资源保障作出了突出贡献，同时也为我个人研究方向的确立发挥了重要作用。即便到今天，每当重读徐总"八五"和"九五"攻关立项建议书上的意见，都能深切感受到徐总对国家实践需求的深刻认识和准确把握。

　　除了实践和睿智，对徐总体会最深的是他的谦逊与平易。徐总虽是我国水利行业重要的决策者和思想者，推动并参与了我国许多重大水利战略的制定和工程的实施，如大江大河流域综合规划、三峡工程可行性研究论证和南水北调工程规划等等，但在著作出

　　原文载于《中国水利报》2010 年 1 月 28 日，作者系中国工程院院士，中国水利水电科学研究院水资源研究所所长。

版和发表上十分谨慎，因此他并不是一个论著的丰产者。在需要对一些重要问题发表看法和观点的时候，文章标题上常缀有"探讨""浅析"等字眼，而正是这些自谦为"浅议"的文章，却总能切中问题要害，闪烁着科学和智慧的光芒，让我们受益匪浅，如《关于中国几个水利问题的回顾和探讨》《浅议南水北调的几个前提性问题》《浅议太湖流域河湖水系的治理改造》等。徐总是我申报院士的提名人，在指导我填写院士申报材料的时候，他说："我建议写个人的成绩，如果做了十分，最好写七分到八分，因为我们工作中总有两分和三分是拿不准的，这样才客观。"徐总与人打交道，无论对方年长年轻、职务高低，总称之为"同志"。这样的称呼，一下子就拉近了与人的距离，特别是与年轻人的距离。我就是在这样一种宽松的氛围下不断向徐总学习和请教。

与徐总的接触深入后，感受到他骨子里其实是一个十分严谨的人，尽管这份严谨隐藏在谦逊和平和的处事风范下面，但从一些细节中总能不经意地流露出来。徐总对年轻人的栽培从来是不吝啬的，但这种不吝啬是有原则的。我们所里经常有年轻人在评职称、报奖等方面想请徐总帮助推荐，徐总向来不拒绝，但要有三个前提：一是被推荐的人及其所做的工作必须是他所熟悉的；二是草拟的材料必须提前送去，他认真看完会及时通知对方结果，包括"可以签""做修改后再签""能否请其他专家推荐"；三是凡他签过字的材料，必须给一份复印件留存。徐总的严谨还充分体现在他的参会的选择性和会议的发言上。对徐总有所了解的人都知道，徐总参会是有选择的，只有他自己认为对会议有帮助、能够提得出建设性意见的会议他才参加。另外，徐总开会发言语气十分平和，且都围绕着"指出问题、提出建议"展开，从不以专家身份凌驾于别人之上。听他讲话，有两个深切感受：一是"实"，他的发言向来没有空话和套话；二是"有收获"，他的发言，言之有物，从不漫无边际。

徐总离我们而去了，我至今仍不愿相信这个事实。徐总的离去，使我们猝然失去了一位慈祥而睿智的师长，失去了一个可以自省和参照的坐标。我想，追忆先生的所言与所行，学习其风骨和精神，沿着他指点的路坚强地坚持走下去，或许是缅怀他老人家的一种最好的方式。

先生虽逝，典范长存。谨以上述无序之言，暂表追思之情。

深切怀念徐乾清院士

张建云

2009 年，北京的冬天格外冷。据测，这是 40 多年来最寒冷的冬天。就在这个寒冷的冬天里，我国著名的防洪工程与水利规划专家、水利部原副总工程师徐乾清院士，怀着对祖国江河的无比眷恋永远离开了我们。

2010 年元月 9 日上午，我正在办公室工作，接到同事电话说，徐总已经走了！虽然两天前听说徐老因脑溢血住进医院，心理上有些准备，但是真的听到这个消息时，还是顿感震惊，不胜悲恸。放下电话，木然地坐在那里许久。人说男儿有泪不轻弹，但我还是不禁潸然泪下。

音容犹在，长者已逝。徐总对我国防洪和水利事业发展作出的贡献以及对我个人的关心、帮助和爱护，一幕幕浮现在脑海中。

终其一生，徐总耕耘不倦，治学严谨，堪为人表。

他耕耘不倦、学识渊博。徐总长期从事防洪、水利规划、科研等方面技术管理和综合研究工作。他推动并参与了大江大河历次流域综合规划工作、三峡工程可行性研究论证工作，主持一系列防洪专题论证，参与主编《中国水利百科全书》《中国大百科全书水利卷》，主编并审定《水利科技名词》，撰写了《中国的防洪》等有重要影响的论著。这些基础性专著都是水利工作者案头必备的工具书。

他为人谦恭、治学严谨。近两年，我在主持《中国水图》的编制工作，有一次徐总对我讲，这是一项非常重要的基础工作，我国已有全国气候图集、自然地理、自然灾害图集、地质图集、地貌图集、土壤图集、植被图集等，尚无以水为主题的大型图集。要科学客观地反映我国领土范围内各种形态水的分布、数量和质量，水的循环及其时空分布规律，水与社会经济发展、生态环境保护的关系，水开发利用和保护的现状及其主要规划以及治水经验与伟大成就等综合知识，意义重大，工作量也非常大。要突出重点，利用一切可以利用的资源，争取早点编出来。此后，他又多次叫我到他家中，一幅图一幅图地讨论，就图组的划分，每幅图表达的中心意思，现有资料基础，表达形式和注意

原文载于《中国水利报》2010 年 1 月 28 日，作者系中国工程院院士，南京水利科学研究院院长。

的问题等等，逐一提出具体的建议，每次都花费整整半天的时间。看到如此年高的老人，克服病痛带来的身体上的不便，认真地与我讨论，除了感激和崇敬之情外，内心充满了不安。我常常不得不"强迫"他："徐老，时间太长，您太累了，下次再讨论吧！"有时，徐老有了新的建议和想法，就会通过电话交代我。2009 年，我开始主持全国河湖普查工作大纲和技术细则的编制工作，每次将技术方案送给徐总，他都认真地看，并提出具体的修改意见。2009 年 3 月 27 日，在北京开全国河湖普查工作大纲专家咨询会，徐总参加了会议，会后还告诉我，计划 4 月份到南京住两周，就《中国水图》和河湖普查的技术问题深入讨论几次。后来由于徐老不久住院而未成行，终成遗憾。就在一个月前的 2009 年 12 月 9 日，我们在北京召开全国河湖普查技术细则专家咨询会，会前我向徐老汇报，请他到会指导。他讲由于他在外面吃饭不便，只能参加早上的半天会。12 月 8 日的傍晚，我再次联系他，徐老犹豫地表示，天气太冷，他可能不去参会了，让我第二天到他家讲讲会议情况并具体讨论。9 日会后，由于院里有事，临时决定当晚回南京。我充满歉意地在机场与徐总通话，约好下次来京再向他老人家汇报，没想到这竟然是我与徐总的最后一次通话。至今回想起来，非常后悔那天改变行程，后悔没有及时去徐总家汇报讨论！在与徐总的交往中，我学到了很多，一生受益，特别是徐老对水利事业孜孜追求的精神和严谨的学风，值得我们一生去学习。

他为人师表，堪称楷模。近两年来，去徐总家讨教甚多，有一次我给他带了点时令水果，徐老非常客气而严肃地讲："以后来什么都不要带，不然我有负担。"从那以后，我登门时带的唯一东西就是汇报材料。记得 2009 年我刚刚当选工程院院士的第二天，一大早徐老就给我打电话说："张院长，电话里我只给你说两句话：一是祝贺你，也祝贺南科院；二是希望你继续保持谦虚谨慎，不要什么会都参加，要扎扎实实做好自己的事情，特别是抓紧把《中国水图》和全国河湖普查两件大事做好。"当时我内心的感动真是难以言表，禁不住有点哽咽："徐总，您放心，我会永远记住您的话，也一定按您老的要求去做。"

徐老走了，至今我都不愿意相信，然而却是残酷的事实。

徐老走了，这是我国水利事业的重大损失。我现在能做的就是不辜负徐老的希望，努力工作，踏实做事，认真做人。

愿徐院士一路走好！

无尽的教诲

胡春宏

徐乾清院士是我最尊敬的专家之一。

2009 年 12 月，徐院士在生病期间，我们去他家向他请教鄱阳湖治理的相关问题。他一边给我们讲，一边迅速从屋里长长的书架上抽出相关资料。他说："我这里积累了许多资料，你们（中国水科院）要觉得什么书有用，就拿去。"我当时说："都有用。"他说，等他身体好一点（当时有点感冒），让我们去他家整理。前几天，噩耗传来，手捧着那些还未来得及归还的资料，我心里悲痛万分，没承想，这竟是他对我最后的教诲了。后来得知，徐院士在去世前留下遗嘱，其中之一就是，将毕生积攒的相关书籍资料捐献给中国水科院，他希望这些书能继续发挥作用。另外，捐献 5 万元给钱宁泥沙科学基金会，他已不止一次以个人名义给基金会捐款了，算起来，徐院士是个人捐款最多的人之一。

徐院士的去世，让我们许多年轻人非常痛心。

记得 2009 年三四月份，他因为身体不好住进了医院，我们曾去探望过几次。在医院里，徐院士靠"鼻饲"维持生命，这样一天需进食七八次。那天我们去时他正准备进食，我们见此想问候一下就离开，但是他马上叫住了我们："这个很快就结束了。"尽管当时他身体比较虚弱，但他很乐观，依然十分关心年轻人的进步，关心中国水科院的发展。当时我们谈了一个多小时，言语中饱含着他对中国水利事业的思考、对年轻人的殷切期盼，句句真知灼见，情真意切。

他告诉我们，中国水科院业务面要拓宽，跨学科研究是今后的发展方向，特别要注重自然科学、社会科学、技术科学的结合。要关注水电大规模开发带来的问题；要关注移民问题，移民以后应形成一个学科或专业；要关注规划中的一些技术问题。另外，还要关注修建水利工程所引起的其他影响，例如航运、港口码头的问题等都应该统筹考虑。我觉得这几点准确而透彻，过去，我们科研单位研究的问题都太微观、太具体。徐老的话时时在提醒我们，科学研究要从全局、系统、宏观的角度来考虑，一定要为生产

原文载于《中国水利报》2010 年 1 月 28 日，作者系中国工程院院士，中国水利水电科学研究院副院长。

实际服务。

徐院士是水利部防洪减灾中心专家委员会的主任，因此他以防洪减灾的研究作为切入点，对我们科研工作者提出了希望。他说，防洪减灾研究要与实际相结合，年轻人要多接触实际，多深入现场，不要闭门造车式地搞研究，急功近利，急着出成果，要打好基础。

追忆往事，缅怀老人，痛惜之余更多的还是感动。

我还是学生的时候，在旁听一些会议时能见到徐院士，当时他给我留下的印象是知识渊博，学风严谨。当我1989年参加工作到中国水科院后，更是深有感触。他不仅对我国水利水电各个专业、领域和各大流域的情况都非常熟悉，而且对水利业务非常精通，无论谈到其中任何一个方面，哪怕是具体的问题，他都有自己独到的见解，并且言必切中要害。

徐院士的科学作风十分严谨，从他嘴里说出来的每句话、每个词都非常准确。他告诫我们，对任何事情，哪怕是一个数据都不能含含糊糊。1995年，水利部安排水科院作一个全国江河疏浚情况的研究报告，为国家是否实施"百船工程"（河湖疏浚挖泥船建造项目）提供依据。报告初稿完成后，我们邀请一些老专家来评审。当时，徐院士看了报告后，对一些数据提出疑问，向我一连提出了好几个问题，我都没答上来。他郑重地告诉我："数据不准确，还需要核实，最好是能掌握第一手资料。"这件事情之后，我不禁惊讶，徐院士在工作的积累中，对各大江河的情况和各类数据都了然于胸。我对徐院士更加敬佩。

徐院士是一位忠厚的长者，平易近人，拥有大师风范。他关心、爱护年轻人的成长，我们喜欢向他讨教一些学术问题，因为他曾在水利部担任副总工程师，对全国水利情况了解得很清楚，总能高屋建瓴地提出自己的看法，因而我们每每都能受益匪浅。他用自己的言传身教深深地感染、影响着我们，我们也从他身上汲取了很多优秀的品质。一代大师离去，我们青年一代在水利事业的征程中，应继承和发扬大师的优秀品质，愈发奋进，不辜负他的期望。徐院士对我的谆谆教诲让我受用一生，终生难忘。

一生的书写

······················

——追记中国工程院院士徐乾清

李平　肖丹　朗丰杰

2010年1月3日，北京，一场罕见的大雪整整下了一天。1月4日，天寒地冻。尽管身体状况大不如以前，85岁的徐乾清仍坚持上午学习的习惯：5点钟起床，看两个小时书，吃饭、活动，接着看书。只是近来看半小时需要歇一下，坚持着再看。

身边的人都知道，徐老上午的时间最宝贵，最好不要来打扰。

在人们的记忆里，这个习惯他几乎坚持了一辈子。

这一天，他的笔记本上清晰地记录着：1月4日，据农业部研究，近10年来，吨粮耗水 1191m³，平均粮食水分生产力约为 0.84kg/m³，北方地区平均约为 1.07kg/m³……这是每天都做的笔记和思考记录。但是谁也不会想到，这是老人一生耕耘的最后书写。

"那天上午，爷爷起床后感觉有点头晕，休息了一会儿便和往常一样，看书、翻资料。下午两点多，午觉醒来，他突然感觉到不舒服，我就赶紧拨打了急救电话，并通知了他女儿。"照顾徐老的保姆小曾哽咽着说不下去。救护车赶到时，徐老已重度昏迷。给老人带来重创的，不是纠缠一生的肺病，也不是9年来让他只能"鼻饲"的鼻咽癌，而是一次急性脑溢血。

1月9日上午11点15分，老人走了，带着对我国水利事业的深深挚爱与不舍牵挂。这一天，大江南北，祖国各地，会议室里，办公桌前，电话机旁，无数与老人工作过、交谈过甚至只一面之交的人们，痛彻心扉。

老人真的逝去了吗？可我们的手上还捧着来不及归还的资料，笔记本里还记着上一次未谈完的规划课题，耳边还回响着去老人家里整理资料的约定，或是曾经计划好出去走走，看看长江黄河，转转水利工地，坐在一起探讨、畅谈。人们不愿相信这样的事实，就这样"猝然少了一位慈祥而睿智的师长，少了一个可以自省和参照的坐标"，少了一位开诚布公可以深入交流的益友，少了一位对中国水利事业规划于胸的智者。老人

原文载于《中国水利报》2010年1月28日，作者系该报记者。

真的逝去了吗？

生命的全部 一生的牵挂

"大概由于我对历史、地理知识的偏好，我对几条大江大河形成的自然地理、社会历史背景和新中国成立以来的江河治理及防洪减灾事业的发展变化给予了终生关注。"

徐乾清的书房里，长长的书架占了半个屋子，里面摆满了各种书籍。历史、地理、水利专业的，甚至有武侠小说。书对老人有如生命般重要。

走进他的书房，时间仿佛凝固了，这里的一切依然还像昨天。书桌上，那本崭新的日历已经翻到了新的一年，桌头的闹钟还在滴滴答答地走着，就连那只签字笔的笔头，还在外面露着……这一切，仿佛还在上一秒：一位勤奋的老者，微耸着肩，趴在桌子上，一手拿着放大镜，一手拿着写字笔，在纸上不停地画着、写着。

老人的办公桌上，有两个装满笔的笔筒，足够一个学生两年的用笔量，其中一个装的是满满一筒已经削好的铅笔。保姆小曾说："爷爷搞规划，有时候作图，铅笔用得快，有时候半年一筒，也有可能就几个月，他都是一次削好。爷爷做事跟他做学问一样，都特别严谨细心。"

小小一筒铅笔，连同桌上一个刻在大理石块上的"勤"字，诉说着这位老人的辛苦和坚持。那些对全国水利工程有指导意义的规划和对许多决策有重要影响的科学依据，就是这样一笔一笔写出来的，也是这个"勤"字长期不懈坚持下来的。

《大秦岭》是老人病发前一天还在津津有味看的纪录片。徐乾清出生在陕西城固，汉中人，汉中盆地平川地区农业相对发达，古老的灌溉工程浇灌了陕西水稻生产基地。这个片子跟他的家乡有关，他非常感兴趣。

从汉中一个被称作"万有书库"的少年到胸怀江河、留下丰厚贡献的老人，一晃60多年，60年的记忆被老人点点滴滴书写在小本子上，汇集起来，4万多字，70多页，是老人对每一个重要阶段的思考和总结，也是给自己终生关注的江河事业的一份礼物……

1949年9月初，长期生活在具有灌溉设施的汉中农村，加上博学多才，23岁的徐乾清从国立上海交通大学毕业后就被选派到泰州苏北行署水利处，开始了水利生涯。

此后，从苏北到上海再辗转到北京中央水利部，他当过工程技术人员，担任过部专家工作室技术组组长并兼任苏联专家组组长的助手，在部科学技术委员会工作过……到后来担任水利电力部计划司副司长、水利部副总工。

离休后的徐乾清更忙了。正如他所说："大概由于我对历史、地理知识的偏好，我对几条大江大河形成的自然地理、社会历史背景和新中国成立以来的江河治理及防洪减灾事业的发展变化给予了终生关注。"

60年水利生涯，除了西藏，徐老几乎跑遍了祖国的各大江河湖泊，通读了古今各类水利书籍，"真正做到了'读万卷书，行万里路'，人们都叫他'活字典'"。生前的老同事、老朋友戴定忠回忆起这位曾经朝夕相处过的挚友总是不禁发出由衷的钦佩与赞叹。徐老对此却总是不肯承认，在他的记忆深处，水利的博大精深倾其一生也不可能穷尽。

他记得，第一次接触实际的水利工程，是在1952年夏，当时参加了治淮和荆江分洪工程的实地考察。刚刚参加工作的徐乾清从未如此真切地感受到水利事业的复杂艰巨，更感受到需要补充学习的繁多和迫切。

1953—1955年，在担任专家工作室技术组组长的这3年间，徐乾清帮助苏联专家研究我国水利重点地区发展方向，帮助解决在建和拟建重大工程设计、施工中存在的问题。苏联专家认真的工作态度、不厌其烦地讲解、外出都带着大量专业书籍的习惯，在他记忆中留下了不可磨灭的印记。

野外考察能亲眼所见，看书研究能帮助思考。尽管在生命的最后10年饱受病痛的折磨，徐老仍然没有放弃过一天学习和研究，哪怕在病房里。

"工作就是他的生命。"女儿说，"爸爸说过，如果没有工作，他活着就没有意义。"

昏迷的前一天，老人嘱咐女儿给他找来《大三峡》的影碟，他要看，这是他曾经岁月的一部分，也是他最后日子里的陪伴。

似山的老人　睿智的财富

即便到今天，每当重读徐总"八五"和"九五"攻关立项建议书上的意见，都能深切感受到他对国家需求的深刻认识和准确把握。

徐乾清回忆自己水利生涯时这样写道：除了"文革"那几年，我一直没有离开水利部门，直接或间接参与了新中国水利发展的各个过程，为水利事业做了少许力所能及的工作。

轻描淡写的几句，正如一生谦逊的风骨。而在我们的心里，老人就像一座巍峨的山，让人仰止。

作为我国水利行业一位重要的决策者和思想者，徐乾清参与并推动了我国许多重大水利战略的制定和工程的实施，如大江大河历次流域综合规划、三峡工程可行性研究论证和南水北调工程规划。

从事水利半个多世纪以来，徐乾清一直注重从宏观角度考虑和探讨中国水利事业的发展。他关注水利发展的自然地理特征，关注社会经济发展的历史背景，关注环境变迁对水利发展可能产生的影响。他认为，这是做好大江大河流域综合规划的基础。

那三篇代表作——《近代江河变迁和洪水灾害与新中国水利发展的关系》《我国江河治理水资源开发的现状问题和对策》《面对21世纪中国水利形势和需要考虑的问题》，对我国水利发展具有重要参考价值。

宏观研究的角度使得徐乾清的论述高瞻远瞩，切中要害。1985年，在中国水利学会代表大会上，徐乾清作了一个题为"对当前水利发展问题的一点认识"的学术报告，系统分析了不同历史时期人与水的关系，提出今后水利发展应注意的7项原则。他说道："第一，水利发展必须与国民经济发展相适应；第二，水利发展应当平衡，即水资源供需平衡、技术经济的社会综合平衡经济效益和生态与环境效益的统一协调平衡等；第三，水利发展要继续贯彻除害兴利并重的原则，力争每项工程和措施达到多目标综合利用水资源的目的，即防洪、供水、发电和航运密切结合，达到最大社会综合效益；第四，自然条件和社会经济发展水平差异很大，发展经济对水资源的依赖程度不同，主要服务对象和建设重点也应该不同，要把水利发展规划与当地经济发展的全面安排密切结合起来，打破行业地区的局限性，针对经济发展中的紧迫需要薄弱环节和现实条件，确定水利发展方向和选定建设项目；第五，发展水利必须工程措施和非工程措施并重；第六，要妥善处理水利工程设施的巩固、改造和新建的关系；第七，要从现代的技术经济观点出发，健全法规政策，提高水利工程经营管理水平。"

这段 25 年前的论述，至今听起来仍让人久久回味。

20 世纪 80 年代以来，徐乾清几次从宏观角度提出我国水资源短缺给社会经济发展及生态环境保护带来的严重影响，提出了明确的对策。90 年代初，徐老根据国家水资源规划与管理的需要，建议将"华北地区宏观经济水资源规划管理的研究"作为重点专题，突破了传统"以水论水"的研究思路，首次将水资源研究与宏观经济紧密结合起来，从而把我国水资源研究推向了一个新的高度。

当"八五"攻关即将结束之时，徐乾清又敏锐地将视野投向了水资源短缺生态脆弱的西北地区，提出要尽快开展西北地区生态需水研究。在他的积极倡导下，"西北水资源合理利用及生态保护研究"被列为国家"九五"科技攻关重点项目。该项目的及时设立和成果产出，为 20 世纪末我国西部大开发战略的实施提供了重要的科技支撑。

中国工程院院士、中国水科院水资源研究所所长王浩感慨：即便到今天，每当重读徐总"八五"和"九五"攻关立项建议书上的意见，都能深切感受到他对国家需求的深刻认识和准确把握。

三峡是老人时刻牵挂的工程。当宏伟的三峡工程开始在长江防洪中发挥作用时，中国工程院院士陈志恺不由得回忆起当年论证的情形："1986 年，在三峡论证期间，很多人对是否要修建三峡存在不同意见，其中，对三峡工程的防洪作用有不同的看法。在这个问题上，徐总翔实地分析了三峡工程防洪的必要性和不可替代性，对统一认识起到了一定作用。前不久，对三峡工程进行了中期评估，证明他当时的论点是正确的。由此可见，徐老对长江流域防洪的规律掌握得很清楚。在工程院里，大家都认为他是防洪领域的权威专家。"

近 20 年，徐总对我国大江大河的防洪减灾进行了系统总结，提出的对策有很现实的指导作用。他在多篇著述里，对我国洪水产生的自然环境条件、社会经济历史背景、防洪建设的基本情况和对策作了比较系统的论述，提出了一些新的观点。

中国水科院副总工程师程晓陶听闻徐老病逝的消息后潸然泪下："徐老是我国著名防洪与水利规划专家，也是水利部减灾研究中心专家委员会的主任。世纪之交，徐老牵头主编的《中国防洪减灾对策研究》对新时期我国治水方略的调整具有重要的指导意义。"

"徐总非常重视水利的基础性工作。前一段时间，他听说我要整理《中国主要江河水系要览》，高兴地说，这件事非常有价值，要认真负责，做到有根有据，给后人留下的资料，要准确，要有可靠的依据。"国家防汛抗旱总指挥部办公室原总工程师富曾慈觉得，徐老为这本书提出了不少好建议，书里也融入了徐老的心血。

不仅这一本书，《中国水利大百科全书》《水利科技名词》……一系列基础性专著情

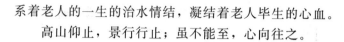

系着老人的一生的治水情结，凝结着老人毕生的心血。

高山仰止，景行行止；虽不能至，心向往之。

满肩的责任　务实的品格

徐老一针见血地看到，长期以来，水利技术干部以看到和强调正面作用为主，对负面影响认识不够。因此，有时候发言，他会直言快语，经常大胆说一些问题和担忧。

徐乾清做人做事求真负责，是出了名的。无论做工作还是搞研究，他都实事求是，敢讲真话，对事实负责，让人敬佩。

徐老有一种境界，别人都很羡慕，就是他讲话大家都爱听，而且是认认真真地听，哪怕他说的是反面意见。因为大家知道，徐老轻易不发言，一旦说出来必定是经过充分的调研考证和深入细致的思考，往往是实事求是的科学见地。

多年一线实践，让他对水利有了深入的思考。徐老曾经说过，他深深体会到水利科学是一个极其复杂、极其庞大的多层次的系统工程，涉及自然科学、技术科学和社会科学的高度综合性学科，必须处理好人与自然、人与人的关系，必须正确认识工程技术既是帮助人类获得巨大效益、推进人类进步的巨大动力，但如果使用不当，也会给人类带来巨大灾难和损害。

徐老一针见血地看到，长期以来，水利技术干部以看到和强调正面作用为主，对负面影响认识不够。因此，有时候发言，他会直言快语，经常大胆地说出一些问题和担忧。

1998 年那次洪水，国人经历了一场惊心动魄的抗洪斗争。当时，在一次防汛座谈会上，国家领导人亲自出席，商量抗洪对策。会上，徐老根据当前抗洪形势，大胆假设了以后有可能发生的状况，并提出了解决方案。最后，汛情发展一如徐老所料，他的方案，为抗洪战役的胜利起到了重要作用。

那次会议结束前，徐老还慎重地点到了一些问题。长江中下游防洪规划依据的资料太老，需要重新修改调整；堤防质量差，隐患太多；分蓄洪区安全设施不全，问题很多，需要加快处理解决……他还提到了一个重要的话题，对当时黄河治理中靠挖河疏浚解决黄河防洪的做法提出了否定的意见……当时，出席会议的领导对徐老这种负责任的态度表示肯定。

总是在思考什么是真正的规律，总是在依据掌握的事实考证说话，徐老的务实作风早已养成。上世纪 80 年代初，徐乾清利用空余时间围绕"大跃进"时期的遗留问题组织一些专题调研。讨论那个时期建设的大、中、小型水库时，不少人过分强调遗留问题，否定当时建设。徐老经过大量研究和实际调研，得出了"在已建的 200 多座大型水库中，只有极少数可能成为废品，绝大多数在加固改造、处理质量缺陷和配套必要工程设施以后还是能发挥工程的正常作用"的结论。

其实，无论是"赞成"还是"反对"，徐老都会进行充分的论证。他的结论，尊重事实，他的态度，诚恳感人，他发言的出发点，永远在水利事业的发展和造福民生上。

了解徐老的人都知道，他一生出席的大小会议无数，但每次话都很少，却句句铿锵有力。

徐老平时身体不好，对参加的会议他会有选择，但是，只要他参加，都会认真准备。平时参加会议，他除了带一支笔、一个本，有时本里还夹一张小纸条，上面密密麻麻记满文字。

徐老发言，没有高谈阔论，不会冠冕堂皇，有的只是踏踏实实的学问。每一句观点或者引用的数据，都是跋山涉水调研或者在书屋里"淘尽黄沙"的结果。也正因为如此，他发言，听的人就会紧跟着记，生怕错过哪一句。

听别人发言，徐老也会认真地听，细细地记，有和实际不符的，他还真不"客气"。有一次，有人把一个名词混淆了，徐老当场点了出来。好友富曾慈说："徐总就是特别认真负责，没有十足把握的观点，他从来不会轻易发表意见，但只要他发言，站位很高，很客观，也因此非常有分量。大家都非常尊重他。"

在徐老的人生字典里，没有"差不多""好像""应该"这样的词语，他的严谨程度，可以用"密不透风"来形容。

徐老常说，做学问的人需要"密不透风"和"滴水不漏"，要脚踏实地，尊重科学，半点马虎不得。这是一种态度，是一种坚持，也是一种对历史的负责。徐老的这种风格，正如他在总结自己人生时提到的："可以说，对工作学习始终是积极的、认真的、负责的，马马虎虎、对付对付应对工作和学习的态度还是比较少的……"

徐老的这种作风，深深感染着同行学者。

中国水科院副总工程师程晓陶深有感触。2009 年，为了撰写庆祝新中国成立 60 周年的纪念文章，程晓陶请教徐老 4 个问题，徐老静静地听着，只说了句："这个问题比较大，我需要准备一下。"

一个月后，程晓陶如约来到徐老家中拜访，桌上，早早摆好了一份详尽的谈话大纲。谈话过后，他深深感动着："这个月来徐老不知道付出多少心血，翻了多少书，跟我们谈了整整一上午。他这些材料，太有价值了！"

对这位平时"惜字如金"的老人来说，一上午的谈话，其实等于老人做了一份完整的研究报告……

和程晓陶一样，受过徐老言传身教的年轻学者，也都被他这种做学问的态度和做人的态度所折服。

对年轻学者的请教，徐老来者不拒，但他也有自己的原则。

平时，经常有年轻人在评职称、报奖等方面想请他帮助推荐，而他对前来请教的人有三个"门规"：一是被推荐的人及其所做的工作必须是他所熟悉的；二是草拟的材料必须提前送去，他认真看完会及时通知对方结果，包括"可以签""做修改后再签""能否请其他专家推荐"；三是凡他签过字的材料，必须给一份复印件留存。

徐老的这些做法，赢得的是更深的尊重。

中国工程院院士、南京水利科学院院长张建云回忆说："近两年来，去徐总家讨教甚多。我主持《中国水图》编制工作期间，徐老多次叫我到他家中，一幅图、一幅图地讨论，对一些需要注意的问题，逐一提出具体的建议，每次都花费整整半天的时间。看到如此年高的老人，克服病痛带来的身体上的不便，认真地与我讨论，内心充满了不安。"

年轻的学者回忆徐老，耳边总是回响着老人的殷切关怀和发自肺腑地谆谆教导。在得知张建云当选为工程院院士后，徐老第二天就拨通电话："张院长，电话里我只给你说两句话。一是祝贺你，也祝贺南科院；二是希望你继续保持谦虚谨慎，不要什么会都参加，要扎扎实实做好自己的事情，特别是抓紧把《中国水图》和全国河湖普查两件大事做好。"

"发言"一如以往，简短却铿锵有力，让张建云的内心久久不能平静。在他心里，这是徐老对一个人的祝福，更是对水利事业的牵挂！

学为人师，行为世范。这条格言，徐老用一生的行动作出了最好的诠释。

淡泊的人生　高远的风骨

　　他称自己是"问心无愧的普通劳动者"，"合格"这个字眼，他用得谨慎又小心。

女儿说，以前家里有小院，父亲总爱种竹子，后来搬家，他就养起了兰花。

喜欢竹子，是因为那份清高和骨气，笔挺的脊梁，正直一生，若谷的胸怀，坦坦荡荡。喜欢兰花，是因为她不艳不娇，淡泊从容，不张扬，总是幽幽地、默默地散发芬芳……

朋友说，徐老既是这竹子，又是这兰花。他有竹子一般的骨气，也有竹子那般的胸怀；像兰花一样芬芳，也如兰花那般低调，让人不易察觉，却又刻骨铭心。

徐老的骨气，在于和病魔斗争了一辈子。

早在1969年，44岁的他就得过一次肺炎，当时医生误判，说是"肺癌"，劝他准备后事。这个"噩耗"，一般人听到只有"煎熬"，徐老却一直"微笑"，一如既往工作。1979年，还是因为肺病，徐老的左肺被切除，身体更加羸弱。

2001年，医院确诊，徐老患上了鼻咽癌，放疗是唯一的出路。治疗留下了严重的后遗症。他的内分泌系统遭到严重破坏，终日口干舌燥，味觉消失……

谁能想到，这位耄耋老人，是忍受着煎熬，拖着病身体，大江南北地跑，一个研讨会接着一个研讨会地开，一本书接着一本书地看……

那段日子难，饮食问题折磨他。开始，跋山涉水只需随身带上一瓶矿泉水，渴了喝一口；后来，连续8年顿顿只是吃稀饭、煮汤面，喉咙咽不下一粒米；再后来，口腔功能萎缩，水都不能喝，所有的进食都靠"鼻饲"。

然而，一切又不那么难，精神食粮安慰并支撑着他。哪怕到后来，眼睛模糊，或者昏睡不醒，只要醒来，还会趴到桌子前，拿起放大镜……每天不看看地图上这些江河湖泊，他睡不着。

一切还在继续，肺病被克服，鼻咽癌被征服，可是，谁也没想到，与病魔抗争大半辈子的徐老，就这样悄悄地离去。

在他的讲述里，他称自己是"问心无愧的普通劳动者"，"合格"这个字眼，他用得谨慎又小心，以至于接触过他的人总是不免自我审视一番，用心衡量衡量自己与这两个称谓的距离远近。徐老就是人们身边的参照和坐标，一个教会人们用最低的身段作出最大贡献的参照，一个敬畏学识、永不满足的坐标。

大家都说，徐老一生把名利看得很淡很淡。徐老一辈子不要奖，谁给他个荣誉证书，他都要着急，直到去世前，组织瞒着他，给他一个"全国离退休干部先进个人荣誉证书"，这也是他平生唯一接受的个人荣誉。每当国家有难，他总在给予，捐款捐物。在他的遗嘱里这样写道：捐款5万元给钱宁泥沙科学技术奖基金会。把一生的藏书捐献给科研院所，希望这些书籍能继续发挥作用。老人走了，用一生书写了一份对水利的挚爱，用一生书写了一个清晰的人。

老人走了，但他对自己对他人对事业的认真、负责、严谨、求实，恍若眼前。做人，当如老人这般清醒；做事，当如老人这般认真。

老人生前最后一个生日，女儿买了一盆兰花，放在客厅，淡淡的清香溢满了屋子。

老人去世后，兰花紧跟着凋谢，花瓣落到泥土里。

女儿思念父亲，就又买了一大盆兰花放在父亲遗像前，映着照片里那张慈祥的脸。

老人走了，却留下了很多。

（本专题图片和相关资料由徐佳、戴定忠、赵洁群提供，在此致谢。）

斯人已去　风范长存

富曾慈

　　2010 年 1 月 9 日，我在参加水利普查工作会议时，惊闻徐总去世的噩耗，很是悲痛！

　　徐总是中国工程院院士，他推动并参与了我国大江大河流域综合规划、防洪规划以及三峡工程可行性研究论证工作，主编《中国水利百科全书》，参与"中国可持续发展水资源战略研究""西北地区水资源配置生态环境建设和可持续发展战略研究"等中国工程院重大咨询项目研究工作。他对我国治水方略和发展规划有独到见解，对学术问题一丝不苟，精益求精。他的一生为水利事业作出了很大的贡献。

　　追忆往事，感慨万端，深感在他身上值得我们学习的东西太多太多。

　　记得 2009 年的最后一天，我和规划院胡训润副总工去拜访他，他还热情地接待了我们。那天，当我们谈到黄河综合规划预审情况及南水北调中线工程建设和西线工程前期工作时，他讲："大家要加强对中线工程建设与管理工作经验的总结，为西线工程前期工作和实施提供更多的经验和科学依据。"当谈到我们整理编撰的《中国主要江河水系要览》的稿件已送到出版社时，他说要尽快出版。在两次讨论该工作的会上，他讲话不多，但分量却很重。他说，这项工作很有价值，很复杂，工作量也不小，这是在前人工作的基础上，进一步整理、补充、完善，要做到宏观能把握，微观上能到位。他还说，有时候一条河在不同时期，不同地区会有不同河名，甚至多个，河源也有不同的说法，在不同的资料上会有不同的记载，包括河长、流域面积等。你们要在现有的基础上作出判断，进行取舍，做到有根有据。给后人留下的资料，尽量做到准确可靠。他的这些教诲，对我的工作思路以及在具体工作上，都有很大的启发和指导，令我受益匪浅。

　　我和徐总较多接触是从编《中国水利百科全书》开始，他是该书的主编，我是防洪分册主编，徐总负责审查和终审防洪分册工作。防洪分册从框架设计、条目选取、撰稿与审稿过程都得到了徐总的亲自指导。尤其在终审时，他又挑选出 70 多条重要条目亲自审阅，逐条提出修改意见，这一切，帮助我最终按计划完成了任务。后来我有幸作为

原文载于《中国水利报》2010 年 1 月 28 日，作者系国家防汛抗旱总指挥部办公室原总工程师。

中国工程院院外专家参加了工程院的两个重大咨询项目的工作。徐总是中国可持续发展水资源战略研究项目中《中国防洪减灾对策研究》课题组副组长（钱正英院士是组长），也是该课题报告的主编。他本着实事求是的态度，坚持科学民主的精神，引导课题组成员深入总结国内外防洪减灾的经验教训，特别是结合我国的自然环境和社会经济历史背景，结合当代科学技术发展趋势，对我国洪水和灾害的形成、发展、分布特点，人类社会经济活动对洪水及其灾害变化的影响进行深入分析，进一步明确了我国防洪减灾工作的总体目标、基本对策和重点措施的建议。徐总在这些规划、报告、重大科研课题中都付出了大量的心血，有些报告，他都是逐字逐句审阅、修改。讨论时，他也是非常严谨，简明扼要，一语中的，说得非常到位。

徐总就是这样，他知识渊博却很低调，话不多，但很有分量，他的观点都有根有据，让人信服。他不唯上、不唯书，求真务实，严格自律，品格高尚。他身体不好，几十年都在和病魔作斗争，和他共事这么多年，他给了我很多的教诲。他以前肺不好，后来又患上癌症，小脑萎缩，视力下降等等，但他从来没有停下前进的脚步。

前段时间，身体已经不允许他再参加过多的会议，我们也两个多月没有见面了。这次我和胡总去看望他，同时还想请教几个问题。当时他的身体虽然不好，但是精神状态和以往一样好，我们聊了很多。让我没想到的是，这次见面，却成了永别！

虽然徐总去世了，但是他给我们留下了非常宝贵的精神财富。他的一生真正做到了活到老，学到老，奉献到老，让人敬佩不已。

求真务实　治水安邦

——深切怀念尊敬的徐乾清院士

程晓陶

2009 年 12 月 10 日，我去徐乾清院士家探望，那天徐老精神很好，还特别表示愿意来参加我院防洪抗旱减灾研究领域设置 20 周年的座谈会。没想到仅仅一个月后，却传来了徐老病逝的噩耗，令我心情沉痛不已。

徐老是我国著名防洪与水利规划专家，也是水利部减灾研究中心专家委员会的主任。世纪之交，徐老牵头主编的《中国防洪减灾对策研究》对新时期我国治水方略的调整具有重要的指导意义。2007 年《中国防汛抗旱》杂志转为公开发行前夕，我约请徐老为首期杂志撰稿，徐老欣然同意，不久就来电话通知我去他家取稿子。徐老论文的题目为《防洪减灾本质属性与相关问题的思考与探索》，文中指出防洪减灾本质属性是在人类与洪水互相竞争生存与发展空间的矛盾对立中寻求平衡点，并以此为中心建立防洪减灾对策和有效措施。看着徐老工工整整的手写稿件，崇敬之情不禁油然而生。

2009 年，为了撰写庆祝新中国成立 60 周年的纪念文章，我计划走访一些老专家。3 月 3 日给徐老打电话，说想了解 4 个问题：一是新中国 60 年大规模治水活动如何划分阶段，每个阶段有什么特点；二是有哪些重大事件是必须记住的；三是有哪些重大决策产生了深远的影响；四是有哪些重要的经验与教训，是晚辈们应该汲取的。徐老说这个题目较大，他需要做些准备。4 月 12 日，徐老来电话约我去谈。13 日一早，我特意带了韩松、张大伟、王珊等几个学生一起去徐老家。徐老热情接待了我们，首先与我核实要谈的 4 个问题，然后拿着预先准备好的一份很详细的提纲，与我们谈了整整一个上午。这次谈话，给我留下了终身都不会忘记的印象。

徐老将新中国的治水活动分为 5 个时期。第一个时期是 1949—1957 年，他认为这是新中国成立后最好的年代。第二个时期为 1958—1965 年是大跃进年代。他说"'大跃进'应该来讲是个大破坏，对哪个行业来讲都造成了难以设想的灾难，完全是人为灾害。""大跃进"到 1961 年已经撤了，但是后遗症的处理一直到 1965 年还没结束。第三

原文载于《中国水利报》2010 年 1 月 28 日，作者系中国水利水电科学研究院副总工程师。本文有修改。

个时期是 1966—1979 年，前 10 年是文革，后几年是文革刚结束那一段，有连续性。第四个时期是 1980—1998 年。第五个时期就是 1998 年以后。

在展开叙述各个阶段的特点之前，徐老特别强调了近代与防洪有关的几件大事。一是黄河 1855 年铜瓦厢决口重回大清河入海。黄河夺淮数百年，对淮河来讲是彻底破坏，这是影响非常深远的一件事情。同时还有大运河的兴建，从北京一直到杭州的大运河，是有功有过的。元、明、清三代六七百年差不多都遵循着"治黄保运"的原则。治黄的目的不是消除黄河的灾害，而是保运河的畅通。因此，只要运河不断，牺牲哪儿都可以。结果运河西岸从江苏、山东一直到河北、天津，形成了全国水灾最重的一个地区，这一点希望准备研究洪水问题的人要具体了解一下。黄河北归大清河后，淮河、海河都摆脱了黄河的干扰，这才有了 3 条河独立的防洪问题。

第二件大事是 19 世纪长江上游发生了两次特大洪水。一次是 1860 年长江上游大洪水，宜昌流量经过多方面考证，大概是 92500 m³/s，到了枝江 11 万 m³/s，这一年冲开了藕池口，一次分洪两万多。1870 年，长江上游又发生了一次特大洪水，到了宜昌以后有 10 万 m³/s，到了枝江也有 11 万 m³/s，这一次在松滋口决口，加上太平口和调弦口，形成四口分流，每年可以分到长江洪水的三分之一以上，这样一来北边江汉平原的洪水灾害缓减，而南岸的洞庭湖区就一塌糊涂了。讲长江的防洪问题，必须要了解四口分洪对长江的影响。

再一点就是从 1840 年一直到 1949 年的 110 年间，主要江河发生了历史上的特大洪水，或者接近历史特大洪水。然而，1840 年以后水利建设长期处于停滞状态，河道堤防破破烂烂，根本没人管，结果这段时期成为中国水灾最严重的时期。新中国成立初期，全国堤防反复查对，也只有 42000 km。那么我们现在一讲就是 27 万、28 万 km，跟那时无法比了！水库几乎可以讲，到解放前除了东北日本人还搞了两三座有防洪任务的水库外，其他流域我们还没有水库防洪工程。那么就靠天然湖泊洼地临时滞蓄。由于中国的江河情况很复杂，每条河流的发展情况都非常不同。

随后，徐老继续分析各个时期的防洪形势及特点。

第一个时期是 1949—1957 年。徐老说，1949 年他在苏北工作，当地的居民吃稃皮麸糠，后来没有了就吃观音土。观音土是一种白色的盐土，吃了以后暂时可以不感觉到饥饿，但是肠胃会受到很大的损伤。那时，到处都是灾民。1949 年全国主要河流洪水都相当大，黄河花园口 1 万多流量，淮河沂沭泗的水比较大，长江发生的洪水都超过了原来长江干流历史洪水的最高水位，珠江那一年水也不小，特别是西江。1950 年淮河又发生了一次比 1931 年历史最大洪水略微小一点的一次洪水，淮河本来一塌糊涂，再经过这次大洪水，据统计两三千万亩的淹没面积、一千多万的受灾人口（这些都可以查资料）。灾情是历史灾情延续下来的，哪条河都是灾情深重，这是一个基本情况。再一个呢，当时由于新中国成立初期国家需要恢复生产，需要安定社会，这是最紧急任务。当时我们一年的粮食有一千多亿公斤，号称五亿多人口，就那么点粮食。而且各地差别很大，社会动乱，刚解放，那时候社会什么问题都有。所以当初为了安定社会，必须首先恢复生产，不恢复生产社会是安定不了的。恢复生产的话首先是减轻洪涝灾害、提高抗旱能力。这是两个最根本的问题，这个任务当时是最迫切的。再一个来讲的话，刚解放以后，当时的科技人员虽然对共产党还不是太理解，但是一般讲起来工作热情都是很高的。因为几十年来水利没干过多少事。一解放以后有那么多的事要干，所以人的情绪还是非常高的。另外，当时继承了传统研究的一些东西，虽然过去没有做多少事，但是在鸦片战争以后中国开始接受西方先进的科学技术，可以讲中国水利开始向现代化步伐走，像水文观测、地形测量、气象站的设立等等，都是那时候开始有的。此外，对一些主要江河，像淮河、黄河、海河，当时国民党统治时都设有专门的水利委员会，那时候工程做不起来，但是研究工作还是开展了不少。当时从国外学习水利回来的人都在这些机构，还是做了不少工作，对河流治理提出了一些实际的方案。刚解放时，基本上是继承原来的一些研究结果，这点还是起了不少作用的。当时，主要领导上至毛主席下至各级地方官员，对搞水利是没话讲的，老百姓以工代赈，到了工地上就可以挣到饭吃，在这种情况下领导非常重视，群众也有热情。当时工程治理的重点比较明确，首先是恢复已有的那些堤防，有多少年不修复了，所以这个工作量很大。再一个就是开始考虑了一些救急的工程，比如说当时的治淮，事实上是属于救急的工程。北方那时候开始考虑修官厅水库，东北开始考虑修大伙房水库，大伙房水库1951年开工，1951年辽河发生历史最大洪水，1953年、1957年松花江、辽河都是大水年，在这种形势下，重点就是抓这些。另外就是讲黄河、长江，要考虑再来像1949年前那样的洪水，怎么对付？那就搞所谓的临时分蓄洪区，像荆江分洪、黄河的石头庄分洪就是那个时候搞的，所以当时投入的力量很大。在这个形势下面，应该讲在1949—1957年这段时期，防洪工作是开展得非常多而且工作非常扎实。这个阶段的重点是治淮，北方修官厅水库、大伙房水库，还有就是修复运河上的那些分洪工程，像独流减河、四女寺减河等等。独流减河以前就有了，但是那个时候又投入又扩大又加固。独流减河、四女寺减河、马厂减河等这些都是，原来都有一些东西，但都是残破不全的，就在那时候开始改造扩建等等。只是当时为了救急，必须干这些事。那期间，1954年全国发生了一次以长江淮河为主的特大洪水，长江的洪水那一年干流按洪量计算达200年一遇（中下游），上游接近100年一遇。淮河发生的这次洪水比1931年还大，超过1950年，所以当时治淮初期的一些工程大量被破坏掉了，1954年的洪水在这个阶段是很厉害的。

第二个时期：1958—1965年，包括"大跃进"时期。"大跃进"究竟怎么来的？"大跃进"实际上是极"左"路线的产物。1953—1957年，这是新中国的第一个五年计划，这个阶段计划做得比较周密，而且1955年、1956年、1957年三年完成的情况都非常好，但是到了1957年的时候，毛主席可能考虑到当时的国际形势，认为中国是发展太慢了，这样慢吞吞的话对付不了当时的国际形势，因此要求快速发展，1956年研究发展计划的时候定的指标就很高了，当时周总理就提出了要反冒进。但到1957年以后毛主席提出了我们的发展方式发展速度不行，得加快，当时就批反冒进，当时主持经济工作的是周总理和陈云，结果这两位都下不了台，就反复检讨，本来他们的主张是完全正确的，应该讲。那么这个时候就开始要"大跃进"，"大跃进"的目标提的就很高了，"超英赶美"就是那个时候提出来的。当时就强调两个指标：一个是强调农业的粮食产量，另一个是强调钢铁产量。粮食生产在1955年、1956年的时候也就是恢复到三千多亿斤，已经恢复到抗日战争以前的生产水平了，当时毛主席认为不行，要加速。钢铁那时大概在三百多万吨一年，后来定第一个五年计划的时候，也不超一千万吨（七八百万吨），当时已经很不得了。但是毛主席认为这个不行，最后就提出了首先要从农业口突破，农业要加速，所以在1957年时提了一个"农业四十条"，这个文件非常重要。当时提出的农业生产指标："黄河北岸亩产平均达到四百斤，黄河南岸到淮河北岸达到五百斤，淮河南岸达到八百斤"，所谓"四五八"嘛！我们当时都没有研究过这个"四五八"，后来由于"大跃进"失败，这些问题值得考虑考虑，就组织了一些人研究怎么出现的"四五八"，出现"四五八"要什么条件，当时算了一下，要真正按当时耕地面积达到"四五八"的话，大概全国产量可以到7000亿斤。当时搞合作化，1956年和1957年两年合作化很快，那两年灌溉面积发展得也很快，而且有些地方生产典型的单产高得不得了，当时河南省报上来的数字尤其惊人，所以在毛主席的印象中全国有多少个先进县那生产都得快速发展，因此就定了要人均粮食达到2000斤。那时候人均粮食从400斤一下要提高到2000斤，所以就发动了农业要大搞水利，要在三年之内水利化。中央有了这个号召，紧跟极左风的人比这个还厉害，江苏省又出了很多先进的典型。这样一来毛主席更认为有根有据，要求农业大上水利化，所以在"大跃进"的时候，农业跟水利带了一个不好的头。另外，当时河南省提了一个水利的"三主方针"，所谓"三主方针"就是"以小型为主，以蓄为主，以社办为主"。当时批判1957年以前实行的方针，认为那个方针叫"排大国"，就是以排水为主，以大型工程为主，以国家投资为主。这样的背景下，全国就到处修水库，中国八万多座水库就是这样来的。这八万多座水库里面大型的一直到现在也不过四五百座，中型也不过两千多座，绝大多数就是100万 m³以下的那种小型水库，就是遍地修水库。还有就是搞河道节节拦蓄，河道上到处打坝。平原地区当时提了一个口号叫"一块地对一块天"，那就是到处做长坝，这样一来河系大乱，而且病险库质量问题越来越重，都过不了夏天。另外造成了水灾转移，本来河道畅通就可以排下去，结果排不下去了，到处都是洪涝灾害，这在水利方面后果是很严重的。

但是当时有那么一个好的一说，虽然对此也有不同的看法。1957年以前，水利部组织各个流域机构搞第一轮流域综合规划。当时黄河流域规划是苏联人帮助搞的，已经在1955年就通过了，淮河流域规划在1955年也提出了一个初稿，长江流域规划在1958年也提出了一个初稿，东北的河流包括海河都有一个基本的规划意见，这个规划意见虽然深度不够、精度不够，但是毕竟有这么一个规划，大型工程特别是大型水库当时在规划里还是做过研究的。所以到现在为止，我们有些大中型水库虽然质量不好，但是完全错误的被废掉的还不多，那就是说当时还有这么一个基础。

但是小型工程就不行了，一拥而上，结果工程质量没法保证，而且对原有水系河道自然环境的破坏，这些后果根本就没人去想，这就遗留下后来非常严重的隐患。"大跃进"后来就是大炼钢铁，那情景特别壮观，从夜里到天亮，到处都是炉火通红。全国的森林破坏就是那一年的结果，很多古老的树说砍就砍了，任意砍伐。现在江西、湖南南部山区丘陵地区有好多森林基地都是那时候砍掉的。整个大概持续了半年，这半年可破坏得不得了，所有村庄都没有树木留下来。所以那一年大炼钢铁的破坏和水利的破坏比都差不多，可能还超过水利。大炼钢铁的结果是一无所得，几百万吨的铁疙瘩毫无用处，不能加工，根本就没用。应该说"大跃进"都是一些破坏性的行为，后来就造成一个大的浮夸风，说是粮食亩产几千斤、亩产几万斤，甚至于到了秋天，一亩稻子可以产十几万斤，这都是报纸上公开讲的"成绩"，这样一来粮食已经不成问题了，办食堂也不成问题了。结果食堂办到1959年办不下去了，因为粮食本来就没那么多，把以前积蓄的粮食都吃光了，最后人都逃荒，所以"大跃进"的破坏是很厉害的。

关于水利方面的遗留问题，徐老归纳了以下几条：①大量的半拉子工程，病险工程，都很难度汛，特别是水库，汛期怎么过，造成了很多危险，增加了很多新的风险。②大量的移民。当时大约有1000万人，3000万亩耕地，绝大部分是被赶跑了。移民搬迁这是个多少年解决不了的问题，水利的名誉坏就坏在移民上了。③排水河系的破坏。这条河改这儿那条河改那儿，河道上打坝拦水，整个水系遭到破坏。特别在边界上，修堤做坝，结果水利纠纷多得不得了。后来那几年每年到了汛前到处都是基层的冲突，机关枪、民兵都打上去了。④河道上到处打坝，航运受到严重阻碍。按交通部的说法，解放初期全国通航河道有七万多公里，到"大跃进"时已经长到十万多公里，水利一修大坝，又缩短了几万公里。⑤森林植被的破坏，导致了水土流失的加重，生态环境破坏。这应该讲是半个世纪都没有恢复了的事情。⑥对农民进行无偿平调，让农民拿东西出劳力，来搞水利。结果又不给饭吃，又不给钱，干下来以后不少人倾家荡产。再加大炼钢铁，1959年在河南看到家家都没有锅做饭，锅都炼了钢铁了，当时最火爆的产业是砂锅产业，要做饭只能买那个，只能熬稀饭。在"大跃进"的后期到了1961年当时由于没饭吃，工地上也没饭吃，就命令撤下来吧，一声令下人们把工具一扔就都跑了，不到一周就散伙了，这个教训值得我们总结一辈子。1962年以后基本就是恢复处理这些遗留问题，包括当时任副总理的谭震林在内，这些问题都解决不了，特别困难。

第三个时期：1966—1979年。1966—1976年是"文革"时期，所有的机构都瘫痪了，但是老百姓接受"大跃进"的教训，认为要注意农业，注意水利，否则要饿肚子，所以那个时候搞水利老百姓还有积极性。1963年发生的海河大水，1975年淮河上游大水，结果两座大型水库垮坝，灾情都非常严重。那几年旱灾也持续发生，并不是说有洪涝的时候就没有旱灾了，同时都在发生，所以这个时候的防洪抗旱任务还是很重。当时国家的基础建设基本上都停顿了，有些钱没处花，感觉只有水利还可以花钱，所以每年水利的投资还不少，而且刚才提到的那几次大水灾之后急需要做一些工作，所以在这个时期重点搞的就是海河治理。海河现在的工程面貌就是从1965年开始的，一年一条河连续干了五六年，海河现在的局面是那个时候奠定的。淮河那个时候的水灾也比较严重，也还在继续改造。其他的就是农田水利，每年还在建设，但是主要的还是海河和淮河，像黄河的堤防每年大修这是谁也不忽视的问题，所以这个时期水利还是做了一些工作的，海河的基本治理应该是这几年完成的，淮河现有的水库除了"大跃进"年代修的一些以外，大部分都是这几年修的。这个时期应该讲"文革"是一塌糊涂，但是毛主席和周总理还是关注水利的，因此给水利还是排除了一些干扰。那时候国务院下命令，不许干扰水文观测，不许干扰水利工地，这在当时还有点作用。这个时期的特点大体上就是这么一个情况。

第四个时期：1980—1998年，这个时期的主要特点是改革开放。从1979年开始，进入了国家生产方式、机构机制调整的一个时期，那个时候把人民公社废除了，基层水利机构基本上瘫痪了。水利工作可以讲在 20 世纪 80 年代基本上陷于停顿，90 年代虽然有点恢复，但是恢复的力度也不大。另外，经济体制改变，本来中国的水利投资占每年农业各个部门总体投资的 60%～70%，1980 年改制的时候，叫分灶吃饭，就是中央和地方财政要分开，有些财政划给地方，有些是中央的，当然地方负担的任务也重了。有些是中央过去直接投资的，现在都不投资了，地方自己干吧。当时水利 80% 的投资都划给地方了。在 1979 年以前，每年基本建设投资有 30 亿～40 亿元。而那时候每年手头只拿到 5 亿元，其他的都划给地方了。另外还有一笔叫农田水利费用，每年大概也是 30 亿～40 亿元，这个全部划给地方，中央不管了。这一划，地方由于多少年来财政都困难得不得了，水利上划下去的资金基本上都挪到别的部门去了。好多省根本没钱，连简单的维修都没有钱，好多省基本上是过去管的事都没法管了，没钱了。这种情况一直持续到 1990 年。到了 1991 年发生江淮大水以后，万里管水利，给水利增加了投资，才慢慢好一点。而且特别是水利管理这一环节，过去修好的水利工程绝大部分都是交给公社管的，只有少数的骨干工程由流域机构或省里管理，那时候公社没有了，就谁也不管了。所以这个时候，管理的设施就很差了，这是经济体制方面的问题。再一个就是农民，那时候干水利主要是靠农民，公社废除后，开始实行分田到户、户包，这样一来就根本没有人去干水利了。那时候国家还号召冬春搞农田水利运动，一年还可以上几千万人，就是搞搞工程的修复养护，没有专门的管理部门去管。工程的配套都没有了，部一直管的重点工程是非常有限的。

徐老说，那时候他在水利部当计划司副司长，就管三件事情：一是黄河大堤，当时要第三期加固，每年差不多花近 1 亿元投资；二是引滦入津；另外还有一些已经开工的大型水库、大型工程，像青铜峡，刘家峡这些，这种状况一直持续到 1990 年。到了 1991 年，太湖大水、淮河大水、珠江大水，这时候国家才给增加了点投资，慢慢好起来。另外还有一个特点，在这个时期（80 年代），大家对干水利干的结果是好还是坏，是得还是失，争论不休，特别是对"大跃进"的评价争论不休。一直到 1983 年、1984 年，国家计委专门召集了一次大规模的座谈会，把这些问题又梳理了一下，才算扭转了否定水利的势头，对水利的功过得失才有一个比较客观的评价。一个没钱，一个领导意见不一，一个体制改革，顾得上这个顾不上那个，这些问题都是有影响的。1991 年大水以后，国家一些新的政策才慢慢地出台，慢慢地恢复，但是水利投资有限的状态一直持续到 1998 年。

第五个时期是 1998 年以后，这一时期的情况就大为改变了。1998 年以前这一段，长江流域不断发生大洪水，洪水位都超过 1954 年，像洞庭湖区、鄱阳湖区一次降雨都超过 50 年一遇，灾情也比较严重。1998 年大水更是从新中国成立以来，从水量上来看仅次于 1954 年，应该讲是全流域性的第二场大洪水。这次洪水，因为原来的水利设施基本上还是起作用的，水库没有垮，分蓄洪区也没有用，就是冲破了一些圩子，大概淹了 300 万亩土地。但是当时仅防汛花了 400 亿元，就是动用军队，动员老百姓花了 400 亿元。这次大水之后，当时朱镕基当政就提出了要扩大内需，慢步增长。国家发国债，国债里面有相当一部分都给了水利，水利一下子由没钱变得钱多得不得了。而且过去不敢提的那些对水利工程质量的要求，现在都可以提出来了。所以这时候，可以说是有钱了，领导也支持了，水利进入了一个新的发展时期。特别是江河防洪，过去没有干的事情这几年都在那儿继续干，而且量也不小，应该讲现在江河主要的防洪体系是这几年逐步完善的。

接下来，徐老谈了谈防洪减灾的几点基本经验。一个就是从新中国成立一直到现在，应该讲党和国家的主要领导人，始终是把防洪抗旱、水利发展这些问题放在十分重要的地位。从投资上来讲，国家每年有专门的基本建设投资，基本建设投资分工业、农业各种部门。农业这一块里面，水利投资占整个农业投资的一般是 60%～70%，大部分的农业投资都让水利占了。当时感觉到，水旱灾害是控制农业的主要问题。同时呢，从周总理在的时候一直到几个副总理，都是亲自抓水利，而且每一个具体项目他都具体管。再一个就是依靠群众，大搞群众运动，这个搞群众运动是有利有弊。利在那么多事情都急于要办，按部就班去一个项目一个项目搞，是搞不了几个的，所以在当时紧迫的情况下，群众运动是一个出路。只要你组织得好，能够适当地管理控制，还是可以干不少有益的事情。但是群众运动往往指导工作不到位，技术工作跟不上，形成了质量差、废品多的问题。总之不能够完全否定群众运动，对群众运动要一分为二来考虑。

再一个经验，我们在防洪减灾方面，抓了主要江河的综合规划。综合规划里面，防洪减灾占很重要的位置。这个工作从开始就抓，始终没有放松，这是个很好的经验。比如说新中国成立初期，1953 年感觉到黄河的问题非常突出，而且黄河一旦出问题，这是谁都承担不起的，所以就开始搞黄河规划。那时候在国务院里面组织了一个黄河规划领导小组，这是由电力部、水利部两个部长牵头，还有各个部委都参加的一个机构，同时请苏联专家来帮忙。1953 年准备了一年，1954 年就提出了报告，1955 年通过，这是第一个。当时水科院在这方面做的工作很多，一个是水文研究所，现在黄河一些基本资料的整理，所谓黄河泥沙 16 亿 t、500 多亿 m³ 的水，都是那个时候弄出来的。水文所的叶永毅是专门搞这个工作的，搞了很多年，叶永毅今年大概快 90 多岁了，他对黄河水文泥沙方面的工作开展最早，而且成系统的资料都是经过他手的。再一个是对于水工结构试验方面的工作，当时在修三门峡这些工程，水科院起了很重要的作用。

第三个就是流域规划搞的早，黄河流域规划后接着就是搞淮河流域规划，搞长江流域规划，搞辽河、松花江，最后搞珠江、海河。徐老说，当时他大半年的时间在一些设计院泡着。那时候资料很缺乏，但是对基础资料的整理、补充是非常认真的。比如水文资料，最让人难忘的就是水科院的谢家泽院长，开始在南京，后来到北京当水文局局长，后来任水科院水文所所长，建立起了水文基础资料收集整编的一整套办法。现在水文的红皮书，那时候都是谢家泽他们建立起来的。像当时的土壤资料，就是组织专门的队伍在流域里面做调查，那些基础资料都是扎扎实实的。第一轮的流域规划虽然是个很粗糙的东西，但是后来的规划有好多年都是抄那个本子的，一直到 1984 年重新做规划才有些新的补充。后来在第一轮规划的基础上，专项的规划像防洪规划、水电规划、农田水利规划都不断发展，这个工作对水利的推进和指导是很重要的。

再一个很值得记忆的经验就是在 20 世纪 50 年代一直到 60 年代初，由于水文资料缺乏，在我们开始搞一些规划的时候出现了一个失误，就是水文账算小了。当时由于水文资料按实际监测，顶长的也就是二三十年的，而且站点非常少，所以分析出来的洪水资料结果比实际情况差得很远，后来很多工作的失误都跟水文账算小有很大关系。从50年代后期一直到60年代初，那时候水文所组织了一个工作，就是进行全国历史水文资料的调查研究，当时进行调查的全国有六千多个河段，能够收集到的资料都收集，能够访问的人都访问，这才把全国的历史水文情况有一个系统的收集、整理和提高，这个工作填补了我们水文资料的短缺。这项基础工作，对后来制定防洪的标准起了很好的作用。我们这么多年的防洪规划标准，基本上都是根据历史洪水调查作为重要参考资料，定的标准都是比较安全、合理的，而且这个资料包括了最近300～500年内发生的特大洪水，是没问题的。这个作用是别的国家所没有的，因为我们靠地方志的史料记载，而且过去中国有一个习惯，每次大水发生以后，当地人就在那儿刻个标记，特别是以长江流域这种标记非常多。我们讲的1860年、1870年洪水现在一直沿着长江到支流上去，还可以找到当时刻的一些标记。有了这些标记，我们再用现代的手段来分析，最后得出了一个结果，这就填补了水文资料的很大缺陷。要是没有这些，光靠实际观测是很难的，所以这方面水科院做了很好的工作。这是一个很重要的经验。在这个研究防洪标准的基础上，特别是陈志恺、陈家琦，还有南京的那些人都在这方面做了大量的工作。在这个基础上最后形成了中国防洪减灾的一个基本方针，那就是"蓄泄兼顾，以泄为主；上下游兼顾，左右岸兼顾，综合治理"这么一套方针，特别"蓄泄兼顾，以泄为主"，这是符合我国河流特性的，因为我国河流特别是平原地区的河流，都是河流本身的泄洪能力远远低于可能发生的大洪水的，差别很大。那么要把洪水调节到河流能够承受的程度，往往是难以做到的。因此要考虑"蓄泄兼顾，以泄为主"，这个方针应该讲到现在为止还是不可动摇的。"三主方针"里面把"以蓄为主"绝对化正好是违反客观的。另外讲在解放初期，水利部门培养了一支很好的队伍，这支队伍的一个特点就是深入实际，调查研究，了解情况，这点非常重要。我觉得现在我们的科技队伍，一个缺陷就是只注意理论与计算方法的研究，忽略对实际情况的了解。基本经验就说这几点。

对于失误，徐老特别提及了三条。一条就是黄河第一轮规划，这是前苏联人帮助做的，它指导了三门峡建设与黄河下游的灌溉发展。但是这两项工作应该讲都是失败的。根源就在这个规划上，这个规划最根本的一点：苏联是水多沙少，而且洪水变幅很小的这么一个国家。他们把清水河道上的那套开发技术搬到黄河上来，这是一个很大的失误。当时对三门峡的修建确实有很多争论，有赞成的有不赞成的，关键问题也在泥沙上。赞成的人对泥沙问题的了解有限，反对的人对泥沙问题的了解也有限。比如三门峡当时大家都提到这个泥沙问题，一年16亿t，淤积很快。当时黄委会在黄河流域建成三个水保实验站，一个是绥德，一个是天水，还有一个是西峰，在实验站做的结果认为只要按小流域治理的那一套东西，作坝蓄水，坡地改为梯田，治沟治坡，这些措施只要跟上去的话，可以控制径流的90%，可以减少泥沙70%～80%，那时候就是以小面积来推大面积，这是个很大的失误，是根本不对的，但是那时候大家对这方面的认识很差，并没有理解它。那个几十平方公里的一块跟几万平方公里、几十万平方公里的黄土高原差别大了，小面积可以做到，大面积做不到，这一点缺乏认识。因此黄委会有个推断，大量地搞水土保持，到60年代末期（第三个五年计划完成）黄河流域泥沙可以减少一半。泥沙减少一半就可以当一个清水河道来对待。再一个对水库泥沙在库里面的淤积形态的过程我们没经验，因为那个时候在这个多沙河流上还没作什么研究，其他国家也缺乏这方面的经验，因此对水库泥沙淤积的过程及其后果的严重，都缺少经验。因此，当时认为按推理来讲，上面做水土保持沙减少了，下面还有那么大的库容可以堆沙，泥沙不是很大的问题，这是个误解。但是这个误解就造成了三门峡修建的失误。水库建成以后，没过两年问题都显现出来了，最后才有改造等等这些问题。再一个就是黄河下游的灌溉，当时认为黄河的泥沙减少了，大量的泥沙拦到水库里面后，河道就变成清水了，所以那个时候都认为黄河下游要变清了。历史上讲"黄河清，天下平"，就是说要天下太平了! 黄河水清了当然可以发展灌溉了，而且当时防洪控制在 6000m³/s 以下，那应该讲下游河道一般是没什么问题，所以下游就大量地发展引黄灌溉，两年就灌了 4000万亩，大水漫灌。第一年灌马马虎虎，第二年还有收成，第三年全面盐碱化。过去在农村长大的生活过的人都知道，土墙下面是湿的，盐就顺着毛细管作用上去了，墙上也是盐，地里也是盐。房倒屋塌，地里没收成，人们都逃荒。1962 年德州每天开三列火车到南边去，是免费的，把人送到那边去讨饭，在家里就得饿死，只好送到南边去讨饭。整个的黄淮海平原都在遭受巨大的灾害，这两个失误是非常严重的。

第二个失误是上面讲水文账算小的那个事情。第一期治淮工程的时候，洪水账算得都偏小，淮河上 1950—1953 年修的那些工程，最著名的有润河集枢纽等这些，因为水量算小了，工程本身又有严重的缺陷，结果 1954 年大水把淮河干流上的这些工程全部冲毁了。当时有一个闸，就是灌溉总渠的一个闸，那个闸因为修的时候抗滑稳定不够，结果大水时水位升高，超过设计，闸看来就要保不住了，怎么办呢? 当时钱部长在淮河上指挥防汛，拉了 700t 铁轨压在闸上，度过了汛期。至于其他中小水库失事的那就多得不得了。最后，从 1955 年开始，淮河的工程又重新改建。同时还有一个失误，当时由于洪水账算小了，本来第一期规划是曾经考虑过要开辟淮河的入海水道，当时汪胡桢是工程部部长，到上海去作报告，说已经定了要做入海水道，泄洪流量 4000m³/s。过了没两个月，说可以不做，因为洪水的量小，这也是一个很大的失误。这个事情推迟了二十多年，现在我们又重新开始修入海水道，晚了好多年。所以淮河的出路问题一直是个问题，一直争论到现在，有的人还在那儿吵，要把洪泽湖河湖分家，我们现在还在研究这个问题，初步得到的结论是不行的，河湖不能分家。因为自然条件各方面都变化太大，现在的工程基础也不允许，方案最后还没出来，淮委在做。

第三个失误，水库的保坝安全标准设防不够。这个问题最严重的后果就是 1975 年8 月份的淮河上游大水，有两座大型水库垮坝，一座叫板桥水库，一座叫石漫滩水库。板桥水库当时库容是 5 亿多 m³，石漫滩水库是 1 亿多 m³，这两座水库，当时在"75·8"大暴雨中漫顶，最后垮坝。板桥溃坝洪水推算的话大概三四万流量洪水是有的。板桥坝加固质量本身是好的，起初坝心的黏土固结不行，当时下决心把坝整个挖掉重筑，所以这个坝本身的质量很好，垮坝后去看那个垮坝的面笔陡笔陡的，不是坝质量的问题。因为大坝毕竟是土坝，漫坝以后整个都冲垮了。石漫滩也是这样，石漫滩垮坝以后大约也有两三万流量下去，当时石漫滩下游京汉铁路上的两列火车，沿溃坝水的方向冲了两三百米。坝下的村子一扫而光，有的人弄个小木板、小门板，弄个木盆，往下飘，这样逃生的人不少，好多人从河南逃到安徽才上岸。那是"文革"期间，防汛的时候电话不通，人也上不去，总之防汛也有失误。要是当时能够采取紧急措施，损失会有但肯定不会那么大，所以这是震惊中外的一次。其他的问题还有很多，比如说当时的甘肃引洮的失败，引洮河水灌溉一千万多亩，水量不够，半途而废。淮北的河网化的问题，也不考虑水文特性、河道特性。河网化失败的主要原因是水的问题。河网这一带，像珠江三角洲、太湖流域、里下河，有一定的河道条件、水文条件才行，不是说想搞就能搞的。淮河挖了很多河但没有水，大水不敢蓄得放，洪水问题谁都不敢惹。小水的时候就没水了。这种问题必须亲临现场才能体会到是个什么问题。不到里下河，不到太湖流域是体会不到这些问题的。

听着徐老如数家珍般地侃侃而谈，我们深切领会到徐老求真务实的精神与治水安邦的追求。徐老是在总结他一生的治水经验，希望能将其精华传授给后人，而这精华，就是要实事求是，要尊重科学，要遵循客观规律，只有这样，才能真正做好治水安邦的大业。即使谈到过去的一些失误，徐老也毫不避讳，而是坦诚加以剖析，其目的无非是希望今后水利建设能够少走些弯路，多造福民生。同时，徐老对于一些热衷炒作、别有用心的人又非常反感。谈话结束前，他特别尖锐地指出："有的人惟恐天下不乱，总想把那些事情炒得越大越好，这种人有的是。"

不知不觉，一上午的时间很快过去了。临别时，徐老说，下一次我再约你们谈一谈工程技术方面的问题。可惜的是，不久之后，就传来徐老生病的消息。更没有想到的是，不到一年时间，随着徐老的离去，这一约定，竟成了永远也无法再兑现的遗憾！念及于此，我不禁潸然泪下。现根据徐老访谈的录音整理成这篇悼念的文章，以表达晚辈对徐老的崇敬与感怀之情。我坚信，徐老集毕生实践与求索总结出的宝贵经验，值得我们静心去领悟，也希望徐老的精神与追求能够广为传播，惠泽当代，警示后人。

共同的期盼

——送乾清

李光远　张泉香

今天，2010 年 1 月 10 日清晨，我俩在深圳寓所接到立秉从北京打来长途电话，接着又看到瑞章的电子邮件，说徐乾清于 9 日去世。一时难以相信，悲从中来，心如刀割。两个月前，我俩在北京的时候，还去看望过他，欢谈良久。那时他除了进食、饮水时因气管闭锁不全下咽有些困难以外，并无其他严重问题，精神矍铄，心境平和，谈笑自若。怎么就这样突然走了呢？太意外了。继而想，毕竟是八十多岁的老人了，风烛残年，不管什么时候一阵风来，火光顿时熄灭，也是自然的。

我俩和乾清从 1939 年秋起，在陕南城固西北师院附中同班同学，初一到高三，整整六年，朝夕相处。他勤学苦读，博闻多识。同学赠他雅号"百科全书"。他对同学总是平易亲和，从来没有与谁红过脸。

1945 年夏，高中毕业，同学们劳燕分飞。泉香去了兰州，上西北师院；乾清和我到了重庆。他在九龙坡上交通大学。我在南温泉进了中央政治学校大学部。

那年冬天，抗日战争胜利后人民渴求和平民主的愿望被当局生生扼杀，当局直接控制下的中央政校的政治空气，像重庆的浓雾一样压得我喘不过气。我后悔选择了这个学校，心情十分苦闷，写诗说我像是迷失在一座"雾的坟墓"之中。乾清从九龙坡来南温泉看我。我俩在附近山坡上漫步，边走边谈。我们随意踢动路边的石头，看着一些石块滚下山去。此情此景，后来我写进了另一首诗中："生活像松了的琴弦/吃力地弹拨/急乱地抖动/然而声音是这样地喑哑低沉/我是从山顶上往下急滚的石块/拼命地飞奔/收不住脚步/一驻足就跌倒在这荒凉的山麓。"我终于下定决心离开政校。第二年，1946 年，暑假期间，交大和政校分别迁回上海和南京。我从南京到上海，住在徐家汇交大乾清的宿舍里，准备重新参加高考。泉香随师院（后复改称北师大）回到北平。我在上海考上清华大学（已从昆明迁回北平）后，乾清送我登船北上，我走上与政校要我走的完全不同的另一条路。这条路与乾清在交大的选择却是同样的。那就是，一面学习功课，一面

原文载于北京师大附中（城固）《校友简讯》第二十二期。

积极参加争取和平、民主、自由的学生运动，进而加入中共地下党，立志为社会主义新中国奋斗终生。我们身处两地，心却是相通的。

新中国成立后，我俩和他多年同在北京工作。他从事水利事业，踏踏实实为国为民作出重大贡献，任水利部副总工程师，荣为工程院院士。泉香在教育战线，我在宣传理论战线摸爬滚打，被折腾得死去活来。巨大的差距使我们由衷地钦佩和羡慕他。多年来多次交心的谈话，使我俩深感，乾清虽然与我俩境遇不同，但仍然不改初衷，彼此的心始终相通。我们一样盼望祖国繁荣、强盛，人民自由、民主。如今，他带着这样的期盼，恋恋不舍地走了。我俩想，我们这些活着的已然耄耋之年的老同学们，怎样善自珍重，常保健康，并尽我们剩余的一点点力气，来促进我们这一代人曾经的共同的期盼尽快实现呢？

送别慈父

徐佳

父亲一生都在忙碌！

1月3日，父亲突发脑溢血的前一天，大雪突降。我跟先生给他去送菜，他坐在电视机前，正在看纪录片《大秦岭》。我临走时，父亲还嘱托我帮他弄《大秦岭》和《大三峡》的光盘，说有些内容他需要保存且还用得着。

80岁之前，父亲经常出差，平日一有时间，就一个人关在书房，不停地看啊写啊，数十年如一日。

父亲热爱工作，感觉他是因工作而生，最终也倒在了心爱的工作上。60年孜孜不倦，呕心沥血，父亲的脚步和手中的笔，从来没有停下过。祖国的大江大河，和水利有关的地方，几乎都有父亲的脚印，国家一些重大的科研项目，父亲也都会参与。

父亲很勤劳，感觉他年纪越大越忙碌。他的生活很有规律，自制力强，每天早上五点就起床，先要看两个小时的书，早餐后，打打太极拳，然后接着看书。

对父亲来说，工作和书就是他的生命。在他最后的一段日子里，瘦弱的父亲身子非常虚，加上身患眼疾，看书非常费力。即便这样，他还是强迫自己坚持着，半小时歇一下，然后接着看。

9年前父亲患鼻咽癌住院时，医院的病房成了他的工作间，病床边的小桌上堆满了他的书。护士们还曾和他开玩笑，说老人是全医院最积极、最乐观的人。

父亲涉猎广泛，嗜书如命，知识渊博。他曾写下了近200首古诗文，抒情言志，讴歌祖国山河。父亲走了，我们会把父亲留下的诗文重新整理出来，出本书，以此悼念父亲。

父爱如山。父亲平日寡言少语，威严又非常慈爱，总是牵挂着我们。

我与父亲除了平时的沟通，还常常通过书信来交往。尤其是在国外工作那段时间，每个月都能收到父亲的来信，说学业，谈人生，我们无所不聊。

父亲的爱总是默默地用行动来表达。刚参加工作那段时间，我经常加班，回家会很

原文载于《中国水利报》2010年1月28日，作者系徐乾清女儿。

晚。每当走到院子里，总会看到一个身影在路灯下来回走动，那就是父亲！每次看到这个身影，我既心疼又感动，父亲的爱如此沉默，却又如此厚重。

父亲责任心强，业务精湛，一丝不苟，深得同仁们信服和敬佩。他为人低调，也很严谨，任何场合，话都很少，但是字字珠玑，很有分量。他的好友富曾慈就曾形象地说："徐老说话，很少重复，如果他对一个问题重复一遍，那证明这个问题很严重了。"

记忆中，父亲一直与病魔在斗争。他是一位坚强的老人，一次次靠信念战胜了病魔。

他的身体一直非常虚弱，尤其是 80 岁后，父亲很少再出差。除了行动不便，吃也是一个大问题，他早就失去了味觉。最后七八年间，由于患上鼻咽癌，放疗留下后遗症，口腔功能衰退，每天只能喝稀饭，吃汤面，顿顿都一样。后来，病情加重，喝水都会呛到肺，只能通过"鼻饲"进食。我们看着心疼，可父亲很乐观，以至于让周围的人都忘记了他是个癌症病人。父亲用他的开朗豁达最终战胜了癌症。

生病期间，父亲每天还是趴在书房，一心工作，累了，就和母亲下下棋，到外面走走。他喜欢有山有水的地方，最钟爱竹子和兰花，他一辈子工作在这种环境之中，到老了，心里还是牵挂着。

突发脑溢血后，父亲很快就进入重度昏迷状态。在医院的最后几天，每天靠呼吸机和药物维持生命。每天下午 3 点，医生会给家属介绍病人情况，每到那时，我总盼望奇迹能够出现！

最终，父亲还是离开了我们，告别了他奋斗终生的水利事业。

他在遗嘱中除了让我们整理他的一些资料，还要求把自己的藏书捐献给科研单位，继续发挥作用；父亲还嘱咐拿出 5 万元钱，捐给钱宁泥沙科学技术奖基金会……老人临终，都不忘为水利事业贡献余热。

在亲朋好友眼里，父亲一生都很谦逊，他曾这样总结自己：我只是一个平庸的科技工作者，一生勤劳但成效甚微，后来虽然被推选为院士，但始终认为自己是一个不合格的院士，获得了一个不应得的荣誉；我尽了自己的努力，无负吃农民给我的饭，工人供我的衣和生活用品；一生未做对不起社会和周围同志以及亲朋好友的事，大概还算一个可以问心无愧地度过这一生的普通劳动者……

淡定如水，芬芳若兰。我想，这就是父亲的为人，从来不求名、不逐利，刚正不阿，虚怀若谷，淡泊宁静，坦荡一生。

如今送别慈父，万分不舍！

我深深地怀念自己的父亲！

附 录

此部分内容包括《中国科学技术专家传略·水利卷1》的内容选登，以及徐乾清院士的主要论文及著作目录。

《中国科学技术专家传略·水利卷1》选登

徐乾清（1925—2010），水利专家。长期从事水利规划、防洪减灾和水资源等方面综合研究和技术主管工作，主持审查全国主要江河流域综合规划和防洪专项规划，参与长江三峡、小浪底、南水北调等重大水利枢纽工程、跨流域调水工程的论证工作，为中国现代水利事业的发展作出了突出贡献。

徐乾清，陕西省城固县人，生于1925年12月16日。家乡位于秦岭巴山之间的汉中盆地中心地带，是一个山清水秀、物产丰富，又十分闭塞、社会经济发展落后的山丘区小盆地，但具有历史悠久的灌溉农业，是渭惠渠、褒河水库灌区的重要组成部分，每年稻麦两熟、旱涝保收，居民生产生活对水利工程的依赖程度很高。他祖上为世代农民，父辈才上学读书，后成为一名中学教师和基层政府的公务员。他长期居住在乡下，在外出上大学前与农业生产接触较多。由于生活环境的影响，水利工程、农田灌溉在他幼年时期留下了深刻的印象。大学毕业后因偶然的机会从事了水利工作，在工作岗位上边工作、边学习，逐步掌握了一些水利专业知识，此后50多年始终没有离开水利系统。

主要经历如下：

1945年7月以前，在城固上小学、中学，中学是北平师范大学附中因抗日战争迁至城固的学校，此校具有优良的教学传统和高水平的教师队伍，中学6年是他一生受益最多的时期。

1945年9月至1949年5月，先后在重庆、上海国立交通大学土木系学习。由于在校参加上海地下党组织的学生运动占去了较多的时间，专业学习成绩不佳。1948年参加新民主主义青年联盟，1949年初参加中国共产党。

1949年9月至1950年8月，在苏北行署农水处任技术员，参加测量和小型工程设计等工作。

1950年8月至1953年4月，在上海华东水利部任技术员，从事水利技术调查研究工作。

1953年4月至1958年2月，在北京中央人民政府水利部专家工作室、科学技术委员会任技术员、工程师，从事主要江河水利规划的历史和基础资料的收集分析研究，参与重大水利工程建设项目的调研和审查工作。

1958年2月至1966年9月，先后在水利电力部水电总局、规划局任工程师、副处长，从事规划专题研究和规划、计划工作。

1966年9月至1973年2月，经历"文化大革命"。先在水利电力部规划局做业务工作，1969年秋下放到水利部宁夏青铜峡"五七干校"劳动。1970年8月至1973年2月，分配到贵州乌江渡工程工地，既劳动又工作，对施工现场的生活和工作有所体验。

1973年3月至1979年4月，先后在水利电力部科技司、科技委员会任处长、副主任，主要推动水利水电科技专项研究和技术推广工作。

1979年4月至1982年3月，在水利部任科技局副局长，除一年病休外，主要推动水利科技研究和推广工作。

1982年3月，在水利电力部担任计划司副司长，分管水利，主要进行水利发展的宏观研究和推进新一轮大江大河综合规划工作，同时参加长江三峡工程可行性论证防洪专题研究和《中国水利百科全书》的编审工作。1988年3月至1992年2月任水利部副总工程师，继续参加长江三峡工程可行性论证工作和防汛减灾研究，1992年2月离职休养。

1993年3月至1998年，任全国政协第八届委员，参加水利农林方面的多次调研工作，并参与黄河、长江和西北地区防洪减灾以及水资源开发利用保护等方面国家科研攻关项目的咨询工作。1993—1995年曾一度任国家防汛抗旱总指挥部办公室顾问，参与防汛工作。并任中国水利学会副理事长和国家科学技术名词审定委员会委员、水利技术名词审定委员会主任。

1999年，当选为中国工程院院士，先后参加"1998年长江大洪水"，"全国水资源可持续利用"、"西北水资源利用与生态环境保护"和"东北地区水土资源开发利用保护"等国家重大咨询项目的部分工作；参与了全国和新一轮全国大江大河防洪规划，全国水资源评价和综合规划，以及各项防洪减灾、水资源有关科研和工程项目的咨询、审查、鉴定工作。在此期间，他还受聘担任了《中国水利百科全书》第二版的主编工作，并于2005年完成其修订再版任务。

从宏观角度探讨中国水利发展作出贡献

徐乾清从事水利工作半个多世纪以来，注重从宏观角度考虑和探讨中国水利事业的发展。集中反映有三大特点：一是关注水利发展的自然地理特征；二是社会经济发展的历史背景；三是环境变迁对水利发展可能产生的影响。他认为这是做好大江大河流域综合规划的基础。这些观点与认识，在他的三篇代表作中均有阐述。

(1)《近代江河变迁和洪水灾害与新中国水利发展的关系》。该文阐述了1840—1949年期间，江河变迁、水旱灾害形成了影响整个社会经济发展的严峻形势。新中国成立以来，大规模江河治理，积极发展水利事业，是客观形势的需要，是历史的必然。(1990年10月《中国水利》刊登时改题目为《新中国成立时面临的严峻水利形势》)。

(2)《我国江河治理水资源开发的现状问题和对策》。该文是在1989年6月中国科协召开的"全国江河流域综合开发治理学术讨论会"上发表的，已收入中国科协主编的论文集。本文较系统地回顾了水土资源的特点、治水历史、新中国成立以来的发展现状、当前存在的主要问题和今后发展的基本对策，最后提出了两点建议，即：必须把江河治理和水资源开发的规划纳入社会经济发展和国土整治的总体规划之中；水资源开发规划必须各有关部门协调安排，先行实施。这是一篇较为系统的水利发展总结。

（3）《面对 21 世纪中国水利形势和需要考虑的问题》。该文为 1995 年在南京水文水资源研究所所作的一篇学术报告，对 20 世纪末与水利发展有关的自然环境变化（包括气象水文变化、河湖水系变化、降雨径流关系改变等）、社会经济发展对水利的影响和要求、水利发展的基础条件与新的情况作了系统的分析，最后提出 21 世纪初水利发展的目标和基本任务与几项带有战略性的重点水利工程。这些建议对水利发展都有参考价值。

对水资源短缺带来的社会影响提出了明确对策

从 20 世纪 80 年代以来，他几次提出我国水资源短缺对社会经济发展及生态与环境保护所产生的严重影响，并提出了明确的对策。主要在以下三篇文章中得到反映。

《对当前水利发展问题的一点认识》。该文为 1985 年中国水利学会代表大会上的学术报告，系统分析了不同历史时期人与水的关系，提出近代和现代社会人与水关系的主要特征，提出今后水利发展应注意的 7 项原则：①水利发展必须与国民经济发展相适应。②水利发展应当要求的平衡观点，即：水资源供需平衡；技术经济的社会综合平衡（要从全社会的角度研究总投入和产出平衡）；经济效益和生态与环境效益的统一协调平衡等。③水利发展要继续贯彻除害兴利并重的原则，力争每项工程和措施达到多目标综合利用水资源的目的，即防洪、供水、发电和航运密切结合，达到最大社会综合效益。④自然条件和社会经济发展水平差异很大，发展经济对水资源的依赖程度不同，主要服务对象和建设重点也应该不同，要把水利发展规划与当地经济发展的全面安排密切结合起来，打破行业地区的局限性，针对经济发展中的紧迫需要薄弱环节和现实条件，确定水利发展方向和选定建设项目。⑤发展水利必须工程措施与非工程措施并重。⑥要妥善处理水利工程设施的巩固、改造和新建的关系。⑦要从现代的技术经济观点出发，健全法规政策，提高水利工程经营管理。

《北方缺水问题的特点和对策》（在 1989 年 1 月中科院地学部"华北水资源合理开发利用讨论会"上的发言）和《我国水资源若干问题和对水政策的几点建议》（1989 年 4 月全国农业区划委员会特约稿）。这两篇文章从宏观角度分析了水资源开发利用方面出现的问题，并提出了对策建议，基本符合现实形势的发展。

对现代防洪减灾问题进行系统总结

近 20 年他对中国大江大河的防洪减灾较为系统地进行了总结，提出的对策有很现实的指导作用。

对防洪减灾方面，他在几篇文章中，对中国洪水产生的自然环境条件、社会经济历史背景、防洪建设的基本情况和对策作了比较系统的论述，提出一些新的观点。

（1）在钱正英主编的《中国水利》一书中，他撰写了"中国的防洪"一章，系统总结了新中国成立 40 年防洪建设的经验教训，提出了大江大河的防洪对策，分析了当代防洪发展趋势，提出了点、线、面措施密切结合以及工程与非工程措施密切结合的防洪对策。

（2）《长江荆江河段江湖关系的演变和洞庭湖区防洪问题的探讨》一文，分析了江湖关系的历史演变对荆江河段的防洪影响，洞庭湖区当前防洪存在的主要问题和洞庭湖的发展前途，提出了洞庭湖区治理的战略性措施。

（3）《中国大江大河21世纪防洪减灾对策研究》（1999年1月《中国可持续发展战略研究》项目的汇报材料），提出了我国洪水产生、水灾形成的基本规律，概括分析了主要江河水情、河情、工情、灾情的变化趋势，提出了防洪对策设想。这篇文章的基本内容在《21世纪中国防洪减灾对策研究》综合报告中都有所反映。

（4）《浅议具有中国特色的防洪减灾体系》一文系2001年12月撰写，提出一个完善的防洪减灾体系应包括：水情、灾情、工情评价体系；常规防洪工程体系；非常规防洪工程体系；非工程防洪体系；防灾保障体系。

综合以上几篇文章的内容，他对防洪减灾问题的认识主要提出以下论点：①明确洪水灾害是自然气象因素双重作用的结果，近代人与水争地的加剧是灾害损失不断上升的重要原因。②人类开垦利用由洪水造成的冲积平原的土地是人类文明发展的必然结果，限制人类不断扩大洪水可能淹没的风险区的开发利用是防洪最根本的措施。③防洪措施必须点、线、面措施密切配合才能收到持久的效果（点是河流水库、湖泊、分蓄洪区等调蓄洪水的措施；线是河道治理和修建堤防、增加河道防洪能力；面是水土保持，增加地表植被、改造坡耕地、修建拦沙坝等，减缓地表汇流，增加地表的滞蓄和减少河道泥沙来源）；在各主要江河流域应建立一个完善的防洪减灾体系。

此外，他在《对"水与现代化"的一些认识和思考》（见2004年7月敬正书主编《中国水利发展报告》）一文中对水利现代化有比较系统的阐述。

简历

1945年9月至1949年5月	先后在重庆、上海国立交通大学土木系学习。
1949年9月至1950年8月	苏北行署农水处任技术员。
1950年8月至1953年4月	上海华东水利部任技术员。
1953年4月至1958年2月	中央人民政府水利部专家工作室、科学技术委员会任技术员、工程师。
1958年2月至1966年9月	水利电力部水电总局、规划局任工程师、副处长。
1966年9月至1973年2月	水利电力部规划局。期间，1969年秋，下放宁夏青铜峡劳动。
1970年8月至1973年2月	下放贵州乌江渡工程工地劳动。
1973年3月至1979年4月	水利电力部科技司、科技委员会任处长、副主任。
1979年4月至1982年3月	水利部任科技局副局长。
1982年3月至1988年3月	水利电力部计划司副司长、水利电力部副总工程师。
1988年3月至1992年2月	水利部副总工程师。
1992年2月	离职休养。
1993年3月至1998年	全国政协第八届委员。
1999年	当选为中国工程院院士。
2010年1月9日	与世长辞。

（撰稿人　戴定忠）

徐乾清主要论著目录

[1]　徐乾清. 对当前水利发展问题的一点认识 [J] //1985 年 10 月中国水利学会第四届代表大会学术报告. 正确把握水利发展的宏观决策. 人民日报,1985－12－26.

[2]　徐乾清. 一点希望 [J]. 喷灌技术,1986,03:12.

[3]　徐乾清. 陕西省三门峡库区发展趋势和治理方向的初步探讨 [J]. 陕西水利,1987,02:7－9.

[4]　徐乾清. 对中国防洪问题的一点探讨 [J]. 水利水电技术,1989,09:36－42＋13.

[5]　徐乾清. 搞好城市防洪工作的几点意见 [J]. 中国水利,1989,05:4－5.

[6]　徐乾清. 大力改造渍涝盐碱中低产田为农业高产稳产创造条件——在北方地区治理渍涝盐碱中低产田水利技术措施经验交流会上的总结讲话 [J]. 农田水利与小水电,1990,07:1－6.

[7]　徐乾清. 淮河特点与治淮战略 [J]. 中国水利,1991,02:5－7.

[8]　徐乾清. 立足全局和长远的社会经济发展谈黄河研究的几个问题 [J]. 人民黄河,1992,01:50－52.

[9]　本刊记者,徐乾清. 防汛抗旱要两手抓——水利部副总工程师徐乾清答本刊记者问 [J]. 中国水利,1992,01:8－9.

[10]　徐乾清. 长江防洪与三峡工程建设 [J]. 中国水利,1992,04:6-9.

[11]　徐乾清. 我国暴雨洪水特性和防洪对象 [J]. 水利规划,1993.

[12]　徐乾清. 21 世纪的中国水利——以城市为中心带动全面发展 [J]. 科技导报,1994,04:38－41.

[13]　徐乾清. 总结经验深入改革积极发展农田水利 [J]. 水利规划,1994,04:20－26.

[14]　徐乾清,姚榜义,朱承中,吴以鳌,陆孝平,赵广和,邓尚诗,吴国昌. 化一与水利规划工作 [J]. 中国水利,1996,07:8.

[15]　徐乾清. 关于黄河下游断流的几点看法 [J]. 人民黄河,1997,10:45－47.

[16]　徐乾清. 加强大江大河分蓄洪区建设和管理是当前防洪的迫切任务 [J]. 中国

水利，1997，04：21-22.

[17]   徐乾清. 制订开发建设西北地区的战略方针和产业政策的几点看法 [J]. 水利规划，1997，04：20-22.

[18]   徐乾清. 关于水与人类社会可持续发展关系的一点认识 [J]. 水科学进展，1998.

[19]   徐乾清. 一套研究黄河、认识黄河的好书 [J]. 人民黄河，1998，06：45.

[20]   徐乾清. 对未来防洪减灾形势和对策的一些思考 [J]. 水科学进展，1999，03：235-241.

[21]   徐乾清. 浅议南水北调的几个前提性问题 [J]. 科技导报，1999，05：28-30.

[22]   徐乾清. 水土保持是西部大开发的基础 [J]. 中国水土保持，2000，05：9.

[23]   徐乾清. 认真总结经验 把水利事业推向新高潮 [J]. 中国水利，2000，10：12.

[24]   徐乾清. 对北方地区水资源总体规划（第一阶段）及近期解决北方地区缺水问题方案研究的几点意见 [J]. 水利规划设计，2000，03：8-10.

[25]   徐乾清. 浅议防洪减灾与可持续发展的关系 [J]. 水利规划设计，2000，01：1-3.

[26]   徐乾清. 浅议具有中国特色的防洪减灾体系 [J]. 水利规划设计，2002，02：40-43.

[27]   徐乾清. 南水北调——缓解黄淮海流域水危机的战略性措施 [J]. 科学对社会的影响，2003，03：20-25.

[28]   徐乾清. 对中国防洪减灾问题的基本认识和建立具有中国特色的防洪减灾体系的初步设想 [J]. 水文，2003，02：1-7.

[29]   张光斗，钱易，徐乾清，黄建初，郭文芳，李善同，黄守宏，王一鸣，高向军，邵益生，夏青，矫勇，吴季松. 世界水日·中国水周专家学者访谈 [J]. 中国水利，2003，06：25-35.

[30]   徐乾清. 对"水与现代化"的一些认识和思考 [J]. 水利水电技术，2004，01：22-25.

[31]   徐乾清. 保护水土资源是西部大开发的基础 [J]. 中国减灾，2004，07：46.

[32]   徐乾清. 关于"十一五"期间水利发展的几点认识 [J]. 中国水利，2005，14：15-16+36.

[33]   徐乾清. 防洪减灾对策及洪水风险评价中须妥善处理的几个问题 [J]. 中国水利，2005，17：7-8.

[34]   徐乾清. 浅议太湖流域河湖水系的治理改造 [J]. 中国水利，2005，02：27-29+50.

[35]   徐乾清. 人水和谐共处 支持新疆可持续发展 [J]. 水利水电技术，2006，01：6-8.

[36]   徐乾清. 对珠江流域防洪减灾形势的浅识与审视 [J]. 人民珠江，2006，05：14-16.

[37]　徐乾清. 防洪减灾本质属性与相关问题的思考与探索 [J]. 中国防汛抗旱，2007，01：7 - 11.

[38]　徐乾清. 面对 21 世纪中国水利形势和需要考虑的问题 [C] //关于中国几个水利问题的回顾和探讨. 南京水资源研究所，1995.

[39]　徐乾清，等. 水利科技名词 [M]. 北京：科学出版社，1997.

[40]　徐乾清，等. 中国水利百科全书 [M]. 2 版.　[M]. 北京：中国水利水电出版社，2006.